Metallfachkunde 2

Industrie- und Zerspanungsmechanik

Von Studiendirektor Helmut Engel, Hameln,
und Direktor Dipl.-Ing. Carl A. Kestner, Hannover

2., neubearbeitete Auflage
mit 507 Bildern, 53 Tabellen, 84 Beispielen
und Versuchen sowie 620 Aufgaben

SPRINGER FACHMEDIEN WIESBADEN GMBH 1993

Hinweise auf DIN-Normen in diesem Werk entsprechen dem Stand der Normung bei Abschluß des Manuskriptes. Maßgebend sind die jeweils neuesten Ausgaben der Normblätter des DIN Deutsches Institut für Normung e.V., die durch den Beuth-Verlag, 1000 Berlin 30, zu beziehen sind. – Sinngemäß gilt das gleiche für alle in diesem Buch angezogenen amtlichen Richtlinien, Bestimmungen, Verordnungen usw.

Zur Herstellung dieses Buches wurde chlor- und säurefreies Papier verwendet, das bei der Entsorgung keine Schadstoffe entstehen läßt. Auf diese Weise leisten wir einen aktiven Beitrag zum Schutz unserer Umwelt.

Die Deutsche Bibliothek – CIP-Einheitsaufnahme

Metallfachkunde. – Stuttgart : Teubner.
2. Industrie- und Zerspanungsmechanik : mit 53 Tabellen, 84 Beispielen und Versuchen sowie 620 Aufgaben / von Helmut Engel und Carl A. Kestner. – 2., neubearb. Aufl. – 1993
ISBN 978-3-519-16706-8   ISBN 978-3-322-83005-0 (eBook)
DOI 10.1007/978-3-322-83005-0

NE: Engel, Helmut

Das Werk einschließlich aller seiner Teile ist urheberrechtlich geschützt. Jede Verwertung in anderen als den gesetzlich zugelassenen Fällen bedarf deshalb der vorherigen schriftlichen Einwilligung des Verlages.
© Springer Fachmedien Wiesbaden
Ursprünglich erschienen bei B.G. Teubner Stuttgart 1993
Gesamtherstellung: Passavia Druckerei GmbH Passau
Umschlaggestaltung: Peter Pfitz, Stuttgart

Diese Metallfachkunde schließt an den Grundlagenband Metallfachkunde 1 mit dem Lehrstoff für die Fachstufen der Industrie- und Zerspanungsmechaniker an. Die Stoffauswahl wird bestimmt durch die KMK-Rahmenrichtlinien zur Neuordnung der industriellen und handwerklichen Metallberufe sowie durch die Richtlinien und Lehrpläne der Bundesländer.

Die in der Metallfachkunde 1 auf Berufsfeldbreite behandelten Bereiche der Werkstoff-, Fertigungs- und Prüftechnik werden hier berufs- und fachspezifisch ergänzt und vertieft. Hinzu kommen als neue Fachbereiche die Steuerungs- und Regelungstechnik, Maschinen- und Gerätetechnik sowie Elektrotechnik.

Besonderer Wert wurde wieder auf eine praxisnahe und schülergemäße Stoffdarbietung gelegt, wobei die Wirkungsweise der Verfahren, Werkzeuge, Vorrichtungen und Maschinen und ihre Einordnung in Systemzusammenhänge im Vordergrund stehen. Zur Erläuterung dienen jeweils sorgfältig ausgewählte Beispiele, zur Vertiefung weitere erläuternde Absätze (in Kleindruck). Das Zurückführen der Vorgänge auf naturwissenschaftliche Grundlagen und das Aufzeigen von Zusammenhängen hilft dem Lernenden, die technischen Sachverhalte zu verstehen. Wesentliche Inhalte, Arbeitsregeln und Formelgleichungen sind als Merksätze drucktechnisch hervorgehoben. Die zahlreichen Aufgaben am Ende der Abschnitte dienen zur Wiederholung und Lernkontrolle.

Hinweise und Anregungen zur Verbesserung und Weiterentwicklung des Buches nehmen Verfasser und Verlag dankbar entgegen.

Frühjahr 1993   Die Verfasser

Inhaltsverzeichnis

Steuerungs- und Regelungstechnik

Maschinen- und Gerätetechnik

Elektrotechnik

1 Prüfen

1.1 Aufgaben

Die Prüftechnik nimmt in der modernen Fertigungstechnik einen wichtigen Platz ein. Dabei geht es nicht nur um die Auswahl des Prüfmittels (z. B. je nach Genauigkeitsanforderung Meßschieber, Meßschraube, Meßuhr oder Feinzeiger), sondern auch um den Zeitpunkt und die Anzahl der Prüfvorgänge. Fehler und Fehlerquellen müssen so früh wie möglich erkannt werden. Ausschuß und Nacharbeit sind unwirtschaftlich (denn sie kosten Geld) und können nur durch rechtzeitige Prüfvorgänge in den kleinstmöglichen Grenzen gehalten werden. In der Serienfertigung erreicht man dies durch (in den Fertigungsprozeß eingebaute) „automatisierte" Prüfvorgänge. Wichtige Maße können z. B. mittels Lichtstrahlen und Fotozellen „abgetastet" werden.

In der Einzelfertigung und in der Serienfertigung aufwendiger Werkstücke ist die Unterscheidung von Nacharbeit und Ausschuß von großer Bedeutung. Dagegen erlaubt es das Prinzip der Wirtschaftlichkeit in der Massenfertigung von Kleinteilen (z. B. Schrauben) nur noch selten, Fertigungsfehler durch Nacharbeit zu beseitigen. In solchen Fällen werden die Werkstücke, die eigentlich nachgearbeitet werden könnten, wie Ausschuß behandelt und verschrottet.

Prüfzeitpunkte. Schon vor Beginn eines Fertigungsabschnitts wird das Werkstück geprüft. Bei dieser Eingangsprüfung (Eingangskontrolle) kann es sich um ein Halbzeug handeln oder um ein bereits an anderen Fertigungsstellen (auch in anderen Betrieben) vorgefertigtes Werkstück. Fertigungsprüfungen (Fertigungskontrollen) begleiten die Fertigungsstufen. In der Endprüfung (Endkontrolle) werden die Fertigungsziele eines Fertigungsabschnitts oder das fertige Werkstück geprüft.

Prüftätigkeiten sind Messen und Lehren. Sie kennen diese Begriffe bereits aus der Grundstufe.

Prüfen – Vergleichen von Soll- und Istzustand

Messen – Vergleichen einer physikalischen Größe mit einem Meßgerät (mit einer als Einheit bekannten entsprechenden Größe); Meßergebnis: Istmaß

Lehren – Vergleichen eines Prüfgegenstands mit den vorgegebenen Grenzen; Aussage: „gut" oder „nicht gut" bzw. „gut", „Nacharbeit" oder „Ausschuß"

Geprüft werden Längen, Winkel, Oberflächen (z. B. Ebenheit, Rauheit oder Neigung), Formen (z. B. Rundheit) und die Lage von Linien oder Flächen zueinander (z. B. Winkligkeit oder Parallelität).

Prüfen

- soll Nacharbeit und Ausschuß vermeiden.
- findet als Eingangsprüfung vor Fertigungsbeginn, als Fertigungsprüfung während der Fertigungsstufen und als Endprüfung nach Fertigungsende statt.
- geschieht durch Messen oder Lehren.
- wird in Längen-, Winkel-, Oberflächen-, Form- oder Lageprüfung eingeteilt.

1.2 Toleranzen und Passungen

Wie der Facharbeiter ein Werkstück zu fertigen hat, erfährt er aus der Zeichnung. Hier sind alle für ihn wichtigen Vorgaben enthalten, z. B. über das Arbeitsverfahren, die einzuhaltenden Maße oder die zulässige Formabweichung.

Toleranz. Da sich kein Werkstück genau auf ein absolutes Maß, eine ideale Form oder Oberfläche herstellen läßt, werden alle Maß-, Form- und Lageangaben mit Toleranzen (geduldete Ungenauigkeit) versehen. Die Größe dieser Toleranzen richtet sich nach Aufgabe und Funktion des Werkstücks, wobei auch der Grundsatz der Wirtschaftlichkeit eine große Rolle spielt (aus Kostengründen nie genauer als notwendig).

Passung. Durch Anwendung genormter Toleranzsysteme (z. B. des ISO-Systems für Toleranzen und Passungen) erreicht man, daß die Einzelteile zusammenwirkender Funktionsgruppen (z. B. einer Drehmaschine) unabhängig vom Hersteller ohne Nacharbeit untereinander austauschbar sind. Als Passung bezeichnet man neuerdings (seit 1986) die Maßdifferenz von Innen- und Außenfläche der zu paarenden Teile (Paßteile) vor dem Zusammenbau. Die Passung ist damit ein Längenmaß. (Früher verstand man unter Passungen die Beziehungen zwischen den zulässigen Größt- und Kleinstmaßen der Paßteile, s. a. Abschn. 1.2.3.)

> Toleranz – Unterschied zwischen zugelassenem Höchst- und Mindestwert (Größt- und Kleinstwert) einer meßbaren Eigenschaft (z. B. Maß-, Form- oder Lagetoleranzen)
>
> Passung – Maßdifferenz von Innen- und Außenfläche der Paßteile (z. B. Bohrung und Welle) vor dem Zusammenbau

1.2.1 Maß und Toleranz

Die Grundbegriffe für Maße und Toleranzen sind in DIN 7182 T1 (Neufassung von 1986) genormt (Bild **1.**1).

Tabelle **1.**2 erläutert die wichtigsten Begriffe.

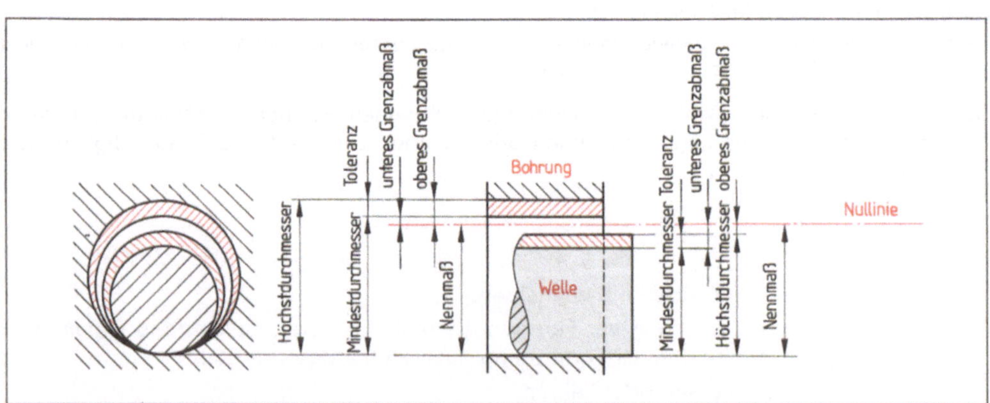

1.1 Benennungen im ISO-System für Toleranzen und Passungen nach DIN 7150 T1 (Welle und Bohrung)

10

Tabelle 1.2   Maß- und Toleranzbegriffe

Begriff	Erläuterung
Nennmaß N	Hauptmaß, auf das sich die Abmaße beziehen
Sollmaß	Maß, das während der Fertigung anzustreben ist
Istmaß I	das am Werkstück durch Messen tatsächlich festgestellte Maß
Grenzmaß G	Höchstmaß G_o und Mindestmaß G_u (früher Größtmaß G und Kleinstmaß K); sie begrenzen die nach oben und unten durch Grenzabmaße zugelassenen Maßabweichungen
Mittenmaß C	arithmetischer Mittelwert aus Höchstmaß G_o und Mindestmaß G_u
Grenzabmaße A_o, A_u	oberes Grenzabmaß A_o und unteres Grenzabmaß A_u ergeben mit dem Nennmaß die Grenzmaße
Istabmaß A_i	Unterschied zwischen Istmaß und Nennmaß
Paßmaß M_p	toleriertes Maß M, das zu einer Passung gehört (1.3)
Toleriertes Maß M	Nennmaß mit ISO-Toleranzkurzzeichen oder mit Grenzabmaßen
Freimaß	Nennmaß ohne Angabe von ISO-Toleranzkurzz. oder Grenzabmaßen, für das aber Allgemeintoleranzen gelten (z. B. Allgemeintoleranzen für Längenmaße, DIN 7168 T1, früher Freimaßtoleranzen genannt)
Maßtoleranz T	Höchstmaß minus Mindestmaß bzw. oberes minus unteres Grenzabmaß
ISO-Grundtoleranz T_g	die im Toleranzsystem festgelegte Maßtoleranz, die jeweils einem Genauigkeitsgrad und einem Nennmaßbereich zugeordnet ist
ISO-Toleranzfeld	Feld in einer grafischen Darstellung von Maßtoleranzen zwischen zwei Höchstmaß und Mindestmaß verkörpernden Linien
Nullinie	angenommene Linie, an der zul. Abweichung vom Nennmaß gleich Null
Formtoleranz T_F	größte zulässige Abweichung eines Formelements von seiner geometrisch idealen Form (1.4)
Lagetoleranz T_L	größte zulässige Abweichung eines Formelements von seiner idealen Lage; bei mehreren Formelementen: größte zulässige Abweichung von der idealen Lage zweier oder mehrerer Elemente zueinander
Allgemeintoleranz	Oberbegriff für Maß-, Form- und Lagetoleranzen; vereinfachter Ausdruck für die werkstattübliche Tolerierung von „Freimaßen" (z. B. Allgemeintoleranzen für Längenmaße DIN 7168 T1, früher Freimaßtoleranzen genannt)

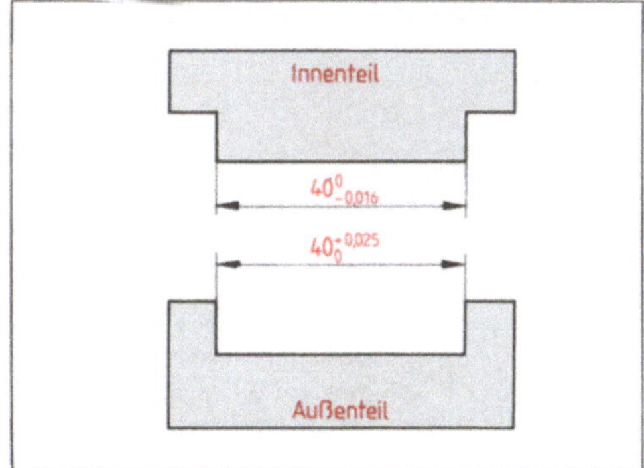

1.3   Paßmaßeintragung

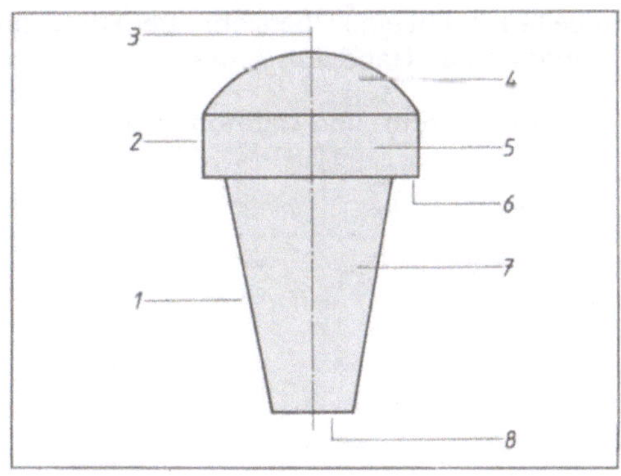

1.4   Geometrische Formelemente (Beispiele)

1 Kegelmantellinie	5 Zylindermantelfläche
2 Zylindermantellinie	6 ebene Ringfläche
3 Achse	7 Kegelmantelfläche
4 Kugelabschnittsfläche	8 ebene Kreisfläche

1.2.2 Form- und Lagetoleranzen

Neben den Maßtoleranzen müssen für die Fertigung auch Abweichungen von der idealen Form eines Werkstücks (Formtoleranzen) oder von der idealen Lage (Lagetoleranzen) von Formelementen zugelassen werden (**1.4**, s. Abschn. 1.2.1). Wie groß diese Form- und Lagetoleranzen sein dürfen, hängt – wie bei Maßtoleranzen – von der Aufgabe und Funktion des Werkstücks ab.

Form- und Lagetoleranzen müssen nicht grundsätzlich in die Zeichnung eingetragen werden, da sie zwangsweise durch die eingetragenen Maßtoleranzen mit begrenzt werden. Erforderlich ist eine Zeichnungseintragung immer dann, wenn die Form- und Lagetoleranzen für die Funktionstauglichkeit bzw. die wirtschaftliche Herstellung des betreffenden Teils unerläßlich sind.

Toleranzzone ist die Zone, in der alle Punkte eines geometrischen Formelements (Punkt, Linie, Fläche, Mittelebene, Raum) liegen müssen, z. B.

– die Fläche eines Kreises oder zwischen zwei Kreisen mit gemeinsamem Mittelpunkt (konzentrische Kreise),
– die Fläche zwischen zwei parallelen Geraden,
– der Raum innerhalb einer Kugel,
– der Raum innerhalb eines oder zwischen zwei Zylindern mit gemeinsamer Achse (koaxiale Zylinder),
– der Raum zwischen zwei parallelen Ebenen,
– der Raum innerhalb eines Quaders.

> **Formtoleranzen** begrenzen die zulässigen Abweichungen eines Formelements seiner geometrisch idealen Form. Sie bestimmen die Toleranzzone, in der das Element beliebige Form haben darf.
>
> **Lagetoleranzen** sind Richtungs-, Orts- oder Lauftoleranzen. Sie begrenzen die zulässigen Abweichungen von der geometrisch idealen Lage zweier oder mehrerer Formelemente zueinander.

Tabelle **1.5** gibt eine Übersicht über Form- und Lagetoleranzen und erläutert die Zeichnungseintragung an Hand von Anwendungsbeispielen.

Tabelle **1.5** **Form- und Lagetoleranzen**

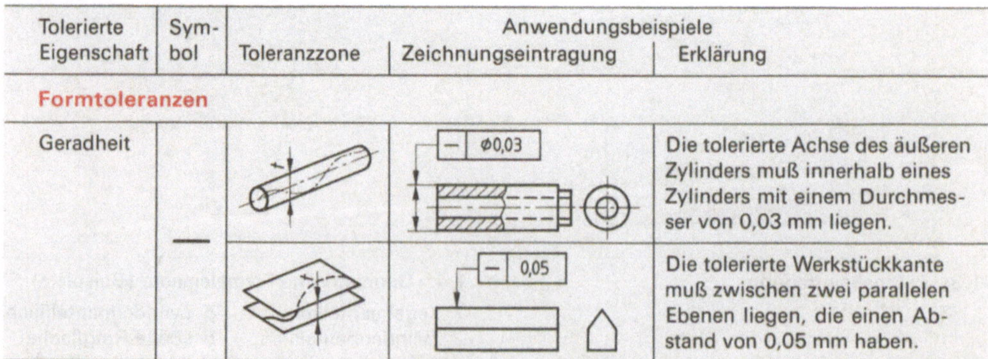

Tolerierte Eigenschaft	Symbol	Anwendungsbeispiele		
		Toleranzzone	Zeichnungseintragung	Erklärung
Formtoleranzen				
Geradheit	—		Ø0,03	Die tolerierte Achse des äußeren Zylinders muß innerhalb eines Zylinders mit einem Durchmesser von 0,03 mm liegen.
			0,05	Die tolerierte Werkstückkante muß zwischen zwei parallelen Ebenen liegen, die einen Abstand von 0,05 mm haben.

Fortsetzung s. nächste Seite

Tolerierte Eigenschaft	Symbol	Anwendungsbeispiele		
		Toleranzzone	Zeichnungseintragung	Erklärung
Formtoleranzen				
Ebenheit				Die tolerierte Fläche muß zwischen zwei parallelen Ebenen mit 0,02 mm Abstand liegen.
Rundheit (Kreisform)				Die tolerierte Umfangslinie muß immer zwischen zwei Kreisen mit gemeinsamem Mittelpunkt liegen, die einen Abstand von 0,05 mm haben.
Zylinderform				Die tolerierte Mantelfläche muß zwischen zwei Zylindern mit gemeinsamer Achse liegen, die einen Abstand von 0,1 mm haben.
Linienform				Das tolerierte Profil muß zwischen zwei Hüllinien liegen, die an Kreise vom Durchmesser 0,04 mm angelegt sind, wobei die Kreismittelpunkte auf der geometrisch idealen Profillinie liegen.
Flächenform				Die tolerierte Fläche muß zwischen zwei Hüllflächen an Kugeln mit 0,1 mm Durchmesser liegen, deren Mittelpunkte auf der geometrisch idealen Fläche liegen.
Lagetoleranzen				
Richtungstoleranzen				
Parallelität				Toleriert ist die Längsachse der oberen Bohrung. Sie muß in einem Quader mit dem Querschnitt $t_1 \cdot t_2 = 0,2 \text{ mm} \cdot 0,5 \text{ mm}$ liegen, die rechtwinklig zur Bezugsfläche A verlaufen.
				Die tolerierte Bohrungsachse muß zwischen zwei zur (unteren) Bezugsfläche parallelen Ebenen mit 0,02 mm Abstand liegen.
Rechtwinkligkeit				Die tolerierte Fläche muß zwischen zwei parallelen Ebenen mit dem Abstand $t = 0,05$ mm liegen, die rechtwinklig zur Bezugsfläche A verlaufen.

Fortsetzung s. nächste Seite

Tolerierte Eigenschaft	Symbol	Anwendungsbeispiele		
		Toleranzzone	Zeichnungseintragung	Erklärung
Lagetoleranzen				
Ortstoleranzen				
Konzentrizität und Koaxialität	◎	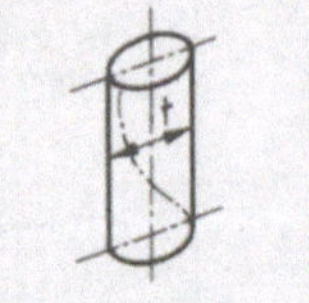	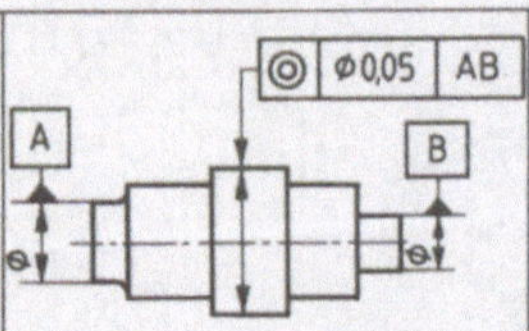 ◎ ϕ0,05 AB — A — B	Toleriert ist die Längsachse des mittleren Zylinders. Sie muß innerhalb eines Zylinders mit dem Durchmesser von 0,05 mm liegen, dessen Längsachse sich mit der Bezugsachse *AB* deckt.
Symmetrie	≡	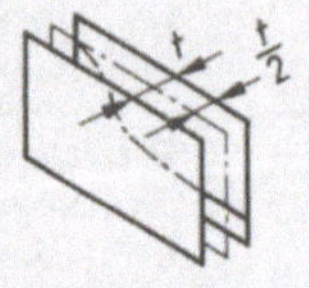	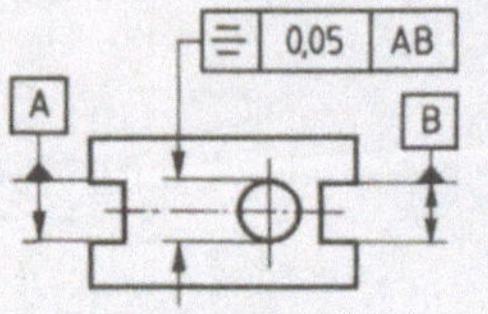 ≡ 0,05 AB — A — B	Die tolerierte Bohrungsachse muß zwischen zwei parallelen Ebenen mit 0,05 mm Abstand liegen, die symmetrisch zur Mittelebene der Aussparungen *A* und *B* angeordnet sind.
Lauftoleranzen				
Rundlauf	↗	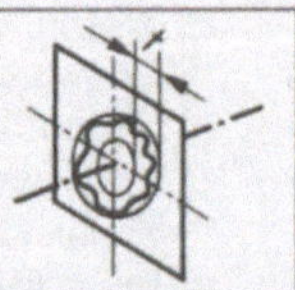	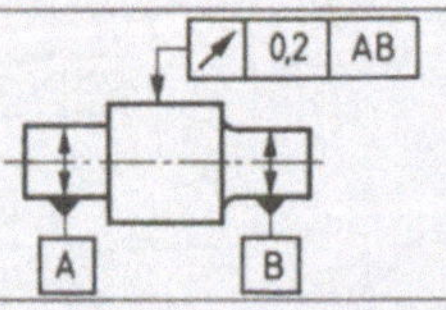 ↗ 0,2 AB — A — B	Bei Drehung um die Bezugsachse *AB* darf die Rundlaufabweichung (an beliebiger Stelle der Zylindermantelfläche) 0,2 mm nicht überschreiten.
Planlauf	↗	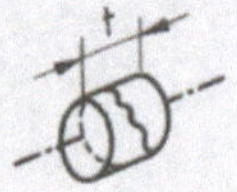	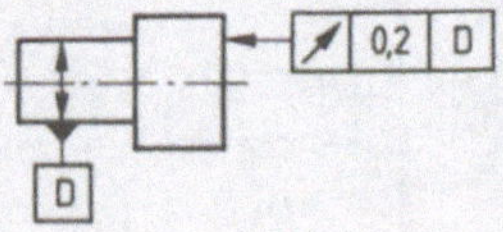 ↗ 0,2 D — D	Bei Drehung um die Bezugsachse *D* darf die Planlaufabweichung (an beliebigen Durchmessern der tolerierten Planfläche) 0,2 mm nicht überschreiten.

1.2.3 Passungen

Grundbegriffe. Neben den Maßen und Toleranzen sind auch die Grundbegriffe der Passungen in DIN 7182 genormt. Einige Begriffe und Kurzzeichen haben sich nach einer (zuletzt 1986 erfolgten) Überarbeitung erheblich geändert. Zur besseren Übersicht führen wir einige der bisher gültigen Begriffe zum Vergleich in Klammern auf:

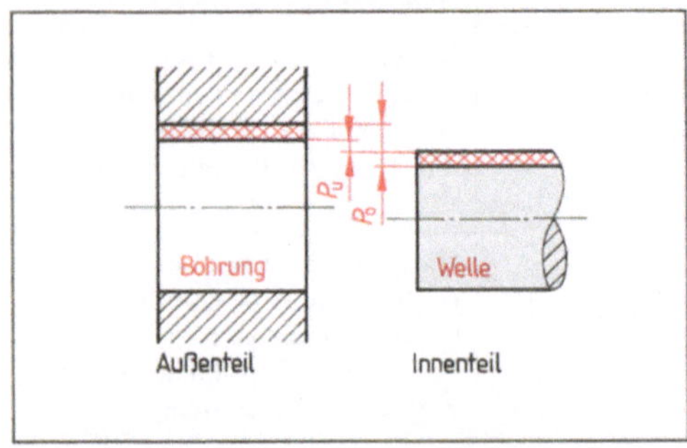

1.6 Höchstpassung P_o und Mindestpassung P_u

Passung *P*, Spiel P_S und Übermaß $P_{\"U}$ (früher Spiel *S* und Übermaß *U*) kennzeichnen den Unterschied zwischen dem Innenmaß eines Außenteils (Bohrung) und dem Außenmaß eines Innenteils (Welle). Die Passung ist dabei der Oberbegriff für Spiel oder Übermaß (vgl. Abschn. 1.2) und kann positiv oder negativ sein. Ist das Innenmaß des Außenteils größer als das Außenmaß des Innenteils, spricht man von Spiel (= positive Passung, Bild **1**.6), ist es kleiner, spricht man von Übermaß (= negative Passung).

Höchstpassung P_o – Größtmaß des Außenteils minus Kleinstmaß des Innenteils (früher Größtspiel genannt) oder
– Kleinstmaß des Innenteils minus Größtmaß des Außenteils (früher Kleinstübermaß)

Mindestpassung P_u – Kleinstmaß des Außenteils minus Größtmaß des Innenteils (früher Kleinstspiel) oder
– Größtmaß des Innenteils minus Kleinstmaß des Außenteils (früher Größtübermaß)

Der Bereich (Intervall) zwischen Höchst- und Mindestpassung wird **Paßtoleranzfeld** genannt und kann in drei Arten unterschieden werden (1.7):

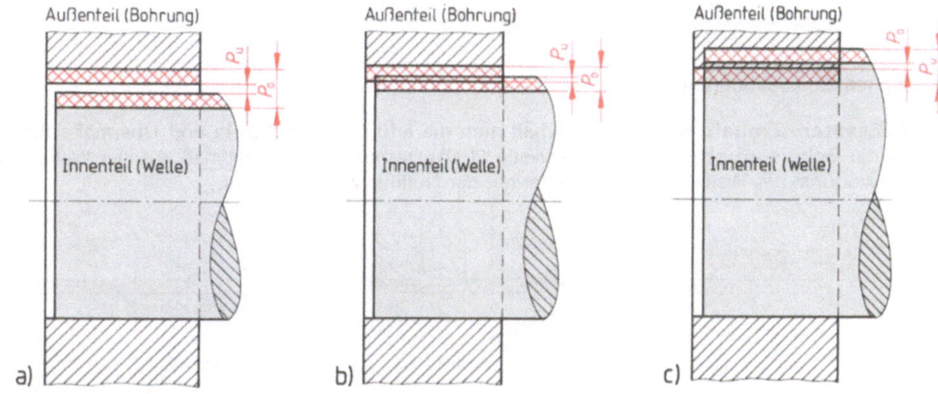

1.7 Paßtoleranzfeld

a) Spieltoleranzfeld, b) Übergangstoleranzfeld, c) Übermaßtoleranzfeld

P_o = Höchstpassung, P_u = Mindestpassung

Spieltoleranzfeld (früher Spielpassungen): Hier liegt zwischen den Paßteilen immer ein Spiel (Kleinstspiel 0 oder größer) vor. Das Spieltoleranzfeld ist der Bereich zwischen positiver Höchst- und Mindestpassung (Mindestpassung mindestens 0).

Übermaßtoleranzfeld (früher Übermaßpassungen, Preßpassungen): Hier ergibt die Paarung der Paßteile immer ein Übermaß (Kleinstübermaß 0 oder größer). Das Übermaßtoleranzfeld ist der Bereich zwischen Höchstpassung (Höchstpassung höchstens 0) und negativer Mindestpassung.

Übergangstoleranzfeld (früher Übergangspassungen): Hier ergibt sich je nach Ausfall der Istmaße ein Spiel oder ein (geringes) Übermaß. Das Übergangstoleranzfeld ist der Bereich zwischen positiver Höchstpassung und negativer Mindestpassung.

Zwischen zwei zu paarenden Bauteilen (z.B. Bohrung und Welle) kann Spiel oder Übermaß vorliegen. Man unterscheidet danach die drei Paßtoleranzfelder Spiel-, Übergangs- oder Übermaßtoleranzfeld.

Paßsysteme. Wie die Passung ausfallen soll, überläßt man nur in Grenzen dem Zufall. Diese Grenzen werden durch die Toleranzvorgabe für die Fertigung festgelegt. Dazu dienen die Paßsysteme.

Im ISO-Paßsystem der Einheitsbohrung (EB) ist das untere Grenzabmaß A_u für alle Bohrungen gleich Null, wodurch das Bohrungskleinstmaß immer mit der Nullinie zusammenfällt (**1.8**). Die gewünschten Spiele und Übermaße werden durch die Tolerierung der Wellenmaße festgelegt (Anpassung der Wellendurchmesser an die Bohrung).

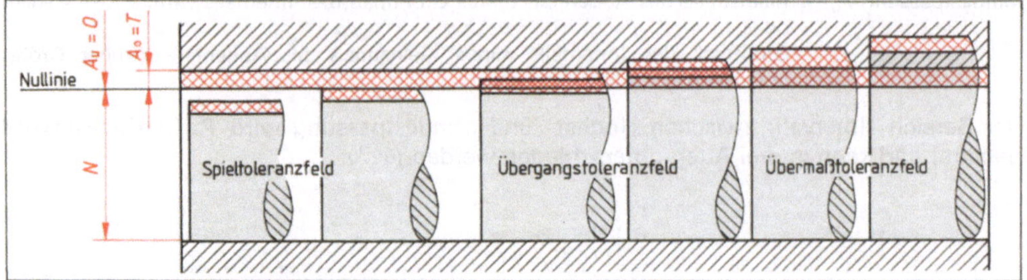

1.8   Paßsystem Einheitsbohrung

Im ISO-Paßsystem Einheitswelle (EW) erhält man die erforderlichen Spiele und Übermaße durch Anpassung der Bohrungsdurchmesser an die Welle (**1.9**). Das obere Grenzabmaß A_o aller Wellen ist gleich Null, wodurch das Wellengrößtmaß immer mit der Nullinie zusammenfällt.

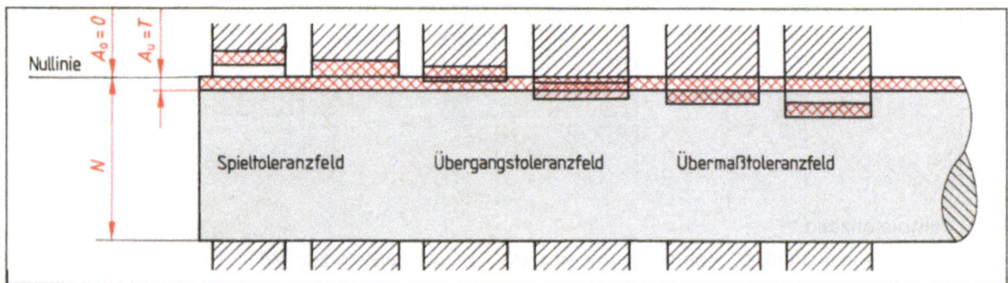

1.9   Paßsystem Einheitswelle

Die Paßtoleranz P_T ist die Differenz von Höchst- und Mindestpassung. Sie entspricht gleichzeitig der Summe der Maßtoleranzen von Innen- und Außenpaßfläche (z. B. bei Bohrung B und Welle W).

Paßtoleranz = Höchstpassung − Mindestpassung = Maßtoleranz Außenteil + Maßtoleranz Innenteil
$$P_T = P_o - P_u = T_a + T_w$$

ISO-Toleranzsystem (DIN 7150). Die ISO-Toleranzen sind vorerst für Abmessungen von 1 bis 500 mm festgelegt und in 13 Nennmaßbereiche aufgeteilt:

1 bis 3 mm	>18 bis 30 mm	> 80 bis 120 mm	>250 bis 315 mm
> 3 bis 6 mm	>30 bis 50 mm	>120 bis 180 mm	>315 bis 400 mm
> 6 bis 10 mm	>50 bis 80 mm	>180 bis 250 mm	>400 bis 500 mm
>10 bis 18 mm			

ISO-Toleranzklassen. Für jeden dieser Nennmaßbereiche gibt es 20 verschieden groß gestufte (und mit den Zahlen 01, 0, 1, 2 bis 18 benannte) Toleranzen, die man ISO-Toleranzklassen (bisher Qualitäten) nennt. Zur ISO-Toleranzklasse 01 gehören die kleinsten, zu 18 die größten Toleranzen. Hierbei wird berücksichtigt, daß bei größeren Werkstückabmessungen auch die Toleranzen zunehmen müssen, um einen gleichbleibenden „Gütewert" zu gewährleisten. Zur Beschreibung der Gesamtheit der Toleranzen innerhalb einer Qualität dient eine ISO-Grundtoleranzenreihe (Tabelle **1.10**).

Grundtoleranzen-reihe	IT5	IT6	IT7	IT8	IT9	IT10	IT11	IT12	IT13	IT14	IT15	IT16	IT17	IT18
Anzahl der Toleranzeinheiten	≈ 7	10	16	25	40	64	100	160	250	400	640	1000	1600	2500

Entsprechend den ISO-Toleranzklassen werden die ISO-Grundtoleranzen mit IT01 bis IT18 bezeichnet (IT = ISO-Toleranzreihe IT). Der hier zugrunde gelegte (international festgelegte) Toleranzfaktor i (bisher Toleranzeinheit i genannt) hat den Wert 2,173 µm (Mikrometer = ein Tausendstel Millimeter).

Während man die ISO-Grundtoleranzen IT01 bis IT7 überwiegend für die Lehrenherstellung verwendet, dienen IT5 bis IT13 für die spanende Werkstückbearbeitung (Drehen, Fräsen, Schleifen usw.) und IT14 bis IT18 für die spanlose Formgebung (Umformverfahren, z.B. Walzen, Ziehen, Schmieden usw.).

Bezeichnung der ISO-Toleranzen. Die Lage der Toleranzfelder zur Nullinie wird mit Großbuchstaben (Außenteile, z.B. Bohrungen, Bild **1**.11) oder Kleinbuchstaben (Innenteile, z.B. Wellen, Bild **1**.12) angegeben. Die Buchstaben I, L, O, Q, W und i, l, o, q, w werden zur Kennzeichnung nicht verwendet, da sie anfangs nicht gebraucht wurden. Da später aber noch Übermaßpassungen ergänzt werden mußten, sind die Bezeichnungen ZA, ZB, ZC

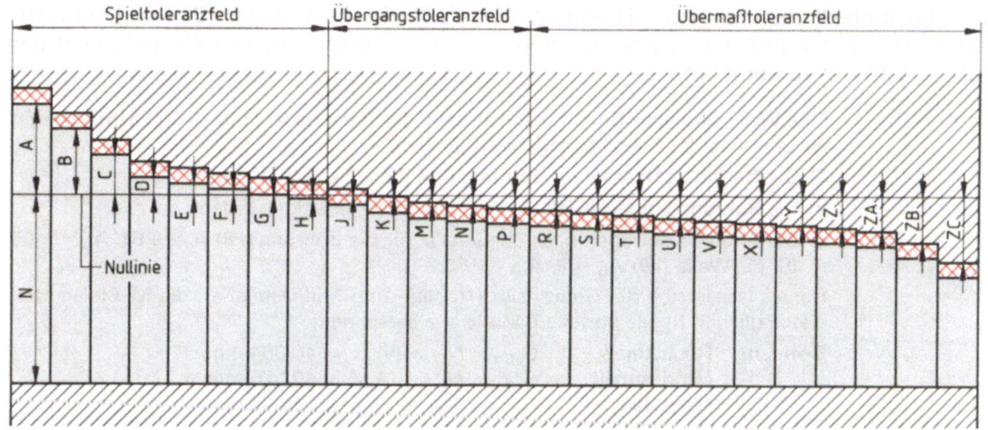

1.11 Toleranzfelder für Außenteile (Bohrungen)

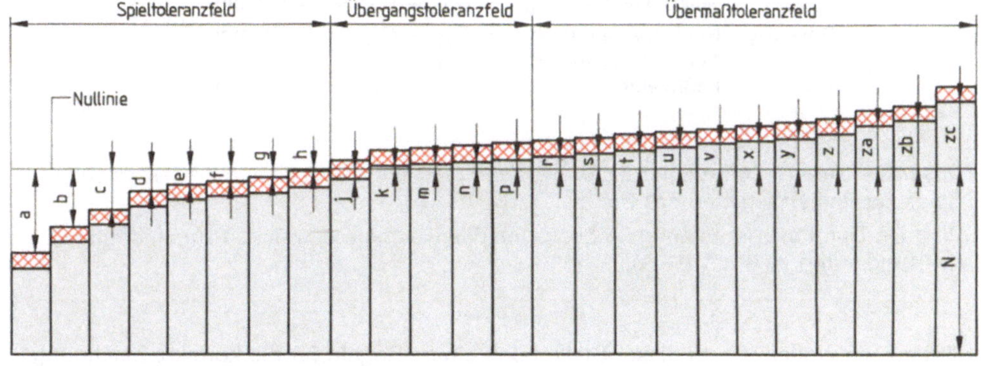

1.12 Toleranzfelder für Innenteile (Wellen)

bzw. za, zb, zc dazugekommen. Die G r ö ß e eines Toleranzfelds wird durch die ISO-Toleranz-klassen-Zahlen 01 bis 18 beschrieben.

Das vollständige ISO-Toleranzkurzzeichen besteht demnach aus Buchstaben (für die Toleranzfeldlage) und Zahlen (für die Toleranzfeldgröße), z. B. H7 oder n6.

1.2.4 Passungsauswahl nach DIN 7154, 7155 und 7157

Grundsätzlich kann man alle Toleranzfelder für Außen- und Innenteile beliebig miteinander kombinieren. Aus wirtschaftlichen Erwägungen (Rücksicht auf Werkzeug- und Meßgeräte-kosten) wurde jedoch eine Auswahl bevorzugt.

Beim ISO-Paßsystem der Einheitsbohrung (EB) beschränkte man sich auf die acht Bohrungen (bzw. Außenteile) H6 bis H13 (DIN 7154), wozu jeweils mehrere Wellen (Innendurchmesser) mit größeren oder kleineren Durchmessern gehören.

Beim ISO-Paßsystem der Einheitswelle (EW) sind es die acht Wellen (Innenteile) h5, h6, h8 bis h13 (DIN 7155). Auch hierzu gibt es wieder entsprechend mehrere größere oder kleinere Bohrungen (Außendurchmesser).

Beim Auswahlsystem nach DIN 7157 wurde aus den beiden Paßsystemen Einheitsbohrung und Einheitswelle eine noch knappere, wirtschaftliche Auswahl von Passungen zusammengestellt. Für Konstruktion und Fertigung reicht sie meist aus. Die Abmaße sind den Tabellenbüchern zu entnehmen.

Beispiel 1.1 Eine Welle und eine Bohrung sollen nach der Passungsangabe $\varnothing$ 40 F8/h9 gefertigt werden. Aus der Passungsangabe ergibt sich:

a) Der Nenndurchmesser für Bohrung und Welle beträgt 40 mm.

b) Die Bohrung soll nach F8, die Welle nach h9 gefertigt werden.

c) Die Abmaße betragen nach der Tabelle für die Bohrung (F8) $A_o = +64$, $A_u = +25$, für die Welle (h9) $A_o = 0$, $A_u = -62$.

Daraus lassen sich die Grenzmaße (Höchst- und Mindestmaße), die Maßtoleranzen, die möglichen Spiele und die Paßtoleranz berechnen.

Bohrung	Höchstmaß	$G_{oB} = N + A_o$	$= 40,064$ mm
	Mindestmaß	$G_{uB} = N + A_u$	$= 40,025$ mm
	Maßtoleranz	$T_B = G_{oB} - G_{uB}$	$= 0,039$ mm
Welle	Höchstmaß	$G_{oW} = N + A_o$	$= 40,000$ mm
	Mindestmaß	$G_{uW} = N + A_u$	$= 39,938$ mm
	Maßtoleranz	$T_W = G_{oW} - G_{uW}$	$= 0,062$ mm
Passung	Höchstpassung	$P_o = G_{oB} - G_{uW}$	$= 0,126$ mm
	Mindestpassung	$P_u = G_{uB} - G_{oW}$	$= 0,025$ mm
	Paßtoleranz	$P_T = P_o - P_u$	$= 0,101$ mm

Das ISO-Toleranz-Kurzzeichen (z. B. h9) wird stets hinter das Nennmaß geschrieben. Beide zusammen ergeben das Paßmaß (z. B. 40 F8).

Wird ein Durchmesser toleriert, gehört auch das Durchmesserzeichen zur eindeutigen Kennzeichnung (z. B. $\varnothing$ 40 F8).

Zur Ergänzung wollen wir an dieser Stelle noch einige Regeln für die korrekte Zeichnungseintragung anschließen.

- ISO-Kurzzeichen sind etwa 0,7mal so hoch wie die Maßzahl, jedoch nicht kleiner als 2,5 mm.
- ISO-Kurzzeichen für Innenmaße werden als Großbuchstaben höher, für Außenmaße als Kleinbuchstaben tiefer als die Maßzahl eingetragen.
- Ineinandergesteckt gezeichnete Paßteile haben eine gemeinsame Maßlinie. Die ISO-Kurzzeichen werden hierbei übereinander angeordnet hinter die Maßzahl gezeichnet (**1.13**).

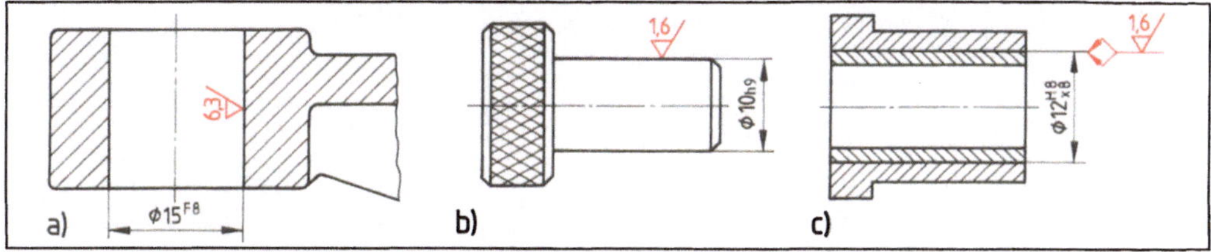

1.13 Eintragung der ISO-Toleranzkurzzeichen

a) Paßmaß für Innenmaß, b) Paßmaß für Außenmaß, c) Kurzzeichen für Innenmaße stehen über denen für Außenmaße

1.2.5 Allgemeintoleranzen

In vielen Zeichnungen kann man auf die Eintragung von Paßmaßen verzichten, wenn nicht besondere Ansprüche gestellt werden müssen. Selbstverständlich gelten auch für solche Zeichnungen Maß-, Form- oder Lagetoleranzen, aber eben allgemeingültige „Allgemeintoleranzen" (früher Freimaßtoleranzen genannt, **1.14**).

Tabelle **1.14**   **Allgemeintoleranzen – Übersicht**

a) Obere und untere Abmaße für Längenmaße (Auszug aus DIN 7168 T1)

Genauig-keitsgrad	Abmaße in mm für Nennmaßbereich in mm								
	0,5 bis 3	>3 bis 6	>6 bis 30	>30 bis 120	>120 bis 400	>400 bis 1000	>1000 bis 2000	>2000 bis 4000	>4000 bis 8000
f (fein)	± 0,05	± 0,05	± 0,1	± 0,15	± 0,2	± 0,3	± 0,5	± 0,8	–
m (mittel)	± 0,1	± 0,1	± 0,2	± 0,3	± 0,5	± 0,8	± 1,2	± 2	± 3
g (grob)	± 0,15	± 0,2	± 0,5	± 0,8	± 1,2	± 2	± 3	± 4	± 5
sg (sehr grob)	–	± 0,5	± 1	± 1,5	± 2	± 3	± 4	± 6	± 8

b) Obere und untere Abmaße für Rundungshalbmesser und Fasenhöhen (Schrägungen) nach DIN 7168 T1

Genauig-keitsgrad	Abmaße in mm für Nennmaßbereich in mm				
	0,5 bis 3	>3 bis 6	>6 bis 30	>30 bis 120	>120 bis 400
f (fein) u. m (mittel)	± 0,2	± 0,5	± 1	± 2	± 4
g (grob) und sg (sehr grob	± 0,2	± 1	± 2	± 4	± 8

c) Obere und untere Abmaße für Winkelmaße nach DIN 7168 T1

Genauig-keitsgrad	Abmaße in Winkeleinheiten für Nennmaßbereich in mm (Länge des kürzeren Schenkels)				
	≦10 Grad	>10 bis 50 Grad	>50 bis 120 Grad	>120 bis 400 Grad	>400
f (fein) u. m (mittel)	± 1°	± 30'	± 20'	± 10'	± 5'
g (grob)	± 1°30'	± 50'	± 25'	± 15'	± 10'
sg (sehr grob)	± 3°	± 2°	± 1°	± 30'	± 20'

d) Allgemeintoleranzen für Geradheit und Ebenheit nach DIN 7168 T 2

Genauig-keitsgrad	Allgemeintoleranz in mm für Geradheit und Ebenheit für Nennmaßbereich in mm								
	bis 6	> 6 bis 30	> 30 bis 120	> 120 bis 400	> 400 bis 1000	> 1000 bis 2000	> 2000 bis 4000	> 4000 bis 8000	> 8000
R	0,004	0,01	0,02	0,04	0,07	0,1	–	–	–
S	0,008	0,02	0,04	0,08	0,15	0,2	0,3	0,4	–
T	0,025	0,06	0,12	0,25	0,4	0,6	0,9	1,2	1,8
U	0,1	0,25	0,5	1	1,5	2,5	3,5	5	7

e) Allgemeintoleranz für Zylinderform nach DIN 7168 T 2

Außenmaße (z. B. Wellen)	Die Werkstück-Oberfläche darf die geometrisch ideale Form mit Höchstmaß nicht überschreiten (Hüllbedingung), außerdem das Istmaß an keiner Stelle das Mindestmaß unterschreiten.	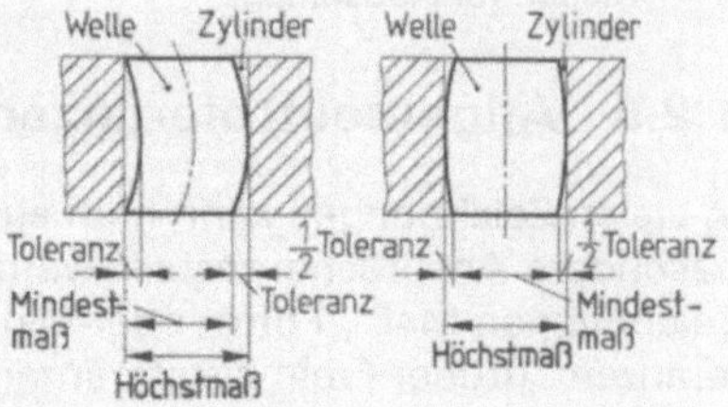
Innenmaße (z. B. Bohrungen)	Die Formelement-Oberfläche darf die geometrisch ideale Form (Zylinder) mit Mindestmaß nicht unterschreiten (Hüllbedingung), außerdem das Istmaß an keiner Stelle das Höchstmaß überschreiten.	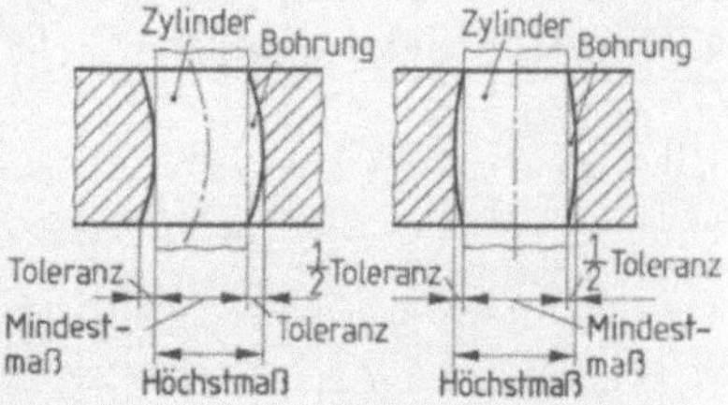

Für die Begrenzung der Abweichung von der Parallelität gelten die gleichen Bedingungen (s. Norm).

f) Allgemeintoleranzen für Symmetrie nach DIN 7168 T 2

Genauigkeitsgrad	Symmetrietoleranz in mm
A	0,3
B	0,5
C	1
D	2

g) Allgemeintoleranzen für Rundlauf und Planlauf nach DIN 7168 T 2

Genauigkeitsgrad	Rundlauf- und Planlauftoleranz in mm
A	0,1
B	0,2
C	0,5
D	1

Zu jeder Art der genormten Allgemeintoleranzen gibt es Tabellen, die als Stempelaufdruck oder Klebefolie auf den Zeichnungen angebracht werden können.

1.2.6 Anwendungsbeispiele wichtiger Passungen

In der Tabelle 1.15 finden Sie in einer Übersicht Beispiele für die gebräuchlichsten Passungen.

Tabelle 1.15   Kennzeichen und Anwendungsbeispiele wichtiger Passungen

	ISO-Passungen nach DIN			Kennzeichen	Anwendungsbeispiele
	7154 Einheits-bohrung	7155 Einheits-welle	7157 Passungs-auswahl		
Übermaß-toleranzfeld	H7/s6 H7/r6	R7/h6 S7/h6	H8/x8 bis u8 H7/r6	Teile unter hohem Druck, durch Erwärmen oder Kühlen fügbar. Zusätzliche Sicherung gegen Verdrehung nicht erforderlich.	Kupplungen auf Wellenenden, Buchsen in Radnaben, festsitzende Zapfen und Bunde, Bronzekränze auf Schneckenradkörpern, Ankerkörper auf Wellen
Übergangstoleranzfeld	H7/n6	N7/h6	H7/n6	Festsitzteile unter hohem Druck fügbar. Hierbei ist eine zusätzliche Sicherung gegen Verdrehen erforderlich.	Zahn- und Schneckenräder, Lagerbuchsen, Winkelhebel, Radkränze auf Radkörpern, Antriebsräder
	H7/m6	M7/h6		Treibsitzteile unter erheblichem Kraftaufwand, z. B. mit Handhammer fügbar. Sichern gegen Verdrehen ist erforderlich.	Teile an Werkzeugmaschinen, die ausgewechselt werden müssen (z. B. Zahnräder, Riemenscheiben, Kupplungen, Zylinderstifte, Paßschrauben)
	H7/k6	K7/h6	H7/k6	Haftsitzteile unter geringem Kraftaufwand fügbar. Sichern gegen Verdrehen und Verschieben erforderlich.	Riemenscheiben, Zahnräder und Kupplungen sowie Wälzlagerinnenringe auf Wellen für mittlere Belastungen, Bremsscheiben
Spieltoleranzfeld	H7/h6	H7/h6	H7/h6	Gleitsitzteile bei guter Schmierung durch Handdruck verschiebbar.	Pinole im Reitstock, Fräser auf Fräsdornen, Wechselräder, Säulenführungen, Dichtungsringe
	H8/h9	H8/h9	H8/h9	Schlichtgleitsitzteile leicht fügbar und über längere Wellenteile verschiebbar.	Scheiben, Räder, Kupplungen, Stellringe, Handräder, Hebel, Keilsitz für Transmissionswellen
	H7/f7	F7/h6	H7/f7	Laufsitze gewähren ein leichtes Verschieben der Paßteile und haben ein reichliches Spiel, das eine einwandfreie Schmierung erleichtert.	Meist angewendete Lagerpassung im Maschinenbau, bei Lagerung der Welle in zwei Lagern (z. B. Spindellagerung an Werkzeugmaschinen, Kurbel- und Nockenwellenlagerung)
	H8/f8	F8/h9	F8/h9	Schlichtlaufsitzteile haben merkliches bis reichliches Spiel, so daß sie gut ineinander beweglich sind.	Für mehrfach gelagerte Wellen; Kolben in Zylindern, Ventilspindeln in Führungsbuchsen, Lager für Zahnrad- und Kreiselpumpen, Kreuzkopfführungen
	H11/ h11	H11/ h11	H11/h11	Paßteile haben große Toleranzen bei geringem Spiel.	Teile, die verstiftet, verschraubt, zusammengesteckt und verschweißt werden (z. B. Griffe, Hebel, Kurbeln)

1.3 Prüfen von Längen und Winkeln

Längen und Winkel prüft man durch Messen oder Lehren. Aus der Grundstufe (s. Metallfachkunde 1, Abschn. 9) besitzen Sie bereits ein Grundlagenwissen über die gebräuchlichsten Längen- und Winkelprüfgeräte.

Sie erinnern sich an die Einteilung der Prüfmittel. Sie haben gelernt, daß man die Meßgeräte in anzeigende Meßgeräte und Maßverkörperungen einteilt, die Lehren in Maßlehren und Formlehren. Mit Längenmeßgeräten wie Strichmaßstäben, Endmaßen (die man auch als Lehren verwenden kann), Meßschiebern, Meßschrauben und Meßuhren sind Sie vertraut. Unter den Lehren kennen Sie die beiden wichtigsten Grenzlehren Grenzlehrdorn (für Bohrungen) und Grenzrachenlehre (für Wellen oder andere Außenmaße).

Auf die in der Grundstufe ausführlich besprochenen Lerninhalte wollen wir in der Fachstufe nur dann näher eingehen, wenn es zum Verständnis des neuen Stoffes erforderlich bzw. sinnvoll ist.

1.3.1 Längenprüfung mit Meßgeräten

In der Längenprüftechnik unterscheidet man nach der (überwiegenden) Wirkungsweise mechanische, optische, pneumatische und elektrische (bzw. elektronische) Längenmeßgeräte.

Mechanische Längenmeßgeräte. Hierzu gehören auch die Ihnen bereits bekannten Meßgeräte wie Meßschieber, Meßschraube und Meßuhr. Bei steigenden Genauigkeitsansprüchen verkleinert man den Meßbereich des Meßgeräts und übersetzt die Anzeige (Skalenwert). Das wird Ihnen sofort klar, wenn wir vom Funktionsprinzip der Meßuhr ausgehen (**1.16**).

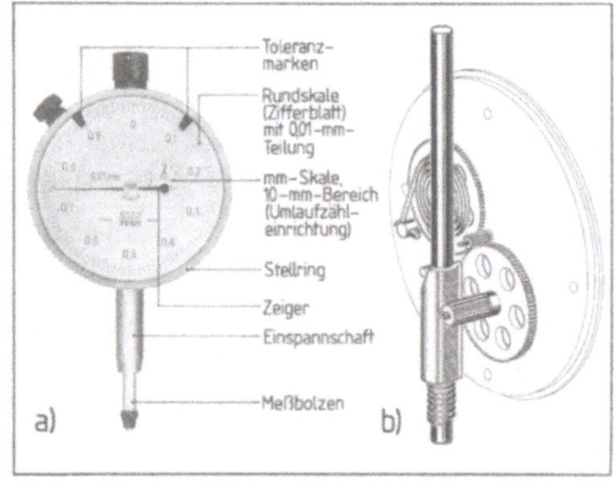

1.16 Meßuhr (a) und Wirkungsweise (b)

Die Meßbereiche der Meßuhren sind nach DIN 878 genormt. Meßuhren mit einem Meßbereich von 10 oder 3 mm haben einen Skalenwert (also eine Ablesegenauigkeit) von 0,01 (Hundertstel) mm. Die ganzen Millimeter werden (bei mehreren Zeigerumläufen) mit einer zusätzlich in der Rundskale (Ziffernblatt) untergebrachten Umlaufzähleinrichtung abgelesen. Bei einem Meßbereich von 10 mm kann das Umlaufzählwerk (je mm Meßbolzenweg eine Zeigerumdrehung) bis zu 10 Umläufe anzeigen. Vergrößern wir nun die Ablesegenauigkeit, indem wir den Skalenwert z. B. auf 0,001 (Tausendstel) mm verkleinern, erhalten wir eine Meßuhr mit gleichem Aufbau bei einem Meßbereich von nur noch einem Millimeter. Das Umlaufzählwerk zählt nun allerdings nur noch (bis zu 10mal) die bei einer Zeigerumdrehung gemessenen Zehntelmillimeter.

Bei steigenden Genauigkeitsansprüchen verkleinert man den Meßbereich (also den Weg, über den mit einem Meßgerät gemessen werden kann) und den Skalenwert (die z. B. zwischen zwei Strichen ablesbare Längeneinheit).

Tabelle **1**.17 zeigt die Zusammenhänge zwischen Meßbereich und Skalenwert bei genormten Längenmeßgeräten in einer Übersicht.

Benennung		Skalenteilungswert	Meßbereich	nach
Parallelendmaße		–	bis 1000	DIN 861 T1
Meßschieber		0,1 oder 0,05	bis 2000	DIN 862
Meß-schrauben	Bügelmeßschraube	0,01	bis 500	DIN 863 T1
	Einbaumeßschraube	0,01	bis 25	DIN 863 T2
	Tiefenmeßschraube	0,01	bis 25	DIN 863 T2
Meßuhren		0,01	bis 10	DIN 878
Feinzeiger	mit mechanischer Anzeige	50, 10, 5, 2, 1 oder 0,5 μm	bis 3	DIN 879 T1
	mit elektrischen Grenzkontakten	50, 10, 5, 2, 1 oder 0,5 μm	bis 3	DIN 879 T3
Fühlhebelmeßgeräte		0,01	bis 1,6	DIN 2270

Fühlhebelmeßgeräte haben einen Meßfühler, der bis zu einem bestimmten Winkel in einer Achse geschwenkt werden kann (**1.18**). Der Skalenwert beträgt nach DIN 2270 meist 0,01 mm, das Skalenblatt ist zur Nullstellung drehbar. Fühlhebelmeßgeräte dienen in der Regel zur U n t e r s c h i e d s m e s s u n g, z. B. bei Rundlaufprüfungen oder beim Zentrieren von Werkstücken (**1.19**). Die Abtastung erfolgt durch eine hartverchromte Tastkugel (meist 2 oder 1 mm Durchmesser), das Hebelwerk ist kugelgelagert.

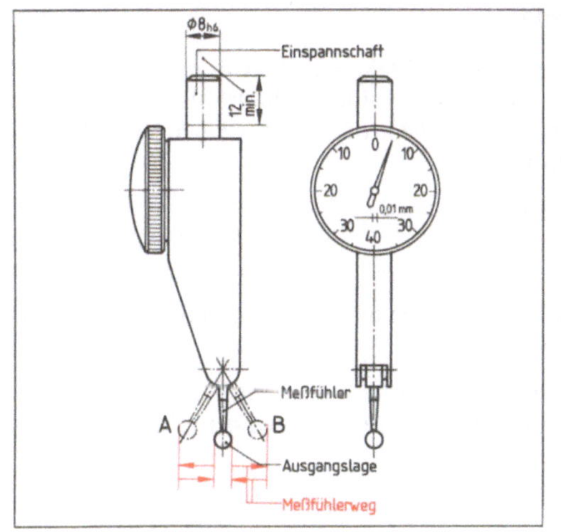

1.18   Fühlhebelmeßgerät nach DIN 2270
   ← —→ Bewegung des Meßfühlers entgegen der Meßkraftrichtung
   —→ ← Bewegung des Meßfühlers in Richtung der Meßkraftrichtung

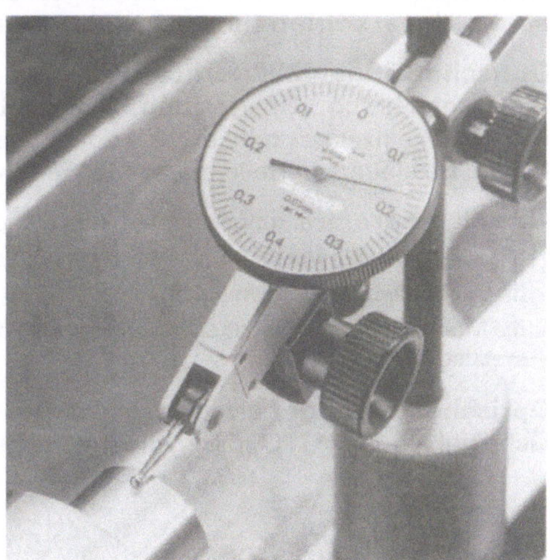

1.19   Rundheitsprüfung mit dem Fühlhebelmeßgerät

Mechanische Feinzeiger haben im Gegensatz zur Meßuhr einen Zeigerausschlag, der kleiner als 360° ist (**1.20**). Die Notwendigkeit einer Umlaufzähleinrichtung entfällt daher. Wie die Meßuhren haben auch Feinzeiger (gelegentlich auch Minimeter oder Feintaster genannt) einen Meßbolzen, der über einen bestimmten Weg innerhalb des Meßbereichs verschiebbar ist. Die Wegübersetzung (Vergrößerung der Anzeige) kann bei Feinzeigern allerdings erheblich größer als bei der Meßuhr sein. Meist ist sie 1000:1, jedoch sind auch

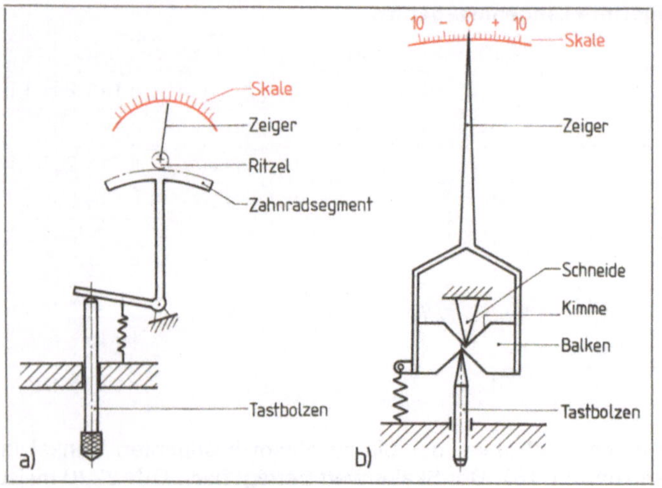

1.20
Wirkungsweise mechanischer Feinzeiger
a) Hebel mit Zahnradsegment
b) Hebelübersetzung

Übersetzungen von 100 000 : 1 möglich. Ermöglicht wird das durch nahezu spielfrei arbeitende (einstufige oder mehrstufige) Hebelwerke, die oft noch Ritzel und Zahnsegmente enthalten. Da diese aber nur in einem kleinen Wegbereich konstant arbeiten, haben Feinzeiger sehr kleine Meßbereiche (meist ± 0,05 mm bei einem Skalenwert von 0,001 mm). Sie sind daher nur für Unterschiedsmessungen verwendbar.

Optische Längenmeßgeräte tasten das zu prüfende Werkstück fast immer optisch an. Die Vergrößerung (Übersetzung) kann dabei z. B. durch reine Lichtstrahlen-Umlenkung (optische Feinzeiger) oder durch Lupen, Linsensysteme (Mikroskop oder Fernrohr) usw. erfolgen. Besondere Vorteile dieser Meßverfahren z. B.

- die Möglichkeit berührungsfreier Messung (Lupe, Mikroskop),
- die Masse- und Trägheitsfreiheit der Lichtstrahlen,
- die Ausschließung von Umkehrspiel,
- die Möglichkeit verschiedener Vergrößerungen durch Kombination unterschiedlicher optischer Linsensysteme.

Optische Feinzeiger ersetzen den langen Hebelarm des mechanischen Feinzeigers durch Lichtstrahlen (**1.21**). Durch mehrfache Umlenkung (Reflexion) kann die Richtungsabwei-

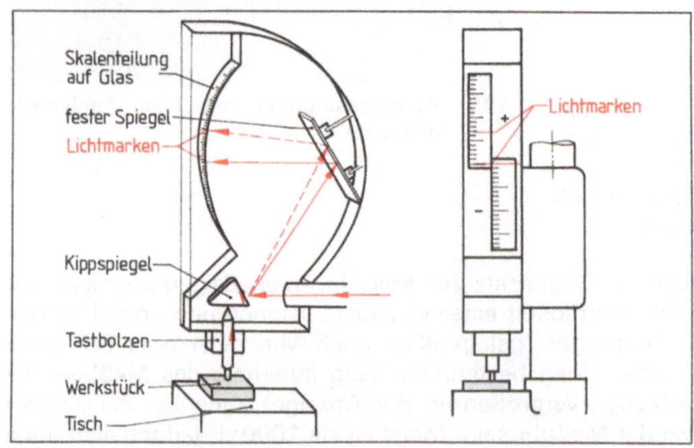

1.21
Wirkungsweise eines optischen Feinzeigers

chung noch vergrößert werden. Auf diese Weise entstehen optische Feinzeiger mit großen Übersetzungen bei kleiner Bauweise.

Der Tastbolzen schwenkt einen Kippspiegel. Der Einfallswinkel des Lichtstrahlenbündels einer Lichtmarke wird dadurch verändert (denken Sie an die Strahlenoptik in der Physik: Einfallswinkel gleich Ausfallswinkel). Der reflektierte Lichtstrahl hat jetzt eine andere Richtung als vorher. Er trifft nun auf einen festen Spiegel und wird von dort z. B. auf eine auf Glas geätzte Strichskale (Mattscheibenskale) reflektiert.

Pneumatische Längenmeßgeräte erfassen die Längenänderung durch eine Druckänderung oder durch Veränderung der Strömungsgeschwindigkeit (Durchflußmenge) von Druckluft (gefiltert, 0,75 bis 2 bar). Diese Veränderungen werden gemessen und der Längenänderung auf einer Skale zugeordnet. Die Anzeige kann entweder über Zeigergeräte (Feinzeiger) oder (bei der Durchflußmengenmessung) über Säulengeräte erfolgen. Bei den letzteren befinden sich kleine Anzeige-Zylinder (als Schwebekörper) in einem mit einer Skale versehenen, leicht kegeligen Glasrohr. Sie werden entgegen der Schwerkraft durch den Luftstrom bewegt. Ändert sich die Strömungsgeschwindigkeit der Luft (Durchflußmenge je Zeiteinheit), finden die Zylinder ihre Gleichgewichtsstellung auf unterschiedlicher Höhe.

Ein großer Vorteil der pneumatischen Meßverfahren liegt in der nahezu berührungsfreien und daher verschleißarmen Meßmethode. Nachteilig ist dagegen, daß starke Rauhtiefenschwankungen oder über 3 µm liegende Rauhtiefen das Meßergebnis verfälschen können.

Pneumatische Feinzeiger arbeiten nach dem Druckmeßverfahren. Man mißt dabei den **Staudruck** in der Meßkammer zwischen Meßdüse und Vordüse (**1.22**). Das (Druck-)Meßgerät erhält eine Skalenteilung in **Längeneinheiten**, meist mit einem Skalenwert von 0,001 (Tausendstel) mm.

Daß der gemessene Staudruck von der Spaltdicke S des Meßspalts abhängt, ist leicht einsehbar, wenn man sich die folgenden beiden Grenzfälle vorstellt (**1.23**):

– Ist der Spalt geschlossen ($S = 0$), kann keine Luft austreten. In diesem Fall ist der gemessene Meßdruck gleich dem Regeldruck p_1.

– Ist der Spalt sehr groß, tritt eine durch die Meßdüse in ihrer Größe begrenzte Luftmenge aus. In diesem Fall hat der Meßdruck seinen Minimalwert.

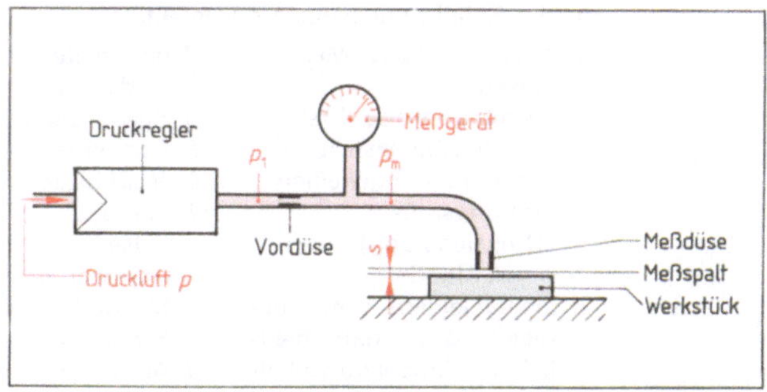

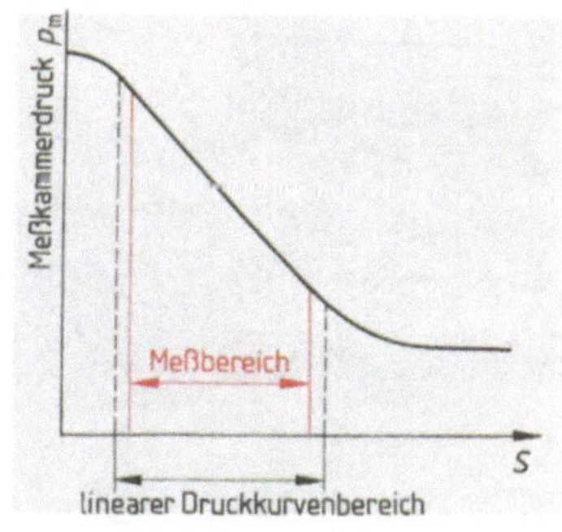

1.22 Wirkungsweise pneumatischer Längenmeßgeräte (Druckmeßverfahren)

1.23 Meßbereich beim Druckmeßverfahren

Zwischen diesen Grenzfällen gibt es einen Bereich, in dem sich der Druckkurvenverlauf linear zur Spaltdicke verhält (Kurve ist eine Gerade, s. **1.23**). Im darin enthaltenen **Meßbereich** läßt sich daher jedem Meßdruckwert eindeutig eine Spaltdicke zuordnen.

Mit pneumatischen Feinzeigern kann man z. B. Ebenheitsmessungen vornehmen (wie in der Funktionsskizze **1.22** angenommen), aber auch Durchmesser, Wellen (**1.24**), Kegel usw.

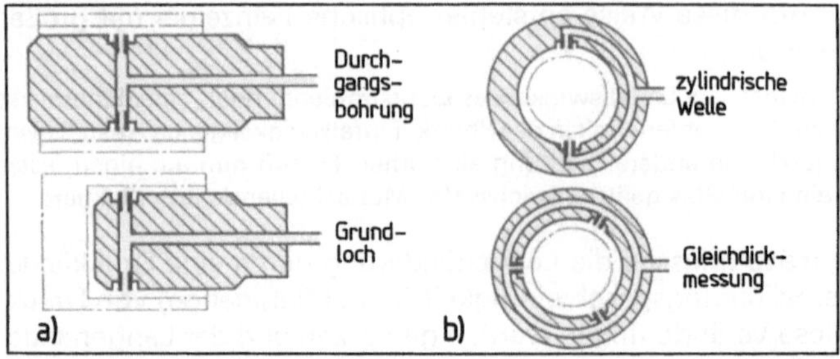

1.24
Anwendungsbeispiele zum Druckmeßverfahren
a) Bohrungsmessung mit Meß-
dorn
b) Wellenmessung mit Meßring

messen. Auch gleichzeitige Mehrpunktmessungen sind möglich. Pneumatische Längenmeßgeräte eignen sich besonders für Serienprüfungen, da sie schnell und verschleißarm messen.

Elektronische Längenmeßgeräte übersetzen mechanisch abgetastete Meßwerte in elektrische Signale. Hier gibt es eine Vielfalt von Anwendungsbereichen. Gleichgültig, ob z. B.
Bohrungen oder Wellen, Flächen oder Abstände zu messen sind, Serien- oder Einzelprüfun-
gen, Ein- oder Mehrstellenmessungen vorgenommen werden, ist die elektronische Längenmessung in der industriellen Fertigung mittlerweile die verbreitetste Meßmethode.

Die für die Messungen nötige elektrische Spannung ist leichter verfügbar als Druckluft:
entweder über in den Meßgeräten eingebaute Batterien (Akkus) oder aus dem Stromnetz.
Viele Meßbereiche (von 0,3 bis 30 mm) und Skalenwerte (bis 0,01 µm bei Übersetzungen
von 100000:1) sind wählbar. Die Meßgeräte bestehen jeweils aus einem oder mehreren
Aufnahmewandlern (z. B. Meßtaster in Axialbauweise oder Fühlhebelmeßtaster, vgl. Fühlhebelmeßgerät, **1.**19), einem Signalverstärker und dem Anzeigegerät (**1.**25).

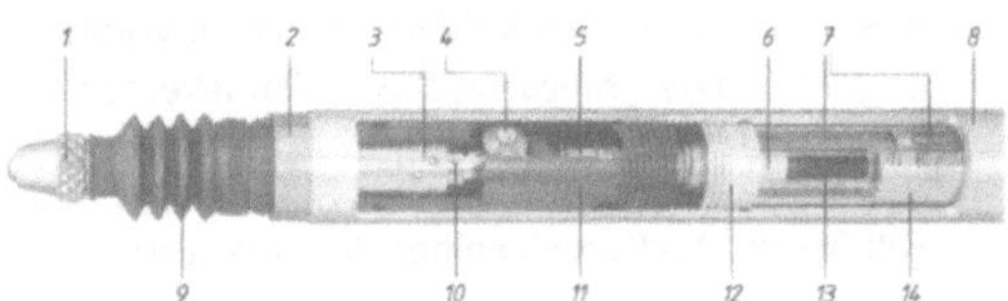

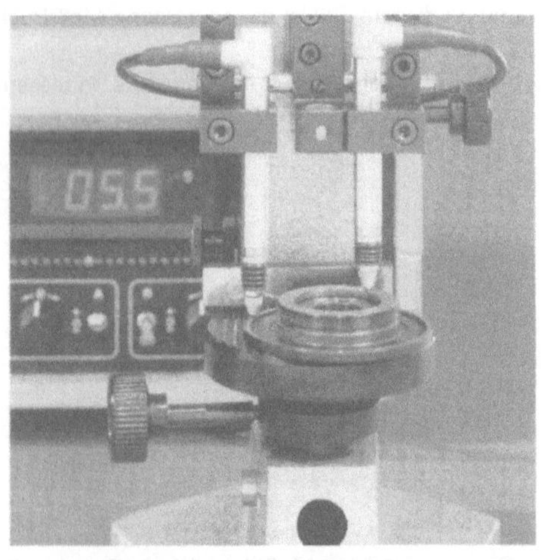

1.25   Elektronische Längenmessung

1.26   Schnitt durch einen Axialmeßtaster

1 auswechselbarer Meß-
  einsatz
2 Gegenmutter der Meß-
  bolzen-Wegeinstellung
3 Käfig mit 4 Kugelreihen
4 Führungsrolle
  (Drehsicherung)
5 Meßkraftfeder
6 Isolierelement zum Aus-
  gleich des unterschied-
  lichen Temperaturverhal-
  tens mechanischer und
  elektrischer Bestandteile

7 unterteilte
  Feldspule
8 Spannschaft
9 Gummibalg
10 Meßbolzen
11 Führungs-
   hülse
12 Anschlag der
   Meßkraftfeder
13 Ferritkern
14 Abschirmhülse

Vorwiegend arbeiten elektronische Längenmeßgeräte nach dem **induktiven** Prinzip. Das
wollen wir am Beispiel des in Bild **1.**26 dargestellten Axialmeßtasters erläutern.

Der Meßbolzen des Tasters liegt in der Achse eines Spulensystems, das mit Wechselspannung gespeist
wird. Seine Verschiebung verändert die Induktivität und erzeugt dadurch ein Signal. Dieses wird verstärkt
und gleichgerichtet auf ein Anzeigegerät gegeben. Das Signal ist weiterverwendbar für Sortieraufgaben,
zum Klassieren (= Einteilung in Toleranzgruppen), Registrieren oder zur Meßsteuerung von Maschinen.

Meßsteuerung (Längenregelung). Messen nach der Fertigstellung eines Werkstücks ist für Korrekturen oft „zu spät". Sie haben daher bisher gelernt, daß Sie Ausschuß am besten durch rechtzeitiges Prüfen zwischen den einzelnen Fertigungsstufen vermeiden können. Während der maschinellen Bearbeitung zu messen (also während die Maschine z. B. noch spant) und möglicherweise sofort zu korrigieren, ist mit herkömmlichen Meßgeräten nicht möglich, wohl aber mit einer Meßsteuerung. So lassen sich Meßzeiten einsparen und Ausschußraten weiter verringern.

Eine Meßsteuerung ist z. B. mit elektronischen oder pneumatischen Längenmeßgeräten möglich. So kann man bei einem Drehteil den erreichten Durchmesser unmittelbar hinter der Bearbeitungsstelle mit einem pneumatischen Meßtaster (berührungslos) messen. Das hierdurch erzeugte Signal (gemessen wird ja ein Staudruck) wird in ein elektrisches umgewandelt (induktiv), verstärkt und angezeigt oder registriert. Ein Sollwert-Istwert-Vergleicher (s. Abschn. 5.1) vergleicht das gemessene Maß mit dem angestrebten Sollmaß und entscheidet über eine gegebenenfalls notwendige (automatische) Nachregelung der Werkzeugposition bzw. über den Wert der nächsten Zustellung.

1.3.2 Längenprüfung mit Lehren

Lehren ist das Vergleichen eines Prüfgegenstands mit vorgegebenen Grenzen. Die möglichen Aussagen sind:

– gut oder nicht gut bzw. (genauer)

– gut, Nacharbeit oder Ausschuß.

Diese Definitionen kennen Sie noch aus der Grundstufe.

Eine Lehre (Maß- oder Formlehre) verkörpert also „Grenzmaße" oder „Grenzformen" (oder beides zusammen). Dem Sinn der Lehre entsprechend – nämlich keine Istmaße zu liefern, sondern nur „den Weizen von der Spreu zu trennen" – gibt es zwei Gruppen von Lehren: Gutlehren und Ausschußlehren.

Gutlehren kann man mit jedem als gut zu bezeichnenden Prüfgegenstand paaren. Die Gutlehre muß daher so ausgebildet sein, daß sie die zu prüfende Form in ihrer Gesamtwirkung prüft.

Ausschußlehren kann man mit gut zu bezeichnenden Prüfgegenständen nicht paaren. Sie sollen so kleine Flächenelemente haben, daß sie bei Paarung mit sehr kleinen Elementen der zu prüfenden Werkstückfläche die Nichteinhaltung geforderter Grenzen anzeigen (vergleichbar einem Sieb, das alles, was die Maschengröße, also die Grenzen, überschreitet, nicht durchlassen darf).

Grenzlehren sind eine Kombination der beiden Gruppen. Sie enthalten eine Gut- und eine Ausschußseite.

Die meistverwendeten Grenzlehren sind der Grenzlehrdorn (für Bohrungen) und die Grenzrachenlehre (für Wellen oder Außenmaße). Die Ausschußseiten sind immer besonders gekennzeichnet, z. B. durch rote Farbe.

Tabelle **1.27** zeigt eine Übersicht der Lehren für Rundpassungen nach DIN 2259, mit denen Innen- oder Außenmaße geprüft werden können.

Tabelle **1.27**   **Lehren für Rundpassungen nach DIN 2259**

Arbeitslehren für Innenmaße (Bohrungslehren)				Arbeitslehren für Außenmaße (Wellenlehren)			
Art der Lehre	Arbeitslehre mit Beschriftungsbeispiel[1]) und Kennzeichnungsangabe	Nenndurchmesserbereich	Form und Baumaße[2])	Art der Lehre	Arbeitslehre mit Beschriftungsbeispiel[1]) und Kennzeichnungsangabe	Nenndurchmesserbereich	Baumaße nach
Gutlehrdorne	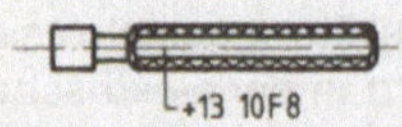 +13 10F8	über 5 bis 40	Form V nach DIN 2247 T1	Gutlehrring	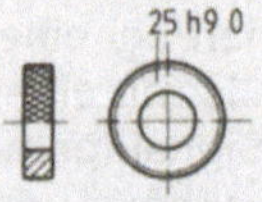 25 h9 0	1 bis 100	DIN 2250 T1 (s. Norm)
Gutlehrdorne	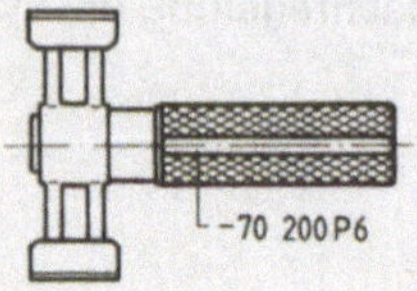 –70 200 P6	über 120 bis 200	Form FA nach DIN 2247 T4	Ausschußlehrring (Feinwerktechnik)	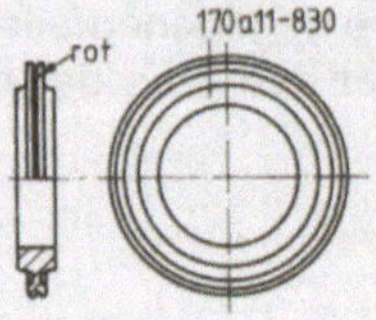 rot 170 a11–830	über 50 bis 315	DIN 2254 T2 (s. Norm)
Ausschußlehrdorne	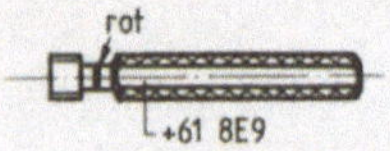 rot +61 8E9	über 5 bis 40	Form Z nach DIN 2246 T1	Gutrachenlehre	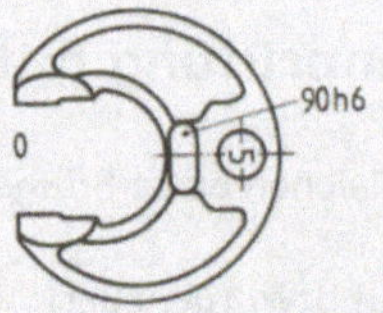 0 90h6	über 3 bis 100	DIN 2233 (s. Norm)
Ausschußlehrdorne	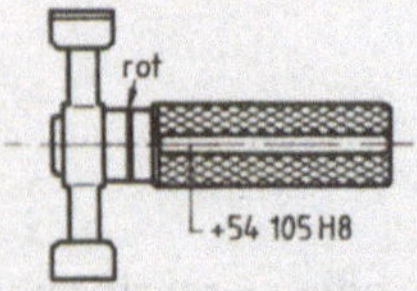 rot +54 105 H8	über 120 bis 200	Form FG nach DIN 2246 T2	Ausschußrachenlehre	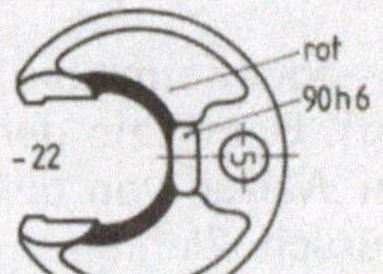 rot 90h6 –22	über 3 bis 100	DIN 2232 (s. Norm)
Grenzlehrdorn	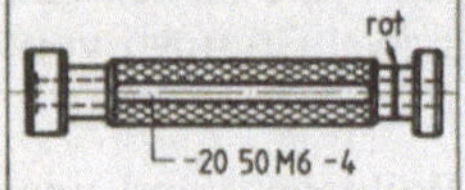 rot –20 50M6 –4	über 40 bis 65	Form Z nach DIN 2245 T2				

[1]) Beschriftung: Nennmaß mit Toleranzfeld und oberes und/oder unteres Abmaß in µm
[2]) s. angegebene Normen

[1]) Beschriftung auf einer Stirnfläche: Nennmaß mit Toleranzfeld und oberes bzw. unteres Abmaß in µm

Bei Lehrdornen
– ist das Durchmessermaß der Ausschußseite größer als das der Gutseite.
– ist die Ausschußseite kürzer und hat einen roten Markierungsring.

Bei Rachenlehren
– ist das Maß der Ausschußseite kleiner als das der Gutseite.
– ist die Ausschußseite angeschrägt und rot markiert.

1.3.3 Winkelprüfung

Aus der Grundstufe kennen Sie bereits die Win-
kellehren (feste Winkel, z. B. Flach-, Anschlag-
und Haarwinkel), die gebräuchlichsten Winkel-
meßgeräte (z. B. Universalwinkelmesser) und
einige Neigungsmeßgeräte (z. B. Gradricht-
waagen, Präzisionsrichtwaagen oder elektronische Richtwaagen).

Sinuslineal. Um in der Fertigung vorkommende Winkel möglichst genau einstellen zu können, verwendet man das
Sinuslineal (DIN 2273), das unter Anwendung der Sinusfunktion eingestellt
wird. Es ist mit Hypotenusenlängen von
100 mm bis 500 mm lieferbar (**1**.28). Der
Winkel wird durch Unterstellen von Parallelendmaßen eingestellt.

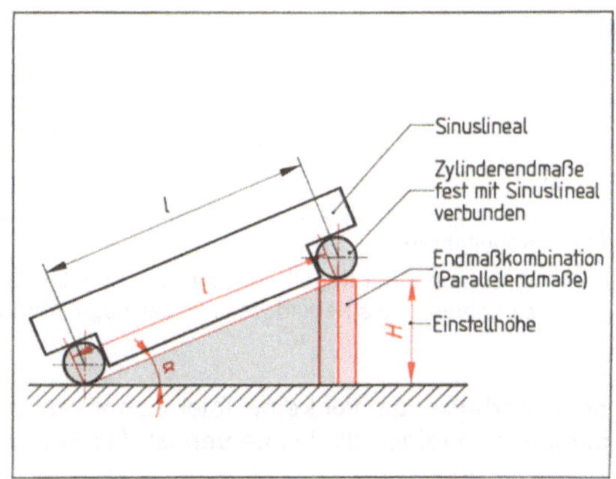

1.28 Winkeleinstellung mit dem Sinuslineal

<table>
<tr><td>Beispiel 1.2</td><td>Entsprechend Bild 1.28 soll der Winkel α = 22,415° eingestellt werden. Es gilt die Sinusbeziehung sin α = H/l. H ist die „Höhe", also das Maß der einzustellenden Endmaßkombination, l die verwendete Hypotenusenlänge des Sinuslineals. In unserem Beispiel sollen das 200 mm sein. H ist uns nicht bekannt; wir müssen es berechnen. Dazu stellen wir die Formel um:</td></tr>
</table>

$$H = l \cdot \sin \alpha$$

Mit $\sin 22{,}415° = 0{,}3813124$ (Taschenrechner) ist

$$H = 200 \text{ mm} \cdot 0{,}3811511 = 76{,}262482 \text{ mm}.$$

Da wir die Endmaßkombination auf Tausendstel mm genau einstellen können, runden
wir entsprechend. Damit ist das einzustellende Maß **H = 76,262 mm**.

Für die Einstellung dieses Maßes brauchen wir 5 Blöcke (s. Metallfachkunde 1, Abschn.
9.2.1):

1. Endmaß (Maßbildungsreihe 1)	1,002 mm
2. Endmaß (Maßbildungsreihe 2)	1,060 mm
3. Endmaß (Maßbildungsreihe 3)	1,200 mm
4. Endmaß (Maßbildungsreihe 4)	3,000 mm
5. Endmaß (Maßbildungsreihe 5)	70,000 mm
Maß	76,262 mm

Genauestmögliche Einstellwerte erhält man bei Winkeln bis 45°. Bei der Einstellung von
größeren Winkeln muß zunehmend mit Winkelungenauigkeiten gerechnet werden.

> Mit dem Sinuslineal und Parallelendmaßen lassen sich Winkel (möglichst unter 45°)
> mit sehr kleinen Toleranzen einstellen.

Kegelprüfung. Kegel kann man messen oder lehren (Kegellehrdorn, Kegellehrhülse, **1**.29).
Beim Lehren von Kegelhülsen (so nennt man Innenkegel) verwendet man Kegellehrdorne, die
Toleranzmarken haben. An ihnen kann man sehen, ob sich der Lehrdorn wie vorgeschrieben
einführen läßt. Problematischer ist die Prüfung von Kegeldornen (= Außenkegel) mit der

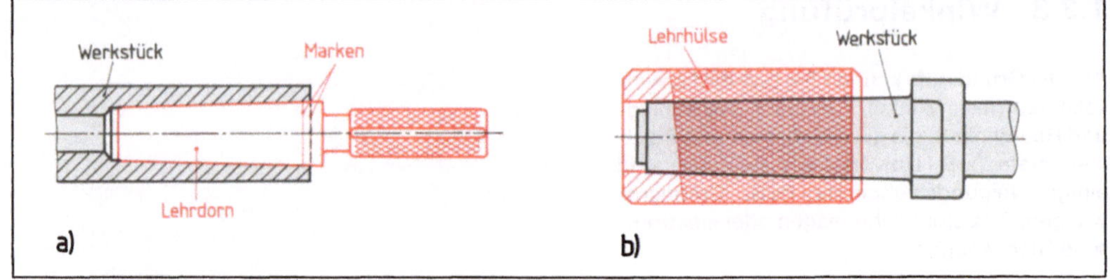

1.29 Kegellehren
a) Lehren einer Kegelhülse mit dem Kegellehrdorn
b) Lehren eines Kegeldorns mit der Kegellehrhülse

Kegellehrhülse, da hier keine Toleranzmarken angebracht werden können. Besser, aber auch dafür aufwendiger als das Lehren ist das Messen von Kegeln.

Die Außenkegelmessung in der Einzelprüfung kann mit Zylinder- und Parallelendmaßen geschehen (**1.**30). Alle Zylinderendmaße haben dabei den gleichen Durchmesser. Das Maß *H* der Endmaßkombination kann entsprechend der Kegellänge des Prüflings frei gewählt werden. Die genaue Ermittlung des (halben) Kegelwinkels erfolgt rechnerisch über die Tangensfunktion. Für die Serienprüfung ist dieses Meßverfahren zu zeitaufwendig. Hier mißt man elektronisch oder pneumatisch.

Die Innenkegelmessung ist noch schwieriger, kann jedoch z. B. in der Serienfertigung ebenfalls durch elektronische oder pneumatische Kegelmeßgeräte erfolgen (**1.**31).

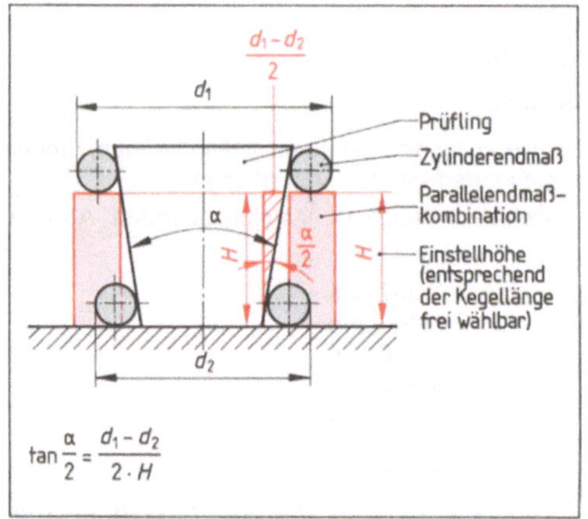

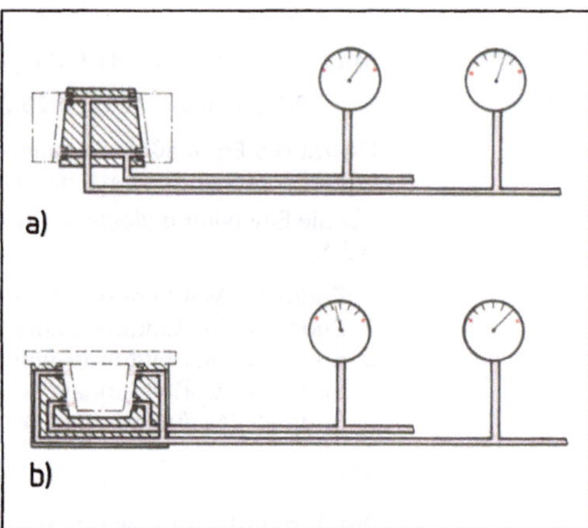

1.30 Außenkegelmessung mit Parallel- und Zylinderendmaßen

1.31 Pneumatische Kegelmessung
a) Innenmessung mit Meßdorn
b) Außenmessung mit Meßhülse

Zur pneumatischen Kegelmessung (Innen- oder Außenkegel) dienen wie beim Kegellehren Meßdorne oder Meßhülsen. Nötig sind zwei Düsenpaare (s. Abschn. 1.3.1, Pneumatische Längenmeßgeräte). Rundheitsabweichungen erkennt man durch Drehen des Meßdorns (Innenkegelmessung) oder der Meßhülse (Außenkegelmessung). Bei der elektronischen Kegelmessung werden statt der pneumatischen Düsenpaare elektronische Meßtaster verwendet.

1.4 Technische Oberflächen und Oberflächenprüfung

1.4.1 Begriffe und Ordnungssystem

Die Funktion eines Werkstücks hängt nicht nur von seinen Maßen, sondern vor allem auch von seiner Oberflächenbeschaffenheit ab. DIN 4760 liefert dazu ein Ordnungssystem, wonach technische Oberflächen so genau wie nötig beschrieben und festgelegt werden können. Doch zunächst einige dort verwendete Begriffe, dann die Übersicht **1.32**.

Istoberfläche nennt man die meßtechnisch erfaßbare Oberfläche.

Geometrische Oberfläche heißt das Ideal der Oberfläche, deren Nennform z. B. durch Zeichnungsvorgaben angestrebt wird.

Gestaltabweichungen nennt man die gesamten Abweichungen der Istoberfläche von der geometrischen Oberfläche.

Tabelle **1.32**   **Ordnungssystem für Gestaltabweichungen**

Gestaltabweichung (Profilschicht überhöht dargestellt)	Beispiele für die Art der Abweichung	Beispiele für die Entstehungsursache
1. Ordnung: Formabweichungen	Geradheits-, Ebenheits-, Rundheits- Abweichung u. a.	Fehler in den Führungen der Werkzeugmaschine, Durchbiegung der Maschine oder des Werkstücks, falsche Einspannung des Werkstücks, Härteverzug, Verschleiß
2. Ordnung: Welligkeit	Wellen (s. DIN 4761)	außermittige Einspannung, Form- oder Laufabweichungen eines Fräsers, Schwingungen der Werkzeugmaschine oder des Werkzeugs
3. Ordnung: Rauheit	Rillen (s. DIN 4761)	Form der Werkzeugschneide, Vorschub oder Zustellung des Werkzeugs
4. Ordnung: Rauheit	Riefen Schuppen Kuppen (s. DIN 4761)	Vorgang der Spanbildung (Reißspan, Scherspan, Aufbauschneide), Werkstoffverformung beim Strahlen, Knospenbildung bei galvanischer Behandlung
5. Ordnung: Rauheit nicht mehr in einfacher Weise bildlich darstellbar	Gefügestruktur	Kristallisationsvorgänge, Veränderung der Oberfläche durch chemische Einwirkung (z. B. Benzin) Korrosionsvorgänge
6. Ordnung: nicht mehr in einfacher Weise bildlich darstellbar	Gitteraufbau des Werkstoffs	

Die dargestellten Gestaltabweichungen 1. bis 4. Ordnung überlagern sich in der Regel zu der Istoberfläche.

Beispiel 1.3 

1.4.2 Oberflächenrauheit

Die Oberflächenrauheit ist allgemein die wichtigste Eigenschaft technischer Oberflächen. Sie beschreibt die Tiefe der z.B. durch die verschiedenen spanenden Arbeitsverfahren entstandenen Riefen in der Werkstückoberfläche. DIN 4768 T1 unterscheidet vor allem den Mittelrauhwert R_a, die gemittelte Rauhtiefe R_z und die maximale Rauhtiefe R_{max}. (Die Rauhtiefe R_t verwendet man nicht mehr.)

Rauheiten verschiedener Herstellverfahren. Nicht nur bei den spanenden Arbeitsverfahren entstehen Oberflächenrauheiten, die man als Rauhtiefenwerte messen kann. Auch bei Urformen (Gießen) kommen sie vor, z.B. durch die Einformung (Sank, Kokillen). Sogar beim Umformen entstehen Bearbeitungsspuren durch Werkzeuge, z.B. als Riefen durch Walzen oder Ziehen.

Der Mittenrauhwert R_a (1.33) wird mathematisch innerhalb eines xy-Koordinatensystems beschrieben. Er ist gleichbedeutend mit der Höhe des im Bild **1.33** eingezeichneten Rechtecks. Diese hat die Länge der gesamten Meßstrecke l_m und den gleichen Flächeninhalt wie alle zwischen mittlerer Linie und Rauheitsprofil eingeschlossenen Flächenelemente zusammen.

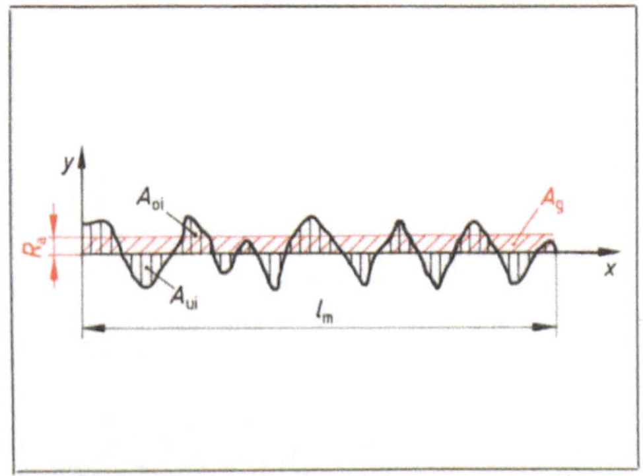

1.33   Mittenrauhwert R_a

$\Sigma A_{oi} = \Sigma A_{ui} \quad A_g = \Sigma A_{oi} + \Sigma A_{ui}$

(Σ = Summe ...)

1.34   Gemittelte Rauhtiefe R_z, maximale Rauhtiefe R_{max} und Einzelrauhtiefe Z_i

Die gemittelte Rauhtiefe R_z kommt durch eine Durchschnittsermittlung der Einzelrauhtiefen von fünf aneinandergrenzenden Meßstrecken zustande (**1.34**).

Die maximale Rauhtiefe R_{max} beschreibt den „Ausreißer" innerhalb der Meßstrecke.

Mittenrauhwert = arithmetischer Mittelwert der absoluten Beträge aller y-Abstände des Rauheitsprofils von seiner mittleren Länge innerhalb der Meßstrecke.

Gemittelte Rauhtiefe = arithmetisches Mittel der Einzelrauhtiefen von fünf aneinandergrenzenden Einzelmeßstrecken.

Maximale Rauhtiefe = größte, auf einer Gesamtmeßstrecke vorkommende Einzelrauhtiefe.

1.4.3 Rauheitsprüfung

Einzelmessungen der Rauhtiefe sind aus wirtschaftlichen Gründen nur dann vorzunehmen, wenn Sicht- oder Tastprüfungen keine zufriedenstellenden Ergebnisse liefern.

Die Sichtprüfung ermittelt einen Gesamteindruck der zu beurteilenden Werkstückoberfläche. Auf diese Weise können Werkstücke aussortiert werden, bei denen eine Rauheitsmessung ganz offensichtlich unnötig oder unsinnig wäre.

Zum Sicht- und Tastvergleich dienen Oberflächen-Vergleichsmuster (DIN 4769 T1 bis T4). Sie werden in verschiedenen Rauheitsstufen und für die wichtigsten (maschinell) spanenden Arbeitsverfahren angeboten. Dabei ergibt sich für die Rauheit der zu prüfenden Werkstückoberfläche **kein** Zahlenwert. Durch Vergleich wird nur festgestellt, ob sie die Rauheit des entsprechenden Oberflächen-Vergleichsmusters (z. B. gedrehte oder gefräste Schrupp- und Schlichtmuster) überschreitet oder nicht. Das kann durch Sichtvergleich (Lichtrichtung quer zum Rillenverlauf) und Tastvergleich erfolgen. Beim Tastvergleich prüft man durch Abtasten mit Finger und Fingernagel.

Elektrische Tastschnittgeräte tasten die Oberflächenrauheit mit einer Tastspitze ab und wandeln ihre Auf- und Abwärtsbewegungen in elektrische Signale um (induktives Prinzip, s. elektronische Längenmeßgeräte, Abschn. 1.3.1). Die Signale werden verstärkt, gegebenenfalls gefiltert, durch Rechenprogramme verarbeitet, angezeigt und aufgezeichnet. Bild **1.35** zeigt das Blockschema der Meßkettenglieder eines elektrischen Tastschnittgeräts. Die Messung erfolgt über festgelegte Meßstrecken (s. Abschn. 1.4.2 Oberflächenrauheit) und dient zur Ermittlung von R_a, R_z oder R_{max}.

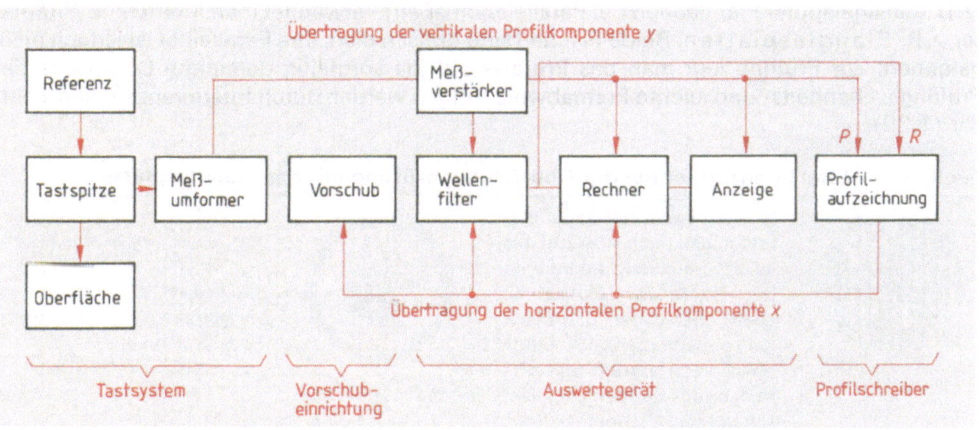

1.35 Blockschema der Meßkettenglieder eines elektrischen Tastschnittgeräts

Man unterscheidet drei Tastsysteme:

- **Beim Bezugsflächentastsystem** wird das Abtastsystem auf einer idealgeometrischen Bezugsfläche geführt. Hier gibt es selbst- und nicht selbstausrichtende Systeme (**1.36** auf S. 34).
- **Beim Pendeltastsystem** richtet sich das Abtastsystem selbst aus und stützt sich mit zwei (in Vorschubrichtung) hintereinanderliegenden zylindrischen oder balligen Gleitkufen auf der zu prüfenden Werkstückoberfläche ab (**1.37**).
- **Das Einkufentastsystem** hat nur eine Gleitkufe und muß zur Prüfoberfläche ausgerichtet werden (**1.38**).

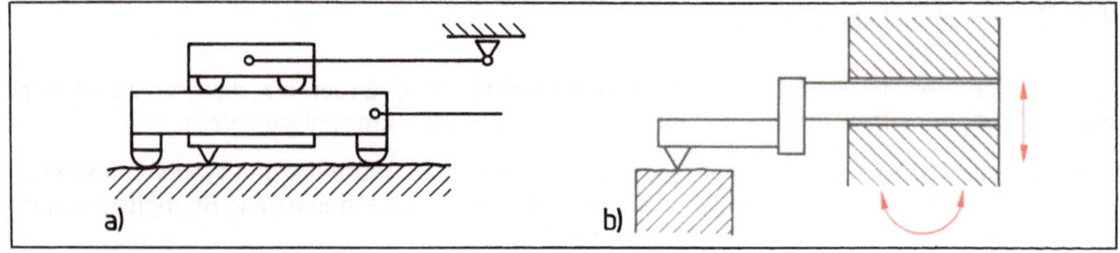

1.36 Bezugsflächentastsysteme
a) selbstausrichtendes Tastsystem, b) Tastsystem muß zur Oberfläche des Prüfkörpers ausgerichtet werden

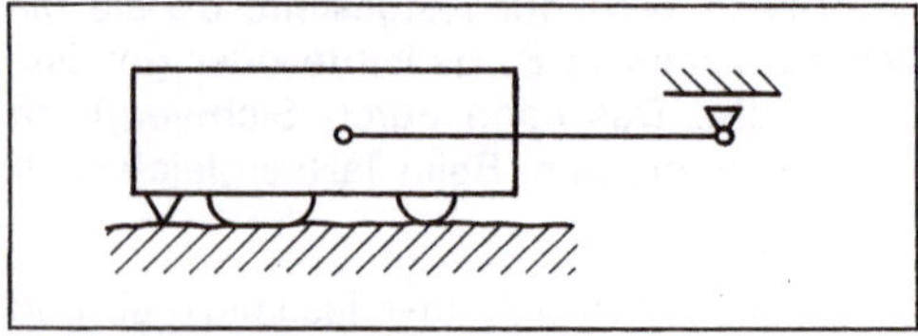

1.37 Pendeltastsystem

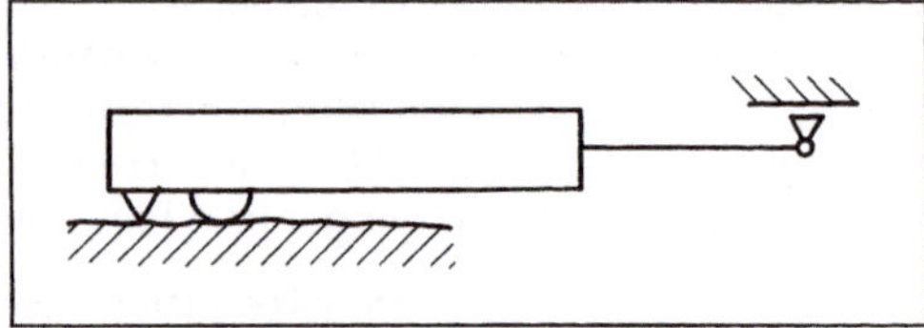

1.38 Einkufentastsystem

1.4.4 Ebenheitsprüfung

Interferenz-Prüfgläser. Zur Prüfung der Ebenheit besonders hochwertiger Oberflächen (z. B. feinstgeläppter Planflächen bei Parallelendmaßen) verwendet man Interferenz-Prüfgläser, z. B. Planglasplatten. Beide Flächen sind optisch plan, ihre Parallelität ist jedoch nicht garantiert. Zur Prüfung legt man das Prüfglas auf die sorgfältig gereinigte Oberfläche des Prüflings. Ebenheits- und leichte Formabweichungen werden durch Interferenzstreifen sichtbar (**1.39**).

Tabelle 1.39   Interferenzbilder bei der Oberflächenprüfung mit der Planglasplatte

	Streifen verlaufen geradlinig und in gleichem Abstand, bis auf eine leichte Krümmung in der Randzone. Fläche ist eben, aber gegen das Planglas geneigt, geringer Randabfall. Verdrängung des Luftkeils bringt Streifen zum Verschwinden: Planglas haftet.	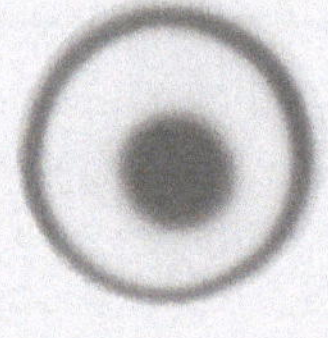	Streifen verlaufen ringförmig. Fläche ist ballig. Anzahl der Streifen multipliziert mit der halben Wellenlänge des verwendeten Lichtes ergibt Ebenheitsfehler: $1{,}5 \times 0{,}3\ \mu\mathrm{m} = 0{,}45\ \mu\mathrm{m}$.
	Streifen verlaufen bogenförmig und mit ungleichem Abstand. Fläche ist ballig. Planglas leicht geneigt. Durchbiegung der Streifen entspricht 1,5 Streifenabständen. Ebenheitsfehler: $1{,}5 \times 0{,}3\ \mu\mathrm{m} = 0{,}45\ \mu\mathrm{m}$.		Streifen verlaufen elliptisch. Fläche ist tonnenförmig. Von der Oberflächengestalt kann man sich am besten ein Bild machen, wenn man die Interferenzstreifen als Höhenkurven deutet.

Interferenz bedeutet Überlagerung von unterschiedlich reflektierten (zurückgeworfenen) Lichtstrahlen. Dabei kommt es teilweise zur Auslöschung oder Verstärkung bestimmter Wellenlängen.

Interferenzstreifen entstehen, wenn sich zwischen der zu prüfenden Oberfläche und dem Prüfglas ein dünner Luftkeil bildet. Aus Form und Verlauf der Interferenzstreifen sind Rückschlüsse auf die Gestalt der Prüffläche möglich. Die Durchbiegung um einen Streifenabstand zeigt eine Unebenheit, die der halben Wellenlänge des verwendeten Lichtes entspricht. Bei Tageslicht beträgt dieser Wert etwa 0,3 μm.

Um die Ebenheit und Parallelität der Meßflächen von Bügelmeßschrauben zu prüfen, verwendet man planparallele Prüfgläser, deren beide Glasflächen optisch plan und parallel zueinander sind (**1.40**).

1.40 Prüfen der Bügelmeßschraube mit einem planparallelen Prüfglas

1.4.5 Symbole der Oberflächenangaben

Zur Kennzeichnung der Oberflächen nach DIN ISO 1302 verwendet man Grundsymbole und Erweiterungsangaben, die z.B. auf die Fertigungsverfahren und den Behandlungszustand der Flächen schließen lassen. Die zurückgezogene Norm DIN 3141 soll nicht mehr verwendet werden.

Tabelle **1.41** zeigt eine Übersicht, Tabelle **1.42** stellt alte und neue Oberflächenangaben einander gegenüber.

Tabelle 1.41 **Symbole der Oberflächenangaben nach DIN ISO 1302**

Symbol	Bedeutung	Beispiel mit Erläuterung	
∨ oder ∨̄	Grundsymbol, ohne Zusatzangaben nicht aussagefähig. Es darf nur allein benutzt werden, wenn seine Bedeutung „eine Oberfläche ist, die behandelt wird", oder wenn es durch zusätzliche Angabe erklärt wird.	∨ glatt	unbearbeitete Fläche im Rohzustand oder geputzt
		6,3 ∨	spanend oder spanlos hergestellte Oberfläche mit Mittenrauhwert $R_a \leq 6{,}3$ μm
		∨ Rz 16 / Rz 4	spanend oder spanlos hergestellte Oberfläche mit gemittelter Rauhtiefe $R_z = 4$ bis 16 μm (oberer und unterer Grenzwert)
		y∨ z∨	Oberflächenzeichen wird an anderer Stelle auf der Zeichnung erklärt, z.B. y∨ = ∨ lackiert, RAL 1073 z∨ = ∨ $R_{max.}4$
∨̽ oder ∨̽	materialabtrennende Bearbeitung der Oberfläche (Spanen, Zerteilen, Abtragen).	0,4 0,8 ▽	spanend hergestellte Oberfläche mit Mittenrauhwert $R_a = 0{,}4$ bis $0{,}8$ μm (oberer und unterer Grenzwert)
		IA DIN 2310 ▽	durch Brennschneiden erzeugte Oberfläche, Güte I, Genauigkeitsgrad A nach DIN 2310 T3

Fortsetzung s. nächste Seite

Tabelle 1.49, Fortsetzung

Symbol	Bedeutung	Beispiel mit Erläuterung	
✓ oder ✓	ohne Zusatzangabe: Oberfläche bleibt im Anlieferungszustand (z.B. Rohguß, Halbzeug, geschmiedete Flächen).	✓ (³,²∇)	Rohteil (z.B. gezogener Stahl), bei dem nur eine Oberfläche spanend bearbeitet wird, alle anderen Oberflächen bleiben unbehandelt
	mit Zusatzangaben: Oberfläche muß ohne materialabtrennende Bearbeitung (spanlos) hergestellt werden (z.B. durch Ur- oder Umformen, galvanische Überzüge).	✓ R_z 3 Fe/Ni 20 p Crr ✓ R_z 1	spanlos hergestellte Oberfläche mit gemittelter Rauhtiefe $R_z \leqq 3$ μm nickel-/chrombeschichtet, Rauhtiefe allseitig $R_z \leqq 1$

Tabelle 1.42 Gegenüberstellung der bisherigen und neuen Oberflächenangaben

bisher

Unverändert: Oberflächen ohne Zeichen

Oberflächen, an die keine bestimmten Anforderungen gestellt werden, weil die üblichen Fertigungsverfahren einen ausreichenden Endzustand sicherstellen.

Rauhtiefe beliebig

Oberflächen, an die nur die Forderungen größerer Gleichmäßigkeit und besseren Aussehens gestellt werden.

neu

	roh	geputzt	geglättet
Oberflächen, die nicht bearbeitet werden dürfen, die z.B. im Anlieferungszustand bleiben.	Oberflächen, die roh bleiben; Unebenheiten dürfen spanend nachgearbeitet werden.	Oberflächen, die roh bleiben, aber geputzt werden müssen.	Oberflächen mit höheren Anforderungen an die Glätte; ggf. Rauheitswerte angeben.

bisher · DIN 3141 Reihe 2		▽			▽▽			▽▽▽					▽▽▽▽		
bisher · DIN 3141 Reihe 3			▽			▽▽			▽▽▽				▽▽▽▽		
bisher · Rauhtiefe R_t	160	100	63	40	25	16	10	6,3	4	2,5	1,6	1			
neu · Rauheitsklassen (vermeiden)	N12	N11	N10	N9	N8		N7	N6		N5	N4	N3	N2		N1
neu · Mittenrauhwert R_a in μm[1]	50	25	12,5	6,3	3,2		1,6	0,8		0,4	0,2	0,1	0,05		0,025
neu · Gemittelte Rauhtiefe R_z in μm[1]	160	100	63	40	25	16	10	6,3	4	2,5	1,6	1	0,63	0,4	0,25

[1] R_a und R_z nach DIN 4768 T1. Eine genaue Umrechnung von R_a nach R_z und umgekehrt ist nicht möglich, da dies von der Profilform abhängig ist. Die Tabellenwerte sind als grobe Richtwerte anzusehen. Sie können jedoch für die Umstellung bestehender Angaben oder R_t-Angaben verwendet werden, da die Messung von R_t ohne klare Meßbedingungen sehr vielseitig war. R_t-Werte können in der Regel wertgleich in R_z-Werte umgesetzt werden.

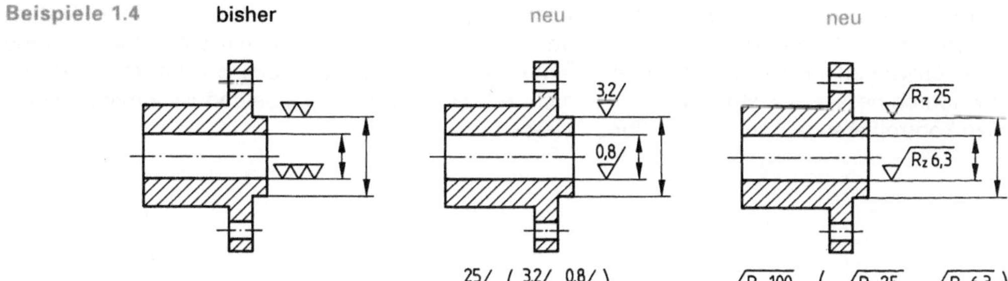

1.5 Prüfen von Gewinden

Gewinde prüft man durch Messen oder Lehren.

Lehren von Gewinden. Für Innengewinde verwendet man Gewinde-Gutlehrdorne mit langem Gewindestück und Gewinde-Ausschußlehrdorne mit nur wenigen Gängen. Gewinde-Grenzlehrdorne enthalten beide in einem (**1.43a**). Das volle Gewindeprofil der Gutseite muß sich leicht einschrauben lassen, die Ausschußseite dagegen (ohne Gewaltanwendung!) nicht. Zum Lehren von Außengewinden dienen z. B. Gewindelehrringe (**1.43b**). Einstellbare Gewinde-Grenzrollenlehren ähneln einer Rachenlehre (**1.44**). Sie enthalten zwei Meßrollenpaare (vorderes für „Gut", hinteres für „Ausschuß") und lassen sich mit Hilfe von besonderen Gewinde-Grenzeinstellehren kontrollieren und justieren. Das Ausschuß-Rollenpaar der Gewinde-Grenzrollenlehre darf n i c h t über den Prüfling gleiten.

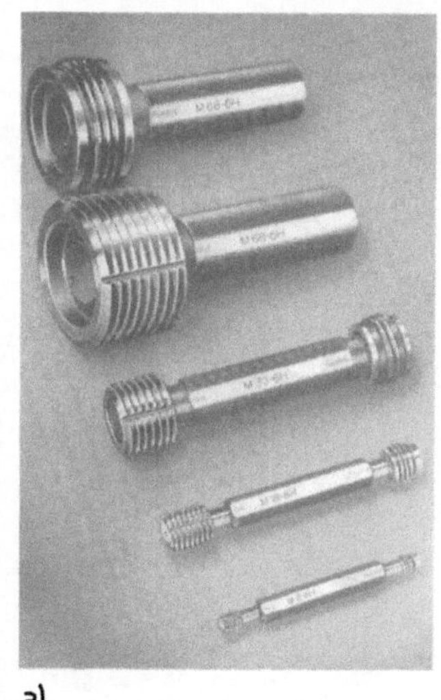

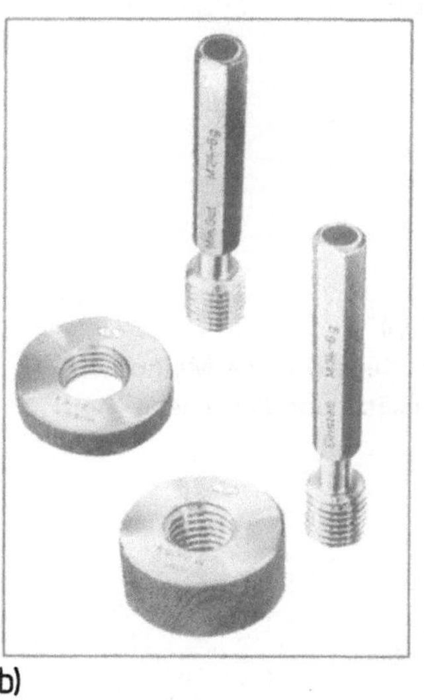

a)   b)

1.43 Gewindelehren
  a) Gewinde-Grenzlehrdorn mit Gut- und Ausschußseite,
  b) Gewinde-Gutlehrring

1.44 Gewinde-Grenzrollen-
  lehre mit Gewinde-
  Grenzeinstellehre

Ein Gewinde ist durch seine fünf Bestimmungsgrößen eindeutig gekennzeichnet: Außendurchmesser (Nenndurchmesser), Kerndurchmesser, Flankendurchmesser, Steigung und Flankenwinkel) (**1.45**). Beim Lehren können Außendurchmesser des Bolzengewindes und Kerndurchmesser des Muttergewindes nicht erfaßt werden. Diese beiden Bestimmungsgrößen kontrollieren wir am besten durch Messen.

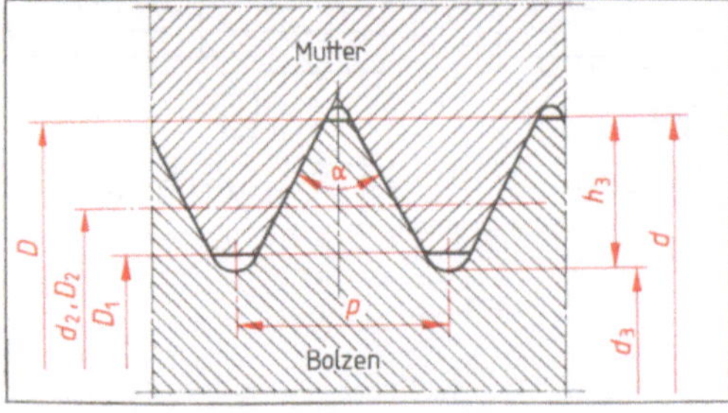

1.45 Gewindebezeichnungen

Gewindebezeichnungen	Bolzen	Mutter
Außendurchmesser	d	D
Flankendurchmesser	d_2	D_2
Kerndurchmesser	d_3	D_1
Gewindetiefe	h_3	
Steigung	p	
Flankenwinkel	α	

Je größer P, desto größer auch h_3.

Messen von Gewinden. Außen- und Kerndurchmesser mißt man meist mit dem Meßschieber, die Steigung ist z. B. mit Gewindeschablonen zu ermitteln. Der Flankenwinkel läßt sich z. B. mit der Gewindemeißellehre (des für die Herstellung zu verwendenden entsprechenden Werkzeugs) oder auch mit Hilfe eines Profilprojektors feststellen.

Zur Messung des Flankendurchmessers verwendet man besondere Meßschrauben. Hier sind zwei unterschiedliche Meßverfahren üblich:

Bei der Methode „Kegel-Kimme" mißt man den Flankendurchmesser des zu prüfenden Gewindes mit einer Flankenmeßschraube (**1.46**a). Die Meßeinsätze sind auswechselbar und für alle genormten Gewinde erhältlich. Zu ihrer Einstellung verwendet man besondere Einstellehren (**1.46**b).

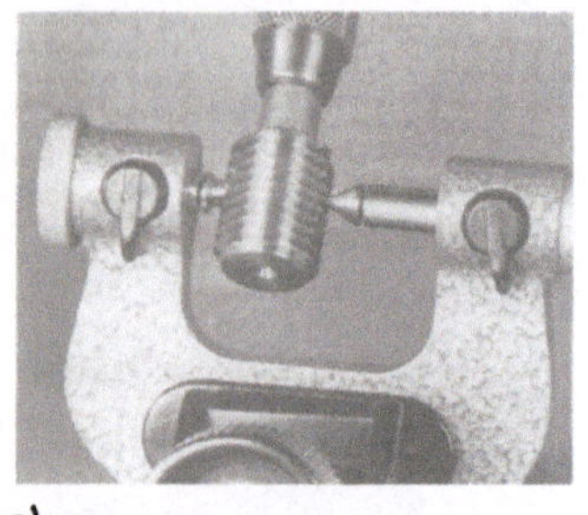
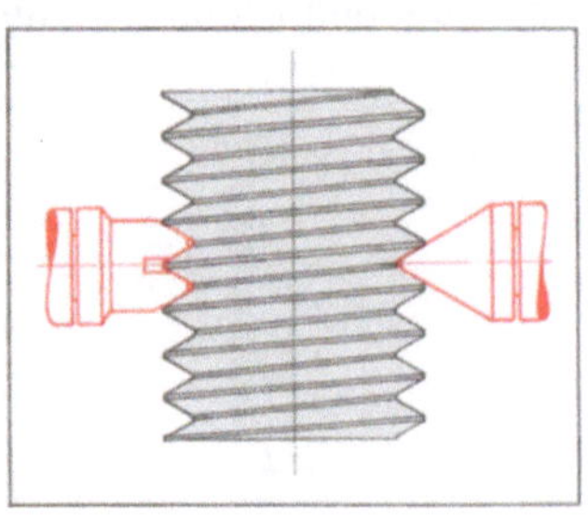
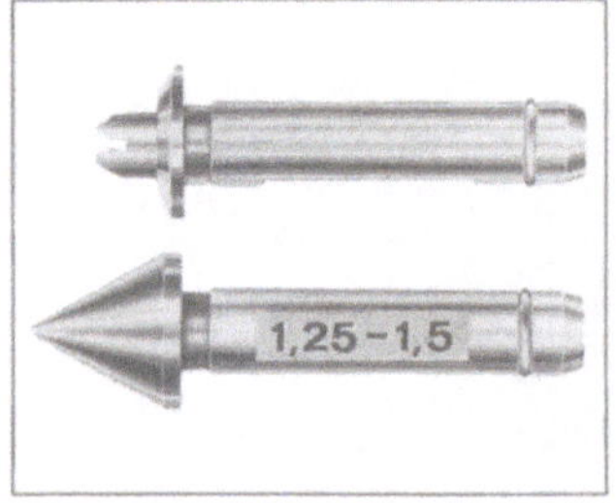

a) b)

1.46 Gewindemessung nach der „Kegel-Kimme-Methode"
a) Meßverfahren, b) Meßeinsätze und Einstellehre

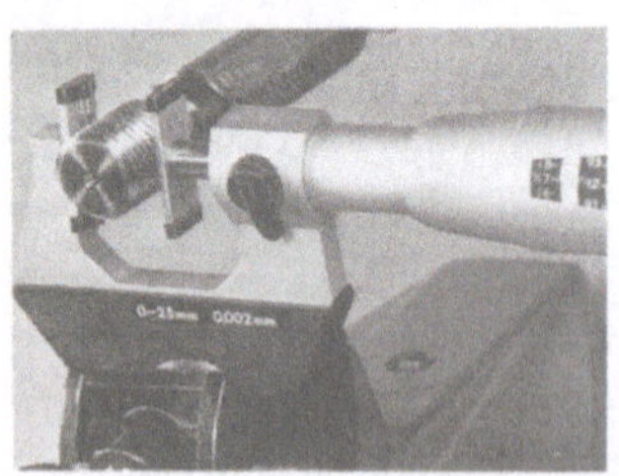
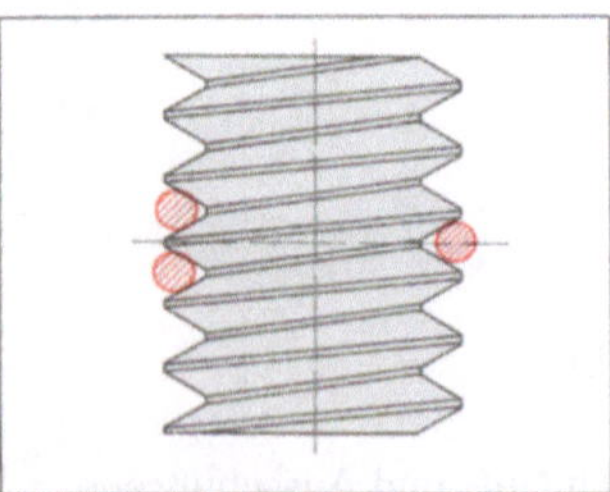
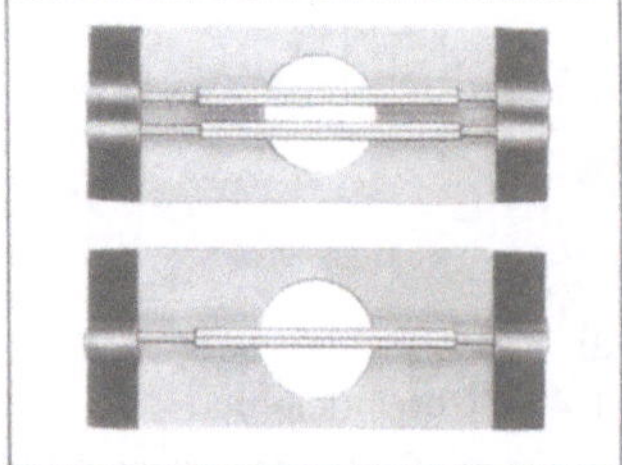

1.47 Gewindemessung nach der „Dreidraht-Methode"

Beim „Dreidraht"-Meßverfahren werden die auf Drahthaltern montierten Drähte direkt auf den Meßflächen „normaler" Bügelmeßschrauben (mit einem Spindeldurchmesser von 6,5 mm) befestigt (1.47). Diese Bestimmung des Flankendurchmessers eignet sich besonders für die Prüfung von Präzisionsgewinden.

Aufgaben zu Abschnitt 1

1. Wozu dient das Prüfen?
2. Erklären Sie die Begriffe Prüfen, Messen und Lehren.
3. Was bedeuten die Begriffe Toleranz und Passung?
4. Was sind Formtoleranzen? Wozu werden sie gebraucht?
5. Was versteht man unter Lagetoleranzen?
6. In welche Arten werden die Lagetoleranzen unterteilt? Nennen Sie Beispiele.
7. Erklären Sie die Begriffe Höchst- und Mindestpassung, Paßtoleranzfeld bei einer Passung.
8. Nennen und erklären Sie die drei Paßtoleranzfeldarten.
9. Was versteht man unter dem Passungsbegriff ISO-Toleranzklasse?
10. Welche Paßsysteme gibt es? Erläutern Sie sie.
11. Berechnen Sie die Grenzmaße, die Maßtoleranzen, die möglichen Spiele und die Paßtoleranz für die Passungsangabe $\varnothing$ 60 F8/h9.
12. Wie trägt man ISO-Kurzzeichen für Passungsangaben in einer Zeichnung ein? Wählen Sie ein Beispiel.
13. Was versteht man unter Allgemeintoleranzen? Wie sind sie unterteilt?
14. In welche Gruppen kann man Längenmeßgeräte entsprechend ihrer Wirkungsweise unterteilen?
15. Was sind Feinzeiger? Wodurch unterscheiden sich Meßuhren von mechanischen Feinzeigern?
16. Was sind Fühlhebelmeßgeräte?
17. Erklären Sie die Wirkungsweise optischer Feinzeiger.
18. Wie arbeiten pneumatische Längenmeßgeräte?
19. Welche Vor- und Nachteile haben pneumatische gegenüber mechanischen und optischen Längenmeßgeräten?
20. Erläutern Sie die Wirkungsweise elektronischer Längenmeßgeräte.
21. Erklären Sie das induktive Prinzip.
22. Was ist eine Meßsteuerung, und wie funktioniert sie?
23. Was versteht man unter Gutlehren, Ausschußlehren und Grenzlehren?
24. Was versteht man unter dem Sinuslineal?
25. Berechnen Sie die Endmaßkombination für die Einstellung eines Winkels von 12,225° mit einem 200-mm-Sinuslineal.
26. Aus welchen Einzelblöcken setzen Sie die zu Aufgabe 25 gehörende Endmaßkombination zusammen?
27. Wie kann man Kegel lehren?
28. Wie kann man Kegel messen?
29. Was versteht man unter Istoberfläche, geometrischer Oberfläche, Gestaltungsabweichung?
30. Was versteht man unter dem Mittenrauhwert R_a?
31. Wie kommt die gemittelte Rauhtiefe R_z zustande?
32. Welche Fertigungsverfahren haben eine besonders geringe, welche eine besonders hohe Rauhtiefe?
33. Erläutern Sie die Sicht- und Tastvergleichsprüfung.
34. Was sind elektrische Tastschnittgeräte?
35. Mit welchen drei Tastsystemen arbeiten Tastschnittgeräte?
36. Wozu verwendet man Interferenz-Prüfgläser?
37. Wie entstehen die Interferenzbilder? Was kann man aus ihnen schließen?
38. Wie kann man Innen- und Außengewinde lehren?
39. Nennen und erläutern Sie Möglichkeiten zur Ermittlung der fünf Bestimmungsgrößen eines Gewindes (Gewindemessung).
40. Beschreiben Sie die Messung des Flankendurchmessers nach dem „Kegel-Kimme"-Verfahren und der „Dreidraht"-Methode.

2.1 Grundlagen

Grundbegriffe. Bevor wir mit „neuem Stoff" beginnen, wollen wir uns an einige wichtige Begriffe und Zusammenhänge aus der Grundstufe erinnern.

Tabelle **2.1** zeigt eine Übersicht.

Tabelle 2.1 Zusammenfassung wichtiger Grundbegriffe

Begriff	Erläuterungen
Trennen	Nach DIN 8580 der Oberbegriff für die 6 Verfahrensgruppen Zerteilen, Spanen, Abtragen, Zerlegen, Reinigen, Evakuieren.
	Trennen ist das Ändern der Form eines festen Körpers durch örtliche Aufhebung des Stoffzusammenhalts.
Spanen	Mechanisches Abtrennen von formlosen Werkstoffteilchen, die man Späne nennt.

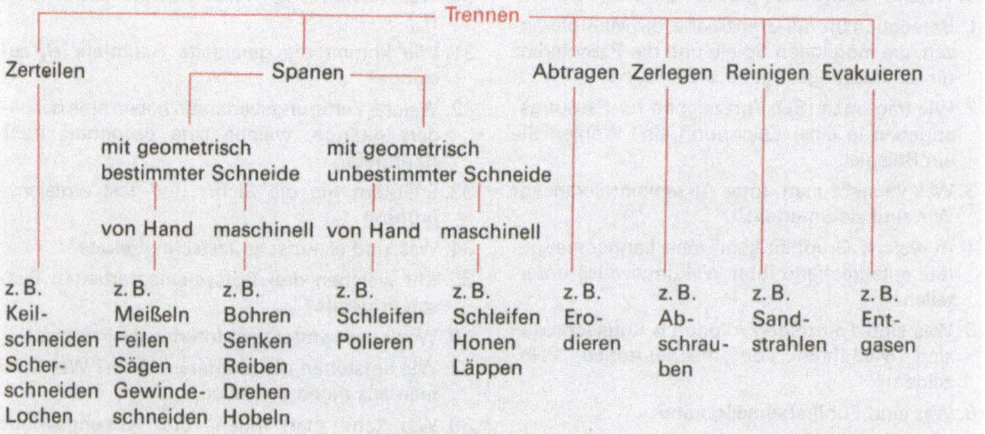

Trennen

Zerteilen	Spanen	Abtragen	Zerlegen	Reinigen	Evakuieren
	mit geometrisch bestimmter Schneide / mit geometrisch unbestimmter Schneide				
	von Hand — maschinell — von Hand — maschinell				
z. B. Keilschneiden Scherschneiden Lochen	z. B. Meißeln Feilen Sägen Gewindeschneiden / z. B. Bohren Senken Reiben Drehen Hobeln / z. B. Schleifen Polieren / z. B. Schleifen Honen Läppen	z. B. Erodieren	z. B. Abschrauben	z. B. Sandstrahlen	z. B. Entgasen

Begriff	Erläuterungen
Werkzeugschneide	Werkzeugschneiden haben Keilform. Sie können zerteilen (Keil-, Scher- oder Formschneiden) oder spanen. Man unterscheidet geometrisch bestimmte und unbestimmte Schneidenformen.
Geometrisch bestimmt	Geometrisch bestimmte Schneiden werden in Form und Größe festgelegt. Alle spanenden Schneiden (2.2) haben z. B. Frei-, Keil- und Spanwinkel. Bei positivem Spanwinkel schneidet die Werkzeugschneide, bei negativem schabt sie.
Geometrisch unbestimmt	Solche Schneiden haben eine rein zufällige Form. Sie wirken daher mal schneidend und mal schabend. (Beispiel: Schleifkörner einer Schleifscheibe)

Fortsetzung s. nächste Seiten

Begriff	Erläuterungen

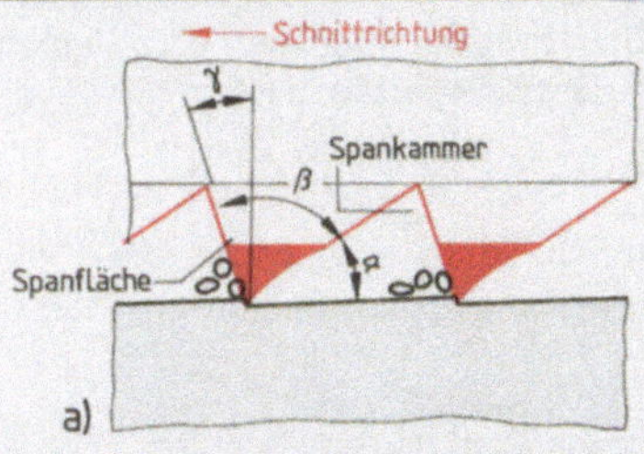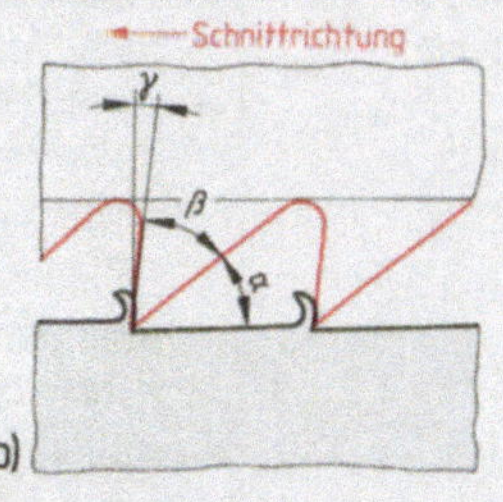

2.2   Winkel an gehauenen und gefrästen Feilen

a) gehauene Feile ($\alpha = 35°$, $\beta = 70°$, $\gamma = -15°$)
negativer Spanwinkel $\gamma = -15°$
schabende Wirkung
großer Keilwinkel β
für Werkstoffe höherer Festigkeit
$\alpha + \beta + \gamma = 90°$

b) gefräste Feile ($\alpha = 35°$, $\beta = 50°$, $\gamma = 5°$)
positiver Spanwinkel $\gamma = 5°$
schneidende Wirkung
kleiner Keilwinkel β
für Werkstoffe niedrigerer Festigkeit
$\alpha + \beta + \gamma = 90°$

Spanbildung	Späne bilden sich in den vier Teilschritten Stauchen, Rißbildung, Abscheren, Abgleiten (**2.3**). Man unterscheidet die drei Spanarten Reißspan, Scherspan und Fließspan (**2.4**).

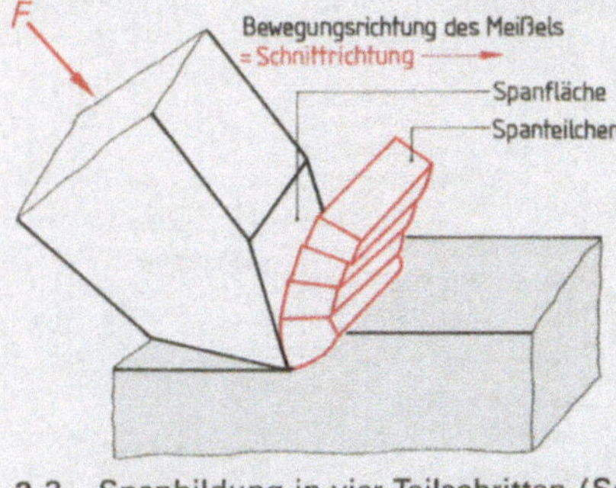

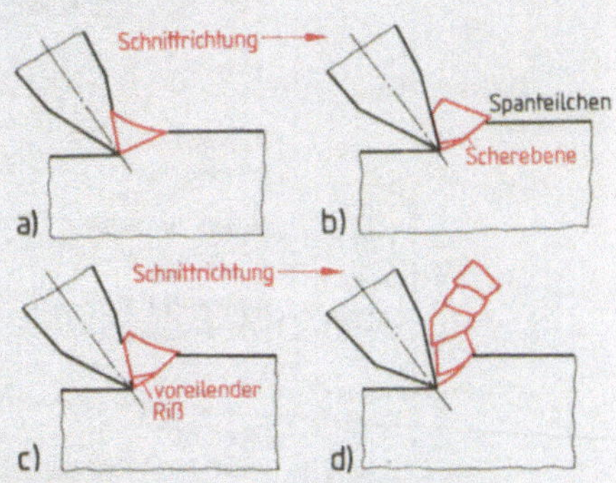

2.3   Spanbildung in vier Teilschritten (Scherspan)
a) Stauchen, b) Rißbildung, c) Abscheren, d) Abgleiten

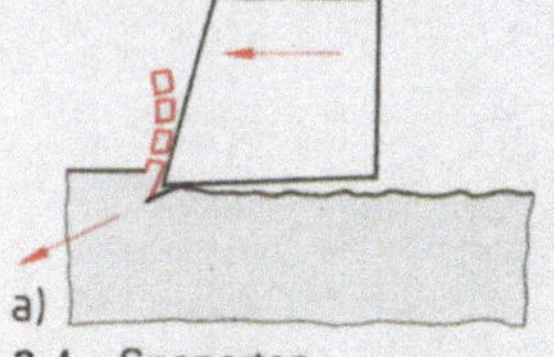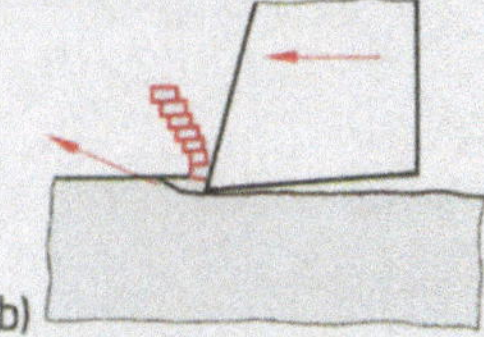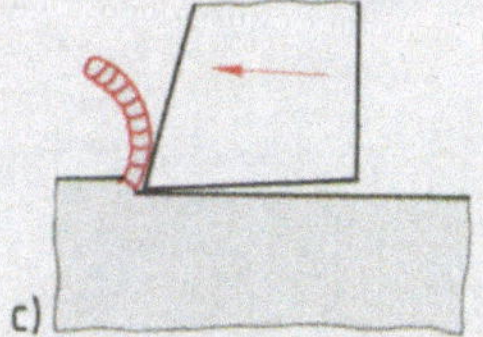

2.4   Spanarten

a) Reißspan
Vorauseilender Riß
mal nach innen, mal
nach außen gerichtet
Gestauchte Spanteil-
chen fast ohne Zu-
sammenhang
Schnittfläche sehr
rauh und ungenau

b) Scherspan
Vorauseilender Riß nach
außen gerichtet
Zusammenhängende
Spanteilchen
Schnittfläche rauher als
beim Fließspan, aber er-
heblich glatter als beim
Reißspan

c) Fließspan
Spanteilchen fließen als
zusammenhängende
Spanlocke
Glatte Schnittfläche
Entsteht bei höherer
Schnittgeschwindigkeit

Begriff	Erläuterungen
Werkzeugmaschinen	Maschinen, die unter bestimmten Kriterien (Bedingungen) die Körperkraft des Menschen weitestgehend ersetzen, heißen Werkzeugmaschinen.
Kriterien	Werkzeugmaschinen – haben wenigstens einen Antrieb. – übertragen die notwendigen Kräfte an die Wirkstelle und liefern die Arbeitsbewegungen. – führen und spannen Werkzeug und Werkstück. – haben während des Arbeitsvorganges einen festen Standort.
Funktionsgruppen	Jede Werkzeugmaschine besteht aus den vier Funktionsgruppen (2.5): – Maschinengestell: Es trägt alle festen und beweglichen Teile der Maschine. – Antrieb: Der Hauptantrieb liefert die Schnittbewegung, der Nebenantrieb z. B. den Vorschub. – Werkzeugaufnahme: Dazu dienen Spindeln oder Schlitten mit Werkzeughaltern (Aufnahme und Spannen). – Werkstückaufnahme: z. B. Spindeln mit Futter oder Planscheibe, Maschinentische (Aufnahme und Spannen).

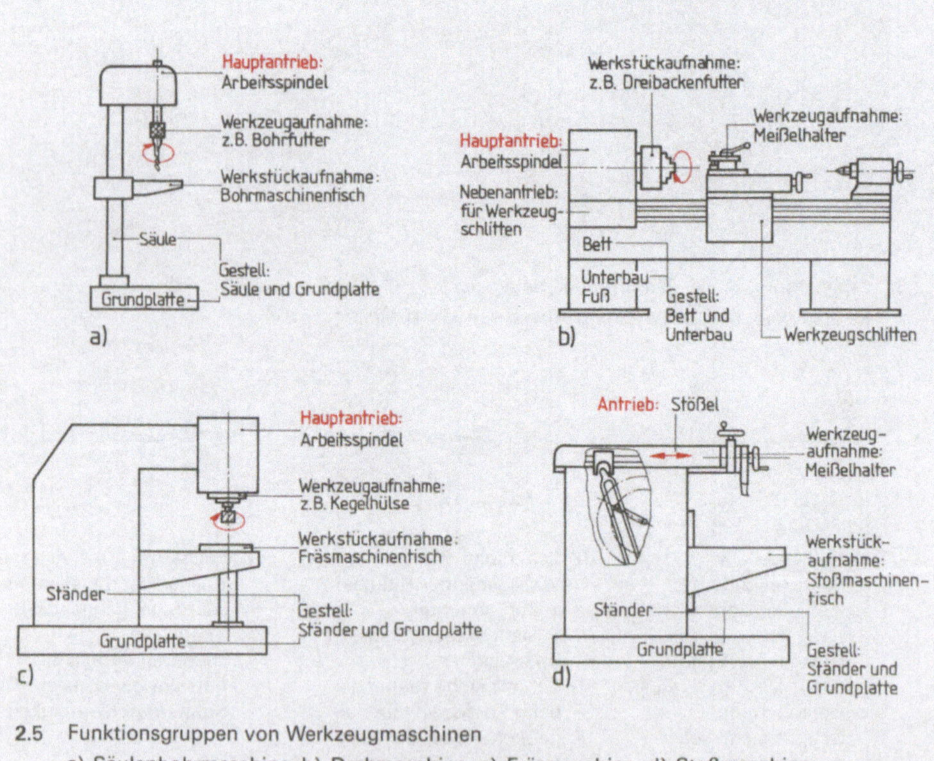

2.5   Funktionsgruppen von Werkzeugmaschinen
a) Säulenbohrmaschine, b) Drehmaschine, c) Fräsmaschine, d) Stoßmaschine

2.1.1 Bewegungsabläufe beim Spanen

Relativbewegungen. Die bei einem Zerspanvorgang auftretenden Bewegungen zwischen Werkstück und Werkzeug sind Relativbewegungen. Für das Ergebnis einer spanenden Ferti-gung ist es grundsätzlich gleichgültig, ob z. B. das Werkzeug oder das Werkstück die Vorschubbewegung ausführen: Die Tatsache, daß überhaupt eine Bewegung zwischen bei-den stattfindet, ist wichtig. In DIN 6580 hat man daher vereinbart, die (zwischen Werk-zeug und Werkstück stattfindenden) Relativ-bewegungen immer auf das r u h e n d ange-nommene W e r k s t ü c k zu beziehen (**2.6**).

Diese Festlegung erlaubt eine vereinfachte Darstellung der Vorgänge an der Wirkstelle und eine bessere Vergleichbarkeit der spa-nenden Fertigungsverfahren untereinander.

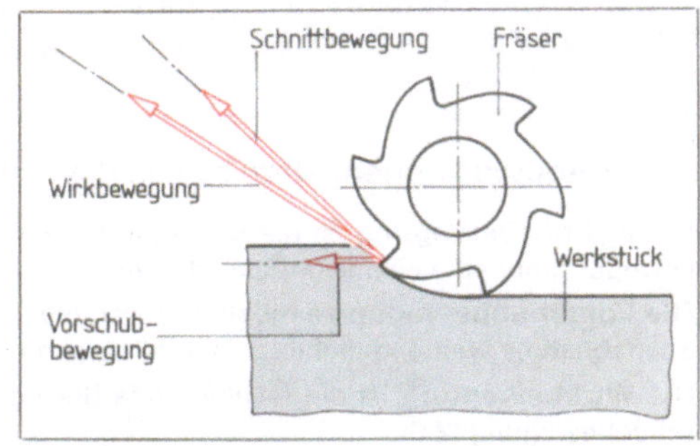

2.6 Schnitt-, Vorschub- und Wirkbewegung beim Fräsen

Die tatsächlichen Bewegungen weichen bei manchen Verfahren davon ab. Denken Sie etwa an die Arbeitsverfahren Hobeln und Stoßen (**2.7**). Für die Betrachtung der Vorgänge an der Wirkstelle (Meißelschneide) spielt es überhaupt keine Rolle, ob das Werkzeug (beim

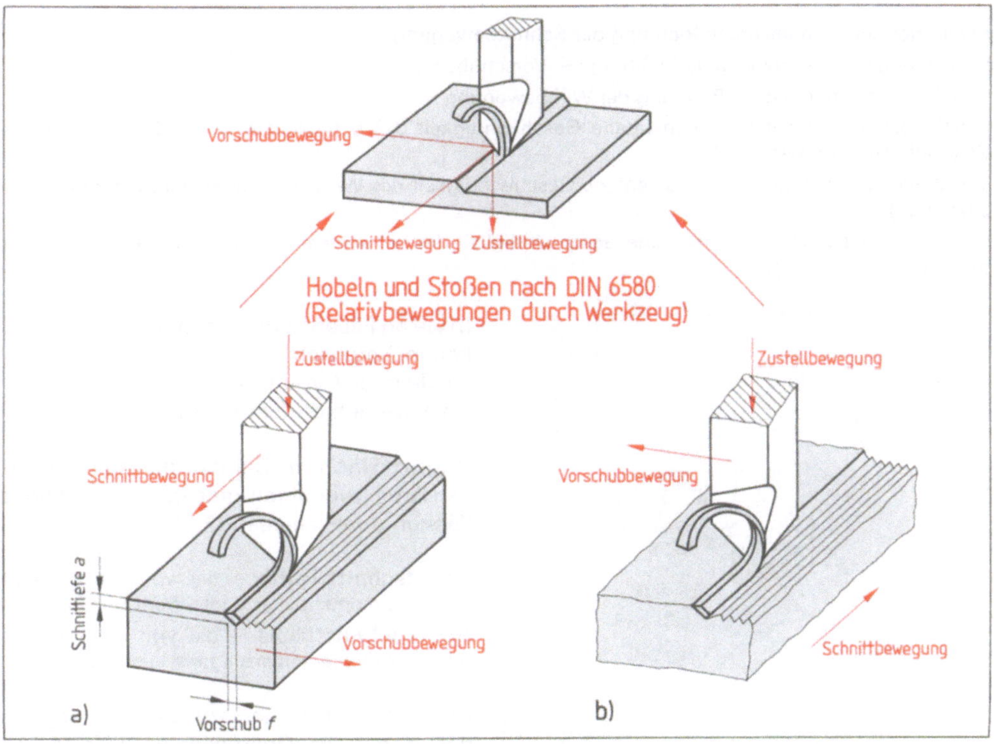

2.7 Tatsächliche Bewegungen und Bewegungen nach DIN 6580
    a) beim Stoßen (Waagerechtstoßen), b) beim Hobeln

Stoßen) oder das Werkstück (beim Hobeln) die Schnittbewegung ausführt. Die vereinfachende DIN-Vereinbarung hebt hier einen unerheblichen Unterschied zwischen beiden Verfahren auf.

Nach DIN 6580 werden die Relativbewegungen zwischen Werkzeug und Werkstück immer auf das ruhend angenommene Werkstück bezogen.

Arbeitsbewegungen. Dazu zählen die Schnitt-, Vorschub- und Wirkbewegung.

Die Schnittbewegung ist die Bewegung (zwischen Werkstück und Werkzeug), die ohne Vorschubbewegung nur eine einmalige Spanabnahme während einer Umdrehung oder eines Hubes bewirkt.

Die Vorschubbewegung ermöglicht zusammen mit der Schnittbewegung eine stetige oder mehrmalige Spanabnahme während mehrerer Umdrehungen oder Hübe.

Die Wirkbewegung ist die resultierende Bewegung aus gleichzeitig stattfindender Schnitt- und Vorschubbewegung (**2.6**).

Weitere Bewegungen sind die Anstell- und Zustellbewegung, die jedoch nicht zu den eigentlichen Arbeitsbewegungen gezählt werden. Die Anstellbewegung ist die vor Spanungsbeginn (meist einmalig) erfolgende Heranführung des Werkzeugs an die Wirkstelle. Die Zustellbewegung reguliert die je Schnitt erfolgende Schnittiefe.

Als Richtungen und Geschwindigkeiten werden die jeweils augenblicklich wirksamen „Momentanwerte" betrachtet.

Schnittrichtung – momentane Richtung der Schnittbewegung

Vorschubrichtung – momentane Richtung der Vorschubbewegung

Wirkrichtung – momentane Richtung der Wirkbewegung

Schnittgeschwindigkeit v_c – momentane Geschwindigkeit des betrachteten Schneidenpunkts an der Wirkstelle (Index c wie „cut")

Vorschubgeschwindigkeit v_f – momentane Geschwindigkeit des Werkzeugs in Vorschubrichtung (f wie „forward")

Wirkgeschwindigkeit v_e – momentane Geschwindigkeit des betrachteten Schneidenpunkts in Wirkrichtung (e wie „effektiv").

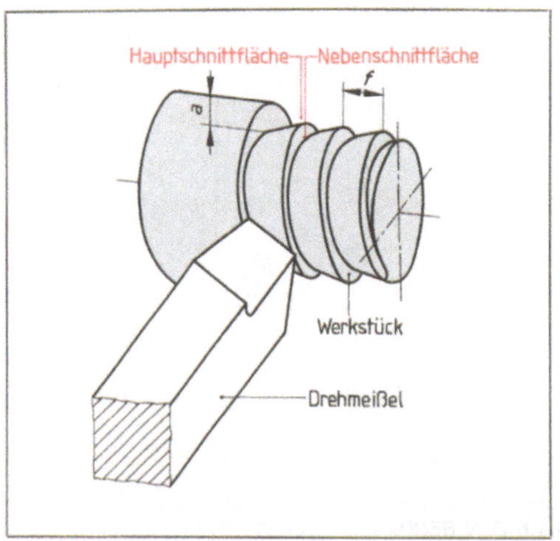

2.8 Haupt- und Nebenschnittfläche beim Drehen

In vielen Fällen ist die Vorschubgeschwindigkeit im Vergleich zur Schnittgeschwindigkeit so klein, daß v_c und v_e annähernd gleichgesetzt werden dürfen: $v_c \approx v_e$.

Schnittflächen. Bei den meisten spanenden Arbeitsverfahren kann man zwei Schnittflächen unterscheiden (**2.8**):

Hauptschnittfläche – die von einer Hauptschneide momentan erzeugte Werkstückfläche,

Nebenschnittfläche – die von einer Nebenschneide momentan erzeugte Werkstückfläche.

Beide Schnittflächen zusammen ergeben das durch die Oberflächenrauheit (s. Abschn. 1.4.2) zu bewertende wichtigste Merkmal technischer Oberlächen.

2.1.2 Das spanende Werkzeug

Werkzeugschneidkeil. Der Teil des Werkzeugs, an dem (an der Wirkstelle) der Span entsteht, heißt Schneidkeil. Die Schnittlinien der den Keil begrenzenden Flächen (Frei- und Spanfläche) sind die Schneiden (2.9). Sie können beliebige Form haben, z.B. gerade, gekrümmt oder geknickt sein. Die Winkel am Schneidkeil dienen zur genauen Beschreibung seiner Form und Lage (2.10).

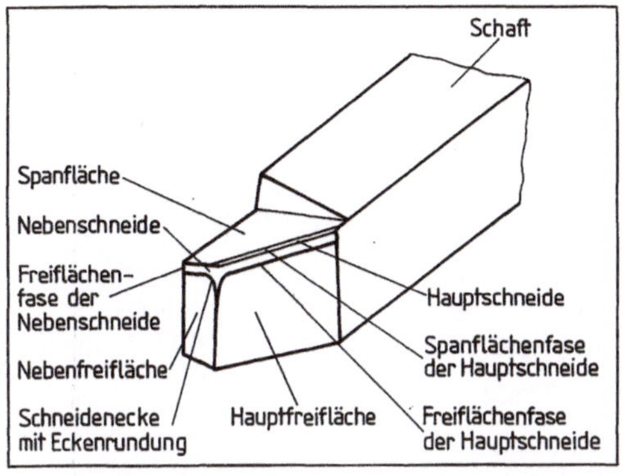

2.9 Flächen, Schneiden und Schneidenecken am Dreh- oder Hobelmeißel

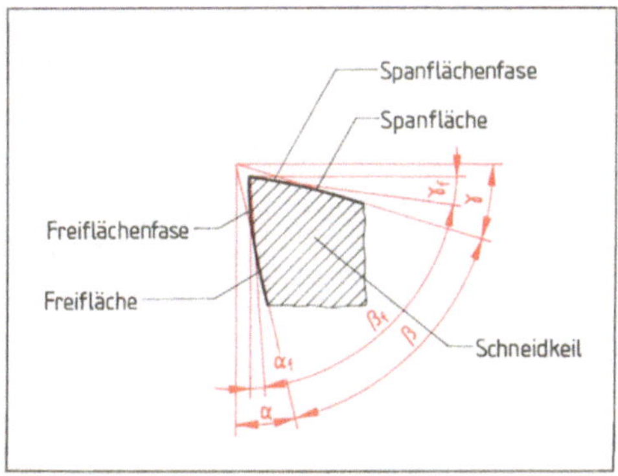

2.10 Flächen und Winkel am Schneidkeil bei angefaster Frei- und Spanfläche (Zeichenebene = Keilmeßebene)

α = Freiwinkel $\qquad$ α_f = Fasenfreiwinkel

β = Keilwinkel $\qquad$ β_f = Fasenkeilwinkel

γ = Spanwinkel $\qquad$ γ_f = Fasenspanwinkel

Viele Werkzeuge haben wie der Drehmeißel Haupt- und Nebenschneiden. Das liegt daran, daß eine Werkstoffberührung mit nur einer Schneide oft nicht möglich ist (2.8). Die hauptsächliche Zerspanungsarbeit erledigt die Hauptschneide. Spanende Werkzeuge unterscheidet man daher nach der Anzahl ihrer Hauptschneiden (2.11). Werkzeuge mit nur einer Hauptschneide (z. B. Dreh- oder Stoßmeißel) heißen einschneidig, solche mit mehreren Hauptschneiden (z. B. Fräswerkzeuge) dagegen mehrschneidig.

Der Drehmeißel ist ein einschneidiges Werkzeug, weil er nur eine Hauptschneide hat. Das trifft auch für Formdrehmeißel zu, bei denen die Hauptschneide lediglich gekrümmt oder abgeknickt ist. Es kommt nämlich darauf an, wie die Schneide arbeitet: Auch die (symmetrisch) abgeknickte Hauptschneide des Gewindedrehmeißels spant als eine Schneide.

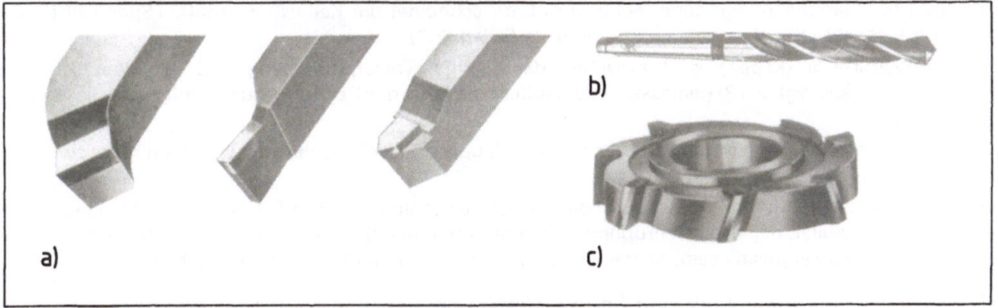

2.11 Beispiele für ein- und mehrschneidige Werkzeuge
a) Drehmeißel, b) Wendelbohrer, c) Scheibenfräser

Wendelbohrer haben dagegen zwei Hauptschneiden (denn jede schneidet selbständig), eine Querschneide und zwei Nebenschneiden. Sie zählen daher zu den mehrschneidigen Werkzeugen.

Fräswerkzeuge haben soviel Hauptschneiden, wie sie Zähne besitzen: Jeder Fräszahn spant selbständig.

Werkzeug- und Wirkbezugssystem. Die Winkel an der Drehmeißelschneide (**2.**12) sind Ihnen bereits aus der Grundstufe bekannt.

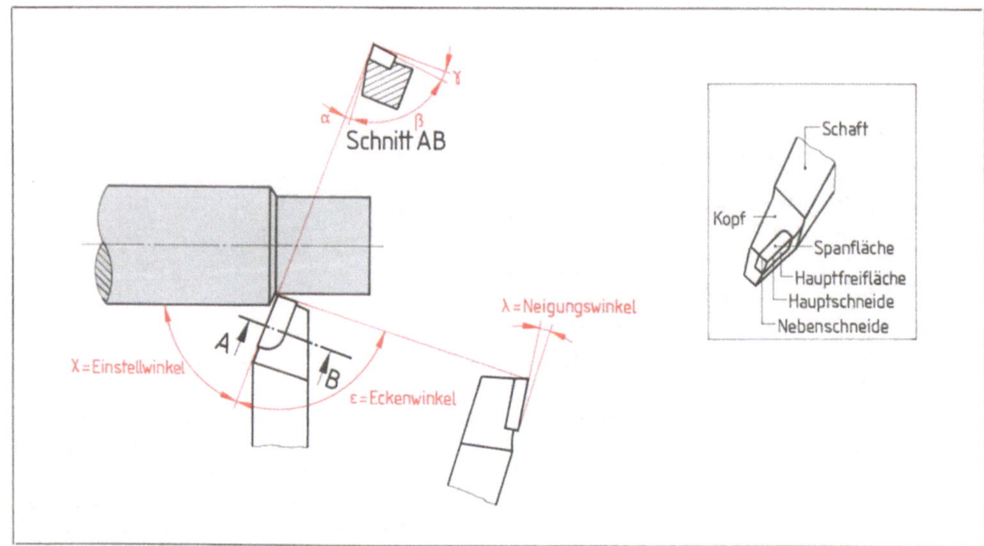

2.12   Winkel an der Drehmeißelschneide

Freiwinkel α (alpha) ist der Winkel zwischen Freifläche des Werkzeugs und der (gerade bearbeiteten) Schnittfläche. Er soll Reibung zwischen Frei- und Schnittfläche verhindern (bzw. so klein wie möglich halten).

Keilwinkel β (beta) ist der Winkel des Schneidkeils. Er wird zwischen Werkzeugfrei- und Spanfläche gemessen und beeinflußt die Standzeit des Keils. Die Größe des Keilwinkels wächst mit der Zerspanungsfestigkeit des Werkstück-Werkstoffs. Bei gleichbleibendem Freiwinkel hängt z. B. der Spanwinkel unmittelbar von der Größe des Keilwinkels ab.

Spanwinkel γ (gamma) ist der Winkel, den die Spanfläche des Werkzeugs mit einem Lot auf die Schnittfläche bildet. Er ergänzt die Summe aus Frei- und Keilwinkel immer zu 90°. Aus diesem Grund ist er positiv, wenn Frei- und Keilwinkel zusammen kleiner als 90° sind, sonst negativ. Ist der Spanwinkel positiv (die Spanfläche liegt dann rechts vom Lot), schneidet der Keil; ist er negativ (Spanfläche links vom Lot), schabt er (vgl. gehauene und gefräste Feilen, **2.**2).

Einstellwinkel κ (kappa) wird zwischen der (Längs)-Vorschubrichtung und der Hauptschneide (Schneidenebene, vgl. **2.**13) gemessen. Er beeinflußt die Form des Spanungsquerschnitts und die Meißel-Rückkraft.

Eckenwinkel ε (epsilon) ist der Winkel zwischen Haupt- und Nebenschneide. Er beträgt meist zwischen 80 und 110°.

Neigungswinkel λ (lambda) beeinflußt die Spanabflußrichtung. In Bild **2.**12 ist er negativ. Eine solche Schneide ist stabiler, daher für Schruppen und unterbrochenen Schnitt geeignet. Beim Schlichten sollte der Neigungswinkel positiv sein, da der ablaufende Span dann nicht die Schnittfläche beschädigt.

Bisher haben wir Frei-, Keil- und Spanwinkel immer am ruhenden Werkzeug gemessen. Das geschieht im Werkzeugbezugssystem. Zur genaueren Beschreibung der Zerspanungsvorgänge an der Wirkstelle verwendet man ein weiteres System, das Wirkbezugssystem. Gemein-

sam ist beiden ein rechtwinkliges Drei-Ebenen-System zur Bestimmung der Winkel (2.13).
Es besteht jeweils aus B e z u g s -, S c h n e i d e n - und K e i l m e ß e b e n e, die alle durch den
betrachteten Schneidenpunkt verlaufen.

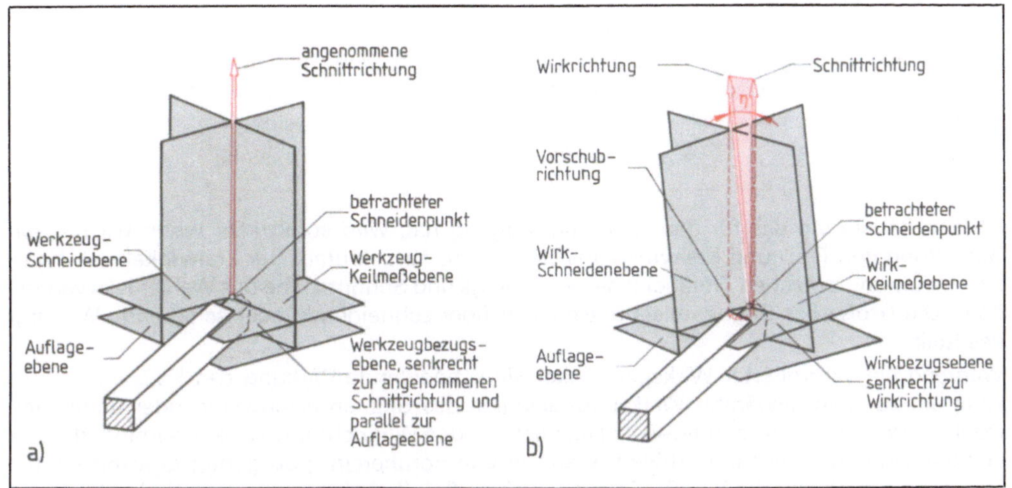

2.13 Rechtwinklige 3-Ebenen-Bezugssysteme
a) Werkzeugbezugssystem, b) Wirkbezugssystem

Beim Werkzeugbezugssystem (2.13a) liegt die Werkzeugbezugsebene parallel zur Auf-
lageebene des Werkzeugs und rechtwinklig zur angenommenen Schnittrichtung. Es ist von
Bedeutung für Herstellung, Nachmessen oder Nachschleifen des Werkzeugs und gilt für das
n i c h t im Einsatz befindliche Werkzeug.

Beim Wirkbezugssystem (2.13b) wird das Drei-Ebenen-System gegenüber der Auflage-
ebene um den Wirkrichtungswinkel η (eta) gekippt. Der Wirkrichtungswinkel beschreibt
die Wirkrichtung, die aus der Überlagerung von der Schnitt- und Vorschubbewegung entsteht. Beim Wirkbezugssystem liegt die Wirkbezugsebene rechtwinklig zur Wirkrichtung. Es gilt für das im Eingriff befindliche Werkzeug und erleichtert die Darstellung des Zerspanungsvorgangs.

Schneidenwinkel im Wirkbezugssystem. Die im Werkzeugbezugssystem gemessenen Frei- und Spanwinkel α und γ stimmen mit den beim Spanen tatsächlich wirksamen Wirkwinkeln nicht überein (2.14). Nur der rein werkzeugbezogene Keilwinkel ist unveränderlich.

Wie aus Bild 2.14 ersichtlich, hängt der Wirkrichtungswinkel vom Größenverhältnis der Schnittgeschwindigkeit zur Vorschubgeschwindigkeit ab. Auch die Größe des Dreh-

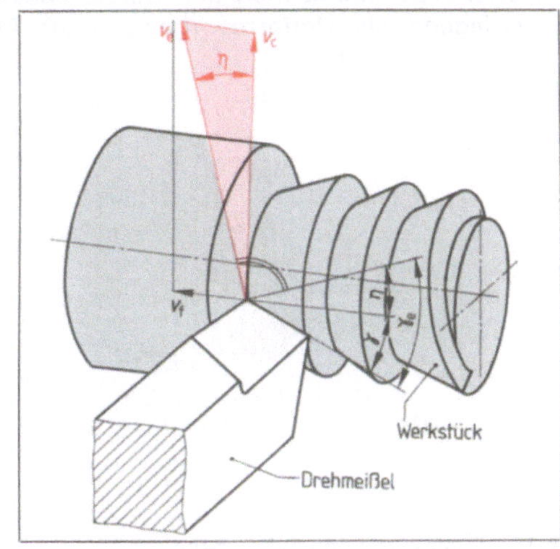

2.14 Wirkgeschwindigkeit v_e und Wirkrichtungswinkel η

durchmessers beeinflußt ihn: Je kleiner der Drehdurchmesser, desto größer der Wirkrichtungswinkel. Entsprechend der Richtung der Wirkgeschwindigkeit verändern sich die beiden genannten Werkzeugwinkel α und γ um den Wert des Wirkrichtungswinkels η. Zur Unterscheidung erhalten Wirkfrei- und Wirkspanwinkel den Index e (effektiv).

> Der Wirkrichtungswinkel wächst mit zunehmendem Vorschub und abnehmendem Drehdurchmesser. Damit verändern sich die wirksamen Frei- und Spanwinkel.
>
> Wirkfreiwinkel α_e = Werkzeugfreiwinkel α − Wirkrichtungswinkel η
>
> Wirkspanwinkel γ_e = Werkzeugspanwinkel γ + Wirkrichtungswinkel η

Welche Bedeutung das für den Spanungsvorgang hat, wird sofort klar, wenn wir uns die Bedeutung von Frei- und Keilwinkel ins Gedächtnis zurückrufen. Der Freiwinkel soll Werkstoffberührung zwischen Freifläche des Werkzeugs und Schnittfläche des Werkstücks verhindern. Die Größe des Spanwinkels entscheidet über schneidende oder schabende Wirkung des Keils.

Während ein vergrößerter Wirkspanwinkel die schneidende Wirkung des Keils verbessert, kann ein zu klein gewählter Werkzeugfreiwinkel das Spanen erschweren oder unmöglich machen. Wird der Werkzeugfreiwinkel nämlich um den Wirkrichtungswinkel vermindert, kann er seine Aufgabe nur dann erfüllen, wenn er von vornherein groß genug gewählt wurde. Das erklärt auch, weshalb z. B. Gewindedrehmeißel (bei denen der Vorschub gleich der Gewindesteigung ist) besonders große Werkzeugfreiwinkel haben müssen.

2.1.3 Vorgänge beim Spanen

Spanarten und Spanformen. Man unterscheidet zwischen Spanarten und -formen. Die Ihnen bereits bekannten drei Spanarten (**2.4**) Reiß-, Scher- und Fließspan entstehen in Abhängigkeit von den Vorgängen in der Spanwurzel (**2.15**). Sie werden im wesentlichen durch Werkstoff, Spanwinkel, Vorschub und Schnittgeschwindigkeit beeinflußt.

Spanwurzel nennt man den Bereich des Werkstücks, in dem der Span durch Fließen (vorwiegend als Umformvorgang) oder Abscheren entsteht. In diesem Bereich liegt auch die **Scherebene** (**2.3**), die mit der Wirkrichtung den Winkel Φ (Scherebenenwinkel phi) einschließt. Dieser Scherebenenwinkel (vereinfachend auch Scherwinkel genannt) ist bei jeder der drei Spanarten unterschiedlich groß.

Reißspäne entstehen vorzugsweise bei sprödem Werkstoff, niedriger Schnittgeschwindigkeit, kleinem Spanwinkel und großem Vorschub. Der Scher(ebenen)winkel Φ ist bei dieser Spanart etwa 18 bis 20° groß. Da die Späne (entsprechend ihrem Namen) aus der Werkstückoberfläche herausgerissen werden, ist die Schnittfläche (so heißt die bearbeitete Werkstückoberfläche) rauh und rissig. Gußeisen neigt beispielsweise zur Reißspanbildung.

2.15 Spanwurzel und Scherebene
Φ = Scherwinkel, h = Spanungsdicke, h' = Spandicke

Scherspäne werden als in der Scherzone umgeformte Schuppenteile (2.3) abgeschert und (zum Teil kaltverschweißt) zu einem Span „gestapelt" und über die Spanfläche abgeleitet. Sie bilden den Übergang vom Reißspan zum Fließspan. Im Vergleich zum Reißspan entstehen sie bei zäheren Werkstoffen, höherer Schnittgeschwindigkeit, größerem Spanwinkel und kleinerem Vorschub. Der Scher(ebenen)winkel Φ ist hier mit etwa 25° schon etwas größer, die Schnittfläche glatter als beim Reißspan.

Fließspäne entstehen durch überwiegendes Umformen (daher „Fließ"-Späne genannt) im Bereich der Spanwurzel. Der Span läuft in längeren Stücken sauber über die Spanfläche ab. Zur Fließspanbildung neigen vorwiegend zähe Werkstoffe bei hohen Schnittgeschwindigkeiten, großen Spanwinkeln und kleinen Vorschüben. Fließspäne hinterlassen die vergleichsweise sauberste Schnittfläche; der Scher(ebenen)winkel Φ beträgt hier etwa 30 bis 32°.

Die Spanformen sind wichtig für die Handhabung der entstehenden Späne. Damit die Spanformen einheitlich bezeichnet werden, gibt eine VDI-Richtlinie hierzu Anhaltspunkte und macht Aussagen über ihre Zweck- oder Unzweckmäßigkeit (2.16).

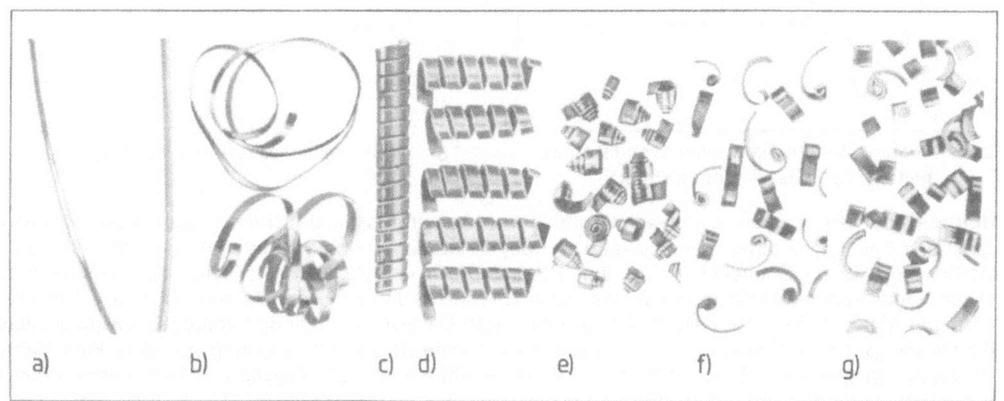

2.16 Spanformen nach VDI 3332
  a) Bandspäne, b) Wirrspäne, c) lange Wendelspäne, d) Wendelspanstücke, e) Spiralspäne,
  f) Spiralspanstücke, g) Spanbruchstücke

Band- und Wirrspäne lassen sich z. B. von der Wirkstelle schlecht abführen (Staugefahr) und brauchen im Späne-Container sehr viel Platz. Sie sind daher unzweckmäßig. Lange Wendelspäne sind in der Handhabung schon etwas günstiger, aber wegen ihrer Länge auch nur als bedingt zweckmäßig einzustufen. Spanbruchstücke springen unkontrolliert überall hin und bilden daher eine erhöhte Unfallgefahr. Sie sind bedingt zweckmäßig, d. h. nur bei entsprechenden Maschinenverkleidungen zu dulden. Zweckmäßige Spanformen sind Wendelspanstücke, Spiralspäne und Spiralspanstücke.

Störungen beim Spanungsvorgang. Neben den unzweckmäßigen Spanformen sind auch andere gelegentlich auftretende Erscheinungen (z. B. Schneidenansätze) beim Spanungsvorgang unerwünscht. Kennt man die Ursachen solcher Störungen, kann man sie meist beseitigen.

Unerwünschte Spanformen wie Band- oder Wirrspäne entstehen bei großen Schnittiefen und kleinen Vorschüben. Spänestau und hoher Raumbedarf sind nicht nur gefährlich, sondern auch unwirtschaftlich. Auch lange Wendelspäne (sie entstehen vorzugsweise bei großen Vorschüben) sind unerwünscht.
Durch die Verwendung von Spanformern (Spanleitstufen) läßt sich die Spanform auch unter ungünstigen Schnittbedingungen beeinflussen. Spanformer können z. B. auf die Spanfläche des Werkzeugs aufgesetzt

oder hinter der Hauptschneide in die Werkzeugspanfläche eingeschliffen werden (Spanleitstufen). Bei Hartmetall-Wendeschneidplatten (**2.17**) sind bereits Spanleitstufen bei der Herstellung eingesintert (Hartmetalle werden durch Sintern hergestellt). Durch ihre Abmessungen und Lage wird der abfließende Span geformt und in eine bestimmte Richtung gelenkt.

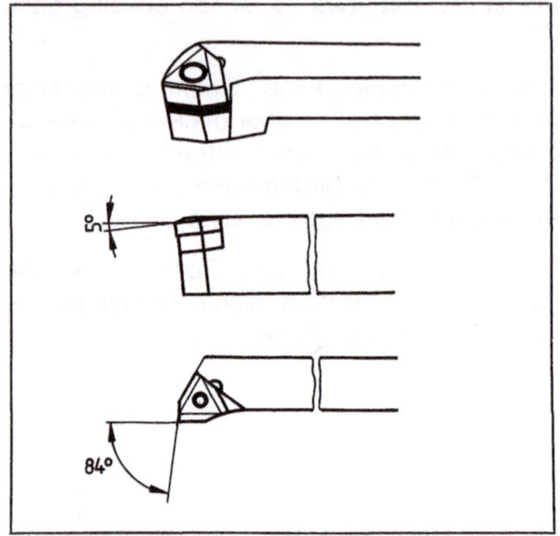

2.17   Drehmeißel mit Hartmetall-Wendeschneid-
platte, Spanleitstufen eingesintert

2.18   Schneidenansatz (Aufbauschneide)

Schneidenansätze (Aufbauschneiden) bilden sich bei ungünstigen Schnittbedingungen zwischen Span und Spanfläche (**2.18**). Sie entstehen in unregelmäßigen Abständen durch Anhäufung von Werkstoffteilchen auf der Schneide, wo sie durch Schnittdruck und Zerspanungswärme kaltverschweißen. Durch ständiges Abbröckeln und Neubilden verändert sich die Schneidengeometrie, was die Oberflächengüte und Maßhaltigkeit des Werkstücks verschlechtert. Da meist zu geringe Schnittgeschwindigkeiten die Ursache für Schneidenansätze sind, kann man Abhilfe durch ihre Erhöhung schaffen. Eine glatte Werkzeug-Spanfläche (z. B. geläppt) mit geringer Rauhtiefe und der Einsatz von Kühlschmiermitteln verringern die Neigung zu dieser Störungsart noch weiter.

Störungen beim Spanungsvorgang kann man nur beseitigen, wenn man ihre Ursachen kennt.

- Unerwünschten Spanformen begegnet man durch Veränderung der Schnittbedingungen und/oder durch Spanformer (Spanleitstufen).

- Die Bildung von Schneidenansätzen kann man durch Erhöhen der Schnittgeschwindigkeit, durch Glätten der Werkzeugspanfläche (z. B. durch Läppen) und durch Kühlschmiermittel vermeiden.

2.1.4   Einflußgrößen auf die Zerspanung, Funktionszusammenhänge

Zu den wichtigsten Einflußgrößen auf die Zerspanung gehören Schnittiefe a, Vorschub f und Schnittgeschwindigkeit v_c. Sie sind sowohl untereinander als auch vom Werkstoff der Schneide oder des Werkstücks abhängig und ergeben sich aus den an der Werkzeugmaschine eingestellten Betriebswerten.

Die Schnittiefe a (in mm) ist der Wert, der von Schnitt zu Schnitt zugestellt wird und die Spandicke ergibt (Zustellbewegung).

50

Der Vorschub f (in mm) ist der Weg, den z.B. ein Drehmeißel während einer Werkstückumdrehung oder ein Fräswerkzeug (relativ) während einer Spindelumdrehung in Vorschubrichtung zurücklegen. Der Vorschub ergibt die Spanbreite, das Produkt aus Schnittiefe und Vorschub den Spanungsquerschnitt (s. Abschn. 2.1.5).

Die Schnittgeschwindigkeit v_c (z.B. in m/min) ist die an der Schneide wirksame Geschwindigkeit. Sie ist z.B. beim Hobeln und Stoßen geradlinig (s. Abschn. 2.1.1), beim Drehen und Fräsen und Schleifen dagegen kreisförmig. Hier hängt sie von der eingestellten Drehfrequenz n und dem wirksamen Durchmesser d (z.B. des Drehteils oder des Fräswerkzeugs) ab.

Der rechnerische Zusammenhang beim Drehen zwischen Schnittgeschwindigkeit v_c, Drehdurchmesser d und Drehfrequenz n ergibt sich aus der Formelgleichung

$$v_c = d \cdot \pi \cdot n \quad \text{in m/min bzw. (umgestellt)} \quad n = \frac{v_c}{d \cdot \pi} \quad \text{in 1/min.}$$

Beim Plandrehen verringert sich der Drehdurchmesser ständig. Hier wird der größte Drehdurchmesser für die Ermittlung der richtigen Drehfrequenz zugrunde gelegt, weil die Schnittgeschwindigkeit dabei den Höchstwert hat.

Beispiel 2.1   Eine Welle soll mit der Schnittgeschwindigkeit $v_c = 50$ m/min übergedreht werden. Der Drehdurchmesser beträgt $d = 100$ mm. Gesucht ist die an der Maschine einzustellende Drehfrequenz n der Arbeitsspindel.

Lösung $n = \dfrac{v_c}{\pi \cdot d}$ $n = \dfrac{50 \text{ m/min}}{\pi \cdot 100 \text{ mm}} = \dfrac{50\,000 \text{ mm/min}}{\pi \cdot 100 \text{ mm}} = 159 \, \dfrac{1}{\text{min}}$

Also ist die Drehfrequenz $n = 160$ 1/min einzustellen.

Man kann die Drehfrequenz auch aus Diagrammen oder Tabellen ablesen. Die Drehmaschinenhersteller haben meist entsprechende Tafeln an den Maschinen angebracht (**2.19**).

Kühlschmiermittel wie Schneidöl oder Emulsion verbessern die Zerspanungsbedingungen erheblich, indem sie z.B. die Schneidenreibung verringern und für eine bessere Wärmeabfuhr sorgen. Werkzeugstandzeiten (s. Abschn. 2.1.6) erhöhen, der Schneidenverschleiß vermindert sich. Unter dem Einsatz von Kühlschmiermitteln sind daher auch höhere Schnittgeschwindigkeiten möglich.

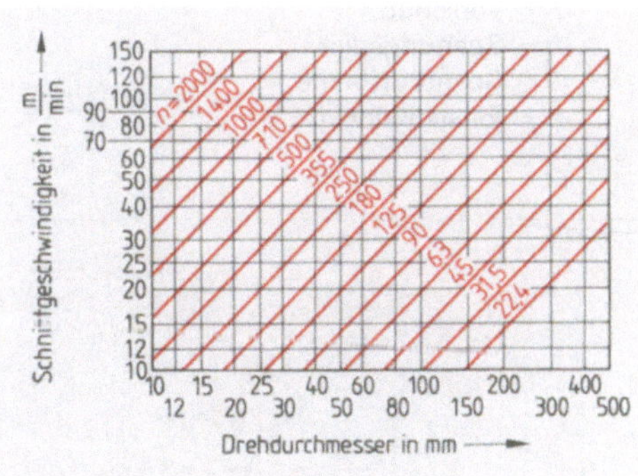

2.19 Drehfrequenz-Schaubild an einer Drehmaschine

Richtwerttabellen. Die richtige Wahl der Schnittiefe, des Vorschubs und der Schnittgeschwindigkeit erfordert viel Erfahrung. Je nachdem, ob geschruppt oder geschlichtet werden soll, ist die Schnittiefe groß oder klein zu wählen. Auch der Vorschub ist beim Schruppen größer als beim Schlichten. Die Schnittgeschwindigkeit ist beim Schlichten höher als beim Schruppen. Sie ist abhängig vom Schneidenwerkstoff auf der einen Seite und vom zu zerspanenden Werkstoff auf der anderen Seite. Eine Erleichterung bieten deshalb Richtwerttabellen (Tabellenbuch), die in umfangreichen Versuchsreihen entstanden sind und Anhaltswerte für den jeweils zu zerspanenden Werkstoff und den Meißelschneidenwerkstoff (z.B. HSS oder Hartmetall) geben (s. Abschn. 2.1.6).

2.1.5 Spanungsquerschnitt und Schnittkraft

Spanungsquerschnitt *A*. Man versteht darunter (näherungsweise) das Produkt aus Schnittiefe *a* und Vorschub *f* (2.20). Durch die Schneidenabrundung bleibt ein kleiner Restquerschnitt stehen, der in der Berechnung vernachlässigt wird. Der Spanungsquerschnitt läßt sich auch aus Spanungsbreite *b* und Spanungsdicke *h* ermitteln und wird in mm² angegeben:

$$\text{Spanungsquerschnitt} \approx \text{Schnittiefe} \cdot \text{Vorschub} = \text{Spanungsbreite} \cdot \text{Spanungsdicke}$$
$$A \approx a \cdot f = b \cdot h \quad \text{in mm}^2$$

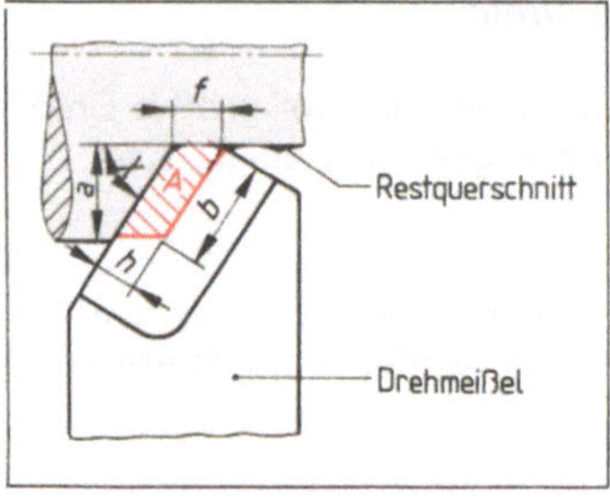

2.20 Spanungsquerschnitt *A* beim Drehen

a = Schnittiefe
f = Vorschub
h = Spanungsdicke
b = Spanungsbreite
$\varkappa$ = Einstellwinkel

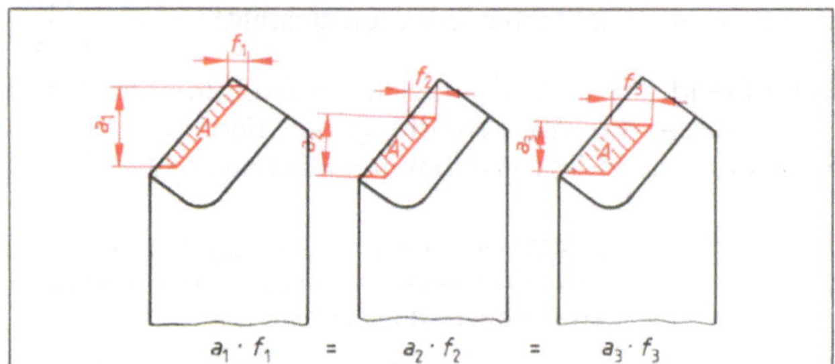

2.21 Unterschiedliche Schlankheitsgrade bei gleich großem Spanungsquerschnitt und konstantem Einstellwinkel

Schlankheitsgrad *S* des Spanungsquerschnitts. Selbst bei gleichgroßem Spanungsquerschnitt *A* (2.21) und Einstellwinkel $\varkappa$ ist es für die an der Wirkstelle aufzubringende Schnittkraft und die Wärmebelastung der Schneide nicht gleichgültig, wie sich Schnittiefe und Vorschub zueinander verhalten. Das haben Versuche gezeigt.

Die Schnittkraft vergrößert sich z. B., wenn der Vorschub mit zunehmender Schnittiefe abnimmt (vgl. spezifische Schnittkraft im folgenden Abschnitt). Die Wärmebelastung der Schneide ist bei kurzem Schneideneingriff (also geringer Schnittiefe) besonders groß, da hier ein Wärmestau entsteht (2.22).

Die Schlankheit des Spanungsquerschnitts wird durch den Schlankheitsgrad *S* ausgedrückt. Er wird ·durch den Quotienten von Schnittiefe *a* und Vorschub *f* angegeben.

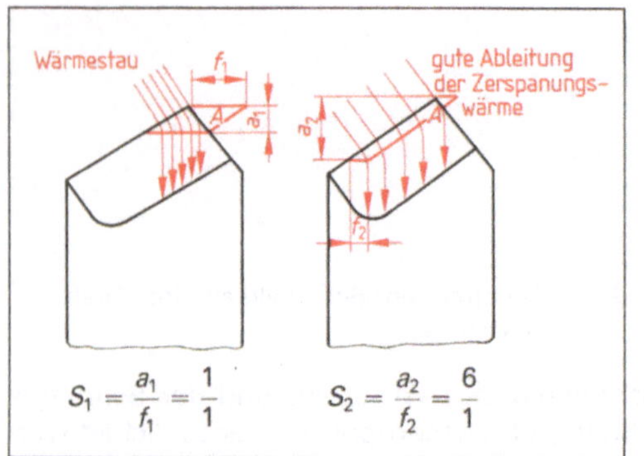

2.22 Wärmebelastung bei unterschiedlichen Schlankheitsgraden

$$\text{Schlankheitsgrad} = \frac{\text{Schnittiefe}}{\text{Vorschub}} \qquad S = \frac{a}{f}$$

Günstige Werte für die Größe des Schlankheitsgrads liegen zwischen 5 und 10. Die Werkzeugschneide hält bei diesen Werten länger (größere Standzeit).

Zerspankraft und Schnittkraft. Die an der Wirkstelle wirksame Gesamtkraft ist die Zerspankraft F.

Sie setzt sich räumlich aus den drei (rechtwinklig zueinander wirkenden) Komponenten Schnittkraft F_c (c wie „cut"), Vorschubkraft F_f (f wie „forward") und Passivkraft F_p zusammen (**2.23**).

Läßt man die Passivkraft F_p aus der Betrachtung heraus (sie versucht den Meißel in den Halter zu drücken bzw. biegt lange Werkstücke durch), kommt man zu einer aus nur noch zwei Komponenten resultierenden Kraft: der Aktivkraft F_a.

Die Aktivkraft setzt sich aus Schnitt- und Vorschubkraft zusammen und liegt in der von Schnitt- und Vorschubrichtung festgelegten Arbeitsebene.

Die Schnittkraft F_c ist die größte Einzelkomponente der Zerspankraft F. Für die Untersuchungen an der Wirkstelle hat sie daher besondere Bedeutung.

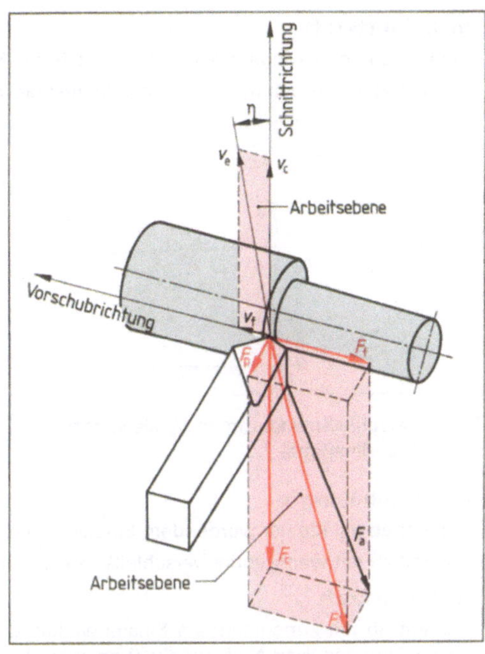

2.23 Zerspankraft und ihre Komponenten beim Langdrehen

F = Zerspankraft
F_c = Schnittkraft
F_f = Vorschubkraft
F_p = Passivkraft (Rückkraft)
F_a = Aktivkraft

> Die Zerspankraft F ist die Gesamtkraft, die an der Wirkstelle am betrachteten Schneidenpunkt angreift.
>
> Die Schnittkraft F_c ist die größte Einzelkomponente der Zerspankraft. Sie wirkt entgegengesetzt der Schnittrichtung (tangential im betrachteten Schneidenpunkt).

Schnittkraftmessung. Zur Ermittlung der Kräfte an der Meißelschneide kann man Messungen durchführen. Die Messung heißt zwar „Schnittkraftmessung", gemessen werden aber alle drei Komponenten der Zerspankraft, nämlich die Schnittkraft, die Vorschubkraft und die Passivkraft.

In der Versuchsanordnung spannt man z. B. Dreh- oder Stoßmeißel mit Hilfe von meist elektronisch wirkenden Druckmeßgeräten (Piezo-Effekt) in den Werkzeughalter ein. Um verläßliche Ergebnisse zu erzielen, ist allerdings dafür zu sorgen, daß die Schnittbedingungen einen „ruhigen" Spanungsvorgang erlauben. Die Meßversuche werden daher möglichst im Fließspanbereich gefahren. Nun kann man Veränderungen der Zerspanungsbedingungen (z. B. von Schnittgeschwindigkeit, Schnittiefe, Vorschub, Werkzeug- bzw. Wirkwinkel) auf die Größe der Schnittkraft (bzw. auf die anderen Komponenten der Zerspankraft) untersuchen.

Auf diese Weise können z. B. folgende Ergebnisse aufgezeigt werden (konstante Schnittgeschwindigkeit angenommen):

Die Schnittkraft

– nimmt ab bei Verringern der Reibung (z. B. bei Kühlschmierung).

– nimmt ab bei abnehmendem Schlankheitsgrad S des Spanungsquerschnitts.

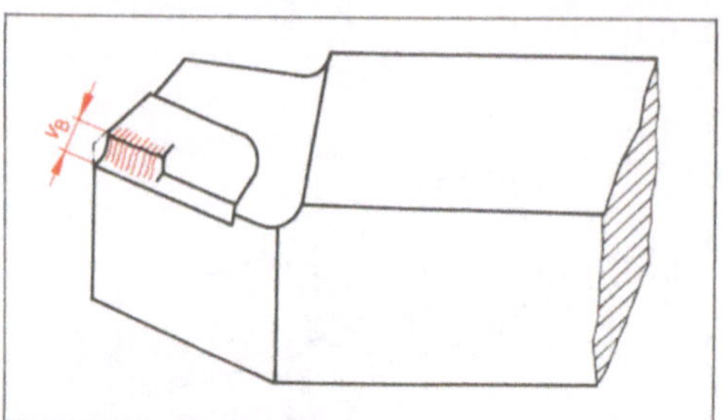

2.24 Verschleißmarkenbreite V_B als wichtiges Standmerkmal

– nimmt ab mit wachsendem Wirkspanwinkel γ_e (der aber nicht zu groß werden darf, da sich das Werkzeug sonst in das Werkstück hineinziehen kann). 1° Spanwinkelzunahme ergibt etwa 1 bis 2% Schnittkraftabnahme.

– nimmt ab mit zunehmendem Wirkfreiwinkel α.

– nimmt ab bei positivem Neigungswinkel λ. 1° Neigungswinkelzunahme (in positiver Richtung) ergibt etwa 1 bis 2% Schnittkraftabnahme.

– nimmt ab mit zunehmendem Einstellwinkel $\varkappa$.

– nimmt zu mit wachsendem Schneidenverschleiß: Je Vergrößerung der Verschleißmarkenbreite (2.24) um 0,1 mm bis zu 10%.

Die Vorschubkraft

– nimmt ab mit kleiner werdendem Einstellwinkel $\varkappa$ (also genau entgegengesetzt zur Schnittkraft).

– nimmt zu mit wachsender Verschleißmarkenbreite: Je 0,1 mm um bis zu 30%.

Die Passivkraft

– nimmt ab mit zunehmendem Einstellwinkel $\varkappa$. Theoretisch könnte sie bei einem Einstellwinkel von $\varkappa = 0°$ auf den Wert Null zurückgehen, was aber wegen der Abrundung der Schneidenecke nicht ganz erreichbar ist.

– nimmt zu (wie die Vorschubkraft) um bis zu 30% je 0,1 mm vergrößerter Verschleißmarkenbreite.

Die spezifische Schnittkraft k_c erhält man, wenn man die Schnittkraft F_c durch den Spanungsquerschnitt A teilt.

Die spezifische Schnittkraft ist die auf einen Quadratmillimeter Spanungsquerschnitt bezogene Schnittkraft.

$$\text{spezifische Schnittkraft} = \frac{\text{Schnittkraft}}{\text{Spanungsquerschnitt}} \qquad k_c = \frac{F_c}{A} \qquad \text{in N/mm}^2$$

Die spezifische Schnittkraft ist im wesentlichen abhängig

– von der Zerspanungsfestigkeit des zu zerspanenden Werkstoffs,

– vom Schneidstoff des Werkzeugs und

– vom Schlankheitsgrad des Spanungsquerschnitts.

Da sie mit abnehmendem Vorschub zunimmt (s. Tabellenbuch), ist es aus der Sicht der Schnittkraft wirtschaftlicher, einen kleineren Schlankheitsgrad zu wählen, d. h. den Vorschub zu vergrößern.

Andererseits sinkt mit dem Schlankheitsgrad auch die wirksame Schneideneingriffslänge, wodurch sich die Abfuhr der Zerspanungswärme und damit meist auch die Werkzeug-Standzeit verschlechtern. Da es bei den heutigen leistungsstarken Werkzeugmaschinen weniger darum geht, Schnittkraft zu sparen, sollte der wirtschaftliche Kompromiß eher in Richtung einer guten Standzeit liegen. Wie schon im Abschnitt „Schlankheitsgrad" erwähnt, liegen daher die üblichen Werte des Schlankheitsgrads zwischen $S = 5$ und $S = 10$.

Leistungsbedarf der Werkzeugmaschine. Die von einer Werkzeugmaschine an die Wirkstelle zu übertragenden Leistungen sind für die Dimensionierung ihres Antriebs (meist Elektromotor) wichtig. Entsprechend den Kräften unterscheidet man z. B. auch die beiden an der Zerspanungsstelle wirkenden Leistungen P_c und P_f, die jeweils als Produkt aus Kraft und Geschwindigkeit ermittelt werden.

$$
\begin{aligned}
\text{Schnittleistung} &= \text{Schnittkraft} \cdot \text{Schnittgeschwindigkeit} \\
P_c &= F_c \cdot v_c \qquad \text{in Nm/s} \\
\text{Vorschubleistung} &= \text{Vorschubkraft} \cdot \text{Vorschubgeschwindigkeit} \\
P_f &= F_f \cdot v_f \qquad \text{in Nm/s}
\end{aligned}
$$

Verluste durch Reibung, die z. B. im Motor und Getriebe auftreten, müssen für die erforderliche Antriebsleistung durch den Wirkungsgrad η berücksichtigt werden. Da die Vorschubleistung im Vergleich zur Schnittleistung meist gering ist, kann sie unberücksichtigt bleiben. Zur Berechnung der erforderlichen Antriebsleistung P_a verwendet man daher nur die Schnittleistung.

$$
\text{Antriebsleistung} = \frac{\text{Schnittleistung}}{\text{Wirkungsgrad}} \qquad P_a = \frac{P_c}{\eta} \qquad \text{in Nm/s}
$$

Die Schnittgeschwindigkeit muß in ihrer richtigen Einheit eingesetzt werden, z. B. in m/min beim Drehen oder in m/s beim Schleifen. Für die Schnittkraft müßte in der Praxis der größtmöglich anzunehmende Wert für F_c eingesetzt werden (z. B. etwa 30% höher für ein stumpf gewordenes Werkzeug).

Beispiel 2.2 Für folgende Vorgaben sollen Schnittkraft und die mindestens erforderliche Antriebsleistung für eine Drehmaschine (Wirkungsgrad 0,75) ermittelt werden:

Werkstoff: St 60-2

Schnittiefe $a = 6$ mm

Vorschub $f = 0,6$ mm

Einstellwinkel $\varkappa = 60°$

Schnittgeschwindigkeit $v_c = 100$ m/min.

Berechnung der Schnittkraft

Sie kann aus Spanungsquerschnitt und spezifischer Schnittkraft ermittelt werden:

$$F_c = A \cdot k_c$$

Die spezifische Schnittkraft für den Werkstoff St 60-2 sehen wir im Tabellenbuch nach. Dort sind z. B. die Werte für Verschiedene Spanungsdicken h eingetragen ($h = f \cdot \sin \varkappa$, Bild **2.25**, s. a. **2**.20).

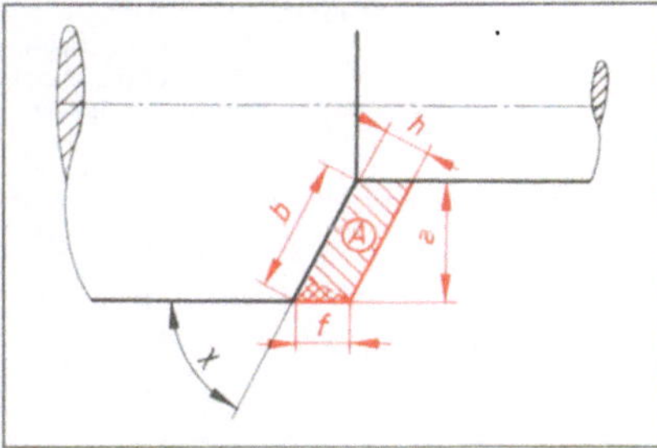

2.25 Spanungsquerschnitt und -dicke
a = Schnittiefe
f = Vorschub
h = Spanungsdicke
b = Spanungsbreite
$\varkappa$ = Einstellwinkel

$h = 0,6$ mm $\cdot \sin 60° = 0,6$ mm $\cdot 0,8660 \approx 0,51$ mm

Für $h = 0,50$ mm ist die spezifische Schnittkraft $k_c = 2330$ N/mm² in der Tabelle enthalten. Diesen Wert wählen wir. Damit ist

$F_c = 2330$ N/mm² $\cdot 6$ mm $\cdot 0,6$ mm $= 8388$ N $= \mathbf{8{,}388\ kN}$

Berechnung der Antriebsleistung

Es gilt $P_a = \dfrac{F_c \cdot v_c}{\eta}$

Für diese Formel brauchen wir die Schnittgeschwindigkeit in m/s (das ist 1/60 des in m/min gegebenen Wertes): $v_c = 1{,}67$ m/s.

$$P_a = \frac{8388\ \text{N} \cdot 1{,}67\ \text{m/s}}{0{,}75} = 18\,677\ \text{Nm/s} = \mathbf{18{,}677\ kW}$$

Die berechnete Mindestantriebsleistung muß also für den angenommenen Fall mindestens 19 kW betragen. Soll darüber hinaus noch ein Anwachsen der Schnittkraft um etwa 30% für ein stumpf gewordenes Werkzeug berücksichtigt werden, müßte die Schnittkraft mit 10,9 kN angesetzt werden. Die erforderliche Mindestantriebsleistung wäre dann schon 24,3 kW, gerundet (immer nach oben) knapp 25 kW.

2.1.6 Standbegriffe und Schneidstoffauswahl

Standbegriffe (DIN 6583). Darunter versteht man die Begriffe Standvermögen, Standgrößen, Standbedingungen und Standkriterien (**2.26**).

Als S t a n d v e r m ö g e n des Wirkpaars Schneidkeil und Werkstück bezeichnet man die „Haltbarkeit" der Schneiden unter den unterschiedlichsten (an der Zerspanungsstelle wirkenden) Bedingungen. Das Standvermögen läßt sich nicht losgelöst von den in fünf Gruppen zu gliedernden Standbedingungen betrachten, die vom Werkzeug, vom Werkstück, von der Maschine, vom Zerspanvorgang und von der Umgebung vorgegeben werden können.

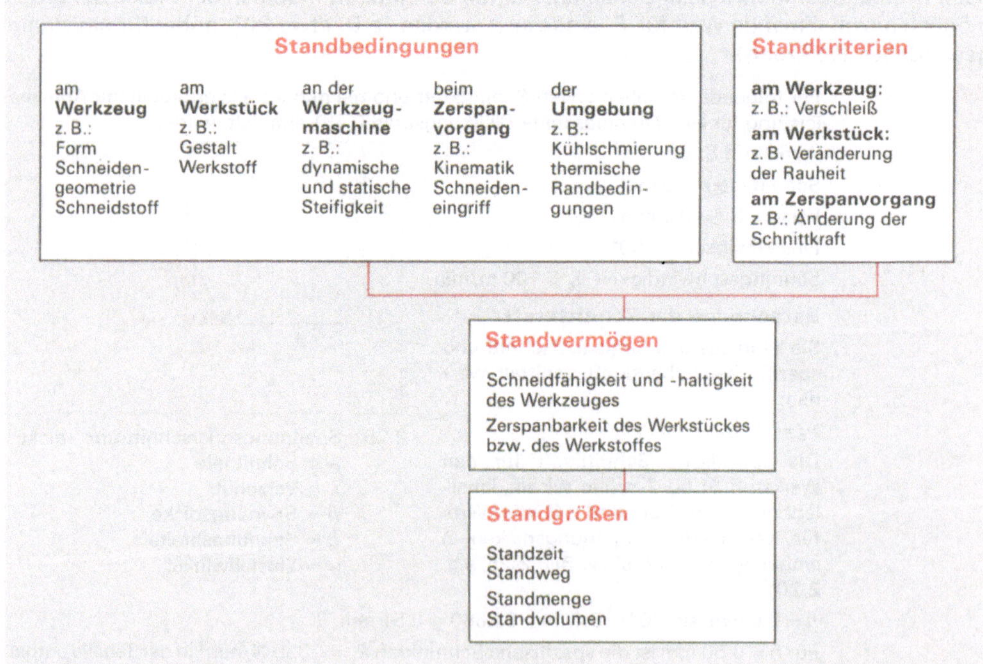

2.26 Standbegriffe nach DIN 6583

Unter Standvermögen versteht man die Fähigkeit des Wirkpaars Werkzeug und Werkstück, einen bestimmten Zerspanungsvorgang durchzustehen.

Die für die Wirtschaftlichkeit der Fertigung letzlich wichtigen **Standgrößen** (Standzeit, -weg, -menge, -volumen) ergeben sich aus dem Standvermögen unter Berücksichtigung der Standkriterien (z. B. Werkzeugverschleiß oder Veränderung der Rauhtiefe am Werkstück).

Die Standzeit T ist die wichtigste Standgröße. Sie wird in Minuten angegeben, wobei man wegen einer sinnvollen Werkzeugwechsel-Planung in der Serienfertigung möglichst ganze Stunden anstrebt (z. B. $T = 60$ min oder $T = 240$ min). Sie bezeichnet die Zeitspanne, während der ein Werkzeugkeil tatsächlich spanen kann. Dabei wartet man nicht so lange, bis die Schneide stumpf oder beschädigt ist, sondern setzt sich ein „Standzeit-Ziel", indem man unter den jeweiligen Zerspanungsbedingungen ganz bestimmte Verschleißkriterien vorgibt. Das geschieht z. B. durch Vorgabe der Verschleißmarkenbreite V_B (**2.24**).

Die Standzeit T ist die Zeitspanne, die ein Schneidkeil bis zum Erreichen eines vorgegebenen Standmerkmals spanend im Eingriff bleiben kann.

Entsprechend der geplanten (und bis zum Verschleißmerkmal erreichbaren) Standzeit bezeichnet man die zugehörigen Schnittgeschwindigkeiten mit Indizes.

Beispiel 2.3   Die Angabe $v_{cT60,\ VB0,3} = 90$ m/min bedeutet: Bei einer Schnittgeschwindigkeit von $v_c = 90$ m/min kann mit einer Werkzeugstandzeit von $T = 60$ min gerechnet werden, bis eine Verschleißmarkenbreite $V_B = 0,3$ mm zu erwarten ist. Der Wert gilt für ununterbrochenes Spanen. Eine Addition von Einzelzeiten ist nur bedingt zu(ver)lässig.

Andere Standgrößen (**2.**26) sind in unterschiedlicher Weise für verschiedene spanende Verfahren von Bedeutung. Sie ermöglichen (z. T. als Zusatzangabe zur Standzeit T) einen besseren Überblick über den Werkzeugeinsatz.

Der Standweg L ist der in Vorschubrichtung gemessene Standweg des Werkzeugs (Bohren, Reiben, Senken). Er wird in Millimetern angegeben, z. B. wieder mit Index:

Beispiel 2.4   Die Angabe $L_{vc15,\ VB0,2} = 3000$ mm bedeutet: Bei Einhaltung einer Schnittgeschwindigkeit von $v_c = 15$ m/min kann das Werkzeug einen Standweg von $L = 3000$ mm erreichen, bis die Schneiden eine Verschleißmarkenbreite von $V_B = 0,2$ mm aufweisen.

Unter der Standmenge N versteht man die Anzahl der innerhalb einer Standzeit T mit einem Werkzeug herstellbaren Werkstücke.

Das Standvolumen V ist beispielsweise beim Fräsen das in cm^3 gemessene Spanvolumen, das innerhalb einer Standzeit T mit einem Werkzeug abgespant werden kann.

Schneidstoffe. Hierzu dienen z. B. hochlegierte Werkzeugstähle, Hartmetalle, Schneidkeramik oder Diamant.

Hochlegierter Werkzeugstahl kommt meist unter dem Begriff HSS (Hochleistungs-Schnellschnitt-Stahl) zur Verwendung. Auch die Bezeichnung Schnellarbeitsstahl ist üblich.

Legierungsbestandteile sind hier vor allem Wolfram (W), Molybdän (Mo), Vanadium (V), Kobalt (Co) und Chrom (Cr). Da ihr Kohlenstoffgehalt zwischen 0,9 und 1,7% liegt, können HSS-Werkzeuge gut gehärtet oder vergütet (= gehärtet und nachfolgend angelassen) werden.

HSS wird vorwiegend dort vorteilhaft eingesetzt, wo es auf Zähigkeit (Stoßbelastungen), Schneidenschärfe, große Spanwinkel oder auf die Möglichkeit des Nachschleifens ankommt (z. B. beim Wendelbohrer oder Formdrehmeißel). Die erreichbaren Schnittgeschwindigkeiten liegen allerdings erheblich unter denen von Hartmetall oder Schneidkeramik. Hohe Wärmebelastungen der Schneide sind bei HSS n i c h t möglich.

Hartmetalle (HM) sind naturharte Sinterwerkstoffe. Sie werden unter Verwendung von Carbiden (Wolframcarbid WC, Titancarbid TC) mit „Bindemetall" (z. B. Kobalt Co) bei hoher Temperatur unter großem Druck gepreßt (= Sintern). Hartmetalle sind erheblich härter und höher wärmebelastbar als die Schnellarbeitsstähle (HSS), vertragen aber Temperaturschwankungen oder Stoßbelastungen schlechter.

Die Hartmetalle werden nach DIN 4990 (nach ihrer ansteigenden Dichte) in drei Zerspanungshauptgruppen mit den Kennbuchstaben P (Kennfarbe Blau), M (Kennfarbe Gelb) und K (Kennfarbe Rot) eingeteilt.

Die Kennbuchstaben P, M und K ergeben zusammen mit den nachgestellten zweiziffrigen Ordnungszahlen (01, 10, 20, 30, 40, 50) die genormten Kurzzeichen der Hartmetalle (z. B. P 20 oder K 40, s. Tabellenbuch). Die Ordnungszahlen nennen keine Zahlenwerte. Sie ordnen lediglich die Verschleißfestigkeiten und Zähigkeiten innerhalb der jeweiligen Hauptgruppe: Mit steigender Ordnungszahl steigt die Zähigkeit (Vorschub) des Hartmetalls, während gleichzeitig die Verschleißfestigkeit (Schnittgeschwindigkeit) sinkt.

B e s c h i c h t u n g e n der Hartmetalle werden vornehmlich bei Wendeschneidplatten vorgenommen. Dabei trägt man zusätzliche (nur etwa 7 μm dicke) Verschleißschutz-Schichten auf, die z. B. aus den besonders harten und abriebfesten Carbiden, Nitriden oder Oxiden von Titan (Ti), Molybdän (Mo) oder Silicium (Si) bestehen. Durch solche Beschichtungen verlängern sich die Werkzeugstandzeiten um das Zwei- bis Zehnfache.

Schneidkeramik (OK) ist ein Schneidstoff, der vornehmlich auf Aluminiumoxid Al_2O_3 aufgebaut ist. Man verwendet ihn häufig für die spanende Bearbeitung von Grauguß, hochlegiertem Werkzeugstahl oder gehärtetem Stahl. Wegen ihres oxidischen Aufbaus nennt man die Schneidkeramik auch Oxidkeramik, woher das Kurzzeichen „OK" stammt. Schneid- oder oxidkeramische Schneidstoffe sind zwar teurer als die Hartmetalle, bieten aber wichtige Vorteile. Sie sind sehr hart, verschleiß- und warmfest, oxidationsunempfindlich (sie sind ja selbst Oxide) und schlechte Wärmeleiter. Die letzte Eigenschaft ist besonders vorteilhaft, weil dadurch fast die gesamte Zerspanungswärme über den abfließenden Span mitgenommen wird. Die möglichen Standzeiten schneidkeramischer Werkzeugschneiden liegen über denen der Hartmetalle.

Die Schneidkeramik s o r t e n unterscheiden sich in ihrer Farbe entsprechend der Zusammensetzung. Wurden dem Aluminiumoxid weitere Oxide (z. B. Magnesiumoxid MgO, Siliciumoxid SiO) beigegeben, sind sie weiß, bei Carbiden (z. B. Wolframcarbid WC, Titancarbid TiC) schwarz, bei Nitriden (z. B. Titannitrid TiN) grau.

Diamant (D) ist der härteste (und teuerste) Schneidstoff. Man verwendet ihn z. B. für die Erzielung glatter und glänzender Oberflächen bei NE- (Nichteisen-) und Edelmetallen durch Feindrehen oder Feinfräsen oder zum Abrichten von Schleifscheiben.

Aufgaben zu Abschnitt 2.1

1. Was sind Arbeitsbewegungen?
2. Nach DIN 6580 führt immer das Werkzeug die Arbeitsbewegungen aus. Erläutern Sie diese Vereinbarung.
3. Was sind einschneidige, was mehrschneidige Werkzeuge?
4. Erklären Sie die 6 Winkel an der Drehmeißelschneide.

5. Was ist ein Werkzeugbezugssystem? Wozu dient es?

6. Was ist ein Wirkbezugssystem? Wodurch unterscheidet es sich vom Werkzeugbezugssystem?

7. Wie verändern sich Frei- und Spanwinkel durch die Wirkrichtung? Welche Bedeutung hat das für die Festlegung der Werkzeugwinkel?

8. Nennen und erläutern Sie die drei Spanarten.

9. Welche Spanformen kennen Sie? Geben Sie Erläuterungen.

10. Welche Spanarten und Spanformen sind beim Drehen sinnvoll?

11. Was verstehen Sie unter Störungen beim Spanen? Nennen Sie Beispiele und erläutern Sie sie.

12. Wie kann man Spanungsstörungen begegnen?

13. Erläutern Sie die Begriffe Spanungsquerschnitt A und Schlankheitsgrad S.

14. Was versteht man unter der Zerspankraft F?

15. Wie setzt sich die Zerspankraft zusammen? Erläutern Sie ihre Komponenten.

16. Welche Ergebnisse kann man in einem Zerspanungsversuch mit dem „Drei-Komponenten-Schnittkraftmesser" herausfinden?

17. Erläutern Sie die spezifische Schnittkraft.

18. Was versteht man unter Schnittleistung und unter Vorschubleistung (z. B. beim Drehen)?

19. Warum ist der Leistungsbedarf (Antriebsleistung) der Maschine stets höher anzusetzen als die berechnete Schnittleistung?

20. Was versteht man nach DIN 6583 unter Standvermögen?

21. Was bedeutet der Begriff Standzeit? Wie wird sie angegeben?

22. Erläutern Sie die Angabe $v_{cT120,\,VB0,2} = 75\ m/min$.

23. Was bedeuten die Begriffe Standweg, Standmenge und Standvolumen?

24. Was versteht man unter Schnellarbeitsstahl, was unter HSS?

25. Was sind Hartmetalle? Was versteht man unter Schneidkeramik? Erläutern Sie ihre Vor- und Nachteile.

2.2 Drehen

Drehen ist ein maschinell spanendes Arbeitsverfahren, vorwiegend zur Herstellung drehsymmetrischer Werkstückformen mit meist einschneidigem Werkzeug (Drehmeißel).

Bei der Verwendung von Sondereinrichtungen oder -maschinen können auch andere Formen hergestellt werden.

2.2.1 Einteilung der Drehverfahren

Die Gliederung der Drehverfahren erfolgt nach DIN 8589 Teil 1. Man unterscheidet danach 5 Gruppen von Drehverfahren:

Runddrehen	Plandrehen	Schraubdrehen	Profildrehen	Formdrehen
Längs-Runddrehen	Längs-Plandrehen	Gewindedrehen	Längs-Profildrehen	Freiformdrehen
Quer-Runddrehen	(Quer-)Plandrehen	Gewindestrehlen	Quer-Profildrehen	Nachformdrehen
Breitschlichtdrehen	(Quer-)Abstechen	Gewindeschneiden		CNC-Drehen

Beim Runddrehen entsteht ein drehsymmetrischer (z. B. zylindrischer) Körper, dessen Längsachse mit der Spindelachse zusammenfällt. Im wesentlichen sind das die drei Verfahrensarten Längs-Runddrehen, Quer-Runddrehen und Breitschlichtdrehen (**2.27**).

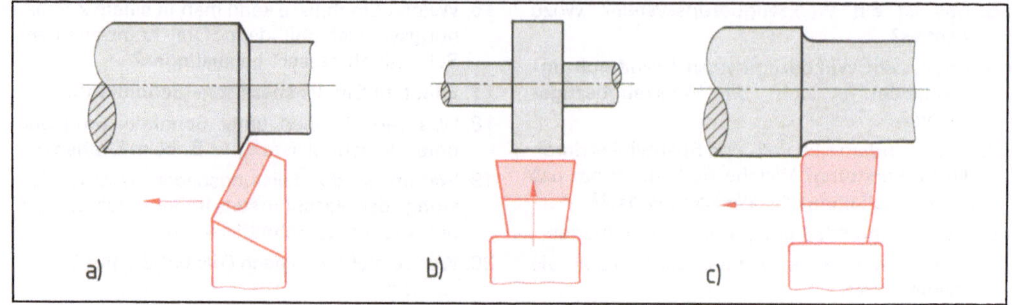

2.27 Runddrehen

  a) Längs-Runddrehen, b) Quer-Runddrehen, c) Breitschlichtdrehen

Beim Längs-Runddrehen erfolgt die Vorschubbewegung des Werkzeugs parallel zur Werkstück-längsachse.

Beim Quer-Runddrehen ist die Hauptschneide länger als das Werkstück. So entsteht trotz quer zur Werkstückachse erfolgendem Vorschub eine Werkstückform wie beim Längsrunddrehen.

Beim Breitschlichtdrehen hat das Werkzeug einen großen Eckenradius (oder Fase) und schlichtet auf einer größeren Länge (praktisch mit der Nebenschneide).

Zum Runddrehen (Innen- und Außen-Runddrehen) verwendet man Drehmeißel, die nach DIN und ISO genormt sind (**2**.28). Zum S c h r u p p e n (große Spanungsquerschnitte, keine besondere Oberflächengüte) nimmt man vorzugsweise gerade oder gebogene Drehmeißel ISO 1 oder ISO 2. Gebogene Drehmeißel eignen sich für kombinierte Längs- und Plandreharbeiten. Zum S c h l i c h t e n (kleine Spanungsquerschnitte, hohe Schnittgeschwindigkeiten, Einhaltung der geforderten Oberflächengüte) ist es vorteilhaft, wenn die Schneidenecke des spitzen Drehmeißels (DIN 4945) gerundet ist, sonst wählt man einen breiten Drehmeißel nach ISO 4.

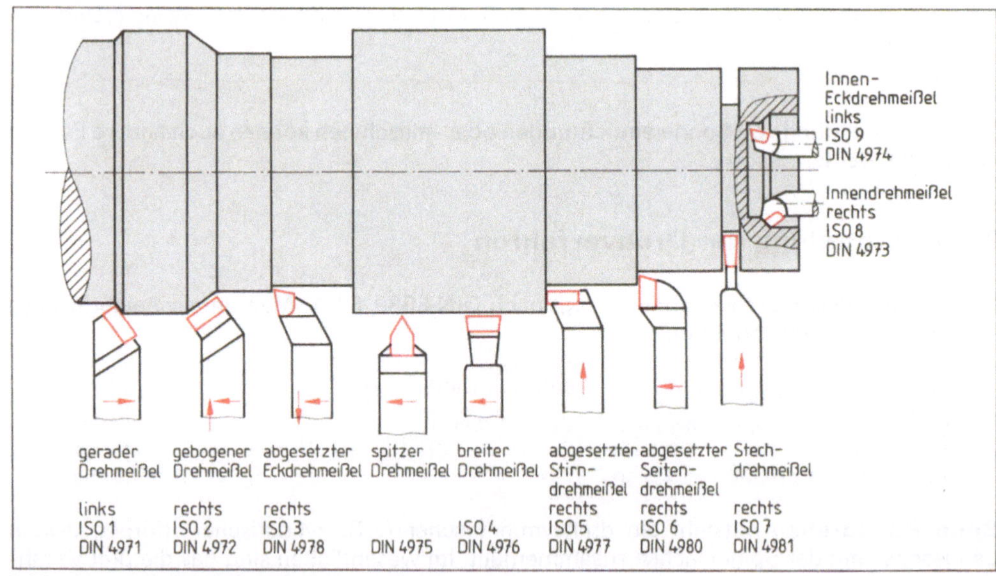

2.28 Genormte Drehmeißel

Durch Plandrehen erzeugt man eine rechtwinklig zur Drehachse liegende ebene Fläche (Stirnfläche). Wir unterscheiden hier die drei Verfahren Längs-Plandrehen, (Quer-)Plandrehen und (Quer-)Abstechen (**2**.29).

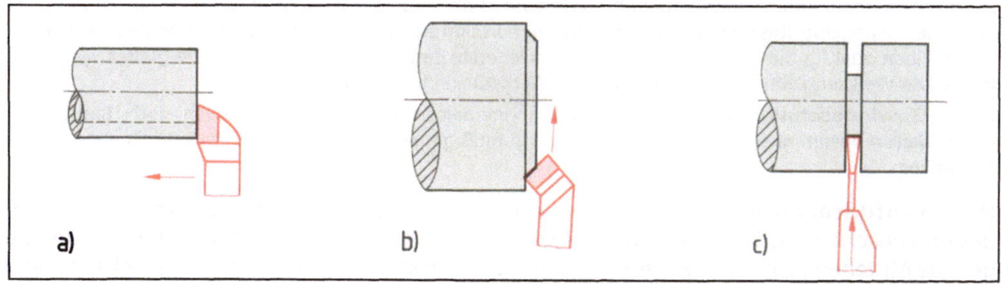

2.29   Plandrehen
   a) Längs-Plandrehen, b) (Quer-)Plandrehen, c) (Quer-)Abstechen

Beim Längs-Plandrehen liegt die Vorschubrichtung des Meißels l ä n g s zur Werkstückachse. Mit diesem Verfahren bearbeitet man z. B. die Stirnflächen von Rohren.

Beim (eigentlichen) Plandrehen und Abstechen erfolgt der Vorschub q u e r zur Werkstückachse. Die Vorsilbe „Quer-" kann bei diesen Verfahrensbegriffen entfallen.

Mit Schraubdrehen werden Schraubenlinien in den Zylindermantel des Werkstücks geschnitten, also Gewinde. Man verwendet hierzu Profilwerkzeuge, die die genaue Gegenform des entstehenden Gewindeprofils haben. Das Werkzeug verschiebt sich (= Vorschub) je Spindelumdrehung um die Steigung des zu erzeugenden Gewindes. Die wichtigsten Schraubdrehverfahren sind Gewindedrehen, -strehlen und -schneiden (**2**.30).

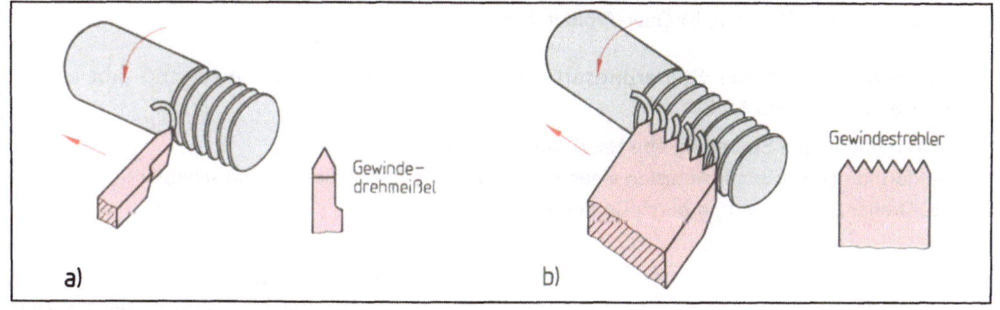

2.30   Schraubdrehen
   Gewindedrehen a) mit Gewindedrehmeißel, b) mit Gewindestrehler

Zum Gewindedrehen dienen Gewindedrehmeißel, die die genaue Gegenform des herzustellenden Gewindeprofils haben. Der Meißelvorschub (also sein Längsweg je Werkstückumdrehung) ist identisch mit der Steigung des zu fertigenden Gewindes. Das Gewindeprofil wird in 6 bis 10 Schnitten auf sein Fertigmaß gebracht. Der Spanwinkel des Meißels beträgt 0°. Außerdem muß das Werkzeug genau „auf Mitte" (= Spitzenhöhe) und rechtwinklig zur Werkstückachse eingestellt sein. Nach jedem Arbeitsgang wird das Werkzeug aus dem Schnitt genommen und an den Gewindeanfang zurückgefahren. Der Vorschub des Gewindemeißels erfolgt bei Zug- und Leitspindel-Drehmaschinen mit eingerückter Schloßmutter und Leitspindel (das ist die Spindel mit Trapezgewinde). Er muß genau der Gewindesteigung entsprechen. Kann eine gewünschte Gewindesteigung nicht mit dem Vorschubgetriebe eingestellt werden, ändert man das Übersetzungsverhältnis der Arbeitsspindel zur Leitspindel durch Austausch von Wechselrädern (vgl. Wechselräder-Berechnung im Tabellenbuch).

Die Gewindedrehmeißel müssen große Werkzeugfreiwinkel haben, da ihre Wirkfreiwinkel α_e bei großen Vorschüben durch nennenswerte Wirkrichtungswinkel η verringert werden (s. Wirkbezugssystem, Abschn. 2.1.2).

Durch Gewindestrehlen können Gewinde in einem Schnitt hergestellt werden. Das Werkzeug besteht praktisch aus mehreren aneinandergereihten Gewindedrehmeißeln. Es gibt Strehler für Innen- und Außengewinde, gerade und abgewinkelte Formen. Sie eignen sich zum maschinellen Nachschneiden beschädigter Gewinde oder für die Herstellung von neuen. Der erste Zahn schruppt vor, der letzte glättet das fertige Profil. Die Werkzeugzähne müssen parallel zur Werkstückachse stehen.

Beim Gewindeschneiden verwendet man Schneideisen (wie beim Schneiden von Hand). Das Schneideisen bestimmt seinen Vorschub selbst und muß genau rechtwinklig zur Werkstückachse ausgerichtet sein.

Beim Profildrehen entspricht die Form der Werkzeug-Hauptschneide genau der Gegenform des gewünschten Werkstück-(Längs-)Profils (**2.31**). Voraussetzung ist auch hier wieder die genaue Mitteneinstellung des Werkzeugs. Auf diese Weise kann man in einem Stück beliebige (auch schwierigere) Konturen auf dem Werkstückumfang oder in seiner Stirnfläche herstellen. Die Maßhaltigkeit des Werkstücks hängt allerdings unmittelbar von der Genauigkeit und vom Verschleißzustand des Werkzeugs ab. Nach der Vorschubrichtung unterscheidet man auch hier wieder Längs- und Quer-Profildrehen.

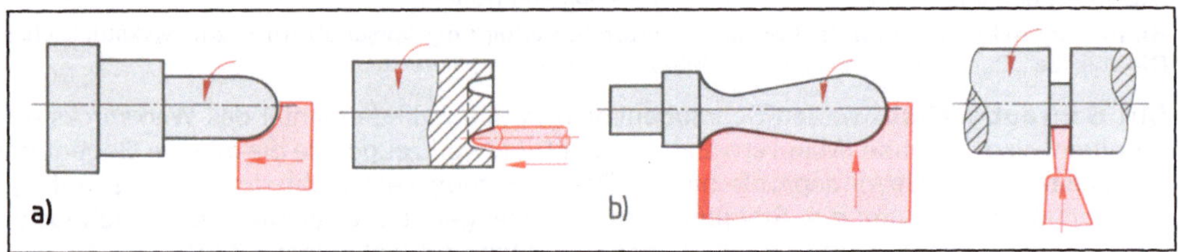

2.31 Profildrehen (Profil-Einstechdrehen)
   a) Längs-Profildrehen, b) Quer-Profildrehen

Formdrehen. Nach der Steuerungsart der Vorschub- und Zustellbewegung gibt es z. B. folgende drei Möglichkeiten:

- Freiformdrehen mit Steuerung von Hand (Auskurbeln),
- Nachformdrehen, z. B. mit Abtasten eines entsprechenden Formstücks (Kopierschablone),
- CNC-Drehen, mit Steuerung durch Computerprogramme.

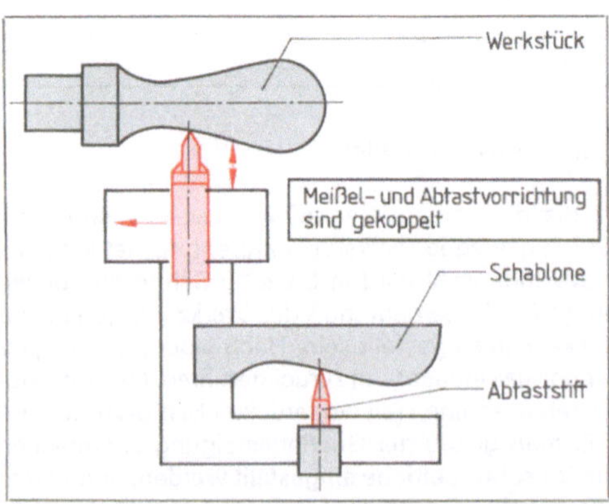

2.32 Nachformdrehen

Das Freiformdrehen ist sicherlich die unvollkommenste Art des Formdrehens, da das Fertigungsergebnis hier in der Hauptsache vom Können des Drehers abhängt. Dieses Verfahren kommt heute nur noch für die Einzelfertigung in Betracht. Die Toleranzvorgaben müssen angemessen hoch liegen.

Das Nachformdrehen (2.32) ist schon sicherer, zumal garantiert werden kann, daß mehrere nacheinander gefertigte Werkstücke auch innerhalb der Toleranzvorgaben „gleich" sind.

Das CNC-Drehen (vgl. Abschn. 5.6.7) mit Hilfe der leistungsfähigen CNC-Drehmaschinen erlaubt die eleganteste und genaueste Möglichkeit des Formdrehens. Vorwiegend in der industriellen Fertigung hat es sich daher durchgesetzt. Aber auch in kleineren Betrieben werden zunehmend CNC-Werkzeugmaschinen eingesetzt, da die früher sehr hohen Preisunterschiede zur „herkömmlichen" Werkzeugmaschine immer geringer geworden sind. Das erfordert jedoch „neu qualifizierte" Facharbeiter, die in der Lage sind, die „Werkstücke zu programmieren".

Die Abkürzung „CNC" steht für Computer Numerical Control, was soviel wie (mit Hilfe numerischer Zeichen) Computer-gesteuert bedeutet. Die CNC-Steuerung wird für jede Fertigungsaufgabe durch Eingabe eines Computerprogramms programmiert. Alle notwendigen Vorschub- und Zustellbewegungen werden daraufhin von elektromotorisch angetriebenen Achsschlitten ausgeführt, die mit entsprechenden Wegmeßsystemen ausgestattet sind. Hier sind gleichbleibende (enge) Toleranzen und Qualitäten sowohl in der Einzelfertigung als auch in größeren Stückzahlen gewährleistet.

Beim Runddrehen entstehen drehsymmetrische Innen- oder Außenformen. Ihre Längsachse fällt mit der Drehachse zusammen.

Durch Plandrehen erzeugt man zur Drehachse rechtwinklige ebene Stirnflächen.

Durch Schraubdrehen werden Gewinde geschnitten.

Beim Profildrehen (Längs- oder Quer-Profildrehen) wird das Profil eines Formdrehmeißels auf das Drehteil übertragen.

Formdrehen erfolgt durch gleichzeitige Steuerung von Vorschub- und Zustellbewegung.

2.2.2 Besondere Drehverfahren

Kegeldrehen. Dieses Verfahren gehört zur Gruppe des Runddrehens. Genauer gesagt ist es ein Längsdrehen, bei dem sich ständig der Durchmesser verändert. Das erreicht man, indem man die Vorschubbewegung nicht parallel, sondern unter einem bestimmten Winkel zur Drehachse verlaufen läßt. Dieser Winkel wird Einstellwinkel genannt und entspricht der Hälfte des Kegelwinkels α. Zur Einstellung des Einstellwinkels beim Kegeldrehen gibt es drei Möglichkeiten:

– Schwenken des Oberschlittens,
– Reitstockverstellung,
– Verwendung des Leitlineals.

Das Schwenken des Oberschlittens (2.33) ist das einfachste Verfahren. Mit der Gradskale am Oberschlitten lassen sich bei den meisten Drehmaschinen nur ganze Winkelgrade einstellen (wenige haben noch einen auf 10 Winkelminuten ablesbaren Gradnonius). Das ist für längere Kegel zu ungenau. Ein weiterer Nachteil ergibt sich durch die bei diesem Verfahren notwendige Vorschubbewegung von Hand. Da ein gleichmäßiges und für den gewünschten Vorschub richtig dosiertes Drehen der Kurbel am Oberschlitten selten gelingt, entsteht meist eine rauhe und riefenhaltige Oberfläche.

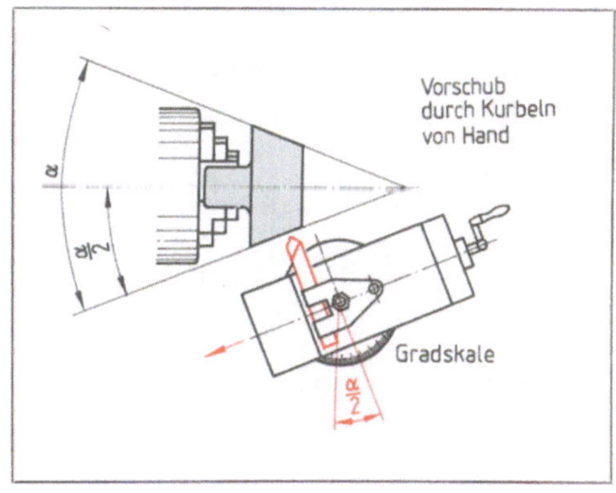

2.33 Kegeldrehen durch Schwenken des Oberschlittens

α = Kegelwinkel, $\alpha/2$ = Einstellwinkel

Bei der Reitstockverstellung (2.34) verstellt man das Oberteil des Reitstocks mit Hilfe einer Schraube aus der Mitte des Drehmaschinenbettes. Dabei läßt sich das notwendige Verstellmaß V_R auf zweierlei Arten ermitteln: Entweder berechnet man es über die Tangens-

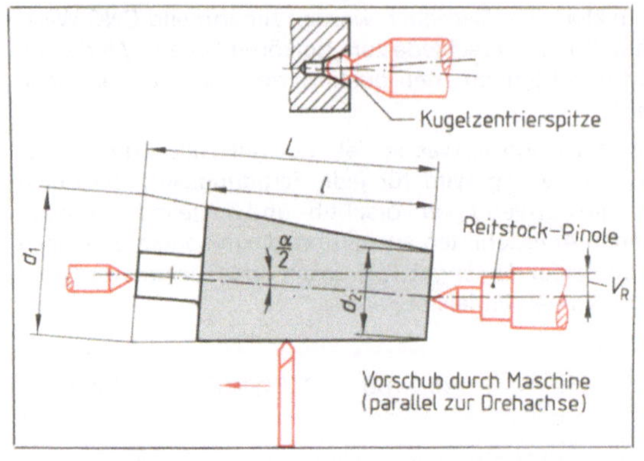

2.34 Kegeldrehen durch Reitstockverstellung

funktion aus der Größe des Einstellwinkels $\alpha/2$ und der Werkstücklänge L (das Maß zwischen den Spitzen!) oder mit Hilfe der beiden Durchmesser d_1 und d_2:

$$\tan\frac{\alpha}{2} = \frac{\text{Verstellmaß } V_R}{\text{Werkstücklänge } L'}$$

somit nach Umstellen:

Verstellmaß $V_R = \tan\dfrac{\alpha}{2}\cdot$ Werkstücklänge L oder $V_R = \dfrac{d_1 - d_2}{2}$.

Das mögliche Maß der Reitstockverstellung ist auf maximal $^1/_{50}$ der Werkstücklänge begrenzt. Vorteilhaft ist die Verwendung des automatischen Vorschubs, nachteilig dagegen, daß nur sehr schlanke Kegel hergestellt werden können. Auch liegt die normale (kegelige) Körnerspitze nicht mehr voll an den Wandungen der Zentrierung an, wodurch die Gefahr des Herausspringens gegeben ist. Durch Anbringen von Rundzentrierungen oder Verwendung einer besonderen Kugelspitze läßt sich diese Gefahrenquelle beseitigen.

Die Verwendung des Leitlineals erfordert eine Zusatzeinrichtung an der Drehmaschine (**2.35**). Im Gegensatz zu den beiden vorgenannten Verfahren eignet es sich für das Drehen beliebiger Kegel (z. B. auch für längere Kegel mit größerem Kegelwinkel, die mit den beiden vorgenannten Verfahren nicht hergestellt werden können). Zur Einstellung schwenkt man das Leitlineal im Drehpunkt um den Einstellwinkel $\alpha/2$ (halber Kegelwinkel) und verbindet es fest mit dem Querschlitten. Bei eingeschaltetem Längsvorschub wird nun das Werkzeug entsprechend der eingestellten Schrägstellung durch das Leitlineal geführt.

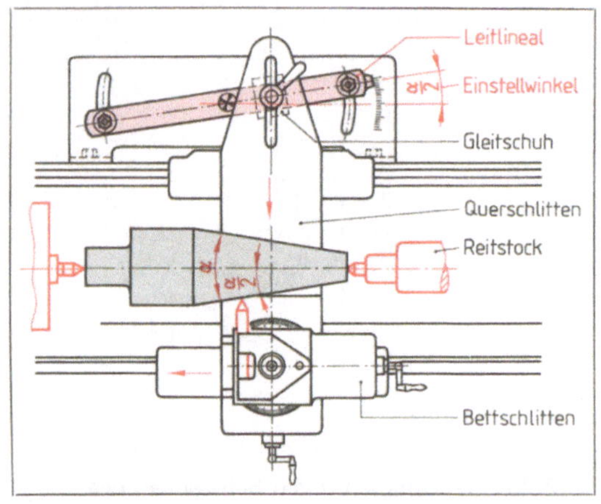

2.35 Kegeldrehen mit dem Leitlineal

Außermittedrehen. Auch Werkstücke mit exzentrisch (lat. ex centrum = aus der Mitte heraus) liegenden Bereichen (z. B. mit Exzenter-Zapfen) können auf der Drehmaschine bearbeitet werden. Je nach ihrer Form spannt man sie dazu zwischen Spitzen, auf die Planscheibe oder in besondere Vorrichtungen. Wichtig ist bei der Einspannung, daß der außenmittig liegende Bereich des Werkstücks für die Bearbeitung (auf die Drehachse bezogen) mittig gelegt wird. Dazu erhält das Werkstück beim Spannen zwischen Spitzen an den Endflächen (entsprechend dem Außenmittemaß) zusätzliche Zentrierungen, die z. B. in einem Prisma auf der Anreißplatte angerissen werden.

Das Hinterdrehen dient zur Herstellung von spiralförmig hinterdrehten Freiflächen z. B. bei der Fertigung von Formfräsern oder Gewindeschneidwerkzeugen. Die Zahnlücken der Werkzeuge müssen allerdings schon vorher gefräst sein. Hierbei wird ein besonderer Formdrehmeißel mehrfach rechtwinklig zur Drehachse in das Werkstück hinein- und

wieder herausbewegt (**2.36** a). Während die
Spindel das Werkstück dreht, muß der Meißel
bei jedem Zahn langsam vorgeschoben und
in der Zahnlücke schnell wieder in seine Aus-
gangslage (z. B. durch Federkraft) zurückgezogen werden. Für das Hinterdrehen ist eine
besondere Hinterdreh-Steuerung erforderlich, die z. B. über Getriebe und Steuerschei-
be von der Arbeitsspindel angetrieben wird.

> Beim Hinterdrehen erhalten z. B. die
> Formfräser-Zähne spiralförmig hinter-
> drehte Freiflächen durch besondere
> Formdrehmeißel.

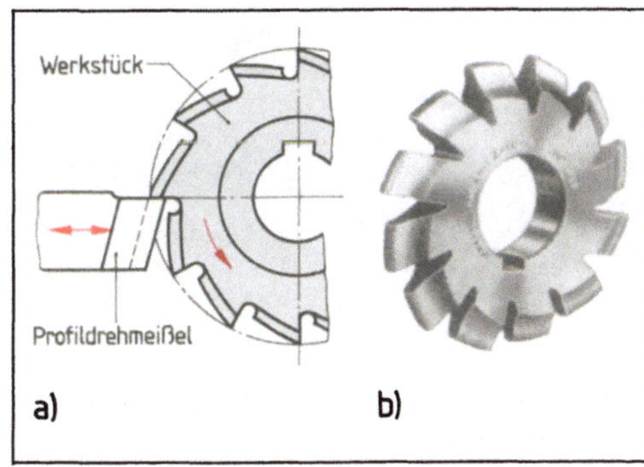

2.36 Hinterdrehter Formfräser
  a) Hinterdrehen eines Zahnnutenfräsers
  b) fertiges Werkzeug

Das Rändeln dient z. B. zum Aufrauhen und Verzieren von Griff-Flächen an Werkzeugen oder
Einstellschrauben. Sie erhalten zu diesem Zweck optisch ansprechend gemusterte Flächen
(gerade, schräge oder Kreuz-Rändelung). Man verwendet dazu Rändelräder, die in einem
Halter drehbar gelagert sind. Der Halter wird im Oberschlitten eingespannt. Durch Drücken
gegen die (vorbearbeitete) Werkstückfläche werden Rillen in seine Oberfläche eingewalzt
(**2.37**). Um die sonst erheblichen Durchbiegekräfte zu vermeiden, verwendet man bei längeren Wellen von oben und unten gleichzeitig wirkende Rändelräderpaare.

Tabelle 2.37   Formen und Benennungen der Rändel nach DIN 82

Form	RAA	RBL	RBR	RGE	RGV	RKE	RKV
Benennung	Rändel mit achs-parallelen Riefen	Links-rändel	Rechts-rändel	Links-Rechts-Rändel, Spitzen erhöht[1]	Links-Rechts-Rändel, Spitzen vertieft[2]	Kreuz-rändel, Spitzen erhöht	Kreuz-rändel, Spitzen vertieft
Darstellung							
Ausgangs-$\varnothing$ d_2		$d_1 - 0{,}5\,t$		$d_1 - 0{,}67\,t$	$d_1 - 0{,}33\,t$	$d_1 - 0{,}67\,t$	$d_1 - 0{,}33\,t$

[1] Alte Benennung „Kordel"
[2] Alte Benennung „Negative Kordel". An Stelle der Fase kann eine Rundung vorgesehen werden.

2.2.3   Spannen von Werkzeug und Werkstück

Spannen der Werkzeuge. Drehmeißel werden in der Regel waagerecht mit nach oben
zeigender Spanfläche gespannt. Das muß nicht immer so sein: Bei Drehautomaten (oder
besonderen Dreharbeiten) kommen einzelne Werkzeuge z. B. auch senkrecht, über Kopf oder
geneigt in den Schnitt. In der Regel braucht man zur Werkstückbearbeitung mehr als nur
ein Werkzeug. Deshalb erweist es sich als zweckmäßig, Mehrfach-Werkzeughalter zu verwenden. Dies gilt besonders für Drehautomaten bzw. CNC-Drehmaschinen. Der Ihnen aus

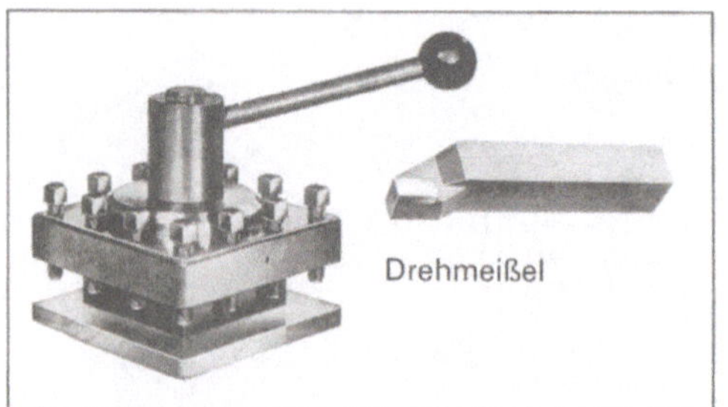

2.38 Spannen von Drehmeißeln in Vierfach-Meißelhalter

der Grundstufe bereits bekannte Vierfach-Meißelhalter (**2.38**) für die „klassische" Leit- und Zugspindel-Drehmaschine erlaubt das gleichzeitige Spannen von vier voreingestellten Werkzeugen, die durch einfaches Schwenken in den Schnitt gebracht werden. Drehautomaten und vor allem CNC-Drehmaschinen können mit erheblich größeren Werkzeugspeichern ausgerüstet sein.

Man unterscheidet drei Trägersysteme: Trommel-Werkzeugspeicher, Revolver-System, Werkzeugwechsel-System (**2.39**).

Beim Trommelwerkzeugspeicher (**2.39**a) und beim Revolversystem (**2.39**b) befinden sich alle nötigen Werkzeuge fest in den Haltersystemen in unmittelbarer Spindelnähe eingespannt. Bei Bedarf werden sie in den Schnitt geschwenkt (bzw. gedreht und geschwenkt). Beim Werkzeugwechsel-System holt sich die Maschine das erforderliche Werkzeug aus einem Magazin und spannt es automatisch (**2.39**c). Damit die Maschine „weiß", wann sie welches Werkzeug braucht, sind die entsprechenden Informationen in den (Computer-)Programmen enthalten.

Die genaue Voreinstellung der Werkzeuge (komplett in ihren Aufnahmevorrichtungen) ist Bedingung für die Einhaltung der geforderten Maß- und Oberflächen-Toleranzen. Größere Betriebe haben daher eigene Abteilungen, in denen mit Hilfe elektronischer Längen-Meßsysteme alle Werkzeuge für die Dreh- oder Fräsmaschinen, Bearbeitungszentren usw. geprüft und voreingestellt werden. Bestückt werden die Maschinen-Magazine dann automatisch oder durch den Facharbeiter.

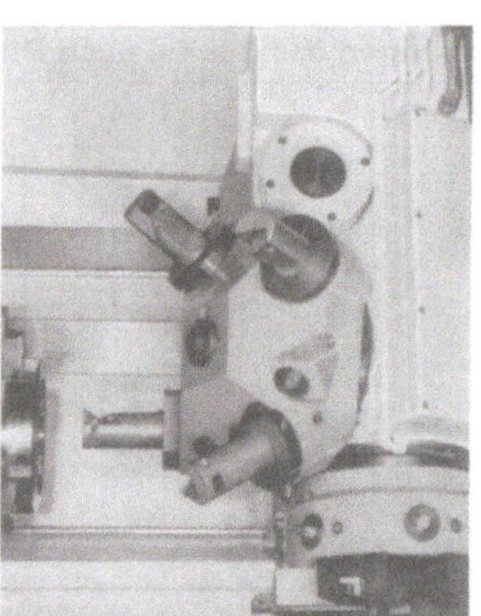

a) b) c)

2.39 Werkzeugspeicherarten, Aufnahmesystem „Zylinderschaft" (VDI 3425)

    a) Trommelwerkzeugspeicher, b) Revolversystem, c) Werkzeugwechsel-System

Spannen der Werkstücke. Entsprechend seiner Form und Größe spannt man das Drehteil mit Hilfe verschiedener Spannzeuge und Stützmittel. Manchmal reichen S p a n n z e u g e allein nicht zu einer sicheren und einwandfreien Spannung aus. Sie werden dann durch S t ü t z - m i t t e l ergänzt.

Spannzeuge	Stützmittel
Spannfutter	Körnerspitzen
Planscheiben	Mitnehmer
Spannzangen	Setzstöcke
Spanndorne	

Spannzeuge. Am häufigsten werden Spannfutter verwendet. Sie nehmen das Werkstück mit zentrisch spannenden Backen auf und übertragen gleichzeitig die Drehbewegung der Spindel. Ihre Bauarten gliedert man entweder nach ihrer Betätigungsart in hand- oder kraftbetätigte oder nach der Anzahl ihrer Backen (der Form der aufzunehmenden Werkstücke entsprechend) in Zwei-, Drei- oder Vierbackenfutter.

Zweibackenfutter eignen sich mit besonders bearbeiteten Aufsatzformbacken (weiche Backen) für die Massenfertigung sonst schwierig zu spannender (unregelmäßig geformter und besonders empfindlicher) Werkstücke (z. B. Hebel oder Armaturenteile). Dreibackenfutter verwendet man für runde oder z. B. regelmäßige 3-, 6- oder 12kantige Werkstückformen (Kantenzahl durch 3 teilbar). Vierbackenfutter spannen alle regelmäßigen Vielkante mit einer durch 4 teilbaren Kantenzahl. Gewalztes Rundmaterial (das meist etwas unrund ist) sollte möglichst nicht im Vierbackenfutter gespannt werden, da die Backen mit ungleichen Spannkräften belastet werden und das Werkstück nicht einwandfrei zentrieren können.

> Dreibackenfutter spannen zylindrische und regelmäßige Mehrkant-Werkstücke, deren Kantenzahl durch 3 teilbar ist.
>
> Vierbackenfutter spannen regelmäßige Mehrkant-Werkstücke, deren Kantenzahl durch 4 geteilt werden kann.

Die Verbindung von Drehmaschinenfutter und Spindel übernehmen z. B. Steilkegelaufnahme (mit Bajonettscheibenbefestigung) und Stehbolzen mit Bundmuttern. Diese Befestigungsart des Futterflansches ist besonders vorteilhaft, da sie selbstzentrierend ist und guten Rundlauf gewährleistet.

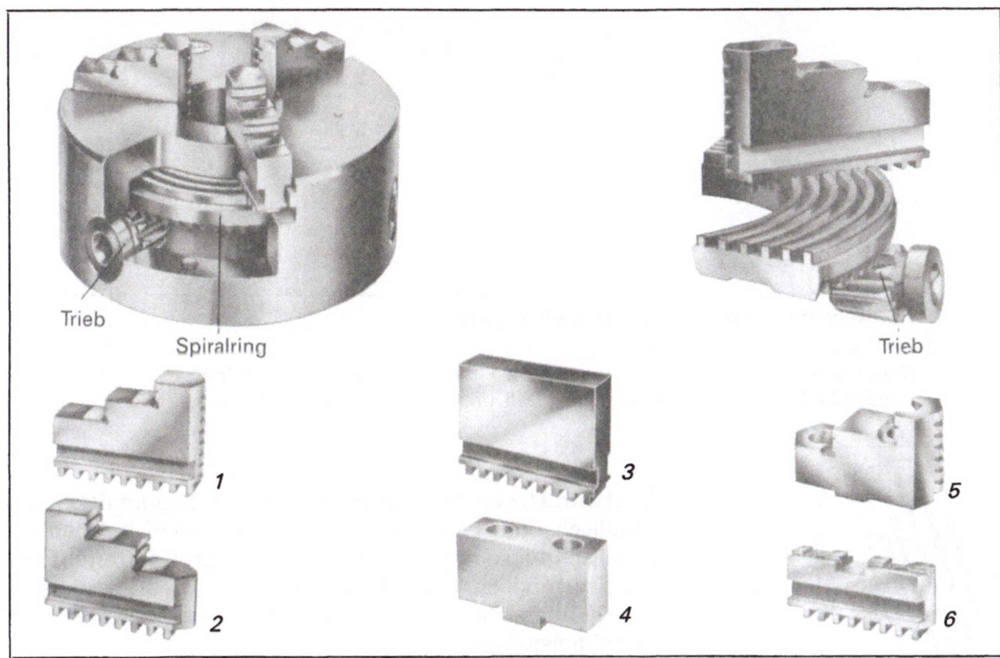

2.40 Dreibackenfutter (Planspiralfutter) mit Plangewinde

1 nach außen abgestufte Backe (Bohrbacke), gehärtet
2 nach innen abgestufte Backe (Drehbacke), gehärtet
3 ungestufte Blockbacke, härtbar
4 ungestufte Aufsatzbacke, härtbar
5 Umkehr-Aufsatzbacke, gehärtet
6 Grundbacke

Handbetätigte Spannfutter werden vom Facharbeiter mittels eines Vierkant-Steckschlüssels eingestellt. Die innere Übertragung geschieht über Kegelräder mit Kegelzahnkranz und Plangewinde (Planspiralfutter, **2**.40) oder durch zentrisch bewegte Keilstangen (Keilstangenfutter, **2**.41). Im Vergleich zu den Planspiralfuttern haben Keilstangenfutter größere Spannkraft, besseren Rundlauf und geringeren Verschleiß. Für die unterschiedlichen Bearbeitungsaufgaben sind verschiedene Backenarten und -formen verfügbar (z. B. außengestufte, innengestufte oder ungestufte Backen, **2**.40 und **2**.41). Nichtgehärtete (also weiche) Backen lassen sich nötigenfalls für besondere Spannaufgaben bearbeiten. Sie erhalten dann das genaue Gegenprofil des zu spannenden Werkstücks.

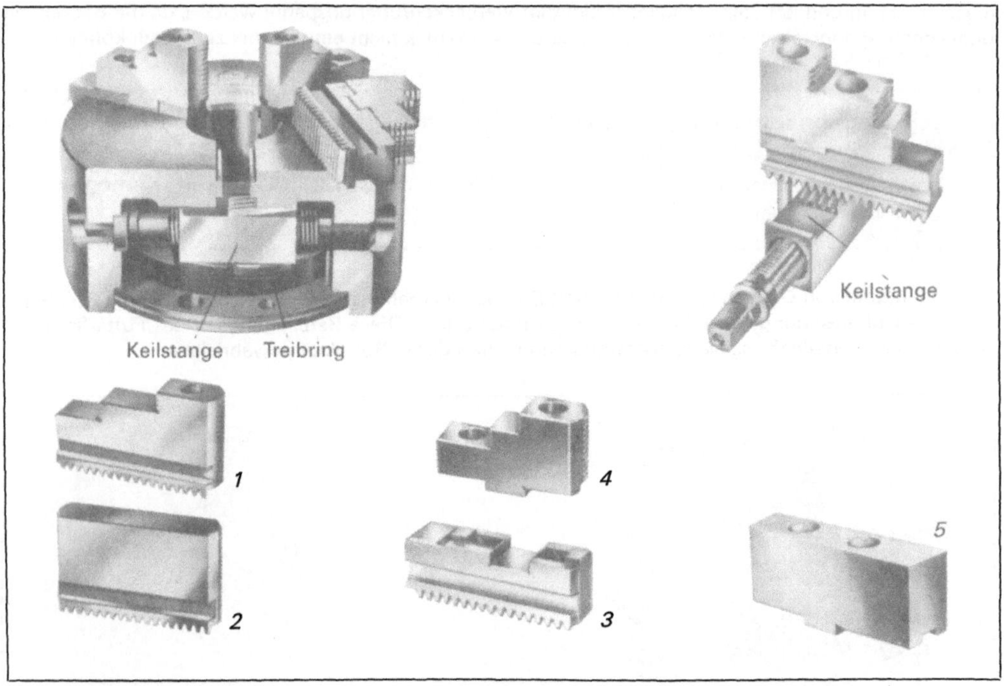

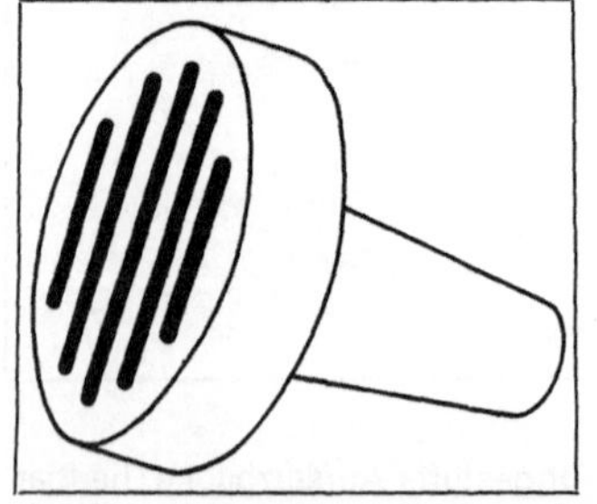

2.41 Dreibackenfutter (Keilstangenfutter) mit Keilstange
1 nach außen abgestufte Backe (Bohrbacke), gehärtet
2 ungestufte Blockbacke, härtbar
3 Grundbacke
4 Umkehr-Aufsatzbacke, gehärtet
5 ungestufte Aufsatzbacke, härtbar

2.42 Magnet-Spannfutter mit Aufnahmedorn

Kraftbetätigte Spannfutter spannen pneumatisch, hydraulisch oder elektromagnetisch. Besonders bei den hydraulisch wirkenden Spannfuttern sind große Kraftübertragungen möglich, was z. B. bei modernen CNC-Drehmaschinen wegen ihrer hohen Schnittgeschwindigkeiten und Schnittleistungen wichtig ist.

Elektromagnetisch wirkende Futter (**2**.42) eignen sich vor allem zum Halten dünnwandiger Werkstücke (Ringe) oder unregelmäßig geformter Teile – vorausgesetzt, sie sind magnetisierbar.

Die Planscheibe ist ein besonderes Vierbackenfutter mit einzeln und unabhängig voneinander einstellbaren Backen (**2.43**). Damit spannt man Werkstücke, die wegen ihrer Form oder Größe weder mit einem der vorgenannten Futter noch zwischen Spitzen gespannt werden können.

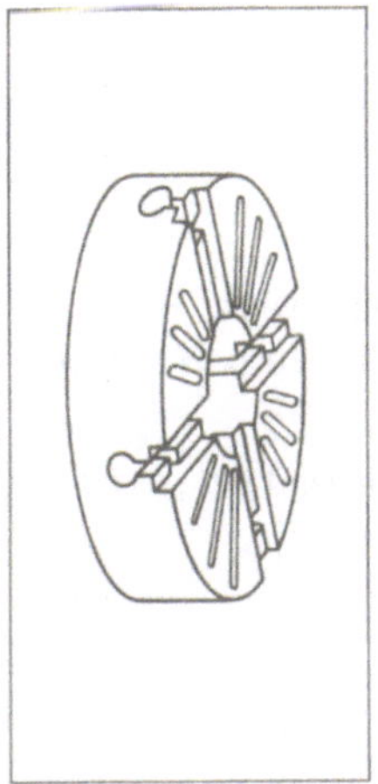

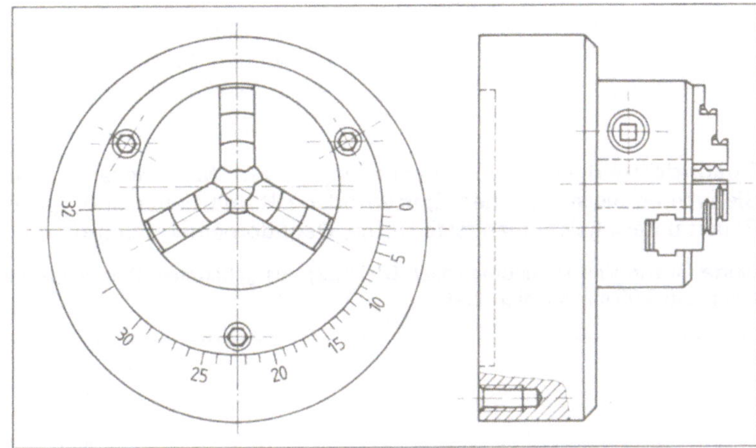

2.43   Planscheibe   2.44   Exzenter-Drehfutter

Exzenter-Drehfutter nehmen exzentrische Werkstücke auf (**2.44**). Das Einstellen der Exzentrizität (also des Maßes aus der Mitte) erfolgt mittels besonderer Skale (bei einem Skalenwert von 0,1 mm).

Spannzangen ermöglichen die schnelle und genaue Aufnahme zylindrischer Werkstücke (**2.45**). Sie sollten blank gezogen oder vorgedreht sein. Warmgewalztes Rundmaterial ist zu ungenau (Zunderschicht) für eine präzise Einspannung. Meist werden auf diese Weise kleine Einzelteile bearbeitet, oder man fertigt mehrere hintereinander, indem man eine Stange direkt durch die Hohlspindel einführt und die fertiggedrehten Werkstücke absticht. Für jeden Drehdurchmesser ist die zugehörige Spannzange einzusetzen. Es gibt zwei Arten von Spannzangen: Zug- und Druckspannzangen. Beide sind rohrähnlich aufgebaut und können im Bereich ihrer Längsschlitze zusammengedrückt werden.

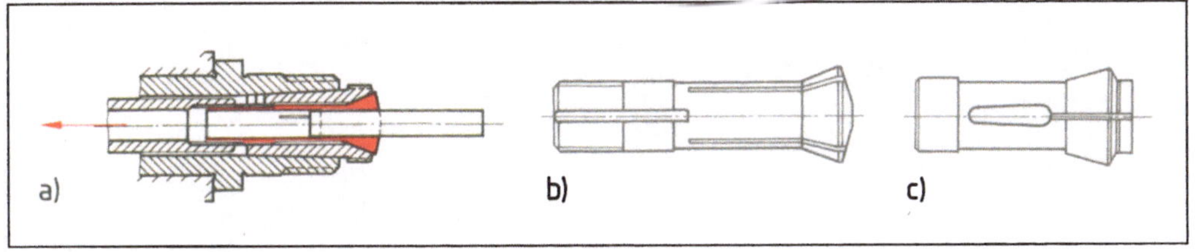

2.45   Spannen mit Spannzangen

   a) Aufnahme der Spannzange, b) Zugspannzange, c) Druckspannzange

Zugspannzangen werden über hohle Zugstangen gespannt, in die sie eingeschraubt werden (**2.45 a**). Dabei wird der dreifach um je 120° versetzt geschlitzte Zangen-Hauptteil zusammengedrückt und klemmt das Werkstück. Die bei Serienfertigung übliche Werkstoffzuführung gegen einen Anschlag ist mit Zugspannzangen nur bedingt möglich, da das Werkstück um den zur Klemmung erforderlichen (spielabhängigen) Zugweg wieder vom Anschlag abgerückt wird.

Druckspannzangen sind hier besser geeignet. Bei ihnen wirkt die für die Klemmung erforderliche Kraft von der Futtervorderseite als Druckkraft. Ein weiterer Vorteil gegenüber den Zugspannzangen ergibt sich aus der Richtung der beim Spanen entstehenden Vorschubkraft: Bei Druckspannzangen ist sie mit der Druckkraft gleichgerichtet und verstärkt daher die Klemmung.

Spannzangen (Zug-/Druckspannzangen) sind in der Drehmaschinenspindel befestigte geschlitzte Rohre, die durch eine Vorrichtung zusammengedrückt werden können. Das zugeführte zylindrische Werkstück wird schnell, zentrisch und sicher geklemmt.

Spanndorne dienen zur Aufnahme von kurzen Werkstücken mit bereits fertiger Bohrung. Sie werden meist zwischen Spitzen oder z. B. mit Futter und Spitze gespannt. Nach ihrer Bauart unterscheidet man feste Dorne, Dehndorne und Spreizdorne.

Feste Dorne sind Drehdorne (nach DIN 523) aus gehärtetem Werkzeugstahl. Sie sind auf je 100 mm Länge um 0,05 mm kegelig (**2.46**).

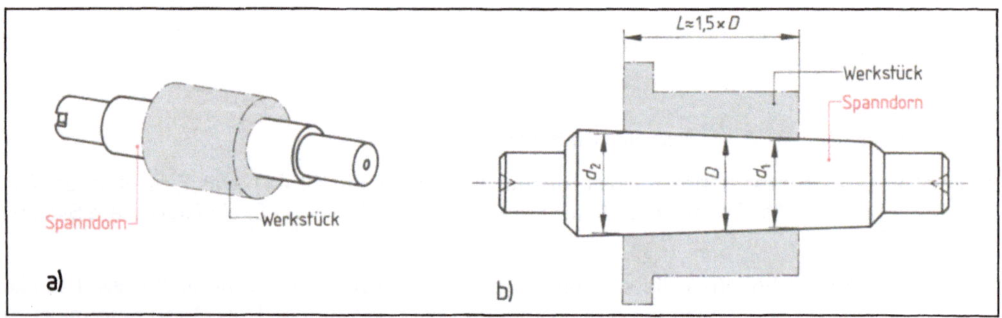

2.46   Drehdorne mit kegeligem Spannteil

Dehndorne sind Spanndorne mit dehnbaren Aufnahmeteilen. Sie ermöglichen einen genauen Rundlauf (genauer als z. B. die Spannzangen), da sie keine geschlitzten Bereiche enthalten. Ihre garantierten Rundlauffehler betragen in der Regel höchstens 0,005 bis 0,01 mm. Handelsüblich sind Dehndorne mit Rollenkupplung, mit Spannringen, mit Spannhülsen oder hydraulische Dehndorne (**2.47**).

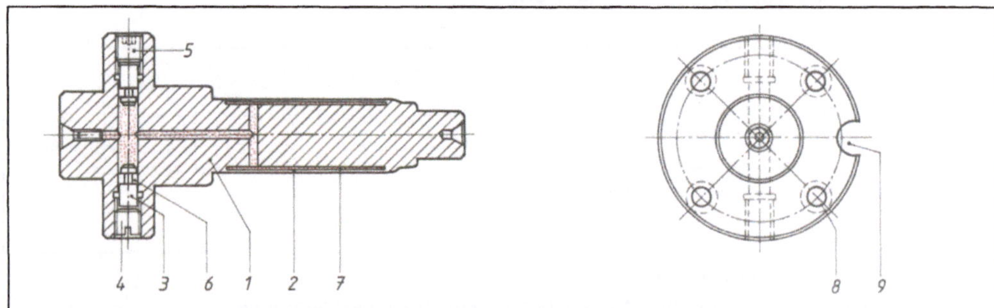

2.47   Hydraulischer Dehndorn

1 Grundkörper
2 Dehnhülse
3 Einstellkolben
4 Einstellschraube
5 Betätigungskolben
6 Abdichtung
7 Hydrauliksystem
8 Bohrung für Befestigungsschrauben
9 Mitnehmeraussparung

Spreizdorne spannen mechanisch (Kegel, geschlitzter Dorn, geschlitzte Hülse), pneumatisch oder hydraulisch. Sie haben Aufnahmeteile mit federnden Elementen. Wegen des nur kurzen Spannvorgangs werden sie meist „Schnellspanndorne" genannt (**2.48**). Man unterscheidet Dorne mit zylindrischer und kegeliger Aufnahme, mit Flanschbefestigung oder Befestigung zwischen Spitzen. Schnellspanndorne für „fliegende Anwendung" mit einseitigem Aufnahmekegel werden durch Einstellung der gehärteten Sechskantmutter gespannt und haben für das genaue Ablängen (z. B. in der Serienfertigung) einen 3-Punkt-Längenanschlag.

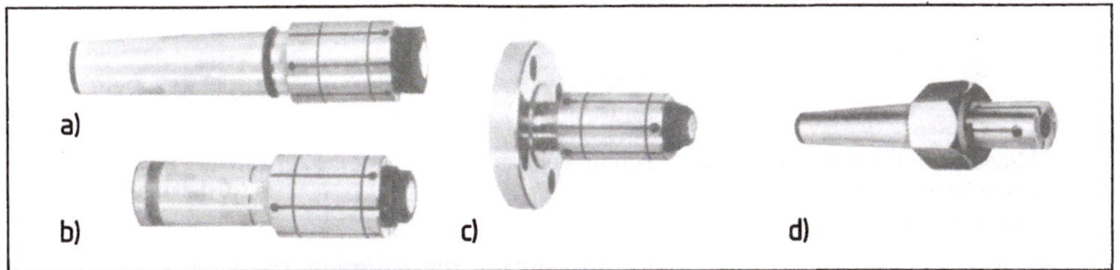

2.48   Spreizdorne (Schnellspanndorne)
       a) mit Morsekegel, b) mit Zylinderschaft, c) mit Flanschbefestigung, d) mit Morsekegel für flie-
       gende Anwendung

> Spanndorne erlauben das schnelle, genaue und zentrische Spannen von Werkstücken mit bereits fertiger Bohrung. Sie garantieren eine zur Bohrung parallel verlaufende Werkstück-Mantellinie. Man unterscheidet feste Dorne und einstellbare Dehn- und Spreizdorne.

Körnerspitzen (= Zentrierspitzen) braucht man für alle Dreharbeiten, die nicht ausschließlich mit den verschiedenen Spannfuttern durchgeführt werden können. Man spricht daher vom „Spannen zwischen Spitzen". Die verschiedenen Ausführungen der Körnerspitzen (ob fest oder mitlaufend) haben in der Regel einen Kegel mit einem Spitzenwinkel von 60°, mit dem sie in die Werkstück-Stirnflächen fassen.

Die Verwendung von Körnerspitzen setzt Zentrierbohrungen voraus. Sie bestehen aus dem Zentrierloch und einer kegeligen (zunehmend auch gewölbten) Senkung. Zentrierbohrungen lassen sich auf der Bohrmaschine, aber auch mit Hilfe des Reitstocks auf der Drehmaschine herstellen (**2.49**).

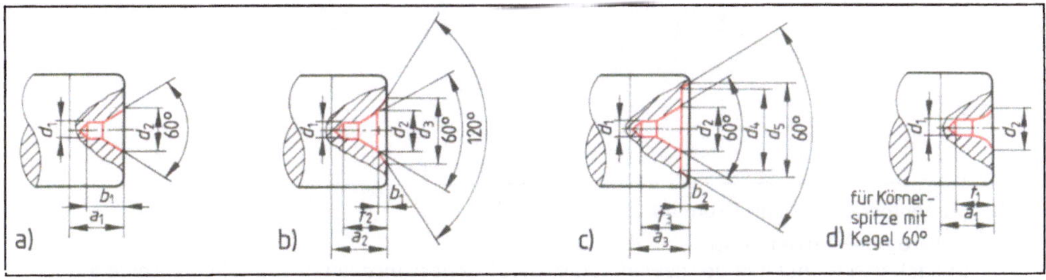

2.49   Zentrierbohrungen nach DIN 332 T 1
       a) Form A, ohne Schutzsenkung, gerade Laufflächen, $d_1 = 0{,}5$ bis 50 mm
       b) Form B, kegelförmige Schutzsenkung, gerade Laufflächen, $d_1 = 1$ bis 50 mm
       c) Form C, kegelstumpfförmige Schutzsenkung, gerade Laufflächen, $d_1 = 1$ bis 50 mm
       d) Form R, immer häufigere Anwendung, ohne Schutzsenkung, gewölbte Laufflächen, $d_1 = 0{,}5$
          bis 12,5 mm

Feste Körnerspitzen drehen sich nicht mit dem Werkstück mit und haben den Nachteil, daß sie wegen der hohen Reibung leicht „fressen". Meist ist daher die Verwendung von mitlaufenden Körnerspitzen sinnvoll (2.50). Einige von ihnen haben zum Spielausgleich nachstellbare Radial- und Axiallager.

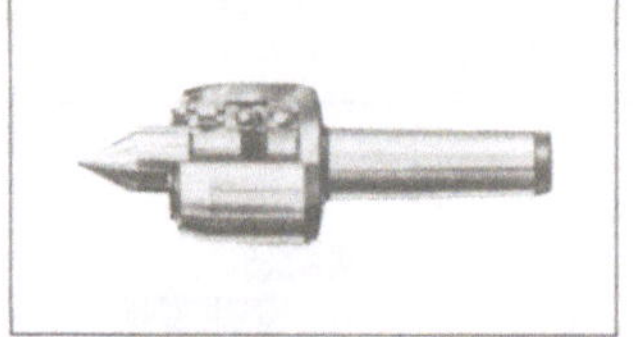
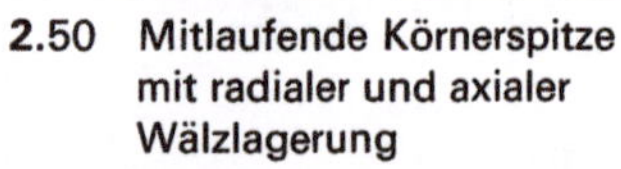

2.50 Mitlaufende Körnerspitze mit radialer und axialer Wälzlagerung

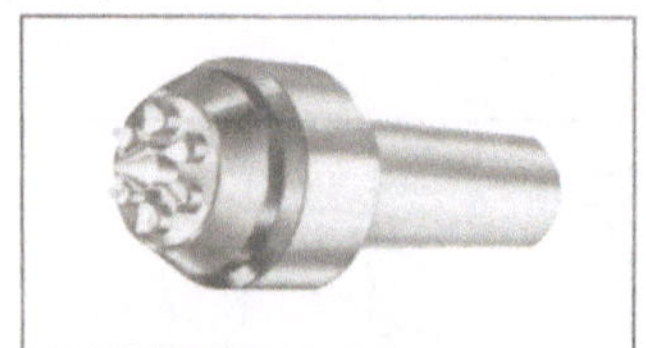

2.51 Stirnmitnehmer

2.52 Mitlaufende Körnerspitze mit Druckmesser

Mitnehmer haben beim Drehen zwischen Spitzen die Aufgabe, die Drehbewegung der Spindel auf das Werkstück zu übertragen – und zwar so sicher, daß das Werkstück bei den vorgesehenen Schnittkräften weder durchrutscht noch aus den Spitzen gedrückt wird. Beim Drehen gibt es dazu zwei Möglichkeiten: Mitnahme über die Stirnfläche oder über den Umfang des Werkstücks.

Stirnmitnehmer haben ringförmig um ihre Körnerspitze herum Schneiden angeordnet, die sich bei genügend großer Anpreßkraft in die Stirnfläche des Werkstücks eindrücken und so eine sichere Mitnahme garantieren (2.51). Zum Einstellen der erforderlichen Anpreßkraft verwendet man beim Drehen zwischen zwei Spitzen auf der gegenüberliegenden Werkstückstirnfläche eine (mitlaufende) Körnerspitze mit eingebautem Druck(kraft)messer (2.52).

Mitnehmerscheiben mit Drehherz klemmen das Werkstück an seinem Umfang (2.53). Früher übliche Anwendungen ohne Umlaufschutz (2.53a) bilden eine hohe Unfallgefahr und sind daher von der Berufsgenossenschaft verboten. Erst durch den in Bild 2.53b dargestellten Schutzkasten wird vermieden, daß außer dem Werkstück z.B. auch Haare oder Ärmel des Facharbeiters „mitgenommen" werden.

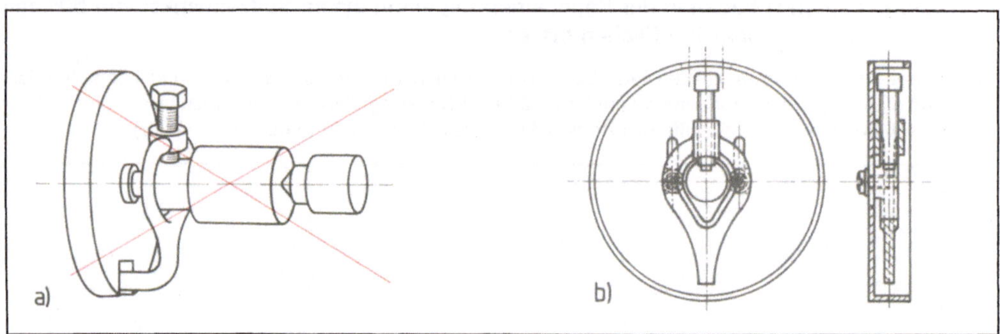

2.53 Mitnehmerscheibe mit Drehherz
a) Verbotene Anwendung – Unfallgefahr!
b) nach den Richtlinien der gewerblichen Berufsgenossenschaften empfohlene Anwendung

Mitnehmer übertragen die Drehbewegung der Arbeitsspindel auf das (zwischen Spitzen gespannte) Werkstück. Stirnmitnehmer wirken an der Stirnfläche, Mitnehmerscheiben mit Drehherz am Werkstückumfang.

Setzstöcke (Lünetten) verwendet man zum Abstützen langer und schlanker Werkstücke (z. B. Wellen). Ihre Stützrollen (meist Dreipunkt-Stützung) verhindern ein Durchbiegen oder Ausweichen des Werkstücks an der Zerspanungsstelle (**2.54**). Feststehende Setzstöcke verbindet man an besonders von Durchbiegung gefährdeten Stellen fest mit dem Drehmaschinenbett. Mitlaufende Setzstöcke fahren automatisch mit dem Werkzeug (auf einer besonderen Führungsbahn) mit und stützen das Werkstück immer in der Nähe der Zerspanungsstelle.

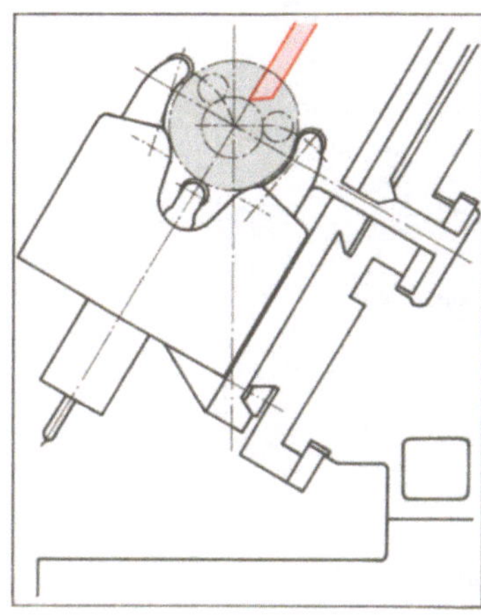

2.54 Automatische Zentrierlünette (Setzstock einer modernen Schrägbett-Drehmaschine, Werkzeug arbeitet von schräg hinten)

2.55 Abstützen einer Nockenwelle mit zwei Zentrierlünetten; die linke Lünette steht fest, die rechte Tandem-Lünette fährt mit

In der modernen Fertigung verursachen die Lünetten keine Unterbrechung des automatischen (z. B. CNC-gesteuerten) Arbeitsablaufs. Hydraulisch-automatische Zentrierlünetten öffnen und schließen bei Bedarf die Stützrollen, damit das Werkzeug die Stützstelle ungehindert passieren kann. Bei den heute vorherrschenden modernen Schrägbettmaschinen können auch mehrere Lünetten gleichzeitig für die Bearbeitung verwendet werden. Bild **2.55** zeigt die Bearbeitung einer Nockenwelle mit zwei Zentrierlünetten. Die linke steht fest, die rechte in Tandembauweise fährt mit.

> Setzstöcke oder Lünetten (feststehend oder mitlaufend) stützen lange und schlanke Drehteile während der Bearbeitung. Damit verhindern sie ein Durchbiegen oder Ausweichen des Werkstücks.

2.2.4 Aufbau der Drehmaschinen

Drehmaschinenarten. Wir unterscheiden zwei Gruppen: Spitzendreh- und Sonderdrehmaschinen.

Spitzendrehmaschinen sind mit maschinellem Vorschub ausgestattet und haben dazu meist zwei Spindeln: eine Zugspindel für „normale" Vorschübe und eine Leitspindel zum Gewindeschneiden. Sie heißen daher Leit- und Zugspindeldrehmaschinen (**2.56**). Ihr

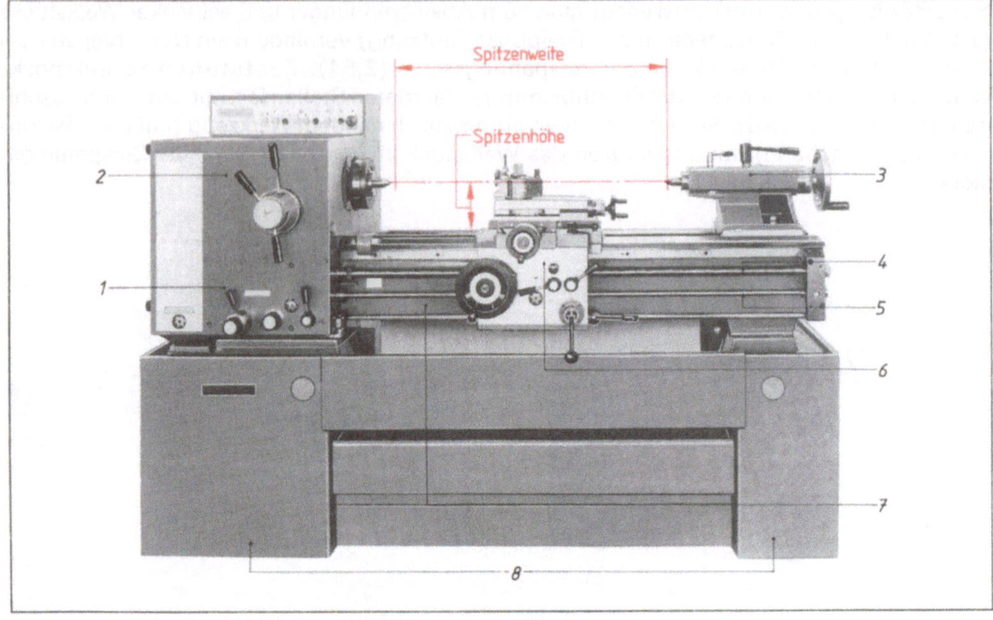

2.56 Leit- und Zugspindel-Drehmaschine (Universaldrehmaschine)

1 Vorschub-Räderkasten mit Nebengetriebe für Zug- und Leitspindel
2 Spindelkasten mit Hauptspindel und
Hauptgetriebe
3 Reitstock

4 Leitspindel
5 Zugspindel
6 Schloßkasten mit Werkzeugschlitten
7 Drehmaschinenbett
8 Gestell (Füße)

besonderes Kennzeichen ist die Möglichkeit, Werkstücke zwischen Spitzen zu spannen und zu bearbeiten. Zwei wichtige Maße sind dafür entscheidend: Die Spitzenweite gibt die größtmögliche Werkstücklänge zwischen den Spitzen an, die Spitzenhöhe (über dem Drehmaschinenbett) entspricht ungefähr der Hälfte des höchstmöglichen Drehdurchmessers.

Auf den Leit- und Zugspindeldrehmaschinen lassen sich nahezu alle vorkommenden Dreharbeiten ausführen. Daher heißen sie auch U n i v e r s a l drehmaschinen.

Sonderdrehmaschinen sind alle übrigen Bauarten, z. B. Front-, Senkrecht-, Karussell-, Nachformdrehmaschine (= Kopierdrehmaschinen) oder Drehautomaten.

Funktionsgruppen. Die vier Funktionsgruppen (s. Abschn. 2.1, Bild **2.5**) der Drehmaschinen sind je nach Bauart unterschiedlich ausgeführt, grundsätzlich jedoch ähnlich.

Gestell und Drehmaschinenbett sind die tragenden Teile, die alle beweglichen und festen Funktionsgruppen aufnehmen. Die herkömmlich gebauten Drehmaschinen haben zur Führung (und Lagerung) der Werkzeugschlitten und des Reitstocks ein Flachbett (Führungen in Waage). Daher bezeichnet man sie als F l a c h b e t t m a s c h i n e n (**2.56**). Im modernen Werkzeugmaschinenbau hat sich eine andere Bauweise durchgesetzt, die S c h r ä g b e t t m a s c h i n e, bei der die Bettführungen schräg angeordnet sind (**2.57**). Sie bietet mehrere wichtige Vorteile, z. B. höhere statische und dynamische Steifigkeit, bessere Späne- und Kühlmittelabfuhr, bessere Erreichbarkeit der Spannmittel und Werkzeuge, bessere Aufnahme der Schnittkräfte.

74

Bei dem abgebildeten Vierbahnen-Schräg-
bett, das unter 60° zur Waagerechten geneigt
ist, dienen die beiden oberen Führungen zur
Aufnahme des Längs- und Planschlittens
(Support), während die beiden unteren für
die Lagerung des Reitstocks und automatischer Zentrierlünetten (vgl. Bilder **2.54** und
2.55) vorgesehen sind. Durch eine solche
Verteilung der längsgeführten Bauteile (auf
vier statt nur zwei Bahnen) ist eine feste Sup-
portbewegung (ohne Behinderung durch
Reitstock oder Lünetten) über die gesamte
Bettlänge möglich.

Die Späne fallen besser nach unten durch.
Sie bleiben seltener an bewegten Teilen
(Meißel, Schlitten) hängen oder auf den
Führungsbahnen liegen.

2.57 Vierbahnenbett einer Schrägbett-Drehmaschine

- liegt das meist zweibahnige Drehmaschinenbett in Waage,

- spanen die Drehmeißel von der Vorderseite.

Bei Schrägbett-Drehmaschinen

- ist das meist vierbahnige Drehmaschinenbett zur Waagerechten um (meist) 60°
  geneigt,

- spanen die Drehmeißel von schräg hinten,

- haben Support und Reitstock (und Lünetten) eigene Bahnen und behindern sich
  nicht gegenseitig.

Die Elemente der Funktionsgruppe Antrieb betrachten wir am Beispiel einer Leit- und
Zugspindeldrehmaschine.

Der Spindelstock enthält die Arbeitsspindel (**2.58**), die meist über Keilriemen und Zahnradgetriebe von einem Fußmotor angetrieben wird (**2.59**). Die gewünschte Spindeldrehfrequenz

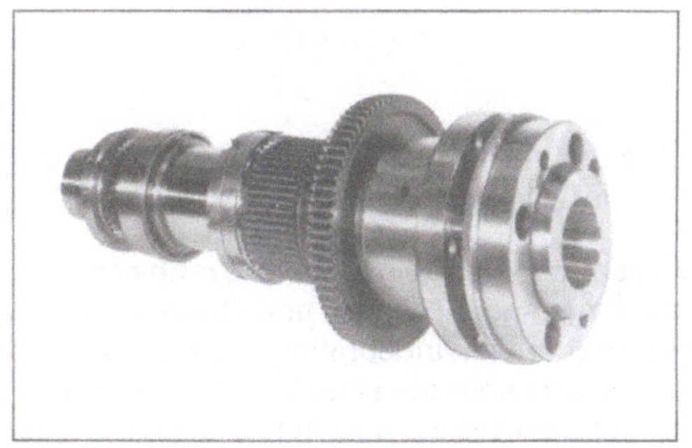

2.58 Spindelstock mit Arbeitsspindel

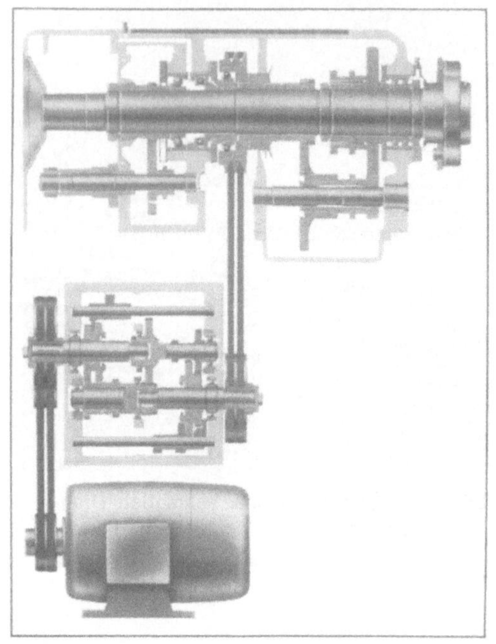

2.59   Antrieb der Arbeitsspindel

(Spindeldrehzahl) liefert das zwischen Motor und Arbeitsspindel liegende mehrstufige Hauptgetriebe. Die Arbeitsspindel selbst ist hohl, damit Stangenmaterial durch sie hindurchgeführt werden kann. Der Spindelkopf ist mit Kurzkegelflansch und Bajonettscheibenspannung ausgeführt (DIN 55022). Zur Werkstückspannung kann er Futter oder Spitzen aufnehmen (s. Abschn. 2.2.3, Spannen der Werkstücke).

Die Spindel ist meist aufwendig gelagert, da geringer Verschleiß und guter Rundlauf zu den wichtigsten Bedingungen für die Einhaltung enger Werkstücktoleranzen gehören. Die schematisch dargestellte Lagerung der Arbeitsspindel **2.59** besteht z.B. vorn (am Spindelkopf) aus einem einstellbaren doppelreihigen Zylinderrollen-, hinten aus einem Schrägkugellager, gepaart mit Axiallager.

Das Vorschubgetriebe ist im geschlossenen Vorschubräderkasten eingebaut (**2.60**). Wellen, Lager und Zahnräder laufen im Ölbad. Das Vorschubgetriebe sorgt für den Antrieb der Zug- und Leitspindel. Um eine feinabgestufte Vorschubauswahl zu ermöglichen, hat es viele Schaltstufen. Das abgebildete Vorschubgetriebe gehört zur Maschine **2.56** und hat z.B. 60 Einstellmöglichkeiten von 0,026 bis 0,888 mm. Es besteht aus einem Stufenräderblock mit einer Kniehebeleinschwenkung für das Nortonrad (nach der Bauart ist es ein Nortongetriebe, vgl. Getriebearten, Abschn. 14.4.3.4) und einem Vervielfältigungsgetriebe mit Wenderadsatz.

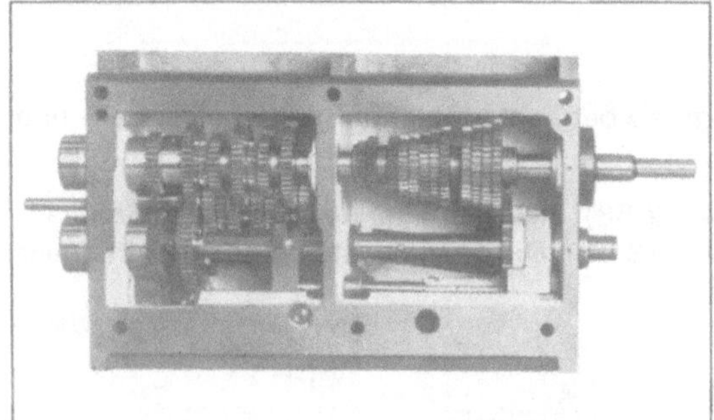

2.60   Vorschubräderkasten mit Vorschubgetriebe

2.61   Rückseite des Schloßkastens mit (geöffneter) Schloßmutter

Leit- und Zugspindel übertragen die mit dem Vorschubgetriebe eingestellte Drehbewegung auf den Werkzeugschlitten. Meist benutzt man die Zugspindel (Längs- und Quervorschub), denn die Leitspindel (mit Trapezgewinde) dient nur zum Gewindedrehen. Obwohl sich im Betrieb der Maschine meist beide Spindeln drehen, treibt jeweils nur eine den Werkzeugschlitten an. Die Verbindung der antreibenden Spindel mit dem Werkzeugschlitten stellen das im Schloßkasten eingebaute Getriebe und die Schloßmutter her (**2.61**). Die Schloßmutter ist eine geteilte Mutter, die das Gewinde der Leitspindel umschließen kann. Ist sie geöffnet, läuft die Leitspindel „leer".

Im Schloßkasten sind die Getriebe- und Schaltorgane zum Lang- und Plandrehen sowie zum Gewindeschneiden untergebracht (s. **2.56**, **2.61** und **2.62**). Er ist mit dem Werkzeugschlitten fest verbunden (genauer: mit dem Bettschlitten). Der Vorschubantrieb durch die Zugspindel wird über eine ausrastbare Schnecke mit Schneckenrad („Fallschnecke") auf die übrigen Getriebe-Zahnräder übertragen. Das ermöglicht das Drehen gegen einen festen Anschlag (im automatischen Lang- oder Planzug) und schützt die Maschine vor Überlastung. Die Auslösekraft der Fallschnecke läßt sich feinfühlig einstellen. Sie hat ihren Namen daher, daß sie bei Überlast ausrastet und über einen Drehpunkt nach unten schwenkt („fällt"). Der Vorschub ist dann unterbrochen. Lang- und Planzug werden über einen Zugknopf vorgewählt (**2.62**). Durch einen zweiten Hebel kann z. B. auch die Leitspindel zum Gewindeschneiden eingestellt werden. Die Schloßmutter wird dann geschlossen. Zur Schnellverstellung des Bettschlittens von Hand dient das im Bild **2.62** sichtbare große Handrad.

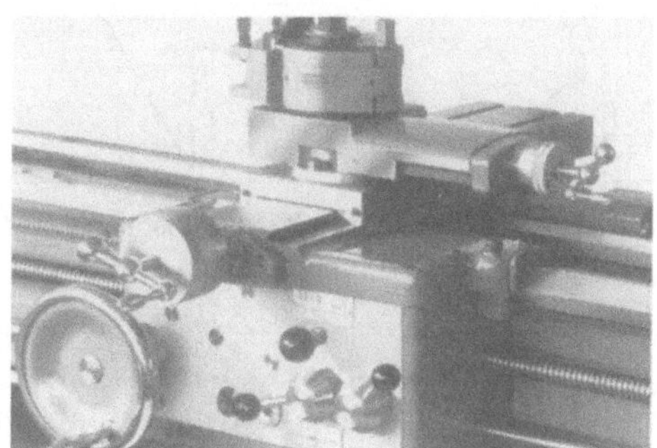

2.62   Werkzeugschlitten mit Schloßkasten

Der Werkzeugschlitten (mit Schloßkasten) besteht aus drei gegeneinander beweglichen Einzelschlitten (**2.62**), nämlich aus dem B e t t schlitten (der längs auf dem Drehmaschinenbett gleitet), dem Q u e r schlitten (der quer dazu auf dem Bettschlitten läuft) und dem O b e r schlitten (der in Längsrichtung oder unter einem zur Drehachse eingestellten Winkel bewegt werden kann). Bett- und Querschlitten können wahlweise von Hand oder mit maschinellem Vorschub angetrieben werden, der Oberschlitten läßt sich nur mit der Handkurbel verstellen. Er trägt den Werkzeughalter.

Der Reitstock gleitet auf dem Drehmaschinenbett und erfüllt mehrere Aufgaben. Beim Spannen zwischen Spitzen dient er als Werkstückgegenhalter. Wird sein Oberteil aus der Bettmitte verstellt, kann man ihn zum Kegeldrehen verwenden (s. Abschn. 2.2.2, Kegeldrehen). Beim Bohren, Zentrierbohren, Reiben oder Gewindeschneiden spannt er das Werkzeug.

2.2.5   Besondere Einrichtungen und Sonderdrehmaschinen

Im vorangegangenen Abschnitt haben wir schon über die in der Produktion heute vorherrschenden Schrägbett-Drehmaschinen gesprochen. Ihre Bauweise ist kompakt, obwohl sie sehr leistungsfähig sind. Viele bewegliche Elemente der Drehmaschinen sind automatisierbar. So der Reitstock oder die elektrisch-hydraulisch gesteuerten Zentrierlünetten (Setzstöcke, s. Abschn. 2.2.3). Auch die Werkzeugspannung (Trommeln, Revolver, Werkzeugwechselsysteme, s. Abschn. 2.2.3) sowie die Werkstückspannung (z. B. im Futter) lassen sich elektrisch, pneumatisch oder hydraulisch steuern und betätigen. Besonders im Zusammenhang mit CNC-Steuerungen (s. Abschn. 5.6) werden die vom Facharbeiter noch zu leistenden „Handgriffe" immer weniger. Das ist bei den in der industriellen Fertigung üblichen hohen Stückzahlen, die mit großen Schnittgeschwindigkeiten und -leistungen gefertigt werden, auch nicht mehr anders machbar.

Nachform-Dreheinrichtung (Kopier-Dreheinrichtung). Darunter versteht man eine automatische Vorschubsteuerung durch Abtasten einer Schablone oder eines Kopier-Modells. Auf diese Weise lassen sich auch kompliziertere Werkstückformen herstellen, bei denen der

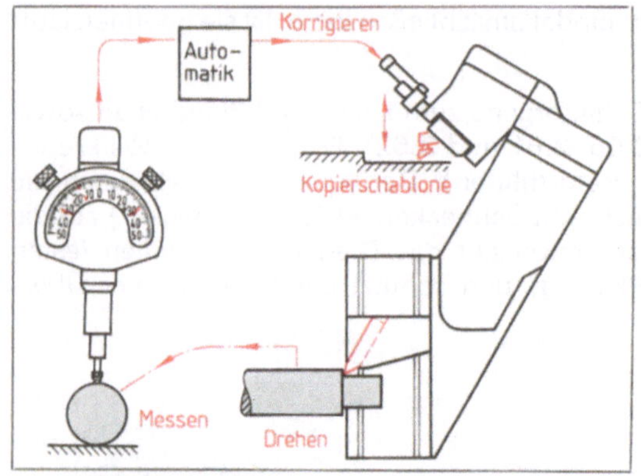

2.63 Nachformdrehen mit automatischer Meßsteuerung

Facharbeiter überfordert wäre. Durch Abtasten und genaues Nachführen des Werkzeugs entsteht eine „Kopie" des verwendeten Modell- oder Schablonen-Profils. Nachform-Dreheinrichtungen sind Zusatzeinrichtungen, die sich bei den meisten (noch nicht computergesteuerten) Drehmaschinen einbauen lassen (s. Bild **2**.32). Etwas aufwendiger wird schon der Einbau einer mit Meßsteuerung gekoppelten Nachform-Dreheinrichtung (**2**.63). Die Unsicherheit der Maßabweichungen wird bei diesem Verfahren stark verringert, da Prüfen und Korrigieren während der Fertigung automatisch erfolgen.

Nachform-Dreheinrichtungen steuern den Werkzeug-Vorschub durch Abtasten einer Schablone oder eines Modells. So entsteht eine genaue Kopie des abgetasteten Profils. Die Koppelung mit einer Meßsteuerung garantiert geringste Maßabweichungen.

CNC-Drehautomaten sind computergesteuerte Drehmaschinen, die über zwei oder mehr Achsen motorisch gesteuert (eigentlich: geregelt) werden. Entsprechend den hohen Anforderungen z. B. hinsichtlich der Stückzahlen, Schnittgeschwindigkeiten oder Zerspanungsleistungen sind moderne CNC-Drehautomaten mit kleinen bis großen Leistungen in vielfältigen Bauvarianten im Einsatz. So gibt es neben den einspindeligen auch mehrspindelige Drehautomaten, die die gleichzeitige Bearbeitung von mehreren (gleichen) Werkstücken ermöglichen (**2**.64). Andere Automaten haben zwei unabhängige (kollisionssichere) Werkzeugspeicher (Revolver- oder Trommelsystem), was z. B. die gleichzeitige Innen- und Außenbearbeitung an einem Werkstück erlaubt (**2**.65).

2.64 Zweispindel-Drehautomat, gleichzeitige
Bearbeitung von zwei (gleichen) Werkstücken

2.65 Drehautomat mit zwei kollisionsfreien
Werkzeugspeichern, gleichzeitig Innen- und
Außenbearbeitung am selben Werkstück

Sonderdrehmaschinen. Hierunter versteht man alle Drehmaschinen-Bauarten, die nicht in die Gruppe der Spitzendrehmaschinen einzuordnen sind (s. Abschn. 2.2.4). Auch diese Maschinen gibt es in handbedienten oder computergesteuerten Ausführungen. Zu den wichtigsten (von bisher besprochenen Maschinen abweichenden) Bauarten gehören die Vertikal-Drehmaschinen (Senkrecht-Drehmaschinen), Plandrehmaschinen und Drehwerke.

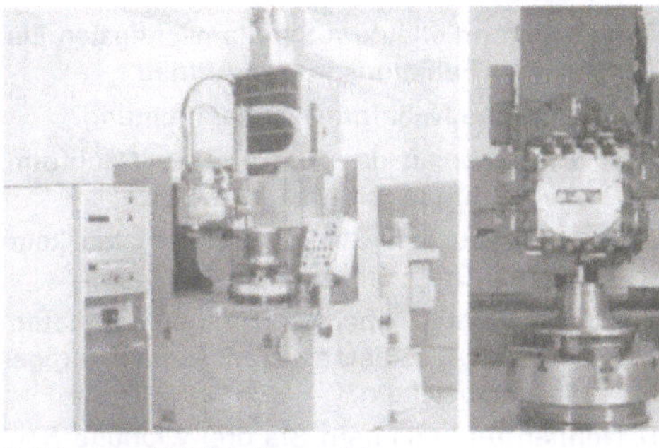

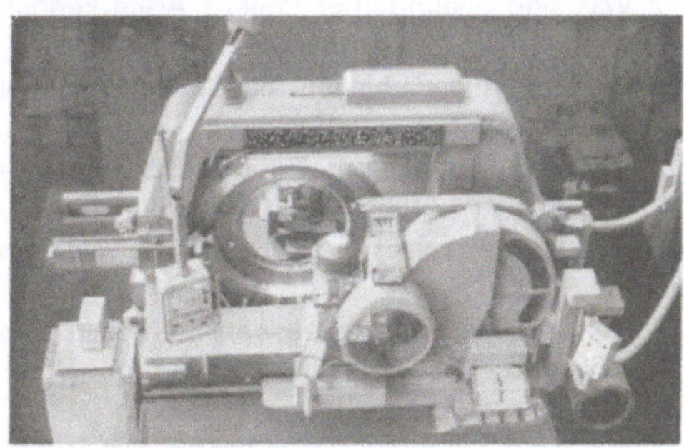

2.66   Vertikal-Drehmaschine

2.67   Doppel-Plandrehmaschine

Vertikal-Drehmaschinen (2.66) haben eine senkrecht arbeitende Arbeitsspindel (meist mit Futter). Die abgebildete Maschine spannt Werkstücke bis 800 mm Durchmesser und erlaubt eine gleichlange Drehlänge (in diesem Fall „Höhe"). Ihre Antriebsleistung beträgt etwa 75 kW.

Plandrehmaschinen sind für eine (überwiegende oder ausschließliche) Stirnflächenbearbeitung der aufzunehmenden Werkstücke ausgelegt. Die abgebildete Maschine (2.67) ist eine Doppel-Plandrehmaschine für zwei Supporte, bearbeitet Drehdurchmesser bis 1250 mm und hat eine Leistung von 63 kW.

Sie eignet sich besonders für die Bearbeitung dünnwandiger, scheibenförmiger Werkstücke. Gespannt werden die Werkstücke am Außendurchmesser, bearbeitet gleichzeitig von beiden Seiten.

Drehwerke (2.68) bilden unter den Drehmaschinen eine Besonderheit. Sie dienen zur Bearbeitung feststehender Werkstücke mit rotierenden Werkzeugen (Bohrglocken oder Bohrstangeneinrichtungen). Die hier abgebildete Maschine bearbeitet gerade ein Turbinengehäuse unter Verwendung einer Bohrglocke.

2.68   Drehwerk, Bearbeitung eines Turbinengehäuses mit Bohrglocke

---

1. Was versteht man unter Drehen?
2. Erläutern Sie die Begriffe Runddrehen, Plandrehen, Schraubdrehen und Formdrehen. Nennen Sie Beispiele.
3. Wie kann man auf der Drehmaschine Kegel drehen? Erläutern Sie Vor- und Nachteile der Verfahren.
4. Was ist „Außermittedrehen"?
5. Erklären Sie das Hinterdrehen eines Formfräsers.
6. Was versteht man unter Rändeln? Welche Rändelarten kennen Sie?
7. Erläutern Sie die wichtigsten drei Werkzeugspeicher bei den CNC-Drehmaschinen in der Serienfertigung.
8. Was sind Spannzeuge? Welche Arten gibt es?
9. Geben Sie einen Überblick über die Arten der Spannfutter.
10. Wann verwendet man eine Planscheibe, wann ein Exzenter-Drehfutter?

11. Was sind Spannzangen? Wann verwendet man sie?

12. Was sind Spanndorne? Welche Arten kennen Sie?

13. Wodurch unterscheiden sich die Stützmittel von den Spannzeugen?

14. Wozu braucht man Körnerspitzen (Zentrierspitzen)? Welche Arten kennen Sie?

15. Was versteht man unter Mitnehmern? Nennen Sie Arten.

16. Nehmen Sie Stellung zu den beiden in Bild **2.53** gezeigten Mitnehmerscheiben mit Drehherz.

17. Was sind Lünetten (Setzstöcke)? Wozu verwendet man sie?

18. Was ist der Unterschied zwischen Flachbett- und Schrägbett-Drehmaschinen?

19. Warum kann nur bei einer Schrägbettmaschine die volle Bettlänge als Drehlänge ausgenutzt werden?

20. Nennen und erläutern Sie die wichtigsten Elemente der Funktionsgruppe Antrieb.

21. Was ist eine Nachform-Dreheinrichtung?

22. Wie funktioniert das Prinzip einer Nachform-Drehvorrichtung mit Meßsteuerung?

23. Warum brauchen CNC-Drehautomaten keine Nachform-Drehvorrichtungen?

24. Welche Vorteile haben Mehrspindel-Drehautomaten oder Automaten mit zwei unabhängigen Werkzeugspeichern?

25. Nennen und erläutern Sie drei wichtige Bauarten von Sonderdrehmaschinen.

2.3 Bohren, Senken und Reiben

Sie erinnern sich an die in der Grundstufe gelernten Definitionen für diese Arbeitsverfahren:

> **Bohren** ist ein (maschinell) spanendes Arbeitsverfahren mit kreisförmiger Schnittbewegung zur Herstellung zylindrischer Löcher (Bohrungen).
>
> **Senken** ist ein spanendes Nacharbeiten vorgefertigter Bohrungen (z. B. zur Wandungsverbesserung oder zur Herstellung verschieden geformter An- oder Auflageflächen).
>
> **Reiben** ist ein spanendes Schlichtverfahren zum Nachbearbeiten von Bohrungen zur Maß-, Form- und Oberflächenverbesserung.

Was man durch diese Verfahren fertigen kann, bestimmen in erster Linie die Werkzeuge und Maschinen.

2.3.1 Bohren

Werkzeuge zum Bohren. Das meistgebrauchte Bohrwerkzeug, den Wendelbohrer, kennen Sie bereits. Sicherlich mußten Sie gelegentlich einen stumpfen Bohrer anschleifen. Vermutlich haben Sie dabei auch festgestellt, daß seine Schneidengeometrie (**2.69**) kompliziert ist und man dabei einige Fehler machen kann, die sich bei der späteren Arbeit unangenehm auswirken (**2.70**). Vielleicht haben Sie in Ihrem Betrieb auch schon andere Bohrwerkzeuge kennengelernt, z. B. Wendelbohrer mit Hartmetallschneiden (und innerer Kühlmittelzufuhr), Kleinstbohrer, Stiftlochbohrer, Zentrierbohrer, Stufenbohrer, Kanonenbohrer, Bohrmesser, Tiefbohrer oder Bohrstangen.

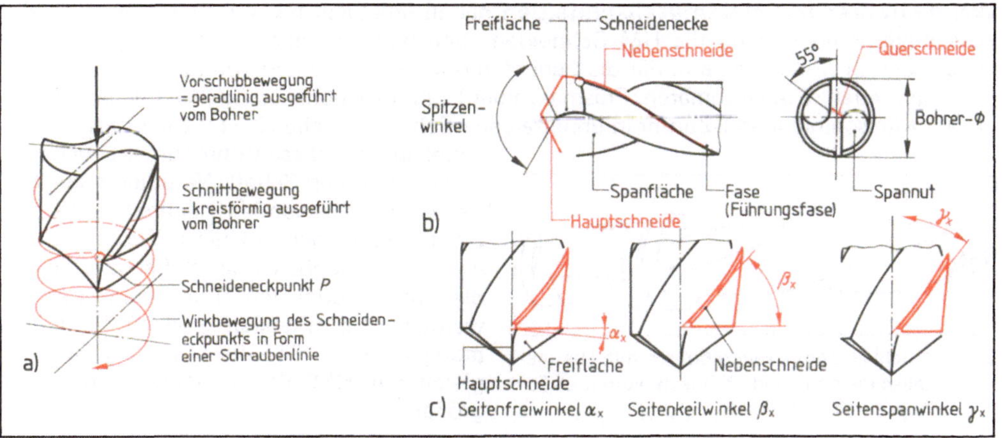

2.69   Schneidengeometrie am Wendelbohrer

a) Bewegungen des Wendelbohrers beim Eindringen in den Werkstoff
b) Bezeichnungen am Wendelbohrer
c) Seitenfrei-, Seitenkeil- und Seitenspanwinkel am Wendelbohrer

Tabelle 2.70   Schleiffehler an Wendelbohrern

Schleiffehler		Wirkung und Folge
Spitzenwinkel zu spitz		s-förmige gekrümmte Schneidkanten Folge: rauhe Lochwandung, verminderte Standzeit, Bruchgefahr des Bohrers
Spitzenwinkel zu stumpf		hakenförmig gebogene Schneidkanten Folge: s. oben, Bruchgefahr besonders beim Herausziehen aus dem Bohrloch
Schneiden verschieden lang		einseitige Bohrbelastung, nur eine Schneide arbeitet, Bohrerspitze wird aus der Mitte gedrückt Folge: zu große Bohrung, verminderte Standzeit, Bruchgefahr
Schneidkantenwinkel unterschiedlich		ungleiche Bohrerbelastung, nur eine Schneide arbeitet Folge: ungenaue Bohrung, verminderte Standzeit, Bruchgefahr
ungleiche Schneidkanten und verschiedene Winkel		ungleiche Bohrerbelastung, nur eine Schneide arbeitet Folge: zu große und genaue Bohrung, erhöhte Bruchgefahr
Hinterschliff zu gering (α_x zu klein)		Bohrer schneidet nicht, reibt, dringt nicht ein Folge: starker Verschleiß, hohe Vorschubkraft, Bohrer bricht nach kurzer Zeit
Hinterschliff zu groß (α_x zu groß)		geschwächte Schneidenkanten Folge: Bohrer rattert oder hakt ein, Schneidenkanten brechen aus

Wendelbohrer mit Hartmetallschneiden haben erheblich bessere Standzeiten als die HSS-Ausführungen. Sind die HM-Schneiden auch noch beschichtet (s. Abschn. 2.1.6), lassen sie sich weiter steigern. Für die Serienfertigung (z. B. auf computergesteuerten Bearbeitungszentren, Drehautomaten, Fräsmaschinen) gibt es Hochleistungs-Wendelbohrer mit innerer Kühlschmiermittel-Zufuhr in unmittelbarer Schneidennähe (2.71). Die Kühlschmiermittel erhalten diese Bohrer unter Druck von innen durch den Schaft. Natürlich brauchen sie dafür ein besonderes Aufnahmesystem. Da die Schneiden auf diese Weise auch in tieferen Bohrlöchern noch sicher gekühlt und die Späne durch den Druck herausgespült werden, sind erheblich größere Bohrtiefen möglich. Auch die Vorschübe sind im Vergleich zum HSS-Wendelbohrer 3- bis 4mal größer.

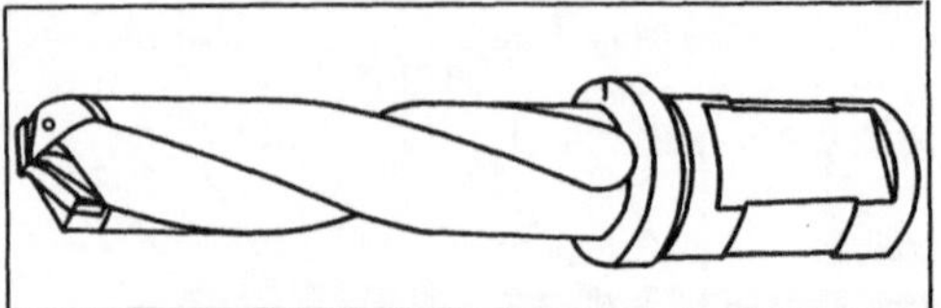

2.71 Hochleistungs-Wendelbohrer mit Hartmetallschneiden und Kühlschmiermittel-Zufuhr durch den Schaft

Kleinstbohrer dienen (z. B. als Wendel-, gerader Nuten- oder Spitzbohrer, DIN 1899) zur Herstellung besonders kleiner Bohrungsdurchmesser von 0,1 mm bis 2,5 mm.

Man verwendet sie bei der Fertigung von Uhren, optischen Geräten oder in der Feinmechanik.

Stiftlochbohrer (DIN 1898) sehen dem Wendelbohrer ähnlich, haben jedoch einen kegeligen Schneidteil entsprechend den genormten Kegelstiften (1:50). Im Gegensatz zum Wendelbohrer müssen die an der Führungsfase liegenden Nebenschneiden hier nicht nur glätten, sondern auch schneiden.

Damit dabei nicht zu lange Späne entstehen, die die Spannuten verstopfen, sind die Nebenschneiden an der Fase durch kleine Kerben unterbrochen.

Zentrierbohrer kennen Sie schon vom Drehen (s. Abschn. 2.2.3, Bild 2.49). Dort werden sie auch am häufigsten verwendet, nämlich zum Zentrierbohren von Dreharbeiten zwischen Spitzen. Gelegentlich braucht man auch an anderen Werkstücken kleine Bohrungen mit einer Senkung oder Rundung.

Stufenbohrer (Mehrfasen-Stufenbohrer, 2.72) sind dem Wendelbohrer ähnlich und enthalten Schneiden in gestuften Durchmessern.

Mit ihnen lassen sich z. B. in einem Arbeitsgang Bohrung und Senkung (kegelig oder flach) für Schrauben, Niete usw. herstellen.

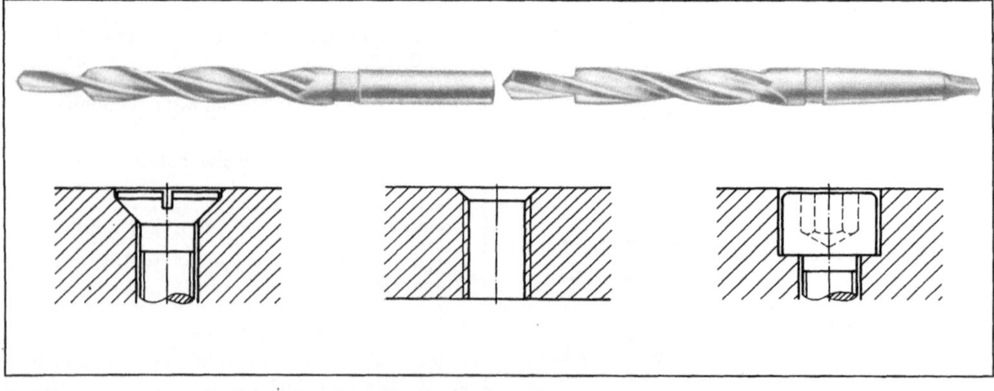

2.72 Stufenbohrer für Bohrungen mit Senkung (kegelig oder gerade)

Kanonenbohrer sind Spezialwerkzeuge aus besonders hochwertigem Werkstoff (z. B. Kobalt-Molybdän-Wolfram-legierter Stahl) und dienen vorwiegend für zylindrisch paßgenaues Aufbohren vorgefertigter Löcher (2.73). Bei Werkstoffen geringerer Festigkeit kann man mit ihnen auch ins Volle bohren.

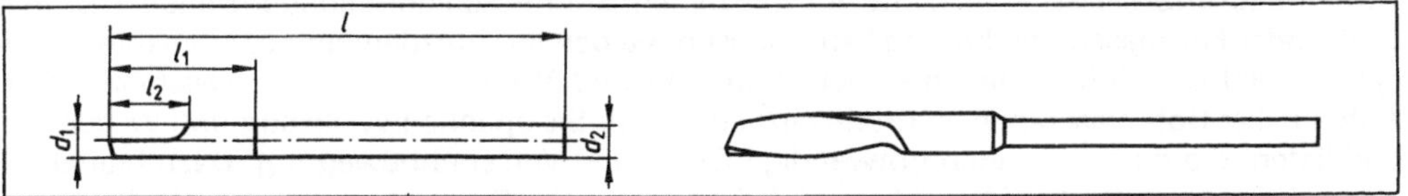

2.73   Kanonenbohrer

Bohrmesser (2.74) werden auf einem besonderen Halter befestigt. Es gibt sie in HSS- oder HM-Ausführung. Je nach Lage der Schneiden zur Bohrachse eignen sie sich für das Aufbohren von Durchgangs- oder Grundlöchern. Die Kühlschmiermittel-Zufuhr kann herkömmlich von außen oder durch den Halter von innen erfolgen. Bohrmesser verwendet man für große Zerspanungsleistungen bei größeren Bohrungsdurchmessern.

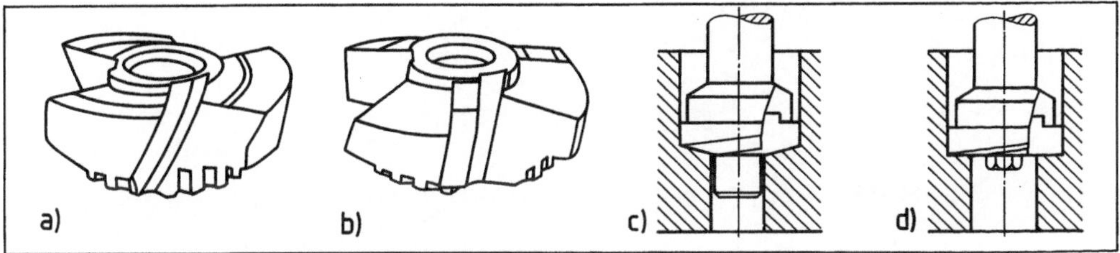

2.74   Bohrmesser zum Aufstecken auf Werkzeughalter

   a) mit 3 geraden Schneiden, b) mit 3 schrägen Schneiden, c) Aufbohren von Durchgangslöchern,
   d) Aufbohren von Grundlöchern

Tiefbohrer verschiedenster Ausführungen (z. B. als Kanonenbohrer) dienen vor allem zur Herstellung tieferer Bohrungen. Tiefen vom 50- bis zum 200fachen Bohrerdurchmesser sind möglich. Je größer die Bohrtiefe, desto schwieriger werden die Bewältigung der Verdrehkräfte, die Kühlschmiermittel-Zufuhr und die Späneabfuhr. Das Werkzeug hat zu diesem Zweck meist einen mit innerer oder äußerer Kühlschmiermittel-Zufuhr gut gekühlten Hartmetall-Bohrkopf. Der Einlippentiefbohrer – der so heißt, weil er nur eine (lippenförmige) Schneide hat (2.75a) – hat eine innere Kühlmittelzuführung, beim Einrohrbohrer (2.75b) gelangt das Kühlschmiermittel innerhalb der Bohrung von außen an die Schneide. Der Späneabtransport erfolgt dafür durch das Werkzeuginnere.

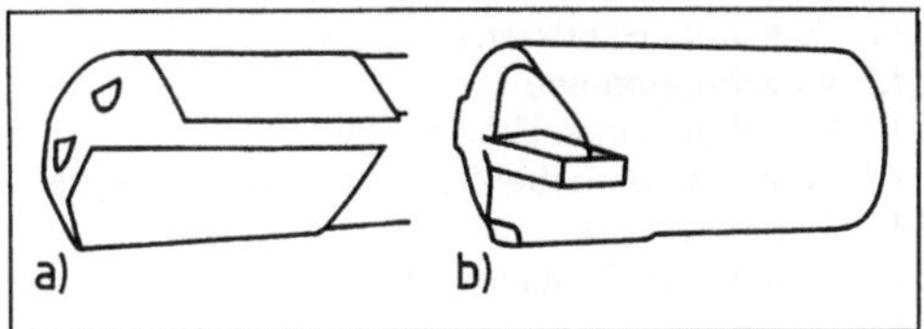

2.75   Hartmetall-Bohrköpfe von Tiefbohrern

   a) Einlippenbohrer, Kühlmittelzufuhr erfolgt
      von innen
   b) Einrohrbohrer, Kühlmittelzufuhr erfolgt
      von außen, Späneabfuhr innen durch das
      Werkzeug

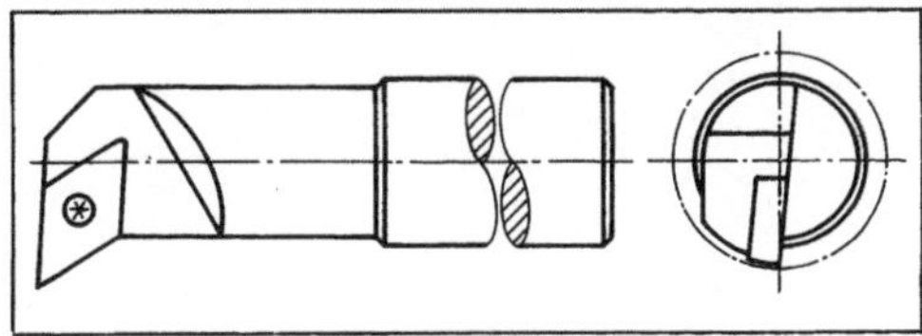

2.76   Bohrstange mit Wendeschneidplatte

Bohrstangen werden zur Feinbearbeitung vorgefertigter Bohrungen verwendet. Es gibt sie in kurzer (**2**.76 auf S.83) oder langer Ausführung mit verschiedener Schneidenanordnung. Meist sind sie mit Wendeschneidplatten bestückt. Lange Bohrstangen erfordern ein Gegenlager, damit sie nicht aus der Mitte laufen oder abknicken.

Bohrmaschinen. Daß man nicht nur mit reinen Bohrmaschinen, sondern auch z. B. mit Dreh- oder Fräsmaschinen bohren kann, wissen Sie bereits. Trotzdem gibt es – entsprechend der Vielzahl der Bohraufgaben – viele Bauarten und Varianten von Bohrmaschinen. Der Aufbau aller Bohrmaschinen ist grundsätzlich gleich: Sie spannen Werkzeug und Werkstück und liefern die für das Spanen notwendige Dreh- und Vorschubbewegung. Dazu brauchen sie wenigstens einen (meist elektrischen) Antriebsmotor. Bild **2**.77 zeigt eine Säulenbohrmaschine mit ihren Schalt- und Antriebselementen.

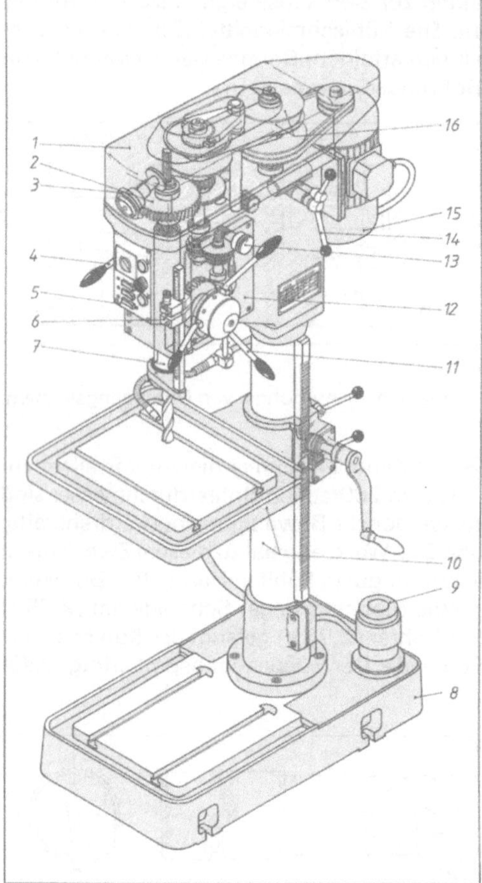

2.77
Schalt- und Antriebselemente einer Säulenbohrmaschine

1 Abdeckhaube
2 Vorschubantrieb
3 Drehzahlanzeige mit Reibantrieb
4 Verstellhebel für stufenloses Regelgetriebe
5 Schalttafel
6 Bohrtiefenanschlag
7 Bohrpinole mit Bohrspindel
8 Fußplatte
9 Kühlmittelpumpe
10 Säule und Bohrtisch mit Höhenverstellung
11 Vorschub-Handkreuz
12 Vorschubgetriebe
13 Vorschub-Einstellknopf
14 Schnellspannhebel für Motor und Keilriemen
15 Antriebsmotor
16 stufenloses Regelgetriebe

Die meistverbreiteten Bohrmaschinenbauarten sind die Tisch-, Säulen- und Ständerbohrmaschinen. Sie werden z. B. nach der erforderlichen Maschinenleistung, nach Platzbedarf oder Häufigkeit ihrer Verwendung ausgewählt. Sonderformen wie Radialbohrmaschinen, Reihenbohrmaschinen, Gelenkspindel-Bohrmaschinen oder (auch CNC-gesteuerte) Tiefbohrmaschinen setzt man für besondere Bohraufgaben in der Serienfertigung ein (**2**.78).

a)

b)

c)   d)

2.78   Besondere Bauarten von Bohrmaschinen

a) Radialbohrmaschine, b) Reihenbohrmaschine, c) Gelenkspindel-Bohrmaschine, d) CNC-gesteuerte Tiefbohrmaschine

2.3.2   Senken und Reiben

Senk- und Reibwerkzeuge haben verschiedene Bauformen, die ihrer Verwendung entsprechen (**2**.79).

Maschinen zum Senken und Reiben sind Bohr-, Dreh-, Fräsmaschinen oder moderne Bearbeitungszentren.

Kegelsenker

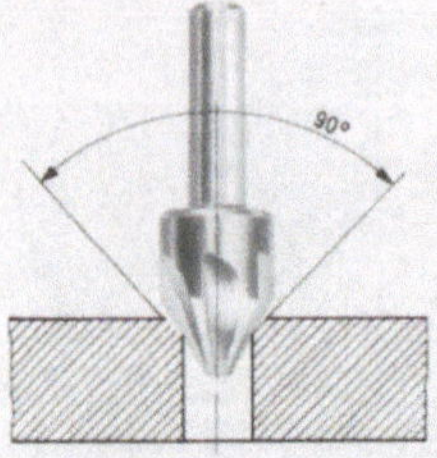
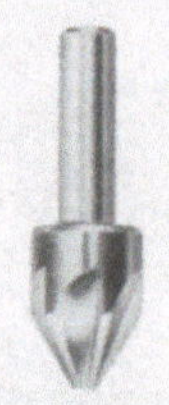
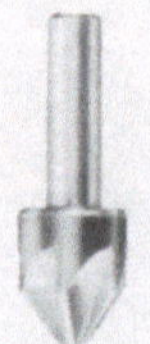

90°-Spitzenwinkel: Entgraten gebohrter oder gegossener Löcher

60°-Spitzenwinkel: Aussenkungen für Senkschraubenköpfe und Kernlöcher bei Innengewinden

75°-Spitzenwinkel: Aussenkungen für Senknietköpfe

120°-Spitzenwinkel: Aussenkungen für Blechnietköpfe

Wendelsenker mit 3 Spannuten

Flachsenker mit Führungszapfen (Zapfensenker)

Reibahlen

mit geraden Zähnen (Handreibahle mit Vierkantzapfen und Maschinenreibahle mit Kegelschaft)

mit wendelförmigen Zähnen (Handreibahle mit Vierkantzapfen, Linksdrall – rechtsschneidend)

Besondere Reibahlen

Verstellbare Reibahlen als Hand- und Maschinenreibahlen in verschiedenen Ausführungen. Sie haben auswechselbare Messer, eignen sich in einem bestimmten Bereich (z. B. 16 bis 18 mm) für verschiedene Durchmesser, können bei Verschleiß nachgeschliffen und eingestellt werden.

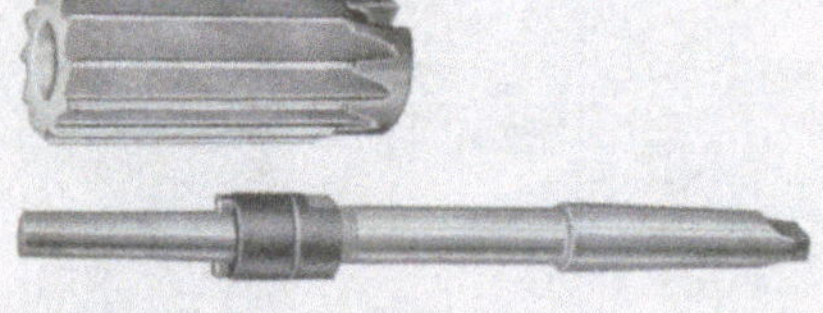

Aufsteckreibahlen lassen sich schnell auswechseln. Besonders bei großen Durchmessern ist die Teilung des Werkzeugs in Aufsteckkörper und Aufsteckhalter kostengünstig.

Schälreibahlen erlauben eine große Spanabnahme, besonders bei langspanenden Werkstoffen. Rechtsschneidende Schälreibahlen haben Linksdrall (45°).

Fertigreibahlen können vorgedrehte Kegelbohrungen aufreiben. Für anders vorbereitete Kegelbohrungen (z. B. durch abgestuftes Bohren) verwendet man Kegelreibahlensätze aus Vor- und Fertigreibahlen.

2.4 Fräsen

Das Fräsen ist dem Bohren artverwandt, bietet jedoch vielseitigere und umfassendere Bearbeitungsmöglichkeiten. Auf einer (Senkrecht-)Fräsmaschine können fast alle Bohr-, Senk- und Reibarbeiten ausgeführt werden, nicht aber Fräsarbeiten auf einer reinen Bohrmaschine. (Vergleichen Sie die Definition vom Bohren mit der des Fräsens.)

> **Fräsen** ist ein maschinell spanendes Verfahren mit kreisförmiger Schnittbewegung zum Bearbeiten ebener oder gekrümmter Innen- oder Außenflächen. Die Fräswerkzeuge (Fräser) sind mehrschneidig und haben geometrisch bestimmte Schneidenform.

Man unterscheidet zwischen Fräsarten und Fräsverfahren.

Fräsarten. Nach dem Fräswerkzeug und der Spindellage zur Schnittfläche gibt es Walz-, Stirn- und kombiniertes Walzstirnfräsen sowie Gegenlauf- und Gleichlauffräsen. Dazu eine kurze Zusammenfassung: Beim Gegenlauffräsen sind Schnitt- und Vorschubbewegung entgegengesetzt, beim Gleichlauffräsen gleichgerichtet (**2**.80). Gleichlauffräsen ergibt bessere Arbeitsergebnisse und mehrfache Werkzeugstandzeiten, setzt aber eine spielfreie Vorschubbewegung voraus. Beim Walzfräsen (Umfangsfräsen) liegt die Werkzeugachse (Schneiden am Umfang) parallel zur Schnittfläche. Stirnfräsen arbeiten mit stirnseitig angeordneten Schneiden, die Werkzeugachse liegt dabei rechtwinklig zur Schnittfläche. Beim Walzstirnfräsen (Umfangs-Stirnfräsen) hat das Werkzeug Schneiden am Umfang und auf der Stirnseite. Wie beim Stirnfräsen steht die Fräserachse senkrecht zur Schnittfläche, während der Vorschub in radialer Richtung erfolgt (parallel zur Werkzeugstirnfläche).

Fräsverfahren. Ähnlich wie beim Drehen unterteilt man die Fräsverfahren nach der Form der bearbeiteten Werkstück-Schnittfläche und der Vorschubbewegung des Werkzeugs (bzw. des Werkstücks) z. B. in:

- **Planfräsen:** Schnittfläche eben, Vorschubbewegung geradlinig (z. B. Walz- oder Stirnfräsen),
- **Rundfräsen:** Schnittfläche zylindrisch, Vorschubbewegung kreisförmig (z. B. Außen- oder Innen-Rundfräser),
- **Schraubfräsen:** Schnittfläche und Vorschub wendelförmig (z. B. Gewindefräsen),
- **Wälzfräsen:** Wälzbewegung zwischen Werkstück und Werkzeug (z. B. Zahnrad-Wälzfräsen),
- **Profilfräsen:** Schnittfläche entsteht als Gegenform des Werkzeug-Schneidenprofils, Vorschub geradlinig oder kreisförmig (z. B. Gerad- oder Rundprofilfräsen),
- **Formfräsen:** Schnittfläche erhält bestimmte Form durch (ein- oder mehrachsige) Vorschubsteuerung (z. B. durch Nachformfräsen über Schablonen oder Modelle).

2.4.1 Fräswerkzeuge und Fräsmaschinen

Mit den modernen CNC-Fräsmaschinen fährt man heute beträchtlich höhere Schnittgeschwindigkeiten (bei größeren Spanungsquerschnitten) als mit den herkömmlichen handbedienten. Die Investitionskosten (Kapital) sind bei fallenden Preisen für Elektronik-Bauteile stark zurückgegangen. Eine Computer-Steuerung kostet heute nur noch einen Bruchteil der Maschine selbst. Für die Serienfertigung kommen handbediente Maschinen daher kaum noch in Betracht. Ihr Verkauf ist in den letzten 10 Jahren so stark zurückgegangen, daß die Marktanteile der z. B. im Jahr 1986 (im Inland) verkauften neuen CNC-Fräsmaschinen schon fast 90% betrugen. Dieser Entwicklung trägt man sowohl bei der Maschinen- als auch der Werkzeugkonstruktion Rechnung.

Werkzeuge. Fräswerkzeuge gibt es als HSS-Ausführung oder mit Hartmetall- oder Schneid-keramik-Wendelschneidplatten bestückt. Ihre Formen zeigt Tabelle **2**.80.

Tabelle **2**.80   **Fräserformen**

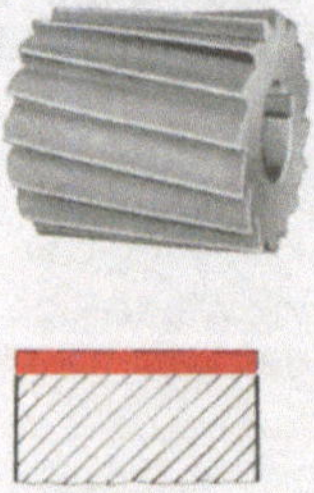 Walzenfräser (DIN 884) für ebene Flächen	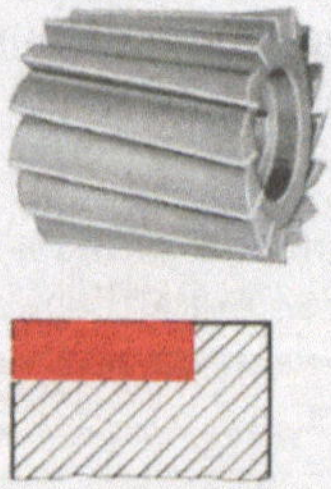 Walzenstirnfräser (z. B. DIN 841) für Stirnflächen	 Scheibenfräser (z. B. DIN 885 B) für breite Nuten	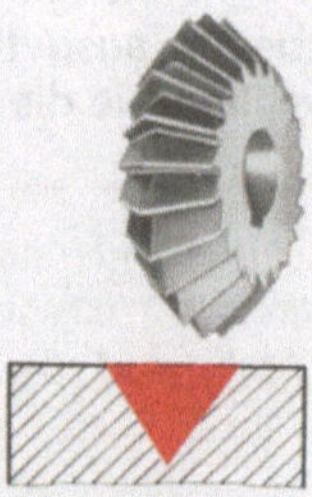 Prismenfräser (DIN 847) für prismatische Führungen
 Winkelstirnfräser (DIN 842) für prismatische Führungen	 Konkaver Halbkreis-formfräser (DIN 855) hinterdreht für Halb-kreis-Außenformen	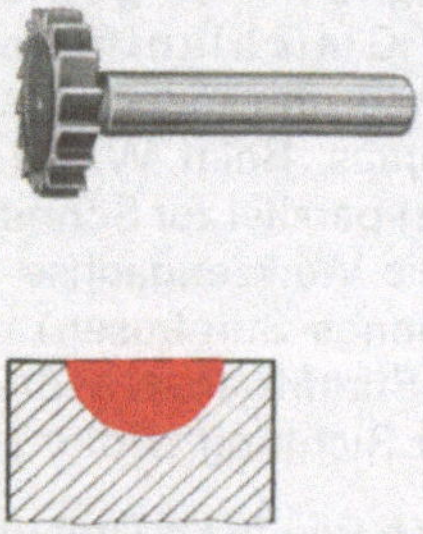 Schlitzfräser für Schei-benfedernuten (z. B. DIN 850 A) für Schei-benfedern DIN 6888	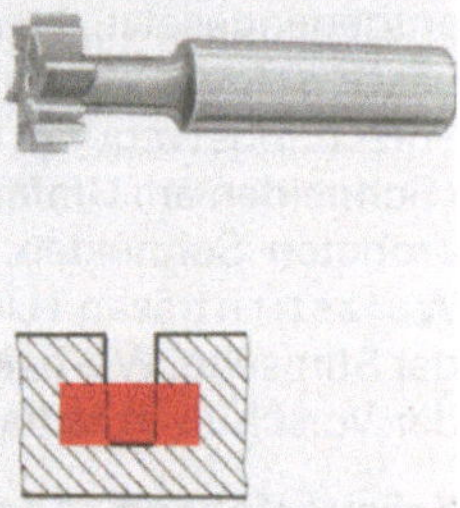 Schaftfräser für T-Nuten (z. B. DIN 851 A) für T-Nuten DIN 650

Wendeschneidplatten (aus Hartmetall HM oder Schneidkeramik OK, s. Abschn. 2.1.6) werden in der Regel geklemmt bzw. aufgeschraubt. Bild **2**.81 zeigt das Einsetzen und Einstel-len einer HM-Wendeschneidplatte in den Werkzeugkörper eines Messerkopfes. Die unver-rückbare Grundeinstellung der Wendeschneidplatte erfolgt über einen Anschlag mit Nase (**2**.81 a). Mit einem Spannkeil wird sie gegen eine Dreipunktanlage angezogen (**2**.81 b). Mögliche Rund- und Planlaufabweichungen können nun bei gleichzeitigem Prüfen feinein-gestellt werden (**2**.81 c und d).

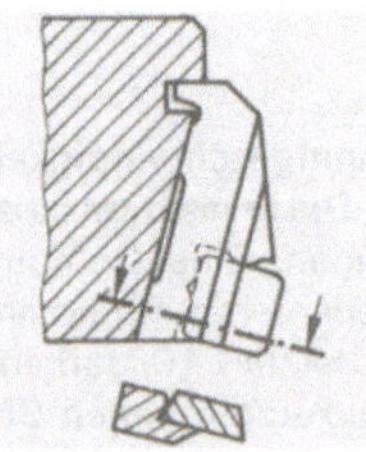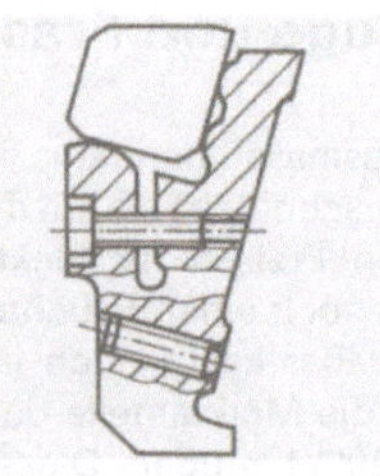

2.81   Befestigen und Justieren einer Wendeschneidplatte

Bis auf die reinen Formfräser (die an- bzw. nachgeschliffen werden müssen) sind alle Fräs-
werkzeug-Formen mit HM- oder OK-Schneidplatten erhältlich (**2**.82).

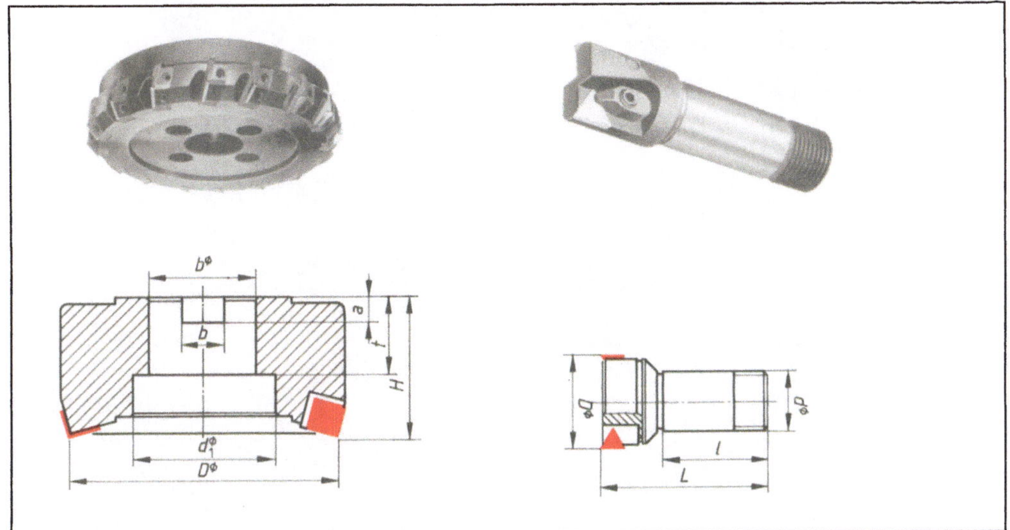

2.82 Fräswerkzeuge mit Wendeschneidplatten (Hartmetall HM oder Schneidkeramik OK)

Hartmetall- oder Schneidkeramik-bestückte Fräswerkzeuge lassen hohe Schnittgeschwindigkeiten und Schnittleistungen zu.

Wendeschneidplatten werden geklemmt (geschraubt) und nicht nachgeschliffen, sondern gewendet bzw. ausgewechselt.

Fräsmaschinenarten. Hier gibt es drei Bauarten: Konsol-, Portal- und Sonderfräsmaschinen. Alle drei werden z. B. als handbediente oder CNC-Maschinen ausgeführt.

Konsolfräsmaschinen haben ihren Namen von einem (an der Gestellvorderseite geführten)
höhenverstellbaren Winkeltisch (Konsole). Sie werden nach ihrer Spindellage als Waage-
recht-, Senkrecht-, Universal- oder Universal-Werkzeugfräsmaschinen ausgeführt.
Waagerechtfräsmaschinen erkennt man an der waagerecht arbeitenden Frässpindel und
dem höhenverstellbaren Winkeltisch (2.83a auf S.90). Bei den Senkrechtfräsmaschinen
arbeitet die Arbeitsspindel (Grundeinstellung) in senkrechter Lage, bildet also einen rechten
Winkel mit dem Winkeltisch (2.83b). Ihr Fräskopf kann meist mittels einer Winkelskale
schräg eingestellt werden. Universalfräsmaschinen (2.83c) sind, wie der Name sagt, universal einsetzbar. Das zeigt sich darin, daß sie zwei Arbeitsspindeln enthalten und somit
wahlweise (nach einem kurzen Umbau) mit senkrechter oder waagerechter Frässpindel betrieben werden können. Der Maschinentisch ist (wenigstens) horizontal nach links oder
nach rechts schwenkbar. Die Universal-Werkzeugfräsmaschinen (2.83d) sind noch viel-
seitiger ausgerüstet. Sie enthalten neben waagerechter und senkrechter Arbeitsspindel z.B.
in allen Richtungen dreh- und schwenkbare (Rechteck- oder Rund-)Aufspanntische, die
praktisch (von der Lage her) jede Werkstückbearbeitung ermöglichen.

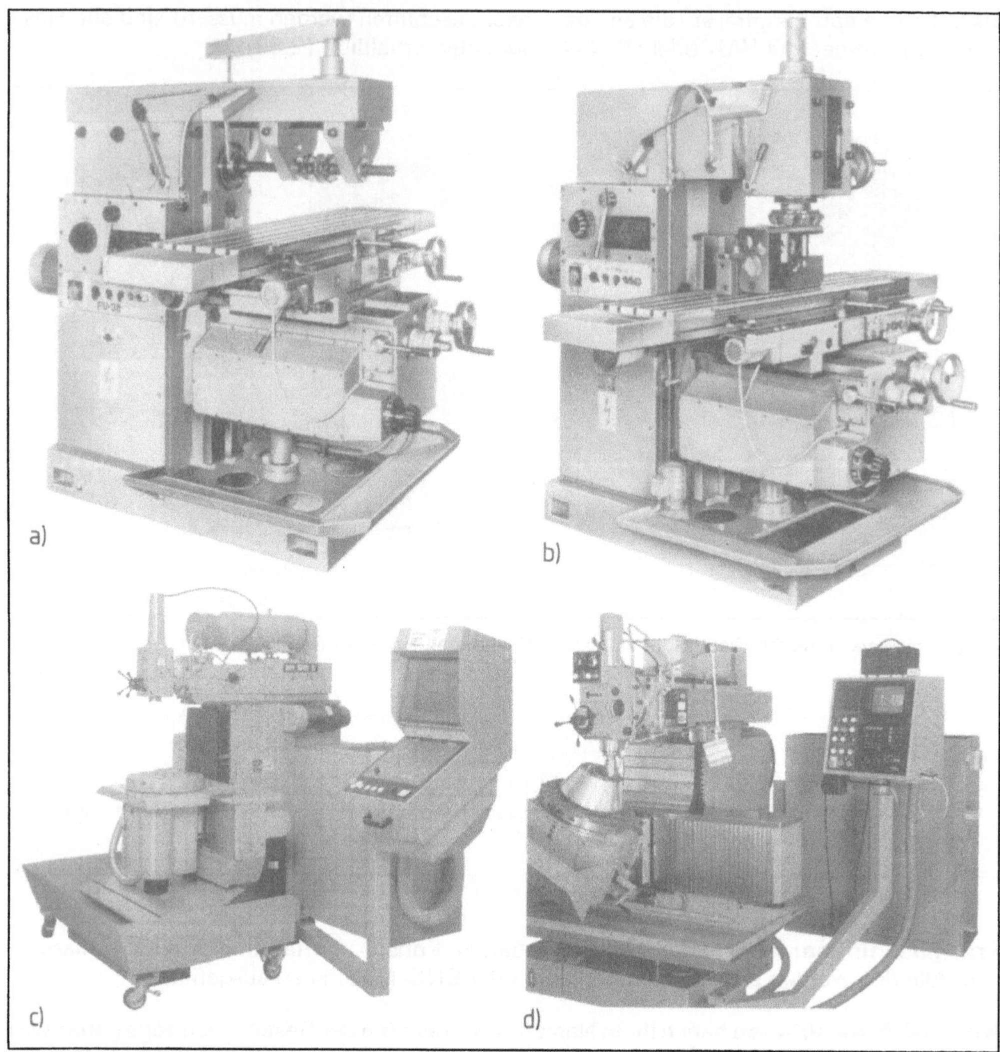

2.83 Konsolfräsmaschinen

    a) Waagerechtfräsmaschine
    b) Senkrechtfräsmaschine
    c) Universalfräsmaschine (CNC-gesteuert)
    d) Universal-Werkzeugfräsmaschine (CNC-gesteuert)

Portalfräsmaschinen sind eine Sonderform der Senkrechtfräsmaschinen. Sie haben (ähnlich wie die Hobelmaschinen) einen längsbeweglichen Tisch, der nicht in seiner Höhe verstellt werden kann. Auf ihnen werden lange und schwere Werkstücke bearbeitet. Man nennt sie Portalfräsmaschinen, weil ihre zwei Ständer den Tisch (und damit das Werkstück) wie ein Portal umgeben. Bild **2.**84 zeigt eine solche Maschine mit zusätzlichem Modelltisch für die Bearbeitung schwerer Zieh- oder Preßwerkzeuge (z. B. für die Automobil- oder Flugzeugindustrie), eingesetzt als Nachformfräsmaschine.

2.84   Portalfräsmaschine mit Kopiereinrichtung

2.85   Nachformfräsmaschine mit Rund-Nachformfräseinrichtung

Sonderfräsmaschinen sind z. B. Nachformfräsmaschinen (Kopierfräsmaschinen), Wälzfräsmaschinen oder Bearbeitungszentren.

Nachformfräsmaschinen tasten mit besonderen Vorrichtungen (wie die Nachformdrehmaschinen)
Schablonen oder Modelle ab (vgl. **2.84**). Mit dem genau nachgeführten Fräswerkzeug (automatisches
Pendel- oder Umrißfräsen) fertigen sie eine Kopie des abgetasteten Profils oder Modells. In Verbindung
mit einer Rund-Nachformfräseinrichtung, wobei Modell und Werkstück während des Abtastens auch
noch gedreht werden, lassen sich beliebige (auch umlaufende) Konturen fräsen (**2.85**).

Wälzfräsmaschinen dienen z. B. zum Verzahnen von Gerad- und Schrägstirn-Zahnrädern (**2.86**). Sie
heißen so, weil sich das Fräswerkzeug in der zu fräsenden Werkstückverzahnung abwälzt. (Schnitt- und
Vorschubbewegungen erfolgen dabei wie in Bild **2.86**c dargestellt.)

a)   b)   c)

2.86   Wälzfräsmaschine zur Zahnradherstellung
   a) Arbeitsraum der Maschine
   b) Fräser (links) im Eingriff
   c) Schnitt- und Vorschubbewegungen

Bearbeitungszentren sind die vielseitigsten Sondermaschinen. Sie werden ein- oder mehrspindelig
und in verschiedenen Baugrößen und Bauarten für kleine, mittlere oder große Frästeile ausgeführt, z. B.
als Langteile- und Kurven-Bearbeitungszentrum (**2.87**). Sie können aus mehreren verschiedenen (in
einer Maschine zusammengefaßten) Fertigungseinheiten bestehen, z. B. Bohr-, Fräs- oder Schleifeinrich-
tungen. Die Werkzeugauswahl geschieht meist automatisch, z. B. über Revolver- oder Trommelwerkzeugspeicher oder unter Verwendung von Werkzeugwechselsystemen. Bild **2.88** zeigt zwei Bearbeitungsbei-
spiele.

a)   b)

2.87 Bearbeitungszentrum mit zwei Spannstationen, eingerichtet zum Pendelfräsen

2.88 Arbeitsbeispiele auf einem Langteil- und Kurven-Bearbeitungszentrum
a) Fräsen einer Schaltkurve mit Mittenauswanderung
b) Schleifen eines Vierfachnockens für eine Textilmaschine

2.4.2 Funktionsgruppen der Fräsmaschinen

Die vier Funktionsgruppen Maschinengestell, Antrieb, Werkzeug- und Werkstückaufnahme finden Sie bei allen Werkzeugmaschinen wieder.

Auch die Fräsmaschinen müssen möglichst starr, schwingungsarm und verwindungsunempfindlich aufgebaut sein. Das führt zu großen Massen beim Bau der Maschinen.

Das Maschinengestell ist der Maschinenleistung entsprechend massiv und schwingungsdämpfend ausgeführt (meist Graugußgestell, neuerdings zum Teil auch mit betonähnlicher Vergußmasse gefüllte Hohlprofile). Die Führungen müssen wartungs- und verschleißarm sein; meist sind sie geschliffen. Nach der erwarteten Arbeitsgenauigkeit (in der Größenordnung von Hundertstel mm) ist der dafür betriebene konstruktive Aufwand – vor allem bei den computergesteuerten Fräsmaschinen – teilweise sehr groß.

Der Antrieb von Spindel und Achsschlitten erfolgt bei den meisten Maschinen elektrisch. (Sehr schwere Maschinentische werden hydraulisch angetrieben, s. Abschn. 5.3.2.) Soll etwa die Drehfrequenz (Drehzahl) der Arbeitsspindel oder Achsvorschübe stufenlos regelbar sein, verwendet man statt stufenloser Getriebe z. B. Gleichstrommotoren. Sie haben den Vorteil, daß sie sogar unter Last (im Schnitt) regelbar sind. Dies bedeutet, daß z. B. eine von einem Gleichstrommotor angetriebene Arbeitsspindel unter wechselnden Lastverhältnissen eine gleichbleibende Schnittgeschwindigkeit ermöglicht (s. Abschn. 5.1 und 5.6).

Fräsmaschinen, bei denen das Spiel der Achsschlittenantriebe sehr gering sein muß (z. B. bei den Nachform- oder allen modernen CNC-Fräsmaschinen), rüstet man in allen Achsen mit besonders sorgfältig gelagerten (nachstellbaren) Spindeln aus, den Kugelrollspindeln (**2.89**). Ihre Vorteile sind eine rollende Reibung (geringe Reibverluste), geringer Verschleiß und die Möglichkeit großer Vorspannkräfte.

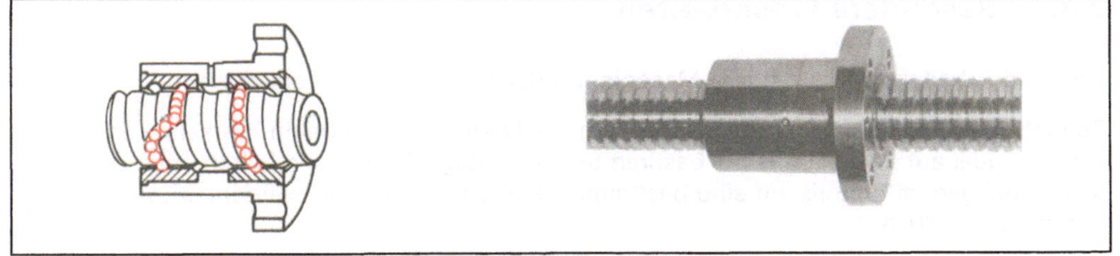

2.89 Kugelrollspindel mit einstellbarer Doppelmutter

Die Werkzeugaufnahme ist mit der Übertragung der Spindeldrehbewegung verbunden. Dies geschieht vom Wirkprinzip her durch Kraftschluß-(Reibung) oder Formschluß-Spannung. Formschluß (z. B. mit Nut und Paßfeder bei Walzfräsern) ist die sicherste Verdrehsicherung, läßt sich jedoch nicht immer durchführen. Werkzeuge mit Morsekegelschaft spannt man unmittelbar in der Arbeitsspindel. Hydraulische Spannvorrichtungen bringen dabei die nötige Anzugskraft am sichersten. Andere Spannmöglichkeiten sind z. B. Aufnahme mit kurzem oder langem Kombi-Fräsdorn (bei Aufsteckfräsern; die lange Ausführung erfordert ein Gegenlager, 2.90) oder die Verwendung von kegeligen Einsatzhülsen (Spannhülsen) bei Werkzeugen mit zylindrischem Schaft.

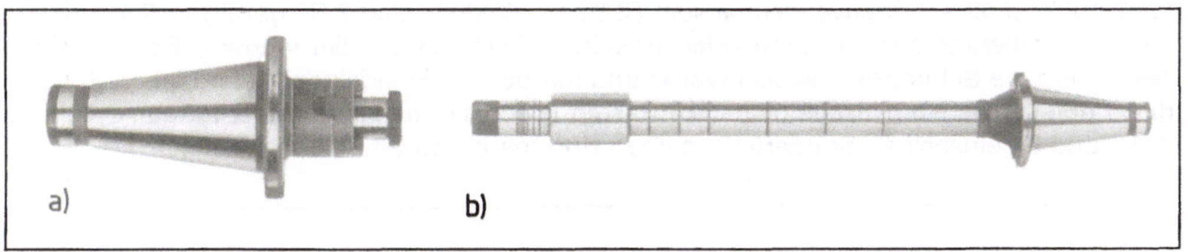

2.90 Kombi-Fräsdorn
   a) kurze Ausführung (DIN 6361), b) lange Ausführung (DIN 6354)

Zur Werkstückaufnahme dient bei kleinen Teilen meist ein hydraulisch spannender Maschinenschraubstock (2.91). Größere Teile werden bei mechanischer Spannung unmittelbar auf dem Maschinentisch (z. B. unter Verwendung von T-Nutenschrauben, Spanneisen, Treppenböcken) gespannt. Auch Dreibackenfutter mit Spannplatte oder winkelgenau einstellbare Teil- und Drehtische dienen zur mechanischen Werkstückspannung (2.92). Bei besonderen Vorrichtungen können die Werkstücke auch pneumatisch oder hydraulisch gespannt werden.

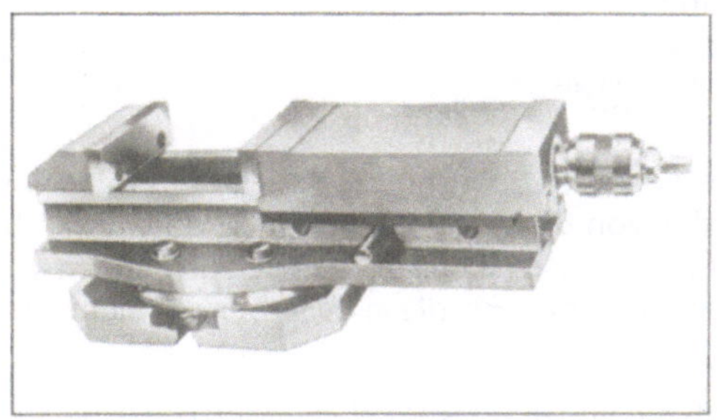

2.91 Maschinenschraubstock

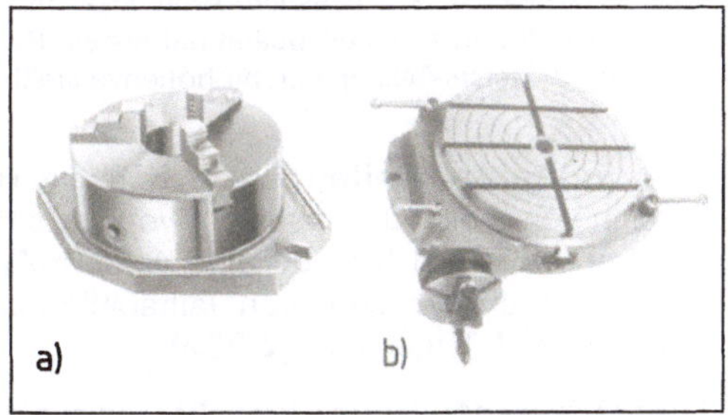

2.92 Besondere Spannmittel (mechanisch)
   a) Dreibackenfutter mit Spannplatte
   b) Teil- und Drehtisch

2.4.3 Besondere Fräsarbeiten

Das sind Arbeiten, die besondere Maschinen oder Vorrichtungen voraussetzen.

Teilarbeiten. Beim Fräsen von Zahnrädern, Keilwellen oder anderen Werkstücken, die am Umfang oder auf ihrer Stirnfläche bestimmte regelmäßige Teilungen erhalten, muß das Werkstück nach jedem Schnitt um eine bestimmte Teildrehung verstellt werden. Diesen Vorgang nennt man Teilen.

Direktes Teilen. Bei Vierkanten ist das vergleichsweise einfach, da der Verstellwinkel genau 90° (also ¼ einer Werkstück-Umdrehung) beträgt. Hier würde also eine Rastenscheibe (mit einer durch vier teilbaren Rasten- oder Lochzahl, z. B. 24) ausreichen. Für einen 90°-Winkel müßte man jeweils um 6 Rasten weiterstellen. Diese Art der Teilung erfolgt direkt (ohne ein Getriebe = direktes Teilen). Das ist aber nicht immer so einfach wie bei Vierkanten. Für beliebige Teilarbeiten verwendet man daher z. B. Universalteilapparate.

Halbuniversal- und Universal-Teilapparate sind Teilapparate mit Lochscheiben und Getriebe (Schnecke mit Schneckenrad, Übersetzungsverhältnis $i = 1:40$). Sie eignen sich für waagerechte Teilarbeiten (an zylindrischen und konischen Teilen zwischen Spitzen (**2.93**). Zur Aufspannung des Werkstücks dient zusätzlich ein (fester oder verstellbarer) Reitstock. Für zylindrische Teile reicht der feste Reitstock (**2.93 a**) aus, für (stark) kegelige Werkstücke muß er höhenverstellbar sein (**2.93 b**). Beide in Bild **2.93** gezeigten Teilapparate können wahlweise zum direkten oder indirekten Teilen verwendet werden. Beim direkten Teilen wird die Schnecke ausgeschwenkt und mit der am Spindelkopf befindlichen Scheibe direkt geteilt. Die Normalscheibe hat 24 Rasten (Löcher) und ist für die Teilungen 2, 3, 4, 6, 8, 12 und 24 einsetzbar. Sonderteilscheiben sind mit bis zu 36 Rasten erhältlich.

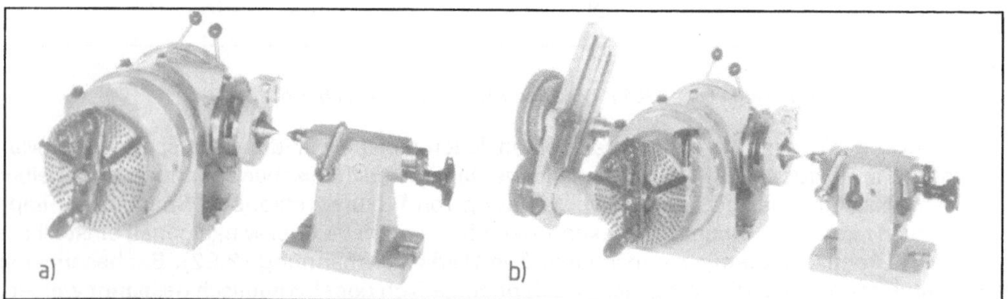

2.93 Teilapparate für Waagerechtteilen zwischen Spitzen
   a) Halbuniversal-Teilapparat mit festem Reitstock
   b) Universal-Teilapparat mit höhenverstellbarem Reitstock

Zum indirekten Teilen lassen sich mit Hilfe von drei Lochscheiben 175 Teilzahlen im Bereich von 2 bis 400 einstellen: Von 2 bis 66 alle, von 68 bis 126 die durch 2 oder durch 5 teilbaren, von 126 bis 400 eine weitere Anzahl, die man (ohne es selbst ausrechnen zu müssen) in einer besonderen Teiltabelle nachsehen kann. Für diese Teilarbeiten reicht der Halbuniversal-Teilapparat (**2.93 a**).

Zum Differentialteilen braucht man zusätzlich ein angebautes Wechselräder-Getriebe. So lassen sich alle Teilungen von 2 bis 400 unter Verwendung auswechselbarer Wechselräder einstellen. Die erweiterte Ausführung ist (uneingeschränkt) universal und heißt daher Universal-Teilapparat (**2.93 b**).

94

Direktes Teilen ohne Verwendung von Getrieben mit einer Rastenscheibe. Hiermit sind alle Teilungen durchzuführen, die als Vielfaches in der Rastenzahl (24) enthalten sind.

Indirektes Teilen mit (3) auswechselbaren Lochscheiben und einem Schneckengetriebe (Übersetzung 1 : 40). Mit dem Halb-Universal-Teilapparat sind nicht alle Teilungen im Bereich von 2 bis 400 möglich.

Differentialteilen erfordert ein zusätzliches Wechselräder-Getriebe. Auf diese Weise sind alle Teilungen von 2 bis 400 einstellbar (Universal-Teilapparat).

2.5 Hobeln, Stoßen und Räumen

Hobeln, Stoßen und Räumen haben einige Gemeinsamkeiten, z. B. das Prinzip der maschinellen Zerspanung während eines Arbeitshubs oder die geradlinige Schnittbewegung. Deshalb besprechen wir die drei Verfahren in einem gemeinsamen Abschnitt.

2.5.1 Hobeln und Stoßen

Wir erinnern uns an die in der Grundstufe gefundene Definition für die beiden Arbeitsverfahren (2.94).

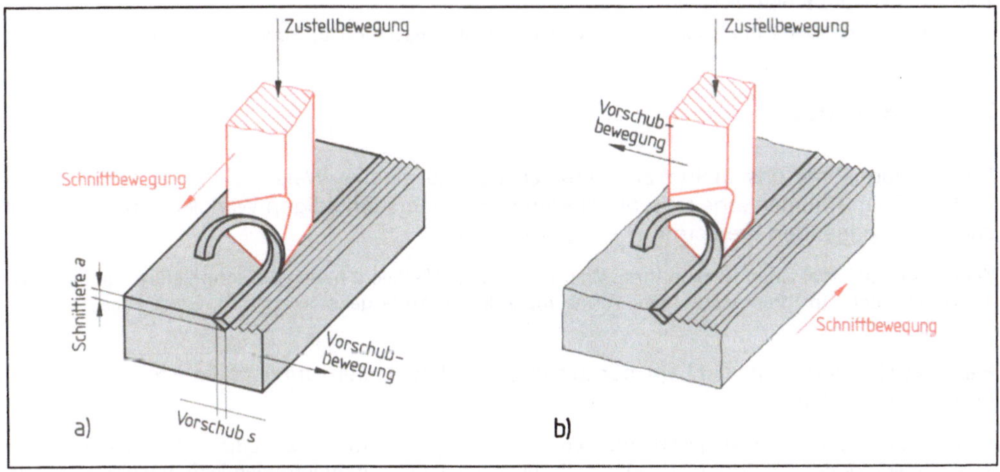

2.94 Hobeln und Stoßen

   a) Stoßen (Waagerechtstoßen)
      kleinere Bearbeitungslänge
      kleine und mittlere Werkstücke

   b) Hobeln
      größere Bearbeitungslänge
      größere und schwerere Werkstücke

Beim Hobeln und Stoßen werden ebene oder gekrümmte Flächen durch einschneidige Werkzeuge (Meißel) maschinell spanend bearbeitet. Die Schnittbewegung ist geradlinig unterbrochen (Arbeitshub und anschließender Leerhub). Beim Hobeln wird sie vom Werkstück, beim Stoßen von Werkzeug ausgeführt.

Die beiden Verfahren unterscheiden sich hauptsächlich in der Zuordnung der Bewegungen (s. Abschn. 2.1, Relativbewegungen). Für die Betrachtung der Vorgänge am Schneidenpunkt ist dies unwichtig, nicht aber für die Konstruktion der Maschinen. Denn aus den tatsächlichen Bewegungsabläufen sowie den unterschiedlichen Abmessungen und Massen der Werkstücke ergeben sich zwangsweise unterschiedliche Maschinen mit verschiedenartigen Antrieben (**2.95**, s. a. Abschn. 5.3.6, Bild **5.28** und **5.29**).

a)　　　　　　　　　　　b)　　　　　　　　　　　c)

2.95　Hobel- und Stoßmaschinen

　　a) Zweiständer-Hobelmaschine, b) Waagerechtstoßmaschine, c) Senkrechtstoßmaschine

2.5.2　Räumen

Die Spanabnahme geschieht beim Räumen auf die gleiche Weise wie beim Hobeln oder Stoßen. Beim Räumen arbeitet man allerdings mit mehrschneidigen Werkzeugen und nimmt den zu zerspanenden Werkstoff in **einem** Hub ab.

Werfen Sie doch mal einen Blick in Ihren Werkzeugkasten. Vielleicht haben Sie schon einmal gefragt, wie die Durchbrüche in Ihren Maul- oder Ringschlüsseln zustande gekommen sind. Ganz einfach: Durch Räumen.

Räumverfahren. Nach der Lage der zu bearbeitenden Flächen unterscheidet man das Innen- und Außenräumen:

Beim Innenräumen werden die Wandungen von Bohrungen bearbeitet. Zur Einarbeitung von Keilnuten in Naben erfolgt das **einseitig**, für eine Vielzahl beliebiger Durchbruchformen jedoch meist **allseitig** (**2.96**).

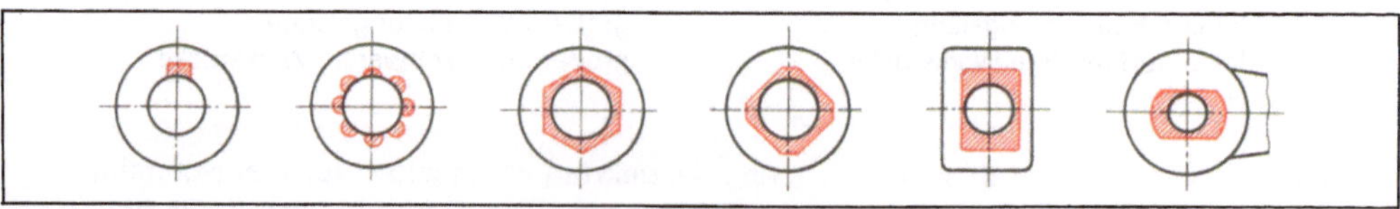

2.96　Formen beim Innenräumen (Räumlöcher)

Das Außenräumen wird verwendet, wenn man mit dem Werkzeug von außen an die zu bearbeitende Werkstückfläche herankommt. Es dient zur Fertigung vielfältiger Werkstückformen (**2.97**).

96

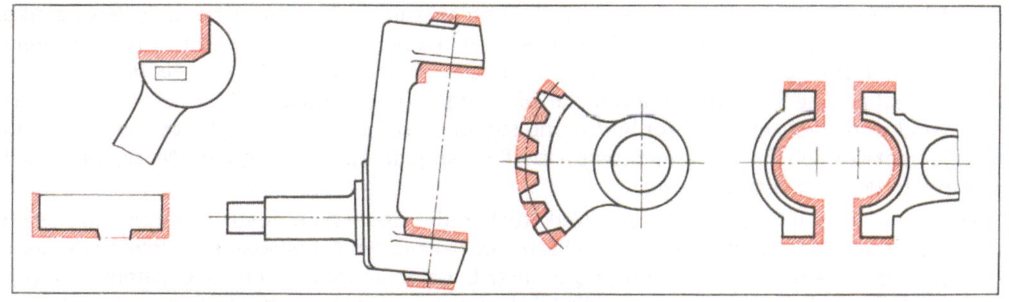

2.97   Formen beim Außenräumen

Wirk- und Schnittbewegung. Das Werkzeug wird wie beim Stoßen geradlinig geführt. Beim Herstellen z. B. von Wendelnuten in Bohrungen oder an Außenflächen kommt eine gleichzeitige Drehbewegung dazu. Das Werkstück wird dabei auf einen drehbaren Tisch gespannt und der Wendel entsprechend gedreht. Beim Räumen ist nur die Schnittbewegung nötig, der Vorschub wird durch die ansteigenden Schneidzähne ersetzt (**2.98**). Daher ist die Schnittbewegung gleichzeitig die Wirkbewegung.

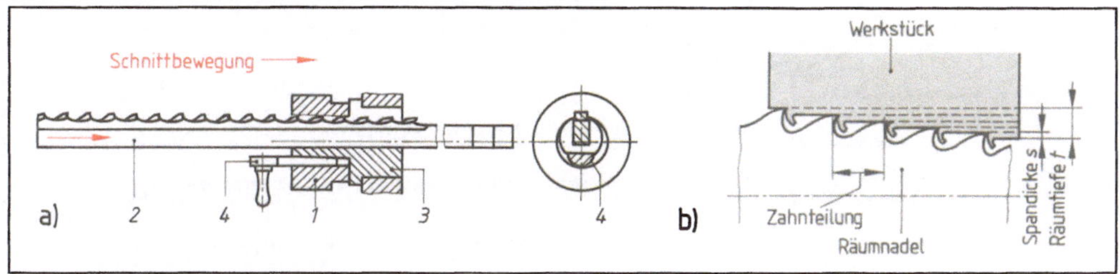

2.98   Räumen einer Keilnut

  a) Räumvorgang, b) Spanen mit ansteigenden Zähnen

  1 Werkstück   *2* Räumnadel   *3* Dorn   *4* Keil

Werkzeuge und Räumarbeiten. Beim Innenräumen von Bohrungen (die bereits vorhanden sein müssen) verwendet man stangenförmige Räumwerkzeuge, die mit ihrem Einführungsteil in die Bohrung hineinpassen (**2.99**). Zum Außenräumen nimmt man weniger bruchempfindliche, plattenförmige Räumwerkzeuge.

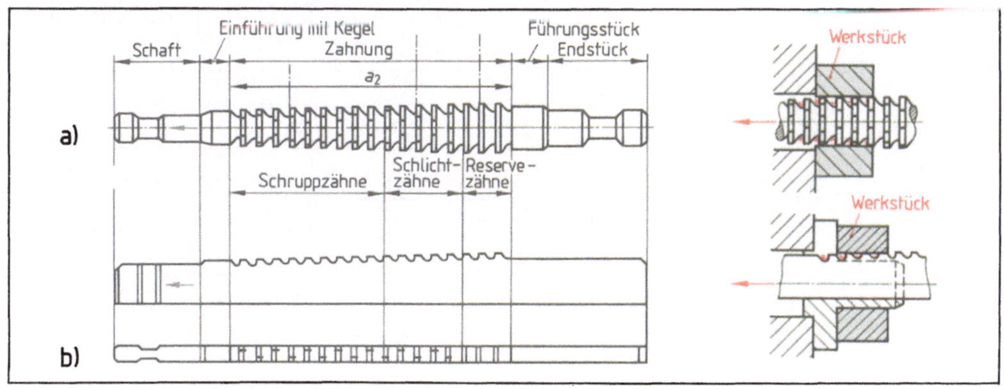

2.99   Aufbau der Innenräumwerkzeuge

  a) allseitiges Räumen einer Innenform, b) einseitiges Räumen einer Nut

Die Werkzeug-Schneidzähne steigen vom Anfang bis zum Ende entsprechend der Spanstärke stufenförmig an. Die zu bearbeitende Fläche wird in einem Arbeitsgang (Hub) fertiggestellt, d. h., geschruppt, geschlichtet und geglättet. Die größte Materialabnahme bewirken die Schruppzähne. Die Schlichtzähne erstellen die endgültige Form, die als Kalibrierzähne wirkenden (und zum Nachschleifen zur Verfügung stehenden) Reservezähne glätten nur noch und sind verantwortlich für die erreichbare Oberflächenqualität. Die mögliche Maßgenauigkeit entspricht der einer Feinpassung.

Beim Innenräumen braucht man das Werkstück in der Regel nicht festzuspannen, da es sich selbst zentriert. Man kann auch mehrere Werkstücke in einem Arbeitsgang zusammen räumen. Dazu werden sie mit einer Vorrichtung in ihrer Lage zueinander fixiert und gemeinsam gespannt. Beim Außenräumen müssen die Werkstücke in einer Vorrichtung fest gespannt werden. Das Werkzeug wird nun von außen an den zu bearbeitenden Flächen entlanggeführt.

Werkzeuge zum Innenräumen heißen wegen ihrer Form auch **Räumnadeln** (**2**.100). Mit ihrem Schaft werden sie im Futter des Ziehschlittens einer Räummaschine gespannt. Ihre Länge ergibt sich aus der Anzahl der notwendigen Schrupp-, Schlicht- und Kalibrierzähne.

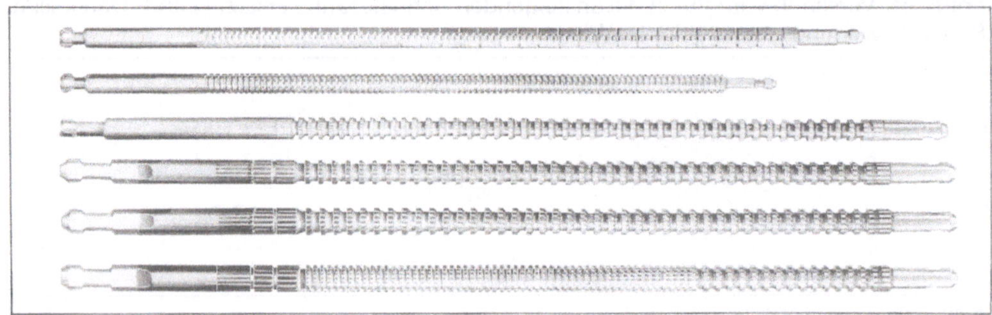

2.100   Räumnadeln

Werkzeuge zum Außenräumen sind für kleine Werkstücke und Flächen meist einteilig und werden wie die Räumnadeln durch eine Vorlage gezogen (**2**.101). Bei größeren und

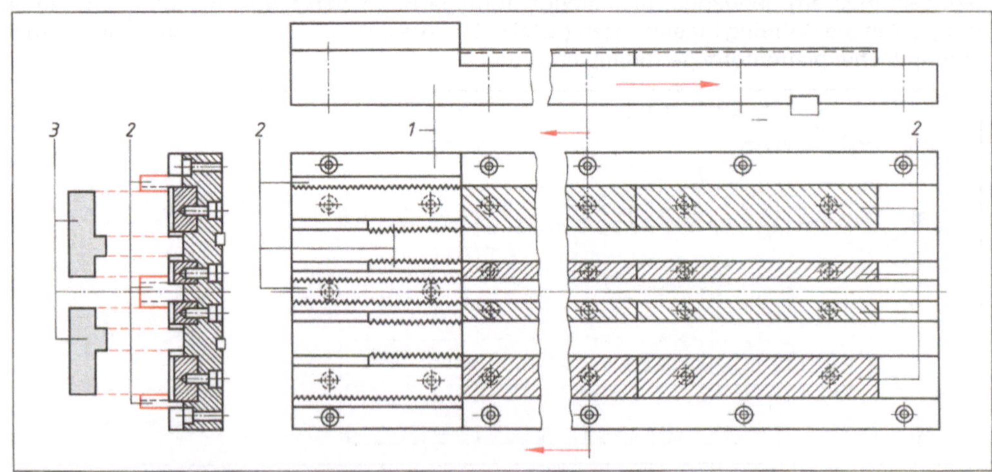

2.101   Außenräumwerkzeug, Aufbau
   1 Werkzeughalter   *2* Räumeinsätze   *3* geräumte Werkstücke

98

profilierten Flächen baut man die Räumwerkzeuge aus einzelnen Räumeinsätzen zusammen, die an einem besonderen Werkzeugträger befestigt werden. Bei großen Längen unterteilt man sie in einzelne Schrupp-, Schlicht-, Schabe- und Glätteabschnitte. Das hat den Vorteil, daß man die stärker verschleißenden Teile (z. B. die Schruppteile) zum Nachschleifen oder Erneuern unabhängig von den anderen auswechseln kann.

Räumen ist ein maschinelles Spanen mit Schrupp-, Schlicht- und Kalibrierzähnen (Reservezähnen). Sie sind beim Innenräumen auf einem stangenförmigen, beim Außenräumen auf einem plattenförmigen Räumwerkzeug hintereinander angeordnet. Die Fertigbearbeitung erfolgt in einem Arbeitsgang (Hub).

Räummaschinen sind, abgesehen von ihren Steuermechanismen, verhältnismäßig einfach aufgebaut. Die ältesten Maschinen sind die Waagerecht-Räummaschinen, die im Aufbau äußerlich den Stoß- oder Hobelmaschinen ähneln. Sie verlangen viel Platz, da die langen Werkzeuge vor und hinter das Werkstück bewegt werden. Deshalb werden sie immer weniger eingesetzt. Senkrecht-Räummaschinen sind dagegen platzsparend (**2.**102). Angetrieben werden Räummaschinen wegen des großen und erschütterungsfreien Kraftbedarfs meist hydraulisch.

Wirtschaftlichkeit. Während das Innenräumen in seiner Wirtschaftlichkeit durch kein anderes Verfahren zu übertreffen ist, steht das Außenräumen „in Konkurrenz" zum Fräsen oder Stoßen. Diesen Verfahren gegenüber hat es allerdings die einfachere Fertigung in nur einem Arbeitsgang und kürzere Bearbeitungszeiten voraus.

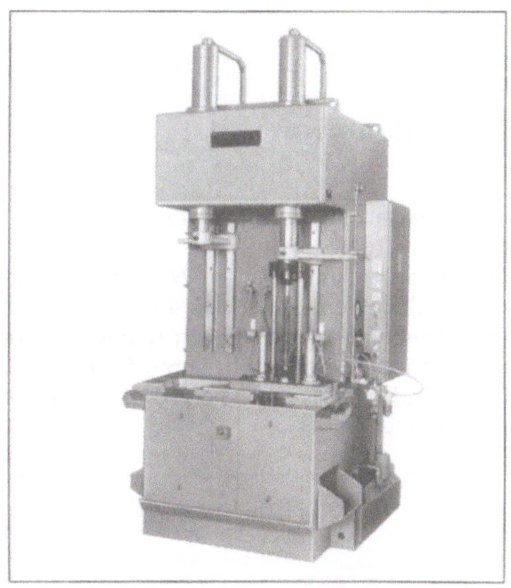

2.102 Einständer-Senkrecht-Räummaschine

---

1. Was versteht man unter Bohren, Senken und Reiben?

2. Warum verwendet man Hartmetallschneiden für die Bohrwerkzeuge? Wie werden diese befestigt?

3. Welche Arten von Bohrern kennen Sie? Wie kann man das Kühlschmiermittel zuführen?

4. Wozu dienen Tiefbohrer, welche Ausführungen kennen Sie?

5. Wozu verwendet man Bohrstangen?

6. Nennen und erläutern Sie die in Bild **2.**78 gezeigten Bohrmaschinenarten.

7. Welche Maschinen verwendet man zum Senken und Reiben?

8. Erklären Sie den Begriff Fräsen.

9. Welche Fräsarten gibt es? Nach welchen Kriterien unterscheidet man sie?

10. Nennen und erläutern Sie die verschiedenen Fräsverfahren.

11. Warum stellt man heute weit höhere Ansprüche an Werkzeuge und Maschinen als vor 15 bis 20 Jahren?

12. Was sind Wendeschneidplatten? Wozu werden sie verwendet? Warum werden sie nicht angeschliffen?

13. Welche Vorteile haben Wendeschneidplatten gegenüber HSS-Werkzeugen? Was bedeuten die Abkürzungen HM und OK?

14. Wie werden Wendeschneidplatten befestigt?

15. Nennen Sie die drei Bauarten von Fräsmaschinen.

16. Wodurch unterscheiden sich die verschiedenen Konsolfräsmaschinen-Arten? Geben Sie Erläuterungen.

17. Was sind Nachform-Fräsmaschinen, was Wälzfräsmaschinen? Was sind Bearbeitungszentren?

18. Aus welchen Funktionsgruppen bestehen die Werkzeugmaschinen? Geben Sie Erläuterungen zu den Funktionsgruppen der Fräsmaschinen.

19. Was versteht man unter dem direkten Teilen?

20. Was ist indirektes Teilen?

21. Wozu braucht man beim Differentialteilen Wechselräder?

22. Was ist Hobeln, was ist Stoßen?

23. Was versteht man unter Räumen?

24. Welche Unterschiede bestehen zwischen dem Innen- und Außenräumen (Verfahren, Profile, Werkzeuge)?

25. Welche Vorteile haben die Senkrecht-Räummaschinen gegenüber der Waagerecht-Bauweise?

2.6 Schleifen

Im Gegensatz zu den bisher besprochenen Arbeitsverfahren, wird beim Schleifen mit geometrisch unbestimmter Schneidenform gespant (s. Abschn. 2.1). Die unzähligen Schleifkörper sind in einem Werkzeug (z. B. einer Schleifscheibe) fest gebunden und haben rein zufällige Form und Winkel (**2**.103). Bei positivem Spanwinkel schneiden sie, bei negativem schaben sie. Im Vergleich zu anderen spanenden Fertigungsverfahren arbeitet man beim Schleifen mit erheblich höheren Schnittgeschwindigkeiten. Durch Schleifen werden Form, Maße und Oberfläche der (z. B. durch andere spanende Verfahren vorgearbeiteten) Werkstücke verbessert.

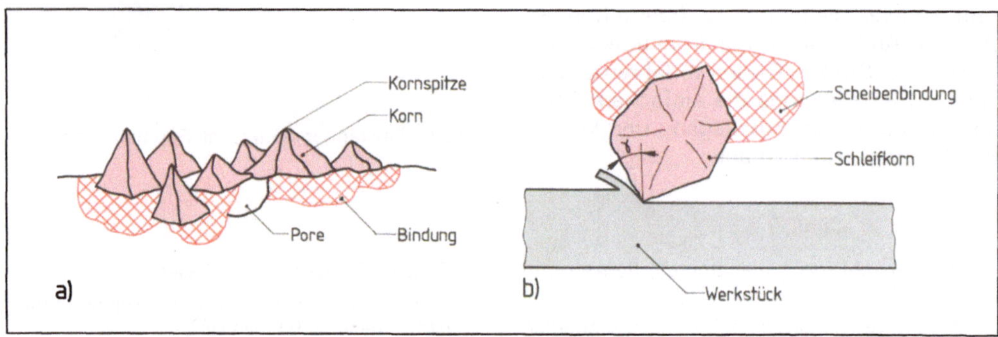

2.103   Geometrisch unbestimmte Form der Schleifkornschneiden
  a) Einbettung der Körner im Werkzeug
  b) spanendes (schabendes) Schleifkorn

Schleifen ist Spanen mit geometrisch unbestimmter Schneidenform zum Verbessern von Form, Maß und Oberflächengüte. Die Schleifkörner sind in einem Werkzeug (Schleifscheibe) gebunden und spanen schneidend oder schabend bei hohen Schnittgeschwindigkeiten.

2.6.1 Schleifmittel und Schleifkörper

Schleifmittel. Zum Schleifen verwendet man natürliche oder künstliche Schleifmittel.

Natürliche Schleifmittel gewinnt man aus Sandstein, Quarz oder Lava (Bimsstein). Korund und Schmirgel sind Aluminiumoxid (Al_2O_3) enthaltende natürliche Schleifmittel (Korund enthält etwa 95%, Schmirgel 60%). Da sich die Eigenschaften und die Gleichmäßigkeit der natürlichen Schleifmittel nicht vorherbestimmen lassen (das macht die Natur), verwendet man heute überwiegend künstliche Schleifmittel.

Künstliche Schleifmittel werden meist in elektrisch beheizten Schmelzöfen erschmolzen (z. B. Korunde oder Siliciumcarbid) oder in Sinteranlagen unter hohem Druck bei hoher Temperatur gesintert (z. B. künstlicher Diamant).

Künstliche Korunde verwendet man neben Bornitrid am häufigsten (ISO-Kurzzeichen A), die man je nach ihrer Zusammensetzung als Normal-, Halbedel- oder Edelkorund bezeichnet. Normalkorund ist bis zu 95% Al_2O_3-Gehalt braun, Edelkorund enthält dagegen 99% Al_2O_3 und ist weiß. Halbedelkorund ist eine Mischung aus beiden.

Siliciumcarbid (SiC, ISO-Kurzzeichen C) hat eine schwarzbraune oder blaugrüne bis hellgrüne Farbe. Es ist sehr hart (fast wie Diamant), dabei aber sehr spröde und bildet scharfkantige Kristalle. Deshalb eignet sich SiC einerseits für das Schleifen weicher Werkstoffe (z. B. Al, Cu, Kunststoffe), andererseits aber auch für harte und spröde Werkstoffe (z. B. Hartmetall, Grauguß, Hartguß).

Bornitrid (BN, kubisch, kristallin; ISO-Kurzzeichen CBN) ist in der Härte sogar dem SiC überlegen. Es empfiehlt sich für das Bearbeiten hochlegierter oder gehärteter Stähle, z. B. HSS- oder Chromstähle. Wegen seiner größeren Härte und vergleichsweise hohen Standzeit, Formtreue und Abtragsleistung ersetzt es mehr und mehr die Korunde beim Innenschleifen und Werkzeugschleifen.

Diamant (C, ISO-Kurzzeichen D) ist ein heute unentbehrliches Schleifmittel für harte und spröde Werkstoffe. Das wird vor allem durch die Entwicklung synthetischer (künstlicher) Diamanten möglich gemacht. Diamantwerkzeuge werden zum Schleifen von Hartmetall und Schneidkeramik oder zum Abrichten (in Form bringen) von Schleifscheiben verwendet.

Ein Härtevergleich nach der Mohsschen Härteskale (größte Härte 10 für Diamant) zeigt: Die Korunde haben eine Härte von 9 bis 9,2, SiC liegt bei 9,5 bis 9,8. Bornitrid ist nach Mohs kaum noch vom Diamant zu unterscheiden und liegt bei 9,9.

Körnung. Die Oberflächengüte (Rauhtiefe) eines geschliffenen Werkstücks hängt vom Schleifmittel und seiner Körnung ab. Die Schleifmittel werden zerkleinert und gesiebt. Je nach Maschengröße des Siebes, durch das sie hindurchpassen, erhalten sie für ihre Korngrößen Kennzahlen von 6 bis 1200 (Maschenanzahl je inch). Als grob bezeichnet man die Körnungen 6 bis 24, mittel von 30 bis 60, fein von 70 bis 180, als sehr fein von 220 bis 1200.

> **Grobe Körnung** ergibt große Schnittleistungen, aber eine rauhere Oberfläche. Sie eignet sich für Schruppschleifen.
>
> **Feine Körnung** ergibt kleine Schnittleistungen, aber eine glatte Oberfläche. Sie eignet sich für Schlichtschleifen.

Schleifkörper sind Schleifscheiben oder -stifte. Da die Schleifkörner im Schleifkörper zusammengehalten werden müssen, braucht man eine **Bindung**. Sie hält die Schleifkörner so lange fest, bis ihre Schneiden stumpf geworden sind. Dann muß sie sie freigeben (ausbrechen lassen), damit neue (noch scharfe) weiterschleifen können. Nach der Art der Bindung unterscheidet man keramische, Kunstharz-, Gummi- und Naturharz- sowie Metallbindungen.

Die Bezeichnungen der Schleifscheiben-Bindung haben sich geändert: Keramische Bindung hat das Kurzzeichen V (früher Ke), Silikatbindung S (früher Si), Gummibindung (früher Gu) wird heute unterschieden in R und RF (F für Faserstoff-verstärkt), Kunstharzbindung (früher Ba) in B und BF (Kunstharzbindung Faserstoff-verstärkt).

Mit der H ä r t e der Schleifscheibe bezeichnet man nicht die Härte der Schleifkörner, sondern die Festigkeit der Bindung (also die Neigung, die Körner ausbrechen zu lassen). Ein harter Werkstoff läßt ein Schleifkorn schneller abstumpfen als ein weicher. Dies bedeutet, daß das stumpf gewordene Schleifkorn beim Schleifen eines harten Werkstoffs schneller ausbrechen muß als beim weichen. Das bewirkt die Bindung: Sie darf beim harten Werkstoff nicht so fest sein wie beim weichen.

> Für das Schleifen harter Werkstoffe wählt man weiche, für das Schleifen weicher Werkstoffe harte Schleifscheiben.

Die Härtegrade der Schleifscheiben werden mit den Großbuchstaben A bis Z bezeichnet: A bis D für äußerst weich, E bis G für sehr weich, H bis K für weich, L bis O für mittel, P bis S für hart, T bis W für sehr hart und X bis Z für äußerst hart.

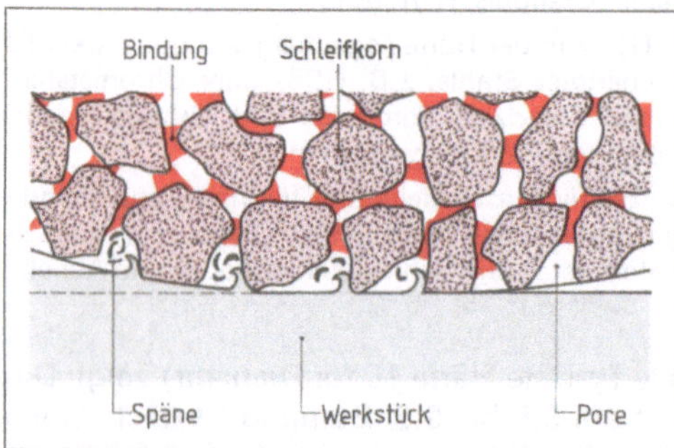

2.104 Gefüge der Schleifscheibe

Gefüge der Schleifkörper nennt man die Verteilung von Schleifkörnern und Poren innerhalb der durch Bindemittel zusammengehaltenen Schleifscheibe (**2.**104). Die Poren entstehen durch Schrumpfen des Bindemittels beim Aushärten. Je größer die Spanleistung sein soll, desto größer müssen die durch sie freigehaltenen Hohlräume (Spankammern) zur Späneaufnahme sein. Entsprechend der Porengröße wird das Gefüge mit den Kennzahlen 0 bis 14 bezeichnet: Je größer die Kennzahl, desto offener ist es.

> Das Gefüge der Schleifscheibe muß um so offener sein, je größer ihre erwartete Spanleistung ist.

Formen und Bezeichnung der Schleifkörper. Die Grundformen der Schleifkörper sind genormt und werden nach DIN und ISO bezeichnet (**2.**105). Bild **2.**106 auf S. 104 zeigt ein Beispiel für die ISO-Bezeichnung einer Schleifscheibe. Die vollständige Bezeichnung besteht aus zwei Teilen: Der erste beschreibt Form und Abmessungen, der zweite gibt den Werkstoff und die höchstzulässige Umfangsgeschwindigkeit an.

Da die Schleifscheiben mit sehr hohen Umfangsgeschwindigkeiten laufen, dürfen sie keine U n w u c h t (Unrundheiten) oder H a a r r i s s e haben. Beide Scheibenmängel sind sehr gefährlich, aber nicht ohne weiteres sichtbar.

Vor dem Aufspannen prüft man die neue Schleifscheibe durch K l a n g p r o b e (leichtes Anschlagen z. B. mit einem Stück Hartholz oder Schraubendrehergriff). So lassen sich Haarrisse entdecken. Die Scheibe muß einen klaren Ton ergeben. Klirrt sie, ist sie fehlerhaft und

Tabelle 2.105 Grundformen der Schleifkörper nach DIN 69 111 T 1

Gruppe 1.1 Gerade Schleifscheiben		Gruppe 1.2 Konische und verjüngte Schleifscheiben		Gruppe 1.3 Auf Tragscheiben befestigte Schleifscheiben		Gruppe 1.4 Topf- und Tellerscheiben	
Bild ISO-Form 1 1.1.1	ohne Aussparung DIN 69120	Bild 1.2.1	einseitig konisch	Bild 1.3.1	aufgeschraubte Schleifscheiben	Bild ISO-Form 6 1.4.1	zylindrische Topfscheiben DIN 69139
Bild ISO-Form 7 1.1.3	mit Aussparung auf beiden Seiten	Bild 1.2.2	zweiseitig konisch	Bild 1.3.2	aufgeklebte Schleifscheiben	Bild ISO-Form 6 1.4.2	… mit einge- lassener Mutter
Bild 1.1.4	mit eingelassener Mutter	Bild 1.2.4	zweiseitig verjüngt	Bild ISO-Form 2 1.3.5	Schleifzylinder DIN 69138	Bild ISO-Form 11 1.4.3	konische Topf- scheiben DIN 69148
Bild 1.1.5	mit Lochkranz					Bild ISO-Form 12 1.4.5	Tellerscheiben
Gruppe 1.5 Gekröpfte Schleifscheiben		Gruppe 1.6 Schleifsegmente		Gruppe 1.7 Schleifstifte		Gruppe 1.8 Abziehsteine, Schleifstäbe	
Bild 1.5.1	verschiedene Formen DIN 69140	Bild 1.6.1	verschiedene Formen	Bilder 1.7.1	verschiedene Formen	Bild 1.8.1	verschiedene Formen DIN 69171 DIN 69185

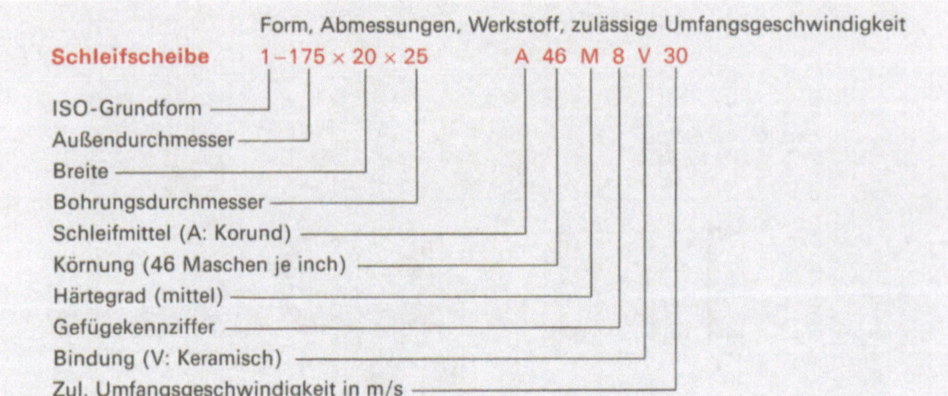

2.106   Bezeichnung einer Schleifscheibe nach ISO

darf nicht aufgespannt werden. Schleifscheiben sind hart, spröde und daher bruchgefährdet. Sie dürfen beim Spannen nicht scharfkantig gedrückt oder gepreßt werden. Daher erhalten sie beim Einbau beidseitig zwischen Flanschen und Scheibe elastische (und verformbare) Zwischenlagen, die kleinere Unebenheiten ausgleichen.

Das Auswuchten kann bei größeren Schleifscheiben erforderlich sein, wenn sie wegen einer Unwucht nicht einwandfrei rundlaufen (Abrichten hilft dann nicht). Eine Unwucht entsteht z. B., wenn die Massenverteilung bei ungleichmäßigem Gefüge oder bei Maßabweichungen innerhalb des Scheibenkörpers ungleichmäßig ist (Herstellungsfehler). Das Auswuchten geschieht – ähnlich wie bei den Rädern von Kraftfahrzeugen – durch Anbringen von Ausgleichsgewichten auf einer besonderen Schleifscheiben-Auswuchtmaschine. Eine Scheibe, die sich nicht mehr auswuchten läßt (z. B. weil die Unwucht zu groß ist), darf nicht verwendet werden. Ignoriert man eine Unwucht, kann die Scheibe bei ihrer hohen Umfangsgeschwindigkeit (bis „über 400 km/h") schlagen und entweder schon im Leerlauf oder beim Schleifen durch das Zusammenwirken von Stößen und hoher Fliehkräfte zerplatzen.

Arbeitsregeln beim Aufspannen (Unfallverhütung)

- Keine schadhaften Schleifscheiben aufspannen! Die Scheiben dürfen keine Haarrisse haben (Klangprobe).
- Beim Aufspannen zur Vermeidung von Kantenpressung nicht die elastischen Zwischenlagen vergessen (Bruchgefahr!).
- Keine Scheiben mit Unwucht verwenden! Auch eine Unwucht kann zur Zerstörung der Scheibe (geschoßartiges Auseinanderfliegen) führen.

Das Abrichten bringt das Scheibenprofil genau in die gewünschte Form und schärft die Scheibe durch das Freilegen neuer Körner. Da die Schleifkörper während des Schleifens verschleißen, lassen auch Maß- und Formgenauigkeit der geschliffenen Werkstückflächen nach. Ein Abrichten ist daher nicht nur bei einer neuen Scheibe, sondern auch von Zeit zu Zeit zwischen den Schleifvorgängen erforderlich. In der Produktion geschieht dies meist mit maschinell genau geführten Abricht-Diamanten, die die überstehenden Schleifkörner aus der Bindung herausbrechen. Das Abrichten mit einem Hand-Abrichtstab genügt nur für untergeordnete Zwecke.

2.6.2 Schleifarten und Schleifbedingungen

Beim Schleifen greift eine (unbestimmte) Vielzahl von Schleifkörnern gleichzeitig. Der Werkstoff des Werkstücks wird daher an vielen verschiedenen Stellen der Schnittfläche fein abgespant. Die dazu erforderliche Schnittbewegung führt das Werkzeug, die Vorschubbewegung meist das Werkstück aus.

Die Schleifarten werden werkzeugbezogen unterschieden, d. h. nach Lage der im Eingriff befindlichen Schleifkörperfläche zur Schnittfläche (**2**.107). Die wichtigsten Schleifarten sind das Umfangsschleifen (Schleifen mit der Umfangsfläche des Werkzeugs) und das Stirnschleifen (Schleifen mit der Werkzeugstirnfläche). Durch Stirnschleifen werden ebene (Plan-)Flächen bearbeitet, das Umfangsschleifen dient – je nach erzeugter Schnittfläche – zum Plan-(Flach-) oder Rundschleifen. Wie beim Fräsen kann bei den meisten Schleifverfahren im Gleichlauf oder Gegenlauf gearbeitet werden.

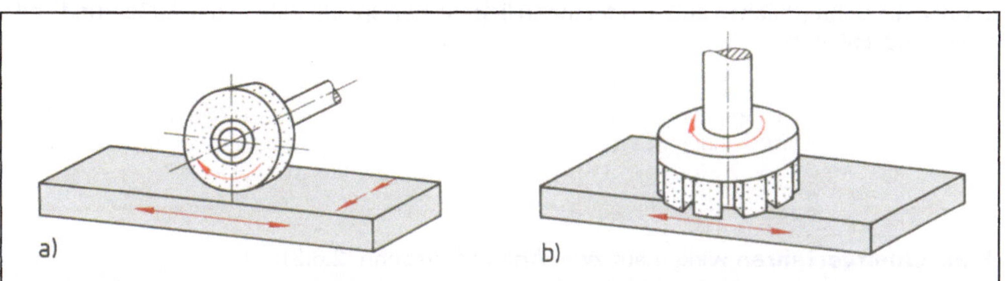

2.107 Umfangs- und Stirnschleifen
  a) Umfangsschleifen: Nur die Schleifkörner am Umfang des Schleifkörpers spanen
  b) Stirnschleifen: Nur die Schleifkörner auf der Schleifkörper-Stirnseite spanen

> Umfangsschleifen ist Spanen mit den Schleifkörnern am Werkzeugumfang.
> Stirnschleifen ist Spanen mit den Schleifkörnern an der Werkzeugstirnfläche.

Durch Schruppen oder Schlichten mit verschiedenen Körnungen und Zustellungen wird die Oberflächengüte bestimmt. Beim Schruppschleifen wird viel (grobe Körnung der Schleifscheibe), beim Schlichtschleifen wenig (mittlere bis feine Körnung), beim Feinschleifen (feine bis sehr feine Körnung) sehr wenig Span abgenommen. Entsprechend sind die Zustellungen (für die Schnittiefen): Schruppschleifen 0,02 bis 0,2 mm, Schlichtschleifen 0,005 bis 0,05 mm, Feinschleifen 0,001 bis 0,006 mm. Die Vorschübe verringern sich entsprechend vom Schruppschleifen (groß) zum Feinschleifen (klein).

Die Schnittgeschwindigkeiten sind erheblich höher als bei den anderen spanenden Arbeitsverfahren. Begrenzt sind sie durch die an der Scheibe auftretenden Fliehkräfte (Bruchgefahr). Bei Schnittgeschwindigkeiten über 35 m/s spricht man vom Hochgeschwindigkeitsschleifen. Dafür geeignete Schleifscheiben sind (zusätzlich zu den genormten Angaben auf dem Etikett) mit einem quer über die Scheibe verlaufenden Farbstreifen versehen. Kennfarben: blau (bis 45 m/s), gelb (bis 60 m/s), rot (bis 80 m/s), grün (bis 100 m/s). Da dies Umfangsgeschwindigkeiten sind, hängen sie vom Scheibendurchmesser und der an der Maschine eingestellten Drehfrequenz (Drehzahl) ab. Das hat der Facharbeiter zu berücksichtigen.

Kühlschmierung ist wie bei den anderen maschinell spanenden Fertigungsverfahren auch beim Schleifen wichtig. Bei hohen Schnittgeschwindigkeiten entsteht auch viel Wärme (in den Randzonen gelegentlich bis über 1000°C). Die Schleifkörper müssen daher in den meisten Fällen gut gekühlt und geschmiert werden (bei Bornitrid reicht auch Luftkühlung). Gewöhnlich verwendet man dazu besonderes Schleiföl, das durch Verringern der Reibung (trotz geringerer Kühlwirkung als Schleiföl-Emulsion) von vornherein eine geringere Wärme entstehen läßt. Zu schroff kühlende Kühlschmiermittel sind gefährlich, da die Scheiben durch plötzliche und hohe Temperaturschwankungen Risse bekommen und platzen können.

2.6.3 Schleifverfahren und Schleifmaschinen

Nach der Form der bearbeiteten Werkstückflächen unterscheidet man die beiden Hauptgruppen **Planschleifen** (Flachschleifen) und **Rundschleifen**. Beim Rundschleifen können die Schnittflächen außen oder innen liegen; man spricht daher vom Außenrund- oder Innenrundschleifen.

> Planschleifen erzeugt ebene, Rundschleifen (Außen-, Innenrundschleifen) drehsymmetrische Schnittflächen am Werkstück. Die Schnittbewegungen sind immer kreisförmig, die Vorschubbewegungen können geradlinig oder kreisförmig sein.

Planschleifverfahren wirken auf zwei Arten (s. Abschn. 2.6.2):

– als Umfangsschleifen – volle Bezeichnung Längs-Umfangs-Planschleifen (s. Bild **2.**107a),

– als Stirn(seiten)schleifen – volle Bezeichnung Längs-Seiten-Planschleifen (eigentlich „Längs-Stirnseiten-Planschleifen"; s. Bild **2.**107b).

Planschleifmaschinen haben dementsprechend (zum Längs-Umfangs-Planschleifen) eine waagerechte oder (zum Längs-Seiten-Planschleifen) eine senkrechte Arbeitsspindel. Bild **2.**108 zeigt eine CNC-Planschleifmaschine mit waagerechter Arbeitsspindel. Neben ebenen

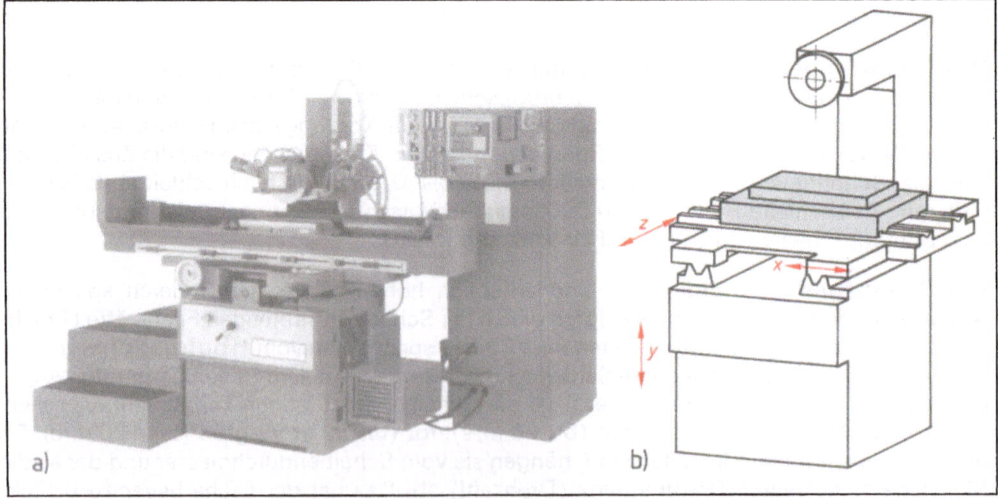

2.108 CNC-Planschleifmaschine a) mit Steuerung, b) Aufbau und Achsrichtungen

Flächen lassen sich durch Planschleifen auch Profilflächen herstellen (**2.**109). Die Schleifscheibe kann dazu genau auf Form des Flächenprofils abgerichtet werden (**2.**109 b). Auch die dafür notwendige (in der Maschine eingebaute) Abrichtvorrichtung läßt sich computergesteuert betätigen. CNC-Schleifmaschinen werden vor allem in der Serienfertigung eingesetzt.

2.109
Profilschleifen auf einer Planschleifmaschine

a) Arbeitsbeispiel: Schleifen eines Außenräumwerkzeugs
b) Form und Gegenform
c) CNC-Profilschleifen mit einer schmalen Schleifscheibe

Bei den Rundschleifverfahren (Innen- und Außenrundschleifen) arbeiten die Schleifscheiben in der Regel mit dem Werkzeugumfang. Bild **2.**110 zeigt Arbeitsbeispiele auf einer CNC-Universal-Rundschleifmaschine bei Aufspannung des Werkstücks am Werkstück-

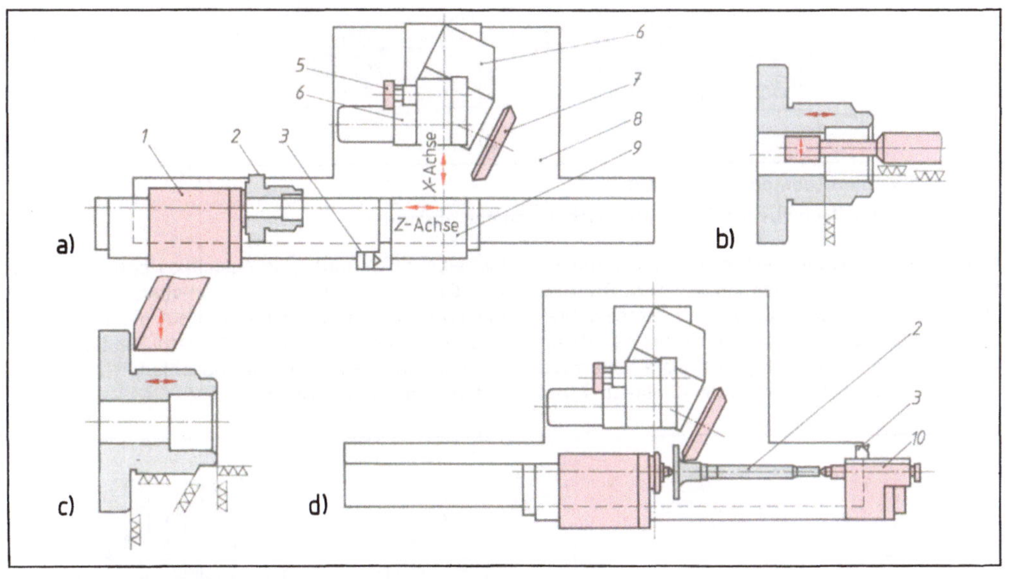

2.110   Innen- und Außen-Rundschleifarbeiten

 a) Ausgangsstellung, b) Schleifen mit Innen- und c) Außenschleifscheibe, d) zwischen Spitzen

1 Werkstückspindelstock	*5* Innenschleifscheibe	*9* Tisch
2 Werkstück	*6* Schleifspindelstock	*10* Reitstock
3 Schwenkabrichter	*7* Außenschleifscheibe	
4 Innenschleifeinrichtung	*8* Bett	

2.111
CNC-Universal-
Rundschleifmaschine

Spindelstock und bei Spannung zwischen Spitzen. Die zugehörige Maschine ist in Bild **2.**111 dargestellt. Da Maßhaltigkeit und Oberflächengüte der Werkstücke von der Schleifscheibe abhängen, ist das regelmäßige, standzeitabhängige Abrichten der Schleifscheiben sehr wichtig (**2.**112).

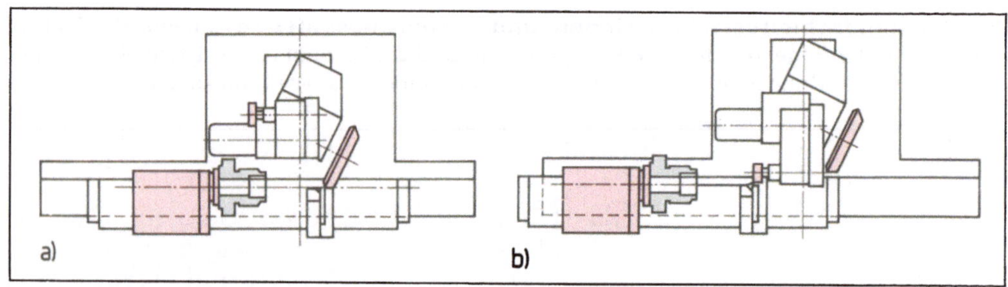

2.112   Abrichten (computergesteuert)

a) Schleifscheibenprofil, b) Innenschleifscheibe abrichten

Beim Außenrundschleifen führt meist die Schleifscheibe die Schnitt- und Zustellbewegung aus, das Werkstück übernimmt den Längs- bzw. Rundvorschub. Die vielfältigen Verfahren erhalten die Vorsilben „längs", „quer" oder „schräg" zur Kennzeichnung der Vorschubrichtung (bezogen auf die Werkstückachse). Beim Einstechschleifen führt das Werkzeug nur eine rechtwinklig zur Werkstückachse verlaufende (Relativ-)Bewegung aus. So erhalten z. B. die Verfahren „Längs-Außenrundschleifen", „Schräg-Außenrundschleifen" und „Quer-Einstech-Profilschleifen" ihre Namen (**2.**113).

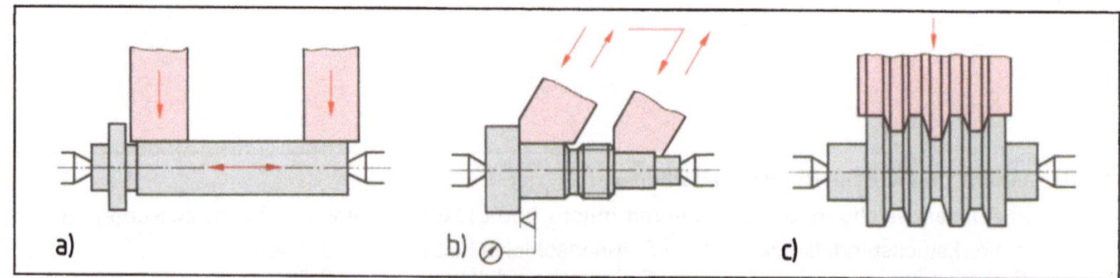

2.113   Beispiel für Außen-Rundschleifverfahren

a) Längs-Außenrundschleifen, b) Schräg-Außenrundschleifen, c) Quer-Einstech-Profilschleifen

Spitzenloses Außenrundschleifen findet auf Maschinen mit einer besonderen Führungseinrichtung (Spitzenlose Rundschleifmaschinen) statt. Dieses Verfahren kommt vor allem für die Massenfertigung oder für das Schleifen von Stangen und Rohren in Betracht. Beim Durchgangsschleifen werden die Werkstücke automatisch zu- und abgeführt. Das Werkstück wird während seiner Bearbeitung nicht durch Zentrierspitzen gehalten, sondern frei auf einer Werkstückauflage (Auflagelineal) zwischen den unterschiedlich großen Schleif- und Regelscheiben geführt und geschliffen. Die kleinere Regelscheibe (meist Gummibindung) sorgt für den Vorschub, die eigentliche Schleifarbeit erledigt die größere (meist keramische) Schleifscheibe. Da die Regelscheibe (durch Verstellen des Regelscheiben-Schlittens, **2**.114)

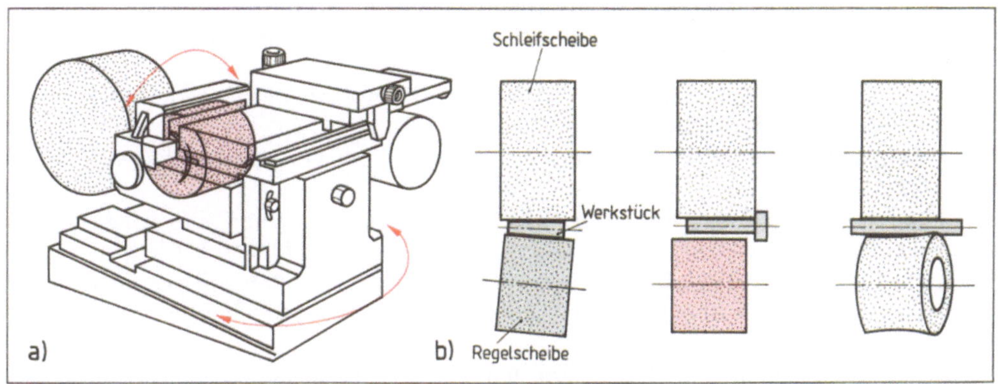

2.114 Regelschlitten (a) und Verstellen der Regelscheibe (b)

schräggestellt und besonders abgerichtet werden kann, bleiben die Werkstücke nur so lange zwischen den Scheiben, bis sie ihre Soll-Form und -Maße erreicht haben. Bild **2**.115 zeigt eine für solche Arbeiten geeignete Maschine.

2.115 Spitzenlose Außen-Rundschleifmaschine

Beim Bandschleifen (Plan- und Rundschleifen, Polierschleifen) schleift man mit einem umlaufenden flexiblen (Endlos-)Schleifband. Es ist 2 bis 5 m lang und wird vom Hersteller in Rollen oder fertig zu einer Endlosschleife verklebt geliefert. Wir setzen es z. B. zur Beseitigung von Unebenheiten oder zur optischen Aufwertung von Werkstückflächen ein. Als Bindemittel der Korund- oder Siliciumcarbid-Schleifkörner dienen meist Leim- oder Kunststoffbindungen.

Trennschleifen (Querschleifen) dient, wie der Name sagt, zur Trennung von Werkstück-teilen (auch besonders harten), indem – wie bei der Säge – die Schnittfuge zerspant wird. Dies geschieht beim Trennschleifen mit geometrisch unbestimmter Schneidenform. Die Schnittgeschwindigkeiten der Trennschleifscheiben sind besonders hoch (bis 120 m/s), die Folgen eines Scheibenbruchs deshalb besonders gefährlich (UVV beachten!).

Unfallverhütung beim Schleifen (UVV)

Schleifscheiben sind bruchempfindlich und laufen mit hohen Umfangsgeschwindig-keiten. Auch Späne sind gefährlich, z. B. für die Augen. Befolgen Sie deshalb diese Regeln:

- Beim Schleifen Schutzhauben (Verkleidungen) schließen, gegebenenfalls Schutz-brille (z. B. am Schleifbock) aufsetzen!

- Bei der Montage neuer Schleifscheiben besondere Sorgfalt walten lassen (s. Abschn. 2.6.1).

- Bei Verdacht auf Beschädigung einer Schleifscheibe Maschine ausschalten oder nicht in Betrieb nehmen, bis Sie sicher sind, daß alles in Ordnung ist!

- Niemals die auf der Scheibe angegebene höchstzulässige Schnittgeschwindigkeit überschreiten! Sie ist abhängig von Drehfrequenz (Drehzahl) und Außendurchmes-ser der Scheibe.

- Bei allen ungesicherten Montagearbeiten (z. B. Schleifscheibe, Werkstück-Aufspan-nung) an handbedienten Maschinen Hauptschalter auf „Aus"! Bei CNC-Maschinen sicherstellen, daß kein unbeabsichtigter Programmstart möglich ist! Vor dem völligen Ausschalten gegebenenfalls Programmsicherung,

2.7 Honen

Das Honen ist eine Feinbearbeitung mit nur noch geringer Spanabnahme durch gebunde-nes Schleifkorn (Honsteine, Honleisten). Es verbessert Form und Oberflächen von Bohrungen (z. B. Zylinderwandungen), Wellen oder Formteilen (z. B. Innen- und Außenverzahnungen bei Zahnrädern). Im Gegensatz zum Schleifen sind beim Honen alle an der arbeitenden Werkzeugfläche liegenden Schleifkörner gleichzeitig im Einsatz. Das Honen beseitigt z. B. vom Fräsen, Stoßen, Bohren, Reiben oder Schleifen stammende Riefen. Aufgrund seiner drehenden und hin- und hergehenden Werkzeugbewegungen wurde es früher Ziehschleifen genannt.

Honen ist eine maschinelle Feinbearbeitung mit gebundenem Schleifkorn zur Oberflä-chen- und Formverbesserung vorgearbeiteter Bohrungen, Wellen oder Formteile. Im Gegensatz zum Schleifen sind beim Honen alle Schleifkörper der Schleiffläche gleich-zeitig im Einsatz.

Je nach Umkehrlänge der Längsbewegung unterscheidet man zwischen Langhub- und Kurz-hubhonen.

2.7.1 Honverfahren und Honwerkzeuge

Das Langhubhonen wird zur Bearbeitung von Bohrungen von 2 bis etwa 1200 mm Durchmesser verwendet. Honlängen bis zu einigen Metern sind möglich.

Werkzeuge zum Langhubhonen nennt man Honahlen (**2.116**). Sie ähneln einer verstellbaren Reibahle. Statt der Metallschneiden haben sie leistenförmige Schleifklötze und zentrieren sich selbsttätig in der zu bearbeitenden Bohrung. Zum Ausgleich kleiner Flucht- oder Winkelabweichungen sind Honahlen meist an einem Kreuzgelenk (Pendelgelenk) befestigt und im Durchmesser verstellbar (Doppelkegel). So kann das Werkzeug der zu bearbeitenden Bohrung genau angepaßt werden. Innenliegende Federn sorgen für einen gleichbleibenden Anpreßdruck der Honleisten gegen die Bohrungswandung, Rückholfedern verhindern ein Verkeilen. Beim Honen von Grauguß verwendet man z. B. gern Siliciumcarbid-Schleifleisten, bei Stahl solche aus künstlichen Korunden. Für besonders hohe Standzeiten kommen Diamant-Honsteine zum Einsatz.

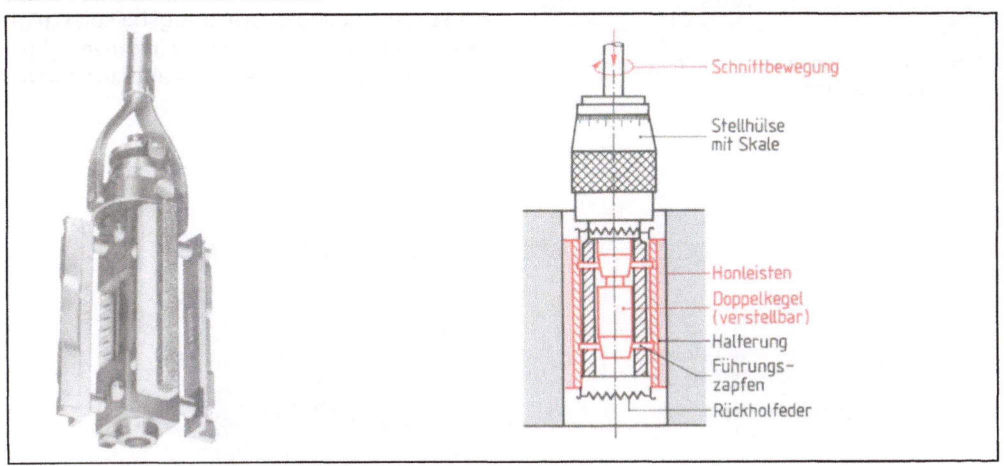

2.116   Honahle zum Langhubhonen mit schematischem Aufbau

Beim Honvorgang führt die Honahle neben der Drehbewegung eine auf- und abwärtsgehende Hubbewegung aus. Durch die Überlagerung beider Bewegungen entstehen sehr feine und sich wendelförmig überschneidende Riefen, die sich ständig gegenseitig wieder „verwischen". Äußerlich ergibt sich dadurch das für gehonte Flächen typische Erscheinungsbild eines „Kreuzschliffs". (Bei den Zylindern des Kraftfahrzeugmotors werden so die Laufflächen der Kolbenringe besser abgedichtet als bei einseitiger Riefenrichtung geschliffener Flächen.) Zur Kühlschmierung verwendet man Petroleum oder besondere Honöle.

Das Kurzhubhonen dient z. B. zum Bearbeiten von Wellen (**2.117**), Zapfen oder Formteilen (aber auch kurzen Bohrungslängen). Früher nannte man es auch Feinhonen, Feinziehschleifen oder Superfinish.

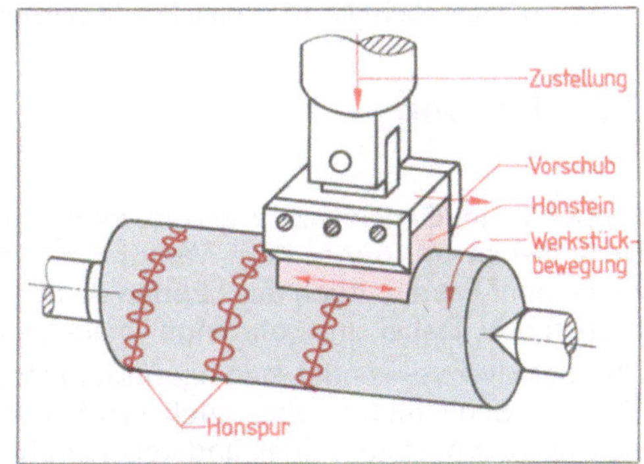

2.117   Kurzhubhonen einer Welle (Schwingungsfrequenz etwa 600 bis 1500/min)

2.7.2 Honarbeiten und Honmaschinen

Maschinen zum Langhubhonen arbeiten mit Senkrecht- oder Waagerechtspindel (**2.**118; bei großen Bearbeitungslängen ist die Senkrecht-Bauweise vorteilhaft).

2.118 Langhubhonen auf einer Waagerecht-honmaschine

Das Kurzhubhonen von Formteilen erlaubt meist erheblich kürzere Bearbeitungszeiten als das Schleifen. Dazu kommen andere wichtige Vorteile für das Werkstück durch die Oberflächenstruktur: Die Oberfläche wird frei von durchgehenden Riefen und weniger verschleißanfällig, da Reibung und Wärmeentwicklung geringer sind. Auch die Abwälzgeräusche sind geringer, was z. B. im Getriebebau vorteilhaft sein kann. Das in Bild **2.**119 dargestellte Bearbeitungsbeispiel zeigt das Honen eines Stirnrads mit innenverzahntem Honstein auf einer Zahnradhonmaschine.

a)

b)

2.119 Honen eines Stirnrads mit innenverzahntem Honstein auf einer Zahnradhonmaschine
a) Arbeitsbeispiel, b) zugehörige Maschine

2.8 Läppen

Läppen ist im Gegensatz zu den in vorangegangenen Abschnitten besprochenen Verfahren ein Schleifen mit losem Korn. Verbunden werden die Läppkörper (Läppulver) durch Flüssigkeiten oder Pasten. Auch das Läppen dient zum Verbessern von Formgenauigkeit und Oberflächengüte. Dabei sind sehr enge Toleranzen möglich.

Als Läppulver verwendet man hauptsächlich Siliciumcarbid, Aluminiumoxid (Korunde) oder ähnliche Schleifmittel, aber auch synthetisches (polykristallines) Diamantpulver. Es muß sich mit Läppöl oder einer anderen Läppflüssigkeit gut vermischen lassen. Je härter der zu bearbeitende Werkstoff ist, desto härter muß auch das gewählte Schleifmittel sein. Die meistverwendeten Körnungen sind die Größen 400, 500 und 600.

Läppen kann man alle Werkstücke, die plan oder planparallel sein müssen. Der Werkstoff spielt dabei eine untergeordnete Rolle: Kunststoffe, Kohle, Aluminium, Stahl, Hartmetall, Glas, Keramik, Saphir oder Kombinationen dieser Werkstoffe werden heute geläppt.

2.8.1 Läppverfahren und Läppwerkzeuge

Läppvorgang. Da eine feste Bindung der Schleifkörner fehlt, brauchen sie zusätzlich (entsprechend der gewünschten Werkstückfläche) ein formgebendes Werkzeug, die Läppscheiben und Läppplatten (**2.**120). Zwischen Werkzeug- und Werkstückoberfläche können sich die Körner in der Flüssigkeit oder Paste ständig drehen und ihre Richtung wechseln. Das bewirkt das Abtragen von Unebenheiten und die Angleichung der Werkstückflächen an die des Werkzeugs. So entstehen keine durchgehenden (richtungsorientierten) Riefen.

Läppen ist eine Feinbearbeitung durch Schleif-Zerspanen mit lose in Flüssigkeiten oder Pasten gebundenem Korn. Es dient zur Verbesserung der Form (Ebenheit und Parallelität) und Güte (Verringerung der Rauhtiefe) hochwertiger Werkstückflächen.

Die Reibung und Verschleißneigung geläppter Flächen ist erheblich geringer als die geschliffener Flächen. Daher bringen z. B. geläppte Werkzeugflächen (Frei- und Spanflächen beim Drehmeißel) auch höhere Werkzeugstandzeiten (Vermeiden von Aufbauschneiden, s. Abschn. 2.1.3). Auch Formabweichungen von der geometrisch idealen Form lassen sich durch Läppen erheblich verringern. Die hochwertigen Endflächen der Parallelendmaße, die bei sehr kleinen Rauheitswerten auch möglichst eben sein müssen, werden z. B. geläppt.

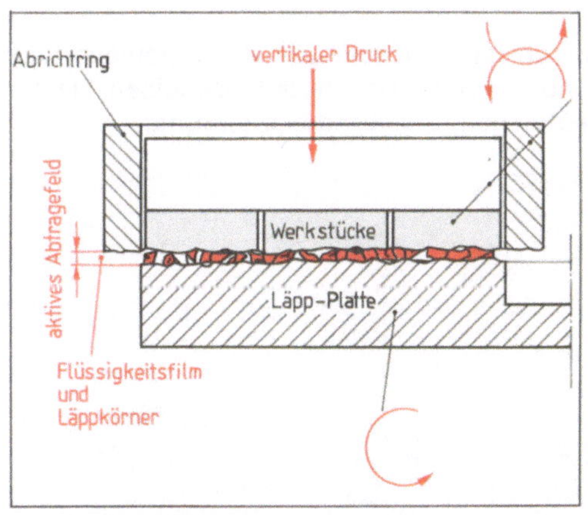

2.120 Läppvorgang

2.121 Handläpp-Platten (Läppscheiben)

Läppverfahren. Gelegentlich wird heute noch von Hand geläppt (Handläppen mit Handläpp-Platten, **2.**121). Das erfordert großes Können des Facharbeiters und wird nur noch von wenigen, meist schon älteren Spezialisten z. B. bei der Endmaß-Herstellung beherrscht. (Mit dem Ausscheiden dieser Spezialisten wird auch das Handläppen mehr und mehr zurückgehen.) Beim Hand-Flachläppen werden die Werkstücke auf die mit einem Läppmittelfilm versehene Läpp-Platte aufgelegt und von Hand schiebend und kreisend in unregelmäßigen Schleifen (ähnlich einer 8) bewegt. Wichtig dabei ist, daß die sich berührenden Werkstück-

und Werkzeugflächen ständig wechseln. Da das Werkstück dabei von Hand gehalten wird, können z. B. leicht Winkelfehler auftreten.

In der Regel läppt man heute maschinell, weil so die notwendigen Bewegungs- und Führungsvorgänge besser gewährleistet sind.

2.8.2 Läpparbeiten und Läppmaschinen

Flachläppmaschinen haben meist eine waagerecht angeordnete ringförmige Läppscheibe und dienen zum Läppen ebener Werkstückflächen. Angetrieben werden sie durch (z. B. stufenlos regelbare) Elektromotoren und Riementriebe. Nach der Anzahl der Läppscheiben unterscheidet man Ein- und Zweischeibenläppmaschinen.

Zweischeibenläppmaschinen haben zwei waagerecht liegende Läppscheiben mit einander gegenüberliegenden Arbeitsflächen, von denen die untere angetrieben wird. Die obere Scheibe kann maschinell in entgegengesetzter Richtung angetrieben, aber auch durch Reibung mitgeschleppt werden oder feststehen. Zweischeibenläppmaschinen dienen zur Bearbeitung planparalleler Werkstücke oder von Zylindern. Sie sind vom Aufbau her aufwendiger als die Einscheibenmaschinen und deshalb weniger verbreitet.

Einscheibenläppmaschinen eignen sich für alle Flachläpparbeiten. Meist werden sie halbautomatisch durch Zeitrelais gesteuert, da es noch sehr schwierig ist, eine Flachläppmaschine beim Ziel engstmöglicher Toleranzen automatisch arbeiten zu lassen (**2.122**). Das gewünschte Maß erreicht man durch Messen und Berechnen des Abtrags je Zeiteinheit. Man rechnet also aus, wie lange die Maschine noch unter gleichen Bedingungen weiterlaufen muß, bis der gewünschte Abtrag erreicht ist. Dabei sind Maßgenauigkeiten von 0,001 mm ohne Schwierigkeiten erreichbar.

Erst durch Verwendung von Computersteuerungen ist man dem Ziel des automatischen Läppens näher gekommen. Bild **2.122 b** zeigt eine computergesteuerte Einscheiben-Flachläppmaschine (CNC) mit Beschickungstisch, Laufwagen und Wendevorrichtung.

a) b)

2.122 Flachläppmaschinen (Planläppmaschinen)

a) Produktions-Einscheiben-Flachläppmaschine, b) CNC-Einscheiben-Flachläppmaschine

2.9 Elektroerosives Abtragen (Lichtbogen- und Funkenerosion)

Das elektroerosive Abtragen ist eines der immer wichtiger werdenden Trennverfahren. Es ermöglicht das genaue und schnelle Fertigen kompliziertester Werkstückformen, z. B. beim Werkzeugbau (für Schnittwerkzeuge, Druckgußformen, Gesenke). Die Werkstücke können bereits gehärtet sein, da die Werkstoffhärte nur eine untergeordnete Rolle spielt. Einzige Bedingung für die Anwendung dieses Verfahrens: Der zu bearbeitende Werkstoff muß elektrisch leitend sein.

Die Elektroerosion (Erosion = Abtragen) gehört in die Gruppe der abtragenden Trennverfahren (kein Spanen) und hat ein eigenes physikalisches Wirkprinzip: Das Abtragen durch Verdampfung kleinster Metallteilchen mittels einzelner Funken (Funkenerosion) oder durch einen ununterbrochenen Lichtbogen (Lichtbogenerosion).

2.9.1 Wirkungsweise

Bestimmt haben Sie schon einmal die Unterbrecherkontakte einer Zündanlage des Kraftfahrzeugmotors betrachtet. Die Kontakte einer Zündkerze zeigen nach längerem Gebrauch das gleiche Erscheinungsbild: Verschleiß durch Abbrand. Was hier unerwünscht passiert, nämlich das Herauslösen winziger Metallteilchen durch elektrische Funken, ist bei der Elektroerosion Verfahrensprinzip.

Die elektroerosiven Vorgänge spielen sich allerdings nicht im Medium Luft, sondern in einer nichtleitenden Flüssigkeit, dem Dielektrikum (z. B. Petroleum oder Öl) ab. Es umspült Werkzeug (Elektrode) und Werkstück, sorgt für Kühlung und nimmt das abgetragene Material auf.

Erosionsvorgang. Werkzeug und Werkstück liegen an einer Gleichspannung von 60 bis 250 V, so daß sich zwischen ihnen ein elektrisches Feld aufbauen kann. Ist der Abstand genügend klein (etwa 20 bis 100 µm) springt ein Funke über, der aus dem Werkstück (aber auch aus dem Werkzeug) winzige Metallteilchen herausreißt. Die Temperaturen erreichen dabei bis zu 10 000 K. Deshalb verdampft das abgetragene Metall meist, wird aber vom Dielektrikum aufgefangen. Das Dielektrikum muß ständig gekühlt und gefiltert werden. Das Werkzeug hat die genaue Gegenform der gewünschten Werkstückform. Es erodiert über seine gesamte (dem Werkstück zugewandte) Oberfläche und bildet sich darum nach und nach (dem Vorschub entsprechend) im Werkstück ab.

> **Unter Elektroerosion** versteht man das Abtragen feinster Metallteilchen (Verdampfen) in einem elektrischen Feld zwischen einem Formwerkzeug (Elektrode) und dem Werkstück. Das beide umspülende Dielektrikum nimmt das abgetragene Material auf und sorgt für die Kühlung der zahlreichen Abtragstellen.
>
> **Von Funkenerosion** spricht man, wenn vom Werkzeug zum Werkstück einzelne Funken übergehen. Baut sich dagegen ein ständiger Lichtbogen auf, heißt das Verfahren Lichtbogenerosion.

Als Elektrodenwerkstoffe kommen Elektrolytkupfer, Chromkupfer, Wolframkupfer, Silumin, Messing, Wolfram, Stahl, aber auch Graphit zum Einsatz. Die Elektroden werden durch Umformen, Spanen (CNC-Fräsen und -Schleifen), Gießen, aber auch selbst durch Elektroerosion hergestellt (Drahterodieren).

2.9.2 Verfahren und Maschinen

Die wichtigsten Verfahren sind das Senkerodieren und das Drahterodieren.

Beim Senkerodieren taucht die Elektrode senkrecht in das Werkstück ein. So entstehen Formen, Gesenke oder besonders profilierte Werkstückdurchbrüche (**2.123**).

a)

b)

2.123 Senkerodieren

    a) Erodieren einer Druckgießform für einen Zylinderkopf, mit Graphitelektrode ins Volle erodiert
    b) Elektrode aus E-Cu-Röhrchen

Beim Drahterodieren besteht die Elektrode aus einem kalibrierten (formgenauen) Draht, meist aus Messing oder zinkummanteltem Kupferdraht. Da er durch den Erosionsvorgang selbst auch verschleißt, wird er von einer Rolle kontinuierlich nachgeführt. Er wird in eine Anfangsbohrung eingefädelt und kann dann (ähnlich wie ein Laubsägeblatt, natürlich ohne Hubbewegungen) beliebige Profile und Durchbrüche „schneiden" (**2.124**).

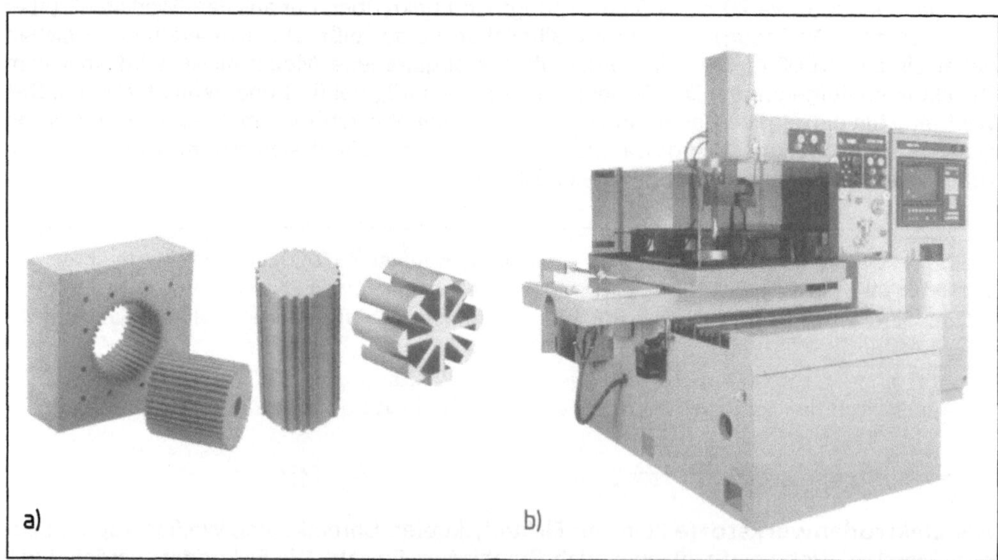

a)   b)

2.124 Drahterodieren

    a) Arbeitsbeispiele, b) CNC-Drahterodiermaschine

CNC-Erodieren setzt sich immer mehr durch. Es kommt für beide genannten Erodierverfahren in Frage. Beim Drahterodieren wird die Vorschubbahn des Drahtes durch ein Computerprogramm in die Steuerung eingegeben. Beim CNC-Senkerodieren kann man sich die teure Spezialelektrode sparen und läßt kleinere und unterschiedliche (geometrisch einfach geformte) Elektroden eine programmierte Werkstückform herausarbeiten (erodieren).

Auch der Elektrodenwechsel kann während des Arbeitsablaufs (ähnlich wie bei einer computergesteuerten Fräsmaschine) mit einer besonderen Werkzeug-Wechseleinrichtung automatisch erfolgen.

Bild **2.125** zeigt eine entsprechende CNC-Senkerodiermaschine (Funkenerosion).

2.125 CNC-Senkerodiermaschine mit automatischem Elektrodenwechsel

---

Aufgaben zu Abschnitt 2.6 bis 2.9

1. Was versteht man unter Schleifen?
2. Warum wirken Schleifkörner mal schneidend, mal schabend?
3. Welche Schleifmittel kennen Sie?
4. Was versteht man unter Körnung, Bindung und Gefüge einer Schleifscheibe?
5. Warum wählt man für das Schleifen harter Werkstoffe weiche Schleifscheiben?
6. Welche Fehler kann eine Schleifscheibe haben? Wie prüfen Sie die Scheibe?
7. Nennen und begründen Sie drei Arbeitsregeln zur Unfallverhütung beim Aufspannen von Schleifscheiben.
8. Was versteht man unter Abrichten von Schleifkörpern?
9. Erklären Sie das Umfangs- und das Stirnschleifen.
10. Was versteht man unter Planschleifen, was unter Rundschleifen?
11. Was ist spitzenloses Außenrundschleifen? Geben Sie Anwendungsbeispiele.
12. Nennen Sie fünf Unfallverhütungsvorschriften für das maschinelle Schleifen.
13. Was versteht man unter Honen, und wozu dient es?
14. Wodurch unterscheiden sich Lang- und Kurzhubhonen?
15. Welche Vorteile haben gehonte Flächen z.B. gegenüber geschliffenen?
16. Was ist Läppen? Wodurch unterscheidet es sich vom Schleifen oder Honen?
17. Wie erreicht man bei halbautomatischen Läppmaschinen die hohe Form und Maßgenauigkeit?
18. Was versteht man unter Elektroerosion? Erklären Sie das Wirkprinzip.
19. Welche Aufgaben hat das Dielektrikum bei elektroerosivem Abtragen?
20. Erklären Sie den Unterschied zwischen Funkenerosion und Lichtbogenerosion.

3.1 Umformen

3.1.1 Merkmale und Einteilung

Durch Umformen entstehen Werkstücke, indem die Form eines festen Körpers bildsam (plastisch) verändert wird. Diese Formänderung geschieht spanlos durch eine gegenseitige Verschiebung von Stoffteilchen in dem bearbeitenden Werkstoff (z. B. durch Drücken, Ziehen, Biegen) im Gegensatz zur spanenden Formgebung durch Abtrennen von Stoffteilchen.

Als Ausgangsform für die Umformung dienen Gußrohlinge oder Halbzeuge wie Profile, Stangen und Bleche.

Besondere technische und wirtschaftliche Vorteile ergeben sich gegenüber der spanenden Formgebung. Beim Umformen bleiben die Masse und der Zusammenhalt des Werkstoffs erhalten (Masse bzw. Volumen = konstant), so daß keine oder nur geringe Werkstoffverluste auftreten. Die beim Umformen erzielte Endform kann weitgehend ans Fertigteil angenähert und so umfangreichere Nacharbeit vermieden werden. Es können auch komplizierte Formen mit engen Toleranzen hergestellt werden. Beim Umformen bleibt die Walzfaser der verarbeiteten Halbzeuge im Gegensatz zur spanenden Bearbeitung erhalten und bewirkt eine geringere Kerbwirkung und erhöhte Festigkeitseigenschaften. Wegen des hohen Aufwands für die Werkzeugherstellung sind viele Umformverfahren nur bei Serien- oder Massenfertigung wirtschaftlich einzusetzen.

> Umformen ist ein Fertigen durch bildsames (plastisches) Ändern der Form eines festen Körpers (DIN 8580). Dabei werden sowohl die Masse als auch der Zusammenhalt des Werkstoffs beibehalten.

Die Einteilung der sehr zahlreichen Umformverfahren kann nach verschiedenen Gesichtspunkten erfolgen.

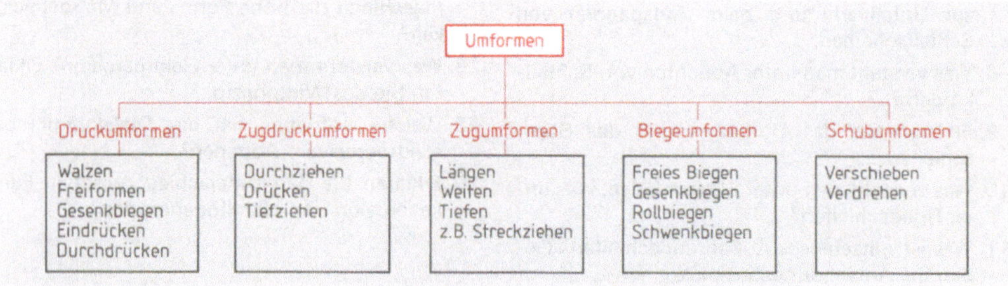

3.1 Gliederung der Umform-Fertigungsverfahren

Nach der Temperatur, bei der die Werkstoffe umgeformt werden, unterscheidet man Umformen ohne Wärmen (Kaltformen) und Umformen nach Wärmen (Warmumformen; s. Metallfachkunde 1, Abschn. 12.1).

Nach dem Grad der Querschnittveränderung lassen sich die Umformverfahren einteilen in Massivumformung (mit Querschnittänderung) und Blechumformung (ohne Querschnittänderung).

Nach der Beanspruchung unterscheidet DIN 8582 fünf Verfahrensgruppen (3.1). Maßgebend für die Einordnung der Einzelverfahren sind die Spannungen in der Umformzone. Es gibt Verfahren, die mehreren Gruppen zugeordnet werden können (z. B. Walzen).

3.1.2 Druckumformen

Von den Verfahren des Druckumformens hat das Durchdrücken für die industrielle Fertigung besondere Bedeutung.

Zum Durchdrücken gehören die beiden wichtigen Verfahren Strangpressen und Fließpressen.

Beim Strangpressen wird ein auf Preßtemperatur erwärmter, glühender Metallblock in den beheizten Aufnehmer einer Presse eingelegt und mit einem Druckstempel durch eine profilierte Matrizenöffnung gedrückt (3.2). Grundsätzlich können alle knetbaren NE-Metalle stranggepreßt werden. Das Strangpressen von Stahl ist durch das Ugine-Séjournet-Verfahren möglich. Es verwendet Glas als Schmierstoff und zur Wärmeisolierung der Matrize, um den Werkzeugverschleiß herabzusetzen und damit die Wirtschaftlichkeit zu sichern. Mit diesen Verfahren lassen sich Stangen, Rohre und Profile mit nahezu beliebigen massiven oder hohlen Querschnitten und bis zu 25 m Länge erzeugen (3.3).

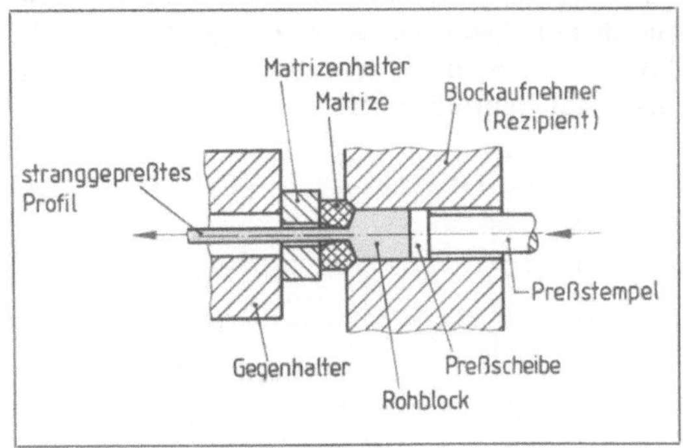

3.2 Strangpressen

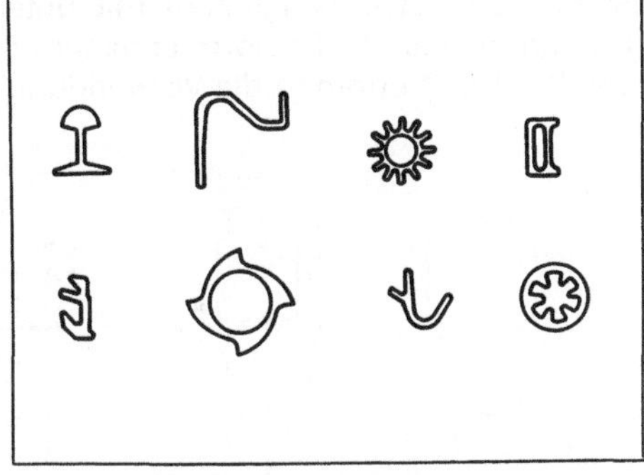

3.3 Stranggepreßte komplizierte und unterschnittene Voll- und Hohlprofile

Beim Fließpressen werden Blechausschnitte, Stangen-, Profilabschnitte oder bereits vorgeformte Teile vorwiegend im kalten Zustand durch Stempeldruck zu Voll- und Hohlkörpern mit unterschiedlichen Boden- und Wanddicken umgeformt. Fließpreßteile haben gute Festigkeitswerte, sehr hohe Maßgenauigkeit und eine vorzügliche Oberflächengüte, so daß eine ergänzende spanende Bearbeitung oft unnötig wird. Beispiele für Fließpreßteile sind Büchsen, Tuben, Dosen, Näpfe, Wälzlagerringe, Verschlußkappen, Hutmuttern, Rohranschlußstücke, Hülsen, Kolben, Bolzen und Bremszylinder.

Als Werkstoffe für das Fließpressen eignen sich alle Metalle, die genügend kaltverformbar sind; so besonders Blei, Zinn, Aluminium, Kupfer und ihre Legierungen sowie weichgeglühte kohlenstoffarme Stähle.

Verfahren. Beim Fließpressen wird der umzuformende Werkstoffabschnitt in das Werkzeugunterteil (Matrize) eingelegt und durch hohen Stempeldruck zum Fließen gebracht. Der Werkstoff kann – je nach angewendeten Verfahren – entweder in Richtung der Stempelbewegung (Vorwärtsfließpressen; 3.4a) oder entgegen der Stempelbewegung (Rückwärtsfließpressen; 3.4b) fließen.

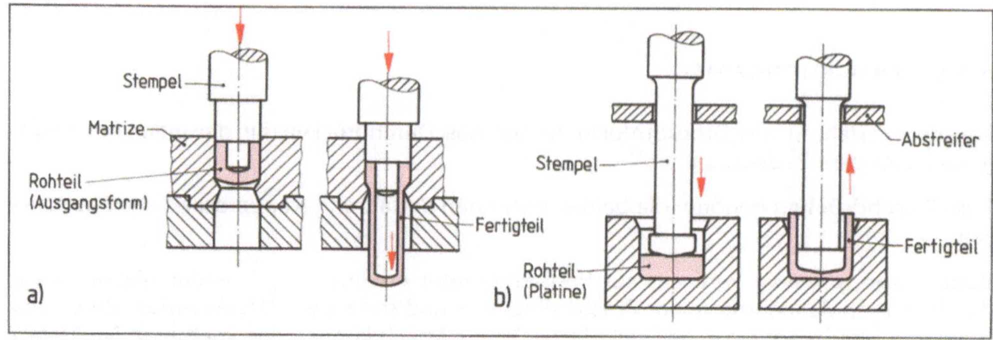

3.4 Fließpreßverfahren

   a) Vorwärts-, b) Rückwärtsfließpressen

Durch die Formgebung von Stempel und Werkzeugunterteil lassen sich viele verschiedene Werkstückformen erzeugen. Bei schwierigen Formteilen und wenn der Umformgrad das Formänderungsvermögen des Werkstoffs überschreitet, wird das Fließpressen in mehreren Stufen (ggf. Zwischenglühen) mit unterschiedlichen Werkzeugen durchgeführt, die das Fließpreßteil an die Endform annähern (3.5). Die hohe Reibung zwischen Stempel, Matrize und Werkstoff erfordert die Verwendung druckfester Schmiermittel.

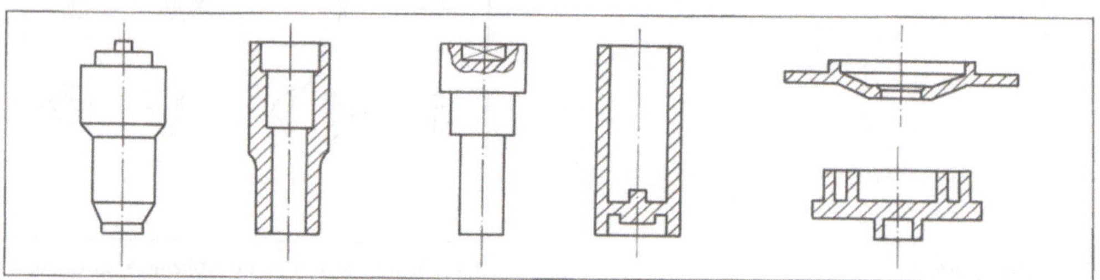

3.5 Beispiele ausgeführter Fließpreßteile

3.1.3 Zugdruckumformen

Von den Fertigungsverfahren des Zugdruckumformens hat das Tiefziehen die größte Bedeutung für die Fertigung.

Beim Tiefziehen werden durch Zug- und Druckkräfte ebene Blechzuschnitte oder bereits vorgeformte Hohlkörper aus Blech zu Hohlkörpern mit beliebigem Querschnitt umgeformt, ohne daß sich die Blechdicke ändert. Die herstellbaren Formen sind sehr vielfältig. Tiefziehteile weisen eine große Maß- und Formgenauigkeit, hohe Oberflächengüte und gute Gestaltfestigkeit auf. Ihre Anwendungsbereiche sind besonders der Fahrzeugbau (z. B. Karosserieteile, Schweinwerfergehäuse), der Maschinenbau (z. B. Kappen, Deckel, Hülsen, Kugellagerkäfige, Verkleidungen, kleinste Geräteteile) sowie die Haushaltsgeräte- und Verpackungsindustrie (z. B. Verkleidungen und Gefäße für Waschmaschinen, Kühlschränke, Fässer, Kochgeschirre). Wegen der Werkzeugkosten ist die Fertigung durch Tiefziehen nur bei größeren Stückzahlen wirtschaftlich.

Tiefziehverfahren arbeiten mit starren oder nachgiebigen Werkzeugen (z. B. Gummikissen), mit Wirkmedien (z. B. Druckflüssigkeit, Sand, Gas) oder mit Wirkenergie (z. B. Sprengstoff, Magnetfelder). Am häufigsten wird das Tiefziehen mit starrem Stempel und starrer Ziehmatrize angewendet. Der Tiefziehvorgang beginnt mit dem Einlegen des Blechzuschnitts in die Aufnahme des Ziehrings (**3.6**). Die Zuschnitte, deren Größe genau vorher-

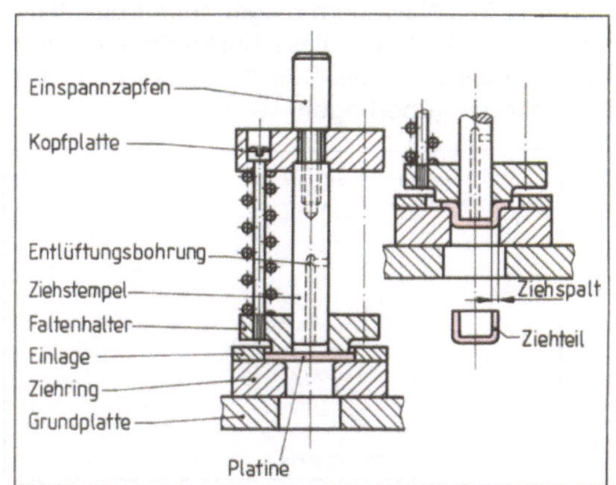

3.6   Tiefziehwerkzeug für einfachen Zug

3.7   Faltenbildung beim Tiefziehen

bestimmbar ist, werden mit Schmiermittel (z. B. emulgierte Ziehfette, Öl mit Zusätzen von Schwefelblüte, Graphit, Molybdänsulfid) vorbehandelt, um den Werkzeugverschleiß und die Ziehkräfte geringzuhalten. Mit einem Ziehstempel wird der Zuschnitt durch einen Ziehring gezogen. Dabei entstehen so hohe Zugspannungen, daß der Werkstoff zu fließen beginnt. Am Rad des Blechzuschnitts treten Druckspannungen auf. Der Werkstoff wird hier gestaucht, und es bilden sich Falten (**3.7**). Deshalb hält während des Ziehvorgangs ein Niederhalter (Blechhalter), der einen Vorlauf gegenüber dem Stempel hat, das Blech mit solcher Kraft fest, daß es faltenfrei in den Ziehring fließen kann.

Tiefziehbleche müssen wegen der erheblichen Verformung durch den Ziehvorgang trotz großer Dehnung eine genügende Zugfestigkeit aufweisen. Gute Tiefziehfähigkeit zeigen Stahltiefziehbleche, weiches Kupferblech, Messingblech und Aluminiumblech.

Ziehverhältnis. Der Grad der Umformung in einem Zug (Tiefziehen im Erstzug) wird durch die Blechdicke, Werkstoffzusammensetzung und die herzustellende Form bestimmt. Bei zu starker Umformung würden im Blech Risse entstehen. Tiefziehteile, deren Höhe im Vergleich zu ihrem Durchmesser groß ist, werden deshalb in mehreren Ziehstufen ge-

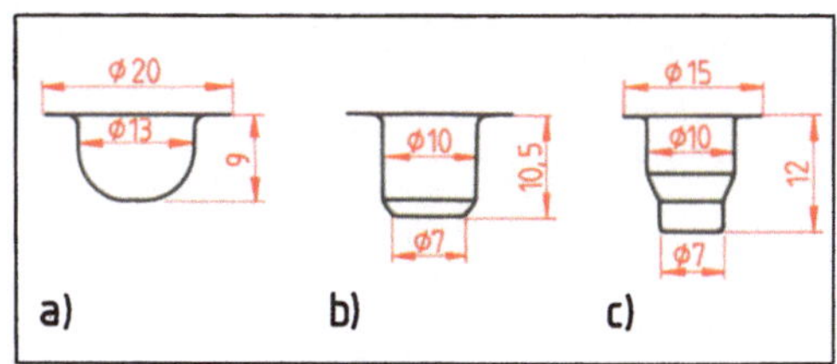

3.8   Ziehfolge für die Herstellung einer Kappe
a) bis c) erster bis dritter Zug

zogen (Tiefziehen im Weiterzug, **3.8**). Zwischen den Ziehstufen beseitigt man die Verfestigung der Teile durch Glühen.

Das Ziehverhältnis $m = d/D$ (d = Ziehteil-$\varnothing$, D = Ronden-$\varnothing$) kennzeichnet den zulässigen Grad der Verformung – im Erstzug je nach Werkstoff 0,5 bis 0,65, im Weiterzug 0,75 bis 0,85.

3.1.4 Biegeumformen

Durch Biegeumformen entstehen aus streifenförmigen Blechzuschnitten oder Bandwerkstoffen (z.B. Bandstahl) die verschiedensten Profilformen – aus Drähten z.B. Ösen, Haken, Ringe und Federn, aus Rohren z.B. Kühlschlangen und Rohrbögen.

Beim Biegen wird das Werkstück an der Biegekante über die Streck- bzw. Fließgrenze hinaus beansprucht und somit plastisch verformt (**3.9**a). Nach dem Biegen federt der Werkstoff infolge seiner Elastizität mehr oder weniger zurück (**3.9**b). Diese Rückfederung hängt von der Werkstoffhärte, der Blechdicke und dem Biegewinkel ab. Das Werkstück muß deshalb um den Betrag der Rückfederung stärker gebogen (überbogen) werden.

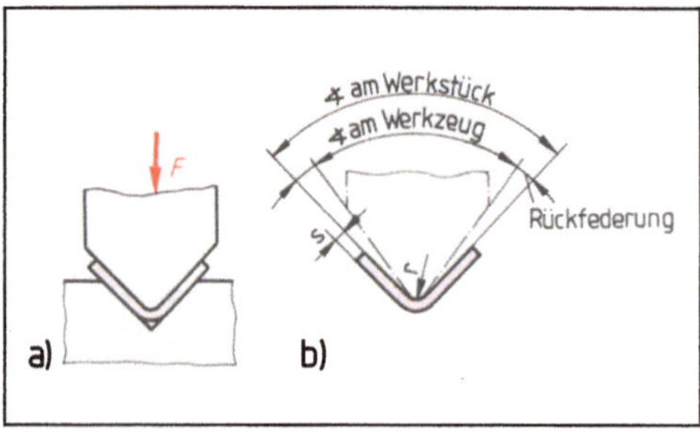

3.9 Biegevorgang (90°-Winkel)
a) Umformen durch Biegen, b) Rückfederung

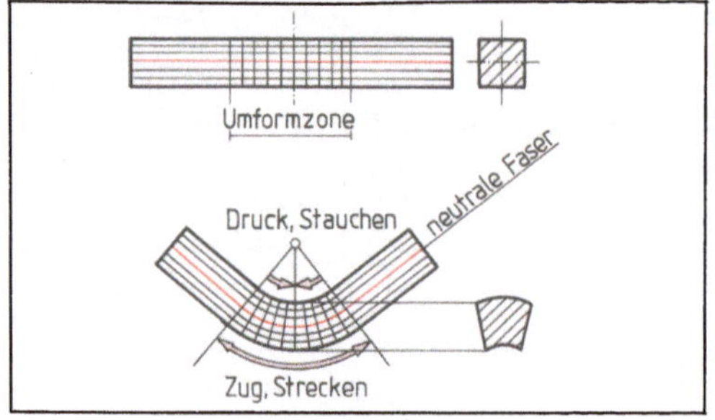

3.10 Biegebeanspruchung

Die Biegebeanspruchung bewirkt, daß der Werkstoff an der Außenseite der Biegestelle gestreckt (Zugspannungen) und an der Innenseite gestaucht wird (Druckspannungen). Zwischen beiden gegensätzlichen Spannungen befindet sich ein spannungsfreier Bereich, in dem der Werkstoff weder gestreckt noch gestaucht wird, also seine ursprüngliche Länge beibehält. Man bezeichnet ihn als neutrale Schicht (neutrale Faser; s. Metallfachkunde 1, Abschn. 12.2). Unter dem Einfluß der Spannungen ändert sich auch der Querschnitt an der Biegestelle. Die Querschnittverformung ist um so größer, je kleiner der Biegeradius

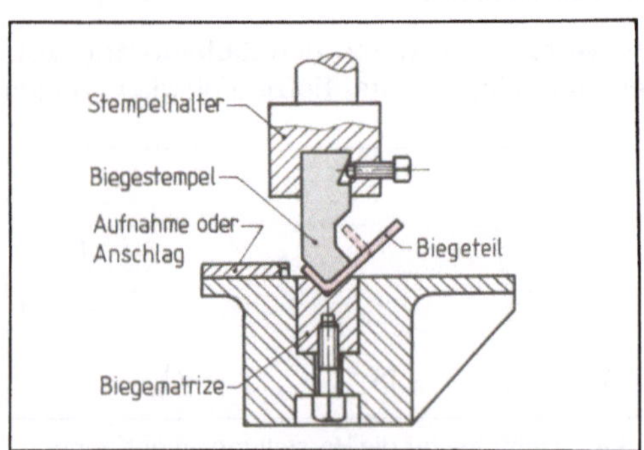

3.11 Universal-Biegewerkzeug

im Vergleich zur Werkstoffdicke ist (**3.10**). Ist der Biegeradius zu klein, wird die Zugfestigkeit an der Außenseite überschritten, und der Werkstoff reißt. Der kleinste zulässige Biegeradius ist von der Werkstoffart und Blechdicke abhängig und kann aus Tabellen entnommen werden.

Biegeumformverfahren. Die hauptsächlich in der Fertigung angewendeten Verfahren des Biegeumformens sind Gesenk-, Schwenk- und Rollbiegen.

Beim Gesenkbiegen wird das Werkstück zwischen einem Biegestempel und einem

Biegegesenk (Biegematrize, Gegenstempel) so verformt, daß es sich vollständig im Gesenk anlegt. Durch dieses vorwiegend eingesetzte Verfahren läßt sich eine Vielzahl von unterschiedlichen Profilformen und Biegeteilen herstellen. Zur Fertigung V-förmiger Biegungen unter verschiedenen Winkeln (z. B. 90°, 60°, 45°) verwendet man Universal-Biegewerkzeuge, bei denen man nur den Biegestempel und die Biegematrize auswechselt (3.11).

Biegeteile mit Z- oder U-Form erfordern besonders bei größeren Stückzahlen ein Spezial-Biegewerkzeug, mit dem die Form in einem Arbeitsgang entsteht (3.12). Durch Rückfederung klemmende Biegeteile stößt der Auswerfer oder Abstreifer aus dem Werkzeug aus. Biegewerkzeuge werden in Pressen eingebaut.

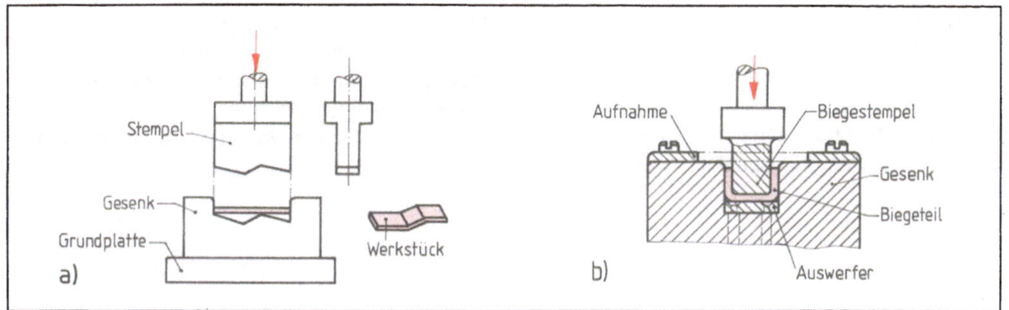

3.12   Biegewerkzeuge a) für Z-förmige Teile, b) für U-förmige Teile

Schwenkbiegen ist ein Biegen mit einer Biegewange. Sie wird an den zu biegenden Streifen eines fest eingespannten Bleches angelegt und mit diesem um die Biegekante herumgeschwenkt (3.13). Zum Spannen des Bleches werden Unter- und Oberwange auf der Schwenkbiegemaschine (Abkantmaschine, -bank) mechanisch (z. B. durch Spindeln) oder hydraulisch zugestellt. Die Biegewange ist auf die jeweilige Blechdicke einstellbar. Mit entsprechenden Rund- und Formstäben zwischen Ober- und Unterwange sowie auswechselbaren Spannschienen lassen sich die verschiedensten Profilformen erzeugen.

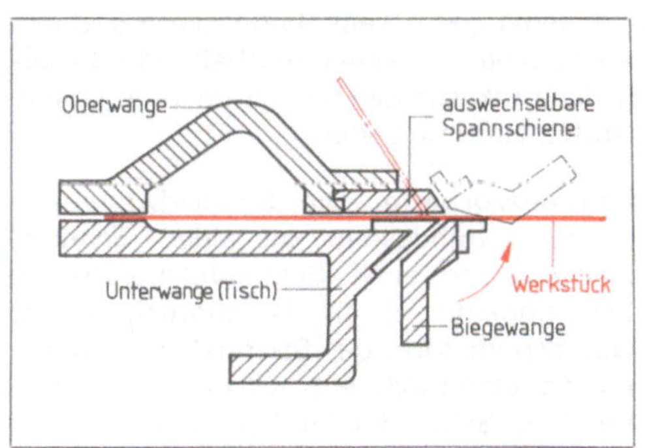

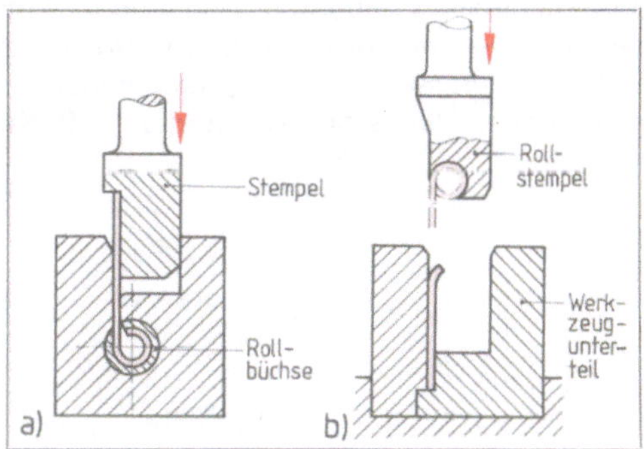

3.13   Wirkungsweise einer Schwenkbiege-
        maschine (Abkantbank)

3.14   Rollwerkzeuge
        a) Rollbüchse, b) Rollstempel

Beim Rollbiegen entstehen Ösen, Scharniere, Gelenkbänder oder Wulste als Randverstärkungen an runden Ziehteilen aus dünnem Blech. Durch Ankippen oder Vorbiegen werden die Rollenanfänge der Werkstücke vorgebogen. Zum Rollen dient ein Rollwerkzeug mit gekrümmter Wirkfläche (z. B. Rollstempel, -büchse). Die Rolle wird bei der Abwärtsbewegung des Stempels oder durch Einstoßen des Werkstücks in die Rollbüchse fertiggeformt (3.14).

1. Welche technischen und wirtschaftlichen Vorteile ergeben sich beim Umformen?
2. Nach welchen Merkmalen lassen sich die Umformverfahren einteilen.
3. Wie unterscheiden sich Strangpressen und Fließpressen?
4. Beschreiben Sie das Strangpressen von Stahl.
5. Nennen Sie Beispiele für die Anwendung von Fließpreßteilen.
6. Erklären sie die Umformvorgänge beim Fließpressen.
7. Was versteht man unter Tiefziehen?
8. Welche Anwendungsgebiete haben Tiefziehteile?
9. Erläutern sie die Vorgänge im Werkstoff beim Tiefziehen.
10. Was ist das Ziehverhältnis?
11. Erklären Sie die Vorgänge beim Biegeumformen.
12. Wovon hängt der kleinste Biegeradius ab?
13. Welche Ursache hat die Rückfederung?
14. Wie lassen sich komplizierte Profile mit einfachen Biegewerkzeugen herstellen?
15. Beschreiben Sie die Wirkungsweise einer Schwenkbiegemaschine.
16. Erläutern Sie den Vorgang beim Rollbiegen.

3.2 Scherschneiden

3.2.1 Schervorgang und Scherverfahren

Durch Scherschneiden mit Schneidwerkzeugen lassen sich aus Blechen, Tafeln, Bändern und Streifen gleichartige und zum Teil komplizierte Teile in großen Stückzahlen ausschneiden. Die ausgeschnittenen Teile sind in Form und Genauigkeit weitgehend gleich und dienen als Ausgangsform für eine umformende oder spanende Weiterverarbeitung oder als Fertigerzeugnisse. Durch Scherschneiden lassen sich praktisch alle metallischen und nichtmetallischen Werkstoffe verarbeiten (z. B. Kunststoffe, Gummi, Leder).

Schneidvorgang. Die Schneidwerkzeuge bestehen mindestens aus einem Schneidstempel und einer Schneidplatte. In die Schneidplatte ist ein Durchbruch in der Querschnittsform des Stempels eingearbeitet, der einen Schneidspalt zwischen Stempel und Schneidplatte berücksichtigt. Der Schneidstempel wird in den Stößel einer Presse eingespannt und gegen die festgespannte Schneidplatte bewegt (**3.15**). Der Schneidvorgang vollzieht sich in den drei Abschnitten elastisches Zusammendrücken, Fließen und Bruch (**3.16**).

Schnittspiel. Um saubere Schnittflächen zu erzielen, müssen die Risse im Werkstoff auf-

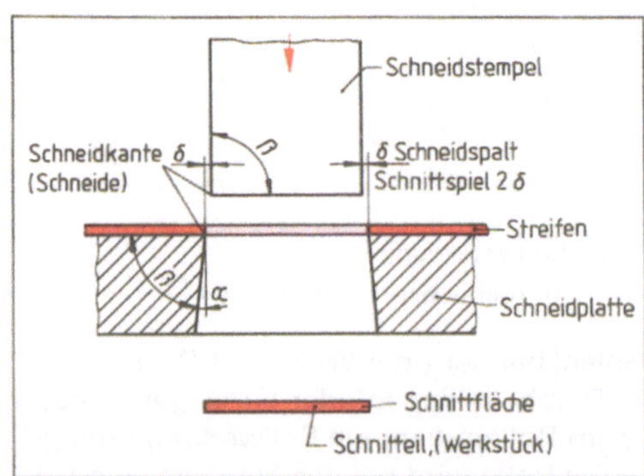

3.15 Schneidwerkzeug

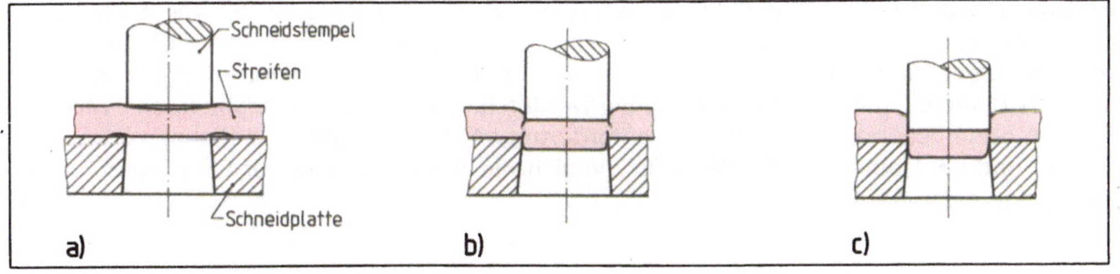

3.16 Vorgänge beim Lochen und Ausschneiden
a) elastisches Zusammenrücken, b) Einziehen und Schneiden (Fließen des Werkstoffs, Risse bei maximaler Schneidkraft), c) Bruch und Ausstoßen

einander zulaufen. Dies wird durch den Schneidspalt erreicht, den Abstand der Schneidkanten von Stempel und Schneidplatte. Als Schnittspiel bezeichnet man das Spiel zwischen Stempel und Schneidplatte. Von seiner Größe hängen die Oberflächengüte der Schnittfläche, die Gratbildung, der Verschleiß des Werkzeugs und die Schneidkraft ab. In der Regel ist das Schnittspiel mit 4 bis 10% der Blechdicke anzusetzen. Das Schnittspiel muß um so größer sein, je dicker und je härter der Werkstoff ist.

Die wichtigsten Schneidverfahren zeigt Bild 3.17.

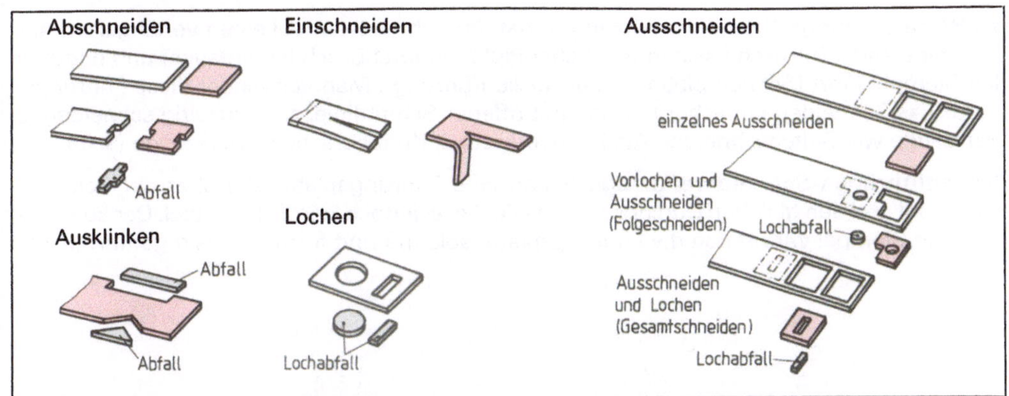

3.17 Schneidverfahren (Auswahl)

3.2.2 Scherschneidwerkzeuge

Die vielseitige Anwendung des Scherschneidens von Blechen führt zu einer Vielfalt der Schneidwerkzeuge. Die Benennung und Einteilung der Scherschneidwerkzeuge erfolgt nach der Führungsart und dem Fertigungsablauf.

3.2.2.1 Schneidwerkzeuge nach der Führungsart

Schneidwerkzeuge, bei denen der Stempelkopf eine auf- und niedergehende Bewegung ausführt, werden in Pressen eingebaut (Schnittpressen). Von der Genauigkeit der Führung hängen wesentlich die Qualität und die herstellbaren Stückzahlen der zu schneidenden Werkstücke ab. Deshalb unterscheidet man die Schneidwerkzeuge oft nach der Art der Führung.

Freischneidwerkzeuge haben keine besondere Stempelführung (3.18). Die Einhaltung des richtigen Schnittspiels hängt deshalb von der Führung des Pressenstößels und dem richtigen Einspannen des Stempels in den Stößel ab. Freischneidwerkzeuge sind einfach im Aufbau und billig in der Herstellung. Sie werden eingesetzt zum Ausschneiden einfacher Formen ohne besondere Genauigkeitsanforderungen (z. B. Ronden und Platinen zum Tiefziehen) und bei kleinen Stückzahlen, für die sich die Anfertigung teurer Führungsschneidwerkzeuge nicht lohnt.

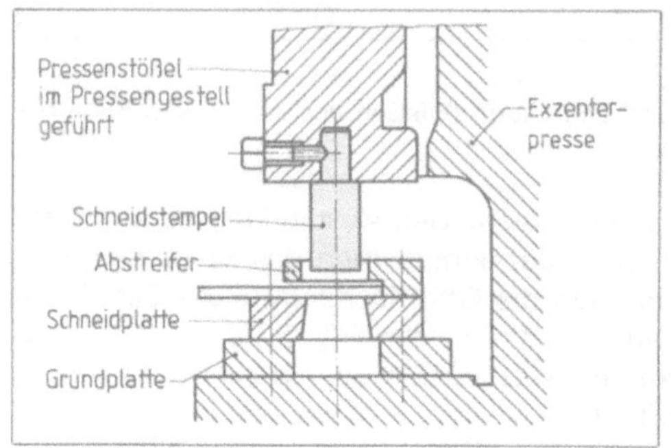

3.18 Freischneidwerkzeug

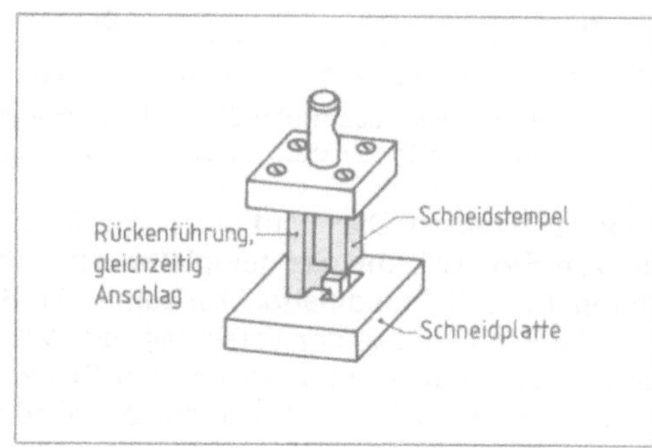

3.19 Hinterführungs-Schneidwerkzeug

Bei Hinterführungs-Schneidwerkzeugen hat der Schneidstempel einen verlängerten Ansatz, der ständig formschlüssig in den Schneidplattendurchbruch hineintaucht und dadurch den Stempel führt (Schneidplatten- oder Rückenführung). Man verwendet diese Führungsart für das Schneiden einfacher Formen mit offener Schnittlinie, z. B. einseitig schneidende Werkzeuge wie Seitenschneider, Ausklinkwerkzeuge, Knabberschneidwerkzeuge (3.19).

Plattenführungs-Schneidwerkzeuge haben eine Führungsplatte, die über der Schneidplatte liegt und den gleichen Durchbruch hat wie diese, jedoch kein Schnittspiel. Der abwärtsgehende Stempel wird durch die Führungsplatte spielfrei und formschlüssig geführt (3.20).

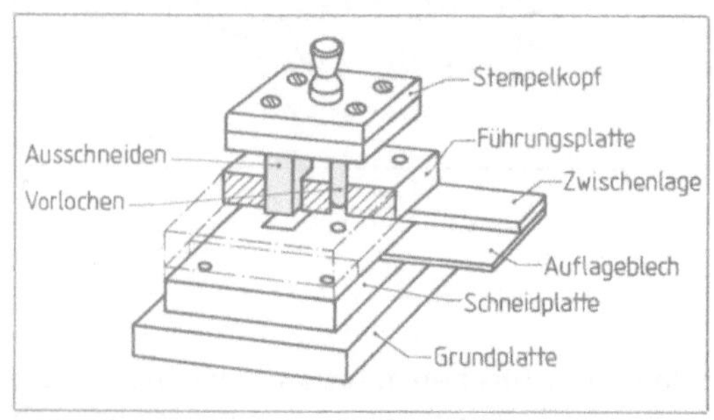

3.20 Plattenführungs-Schneidwerkzeug

3.21 Säulenführungs-Schneidwerkzeug

Säulenführungs-Schneidwerkzeuge bestehen aus einem Werkzeugunterteil mit zwei oder vier Führungssäulen, auf denen das Werkzeugoberteil durch Führungsbuchsen oder Wälzführungen geführt wird. Das Werkzeugoberteil wird mit seinem Einspannzapfen im Pressenstößel befestigt. Stempel, Schneidplatte, Abstreifer werden auf den Arbeitsflächen der oft vorgefertigten Säulenführungen befestigt und sind auswechselbar (3.21). Die Herstellung einer Säulenführung ist einfach, genau und kostengünstig. Säulenführungen verwendet man für hochwertige Folge- und Gesamtschneidewerkzeuge.

126

3.2.2.2 Schneidwerkzeuge nach dem Fertigungsablauf

Läßt sich die Endform eines Werkstücks nur unter Anwendung mehrerer Schneidverfahren erreichen, verwendet man Mehrverfahrenwerkzeuge. Dabei können die einzelnen Schneidvorgänge aufeinander folgen (Folgeschneidwerkzeug) oder gleichzeitig ablaufen (Gesamtschneidwerkzeug).

Folgeschneidwerkzeuge führen bei der Herstellung eines Werkstücks mehrere Schneidverfahren durch, wobei jedes Verfahren einen Pressenhub erfordert. Das Werkzeug enthält deshalb mehrere hintereinander angeordnete Stempel, die am vorrückenden Streifen jeweils einen Schneidvorgang vornehmen, bis in der letzten Arbeitsstufe das fertige Werkstück vom Streifen ab- oder ausgeschnitten wird. Bei diesem Folgeschneiden hängt die Herstellungsgenauigkeit des Werkstücks nicht nur vom Schneidwerkzeug, sondern auch von der Vorschubgenauigkeit des Streifens ab (**3.22**).

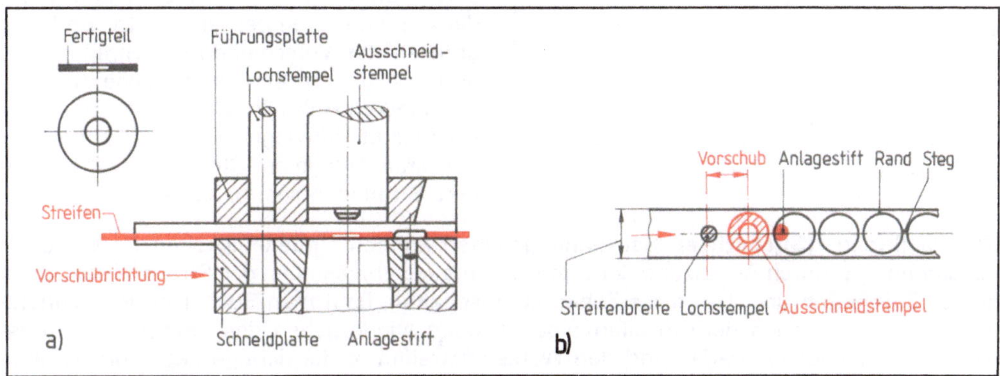

3.22 Folgeschneiden a) Folgeschneidwerk zum Lochen und Ausschneiden, b) Blechstreifen

Gesamtschneidwerkzeuge setzt man ein, wenn die in großen Stückzahlen herzustellenden Werkstücke vollkommen deckungsgleich sein müssen. Beim Gesamtschneiden wird das Werkstück in einem Hub unter gleichzeitiger Anwendung verschiedener Schneidverfahren (z. B. Lochen und Ausschneiden) hergestellt, indem der Hauptstempel die Außenform des Werkstücks ausschneidet und gleichzeitig als Schneidplatte für die Innenform (Lochung) dient (**3.23**).

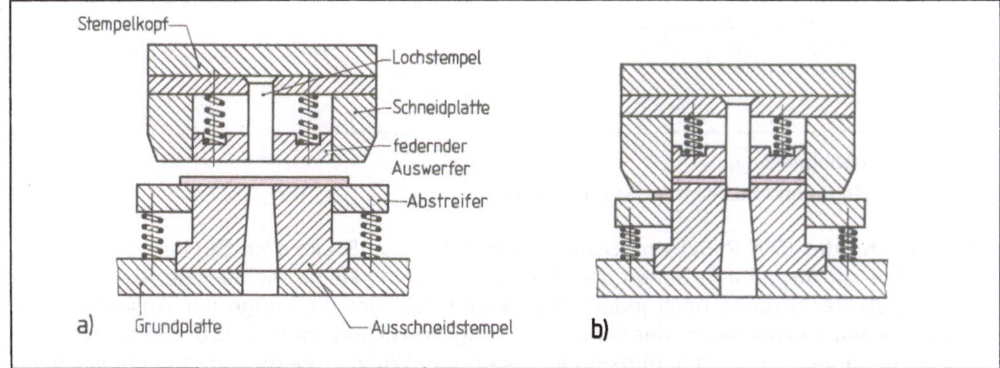

3.23 Gesamtschneidwerkzeug a) vor dem Schnitt, b) nach dem Lochen und Ausschneiden

3.2.2.3 Vorschubbegrenzung, Streifentransport und -führung

Vorschubbegrenzung. Beim Folgeschneiden werden die Schneidverfahren (z.B. Lochen) und Schneiden nacheinander in zwei oder mehreren Hüben durchgeführt, zwischen denen der Werkstoffstreifen vorgeschoben wird. Die richtige Lage der Lochung zur Außenform des Ausschnitts hängt hier also von der Präzision des Werkzeugs u n d von der Vorschubgenauigkeit ab. Die Vorschubbegrenzung hat damit eine wesentliche Bedeutung für die Genauigkeit des Werkstücks. Als Vorschubbegrenzung dienen Anschläge (3.24), Anlagestifte, Suchstifte und Seitenschneider.

Anlagestifte (Einhängestifte) wendet man bei Handvorschub des Streifens an. Sie werden in Bohrungen der Schneidplatte hinter dem Schneidstempel eingesetzt und begrenzen das Vorschieben des Streifens, indem sie sich an eine Trennfläche anlegen. Nach jedem Hub wird der Streifen über den Anlagestift hinweggehoben und bis zur nächsten Anlage am Streifen weitergeschoben (Streifenvorschub; 3.25 a).

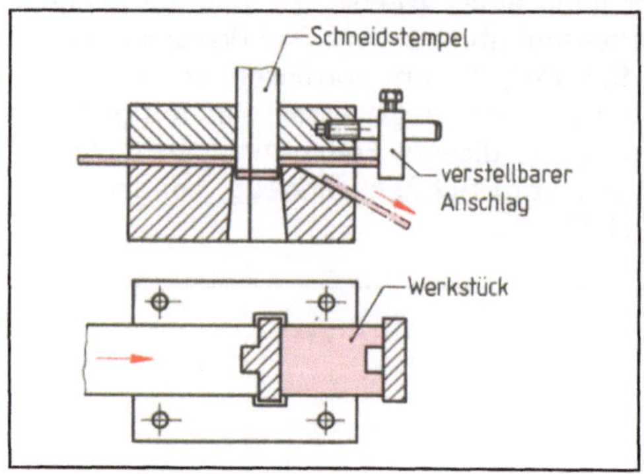

3.24   Verstellbarer Anschlag

Runde Sucher (Suchstifte). Bei Einhängestiften können Ungenauigkeiten im Vorschub entstehen, z.B. durch Abnutzung der Stifte, ungenaues Vorschieben des Streifens oder Spiel in der Streifenführung. Um diese Fehler auszuschalten, baut man Sucher in den Schneidstempel ein, die nach dem Streifenvorschub beim Niedergehen des Stempels in vorgeschnittene Löcher eingreifen und den Werkstoffstreifen in die richtige Lage zurückziehen (Vorschubberichtigung; 3.25 a).

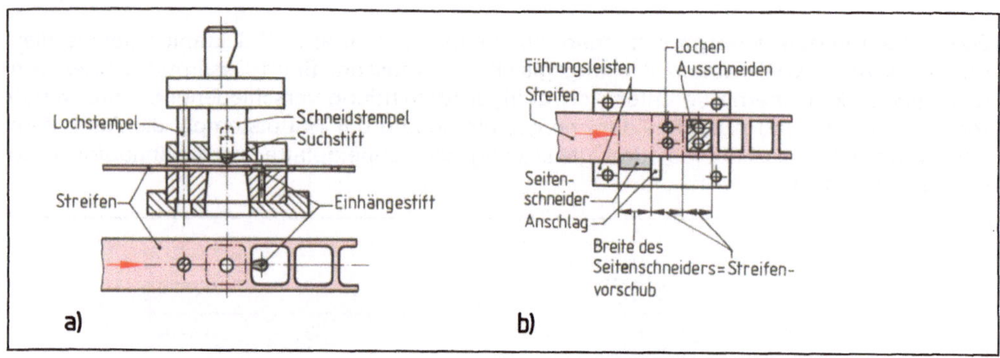

3.25   Vorschubbegrenzung

  a) Einhänge- und Suchstift, b) Seitenschneider

Seitenschneider (DIN 9862) sind Schneidstempel, deren Breite dem Streifenvorschub entspricht. Sie klinken an den Seiten des Werkstoffstreifens kleine rechteckige Aussparungen aus, so daß der Streifen nach jedem Pressenhub nur um die Länge der Ausklinkung bis zum gehärteten Anschlag in der Streifenführung vorrücken kann (3.25 b). Seitenschneider sind die genaueste und am häufigsten angewendete Vorschubbegrenzung in Folgeschneidwerkzeugen.

128

Vorschubeinrichtungen. Bei Großserien- und Massenfertigung verarbeitet man Blechbänder, die von der Rolle abgespult, durch Richtwalzen geradegerichtet und mit Hilfe von Vorschubeinrichtungen durch das Werkzeug transportiert werden. In den Vorschubapparaten wird das Band durch Walzen oder Zangen im Vorschubtakt weitergeschoben (Einlaufseite) oder weitergezogen (Auslaufseite). Der Antrieb der Vorschubeinrichtungen erfolgt mechanisch, bei automatisierter Fertigung meist pneumatisch oder elektromotorisch.

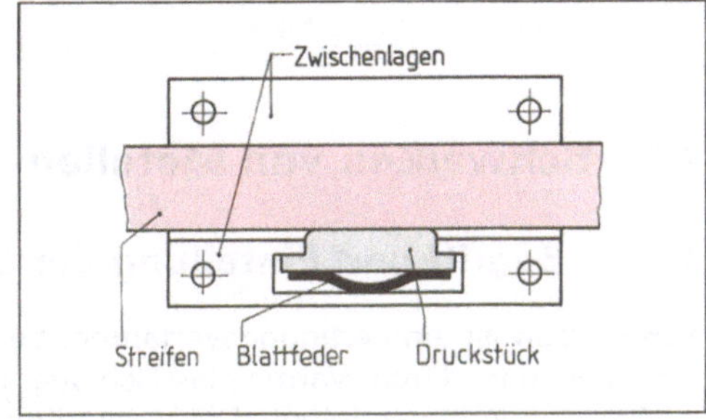

3.26   Federnde Streifenführung

Streifenführung. Die den Schneidwerkzeugen zugeführten Blechstreifen müssen auch seitlich geführt werden. Federnde Streifenführungen sind in eine Zwischenlage eingebaut. Sie drücken den Streifen gegen die feste Zwischenlage und gleichen so Maßunterschiede in der Breite des Streifens aus (**3.26**).

Aufgaben zu Abschnitt 3.2

1. Erläutern Sie den Scherschneidvorgang.
2. Welche Bedeutung hat das Schnittspiel?
3. Beschreiben Sie Scherschneidverfahren und ihre Merkmale.
4. Erläutern Sie die Arten der Schneidstempelführung.
5. Beschreiben Sie Aufbau und Wirkungsweise eines Folgeschneidwerkzeugs für Lochen und Ausschneiden.
6. Welcher Unterschied besteht zwischen einem Folgeschneidwerkzeug und einem Gesamtschneidwerkzeug?
7. Erklären Sie die Vorschubbegrenzung durch Anlagestifte und Seitenschneider.
8. Welche Aufgabe haben Suchstifte?
9. Warum sieht man bei den Schneidwerkzeugen Streifenführungen vor?

4 Metallschweißen und thermisches Schneiden

4.1 Schweißen von Metallen

4.1.1 Begriff und Einteilung der Schweißverfahren

Schweißen ist ein Fertigungsverfahren, bei dem Werkstoffe in einem begrenzten Bereich (Schweißzone) durch Wärme plastisch oder flüssig gemacht werden und sich mit oder ohne Kraftanwendung vereinigen. Die Verbindung ist stoffschlüssig und unlösbar.

Die zur Erwärmung erforderliche Energie kann der Schweißzone von außen durch verschiedene Energieträger zugeführt werden (z.B. Brenngas-Sauerstoffflamme, elektrischen Lichtbogen oder Strom, Plasma-Lichtbogen oder -strahl, Licht-, Laser-, Elektronenstrahlen oder durch Bewegungsenergie). Beim Schweißen setzt man oft ähnliche oder artgleiche Werkstoffe in Form von Schweißstäben, -drähten oder Draht- bzw. Stabelektrode, Schweißzusatzwerkstoffe genannt, zu, um die Schweißfuge auszufüllen. Die Schweißstelle soll dem angrenzenden Grundwerkstoff möglichst gleichartig und gleichwertig sein. Schweißhilfsstoffe wie Schutzgase, Pulver und Pasten unterstützen oder ermöglichen den Schweißvorgang.

Schweißverfahren. Nach DIN 1910 werden die Schweißverfahren nach dem physikalischen Prinzip (Preß- oder Schmelzschweißen) und nach Art des Energieträgers (z.B. Gas, Lichtbogen, Strahlen) eingeteilt und durch Kurzzeichen gekennzeichnet (**4.1**).

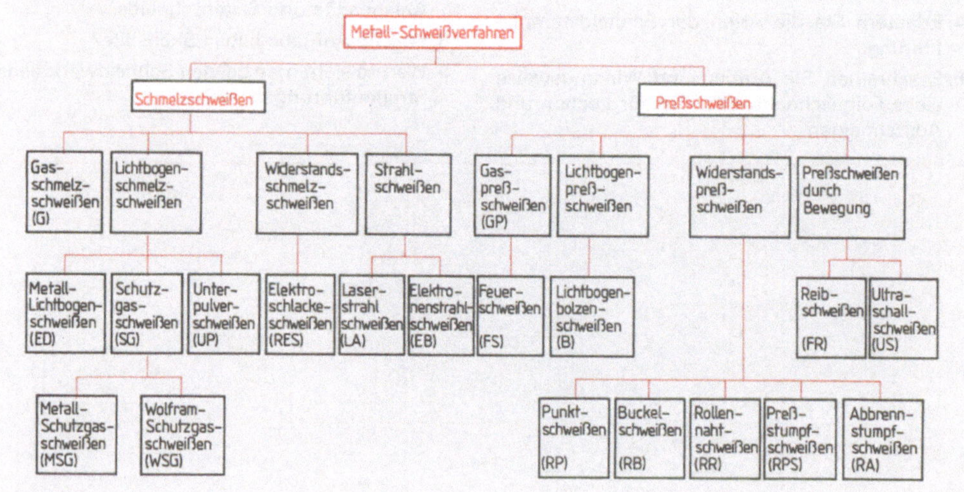

4.1 Schweißverfahren von Metallen nach DIN 1910

> Schweißen ist das Vereinigen von Werkstoffen in der Schweißzone unter Anwendung von Wärme und/oder Kraft mit oder ohne Schweißzusatz. Schweißhilfsmittel ermöglichen oder unterstützen den Schweißvorgang.
>
> Die erforderliche Energie wird durch Energieträger von außen zugeführt (DIN 1910).

4.1.2 Lichtbogenschmelzschweißen

Das Lichtbogenschmelzschweißen, besonders das Lichtbogenhandschweißen (E), ist das
häufigste Schweißverfahren mit umfassendem Anwendungsbereich.

4.1.2.1 Metall-Lichtbogenschweißen (ED)

Beim Metall-Lichtbogenschweißen wird ein Lichtbogen zwischen einer Metallelektrode
und der Schweißfuge des Werkstücks gezogen, so daß ein geschlossener Stromkreis aus
Spannungsquelle, Elektrode, Lichtbogen und Werkstück entsteht. Durch die hohe
Temperatur des Lichtbogens schmelzen die Werkstückenden und gleichzeitig die Elektrode,
die als Schweißzusatzwerkstoff in Tropfenform abschmilzt, die Schweißfuge füllt und mit
dem Grundwerkstoff nach Erstarren das Schweißgut bildet (**4.2**).

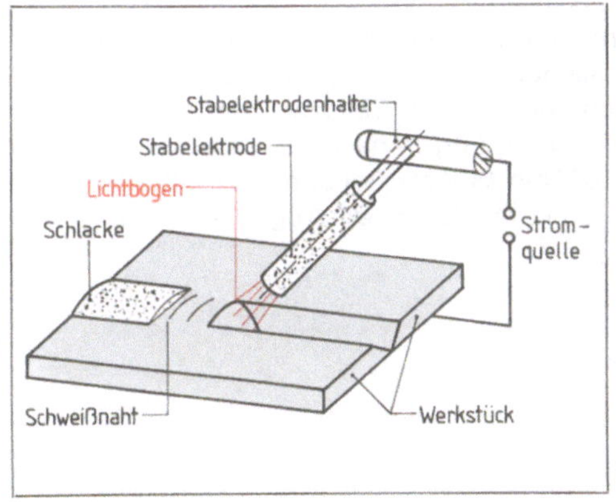

4.2 Lichtbogenhandschweißen   4.3 Ionisierung der Luft im Lichtbogen

Vorgänge im Lichtbogen. Der Lichtbogen ist eine elektrische Gasentladung. Sie überbrückt eine Gas- oder Luftstrecke zwischen zwei Polen (Minuspol–Kathode, Pluspol–
Anode), die bei Raumtemperatur sonst nicht leitend ist. Im Schweißstromkreis sind bei
Gleichstrom meist die Elektrode am Minuspol und das Werkstück am Pluspol angeschlossen. Beim Einschalten der Spannungsquelle ist der Schweißstromkreis wegen der nicht
leitenden Luft noch unterbrochen. Der Lichtbogen wird durch kurzes Aufsetzen oder An-
streichen der Elektrode auf das Werkstück gezündet. Dabei fließt ein hoher Kurzschlußstrom, der die Berührungsstelle und die umgebende Luft stark erwärmt. Beim Abheben der
Elektrode entsteht ein Lichtbogen, weil die Luft durch Ionisation leitend wird und daher
der Stromkreis geschlossen bleibt. Der Lichtbogen kann leicht gehalten werden, wenn der
Abstand zwischen Werkstück und Elektrode gleich dem Elektrodendurchmesser ist. Bei größerem Abstand reißt der Lichtbogen ab und muß neu gezündet werden.

Die Ionisation und damit die Leitfähigkeit der Luft wird dadurch herbeigeführt, daß die aus
der Elektrode (Kathode) austretenden Elektronen auf dem Weg durch die Luft Gasmoleküle
in Elektronen und Ionen (Restatome) aufspalten, die zum Minus- bzw. Pluspol wandern
(**4.3**). Die Elektronen prallen mit hoher Geschwindigkeit (10 000 bis 100 000 km/s) und großer
Wucht auf das Werkstück, erwärmen es auf etwa 4200 °C und bringen es örtlich zum
Schmelzen. Die positiven Gasionen treffen auf die Elektrodenspitze und erwärmen sie auf
rund 3500 °C, so daß sie gleichzeitig abschmilzt und sich in bestimmten Zeitabstän-

den (bis zu 40mal je Sekunde) tropfenförmig durch den Lichtbogen hindurch mit dem Schmelzbad vereinigt. Nach dem Übergang des Schmelztropfens zündet der Lichtbogen sofort wieder. Der Werkstoffübergang erfolgt immer von der Elektrode zum Werkstück, so daß sich auch senkrechte und Überkopfnähte schweißen lassen. Zur Stabilisierung des Lichtbogens werden beim Metall-Lichtbogenschweißen fast ausschließlich umhüllte Schweißelektroden verschweißt, deren verschiedenartige Umhüllungen die notwendigen Ionen zum Brennen des Lichtbogens liefern.

Gleichstrom und Wechselstrom werden gleichermaßen für das Lichtbogenschweißen verwendet. Beim Gleichstromschweißen schließt man das Werkstück meist an den Pluspol an, weil durch die höhere Temperatur des Lichtbogens am Pluspol eine bessere Einbrandtiefe erreicht wird. Beim Wechselstromschweißen ist dagegen die Temperatur an Elektrode und Werkstück gleich, denn die Polarität des Wechselstroms wechselt ja ständig. Dadurch wird der Lichtbogen immer wieder unterbrochen. Gehalten wird er durch Verschweißen umhüllter Elektroden.

Die Leerlaufspannung (Zündspannung) liegt meist über 50 V. Ihr Höchstwert – bei Gleichstrom 100 V, bei Wechselstrom 70 V, in geschlossenen Räumen (z. B. Kessel, Behälter) 42 V – darf nicht überschritten werden, um den Schweißer beim Elektrodenwechsel nicht zu gefährden. Bei brennendem Lichtbogen fällt die Spannung je nach Elektrodenart auf eine Schweißspannung (Arbeitsspannung) von 15 V bis 45 V ab. Bei den Kurzschlüssen während der Zündung und des Tropfenübergangs sinkt sie für einen Augenblick auf nahezu Null ab (**4.4**).

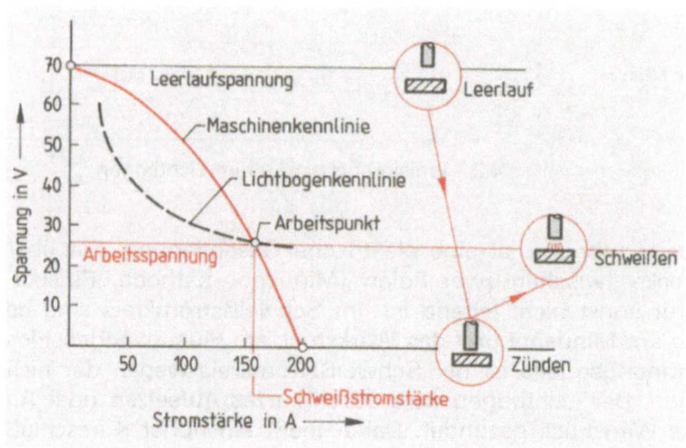

4.4
Spannung und Strom beim Schweißen

Die Schweißstromstärke ist an der Schweißmaschine meist stufenlos einstellbar. Sie hängt ab von Durchmesser, Länge und Art der Elektrode, von Werkstoffart und -dicke sowie von der Schweißposition. In der Regel liegt sie zwischen 50 A und 600 A.

Schweißstromquellen liefern die für das Lichtbogenschweißen erforderlichen niedrigen Spannungen und hohen Stromstärken, indem sie Wechsel- oder Drehstrom von 230 V/ 400 V aus dem Versorgungsnetz umspannen oder in Gleichstrom umwandeln (**4.5**).

Schweißstromquellen sind Schweißumformer (-generatoren) und Schweißgleichrichter für das Gleichstromschweißen sowie Schweißumspanner (-transformatoren) für das Wechselstromschweißen.

Tabelle 4.5 Schweißstromquellen

Bauweise, Stromart, Leerlaufspannung	Schweißumformer (Schweißgenerator) Gleichstrom max. Leerlaufspannung 100 V	Schweißgleichrichter Gleichstrom max. Leerlaufspannung 100 V	Schweißumspanner (Schweißtransformator) Wechselstrom max. Leerlaufspannung 70 V
Aufbau	Ein an das Drehstromnetz angeschlossener Drehstrommotor treibt den Gleichstromgenerator an. Motor und Generator sind meist in fahrbarer Eingehäuse-Bauart mit gemeinsamer Welle oder gekuppelt zusammengebaut. Antrieb des Generators auch durch Verbrennungsmotor	Einem an das Drehstromnetz angeschlossenen, regelbaren Drehstromtransformator ist ein Gleichrichterteil (z.B. Platten-Gleichrichter) nachgeschaltet. Im Gleichrichter wird der Wechselstrom in einen Gleichstrom zum Schweißen umgewandelt	In einem Schweißtransformator wird der Wechselstrom des Netzes von hoher Spannung und niedriger Stromstärke in einen Wechselstrom mit niedriger Spannung und hoher Stromstärke umgewandelt

Schweißelektroden sind Schweißzusatzwerkstoffe, die beim Schweißvorgang stromführend abschmelzen, sich mit dem aufgeschmolzenen Grundwerkstoff mischen und die Schweißnaht bilden. Nach dem Schweißzweck unterscheidet man Elektroden für das Verbindungsschweißen und das Auftragsschweißen. Sie können legiert oder unlegiert sein, damit die Zusammensetzung des Schweißguts der des Grundwerkstoffs entspricht. Zum Lichtbogenschweißen verwendet man ausschließlich umhüllte Stabelektroden. Ihre Umhüllung besteht aus mineralischen oder organischen Stoffen und wird durch Tauchen oder Pressen aufgebracht. Sie schmilzt zusammen mit der Metallelektrode ab, stabilisiert den Lichtboden, bildet Schutzgase und eine das Schweißgut schützende Schlacke.

Die Normung der Stabelektroden für das Verbindungsschweißen von Stahl nach DIN 1913 erleichtert die Elektrodenauswahl und -anwendung für das Lichtbogen-Handschweißen. Normgrundlage und Kurzbezeichnung ist die Einteilung der Elektroden in 12 Klassen. Darin sind Umhüllungstyp, Schweißposition und Stromeignung (Polung, Stromarten) festgelegt. Die Kurzbezeichnung wird durch Kennziffern der Festigkeit und Kerbschlagarbeit ergänzt.

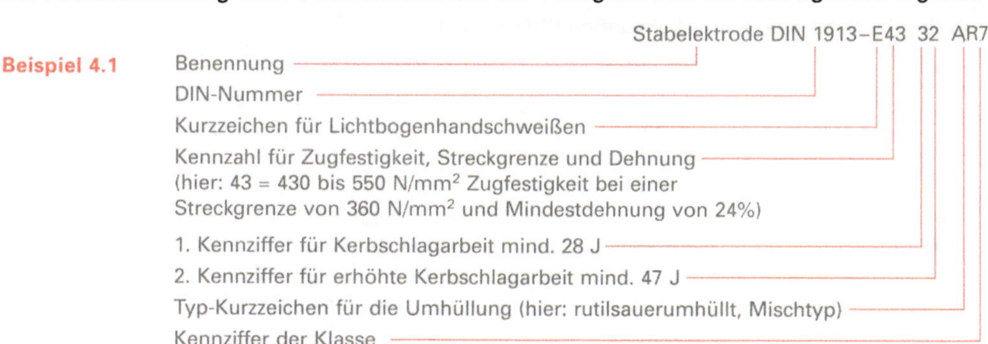

Beispiel 4.1

Bewerten und Prüfen von Schweißnähten. Die Schweißnaht muß die gleiche Festigkeit und Korrosionsbeständigkeit aufweisen wie der Grundwerkstoff. Durch das Schweißen dürfen keine zusätzlichen Spannungen in der Schweißkonstruktion entstehen (z.B. durch Kerbwirkung, Schrumpf- oder Wärmespannungen). Die Güte der Schweißverbindung wird nicht nur von dem Werkstoff, dem Schweißverfahren und der Nahtart bestimmt, sondern in starkem Maß auch von der Ausführung der Schweißarbeit. Zur Gütesicherung werden die Schweißnähte auf Fehler untersucht und danach beurteilt.

Schweißfehler sind entweder schon äußerlich zu erkennen (äußerer Nahtbefund) oder nur mit Hilfe von Prüfverfahren und Gefügeuntersuchungen festzustellen (innerer Nahtbefund). Die häufigsten Schweißfehler sind in Bild **4.6** dargestellt.

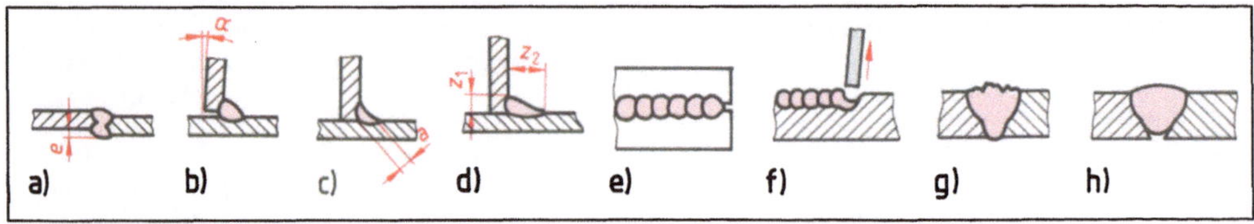

4.6 Schweißfehler

a) Kantenversatz e, b) Winkelabweichung α, c) Nahtdicke a, d) Ungleichschenkligkeit z, e) Endkrater, f) Einbrandkrater, g) Schlackeneinschlüsse, Poren, Blasen, Risse, h) zu geringer Einbrand, nicht durchgeschweißte Wurzel

Die Prüfung von Schweißnähte gibt Auskunft über Festigkeit und Verformbarkeit einer Schweißverbindung oder über die innere Beschaffenheit der Naht. Der innere Nahtbefund wird in der Fertigung meist durch zerstörungsfreie Prüfungen festgestellt (z.B. mit Hilfe der Kapillar-, Magnet-, Schall- und Strahlenverfahren, beschrieben in Abschnitt 12.8).

Zerstörende Prüfungen für Schweißnähte entsprechen zwar den allgemeinen Werkstoffprüfverfahren (s. Abschn. 12), sind aber zur Festlegung der Probenform und Prüfbedingungen größtenteils gesondert genormt.

4.1.2.2 Schutzgasschweißen (SG)

Zum Schutzgasschweißen gehören alle Schweißverfahren, bei denen Schweißzusatzwerkstoff, Lichtbogen und Schmelzbad durch Schutzgase (aus Düsen zugeführt) gegenüber den schädlichen Einflüssen der Atmosphäre abgeschirmt werden.

Als Schutzgase dienen inerte Gase (lat. = träge, unbeteiligt), aktive Gase (reaktionsfähig, aber unschädlich für den Schweißvorgang) und Mischgase (**4.7**).

Tabelle **4.7** **Schutzgase zum Schweißen (DIN 32 526)**

Gasart	Gas/Gasgemisch	Verhalten beim Schweißen	Anwendung	Verfahren
Inertgas	Argon Ar (Edelgas)	keine chemische Reaktion	alle Metalle (a. schwer schmelzbar, hochlegiert)	WIG WIG
Aktivgas	Kohlendioxid CO_2	oxidierend	unlegierte Stähle	MAG
Mischgas	Ar + 1 bis 5% O_2 Ar + 25% CO_2 Ar + CO_2 + O_2	schwach bis leicht oxidierend	unlegierte und niedriglegierte Stähle bei hohem Ar-Gehalt hochlegierte Stähle	MAG

Die Schutzgasart beeinflußt Form, Länge und Verhalten des Lichtbogens, den Werkstoffübergang, die Einbrandtiefe, das Aussehen der Naht und Beschaffenheit des Schweißguts.

Die Schutzgasschweißverfahren werden nach den Elektroden und Schutzgasen in zwei Gruppen eingeteilt:

Wolfram-Schutzgasschweißen für alle Schutzgasschweißverfahren, bei denen eine nicht abschmelzende Elektrode (Dauerelektrode, z. B. aus Wolfram) verwendet wird.

Metall-Schutzgasschweißen für alle Schutzgasschweißverfahren mit abschmelzender Elektrode.

Innerhalb dieser beiden Gruppen unterscheidet man nach der Art des Schutzgases:

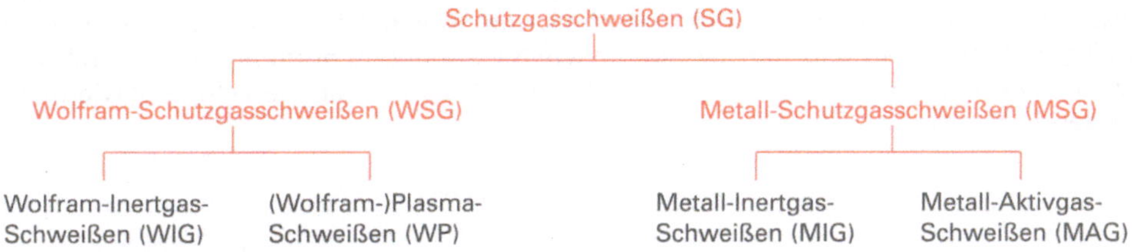

Beim Wolfram-Schutzgasschweißen dauert die Wolframelektrode nur zum Ziehen und Führen des Lichtbogens. Der Schweißzusatzwerkstoff wird, falls erforderlich, gesondert zugeführt. Am häufigsten verwendet man Argon als Inertgas. Für spezielle Schweißarbeiten wird das Plasmaschweißen eingesetzt.

Wolfram-Inertgas-Schweißen (WIG). Hier wird ein Lichtbogen zwischen einer nicht abschmelzenden Wolframelektrode (Dauerelektrode) und dem Grundwerkstoff gezogen. Durch eine Ringdüse des Schweißbrenners strömt inertes Schutzgas (meist Argon, seltener Helium oder deren Gemische) auf die Schweißstelle und hüllt dabei Elektrode, Lichtbogen und Schmelzbad ein. Ein nackter, abschmelzender Schweißzusatzdraht wird, falls erforderlich, von Hand oder mechanisch seitlich an das Schmelzbad herangeführt (4.8). In der Regel arbeitet man beim WIG-Schweißen mit Gleichstrom. Bei serienmäßig fortlaufenden Verbindungsschweißungen wird das WIG-Schweißverfahren mechanisiert oder automatisiert betrieben.

Die Vorteile des WIG-Schweißens besteht darin, daß durch Abschirmen der Schweißstelle mit einem Edelgas ein Schmelzbad ohne Schlacken- und Oxidbildung entsteht und ein hochwertiges Schweißgut ohne Aufkohlung oder Abbrand von Legierungsbestandteilen erzielt wird. Es ergeben sich besonders saubere und glatte Schweißnähte ohne Einbrandkerben und Schweißspritzer. Leichtmetalle lassen sich ohne Flußmittel verschweißen. Die hohe, aber örtlich begrenzte Erwärmung der Schweißstelle bewirkt geringere Schrumpf- und Wärmespannungen im Schweißgut als bei anderen Verfahren. WIG-Schweißen ist mehr auf die Güte der Schweißverbindung

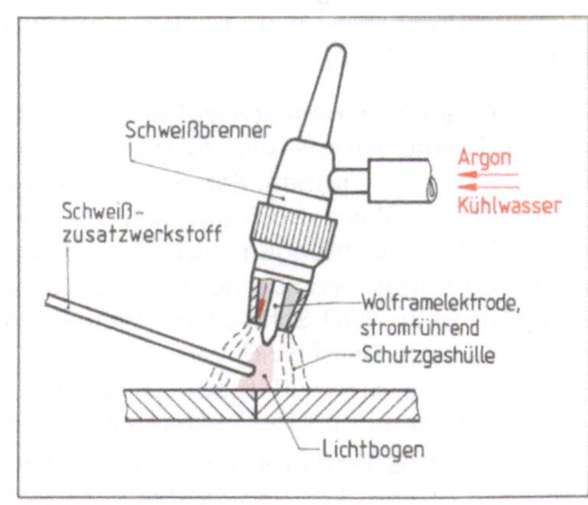

4.8   Wolfram-Inertgas-Schweißen

als auf hohe Abschmelzleistung ausgerichtet und wird bei schwierigen Schweißaufgaben eingesetzt, die sich nicht mit anderen Schweißverfahren bewältigen lassen.

Beim (Wolfram-)Plasmaschweißen (WP), einem Schutzgasschweißen mit Argon wie das WIG-Verfahren, verwendet man zum Verbindungsschweißen einen Plasmabrenner, bei dem zwischen einer negativ gepolten Wolframelektrode und dem Werkstück ein Lichtbogen brennt (Plasmalichtbogenschweißen WPL). Dieser Lichtbogen wird durch die besondere Bauart des Brenners stark eingeschnürt und entwickelt örtlich begrenzt sehr hohe Temperaturen. Ein dem Lichtbogen zugeführtes Trägergas, meist Argon, wird dadurch hocherhitzt und in Ionen und Elektronen aufgespalten. Diesen Zustand des Gases nennt man Plasma. Es entsteht ein Plasmastrahl von 5000° bis 20000 °C, der die zum Schweißen erforderliche Wärmeenergie liefert (Energieträger). Die hohe Wärmeenergie ermöglicht große Schweißgeschwindigkeiten, während die Wärmeeinflußzone wesentlich kleiner als bei anderen Schweißverfahren ist, so daß nur geringe Schweißspannungen auftreten (**4.9**). Durch WP-Schweißen verbindet man hochlegierte Stähle, Nickel- und Kupferwerkstoffe sowie hochschmelzende Metalle.

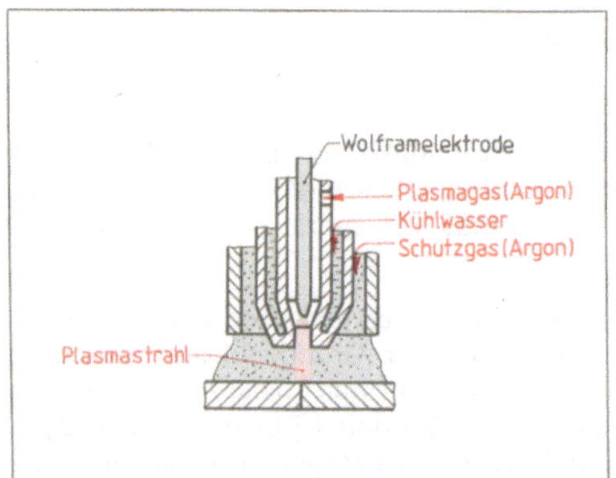

4.9   Plasma-Lichtbogenschweißen

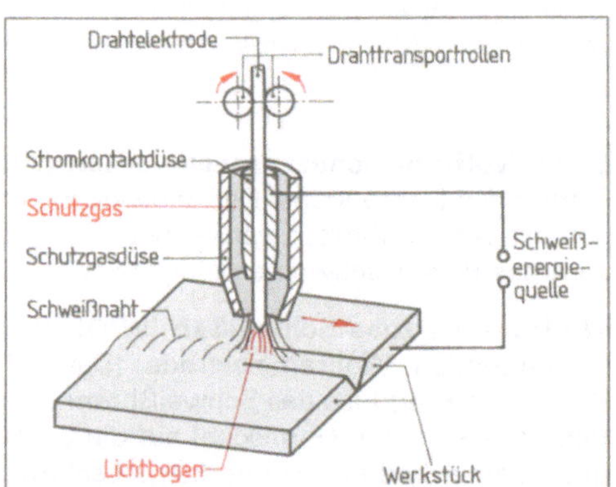

4.10   Metall-Schutzgasschweißen

Das Metall-Schutzgasschweißen umfaßt zwei Verfahren, die mit einer abschmelzenden Drahtelektrode arbeiten und sich nur durch die Art des Schutzgases (Inertgas oder Aktivgas) unterscheiden (**4.10**).

Beim Metall-Inertgas-Schweißen (MIG) brennt der Lichtbogen zwischen einer abschmelzenden Drahtelektrode, die stetig durch ein Vorschubgerät zugeführt wird, und dem Werkstück. Zum Abschirmen der Schweißstelle dient inertes Schutzgas, meist Argon. Man schweißt mit Gleichstrom und schließt die Drahtelektrode an den Pluspol an. Das ergibt einen stabilen Lichtbogen und tiefen Einbrand, wie er für Verbindungsschweißen angestrebt wird. Man erzielt eine größere Schweißgeschwindigkeit und höhere Abschmelzleistung als beim WIG-Schweißen. Deshalb lassen sich dickere Bleche (> 4 mm Dicke) verschweißen als beim WIG-Verfahren. Die WIG-Vorteile (Abschirmung der Schweißstelle durch Edelgas, Schweißen der Leichtmetalle ohne Flußmittel, geringe Schrumpf- und Wärmespannungen und Möglichkeiten zur Automatisierung) bleiben erhalten.

So ist das MIG-Verfahren eine Weiterentwicklung des Schutzgasschweißens. Es wird bei größeren Blechdicken von NE-Metallen (Kupfer), Leichtmetallen (Aluminium) und hochlegierten Stählen durchgeführt.

136

Das Metall-Aktivgas-Schweißen (MAG) arbeitet nach dem gleichen Prinzip und mit den gleichen Schweißgeräten wie das MIG-Schweißen, nur setzt man statt des Inertgases vorwiegend das bedeutend preiswertere Kohlendioxid CO_2 oder auch Mischgase aus Argon mit Kohlendioxid und evtl. Sauerstoff ein. Bei Verwendung von Kohlendioxid sind höhere Schweißstromstärken erforderlich (25 A bis 650 A), die einen besonders schmalen und tiefen Einbrand, aber auch einen gewissen Abbrand von Legierungselementen verursachen, der durch Zusätze in der Schweißdrahtelektrode ausgeglichen wird. MAG-Schweißen ist ein Hochleistungsverfahren zum Schweißen dünner und dickerer Bleche aus unlegierten und niedriglegierten Stählen, vor allem Massenbaustählen.

4.1.3 Widerstandspreßschweißen

Von den Verfahren des Preßschweißens hat das Widerstandspreßschweißen die weitestgehende Anwendung im Maschinen-, Fahrzeug-, Flugzeugbau und in der Elektrotechnik gefunden. Beim Widerstandspreßschweißen nutzt man die Wärme, die ein starker elektrischer Strom beim Durchfließen und Berühren zweier elektrischer Leiter infolge des elektrischen Widerstands entwickelt. Die Schweißteile werden durch die örtlich begrenzte Widerstandswärme erhitzt und unter Druck zusammengepreßt. Die Verfahren sind in modernen Fertigungsmaschinen automatisiert und werden wegen ihrer kurzen Schweißzeiten und geringen Kosten für Vor- und Nachbereitung in der Großserien- und Massenfertigung eingesetzt. Punktschweißen und Rollennahtschweißen sind die wichtigsten Verfahren.

Beim Punktschweißen (RP) werden die zu verschweißenden Bauteile durch zwei Punktelektroden zusammengedrückt, dann ein kurzzeitiger, hoher Schweißstrom eingeschaltet. Die an der Stelle des Stromübergangs auf Schweißhitze erwärmten Bauteile werden unter dem Elektrodendruck punktförmig verschweißt. Kleinere Punktschweißmaschinen drücken die Elektroden durch Fußhebel auf das Blech, größere hydraulisch oder pneumatisch. Die Elektrodenspitzen müssen leicht ballig sein, damit sich Strom und Anpreßdruck auf die kleine Schweißstelle konzentrieren und eine punktförmige Schweißlinse entsteht. Das Punktschweißen verwenden die Automobilindustrie (Karosserien), die Elektrotechnik und Feinwerktechnik zum Verbinden dünner Drähte und Bleche (**4.11**).

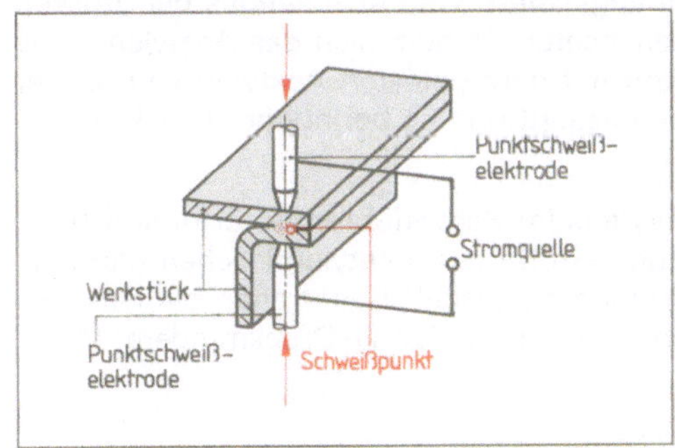

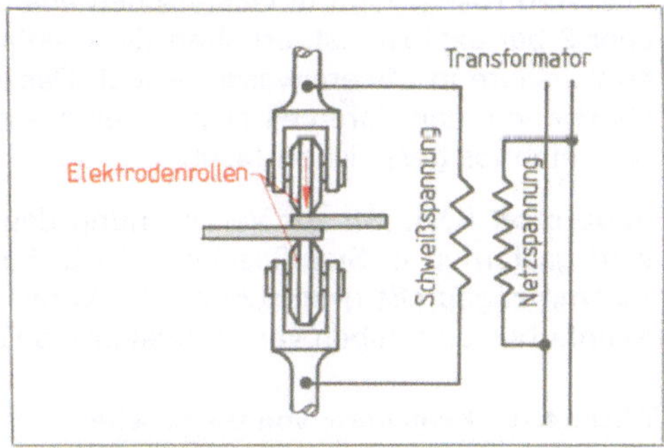

<table>
<tr><td>4.11 Punktschweißen</td><td>4.12 Rollennahtschweißen</td></tr>
</table>

Das Rollennahtschweißen (RR) benutzt an Stelle stabförmiger Elektroden sich stetig oder schrittweise drehende Elektrodenrollen, zwischen denen die zu verschweißenden Bleche hindurchgeführt und verschweißt werden. Die Stromzuführung erfolgt kontinuierlich oder periodisch unterbrochen. Die Schweißpunktabstände sind beliebig einstellbar und ergeben, wenn sie sich überschneiden, eine Dichtnaht, wie sie z. B. im Behälterbau erforderlich ist (**4.12**).

4.1.4 Gasschmelzschweißen

Beim Gasschmelzschweißen wird die Wärmeenergie eines gezündeten Brenngas-Sauerstoff-Gemisches mit Temperaturen von 2000 bis 3000 °C zum Aufschmelzen des Grundwerkstoffs und des Schweißdrahts genutzt. Durch die geringe Schweißgeschwindigkeit ergibt sich eine breite Wärmezone, die zu unerwünschten Gefügeänderungen, höheren Schrumpfspannungen und zu einem stärkeren Verzug als bei anderen Verfahren führen kann. Dies schränkt die Anwendung des Gasschmelzschweißens ein. Hauptsächlich setzt man es beim Schweißen dünner Bleche, von Rohrleitungen, zum Auftragsschweißen und zu Reparaturarbeiten ein (**4.13**).

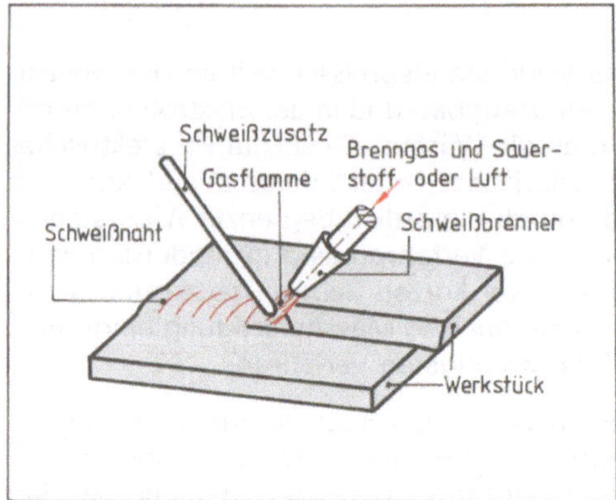

4.13 Gasschmelzschweißen (Gasschweißen)

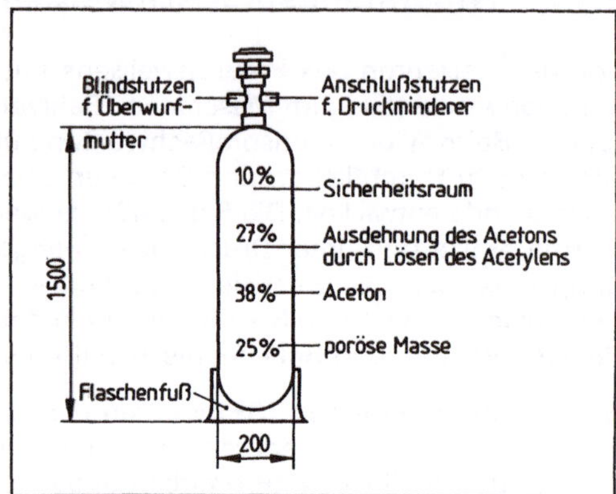

4.14 Acetylenflasche

Schweißgase. Als Brenngas wird am häufigsten Acetylen wegen seiner hohen Flammtemperatur und -leistung verwendet. In besonderen Fällen (z. B. beim thermischen Trennen, Beschichten) kommen Wasserstoff, Propan oder Erdgas zur Anwendung.

Acetylen (C_2H_2) wird in Gasflaschen aus Stahl angeliefert. Weil Acetylengas bei Drücken über 2 bar explosiv ist, erhalten die Gasflaschen Aceton, in dem sich das Acetylen – wie Kohlensäure in Mineralwasser – löst. Das Aceton mit dem gelösten Acetylen wird in der Flasche von den Poren einer porösen Masse aufgesaugt und so bei hohem Druck von 18 bar gefahrlos gespeichert (**4.14**).

Sauerstoff (O_2), der zur Verbrennung des Acetylens im Schweißbrenner erforderlich ist, wird gasförmig in Stahlflaschen, die in Form und Größe den Acetylenflaschen gleichen, zusammengepreßt gespeichert. Um Verwechslungen auszuschließen, tragen die Flaschen Kennfarben und haben verschiedenartige Flaschenanschlüsse für die Druckminderer (**4.15**).

Tabelle **4.15**   **Kennwerte von Gasflaschen**

Gasart	Flaschenvolumen in l	Druck in bar	Gasinhalt in l	Kennfarbe	Flaschenanschluß
Acetylen C_2H_2	40	18	ca. 6000	gelb	Spannbügel
Sauerstoff O_2	40 50	150 200	6000 10 000	blau	R 3/4

Druckminderer setzen den hohen Flaschendruck der Schweißgase auf den jeweiligen Arbeitsdruck herab und halten ihn konsant: bei Acetylen meist direkt von 18 bar auf 0,2 bis 0,6 bar (einstufig), bei Sauerstoff zweistufig von 150 bar auf 40 bar und von 40 bar auf 2,5 bar (**4.16**).

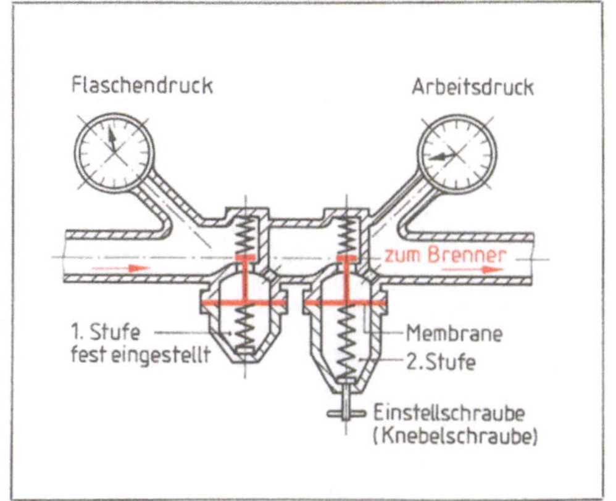

4.16   Druckminderventil (zweistufig)

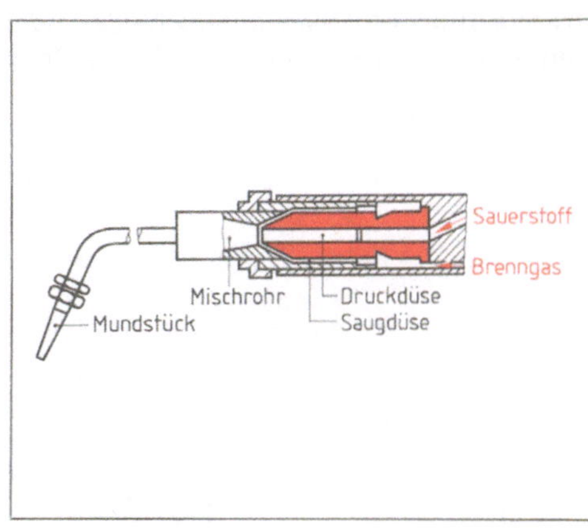

4.17   Schweißbrenner (Saugbrenner)

Im Schweißbrenner werden Brenngas und Sauerstoff in einem bestimmten Verhältnis gemischt und an der Brennerspitze (Schweißdüse) in einer Stichflamme verbrannt. Am gebräuchlichsten ist ein Saugbrenner, in dem durch den mit höherem Druck strömenden Sauerstoff Brenngas angesaugt und gemischt wird (**4.17**).

Die Schweißflamme bildet bei einem Mischungsverhältnis $O_2 : C_2H_2 = 1:1$ einen scharf begrenzten, weißen Flammenkegel: neutrale Flamme (**4.18**). Sie eignet sich am besten zum Schweißen von allgemeinen Baustählen und Kupfer. Bei Sauerstoffüberschuß (oxidierende Flamme) entsteht ein bläulicher, kurzer und scharfer Flammenkegel. Dabei bilden sich im Schweißbad Oxide und Schlackeneinschlüsse. Bei Acetylenüberschuß (reduzierende Flamme) tritt ein langer, unscharfer Flammenkegel auf. Das Schweißbad wird aufgekohlt, so daß das Schweißgut hart und spröde wird.

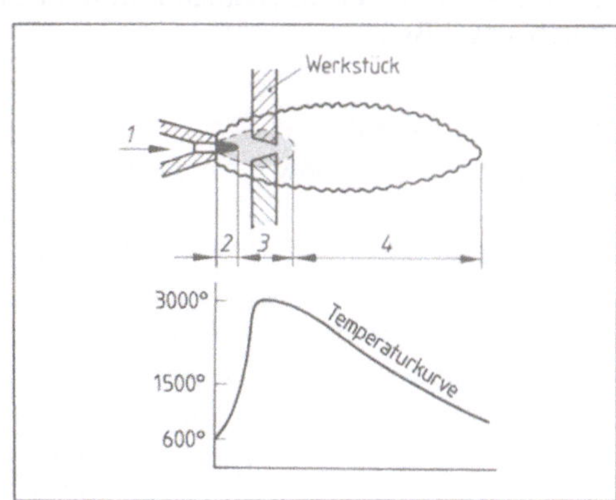

4.18
Neutrale Schweißflamme

1 Acetylen-Sauerstoff-Gemisch
2 Flammenkegel
3 Schweißzone, reduzierend
4 Streuflamme, oxidierend

Schweißstäbe dienen als Schweißzusatzstoffe zum Ausfüllen der Schweißfuge. Sie sind nach chemischer Zusammensetzung und gewährleisteter Kerbschlagarbeit des Schweißguts in den Schweißstabklassen I bis VII genormt. Neben der Klasseneinprägung haben sie eine Kennfarbe und sind zum Schutz vor Korrosion verkupfert. Sie werden in verschiedenen Durchmessern geliefert.

Brennerführung. Man unterscheidet zwei Arbeitstechniken: das Nach-links-(NL-)Schweißen und das Nach-rechts-(NR-)Schweißen (**4.19**).

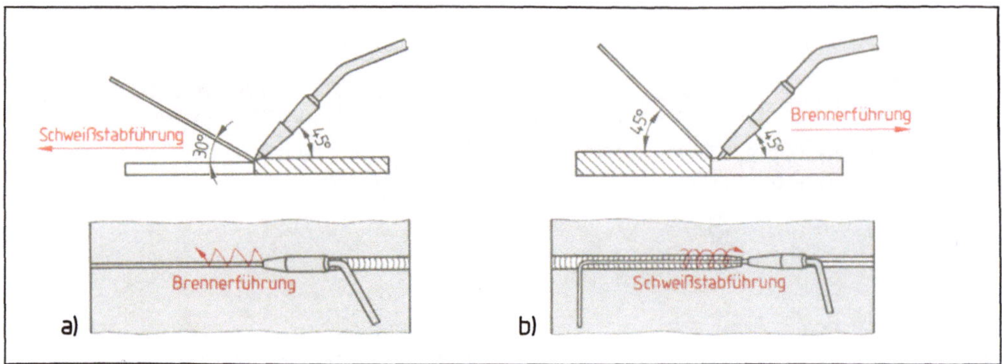

4.19   Schweißvorgang
  a) Nachlinksschweißen, b) Nachrechtsschweißen

Beim NL-Schweißen eilt der Schweißstab der Flamme voraus und wird tupfend geführt, während die Brennerspitze bei Stahl geradlinig, bei NE-Metallen wegen der großen Wärmeleitfähigkeit pendelnd bewegt wird. Die Flamme bläst die Schmelze in Schweißrichtung und wärmt die offene Schweißfuge vor. Es ergibt sich eine breite Wärmezone, die das Schweißen dünner Bleche (bei Stahl bis 3 mm, bei NE-Metallen bis 8 mm Dicke) ohne Durchbrenngefahr und mit geringem Verzug ermöglicht.

Beim NR-Schweißen folgt der Schweißstab dem Brenner nach. Die Brennerspitze wird geradlinig geführt, der Schweißstab führt eine kreisende Bewegung im Schmelzbad aus, um Schlacken hochzuschwemmen. Durch die auf das Schmelzbad gerichtete Flamme konzentriert sich die Wärme an der Schweißstelle. Dadurch lassen sich dickere Bleche (bei Stahl ab 4 mm, bei NE-Metallen ab 8 mm Dicke) in der Nahtwurzel gut aufschmelzen und durchschweißen.

Regeln zur Unfallverhütung

- Gasflaschen gegen Umfallen sichern und vor Stoß-, Wärme- und Kälteeinwirkung schützen.
- Glycerin, Öle und Fette von Sauerstoffarmaturen fernhalten – Explosionsgefahr!
- Dichtheit der Schläuche und Schlauchanschlüsse prüfen – ausströmende Gase bedeuten Explosionsgefahr!
- Auf saubere Schweißeinsätze achten. Schmutzige und heiße Mundstücke führen zu Flammenrückschlag im Brenner.
- Beim Schweißen stets Schutzbrille und Schutzkleidung tragen.

4.2 Thermisches Schneiden

Bei thermischen Schneidverfahren wird eine Heiz- und Schneiddüse in einem bestimmten Abstand über den zu trennenden Werkstoff geführt. Durch die starke Wärmeeinwirkung der Heizflamme schmelzen oder verdampfen die Stoffteilchen in einem begrenzten Bereich, so daß beim Bewegen der Düse eine Schnittfuge entsteht. Die zur Erwärmung erforderliche Energie kann der Heiz- und Schneiddüse durch verschiedene Energieträger zugeführt werden (z. B. durch Acetylen-Sauerstoff-Gemisch, Plasmalichtbogen oder Laserstrahlen). Danach benennt man auch die Schneidverfahren: autogenes Brennschneiden, Plasmaschmelzschneiden und Laserschneiden.

Das autogene Brennschneiden (4.20) arbeitet mit einer Acetylen-Sauerstoff-Flamme und Schneidsauerstoff. Die Heizflamme erhitzt den Werkstoff (z. B. Stahl) auf Weißglut (1200 °C). Der auf die glühende Stelle gerichtete Schneidsauerstoff-Strahl verbrennt die flüssigen Stoffteilchen und bläst sie – vermischt mit der Schmelze – aus der entstehenden Trennfuge heraus. Die bei der Verbrennung freiwerdende Energie erwärmt den Werkstoff auch in der Tiefe, so daß große Wanddicken geschnitten werden können.

Voraussetzung für den Schneidprozeß ist, daß die Entzündungstemperatur des zu schneidenden Metalls unterhalb seiner Schmelztemperatur liegt – d. h., der Werkstoff muß verbrennen, bevor er schmilzt. Diese Bedingung ist für unlegierte und die meisten niedriglegierten Stähle erfüllt. Weil der Schneidprozeß durch Legierungsbestandteile (z. B. C, Si, Cr, Ni, Mo) erschwert oder gar unmöglich wird, trennt man höherlegierte Stähle durch andere Verfahren.

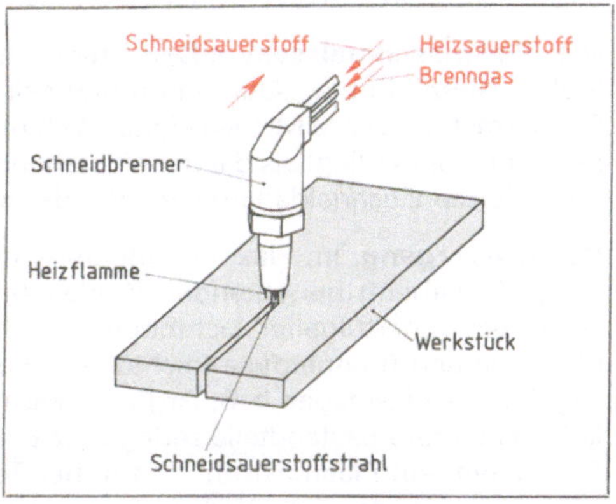

4.20 Autogenes Brennschneiden

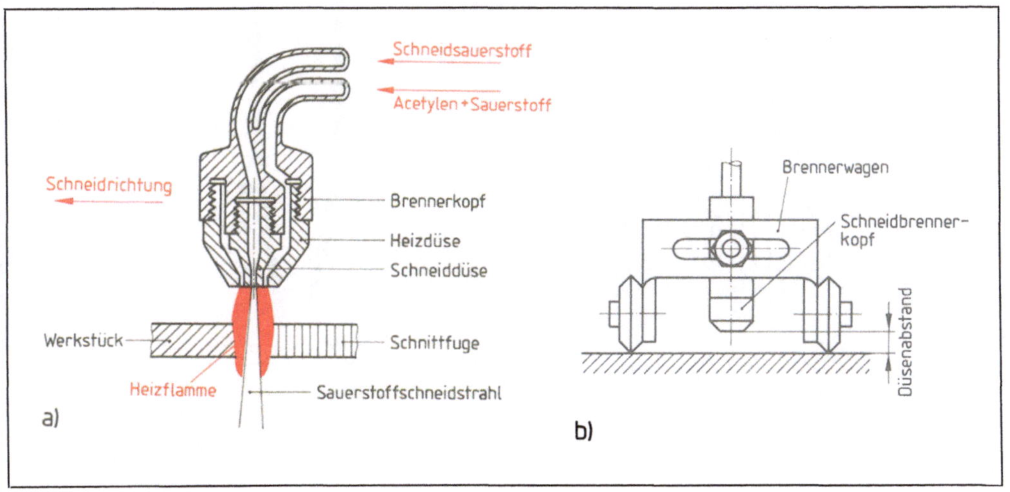

4.21 a) Schneidbrennerkopf, b) Führungswagen

Als Schneidbrenner dienen Gasschweißbrenner (s. Abschn. 4.1.4) mit auswechselbaren Schneidbrennereinsätzen oder besondere Handschneidbrenner (Saugbrenner). Zum Einhalten des Düsenabstands verwendet man einen Führungswagen (**4.21**). Das Schneiden von Hand setzt man für gröbere Trennarbeiten ein (z. B. auf Baustellen, im Metallau, bei Entsorgungsarbeiten).

Brennschneidmaschinen erhöhen die Führungsgenauigkeit des Schneidbrenners und die Güte der Brennschnittflächen. Bei tragbaren Brennschneidmaschinen verwendet man zur genaueren Führung Lineale, Schablonen und Zirkelvorrichtungen. Bei stationären Maschinen werden – je nach Automatisierungsgrad – die Bahn- und die Schneidgeschwindigkeit des Schneidbrenners gesteuert. Die Steuerung erfolgt bei CNC-Brennschneidmaschinen nach Programmen, wie z. B. bei CNC-Fräsmaschinen (s. Abschn. 3.6.2).

Mit Plasmaschmelzschweißen trennt man metallische Werkstoffe wie hochlegierte Stähle, Nickel, Kupfer, Aluminium und seine Legierungen sowie schwer schmelzbare und Sondermetalle. Diese Metalle eignen sich nicht zum Brennschneiden, weil ihre Schmelztemperatur niedriger liegt als die der entstehenden Oxide bzw. weil die Entzündungstemperatur oder die Brennschneidenergie wegen der hohen Schmelztemperatur nicht ausreicht.

Schneidvorgang. Im Plasmaschneidbrenner wird ein stark eingeschnürter Lichtbogen erzeugt. Er verläuft bei leitenden Werkstoffen zwischen einer Wolframelektrode und dem Werkstück (übertragener Lichtbogen), bei nichtleitenden Werkstoffen dagegen zwischen Elektrode und Brennerdüse (nichtübertragener Lichtbogen). Im Lichtbogen erhitzt sich ein zugeführtes Plasmagas (z. B. Argon, Wasserstoff, Stickstoff) so hoch, daß sich seine Moleküle in atomare Bestandteile zerlegen (z. B. Ionen). Diesen Gaszustand nennt man Plasma. Es entsteht ein Plasmastrahl von hoher Temperatur (bis zu 20000 °C) und großer kinetischer Energie, der den Werkstoff an der Schneidstelle schmilzt oder verdampft und aus der Trennfuge austreibt (**4.22**).

Mit diesem Verfahren stellt man schmale, scharf abgegrenzte Schnittfugen her. Wegen der sehr schmalen Wärmeeinflußzone verzieht sich das bearbeitete Werkstück nicht.

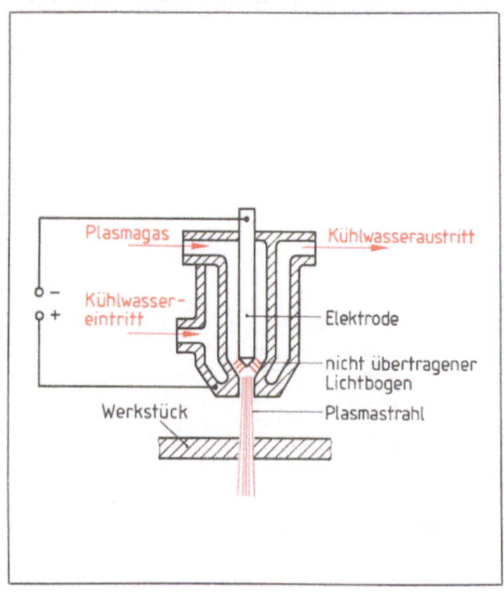

4.22 Plasmaschneidbrenner

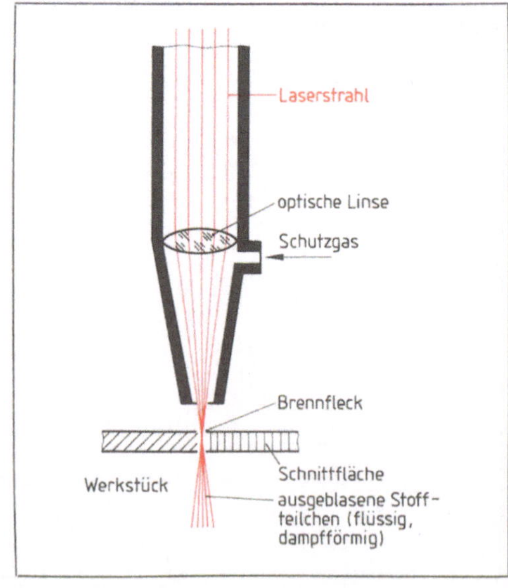

4.23 Prinzip des Laserschneidkopfs

Beim Laserstrahlschneiden benutzt man einen energiereichen, gebündelten Lichtstrahl (Laserstrahl) als Energieträger. Seine hohe Energiedichte ergibt sich durch optische Linsen, die die Strahlen auf einen kleinen Brennfleck vereinen. Sie schmelzen oder verdampfen die Werkstoffteilchen an der Schneidstelle und blasen sie aus. So entsteht eine sehr schmale, gratfreie Schnittfuge von hoher Güte, die keine Nacharbeit mehr erfordert (**4.23**). Weil der dünne Laserstrahl sehr genau geführt werden muß, verwendet man vorwiegend numerisch gesteuerte Schneidmaschinen.

Einsetzbar ist das Laserstrahlschneiden bei allen metallischen Werkstoffen (besonders bei spröden, harten und schwer schmelzbaren) und bei vielen nichtmetallischen Werkstoffen (z. B. Kunststoffe, Glas, Keramik, Beton, aber auch kunststoffbeschichtete oder verzinkte Bleche).

Aufgaben zu Abschnitt 4

1. Welche Energieträger werden beim Schweißen verwendet?

2. Welche Aufgaben erfüllen die Schweißzusatzwerkstoffe?

3. Nach welchen Merkmalen lassen sich die Schweißverfahren einteilen?

4. Nennen Sie die wichtigsten Verfahren des Schmelzschweißens und des Preßschweißens.

5. Erläutern Sie die im Lichtbogen ablaufenden Vorgänge beim Schweißen.

6. Erläutern Sie die Strom- und Spannungsverhältnisse beim Schweißvorgang.

7. Beschreiben Sie die Wirkungsweise der Schweißstromquellen.

8. Welche Arten von Schweißelektroden gibt es?

9. Welche Aufgaben erfüllt die Umhüllung der Schweißelektroden?

10. Welche Schutzgasarten werden beim Schutzgasschweißen verwendet?

11. Welchen Einfluß hat die Art des verwendeten Schutzgases auf den Schweißvorgang?

12. Wie unterscheiden sich WIG-Schweißen, MIG-Schweißen und MAG-Schweißen?

13. Erläutern Sie die Arbeitsweise und Anwendungsgebiete des WIG-Schweißens.

14. Welche Anwendungsgebiete hat das MAG-Schweißen.

15. Nennen Sie die wichtigsten Schweißfehler.

16. Welche Prüfungen werden an Schweißnähten durchgeführt?

17. Erläutern Sie das Prinzip des Punkt- und Rollennahtschweißens.

18. Durch welches Schweißverfahren lassen sich 2 mm dicke Aluminiumbleche mit einer glatten und sauberen Überlappnaht verbinden?

19. Auf welche Anwendungsgebiete ist das Gasschmelzschweißen beschränkt?

20. Welche Aufgaben erfüllen das Aceton und die poröse Masse in der Acetylenflasche?

21. Wie unterscheiden sich die Anschlüsse für Druckminderer bei Acetylen- und Sauerstoffflaschen?

22. Erklären Sie die Wirkungsweise eines Schweißbrenners (Saugbrenners).

23. Welchen Einfluß hat das Schweißen a) mit Acetylenüberschuß, b) mit Sauerstoffüberschuß auf die Schweißnaht bei Stahl?

24. Welche Vorteile bietet das Nach-links-Schweißen?

25. Warum wird das Nach-rechts-Schweißen für das Schweißen dickerer Bleche eingesetzt?

26. Welche Regeln zur Unfallverhütung sind beim Gasschmelzschweißen zu befolgen?

27. Welche Vorraussetzung muß ein Werkstoff erfüllen, um durch autogenes Brennschneiden getrennt zu werden?

28. Nennen Sie Werkstoffe, für die das autogene Brennschneiden angewendet wird.

29. Warum sind hochlegierte Stähle nicht brennschneidgeeignet?

30. Welchen Vorteil haben stationäre Brennschneidmaschinen?

31. Welches thermische Schneidverfahren wird für NE-Metalle eingesetzt?

32. Warum lassen sich Kunststoffe nicht durch Plasmaschneiden trennen?

33. Nennen Sie Vorteile des Laserschneidverfahrens?

5 Steuern und Regeln von Werkzeugmaschinen

Werkzeugmaschinen brauchen eine Vielzahl von Steuer- und Regelelementen (z. B. in der Lage geregelte Achsantriebe, Drehfrequenzregler für die Arbeitsspindel). Sie sorgen dafür, daß z. B. Spann- und Bewegungsvorgänge von Werkstück und Werkzeug während der Fertigung automatisch ablaufen. Ohne die moderne Steuerungs- und Regelungstechnik wäre eine Automatisierung von Maschinen oder Fertigungsanlagen unmöglich.

5.1 Steuern und Regeln

Den Unterschied zwischen Steuern und Regeln machen wir uns an einem Beispiel deutlich.

Beispiel 5.1 Sie fahren Auto und „geben Gas". Das Auto wird schneller. Um es wieder zu verlangsamen, nehmen Sie „Gas weg". Gasgeben und -wegnehmen sind Steuerungsvorgänge.

Nehmen wir an, Sie wollen eine bestimmte Geschwindigkeit halten, z. B. 100 km/h auf der Autobahn. Dazu beobachten Sie den „Tachometer" und passen die Stellung des Gaspedals laufend an. Sie wissen auch, daß die Pedalstellung bei einer Steigungsstrecke anders sein muß als in der Ebene oder bei Gefälle. Hier handelt es sich nicht mehr nur um Steuerungs-, sondern um Regelungsvorgänge. Um den bestimmten Sollwert (Fahrgeschwindigkeit 100 km/h) einzuhalten, müssen Sie ständig Soll- und Istwert vergleichen und die Gaspedalstellung ändern. (Bei Kraftfahrzeugen der gehobenen Klasse gibt es übrigens eine elektronische Geschwindigkeitsregelung, die die Fahrgeschwindigkeit über die Menge des eingespritzten Kraftstoffs regelt.)

Steuern. Regeln setzt also Steuern voraus. Beim Steuern haben wir keine Rückwirkung wie beim Regeln. Man spricht daher von einer offenen **Steuerkette**. Die Elemente heißen **Steuergerät** (auch Steuerglied), **Stellglied** und **Steuerstrecke**. Steuergerät und Stellglied bilden die **Steuereinrichtung**. Meist stellt man die Elemente abstrakt als rechteckige Blöcke in einem Blockschaltbild dar (**5.1**). Das Steuergerät (im Beispiel das Gaspedal) betätigt das Stellglied (Vergaser) und bewirkt über die Stellgröße (Kraftstoffzufuhr) eine Reaktion der Steuerstrecke (Motor).

Beim Regeln werden vorgegebene Sollwerte ständig mit den augenblicklichen Istwerten (in einem Sollwert-Istwert-Vergleicher) verglichen. Das System wird daher zu einem geschlossenen **Regelkreis** (**5.2**). Die Elemente verändern sich gegenüber der Steuerkette: Ein **Regler** und ein **Vergleicher** (in unserem Beispiel beides der Kraftfahrer) schließen den Wirkungskreis. Bild **5.2** a zeigt das Blockschaltbild, **5.2** b den zugehörigen **Signalflußplan** nach DIN. Hier sind die Elemente (Blöcke) vorzugsweise waagerecht hintereinander angeordnet.

Steuern und Regeln sind bewußte und zielgerichtete Eingriffe in ein Wirksystem. Damit es im System zur gewünschten Veränderung kommen kann, sind mindestens ein **Energiestrom** (z. B. mechanisch, elektrisch, pneumatisch oder hydraulisch) und eine **Information** erforderlich (z. B. Weg- oder Schaltinformation). Signalflußpläne stellen den Wirkzusammenhang zwischen dem Informationssignal und der Veränderung im System grafisch dar.

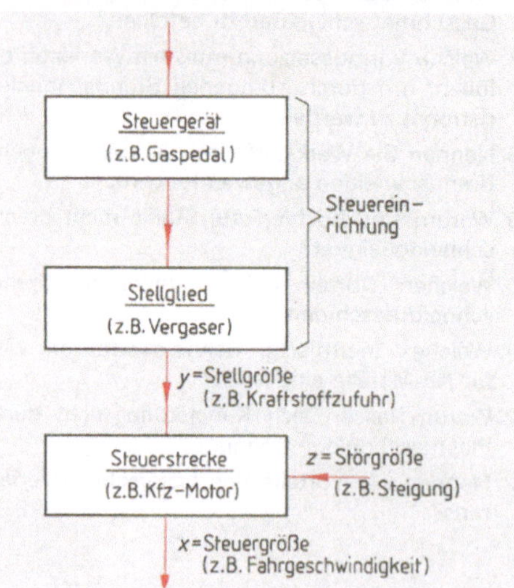

5.1 Offene Steuerkette

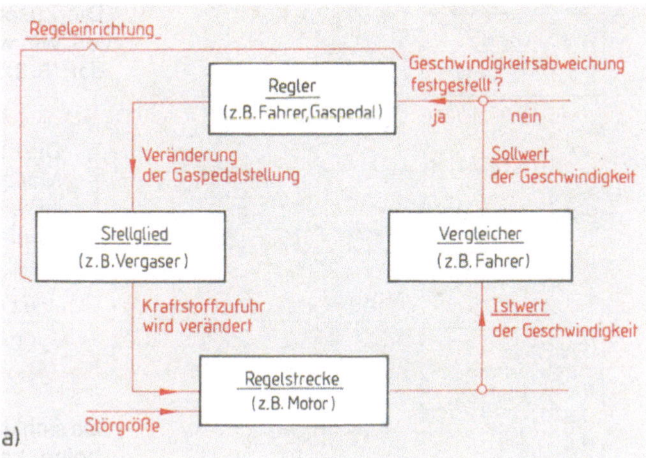

5.2
Geschlossener Regelkreis
a) Geschwindigkeitsregelung
   durch den Fahrer
b) Signalflußplan

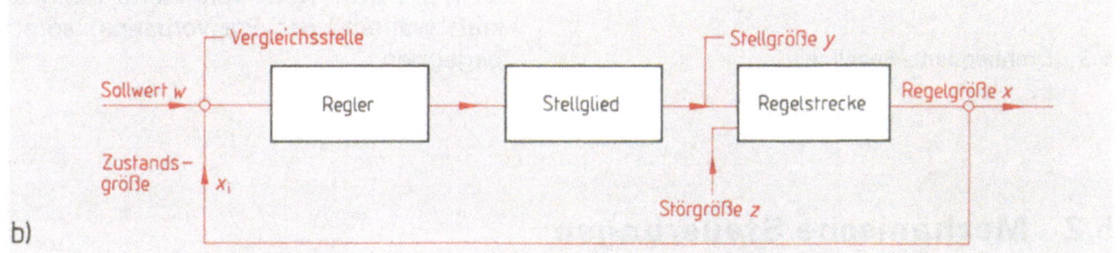

Begriffe im Signalflußplan (5.2):

- **Die Führungsgröße** w gibt meist den Sollwert an (im Beispiel die angestrebte Fahrgeschwindigkeit).
- **Die Stellgröße** y beschreibt die Größe, die die Regelstrecke (z. B. Pkw-Motor) unmittelbar beeinflußt (z. B. Kraftstoffzufuhr).
- **Die Regelgröße** x ist die Ausgabegröße der Regelstrecke (z. B. Fahrgeschwindigkeit), die als Zustandsgröße (Istwert) noch mit dem Sollwert verglichen wird.
- **Die Störgröße** z (z. B. Steigung, Gefälle, Wind) wirkt meist unkalkulierbar dem gewünschten Ergebnis entgegen und macht überhaupt den ständig wiederholten Sollwert-Istwert-Vergleich erforderlich.

Beim Steuern beeinflussen eine oder mehrere Eingangsgrößen die Ausgangsgrößen eines Systems, ohne daß eine Rückwirkung entsteht.

Beim Regeln wird die zu regelnde Größe unter ständiger Rückwirkung (Sollwert-Istwert-Vergleicher) einem Sollwert angepaßt.

Beispiel 5.2: Die Drehfrequenz (Drehzahl) einer Frässpindel soll konstant 1000/min betragen – sowohl beim Leerlauf als auch im Schnitt. Die Drehfrequenz des antreibenden Gleichstrommotors läßt sich über die Spannung feinfühlig anpassen. Dazu muß sie aber erst erfaßt werden. Das geschieht mit Hilfe eines Tachogenerators, der eine drehfrequenzabhängige Vergleichsspannung erzeugt und mißt. Dreht die Spindel zu langsam, wird die Spannung am Motor erhöht; dreht sie zu schnell, wird die Spannung herabgesetzt.

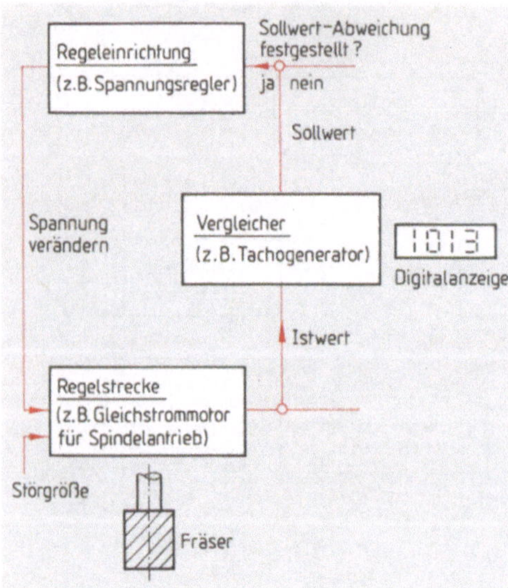

5.3 Drehfrequenz-Regelkreis

Die Zusammenhänge im Regelkreis stellen wir wieder in einem Blockschaltbild dar (**5.3**).

Die wichtigsten Aufgaben einer Maschinen- oder Anlagenregelung lassen sich zu drei Schritten zusammenfassen:

– Istwert messen,

– Istwert mit Sollwert vergleichen,

– ggf. Abweichung beseitigen.

Da sich diese drei Schritte ständig wiederholen, kann die Regelung auch plötzlich auftretenden oder sich verändernden Störgrößen (z. B. veränderte Schnittkraft während des Fräsvorgangs) sofort begegnen.

5.2 Mechanische Steuerungen

Ein sicherlich vielen bekanntes Beispiel für mechanische Steuerungen bietet der Ventilbetrieb beim Kfz-Motor (**5.4**). Über die Nocken der (hier „obenliegenden") Nockenwelle werden Schwinghebel betätigt. Durch ihre Auf- und Abwärtsbewegung öffnen und schließen sie die Ventile, die so zum richtigen Zeitpunkt den Gasstrom freigeben oder unterbrechen.

Vor- und Nachteile mechanischer Steuerungen. Mechanische Steuerungen sind die einfachsten Hilfsmittel für automatisierte Arbeitsabläufe. Meist sind sie robust, wartungsarm, übersichtlich im Aufbau und haben einen ausreichenden Wirkungsgrad. Als Informationsspeicher dienen vorzugsweise Nockenleisten, Kurvenscheiben oder abtastbare Modelle (z. B. beim Kopierfräsen). Zum Übertragen der Signalflüsse werden Nocken, Hebel, Stößel oder Getriebe verwendet (**5.4**). Daß die mechanischen Steuerungen heute weitaus seltener zu finden sind als früher, ist durch ihre Nach-

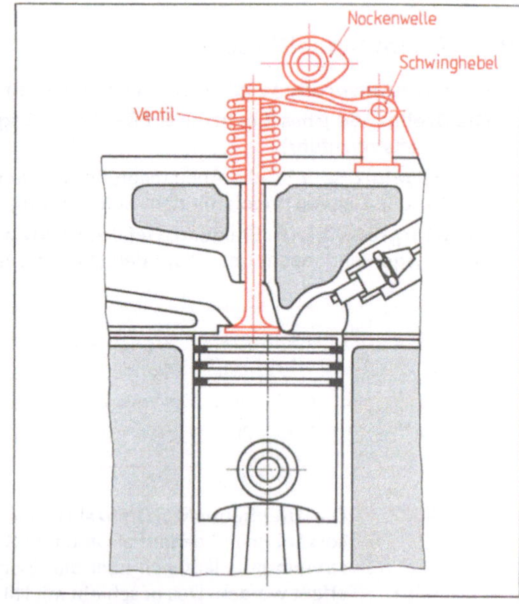

5.4 Ventilsteuerung durch obenliegende Nockenwelle mit Schwinghebel (Kfz-Motor)

teile zu erklären: Sie sind oft sperrig, haben große Massen und **starre** Speicher, unterliegen dem mechanischen Verschleiß und sind schwierig ein- und umzustellen. Auch die Kosten sprechen nicht mehr für sie, da z. B. elektronische Bauteile nur noch Bruchteile der früheren Preise kosten.

Steuern mit Nocken, Kurvenscheibe, Malteserkreuz. An diesen drei Beispielen wollen wir die Wirkungsweise mechanischer Steuerungen genauer untersuchen.

Nocken ermöglichen entsprechend ihrer Form einen genau festgelegten Hub. Bei der Nocken **welle** des Kfz-Motors führen sie eine Drehbewegung aus (s. Abschn. 5.4), bei den Nocken **leisten** einer „mechano-elektrisch" gesteuerten Werkzeugmaschine (nicht rein mechanische Steuerung, mit elektrischen Bauteilen, 5.5) betätigen sie elektrische Schalter, sobald sie von einem Achsschlitten überfahren werden.

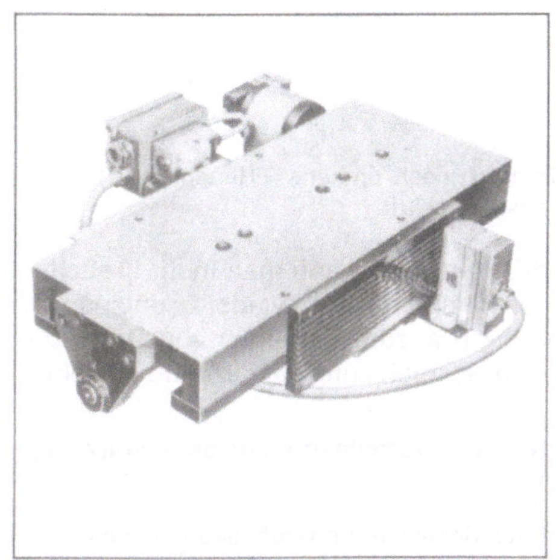

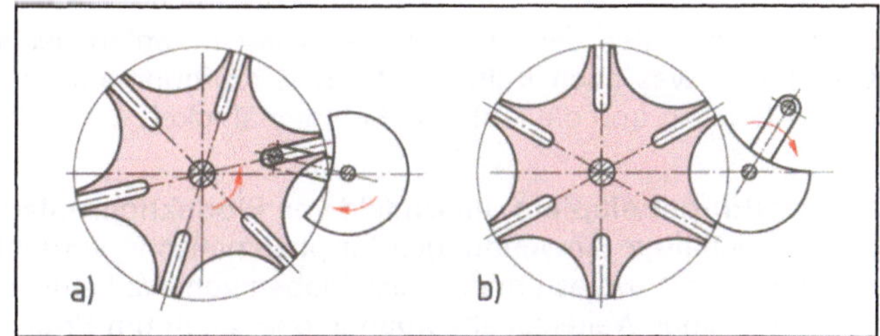

5.5 Nockensteuerung mit Nockenleisten für Tisch-Längsbewegung

5.6 Vorschub eines Revolverschlittens über Steuerkurve

Kurvenscheiben wirken ähnlich wie Nockenwellen. Sie speichern jedoch mehrere Informationen auf dem Scheibenumfang, so daß bei einer Umdrehung ein vollständiger Programmablauf gesteuert werden kann (5.6). Wie bei der Nockenwelle werden die Informationen durch Stößel oder Hebel übertragen. Da jedoch mit der Informationsmenge auch der Scheibendurchmesser wächst, kann sie bei mangelndem Platz nur mit Einschränkungen verwendet werden.

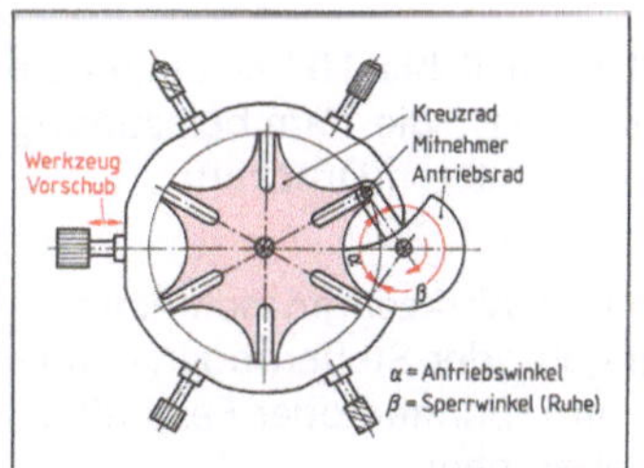

5.7 Malteserkreuzgetriebe zum Antrieb eines Werkzeug-Revolverkopfs (Drehmaschine)

5.8 Antriebs- (a) und Sperrphase (b) des Malteserantriebs

Das Malteserkreuzgetriebe eignet sich besonders für eine Drehschaltung in gleichbleibenden Zeitabständen (z. B. für Taktbewegungen an Rundteiltischen oder an Werkzeug-Revolverköpfen, 5.7). Da sich das Antriebsrad konstant dreht, sind Schaltzeiten und Schaltpausen von der Drehfrequenz abhängig.

Das Rad kann sich nur während des Schaltvorgangs drehen; anschließend ist es gesperrt und damit selbstsichernd (5.8). Die Anzahl der Schaltschritte je Umdrehung wird durch die Teilung des Kreuzrads bestimmt (in unserem Beispiel beträgt sie 6).

5.3 Fluidische Steuerungen

DIN ISO 1219 faßt die pneumatischen und hydraulischen Steuerungen unter dem Begriff „Fluidische Steuerungen" zusammen. Gemeint sind damit von strömenden Stoffen (z. B. Preßluft, Hydrauliköl) betriebene Steuerungen.

5.3.1 Pneumatische Steuerungen

In den Anfängen der Automobiltechnik sprach man vom „Pneu" (griech. pneuma = Hauch, Atem), womit man den luftgefüllten Reifen meinte. Das Funktionsprinzip ist Druckluft.

Da sich Luft verdichten (komprimieren, zusammendrücken) läßt, kann man in ihr Kraft (genauer: Energie) speichern, denn Luftdruck hat stets das Bestreben, sich wieder zu entspannen (Druckfortpflanzung). Das nutzt man in der Pneumatik u. a. zum Betreiben von Druckluftmaschinen (Schleifmaschinen, Schrauber, Hämmer), aber auch zum Steuern und Regeln.

Vor- und Nachteile pneumatischer Steuerungen. Die Vorteile ergeben sich hauptsächlich durch das Medium (Übertragungsmittel) Druckluft:

- Druckluft ist in den meisten Betrieben verfügbar, leicht durch Schlauch- und Rohrleitungen (auch über größere Entfernungen) zu transportieren.
- Rückleitungen sind nicht unbedingt erforderlich, da die Druckluft nach verrichteter Arbeit einfach an die Umgebung abgeblasen wird (wegen des Ölnebels allerdings nur bedingt zulässig).
- Speicherbar in Druckbehältern, geringe Unfallgefahr (Luft ist nicht brennbar).
- Kleine Undichtigkeiten stören selten den Funktionsablauf und sind ungefährlich.
- Druckluft dämpft Stöße; Kräfte und Geschwindigkeiten lassen sich stufenlos einstellen.
- Druckluftzylinder und -motoren nehmen bei Überlastung keinen Schaden. Sie können bis zum Stillstand abgebremst werden.

Zu den Nachteilen der Druckluftsteuerungen zählen der auf etwa 6 bis 10 bar begrenzte Überdruck (was auch Kolbenkräfte und Kraftmomente einschränkt), die Lärmbelästigung beim Abblasen und die fehlende Schmierfähigkeit der nicht aufbereiteten Druckluft.

Anwendungsbeispiele. Im Umfeld von Produktionsanlagen und Werkzeugmaschinen finden wir vielfältige Anwendungen für pneumatische Vorrichtungen oder Steuerungen – vorzugsweise dort, wo es um das Verschieben von Werkstücken, um Spannen oder Festhalten, Umschalt- oder Weiterschaltvorgänge oder auch um Prüfaufgaben geht.

> Pneumatische Steuerungen eignen sich gut für Schalt-, Umsteuer-, Verschiebe- oder Zubringerfunktionen – weniger für Anwendungen mit „Weg-Zeit-Präzision" (z. B. bei Vorschubbewegungen).

5.3.2 Hydraulische Steuerungen

Der Unterschied zwischen Hydraulik und Pneumatik liegt im Medium. Hydraulische Antriebe und Steuerungen arbeiten mit Flüssigkeiten, vor allem mit Hydraulikölen. Das Prinzip der Druckfortpflanzung gilt auch hier, also Kraft- und Momentenübertragung durch Drucköl.

Sie kennen bereits Anwendungsbeispiele der Hydraulik. Denken Sie an die Bremszylinder der Kfz-Bremsen oder an hydraulische Antriebe bei Baumaschinen. Hydraulische Steuerungen für Werkzeugmaschinen sind besonders dort zu finden, wo es um die Übertragung großer Kräfte geht.

Vor- und Nachteile hydraulischer Steuerungen. Die wichtigsten Vorteile der Hydraulik, auch im Vergleich zur Pneumatik:

- Wesentlich höhere Drücke als bei der Pneumatik, bis weit über 300 bar.
- Hydrauliköle sind inkompressibel, d.h. sie verringern selbst unter hohen Drücken ihr Volumen nicht oder kaum meßbar. Dadurch bewirken Hydrauliksteuerungen eine nahezu formschlüssige Kraft- und Bewegungsübertragung.
- Schnelle Richtungsumsteuerung, langsame und doch gleichmäßige Vorschubgeschwindigkeiten sowie große Kräfte und Leistungen bei kleiner Baugröße – von besonderer Bedeutung durch die stufenlose Einstellbarkeit.
- Wegen der schmierenden und korrosionsschützenden Eigenschaft des Hydrauliköls entfällt die Zusatzschmierung.

Dem gegenüber stehen diese Nachteile:

- Anders als bei pneumatischen Steuerungen erhöhen die notwendigen Rückleitungen die Kosten erheblich.
- Undichtigkeiten sind nicht nur unerwünscht, sondern auch gefährlich.
- Die Wartungs- und Instandhaltungskosten sind hoch, die Steuerungselemente (enge Toleranzen) empfindlich gegen verschmutztes Hydrauliköl.
- Temperatur- und Druckschwankungen verändern die Viskosität des Hydrauliköls.

> Hydraulische Steuerungen ermöglichen eine gute „Weg-Zeit-Präzision", da Hydrauliköl Kräfte und Bewegungen nahezu formschlüssig überträgt. Sie sind daher nicht nur für Spann- und Festhalteaufgaben geeignet, sondern z. B. auch für Vorschubbewegungen von Werkzeugschlitten.

5.3.3 Pneumatische und hydraulische Bauelemente

Darstellung. Pneumatik- und Hydraulikanlagen werden wie in der Elektrotechnik als Schaltpläne gezeichnet. Zur Vereinfachung und zum leichteren Verständnis hat man sich auf die schematische (meist vereinfachtes Schnittbild) und auf die sinnbildliche Darstellung (grafische Symbole) von Schaltungen geeinigt. Die sinnbildliche Darstellung ist genormt (5.9 auf S. 150), die schematische nicht (**5.10**). Pneumatische und hydraulische Anlagen sind in wesentlichen Teilen vergleichbar. Auch die Sinnbilder ihrer Elemente sind gemeinsam genormt (DIN ISO 1219).

Die wichtigsten pneumatischen und hydraulischen Elemente unterteilen wir in vier Hauptgruppen:

- **Steuerglieder** (Ventile),
- **Arbeitsglieder** (Zylinder),
- **Sonstige Geräte** (z. B. Filter, Druckanzeiger und Leitungen),
- **Sondergeräte** (z. B. besondere Bauformen von Ventilen und Zylindern).

Tabelle 5.9 Sinnbilder pneumatischer und hydraulischer Anlagen sowie Beispiele für Wegeventile

| a | b | allgemeine Darstellung eines Ventils mit 2 Schaltstellungen a und b |

Sinnbilder	Durchflußwege	Sinnbilder	Beispiele für Wegeventile
	ein Durchflußweg		2/2-Wegeventil (gesprochen: 2-Strich-2-Wegeventil = 2 Anschlüsse und 2 mögliche Schaltstellungen), mit Handbetätigung, P gegen A gesperrt
	zwei gesperrte Anschlüsse		
	zwei Durchflußwege		2/2-Wegeventil, durch Druck betätigt, mit Rückholfeder, P gegen A offen
	zwei Durchflußwege und ein gesperrter Anschluß		3/2-Wegeventil, in beiden Richtungen durch Druck betätigt, P gegen A gesperrt
	zwei miteinander verbundene Durchflußwege		3/2-Wegeventil, durch Elektromagneten betätigt, mit Rückholfeder, P gegen A offen
	ein Durchflußweg in Nebenschaltung, zwei gesperrte Anschlüsse		4/3-Wegeventil, in beiden Richtungen durch Druck betätigt, alle Leitungen gesperrt

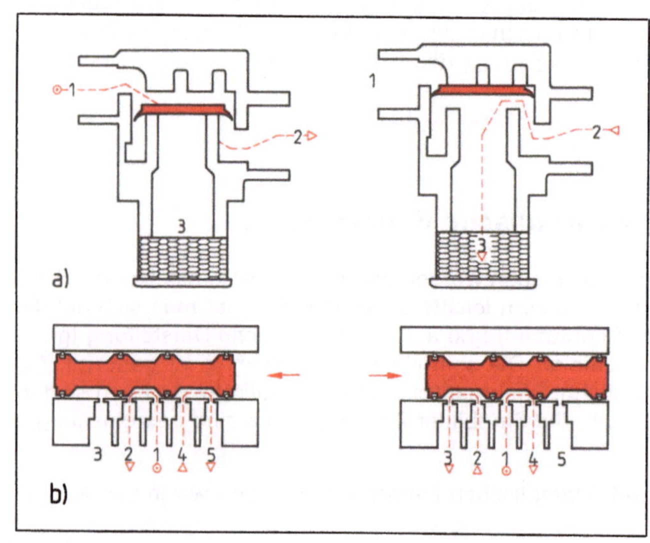

5.10
Ventilbauarten
a) 2/2-Wege-Tellersitzventil
b) 5/2-Wege-Kolbenschieberventil

Steuerglieder sind Ventile. Sie bestimmen Start, Ende, Richtung, Druck und Menge des durchfließenden Mediums. Je nach ihrer Aufgabe teilt man sie in Wege-, Sperr-, Strom- und Druckventile ein.

Wegeventile stellen die im Steuerungsablauf erforderlichen Verbindungen zwischen Druck-, Arbeits- oder Rückleitungsanschlüssen (bzw. Abluftanschlüssen) her. Sie bestimmen damit Anfang, Ende oder Richtung des Druckmediums. Man bezeichnet sie nach der Anzahl der Anschlüsse (Wege, vor dem Schrägstrich) und den möglichen Schaltstellungen (nach dem Schrägstrich, 5.9). Zwei Bauarten sind üblich:

- **Sitzventile** (Kugel- oder Tellersitz, 5.10 a) vorwiegend bei den 2/2-Wegeventilen, in kleinen Nenngrößen auch bei 3/2-Wegeventilen,

- **Schiebeventile** (Kolben-, Flach- oder Drehschieber), bei den übrigen Ventilausführungen (5.10 b).

Im nationalen Bereich werden die Anschlüsse teilweise noch mit bestimmten Buchstaben bezeichnet:

- P kennzeichnet den Netz- oder Druckanschluß,
- A, B oder C sind Arbeitsanschlüsse (z. B. für Zylinder),
- R, S und T kennzeichnen Entlüftungsanschlüsse (Abluft),
- X, Y oder Z sind Steueranschlüsse.

Bild **5.11** zeigt ein 3/2-Wegeventil, das in den beiden möglichen Schaltstellungen mit einem Zylinder verbunden ist.

5.11
3/2-Wegeventil (beidseitig mit Druck betätigt)
a) Zylinder entlüftet
b) Zylinder belüftet

Für den internationalen Gebrauch (CETOP, Europäisches Komitee für Ölhydraulik und Pneumatik) verwendet man Anschlußbezeichnungen aus ein- oder zweistelligen Zahlen, die durch Buchstaben ergänzt werden können:

- Hauptanschlüsse erhalten einstellige Zahlen:
  1 = Druckanschluß,
  2 = Arbeitsanschluß (wenn ein Anschluß vorhanden ist). Weitere Arbeitsanschlüsse werden mit 4, 6 usw. bezeichnet, wenn mehr als einer vorhanden ist (gerade Zahlen).
  3 = Abluftanschluß (wenn ein Anschluß vorhanden ist). Weitere Anschlüsse können mit 5, 7 usw. bezeichnet werden (ungerade Zahlen).
  In der Pneumatik sind in einer Schaltstellung Anschluß 3 immer mit Anschluß 2 (außer bei 2/2-Wegeventilen) und Anschluß 5 immer mit Anschluß 4 verbunden.
- Steueranschlüsse erhalten zweistellige Zahlen (10, 12, 14): 10 bedeutet Sperrung des Druckanschlusses, wenn 10 Signal erhält. 12 bedeutet Verbindung von Druckanschluß 1 mit Arbeitsanschluß 2, wenn 12 Signal erhält. 14 bedeutet Verbindung von 1 mit 4, wenn 14 Signal hat.
- Hilfsdruckanschlüsse (X, X0, X2, X4) gibt es nur bei Vorsteuerungen: X bezeichnet einen Hilfsdruckanschluß für Vorsteuerungen, die die Funktionen 10, 12 und 14 erfüllen. X0 bezeichnet einen Hilfsdruckanschluß der Funktion 10, X2 der Funktion 12 und X4 der Funktion 14.

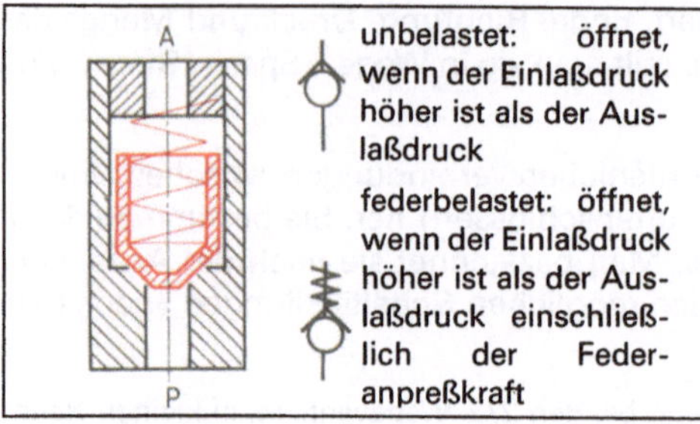

5.12 Rückschlagventil

Die CETOP-Bezeichnungen finden auch im nationalen Bereich Verwendung, vor allem bei Unternehmen mit internationalen Handelsbeziehungen. Ihre Anwendung sehen Sie in einigen der folgenden Bilder, z. B. auch im Schaltungsbeispiel **5.29**.

Sperrventile sperren den Durchfluß des Druckmediums in einer Richtung. In der entgegengesetzten Richtung ist der Durchfluß frei. Je nach Bauart unterscheidet man z. B.:

- **Rückschlagventile**, die den Durchfluß (in Sperrichtung) unterbrechen, sobald die Kraft auf die Zuflußseite kleiner ist als auf der Abflußseite (**5.12**).
- **Wechselventile** (ODER-Glieder, **5.13**), die den Durchfluß in der einen oder anderen Richtung freigeben.
- **Schnellentlüftungsventile** (nur Pneumatik), zum unmittelbaren Anbau an den Pneumatikzylinder (Abblasen der Druckluft ins Freie).

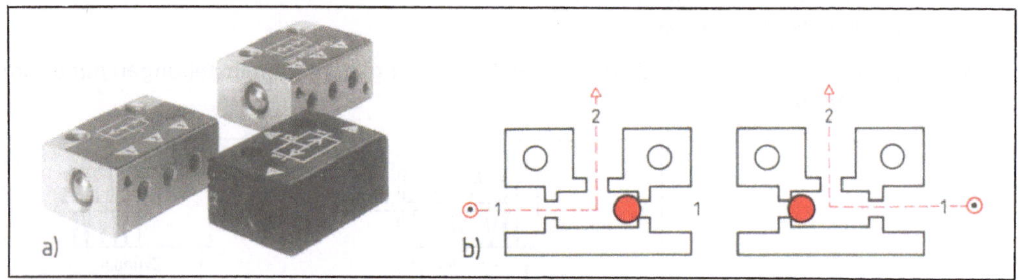

5.13   Wechselventil (a) in zwei möglichen Schaltstellungen (b)

Stromventile beeinflussen den Durchfluß. Es gibt Stromventile mit konstanter und mit verstellbarer Verengung. Die letzten lassen als Drosselventile eine Veränderung der Durchflußmenge zu (**5.14**).

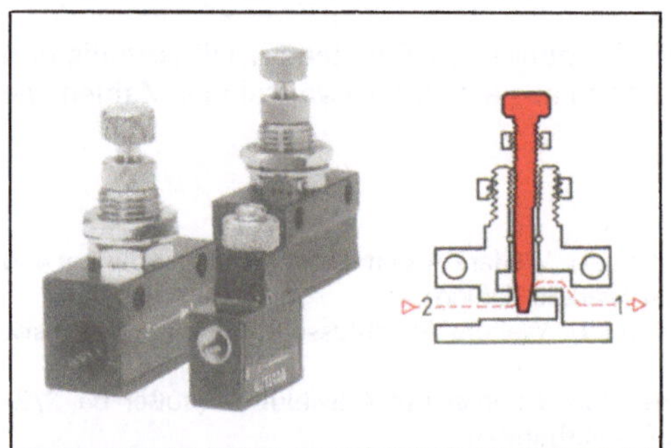

5.14   Stromventil (Drosselventil)

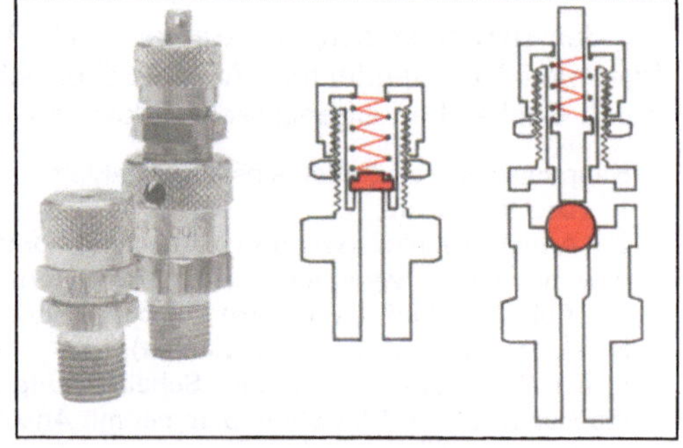

5.15   Pneumatisches Druckbegrenzungsventil

Druckventile dienen zur Druckregelung, in der Pneumatik vorwiegend als Druckbegrenzungs-, Zuschalt- oder Druckregelventile (Druckminderung). Bild **5.15** zeigt ein Druckbegrenzungsventil (Überdrucksicherheitsventil), bei dem der Soll-Wert durch eine einstellbare Federkraft bestimmt wird.

Alle Ventile können entweder durch Muskelkraft (Hand- oder Fußbedienung), durch mechanische Vorrichtungen (Stößel, Taster, Feder, Rolle) oder elektrisch (Elektromagnet oder Elektromotor) betätigt werden. Tabelle 5.16 zeigt die dafür genormten Sinnbilder.

Tabelle 5.16 Sinnbilder für die Ventilbetätigung

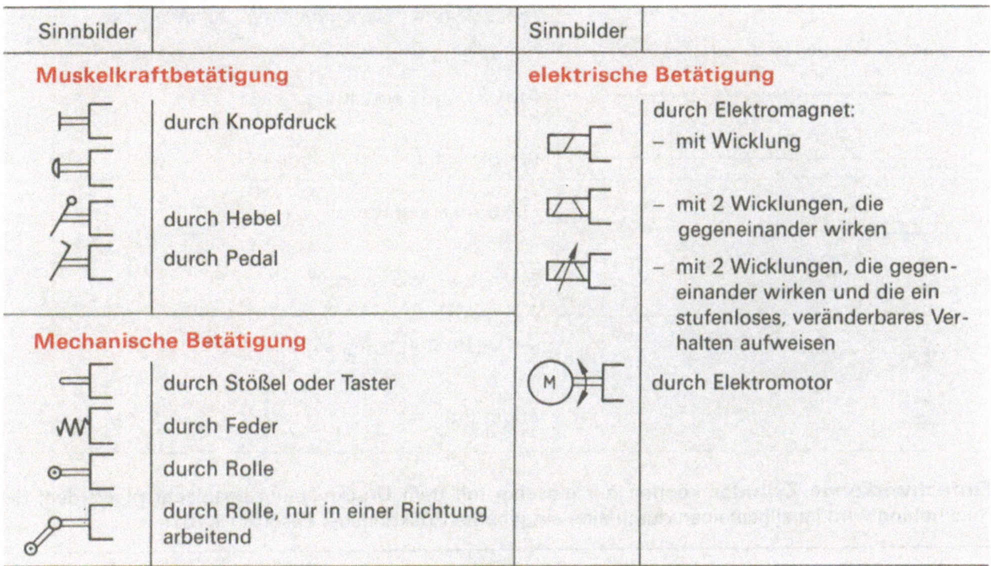

Sinnbilder		Sinnbilder	
Muskelkraftbetätigung		**elektrische Betätigung**	
	durch Knopfdruck		durch Elektromagnet:
			– mit Wicklung
	durch Hebel		– mit 2 Wicklungen, die gegeneinander wirken
	durch Pedal		– mit 2 Wicklungen, die gegeneinander wirken und die ein stufenloses, veränderbares Verhalten aufweisen
Mechanische Betätigung			durch Elektromotor
	durch Stößel oder Taster		
	durch Feder		
	durch Rolle		
	durch Rolle, nur in einer Richtung arbeitend		

Arbeitselemente sind innerhalb der pneumatischen oder hydraulischen Steuerungen vor allem die Zylinder, die die im jeweiligen Druckmedium (Luft oder Hydrauliköl) gespeicherte Energie in mechanische Arbeit umsetzen. Je nachdem, ob das Medium den Kolben nur in einer oder in zwei Richtungen verschieben kann, spricht man von einfach- oder doppeltwirkenden Zylindern (5.17).

Tabelle 5.17 Sinnbilder für Zylinder

Sinnbilder ausführlich	vereinfacht	Erläuterungen
Einfachwirkender Zylinder		
		Rückhub durch nicht näher bestimmte Kraft
		Rückhub durch Feder
Doppeltwirkender Zylinder		
		mit einfacher Kolbenstange
		mit zweiseitiger Kolbenstange

Fortsetzung s. nächste Seite

| Sinnbilder | | Erläuterungen |
ausführlich	vereinfacht	
Hydraulik-Pneumatik-Stromleitung		
⌢		Arbeitsleitung, Rücklaufleitung, Zuführleitung
– – – – – – – – – –		Steuerleitung
— · — · — · — · —		Abfluß- und Leckleitung
		flexible Leitungsverbindung
⚡		Elektrische Leitung
+	·	Rohrleitungsverbindung
+	⊢	gekreuzte Rohrleitungen
⊥		Entlüftung

Einfachwirkende Zylinder können nur einseitig mit dem Druckmedium beaufschlagt werden; die Rückholung wird im allgemeinen durch eine eingebaute Rückholfeder besorgt (3.18).

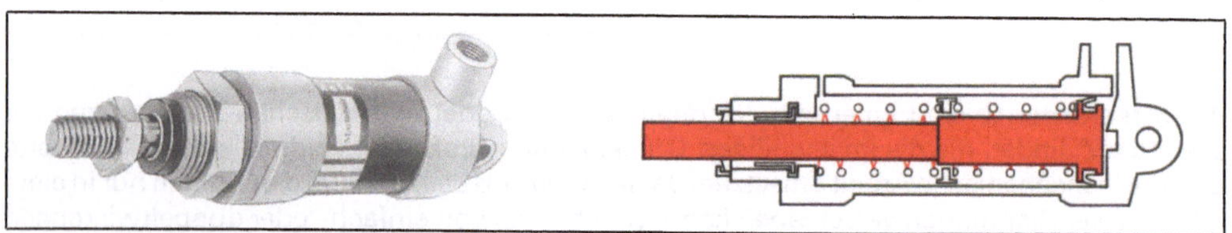

3.18 Einfachwirkender Zylinder

Doppeltwirkende Zylinder können in beiden Richtungen Arbeit verrichten und werden mit oder ohne (auch einstellbare) Dämpfung hergestellt. Bild **5.19** zeigt den Schnitt durch einen doppeltwirkenden Pneumatikzylinder mit einstellbarer Dämpfung.

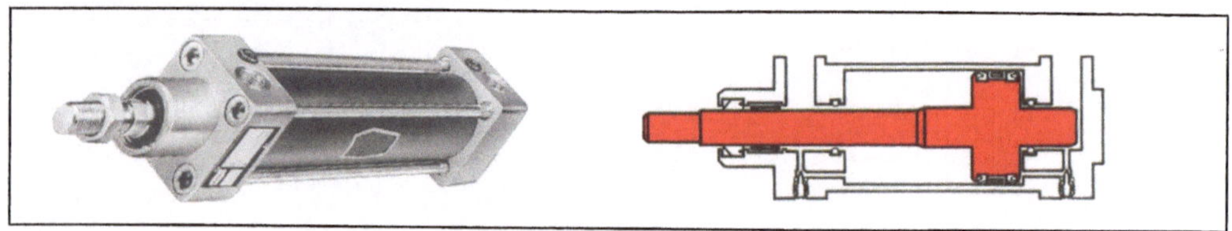

5.19 Doppeltwirkender Zylinder mit einstellbarer Dämpfung

Zu den Sonderzylindern nennen wir einige Beispiele aus der Pneumatik:

- **Schwenkmotoren**, auch Drehzylinder genannt, wandeln geradlinige in Drehbewegungen um (**5.20 a**).

- **Hydropneumatikzylinder** ermöglichen auch bei unterschiedlichen Belastungen gleichmäßige Bewegungen der Kolbenstange. Dies wird dadurch erreicht, daß ein Hydrozylinder über Drosselventile die Geschwindigkeit regelt (**5.20 b**).

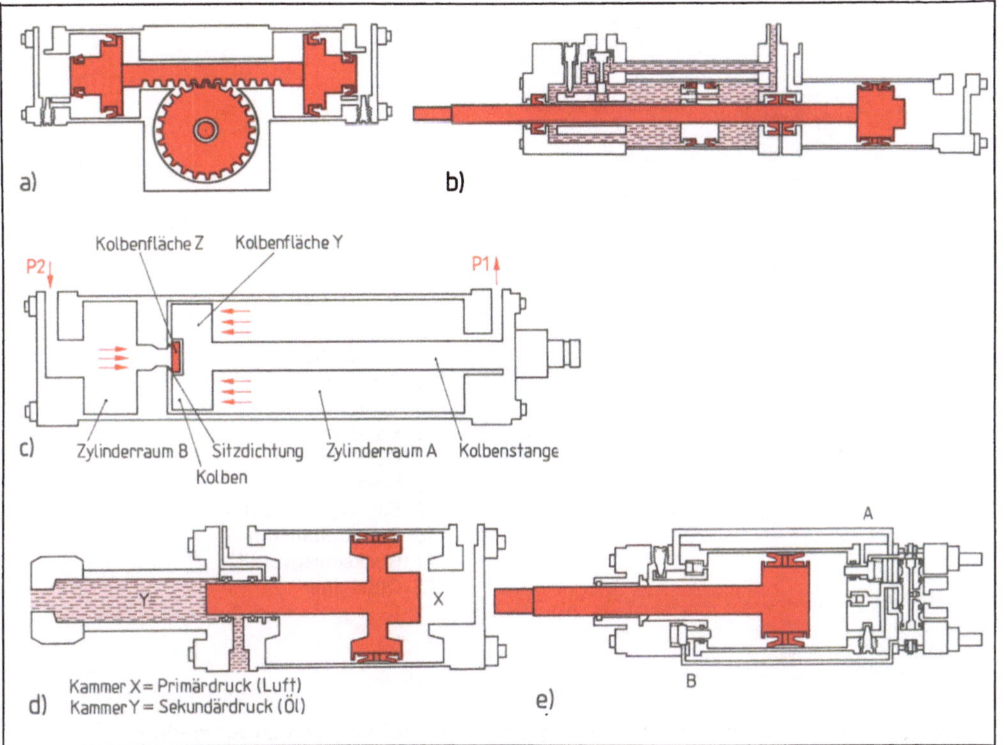

5.20 Beispiele für Sonderzylinder

a) Drehzylinder (Schwenkmotor), b) Hydropneumatikzylinder, c) pneumatischer Schlagzylinder, d) Druckübersetzer, e) Zylinder mit Stetigantrieb

- **Schlagzylinder.** Durch eine schlagartige Druckbeaufschlagung wird der Kolben sehr stark beschleunigt. Das ermöglicht den Einsatz beim Schneiden, Pressen, Nieten, Hämmern oder Nageln (**5.20**c).
- **Druckübersetzer** wandeln einen Eingangsdruck (Primärdruck pB) in einen höheren Ausgangsdruck (Sekundärdruck pA) um. Dies geschieht mittels eines in verschiedenen Druckkammern wirkenden Differentialkolbens (**5.20**d).
- **Zylinder mit Stetigantrieb.** In Deckel und Boden befinden sich Umsteuerelemente, die die Hubbewegungen automatisch umsteuern. Die Geschwindigkeit der Kolbenstange läßt sich bei den meisten Ausführungen in jeder Richtung stufenlos einstellen (**5.20**e).

5.3.4 Besonderheiten pneumatischer Steuerungen

Druckluftaufbereitung. Wenn auch Druckluft im Betrieb leicht verfügbar gemacht werden kann, erfordert ein störungsfreier Betrieb doch den Einbau besonderer Bauelemente. Man spricht in diesem Zusammenhang von der Aufbereitung der Druckluft durch Filter und Druckluftöler. Diese Bauteile können einzeln eingebaut oder in Verbindung mit einem Druckregelventil zu einer Aufbereitungseinheit zusammengefaßt werden (**5.21**). Eine Aufbereitungseinheit besteht aus Filter mit Kondensatabscheider, Druckregelventil und Öler. Sie soll möglichst unmittelbar vor der Verbrauchsstelle angebracht werden. Tabelle **5.22** zeigt einige hierzu genormte Sinnbilder.

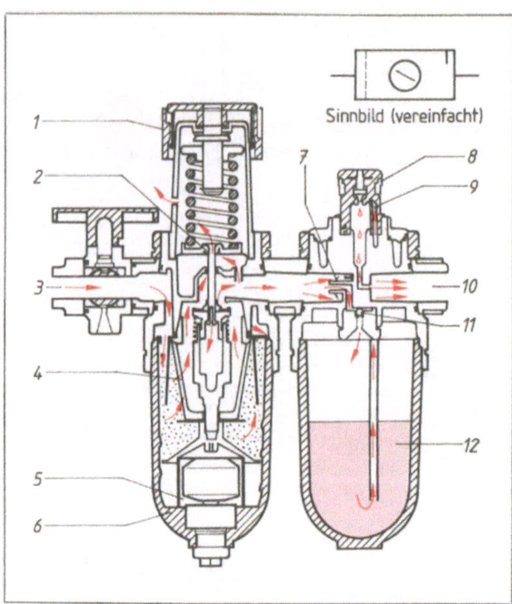

5.21
Schnitt durch eine Aufbereitungseinheit mit Symbol (vereinfacht)

1 Einstellgriff mit Feststellung (Druckregelung)
2 Entlüftungsventil
3 Drucklufteintritt
4 Filterelement
5 Ablaßautomatik
6 Kondensat
7 Durchflußfühler
8 Einstellknopf mit Feststellung (Ölzugabe)
9 Schauglas mit Öldurchgang
10 Druckluftaustritt
11 Rückschlagventil
12 Ölbehälter

Tabelle 5.22   Sinnbilder zur Stromregelung und Aufbereitung von Druckmedien

Sinnbilder	Erläuterungen	Sinnbilder	Erläuterungen
	Stromregelventil mit konstantem Ausgangsstrom		Filter oder Siebe
	Hydrostrom (ausgefülltes Dreieck)		Kondensatabscheider (Handbetätigung)
	Druckluftstrom oder Auslaß zur Umgebung		Lufttrockner
	Auslaßöffnung ohne Vorrichtung für einen Anschluß		Öler
	Auslaßöffnung mit Gewindeanschluß		Aufbereitungs- einheit (ausführlich)
	Drossel (viskoseabhängig)		– vereinfacht

Druckluftöler. Daß die Druckluft druckgeregelt werden muß, ist leicht einzusehen. Daß sie jedoch „geölt" werden muß, versteht man erst, wenn man daran denkt, daß mechanisch bewegte (und aneinander reibende) Bauteile der Pneumatikanlage geschmiert werden müssen. Dies übernimmt die durchströmende Luft. Meist erzeugt die durch den Öler strömende Druckluft im unteren Behälter einen Überdruck und im oberen Teil einen Unterdruck (5.21). Das so nach oben geförderte Öl tropft (wie man im Schauglas beobachten kann) in eine Düse, wird vom Luftstrom mitgerissen und als fein zerstäubter Ölnebel der Druckluft beigemischt.

Bei der Filterung der Druckluft geht es nicht nur um das Herausfiltern von Staub oder Schmutzteilchen, sondern auch um die Abscheidung von Feuchtigkeit (Kondensat). Das ist besonders wichtig, da schon geringe Korrosionserscheinungen den Funktionsablauf einer pneumatischen Steuerung erheblich beeinträchtigen können. Auch die Wirkungsweise des Druckluftfilters ist in Bild **5.21** zu erkennen. Die in den oberen Behälterraum einströmende (noch ungereinigte) Druckluft wird so stark verwirbelt, daß Flüssigkeitsteile und gröbere Schmutzteilchen durch die Fliehkraft gegen die Behälterwandung geschleudert werden, nach unten ablaufen und sich als Kondensat sammeln. Die Ablaßautomatik arbeitet nach dem Schwimmerprinzip. Das Filterelement hält alle übriggebliebenen Verunreinigungen zurück, die größer als seine Maschenweite sind. Bei pneumatischen Steuerungen verwendet man meist Sintermetall-Filtereinsätze, die eine Maschenweite von $\sim$ 60 µm haben.

> Druckluft bereitet man möglichst unmittelbar vor ihrer Verwendung auf. Dazu dienen Filter und Öler, die meist in Verbindung mit einem Druckregler zu einer Aufbereitungseinheit (früher Wartungseinheit genannt) zusammengefaßt sind.

5.3.5 Besonderheiten hydraulischer Steuerungen

Die Bauelemente hydraulischer Steuerungen unterscheiden sich von den pneumatischen vor allem dadurch, daß sie höhere Drücke vertragen und dicht sein müssen. Hydrauliköl ist zwar schmierend und korrosionshemmend, Druckregler und Filter sind jedoch in hydraulischen Steuerungen genau so erforderlich wie bei pneumatischen.

Neben Mineralölen mit Zusätzen werden als Hydraulikflüssigkeiten auch synthetische Flüssigkeiten verwendet. Sie dürfen nicht schäumen, sollen eine von der Temperatur möglichst unabhängige Viskosität haben, alterungsarm sein und dürfen Dichtungen und Geräte-Werkstoffe nicht angreifen.

Über die bisher besprochenen Bauelemente hinaus finden wir in der Hydraulik noch einige weitere, die vorwiegend durch die in Abschnitt 5.3.2 besprochenen besonderen Eigenschaften der Hydraulikflüssigkeit nötig sind.

Hydropumpen (s. Abschn. 14.4.3.3 Hydraulische Getriebe) saugen die Hydraulikflüssigkeit z. B. aus einem Vorratsbehälter an und ermöglichen sowohl den Druck als auch den Flüssigkeitsstrom in einer hydraulischen Anlage. Bleibt der Volumenstrom (die je Zeiteinheit geförderte Flüssigkeitsmenge) konstant, spricht man von Konstantpumpen, ist er veränderbar, von Verstellpumpen.

– **Zahnradpumpen** können sehr hohe Drücke (bis 250 bar) erzeugen. Durch äußeren Antrieb des einen Zahnrads wird Flüssigkeit in den Zahnlücken beider Zahnräder an den Gehäusewandungen entlang vom Saugraum in den Druckraum gefördert (5.23).

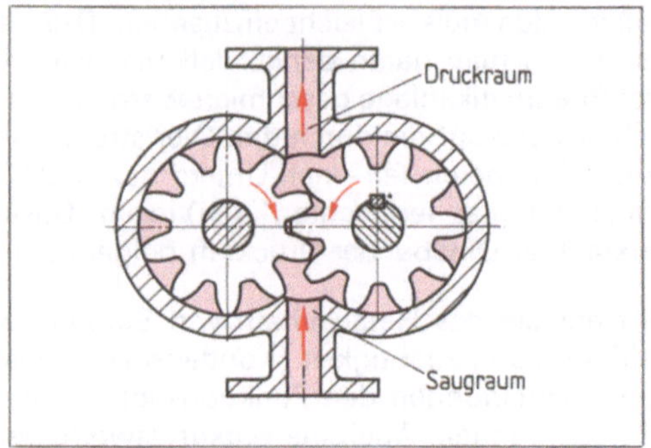

5.23 Wirkungsweise der Zahnradpumpe

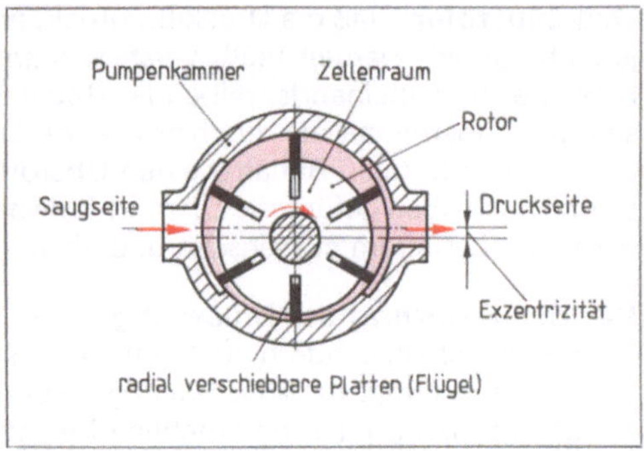

5.24 Wirkungsweise der Flügelzellenpumpe

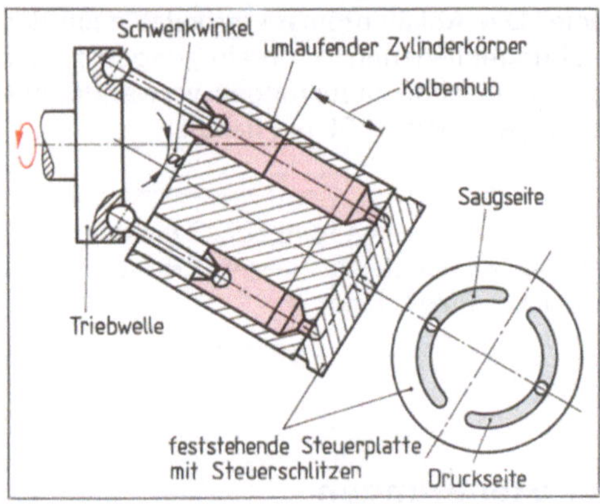

5.25 Wirkungsweise der Axialkolbenpumpe

– **Flügelzellenpumpen** haben auf dem Rotor angeordnete radial verschiebbare Platten (Flügel, 5.24). Sie teilen den Raum zwischen Gehäusewandung und Rotor in einzelne Zellen ab und ermöglichen so einen Flüssigkeitstransport. Drücke bis über 300 bar sind möglich (s. a. Bild 5.28).

– **Axialkolbenpumpen** bestehen aus einer Triebwelle, einem umlaufenden Zylinderkörper mit 5, 7 oder 9 Kolben und einer feststehenden Steuerplatte (5.25). Das abwechselnde Ansaugen und Drücken geschieht während der Drehbewegung des Zylinderkörpers. Da dieser um den Schwenkwinkel α gegenüber der Triebwellenachse verlagert ist, kommt es dabei zu den Hubbewegungen der Kolben.

Tabelle **5.26**   **Sinnbilder für Pumpen und Hydromotoren**

Sinnbilder	Erläuterungen	Sinnbilder	Erläuterungen
Konstantpumpen		**Hydromotoren**	
	mit einer Stromrichtung		Drehmomentwandler, Pumpen und/oder Motoren mit veränderlichem Verdrängungsvolumen, Ferngetriebe
	mit zwei Stromrichtungen		
Verstellpumpen			
	mit Umkehrbarkeit der Stromrichtungen		Pumpenantrieb durch Elektromotor
	mit einer Stromrichtung		
	mit zwei Stromrichtungen		Pumpenantrieb durch Wärmekraftmaschine

Hydromotoren arbeiten umgekehrt wie die Hydropumpen. Im Prinzip lassen sich Hydropumpen als Hydromotoren verwenden, wenn man sie nicht Druck erzeugen, sondern ihre Zahnräder, Flügel oder Kolben durch Drucköl antreiben läßt.

Sinnbilder für Pumpen und Hydromotoren bestehen aus Kreisen mit Symbolen für An- und Abtriebswellen (seitlich) und zwei Leitungsanschlüssen (oben und unten, 5.26). Die ausgefüllten Dreiecke geben die Durchflußrichtung der Hydraulikflüssigkeit an, die schrägen Pfeile bedeuten Verstellbarkeit.

5.3.6 Beispiele fluidischer Steuerungen

Pneumatische und hydraulische Steuerungen sind aus dem modernen Vorrichtungs- und Werkzeugmaschinenbau nicht mehr wegzudenken. Löst man einfachste Steuer- und Regelaufgaben noch mit rein mechanischen Elementen, werden komplexere Aufgaben doch zunehmend durch elektrische oder fluidische Anlagen oder deren Kombination übernommen.

Beispiel aus der Hydraulik. Aus der Metallfachkunde 1 (Abschn. 11.5.5) kennen Sie den mechanischen Stößelantrieb der Waagerecht-Stoßmaschine: die Kurbelschwinge (5.27). Das ist eine rein mechanische Steuerung. Hobelmaschinen haben dagegen für mechanische Steuerungen viel zu große Massen und erfordern hydraulische Steuerungen (5.28). Hier kommen die Vorteile der Hydraulik zum Zuge, so die nahezu formschlüssige Kraftübertragung, die Dämpfungsfähigkeit der Hydraulikflüssigkeit bei der Tischumkehr, die Übertragung großer Kräfte bei gleichbleibender Schnittgeschwindigkeit und die stufenlose Verstellmöglichkeit von Hub oder Geschwindigkeiten.

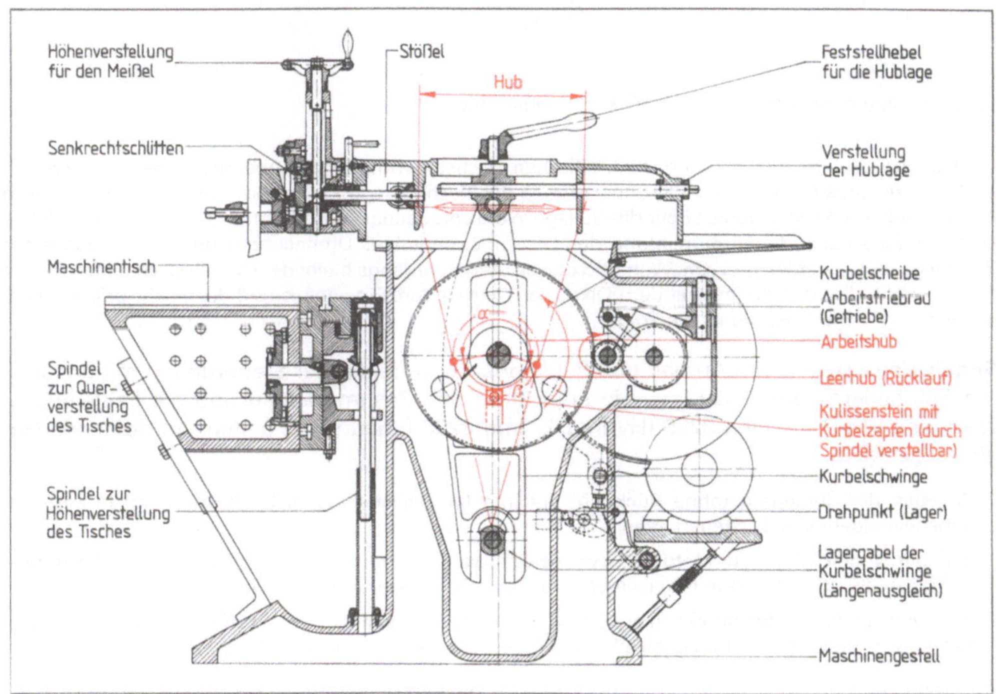

5.27 Mechanischer Stößelantrieb bei der Waagerechtstoßmaschine

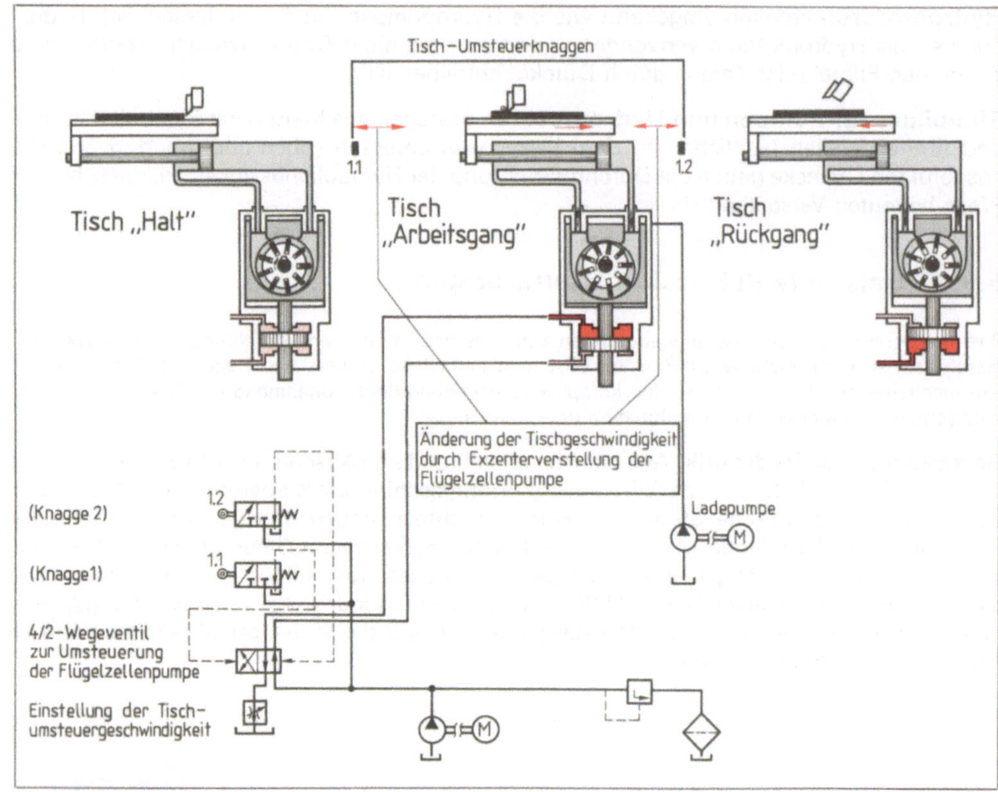

5.28   Hydraulische Tischsteuerung einer Hobelmaschine

Die Flügelzellenpumpe (s. **5.24**) der hydraulischen Tischsteuerung einer Hobelmaschine hat einen Verstellmechanismus für den Umsteuerungsvorgang der Tischbewegung: Die Exzentrizität des Rotors zum Pumpengehäuse kann stufenlos über die Nullage in die entgegengesetzte Position verstellt werden (**5.28**). Dadurch ändert sich die Förderrichtung des Ölstroms, ohne daß Drehrichtung und Drehfrequenz der Pumpe geändert werden müssen. Während dieses Steuervorgangs bleibt der Hobelmaschinentisch über Kolben und Kolbenstange fest mit dem Ölkreislauf verbunden. Ein sanftes und doch sehr präzises Umsteuern der Tischbewegung ist die Folge.

Schaltpläne stellen den Aufbau und Funktionsablauf fluidischer Steuerungen mit genormten Sinnbildern vereinfacht dar. Sie erleichtern den Zusammenbau und die Fehlersuche. Nach den VDI-Richtlinien 3225 (Hydraulik) und 3226 (Pneumatik) gelten u.a. folgende Gestaltungsregeln:

– Zerlegen der Steuerung (ohne Rücksicht auf ihre tatsächliche räumliche Anordnung) in einzelne, nebeneinanderliegende Steuerketten.

– Zylinder, Ventile, Pumpen, Motoren usw. werden waagerecht in ihrer Ausgangsstellung dargestellt, in Signalflußrichtung von unten nach oben aneinandergereiht und fortlaufend numeriert.

– Bei fluidtechnischen Schaltplänen sollen (wie in der Elektrotechnik) die Leitungen geradlinig gezeichnet werden und sich nach Möglichkeit nicht (bzw. so selten wie möglich) kreuzen.

Bild **5.29** zeigt ein Beispiel für die sinnbildliche Darstellung (Schaltplan) einer halbautomatischen pneumatischen Zylindersteuerung.

160

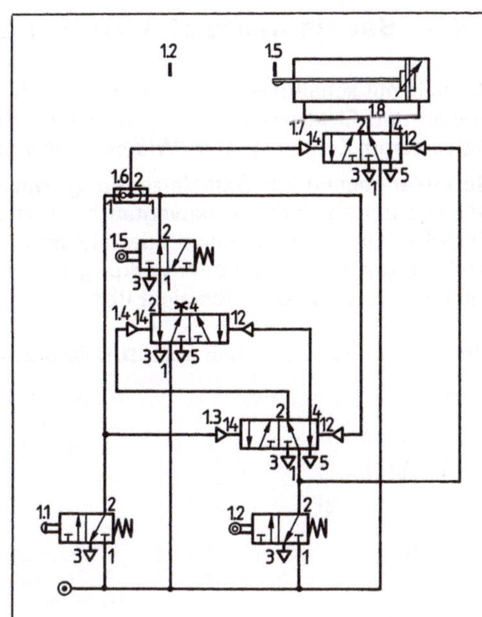

5.29
Halbautomatische pneumatische Zylindersteuerung (Anschlußbezeichnungen nach CETOP). Der Zylinder 1.8 fährt zweimal in Richtung + (nach links) und − (nach rechts), bleibt dann in − (wie Bild) stehen. Erst bei neuer Betätigung von 1.1 wird wieder ein Doppelhub ausgeführt.

Sie erinnern sich an die in Abschn. 5.3.3 beschriebenen CETOP-Bezeichnungen der Anschlüsse.

1 = Druckanschluß; 2, 4 = Arbeitsanschlüsse; 3, 5 = Abluftanschlüsse (3 mit 2 verbunden); 12, 14 = Steueranschlüsse.

5.4 Elektrische Steuerungen

Die elektrischen Steuerungen bestehen aus energietechnischen und elektronischen Bauteilen. Die energietechnischen Steuerungselemente, auch elektrische Betriebsmittel genannt, haben schaltbare Kontakte, elektronische Steuerungen wirken kontaktlos.

Zur Elektronik zählt man alle Vorgänge und Bauelemente, die die Bewegung elektrischer Ladungsträger in Halbleitern und Gasen technisch ausnutzen, sowie die „klassischen" Widerstände, Kondensatoren und Spulen. Bei den Werkzeugmaschinen-Steuerungen findet man oft eine Kombination energietechnischer und elektronischer Steuerungselemente. Die elektronischen nehmen jedoch an Bedeutung immer mehr zu. Wir werden sie daher in Abschn. 5.5 gesondert besprechen.

Vorteile elektrischer Steuerungen sind z. B. die sehr schnelle Signalübermittlung, die einfache Leitungsverlegung (es muß zwar isoliert, aber nicht abgedichtet werden) und die problemlose und kostengünstige Signalübertragung selbst über größere Entfernungen.

> Elektrische Steuerungen bestehen aus kontaktgeschalteten energietechnischen (elektrischen) Betriebsmitteln und elektronischen (kontaktlosen) Bauteilen. Sie sind wartungsarm und kostengünstig.

5.4.1 Bauelemente elektrischer Steuerungen

Bauteile mit schaltbaren Kontakten sind Schalter (Tastschalter, Relais, Schütze), Elektromagneten und Elektromotoren (= elektrische Betriebsmittel). Kontaktlose Elemente sind z. B. Transistoren, Kondensatoren, Widerstände und Mikroprozessoren (= elektronische Bauteile).

Schalter dienen zur Signalerzeugung. Mit ihnen wollen wir uns zunächst beschäftigen. Schalter mit mechanisch bewegten Kontakten können z. B. von Hand als Tast-, Rast- oder Schloßschalter, pneumatisch oder elektromagnetisch (Relais, Schütz) betätigt werden. Je nach Aufgabe, Funktion oder Wirkungsweise stellt man sie in vielfältigen Ausführungen her. Tabelle **5.30** zeigt eine Übersicht über die genormten Arten und ihre Sinnbilder.

Tabelle **5.30**   **Schaltzeichen nach DIN 40703, 40713, 40719, DIN-IEC-Entwürfen**

Schaltglieder. Darstellung (wahlweise) ohne (a) und mit (b) Verbindungsstellen.

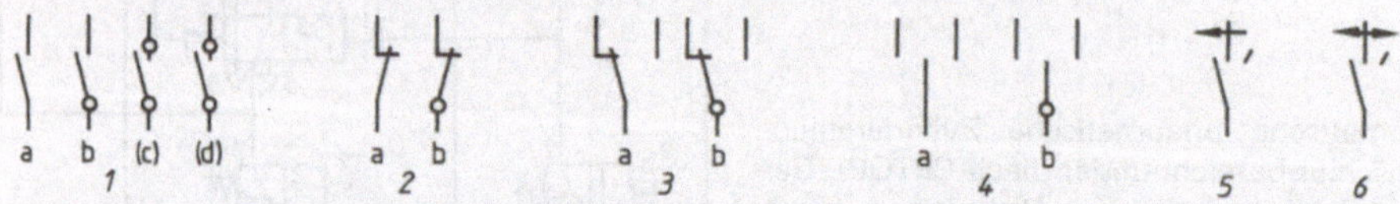

1 Schließer, *2* Öffner, *3* Wechsler, *4* Zweiwegschließer mit 3 Schaltstellungen, *5* Wischer mit Kontaktgabe bei Bewegung nur in Pfeilrichtung bzw. in beiden Richtungen (*6*)

Schaltglieder mit Kennzeichnung des Antriebs

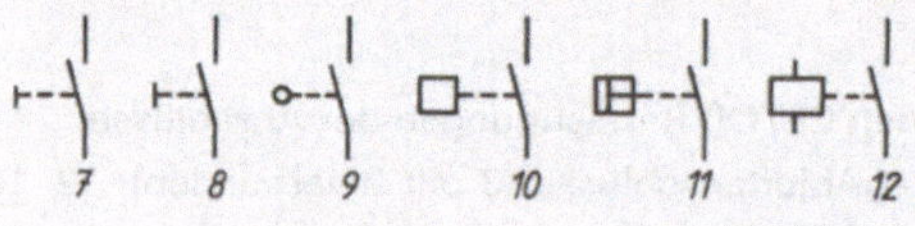

7 Handantrieb, allgemein, *8* andere Antriebe (z. B. Fußantrieb), *9* Antrieb durch Nocken u. dgl., *10* Kraftantrieb, allgemein
11 Kolbenantrieb (z. B. Druckluftantrieb)
12 Elektromechanischer Antrieb (Schütz, Relais)

Mechanisches Verhalten in den Schaltstellungen

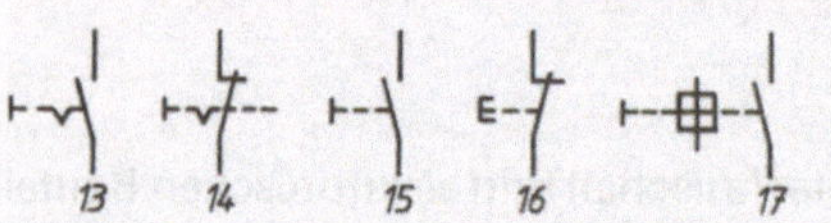

13 Rastschalter (Schließer, handbetätigt)
14 Rastschalter (Öffner, handbetätigt)
15 Tastschalter, Taster (Schließer, handbetätigt)
16 Tastschalter, Taster (Öffner, handbetätigt durch Drücken)
17 Schloßschalter, handbetätigt

Schalter mit verschiedenem Schaltvermögen

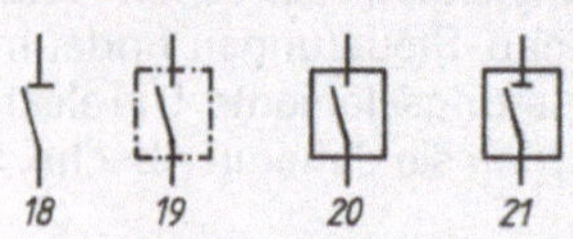

18 Trennschalter, Trenner, Leerschalter
19 Lastschalter (allgemein)
20 Leistungsschalter
21 Leistungstrennschalter

Auslöser und Relais (links Schaltkurzzeichen)

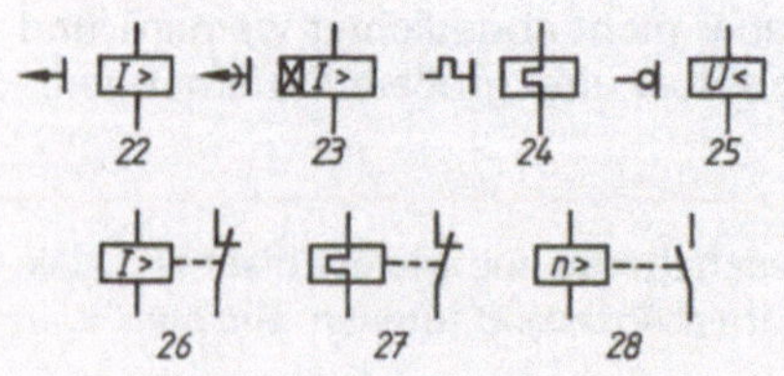

22 Elektromagnetischer Überstromauslöser
23 Elektromagnetischer Überstromauslöser (verzögerte Auslösung)
24 Elektrothermischer Überstromauslöser
25 Elektromagnetischer Unterspannungsauslöser
26 Überstromrelais, elektromagnetisch betätigt
27 Überstromrelais, elektrothermisch betätigt
28 Überdrehzahlrelais, mechanisch betätigt

Schütze sind elektromagnetisch betätigte Fernschalter, die als Tastschalter (ohne Sperre, mit Rückzugskraft) Stromkreise schließen oder öffnen (5.31). Schütze werden als Last- oder Motorschalter bevorzugt für die elektrische Antriebssteuerung von Werkzeugmaschinen verwendet.

Das in Bild **5.31** dargestellte Luftschütz hat seinen Namen nach der Art der Lichtbogenlöschung: Sie erfolgt durch Luft-, Öl-, Wasser-, Druckgas- oder Vakuumschalter. Je größer der Abschaltstrom, desto schwieriger ist die Löschung des zwischen den Kontaktstücken brennenden Lichtbogens. Bei Wechselstrom erlischt er nach jedem Nulldurchgang (bei 50 Hz also nach jeweils 10 ms) von selbst. Hier muß man nur verhindern, daß er (bei Rückkehr der Spannung) an den geöffneten Kontakten wieder zündet. Beim Luftschalter erreicht man dies durch den thermischen Auftrieb und die von einer Blasspule erzeugte Blaswirkung (Sie kennen sie bereits vom E-Schweißen, wo sie ungewollt den Lichtbogen ablenkt) des elektrischen Stroms. Sie kühlt und verlängert gleichzeitig den Lichtbogen. Leistungsschalter für hohe Stromstärken haben Löschbleche, die den Lichtbogen unterteilen und durch Wärmeentzug löschen.

Relais sind Befehlsschalter, die durch Änderung physikalischer Größen betätigt werden und damit weitere Einrichtungen elektrisch steuern (5.32). Ursprünglich wurden Relais für die Fernmeldetechnik entwickelt. Doch verwendet man sie heute auch bei Anlagen- und Werkzeugmaschinensteuerungen.

Die Kombination von Schütz und Relais schützt z. B. einen Motor vor zu großer Stromaufnahme (Motorschutzschalter). Bild **5.33** zeigt die Schaltzeichen für ein 3poliges Schaltschütz. Das Relais wirkt hier als elektrothermisches Überstromrelais. Es schaltet das Schütz ab, sobald die Grenztemperatur in einem der drei Leiter der Schützspule erreicht wird. So schützt man auch die Antriebsmotoren von Werkzeugmaschinen vor Überlastung.

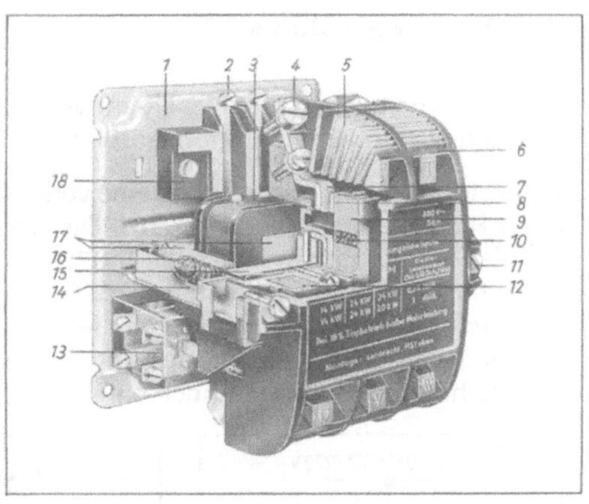

5.31 Drehstrom-Luftschütz 500 V 50 A

1	Grundplatte	*11*	Befestigungsschraube für *6*
2	Spulenanschlüsse		
3	Spule	*12*	Schaltkopf, beweglich
4	Hauptanschlußklemmen		
5	Löschbleche	*13*	Hilfskontakte
6	Lichtbogenkammer	*14*	Gleitführung
7	Hauptkontakt, fest	*15*	Magnetanker, beweglich
8	Kontaktbrücke, beweglich	*16*	Rückdruckfeder
9	Antiprelleinlage	*17*	Magnetkern
10	Kontaktdruckfeder	*18*	Kontaktträger, fest

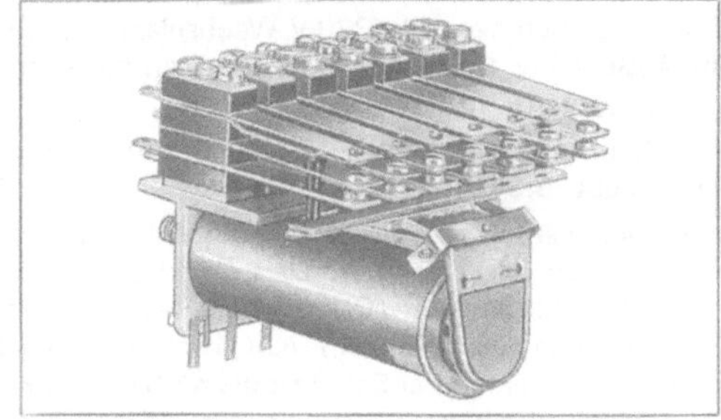

5.32 Hilfsrelais mit 7 Wechslern

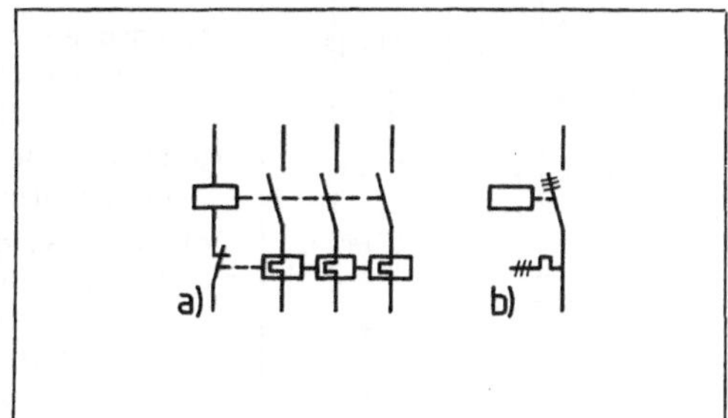

5.33 Dreipoliges Schaltschütz mit elektrothermischem Überstromrelais

a) Schaltzeichen, b) Schaltkurzzeichen

5.4.2 Schaltpläne

Bei den Schaltplänen unterscheiden wir zwei Arten: den vereinfachten Übersichtsschaltplan und den ausführlicheren Stromlaufplan.

Übersichtsschaltpläne geben eine vereinfachte, meist einpolige Darstellung der Schaltung ohne Hilfsleitungen wieder (**5.34**). Die Ein- und Ausschaltung des Lüftermotors M1 (vgl. auch Kennbuchstaben in Tabelle **5.37**) geschieht hier durch das Schütz K1, das durch die Tastschalter S1 und S2 betätigt wird. Durch ein Überstromrelais F2 wird elektrothermischer Überlastungsschutz gewährleistet. Gegen Kurzschluß schützen die vorgeschalteten Sicherungen F1. Weitere (erläuternde) Angaben über Netz, Leitungen, Motor usw. dürfen in einen Übersichtsschaltplan auch noch eingetragen werden.

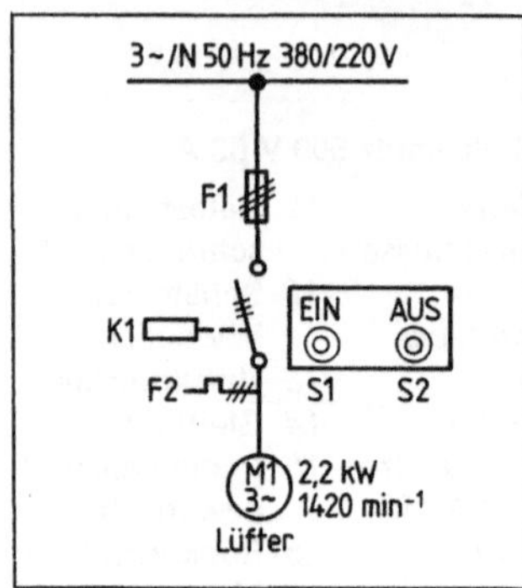

5.34   Übersichtsschaltplan
       für Lüfterantrieb

5.35   Stromlaufplan in aufgelöster Darstellung

Stromlaufpläne können in **aufgelöster** Darstellung (**5.35**) oder in **zusammenhängender** Darstellungsweise (**5.36**) gezeichnet werden. Bei der aufgelösten Darstellung werden die Haupt-, Steuer- und Meldestromkreise mit allen Einzelheiten und Leitungen schrittweise aufgebaut. So läßt sich jeder Stromweg leichter verfolgen und der zusammenhängende Stromlaufplan für den Steuerstromkreis des Lüftermotors aus Bild **5.34** besser verstehen.

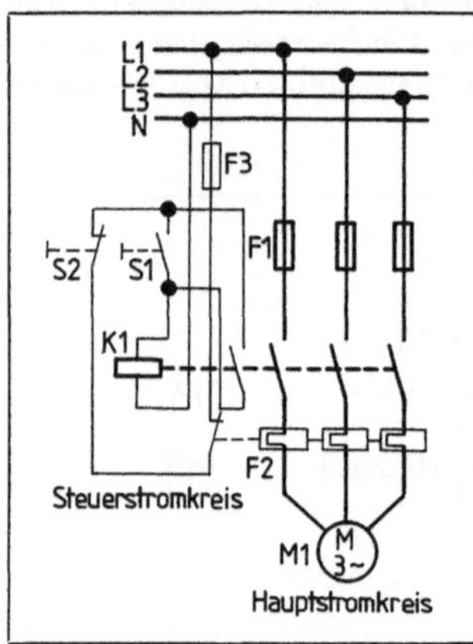

5.36   Stromlaufschaltplan in
       zusammenhängender
       Darstellung

Für den „Nicht-Elektrotechniker" ist der Umgang mit Stromlaufplänen nicht ganz einfach. Wir wollen daher die Entwicklung eines Stromlaufplans für die Steuerung des Lüftermotors stufenweise besprechen.

a) Anschluß der Spule des Schützes K1 (220 V Wechselspannung) zwischen einem Außenleiter (hier L1) und dem Sternpunktleiter N des Drehstromnetzes (**5.35a**).

b) Einschalten durch Drucktaster S1, wodurch sich der Stromkreis der Schützspule schließt (**5.35b**).

c) Es muß ausgeschlossen werden, daß der Motor eingeschaltet werden kann, wenn er durch das Überstromrelais F2 abgeschaltet wurde. Daher wird der Hilfsschalter (Öffner) des Relais in den Stromkreis der Schützspule gelegt (**5.35c**). Nur wenn dieser geschlossen ist, kann der Stromkreis der Schützspule K1 beim Drükken des Drucktasters S1 geschlossen werden: der Magnetanker kann anziehen, die drei Hauptkontakte des Schützes schließen, der Motor läuft an.

d) Läßt man den Drucktaster S1 los, geht er infolge seiner Rückzugskraft (es ist ja ein Taster) zurück in seine Ruhelage, das Schütz fällt ab, und der Motor wird (unbeabsichtigt) wieder ausgeschaltet. Um dies zu verhindern, sieht man am Schütz K1 (parallel zum Drucktaster S1) einen Hilfsschalter vor (den Schließer K1), der beim Einschalten des Schützes geschlossen wird und auch nach Loslassen des Tasters S1 geschlossen bleibt: Das Schütz hält sich selbst (Selbsthaltung), der Motor läuft also weiter (5.35 d).

e) Durch Drücken des Drucktasters S2 (5.35 e) wird der Stromkreis der Schützspule unterbrochen, das Schütz fällt ab. Auch der Selbsthaltekontakt K1 des Schützes öffnet sich wieder. Der Motor bleibt also auch nach Loslassen des Tasters S2 ausgeschaltet.

f) Abschließend wird der Steuerteil durch Einbau einer Sicherung F3 geschützt (5.35 e). Zusammengefaßt wird der so entwickelte Stromlaufplan für den Lüfter (in zusammenhängender Darstellung, 5.36).

> Zusammengehörende Spulen und Schaltglieder von Schützen oder Relais haben im Stromlaufplan dieselbe Bezeichnung (z. B. zweimal K1 in 5.36 d), auch wenn sie an verschiedenen Stellen des Stromlaufplans eingezeichnet sind.

Woher stammen die Bezeichnungen K1 (Schütz und Hilfsschalter), F2 (Überstromrelais), S1, S2 (Taster) oder F3 (Sicherung)? Tabelle 5.37 gibt über die genormten elektrischen Betriebsmittel in Schaltplänen Aufschluß.

Tabelle 5.37 Kennzeichnung von elektrischen Betriebsmitteln in Schaltplänen nach DIN 40719 T 2

Kenn-buchstabe	Art des Betriebsmittels	Beispiele
A	Baugruppen	Gerätekombinationen und Teilbaugruppen, die eine konstruktive Einheit bilden, anderen Buchstaben aber nicht eindeutig zugeordnet werden können (z. B. Einschübe, Einsätze, Rahmen, Steckkarten)
B	Umsetzer von nichtelektrischen Größen auf elektrische Größen und umgekehrt	Meßumformer für Temperatur, Licht, Drehfrequenz u. a. (Näherungsinitiatoren, Weg- und Winkelumsetzer)
C	Kondensatoren	
D	Binäre Elemente, Verzögerungseinrichtungen, Speichereinrichtungen	Einrichtungen und integrierte Schaltkreise der digitalen Steuerungs-, Regelungs- und Rechentechnik (z. B. UND-Glieder, digitale Zähler, Plattenspeicher)
E	Verschiedenes	an anderer Stelle dieser Tabelle nicht aufgeführte Einrichtungen (z. B. Heizungen, Beleuchtungen)
F	Schutzeinrichtungen	Sicherungen, Schutzrelais, Überspannungsableiter, Druckwächter, Windfahnenrelais, Buchholzschutz
G	Stromversorgungen, Generatoren	Stromversorgungseinrichtungen, Generatoren, Batterien, Ladegeräte, Oszillatoren, Taktgeneratoren

Fortsetzung s. nächste Seite

Tabelle **5.37**, Fortsetzung

Kenn-buchstabe	Art des Betriebsmittels	Beispiele
H	Meldeeinrichtungen	Leucht- und Hörmelder, Zeitfolgenmelder
K	Schütze, Relais	Leitungs- und Hilfsschütze; Hilfsrelais, Blinkrelais
L	Induktivitäten	Drosselspulen, Frequenzsperren
M	Motoren	
N	Verstärker	Einrichtungen der analogen Steuerungs-, Regelungs- und Rechentechnik; Operationsverstärker
P	Meßgeräte, Prüfeinrichtungen	analog und digital anzeigende und registrierende Meßeinrichtungen, Datensichtgeräte, Simulatoren
Q	Starkstrom-Schaltgeräte	Leistungsschalter und -trenner, Motorschutzschalter, Installationsschalter, Stern-Dreieck-Schalter
R	Widerstände	Stellwiderstände, Potentiometer
S	Schalter, Wähler	Taster, Grenztaster, Befehlsgeräte, Wählscheiben
T	Transformatoren	Spannungs- und Stromwandler, Netz- und Trenntransformatoren
U	Modulatoren, Umsetzer von elektr. Größen in andere elektr. Größen	Spannungs-Frequenz-Wandler, Code- und Parallel-Serien-Umsetzer, Opto-Koppler, Fernwirkgeräte
V	Halbleiter, Röhren	Transistoren, Thyristoren, Röhren, Thyratrons
W	Übertragungswege, Leitungen, Antennen	Schaltdrähte, Sammelschienen, Kabel, Hohlleiter, Dipole, Lichtleiter
X	Klemmen, Stecker, Steckdosen	
Y	elektrisch betätigte mechanische Einrichtungen	Bremsen, Kupplungen, Ventile
Z	Filter, Entzerrer, Begrenzer, Anschlüsse	Hoch-, Tief- und Bandpässe; Funkentstör- und Funkenlöscheinrichtungen; Frequenzweichen

Schaltpläne stellen die elektrischen Bauteile im Zusammenhang durch (genormte) Schaltzeichen dar.

Übersichtsschaltpläne geben eine vereinfachte, meist einpolige Schaltung ohne Hilfsleitungen wieder.

Stromlaufpläne stellen alle Schaltglieder eines elektrischen Betriebsmittels zusammenhängend in allen Polen (allpolig) dar.

Weitere Schaltpläne (DIN 40 719 T1) sind Verdrahtungs- (zur Erläuterung der Verbindungen) und Anordnungspläne (zur Darstellung der räumlichen Lage). Unter den Verdrahtungsplänen sind die **Anschlußpläne** (DIN 40 719 T9) für Montage, Betrieb und Wartung besonders wichtig. In Verbindung mit genauen Anschlußbezeichnungen ermöglichen sie das schnelle Auffinden jeder Stelle im Schaltplan und die entsprechende Zuordnung zur Klemmenleiste. Bild **5.38** zeigt den zum Anschlußplan erweiterten Stromlaufplan mit der Klemmenleiste.

166

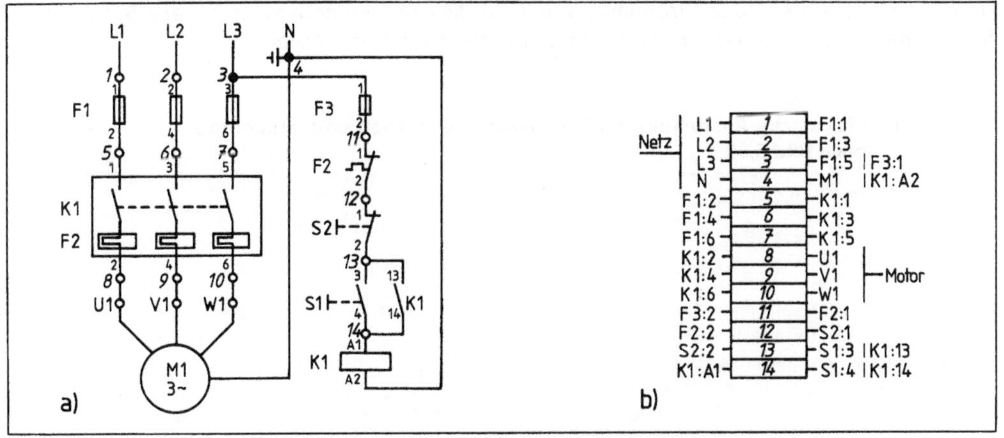

5.38   Lüfterantrieb a) Stromlaufplan und Anschlußplan, b) Klemmenleiste

5.4.3   Beispiel einer elektrischen Steuerung

Drehmaschinensteuerung. Am Beispiel einer Drehmaschinensteuerung wollen wir die bisher besprochenen Grundlagen vertiefen. Bild **5.39** zeigt den Leistungsteil (oben) und den

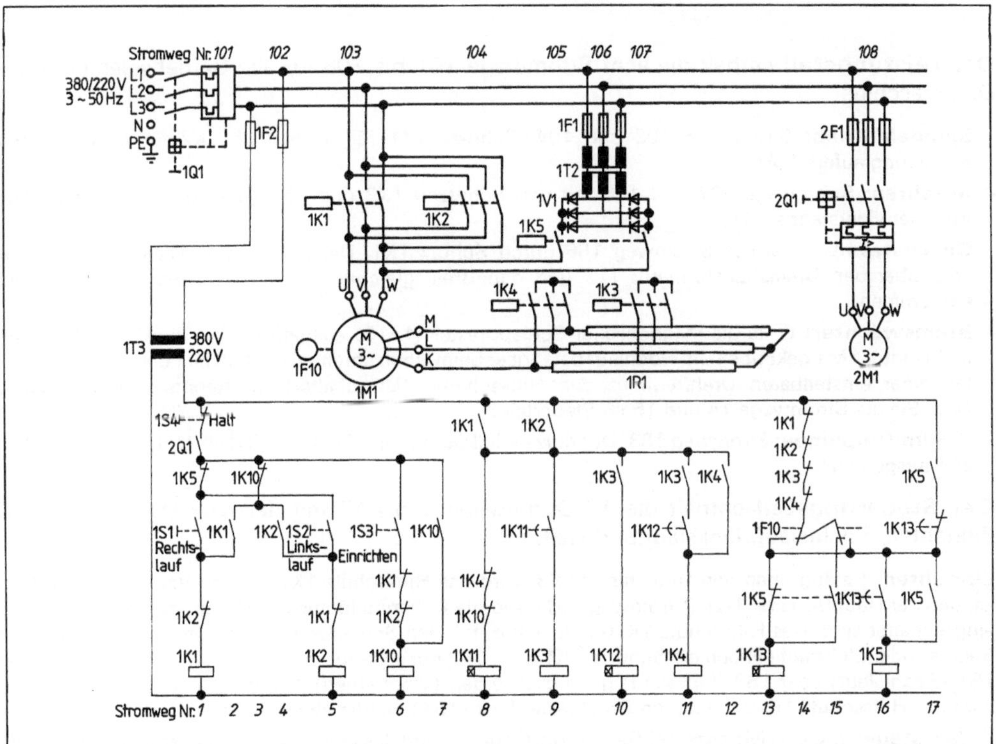

5.39   Stromlaufplan einer Drehmaschinensteuerung mit Leistungs- (oben) und Steuerteil (unten)

Steuerungsteil (unten) des Stromlaufplans einer Maschinensteuerung. Tabelle **5**.40 enthält
die Zusammenstellung der für den Schaltplan erforderlichen Bauteile.

**Tabelle 5.40   Elektrische Ausrüstung für Drehmaschinenantrieb und -steuerung
nach Bild 5.39**

Nr.	Kennbuchstabe	Benennung	Nr.	Kennbuchstabe	Benennung
1	1Q1	Hauptschalter	13	1K12	Zeitrelais für 2. Anlaßstufe
2	1S1	Drucktaster für Rechtslauf	14	1K13	Zeitrelais für Gleichstrombremsung
3	1S2	Drucktaster für Linkslauf	15	1F1	Sicherungen für Bremstransformator
4	1S3	Drucktaster für Einrichten	16	1F2	Sicherungen für Steuertransformator
5	1S4	Drucktaster für Halt	17	1F10	Bremswächter
6	1K1	Schütz für Rechtslauf	18	1M1	Spindelantriebsmotor
7	1K2	Schütz für Linkslauf	19	1T2	Bremstransformator
8	1K3	Schütz für 1. Anlaßstufe	20	1T3	Steuertransformator
9	1K4	Schütz für 2. Anlaßstufe	21	1V1	Bremsgleichrichter
10	1K5	Schütz für Gleichstrombremsung	22	1R1	Anlaßwiderstand
			23	2Q1	Motorschutzschalter
11	1K10	Hilfsschütz für Einrichtebetrieb	24	2F1	Sicherungen für 2M1
12	1K11	Zeitrelais für 1. Anlaßstufe	25	2M1	Pumpenmotor

Der Leistungsteil enthält die acht Stromwege 101 bis 108 für alle Betriebselemente der
Drehmaschine.

- **Spindelantrieb:** Stromwege 103 und 104; Schütze 1K1 für Rechtslauf, 1K2 für Linkslauf des
  Schleifringläufers 1M1.
- **Anfahren:** Stromwege 107 und 105 mit den Schützen 1K3 und 1K4 (über die Anlaßstufen des
  Anlasserwiderstands 1R1).
- **Gleichstrombremsung:** Stromweg 106 durch Schütz 1K1. Die dazu nötige Gleichstromenergie
  wird über den Bremstransformator 1T2 und den Bremsgleichrichter 1V1 aus dem Drehstromnetz
  entnommen.
- **Bremswächter:** Er ist als magnetischer Schlepptaster (1F10) ausgeführt und direkt mit dem Antriebsmotor 1M1 gekoppelt. Im Hochlauf betätigt er beim Überschreiten, im Rücklauf beim Unterschreiten einer einstellbaren Drehfrequenz den Hilfsschalter (Umschalter) für Rechts- und Linkslauf.
  (Vgl. Sie die Stromwege 14 und 15 im Steuerteil.)
- **Kühlmittelpumpe:** Stromweg 108. Der Kurzschlußläufermotor 2M1 ist mit dem Motorschutzschalter
  201 ausgerüstet.

Der Steuerungsteil enthält die 17 Stromwege 1 bis 17 mit den vier Drucktastern für
Einrichten, Rechtslauf, Linkslauf und Halt.

Einrichten. Betätigt man den Drucktaster 1S3, wird das Hilfsschütz 1K10 erregt. Voraussetzung dazu
ist, daß der Hauptschalter 1Q1 (Stromweg 101) und die Kühlmittelpumpe 2M1 (mit dem Schalter 2Q1)
eingeschaltet sind. Das Hilfsschütz 1K10 hält sich durch den Schließer 1K10 (Stromweg 7) selbst. Für
Rechts- oder Linkslauf bleiben die Schütze 1K1 bzw. 1K2 nur so lange eingeschaltet, wie die Drucktaster
1S1 (Rechtslauf) oder 1S2 (Linkslauf) gedrückt werden (Tippbetrieb). Um das Einrichten zu beenden,
wird das Hilfsschütz 1K10 durch den Drucktaster Halt (1S4) wieder abgeschaltet.

Anlaufsteuerung des Motors bei Rechtslauf. Hierzu wird das (sich ebenfalls selbsthaltende) Schütz
1K1 über den Drucktaster 1S1 eingeschaltet. Rechts- und Linkslauf sind nun durch die Öffner 1K2
(Stromweg 1) und 1K1 (Stromweg 5) gegeneinander verriegelt, der Motor 1M1 kann über den gesamten

Vorwiderstand 1R1 im Läuferkreis anlaufen. Gleichzeitig wird das Zeitrelais 1K11 (Stromweg 8) durch den Schließer 1K1 eingeschaltet, das nach einer voreingestellten Zeit das Schütz 1K3 (Stromweg 9) über den Schließer 1K11 erregt. Dadurch wird die erste Anlaßstufe des Widerstands 1R1 kurzgeschlossen, wodurch die Drehfrequenz des Motors ansteigt. Durch den Schließer 1K3 wird das Zeitrelais 1K12 (Stromweg 10) erregt, das seinerseits (ebenfalls verzögert) das selbsthaltende Kurzschließschütz 1K4 (Stromweg 11) einschaltet. Nun kann der Motor auf seiner normalen Betriebskennlinie bis zur Betriebs-drehfrequenz hochlaufen. (Durch Einschalten des Kurzschließschützes 1K4 wird das Zeitrelais 1K11 – Stromweg 8 – abgeworfen, wodurch auch Schütz 1K3 und Zeitrelais 1K12 – Stromwege 9 und 10 – abschalten.) Für die Betriebsdrehfrequenz im Rechtslauf sind nur noch die Schütze 1K1 (Stromwege 1–3–2–1) und 1K4 (Stromwege 8–12–11) eingeschaltet.

Anlaufsteuerung des Motors bei Linkslauf. Hierzu wird der Drucktaster 1S2 betätigt. Der Motor 1M1 läuft wie bei Rechtslauf. Nach dem Anfahren bleiben nur noch die Schütze 1K2 (Stromwege 1–3–4–5) und 1K4 (Stromwege 8–12–11) eingeschaltet.

Halt. Zur Einleitung der elektrischen Bremsung des Spindelmotors wird der Drucktaster Halt (1S4) betätigt, der die Schütze 1K1 und 1K4 abschaltet. Da hierdurch alle Öffner 1K1 bis 1K4 im Stromweg 14 geschlossen sind, wird das Zeitrelais 1K13 (Stromkreis 13) eingeschaltet. Nach der voreingestellten Zeitverzögerung werden die Schützspule 1K5 erregt, dadurch das Schütz 1K5 im Stromweg 105 betätigt, Gleichspannung auf die Klemmen U und W gegeben und die Motorbremsung eingeleitet. Die Abbremsung bis zum Stillstand des Motors erfolgt (wegen der am Bremswächter 1F10 eingestellten Schaltdreh-frequenzen) stufenweise, wobei sich der vorstehend beschriebene Vorgang entsprechend über das Zeit-relais 1K13 und das Bremsschütz 1K5 wiederholt. Nach Motorstillstand kehren alle Steuerungsteile wieder in die im Stromlaufplan gezeichnete Ruhelage zurück.

Dieses Beispiel einer Drehmaschinensteuerung arbeitet mit schaltbaren Kontakten. Mecha-nisch bewegte Schaltkontakte haben (in Abhängigkeit von der Schalthäufigkeit) eine be-grenzte Lebensdauer und einen relativ großen Platzbedarf. Schon Erschütterungen können zu Fehlschaltungen führen. Bei einfacheren Steuerungen sind mechanische Schaltkontakte nach wie vor sinnvoll. Kompliziertere elektrische Werkzeugmaschinen- und Anlagensteuerun-gen werden dagegen zunehmend kontaktlos ausgeführt. Das führt zu den elektronischen Steuerungen.

5.5 Elektronische Steuerungen

Elektronische Steuerungen arbeiten kontaktlos. Sie ermöglichen umfangreichere und lei-stungsfähigere Automatisierungsprozesse als die bisher besprochenen Steuerungen. Da die elektronische Steuerung ohne mechanisch bewegte Schaltkontakte arbeitet, wird sie auch als ruhende Steuerung bezeichnet.

5.5.1 Grundlagen der elektronischen Steuerungstechnik

Halbleiter. Zu den wichtigsten Elementen der kontaktlosen Steuerungen gehören die Halbleiter-Bauelemente wie Dioden, Transistoren und integrierte Schaltkreise. Halbleiter sind die Voraussetzung für den Bau kontaktloser (ruhender) Steuerungen. Um ihre Arbeitsweise zu verstehen, ist es erforderlich, einige Grundlagen zu kennen.

Eigenleitfähigkeit der Halbleiter. Halbleiterwerkstoffe haben meist einen sehr regelmäßi-gen kristallinen Gitteraufbau. Bei den wichtigsten (vierwertigen) Elementen Silicium und Germanium stellt jedes der vier Valenzelektronen die Bindung zu einem Nachbaratom her und ist damit ins Kristallgitter vollständig eingebunden (5.41 a). In diesem Zustand hat der reine Kristall keine freien Ladungsträger und ist daher ein Isolator. Bei Temperaturen über 0 K brechen jedoch aufgrund der Wärmeschwingungen einzelne Paarbindungen auf. Elektronen (negativ geladen) werden frei und hinterlassen Fehlstellen, die wiederum positive Ladung haben (5.41 b). Dies führt zu einer geringfügigen Eigenleitfähigkeit.

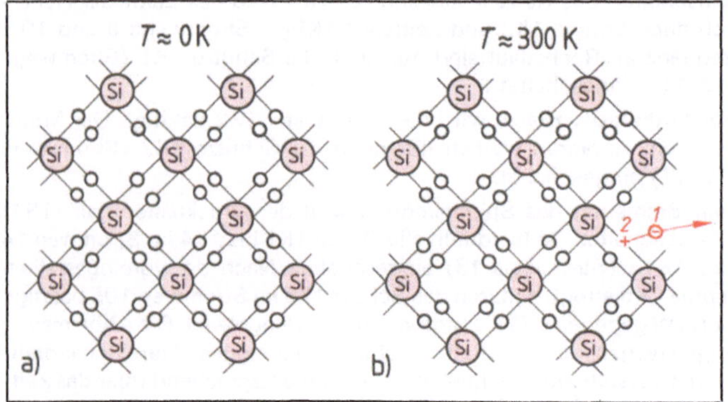

5.41
Schema eines reinen Si-Kristalls

a) als Nichtleiter bei tiefen
   Temperaturen
b) mit Eigenleitfähigkeit

1 freies Elektron
2 Fehlstelle

Störstellenleitfähigkeit der Halbleiter. Durch kontrollierte Verunreinigung des reinen Si-Kristalls mit bestimmten dreiwertigen (Indium, Aluminium) oder fünfwertigen Elementen (Arsen, Phosphor) lassen sich Störstellen im Gitter erzeugen, die die Leitfähigkeit stark verändern. Fünfwertige Elemente geben Elektronen ab. Sie heißen daher Donatoren und machen das Halbleitermetall zum N-Leiter (n wie negativ). Dreiwertige Elemente nehmen Elektronen auf und werden daher Akzeptoren genannt. Sie machen den Halbleiter zum P-Leiter (p für positiv). Der Vorgang der gezielten Verunreinigung mit Donatoren oder Akzeptoren heißt Dotierung (N- oder P-Dotierung, 5.42).

Trotz Dotierung bleibt die elektrische Leitfähigkeit der Halbleiter erheblich geringer als die der Metalle, weil die beweglichen Ladungsträger erst durch Energiezufuhr (Wärmebewegung) entstehen.

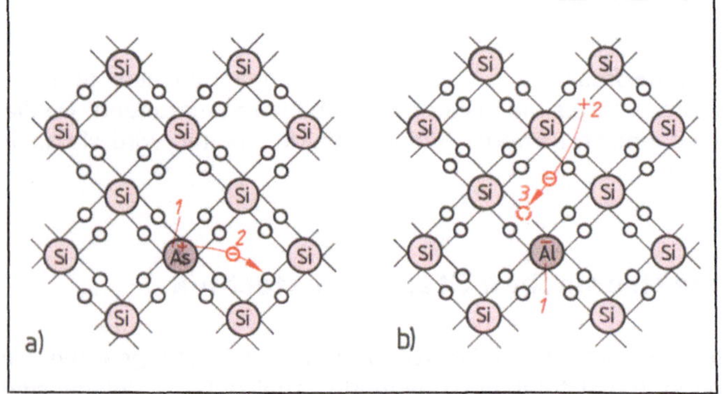

5.42
Schema eines dotierten
Si-Kristalls

a) N-Leitung
1 fünfwertiges Fremdatom (Arsen)
2 Elektron, freie negative Ladung
b) P-Leitung
1 dreiwertiges Fremdatom
   (Aluminium)
2 Defektelektron, freie positive
   Ladung
3 vervollständigte Bindung

Elektronische Steuerungen arbeiten mit Halbleiterelementen. Halbleiter haben eine (meist geringe) temperaturabhängige Eigenleitfähigkeit und eine durch Dotierung steuerbare Störstellenleitfähigkeit.

PN-Übergang und Raumladungszone. Bringt man in ein dünnes Siliciumplättchen von der einen Seite Akzeptoren und von der anderen Seite Donatoren ein, erhält man im Innern je einen Bereich mit P-Leitung und mit N-Leitung. In der Grenzschicht entsteht am PN-Übergang eine Raumladungszone von der Dicke d_0, in der sich die durch Wärmebewegung (beidseitig) freigewordenen Ladungsträger gegenseitig neutralisieren (**5.43** a).

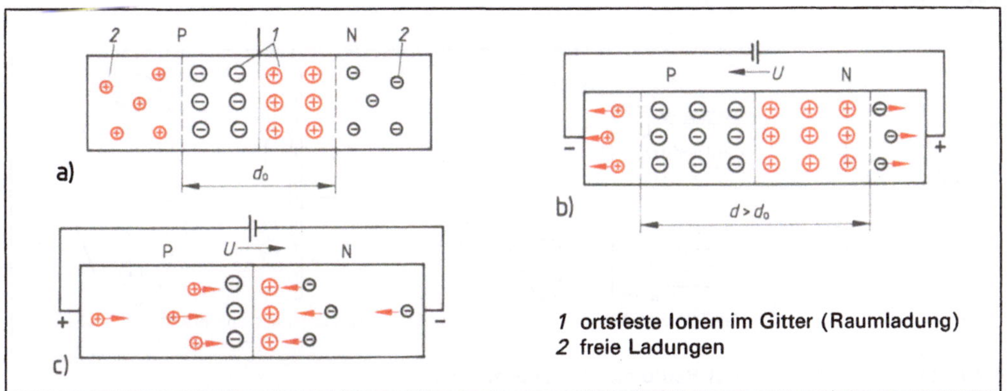

5.43 Verhalten eines PN-Übergangs

a) ohne äußere Spannung, b) äußere Spannung in Sperrichtung, c) äußere Spanung in Durchlaßrichtung

Sperr- und Durchlaßrichtung. Je nachdem, in welcher Richtung man Spannung an ein PN-dotiertes Siliciumplättchen anlegt, sperrt es den Durchgang oder erlaubt den Stromfluß. Bei Polung nach Bild **5.43** b verbreitert sich die Raumladungszone, wodurch der Übergangswiderstand stark erhöht wird. Trotz außen angelegter Spannung kann nur ein ganz geringer Strom fließen – das Siliciumplättchen wird in Sperrichtung betrieben. Legt man den Minuspol dagegen an die N-Seite (**5.43** c), bewegen sich die freien positiven und negativen Ladungsträger zum PN-Übergang. Durch starke Abnahme der Raumladungszone wird der Durchlaßwiderstand erheblich verringert, das Siliciumplättchen wird also in Durchlaßrichtung betrieben.

Diode. Ein auf diese Weise PN-dotiertes Siliciumplättchen arbeitet vergleichsweise wie ein Rückschlagventil, indem es einen Stromfluß nur in einer Richtung zuläßt und in der anderen sperrt. In der Steuerungselektronik ist dies die Funktion der Diode (**5.44**).

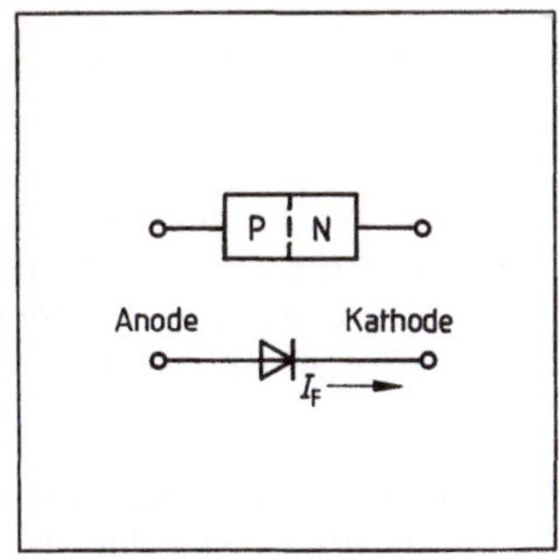

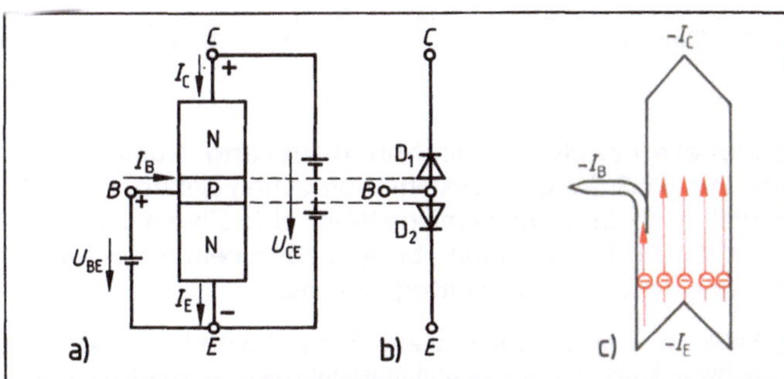

5.44 PN-dotierter Si-Halbleiter als Diode

5.45 Wirkungsweise bipolarer Transistoren

a) Aufbau und Schaltung eines NPN-Transistors, b) Diodenersatzschaltung, c) Stromaufteilung

Transistoren (Silicium oder Germanium) bestehen aus einer NPN- oder PNP-dotierten Schichtenfolge. Sie haben daher zwei unterschiedlich gepolte PN-Übergänge. Deshalb spricht man vom bipolaren Transistor. Bild **5.45** zeigt seine Wirkungsweise im Vergleich zu einer Diodenersatzschaltung. Der Transistor hat die drei Anschlüsse C (Kollektor), B (Basis) und E (Emitter). Bild **5.46** zeigt das genormte Schaltzeichen und Beispiele für die möglichen Bauformen.

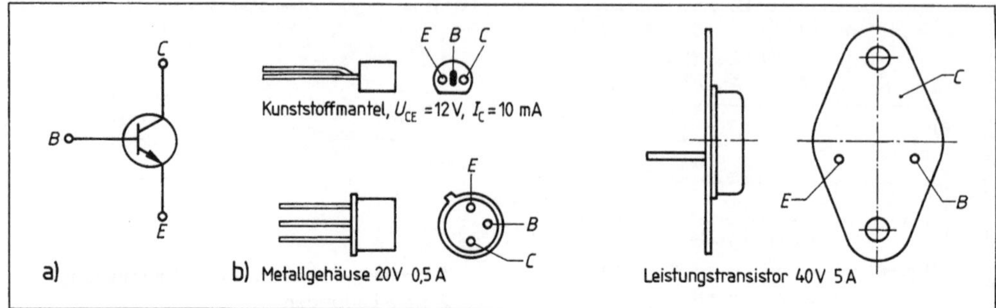

5.46   a) Schaltzeichen und b) Bauformen von Transistoren

Dioden und Transistoren eignen sich für den Einsatz als elektronische Schalter (**5.47**). Sobald wenigstens einem der Eingänge ein positives Signal zugeführt wird, schaltet dieser durch, und der Transistor wird leitend. Die Dioden dienen zur gegenseitigen Entkopplung der Eingänge.

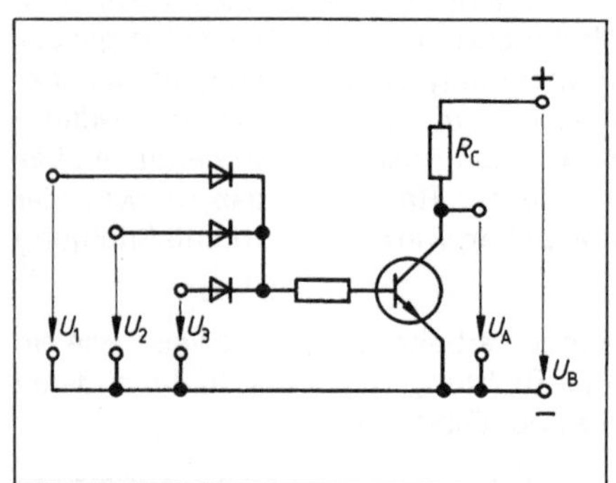

5.47   Transistorschalter

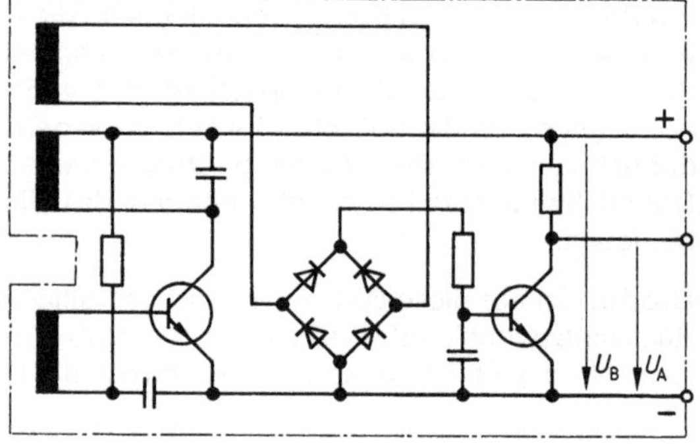

5.48   Elektronischer Positionsmelder einer Werkzeug-
        maschine

Beispiel einer elektronischen Steuerung. Numerisch gesteuerte Werkzeugmaschinen (s. Abschn. 5.6.3, Wegmeßsysteme) brauchen elektronische Positionsmelder, die der Maschine mitteilen, ob das programmierte Wegziel (Sollwert-Istwert-Vergleich) bereits erreicht ist oder nicht (**5.48**). Die Schaltung besteht aus einem Schwingkreis mit einem Transistor. Der Positionsmelder erkennt zwei Möglichkeiten:

- Sobald eine metallische Fahne (z. B. metallische Marke auf einem Glasmaßstab) die Stelle zwischen Schwingkreis- und Rückkopplungsspule passiert, werden die Schwingungen unterbrochen. Folge: Die nachgeschaltete Verstärkerstufe übermittelt das Ausgangssignal „1" (Zählschritt).
- Wird die Schwingung nicht unterbrochen, erhält die Verstärkerstufe ein Eingangssignal. Das Ausgangssignal ist dann „0".

172

5.5.2 Speicherprogrammierbare Steuerungen (SPS)

Speicherprogrammierbare Steuerungen gibt es in den USA schon seit Ende der sechziger, in Europa seit Mitte der siebziger Jahre. Sie sind „komfortable" elektronische Steuerungen, weil sie sich durch Programmierung der jeweiligen Steuerungs- bzw. Regelungsaufgabe anpassen lassen (**5.49**).

Grundbegriffe. Bild **5.50** gibt einen Überblick über die gebräuchlichsten digitalen elektronischen Steuerungen. Digital bedeutet, daß die Steuerungs(schalt)glieder nur die zwei Zustände „0 für kein Strom" und „1 für Strom" kennen (s. Abschn. 5.6.3, Binärcode).

Digitale elektronische Steuerungen werden entweder verbindungs- oder speicherprogrammiert ausgeführt. Für die richtige Auswahl der Steuerungsart steht die Frage im Vordergrund: Muß die Steuerung anpaßbar (umprogrammierbar) sein oder reicht eine feste Verdrahtung?

5.49 Speicherprogrammierte Steuerung im Modulsystem mit Eingabe- und Ausgabebaustein und zugehörigem Programmiergerät

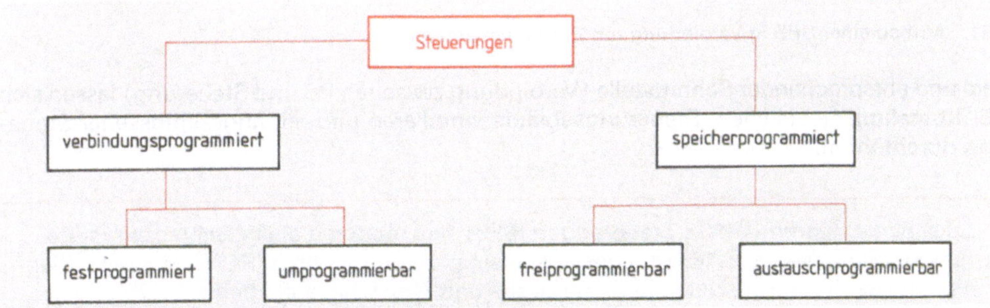

5.50 Übersicht über die verschiedenen Steuerungsarten

Verbindungsprogrammierte Steuerungen (VPS) arbeiten mit einer festen Geräteverdrahtung. Falls man sie überhaupt umprogrammieren kann, geschieht dies z. B. durch Umstecken der Verbindungsleitungen oder durch Auswechseln der elektronischen Steuerungselemente.

Speicherprogrammierbare Steuerungen (SPS) haben einen Programmspeicher. Er kann freiprogrammierbar als Schreib-Lese-Speicher (RAM = Random Access Memory) oder austauschprogrammierbar als „Nur-Lese-Speicher" (ROM = Read Only Memory) ausgeführt sein. Die Programmierung der Nur-Lese-Speicher kann nur durch die Programmiereinrichtung beeinflußt werden („Austauschprogrammierung"). Ein solches Steuerungsprogramm ist gegen ungewollte Änderungen (z. B. durch Bedienungsfehler oder Stromnetzstörungen) besser geschützt als das einer freiprogrammierbaren SPS. Moderne SPS sind wahlweise frei- oder austauschprogrammierbar (**5.51** auf S. 174).

SPS und Personal-Computer bieten in Verbindung miteinander alle Hilfestellungen des Computers (z. B. menügesteuerte Bedienerführung, Fehlermeldungen). Für die Programmierung (und gegebenenfalls SPS-Simulation) steht nicht mehr ein meist nur kleines Display (Anzeigefenster) zur Verfügung, sondern der gesamte Grafik-Bildschirm. Mit geeigneter Soft-

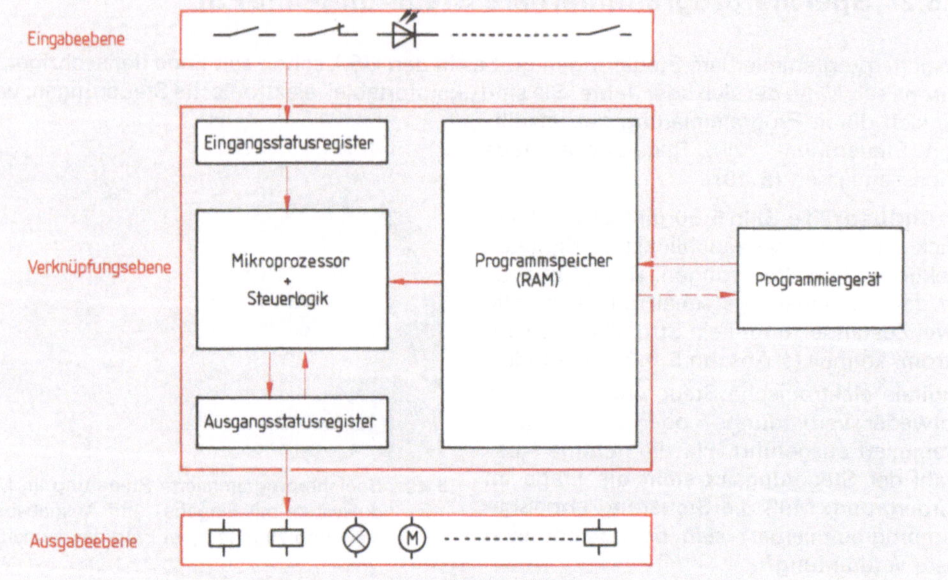

5.51   Aufbau einer SPS in Verbindung mit Programmiergerät

ware und entsprechender Schnittstelle (Verbindung zwischen PC und Steuerung) lassen sich z. B. Kontaktpläne erstellen, Steuerungsabläufe simulieren und mit angeschlossener Steuerung durchführen.

> Speicherprogrammierbare Steuerungen (SPS) sind moderne digitaltechnische Steuerungen, Sie haben frei- (RAM) oder austauschprogrammierbare (ROM) Speicher. Sie eignen sich für anspruchsvolle Steuerungs- und Regelungsaufgaben.

5.5.3   Entwickeln einer Steuerungsaufgabe am Beispiel einer SPS

Speicherprogrammierbare Steuerungen finden wir in den unterschiedlichsten Branchen und Aufgabenbereichen, so bei der Steuerung von Transport- und Sortieranlagen, Montageautomaten, Verpackungsmaschinen, Schweißautomaten, Verkehrsanlagen und Sicherheitseinrichtungen. Das liegt vor allem daran, daß sie gegenüber den herkömmlichen Steuerungen wichtige Vorteile aufweisen, z. B.

- einfache Programmierbarkeit,
- leichte Umprogrammierung,
- geringer Platzbedarf,
- hohe Zuverlässigkeit und Lebensdauer,
- Aufteilungsmöglichkeit in Einzel-, Gruppen- und Leitsteuerung.

Folgende Darstellungsarten sind für den Entwurf (Projektierung) einer Steuerungsaufgabe mit SPS üblich:

174

- Beschreiben der Steuerungsaufgabe im Klartext,
- Technologieschema des Steuerungsprozesses,
- Programmablaufplan,
- Kontaktplan,
- Funktionsplan,
- Anweisungsliste.

Sehen wir uns eine SPS am Beispiel der Sicherheitssteuerung (Schutzkorb) einer Stanze näher an (s. a. Metallfachkunde Teil 1, Abschn. 14.4).

SPS für eine Stanzensteuerung

Die Klartextbeschreibung einer Steuerungsaufgabe kann mißverständlich und unübersichtlich sein. Allerdings ist sie ein nützliches Hilfsmittel für den Projektierungsbeginn. Für die Stanzensteuerung **5.52** könnte sie so aussehen:

- Allgemeine Beschreibung: Wenn der Schutzkorb geschlossen ist UND die beiden Handtaster betätigt werden, DANN wird der Stanzvorgang ausgelöst.
- Klartextbeschreibung der elektromechanischen Steuerschaltung: Wenn der Endschalter S0 UND der Taster S 1 UND der Taster S 2 geschlossen sind, DANN schaltet das Schütz K 1 den Stanzenmotor M ein.

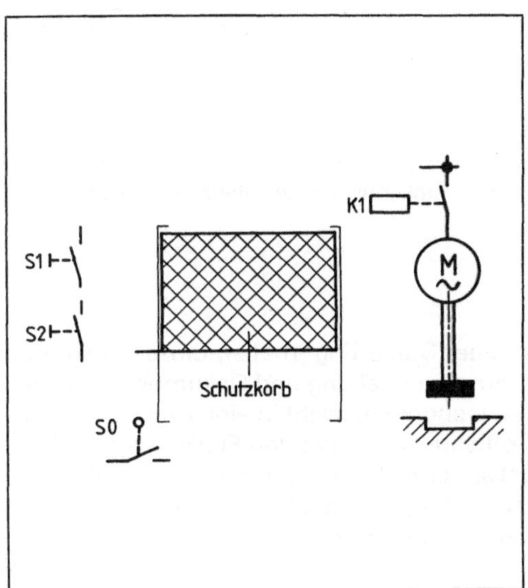

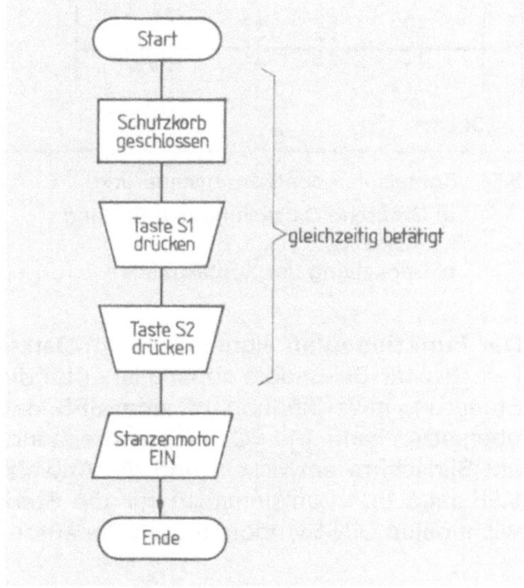

5.52 Technologieschema der Stanzensteuerung   **5.53** Programmablauf der Stanzensteuerung

Das Technologieschema erläutert den prinzipiellen (technologischen) Aufbau einer Steuerung. Dabei werden Anordnung und Funktion der nötigen Signalgeber (z. B. Taster, Endschalter, Lichtschranken), der erforderlichen Stellglieder (z. B. Motoren, Ventile) und Meldeeinrichtungen dargestellt. Die eigentliche Funktion der Steuerung geht aus dem Technologieschema noch nicht hervor. Jedoch ist das Schema zusammen mit einer Auflistung der verwendeten Stellglieder und Signalgeber ein weiterer sinnvoller Schritt in der Projektierung.

Der Programmablaufplan beschreibt den zeitlichen Ablauf der Steuerungsvorgänge und damit das eigentliche Steuerungsprogramm. Der Programmablaufplan für die Stanzensteuerung erleichtert das Erstellen einer Anweisungsliste für die SPS erheblich (**5.53**).

Der Kontaktplan eignet sich für die Darstellung kleiner bis mittlerer Steuerungsaufgaben. Man unterteilt die Steuerungsaufgabe in Strompfade, die waagerecht untereinander dargestellt werden (**5.54**). Die Eingangsvariablen sind als Kontakte dargestellt und haben die Bezeichnung E für Eingang, A für Ausgang, M für Merker und T für Zeitglied. In Verbindung mit einem PC und einer SPS-Simulationssoftware sind Kontaktpläne mit den genormten Symbolen leicht auf dem Bildschirm zu erstellen und lassen sich als Hardcopy (Bildschirmausdruck) ausdrucken.

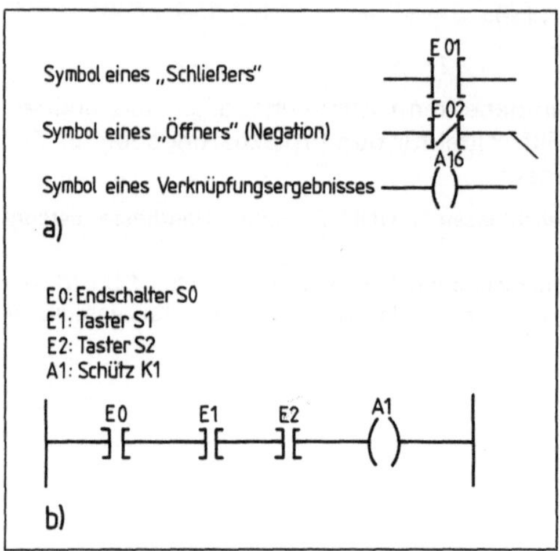

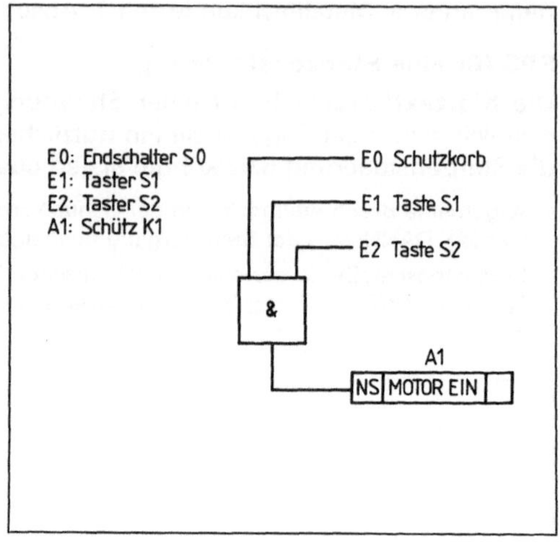

5.54 Kontaktplan der Stanzensteuerung

   a) Grafische Darstellung der Ein- und
     Ausgänge,
   b) Darstellung des Kontaktplans

5.55 Funktionsplan der Stanzensteuerung

Der Funktionsplan eignet sich zum Darstellen einer Steuerung in allen Einzelheiten ihrer Feinstruktur. Besonders günstig ist er für die Programmerstellung und Dokumentation einer Steuerung in Verbindung mit einer SPS, da der Anwender ihn leicht in eine Anweisungsliste übersetzen kann. Mit PC und entsprechender Software kann man den Funktionsplan direkt am Bildschirm entwickeln und die Anweisungsliste erstellen lassen oder umgekehrt. Bild **5.55** zeigt den Funktionsplan für die Stanzensteuerung in ausführlicher Darstellung. Die wichtigsten DIN-Symbole finden Sie auszugsweise in Tab. **5.56**.

Tabelle **5.56** **Symbole für Funktionspläne nach DIN 40 719 Teil 6** (Auswahl)

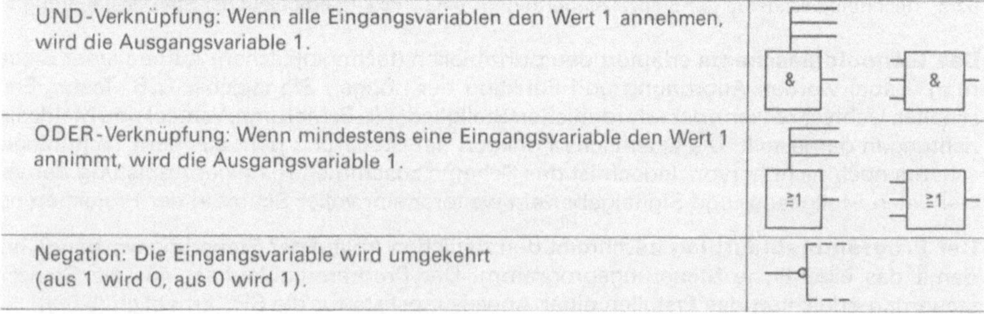

UND-Verknüpfung: Wenn alle Eingangsvariablen den Wert 1 annehmen, wird die Ausgangsvariable 1.	
ODER-Verknüpfung: Wenn mindestens eine Eingangsvariable den Wert 1 annimmt, wird die Ausgangsvariable 1.	
Negation: Die Eingangsvariable wird umgekehrt (aus 1 wird 0, aus 0 wird 1).	

Anweisungsliste. Das Erstellen der Anweisungsliste ist der letzte Schritt zur Lösung einer Steuerungsaufgabe mit SPS. Wie im vorigen Abschnitt angesprochen, kann man sie unmittelbar aus dem Funktionsplan erstellen, entweder von Hand oder durch ein Computerprogramm. Die Anweisungsliste besteht aus einer Folge von Verknüpfungsanweisungen und bildet das eigentliche Programm für die SPS. Jede Einzelanweisung (Wort) enthält einen Operationsteil und einen Operandenteil. Beim Programmieren belegt jede Einzelanweisung einen Speicherplatz im Programmspeicher und erhält eine Adresse zugeteilt (**5.57**).

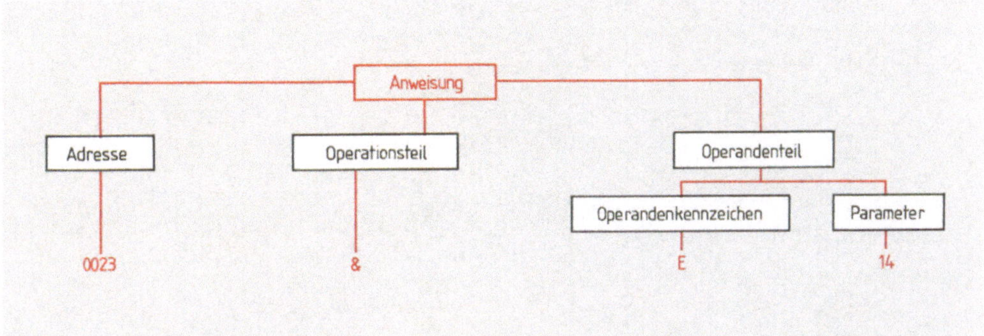

5.57   Vollständig dokumentierte Anweisung, im Programmspeicher dem Speicherplatz mit der Adresse 0003 zugeordnet. Der Eingang E 14 wird mit dem vorhergehenden Operanden UND verknüpft.

In der Tabelle **5.58** sind die Operandenzeichen aufgeführt.

Tabelle **5.58**   **Kennzeichen von Operanden**

Benennung	Zeichen			Bemerkungen
	d	e	m	
Konstante	K	K		
Eingang	E	I		
Ausgang	A	O		engl. auch Q
Merker	M	M		
Zeitglied	T	T		x) Zeitverhalten
Klammer	( )	( )	( )	
Sprung				
unbedingt	SP	JP		Sprungziel (Adresse)
bedingt	SPB	JC		wird angegeben
Bausteinaufruf				Bausteinbezeichnung wird angegeben.
	BA	CM		Baustein ist funktionale Fähigkeit, die durch
bedingt	BAB	CMC		Aufruf aktiviert wird.
Bausteinende	BE	EM		
Programmende	PE	EP		

d = deutsch, e = englisch, m = mnemotechnisch

Die Programmiersprache ist leicht erlernbar, da sie eine mnemotechnische (mnemo = Gedächtnis, mnemotechnisch = leicht zu merkender Buchstabencode) problemorientierte Sprache ist. Die mnemotechnischen Kurzbezeichnungen sind in DIN 19239 (als Empfehlung) festgelegt, woran sich auch die meisten deutschen SPS-Hersteller halten (**5.59**).

Benennung	Zeichen d	Zeichen e	Zeichen m	Funktionsplan	Kontaktplan
UND	U	A	&	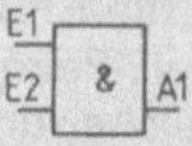	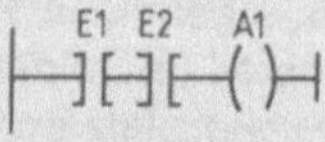
ODER	O	O	I	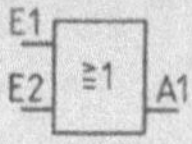	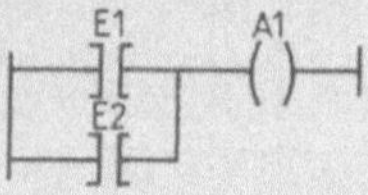
NICHT	N	N		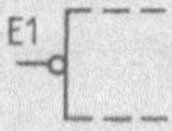	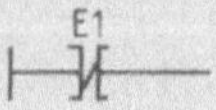
				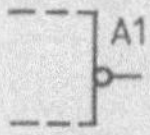	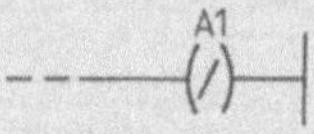
Exklusiv-ODER	XO	XO		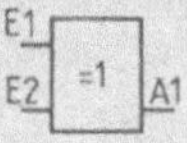	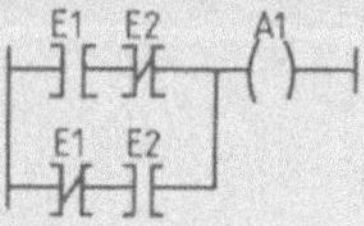
Zuweisung	=	=	=	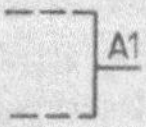	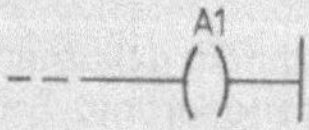
Setzen	S	S		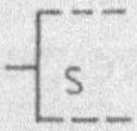	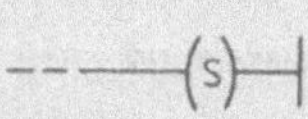
Rücksetzen	R	R		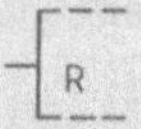	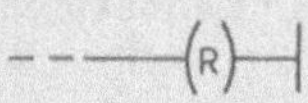

Benennung	Zeichen d	Zeichen e	Funktionsplan	Bemerkung
Zählen, Vorwärts	ZV	CU	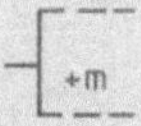 +m	Zählen (+1) bei Signalwechsel von „0" nach „1"
Zählen, Rückwärts	ZR	CD	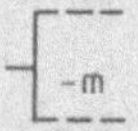 −m	Zählen (−1) bei Signalwechsel von „0" nach „1"

Kennzeichen von Operanden

Benennung	Zeichen d	Zeichen e	
Konstante	K	K	
Eingang	E	I	
Ausgang	A	O	Englisch: Anstatt „O" kann auch „Q" verwendet werden
Merker	M	M	
Zeitglied	T	T	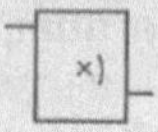 x) Kennzeichen des Zeitverhaltens

d = deutsch, e = englisch, m = mnemotechnisch

Nun können wir die Anweisungsliste für die Stanzensteuerung erstellen. Die Übersicht **5.60** zeigt ihre Entwicklung als Übersetzung aus dem Funktionsplan und der Klartextbeschreibung

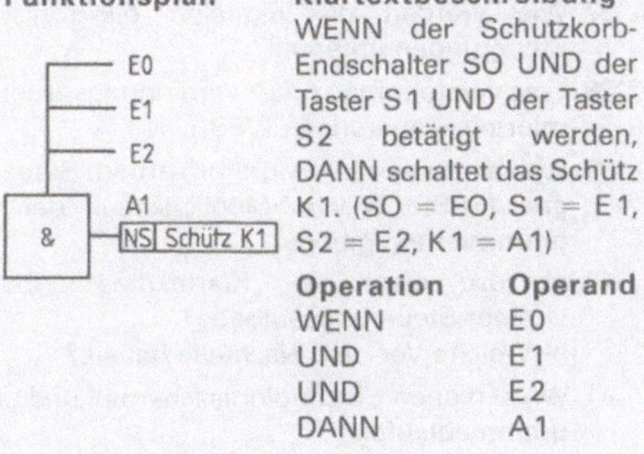

Adresse	Operation	Operand
0000	!	E 0
0001	&	E 1
0002	&	E 2
0003	=	A 1
0004	!	PE

5.60 Anweisungsliste für die Stanzensteuerung

Aufgaben zu Abschnitt 5.1 bis 5.5

1. Was versteht man unter Steuern, was unter Regeln?

2. Wodurch unterscheidet sich eine offene Steuerkette von einem geschlossenen Regelkreis?

3. Beschreiben Sie den Aufgabenumfang einer Maschinen- oder Anlagensteuerung.

4. Was sind mechanische Steuerungen?

5. Nennen und beschreiben Sie drei Beispiele für mechanische Steuerungen.

6. Erläutern Sie den Begriff fluidische Steuerungen.

7. Erklären Sie die Begriffe Pneumatik und Hydraulik.

8. Nennen Sie Vor- und Nachteile pneumatischer Steuerungen.

9. Wozu verwendet man hydraulische Steuerungen?

10. Was versteht man unter den pneumatischen oder hydraulischen Steuergliedern?

11. Was sind Wegeventile? Wie kennzeichnet man sie?

12. Wozu dienen Sperr-, Strom- und Druckventile?

13. Erläutern Sie Möglichkeiten zur Betätigung der Ventile.

14. Was versteht man unter den Arbeitsgliedern einer fluidtechnischen Steuerung?

15. Beschreiben Sie die Wirkungsweise von einfach- und doppeltwirkenden Zylindern.

16. Was sind Sonderzylinder? Nennen und beschreiben Sie fünf Beispiele.

17. Wozu braucht man in der Pneumatik Aufbereitungseinheiten? Aus welchen Bauteilen bestehen sie?

18. Nennen und erläutern Sie drei Beispiele für Hydropumpen.

19. Welche Gemeinsamkeiten bestehen zwischen den Hydropumpen und Hydromotoren?

20. Beschreiben Sie die Wirkungsweise des hydraulischen Tischantriebs der Hobelmaschine in Bild **5.28**.

21. Wozu braucht man die genormten Sinnbilder für pneumatische und hydraulische Bauelemente?

22. Zeichnen Sie die Sinnbilder für die folgenden Bauelemente (nach DIN ISO 1219):

    a) 3/2-Wegeventil, beidseitig durch Druck betätigt, P gegen A offen,

    b) Rückschlagventil, federbelastet,

    c) einfachwirkender Zylinder, Rückhub durch Feder,

    d) doppeltwirkender Zylinder, zweiseitige Kolbenstange,

    e) Stromregelventil, konstanter Ausgangsstrom (ausführlich und vereinfacht),

f) Filter, Kondensatabscheider, Lufttrockner, Öler,

g) Aufbereitungseinheit (ausführlich und vereinfacht).

23. Erklären Sie den Begriff elektrische Steuerungen.

24. Welcher Unterschied besteht zwischen den energietechnischen und den elektronischen Steuerungen?

25. Wie arbeiten Schalter mit mechanisch bewegten Kontakten?

26. Was sind Schütze, was sind Relais?

27. Was versteht man unter elektrischen Schaltplänen?

28. Wozu braucht man Übersichtsschalt- und Stromlaufpläne? Worin unterscheiden sie sich?

29. Warum werden elektronische Steuerungen auch als ruhende Steuerungen bezeichnet?

30. Welche Vorteile haben die elektronischen gegenüber den energietechnischen (elektrischen) Steuerungen?

31. Was sind Halbleiter?

32. Was versteht man unter ihrer Eigenleitfähigkeit?

33. Warum werden Halbleiter dotiert?

34. Was bedeutet P-, was N-Dotierung?

35. Was ist eine Diode? Wie arbeitet sie?

36. Erläutern Sie den Aufbau und die Wirkungsweise eines Transistors.

37. Wie werden die digitalen elektronischen Steuerungen unterteilt?

38. Was versteht man unter verbindungsprogrammierten Steuerungen (VPS)?

39. Was sind speicherprogrammierbare Steuerungen (SPS)? Welche Möglichkeiten der Programmierung gibt es?

40. a) Wozu dient die „Klartextbeschreibung" einer Steuerungsaufgabe?
    b) Welche Vor- und Nachteile hat sie?

41. Wozu dienen „Technologieschema" und „Programmablaufplan"?

42. a) Wozu braucht man einen „Kontaktplan"?
    b) Was sagt er aus?

43. Worin unterscheiden sich „Kontakt-" und „Funktionsplan" einer Steuerung?

5.6 Numerisch gesteuerte Werkzeugmaschinen

Die fortschreitende Entwicklung der Computertechnik macht vor den Werkzeugmaschinen nicht halt. Rechnergesteuerte Werkzeugmaschinen (z. B. Dreh- oder Fräsmaschinen = CNC-Maschinen) ermöglichen heute eine präzisere und komfortablere Fertigung als je zuvor. Was bedeuten die Zeichen „NC" und „CNC"? C steht für **C**omputer, N für **N**umerical, das zweite C für **C**ontrol (gesteuert).

NC-Werkzeugmaschinen sind numerisch gesteuerte Maschinen, die mit Hilfe eines Programms ohne Handbedienung arbeiten. Das Maschinenprogramm wird z. B. über einen Lochstreifen eingelesen (eingegeben).

CNC-Werkzeugmaschinen enthalten einen Computer (Rechner) und sind daher „intelligentere" NC-Maschinen. Sie verstehen nicht nur die numerischen Zeichen (Buchstaben, Ziffern oder Sonderzeichen), sondern können mit diesen Daten auch rechnen und sich den Ergebnissen selbst steuern. Aus diesen Gründen haben sie die NC-Maschinen (Maschinen ohne eingebauten Rechner) fast völlig verdrängt.

DNC-Werkzeugmaschinen werden von einem zentralen Rechner über einen Direkteingang (**D**irekt **N**umerical **C**ontrol) gesteuert. Der Fachmann spricht von „on line"-Betrieb. Bei diesem System kann ein größerer Rechner – z. B. ein Zentralcomputer oder ein PC (Personal

Computer) – zusätzliche Aufgaben übernehmen, etwa das Simulieren (Probefahren) des Programmablaufs auf dem Bildschirm oder sogar das computergestützte Konstruieren CAD (Computer Aided Design, s. Abschn. 5.6.11).

Entwicklung. Den Anstoß zur Entwicklung der NC-Maschinen gab die US-Luftwaffe. Für die immer leistungsfähigeren Flugzeugtypen brauchte man auch immer aufwendigere Werkzeuge, deren geometrische Form man zwar mathematisch leicht beschreiben konnte, die jedoch mit handgesteuerten Maschinen kaum noch zu fertigen waren. Deshalb erhielt die Industrie 1948 den Auftrag zur Entwicklung eines Systems, bei dem ein Rechner die Maschinensteuerung übernimmt. 1957 kam die erste funktionsfähige NC-Steuerung in den USA heraus. Schon 1960 stellten deutsche Hersteller ihre ersten NC-Maschinen auf der Hannover-Messe vor. Doch weil die elektronischen Bauteile damals noch sehr teuer waren, gab es nur wenig Nachfrage und bis etwa 1972 eine nur schleppende Weiterentwicklung. Von den 1986 in der Bundesrepublik Deutschland produzierten Werkzeugmaschinen hatten dagegen nahezu 80% CNC-Steuerungen.

5.6.1 Warum CNC?

Die Vorteile der CNC-Steuerungen lernen wir am besten verstehen, wenn wir den Arbeitsablauf einer handbedienten Maschine dem einer CNC-Werkzeugmaschine gegenüberstellen.

Bei der handbedienten Werkzeugmaschine sorgt der Facharbeiter (Bediener) mit Hilfe der Handräder und anderer Steuerungsorgane dafür, daß alle Werkzeug- und Werkstückbewegungen zu der gewünschten Werkstückform führen (5.61). Dazu muß er ständig die Werkzeugstellung in bezug auf die gewünschte Kontur (Werkstückform) prüfen, Vorschubgeschwindigkeit und Drehfrequenz (Drehzahl) der Frässpindel sowie die Kühlmittelzufuhr überwachen. Um z.B. die Werkstück- oder Werkzeugposition zu verändern, muß er die entsprechenden Handräder drehen und so die Achsschlitten um

5.61 Handbediente Werkzeugmaschine

das gewünschte Maß „verfahren" (bewegen). Diesen Vorgang nennt der Techniker regeln. Der Maschinen-Bediener und die Bedienelemente der Maschine bilden damit einen Regelkreis.

Bei der CNC-Werkzeugmaschine übernehmen Vorschubmotoren an den drei Achsen die Regelung (5.62 auf S. 182). Dazu muß man der Maschine vor Arbeitsbeginn mitteilen, wie sie das machen soll. Dies geschieht durch Eingabe eines Programms. Der Maschinen-Bediener kann Werkzeug und Werkstück anschauen und weiß, wie weit er noch „verfahren" muß. Die Steuerung kann das nicht. Damit sie weiß, welche Wege das Werkzeug schon verfahren wurde, befinden sich an jedem Achsschlitten Weg-Meßsysteme, die elektrische Signale an die Steuerung zurücksenden. Die Steuerung hat sich den Anfangspunkt gemerkt und weiß daher zu jedem Zeitpunkt, wie weit „Ist" und „Soll" noch voneinander entfernt liegen.

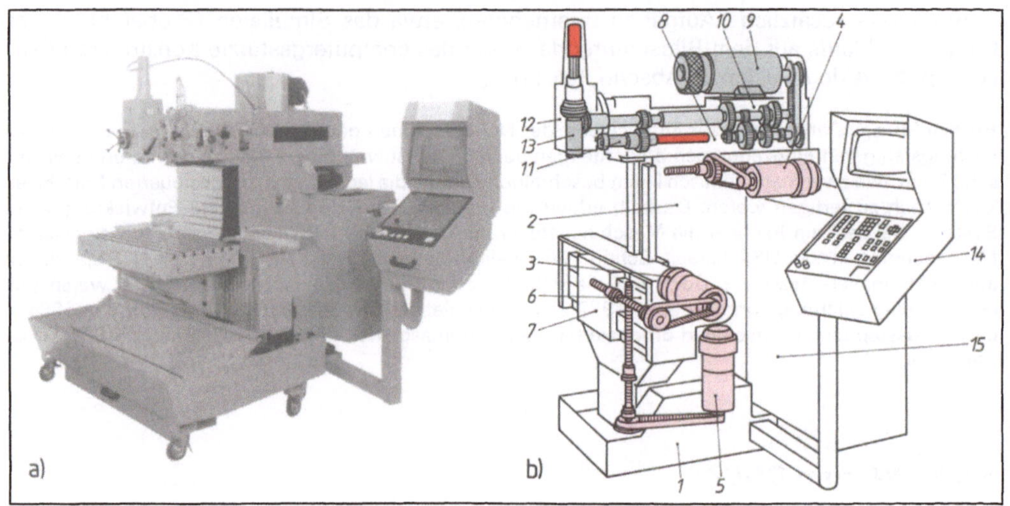

5.62 CNC-Werkzeugmaschine (a) mit Schnittdarstellung (b)

1	Ständerfuß	*9*	Hauptmotor
2	Maschinenständer	*10*	Hauptgetriebe
3	Gleichstrom-Vorschubmotor *X*	*11*	Horizontalarbeitsspindel, abschaltbar
4	Gleichstrom-Vorschubmotor *Y*	*12*	Vertikalfräskopf
5	Gleichstrom-Vorschubmotor *Z*	*13*	Vertikalarbeitsspindel
6	Kreuzsupport	*14*	Kommandostation mit CNC-Steuerung
7	Senkrechtaufspanntisch	*15*	Schaltschrank
8	Spindelstock		

Die Steuerung vergleicht also die gemeldeten Ist-Positionen der Achsschlitten mit den im Programm eingegebenen Soll-Positionen und gibt die entsprechenden „Verfahrbefehle" aus. Weil dieser Vorgang die Lage des Werkzeugs zum Werkstück regelt, spricht man von einem Lageregelkreis. Die für den Positionsvergleich und den anschließenden Steuerbefehl nötige Zeit ist so gering, daß der angesprochene Achsschlitten dabei nur um etwa 0,001 mm verfahren wird. Dann gibt er erneut Rückmeldung und erfährt neue Lageregelung.

Auch die Vorschubgeschwindigkeit kann die Steuerung stufenlos verändern. Dazu meldet der am Vorschubmotor angebaute Tachogenerator die Drehfrequenz an die Steuerung. Diese vergleicht sie mit der programmierten Vorschubgeschwindigkeit und veranlaßt den Motor ggf. zur Änderung. Diesen Regelkreis nennt man darum Geschwindigkeitsregelkreis.

Die Steuerung nimmt dem Menschen bei der Werkstückbearbeitung mithin viele Aufgaben ab. Sie kann auch keine Fehler machen – es sei denn, daß sie falsch programmiert ist, falsch bedient wird oder einen Defekt hat. Auch die Kosten haben sich zugunsten der CNC-Maschine entwickelt. Deshalb haben die CNC-Maschinen die handbedienten Werkzeugmaschinen weitestgehend verdrängt.

5.6.2 Bewegungsrichtungen und Steuerungsarten

Koordinatensystem. Die drei Achsschlitten können jeweils nur in positiver oder negativer Richtung auf ihren Achsen verfahren werden. Um die Programmierung der CNC-Maschinen zu vereinfachen, hat man nach DIN 66217 diesen Bewegungsrichtungen ein Koordinatensystem zugeordnet – ein rechtshändiges, rechtwinkliges System mit den Achsen *X*, *Y* und *Z* (**5.63**).

182

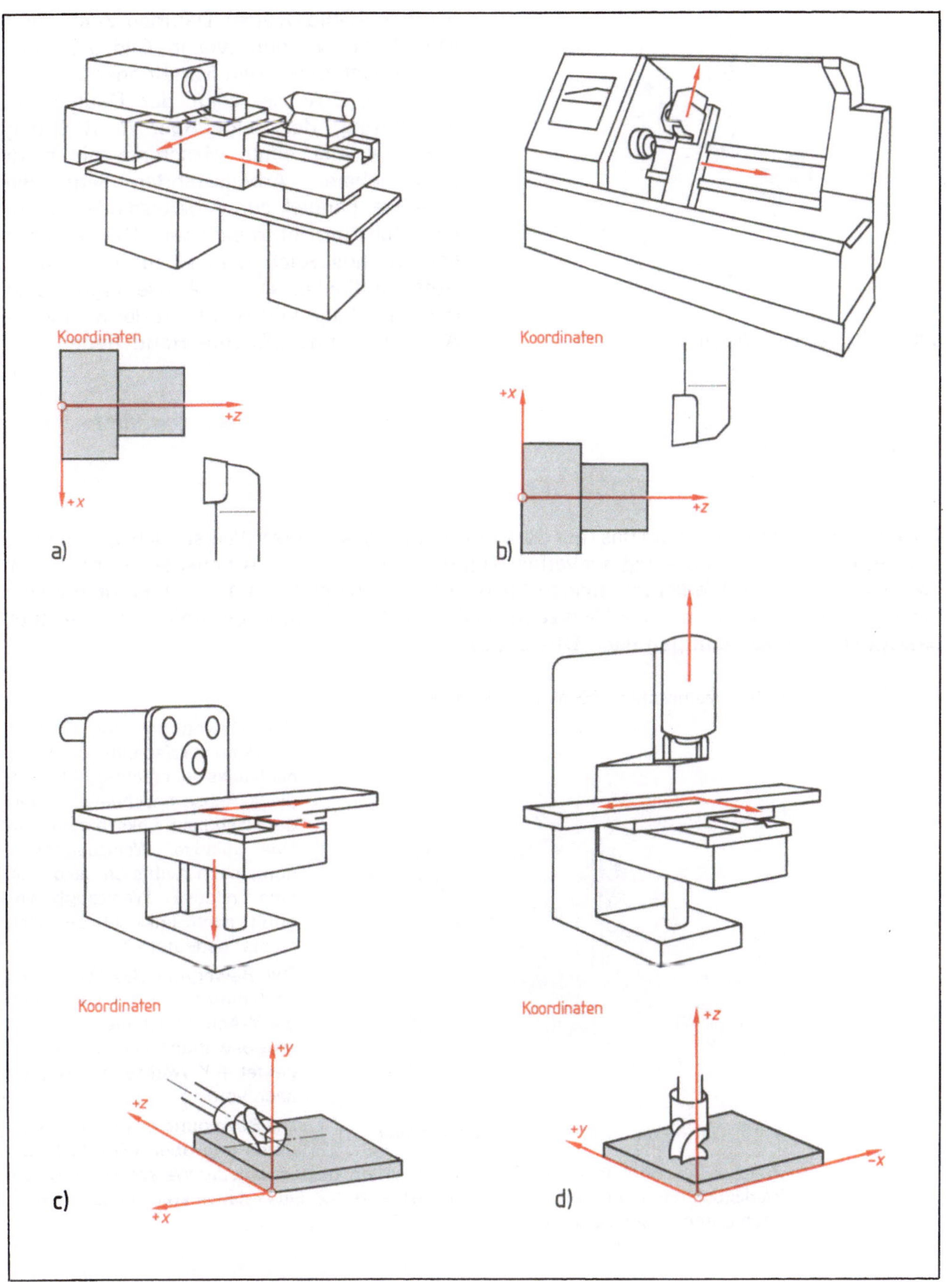

5.63 Bewegungsrichtungen der Achsschlitten

a) Flachbett-Drehmaschine, b) Schrägbett-Drehmaschine, c) Waagerecht-Konsolfräsmaschine, d) Senkrecht-Konsolfräsmaschine

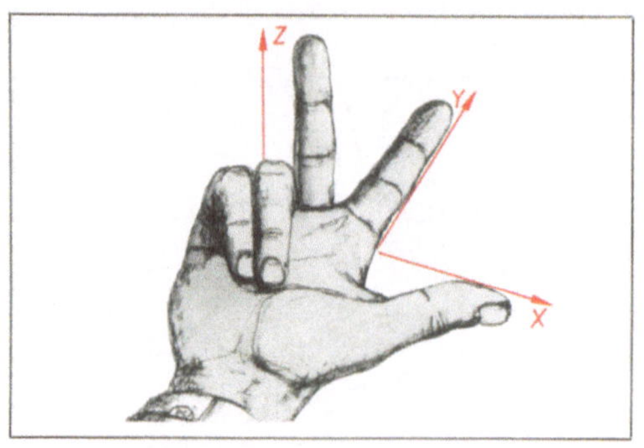

5.64 Rechte-Hand-Regel

Rechte-Hand-Regel. Daumen, Zeige- und Mittelfinger werden wie in Bild **5.64** gespreizt. Halten wir den Mittelfinger in Richtung der Z-Achse, zeigt der Daumen in X-Richtung, der Zeigefinger in Richtung Y-Achse. Bei einer Maschine mit nicht schwenkbarer Arbeitsspindel liegt die Z-Achse parallel zur Arbeitsspindel-Achse bzw. fällt mit ihr zusammen. Die X-Achse liegt grundsätzlich parallel zur Werkstück-Aufspannfläche. Die Y-Achse ergibt sich dann aus Lage und Richtung der X- und Z-Achse (nach der „Rechte-Hand-Regel").

> Bei einer Bewegung der Achsschlitten in positiver Richtung ($+$) ergibt sich immer eine Maßvergrößerung am Werkstück.

Da das Koordinatensystem auf das (auf der Maschine aufgespannte) Werkstück bezogen wird, spielt es für die Programmierung der Verfahrwege keine Rolle, ob die Arbeitsbewegungen vom Werkzeug oder vom Werkstück ausgeführt werden (s. Abschn. 2.1.1). Der Programmierer nimmt immer an, daß sich das Werkzeug relativ zu dem in Ruhe befindlichen Werkstück bewegt (Relativbewegungen nach DIN 6580).

Beispiel 5.3   CNC-Fräsmaschine (Senkrecht-Konsolfräsmaschine, **5.65**)

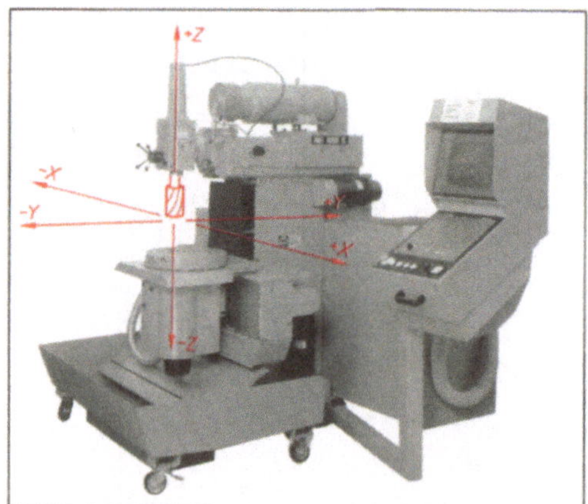

5.65   Verfahrrichtungen einer Fräsmaschine

Die Bewegung des Tisches (Werkstückaufspannfläche) nach links oder rechts wird durch die X-Achse beschrieben. Fährt der Tisch nach links, nimmt man eine relative Werkzeugbewegung nach rechts an, also $+X$. Eine relative Werkzeugbewegung nach links (Tisch nach rechts) bedeutet $-X$.

Die Bewegung des Werkzeugs nach hinten und vorn wird durch die Y-Achse beschrieben. Werkzeugbewegung nach hinten bedeutet $+Y$, Werkzeugbewegung nach vorn $-Y$.

Die Bewegung des Tisches nach unten und oben wird durch die Z-Achse beschrieben. Fährt der Tisch nach unten, bewegt sich das Werkzeug relativ zum Werkstück nach oben (Maßvergrößerung), also $+Z$. Eine relative Werkzeugbewegung nach unten (Tisch nach oben) bedeutet $-Z$.

> Eine CNC-Fräsmaschine läßt sich also in drei Achsrichtungen steuern (eigentlich: in drei Lagen regeln, s. Abschn. 5.6.1).

Deshalb liegt der Schluß nahe, daß man nicht nur in der Ebene, sondern auch räumlich programmiert fertigen kann. Ob und wie das möglich ist, werden wir in den folgenden Abschnitten feststellen.

Steuerungsarten. Nach der Leistungsfähigkeit einer Steuerung unterscheiden wir Punkt-, Strecken- oder Bahnsteuerungen.

Punktsteuerung ist die einfachste Steuerungsart (5.66), bei der es während des Verfahrweges keine Zerspanung gibt. Der Arbeitspunkt (z. B. eine Bohrung) wird auf dem kürzesten Weg angefahren, zuerst im Eilgang, dann langsam. Nach Erreichen schaltet die Maschine auf die programmierten Schnittdaten (z. B. Vorschub, Drehfrequenz) um und beginnt mit dem Zerspanungsvorgang. Punktsteuerungen finden wir z. B. bei Bohrmaschinen und Punktschweißanlagen.

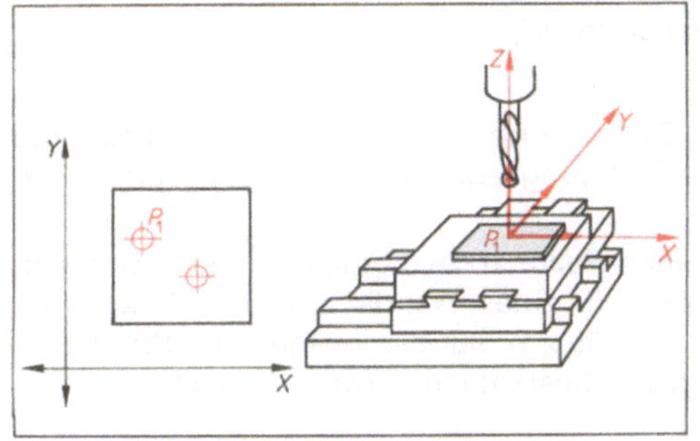

5.66 Punktsteuerung, keine Vorschubbewegung in *X*- und *Y*-Richtung

5.67 Streckensteuerung, Vorschubbewegung nur in *X*- oder *Y*-Richtung

Streckensteuerung nennt man eine Steuerung, bei der man während des Spanens nur e i n e Achsbewegung steuern kann (5.67). Wir finden sie bei einfachen, zum Teil älteren Dreh- oder Fräsmaschinen.

Bahnsteuerungen unterscheidet man nach der Anzahl der gleichzeitig ansteuerbaren Achsen (D = Dimension) in 2D-, 3D-, 4D- oder sogar 5D-Bahnsteuerungen. 2D-Bahnsteuerungen verwendet man bei Drehmaschinen, einfacheren Fräsmaschinen (5.68), aber auch bei Brennschneideautomaten. Moderne Fräsmaschinen haben meist eine 3D-Steuerung. Bei Erweiterung um eine oder zwei Drehbewegungen (das sind im eigentlichen Sinn keine Achsen, werden aber oft so bezeichnet) werden sie zu 4D- bzw. 5D-Fräsmaschinen (5.69). Die möglichen Drehbewegungen um die drei Achsen kennzeichnet man mit *A, B* und *C: A* für eine Drehung um die *X*-Achse, *B* um die *Y*-Achse, *C* um die *Z*-Achse. Zu ihrer Steuerung dienen z. B. NC-Rundtische oder NC-Teilapparate.

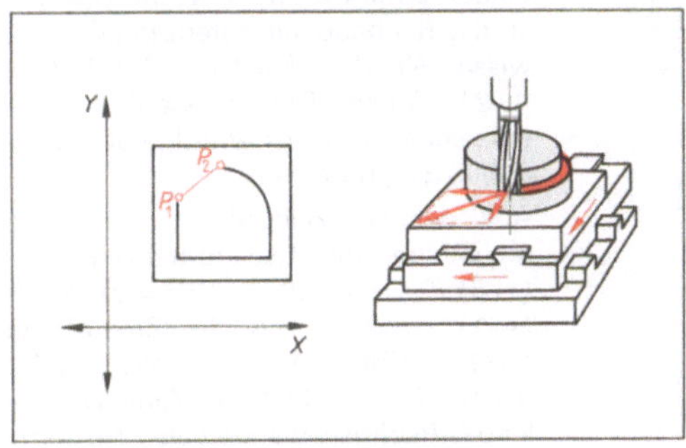

5.68 Bahnsteuerung, Vorschubbewegung gleichzeitig in *X*- und *Y*-Richtung

5.69 Fräsen mit mehr als 3 gesteuerten Achsen

Punktsteuerungen können im Schnitt keine, Streckensteuerungen jeweils eine Achse, Bahnsteuerungen zwei oder mehr Achsen steuern.

5.6.3 Bediener, Steuerung und Maschine

Am Beispiel einer CNC-Fräsmaschine wollen wir das Zusammenwirken von Steuerung und Maschine kennenlernen. Wir erinnern uns: Der Bediener muß wissen, was die Maschine macht und wie sie es macht. Ausgehend von der Zeichnung muß er z. B.

- das CNC-Programm erstellen (s. Abschn. 5.6.5 bis 5.6.7),
- es einlesen (z. B. über die Programmiertastatur an der Maschine, über Diskette, Magnetband oder Lochstreifen),
- Werkstück und Werkzeuge spannen und (auf das Programm abgestimmt) einrichten,
- gegebenenfalls den Programmablauf simulieren („probefahren"),
- den programmierten Fertigungsablauf überwachen.

Die Steuerung bildet das Bindeglied zwischen Bediener und Maschine. Sie verarbeitet die Eingaben des Bedieners, veranlaßt und regelt die Fertigungsabläufe der Maschine. Wie arbeitet eine CNC-Steuerung?

Wie Sie schon wissen, enthält die Steuerung einen Rechner. Alle Eingabedaten – wir nennen sie Steuerdaten – werden im Rechner innerhalb eines Wandlers in den Binär- oder Dualcode übersetzt. Die Symbole und Zeichen, die Sie z. B. auf der Tastatur der Steuerung finden, versteht er nämlich noch nicht. Im Binärcode besteht jeder Wert nur noch aus einer Folge der Ziffern 0 und 1.

Beispiel 5.4

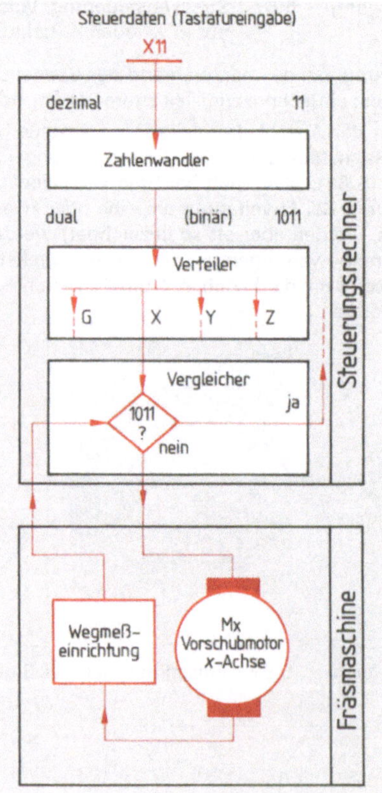

5.70   Umwandlung und Verarbeitung von Steuerdaten

Umrechnen einer Wegeingabe (5.70)

Das Werkzeug einer Fräsmaschine soll um 11 mm in Richtung $+X$ verfahren werden. Über die Tastatur geben Sie dazu den Wert „$X + 11.00$" innerhalb eines Programmsatzes ein (s. Abschn. 5.6.5). Die Steuerung verarbeitet diese Dezimalzahl im Zahlenwandler zur Dualzahl.

Das Dualsystem ist ein Zweiersystem. Es stellt alle Zahlenwerte als Summe von Zweierpotenzen dar, kennt also nur die beiden Ziffern 0 und 1. Wenn Sie sich an das Rechnen mit Potenzen erinnern, wissen Sie, daß $2^0 = 1$ ist, $2^1 = 2$, $2^2 = 4$, $2^3 = 8$ usw. Die kleinste Zweierpotenz steht in der Ziffernfolge an letzter Stelle, die größte vorn.

Aus der Dezimalzahl 11 wird also die Summe der Zweierpotenzen $1 \cdot 2^3$ ($= 8$), $0 \cdot 2^2$ ($= 0$), $1 \cdot 2^1$ ($= 2$), $1 \cdot 2^0$ ($= 1$), woraus sich die Ziffernfolge 1011 ergibt. (Die Kontrolle ergibt: $8 + 0 + 2 + 1 = 11$.) Der Zahlenwandler des Rechners wandelt also die Dezimalzahl 11 in die Dualzahl 1011 um (lies „eins-null-eins-eins").

Hat der Rechner die Steuerdaten intern in den Binärcode umgewandelt, kann er mit ihnen arbeiten (1 bedeutet Strom, 0 kein Strom). Er verteilt die umgeformten Daten nach Adressen (z. B. zum Vorschubmotor der *X*-Achse). Ein Sollwert-Istwert-Vergleicher (s. Abschn. 5.1 ff.) kontrolliert ständig, ob der gegebene Verfahrbefehl erreicht ist oder noch nachgeregelt werden muß.

> Kernstück der CNC-Steuerung ist der Rechner. Er formt die Eingabedaten (Steuerdaten) in den binären Rechnercode um, verarbeitet sie und gibt die elektrischen Steuersignale an die Maschine weiter.

Die Maschine führt alle von der Steuerung kommenden Befehle aus. Dazu braucht sie genaue Meßsysteme. Damit wollen wir uns im folgenden Abschnitt beschäftigen.

Wegmeßsysteme. Für jede der gesteuerten Achsen braucht die CNC-Maschine eine eigene Wegmeßeinrichtung. Je nach dem Ort der Messung unterscheiden wir direkte und indirekte Meßverfahren (5.71).

Die direkte Wegmessung erfaßt die Meßwerte unmittelbar am entsprechenden Achsschlitten, d.h. direkt zwischen dem festen und beweglichen Maschinenteil.

Die indirekte Methode stellt den Meßwert mit Hilfe von Übertragungselementen fest (z. B. Zahnstange oder Antriebsspindel).

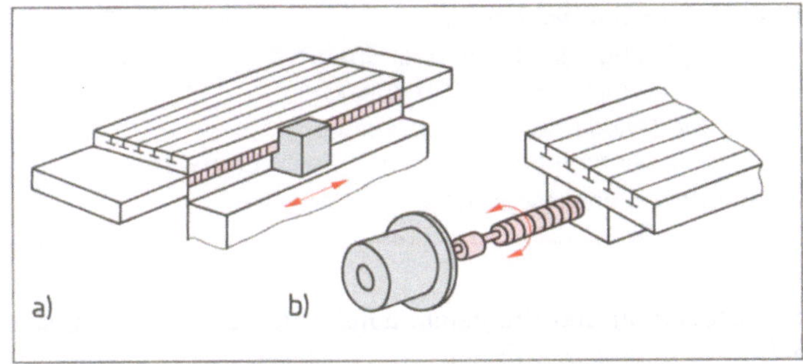

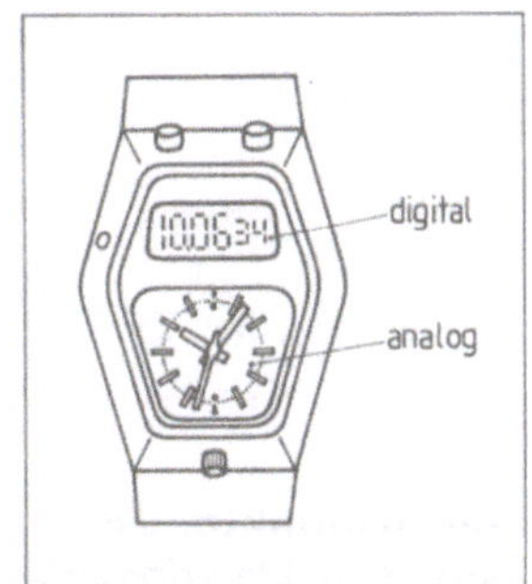

5.71   Meßverfahren a) direkt, b) indirekt

5.72   Meßwerterfassung

In beiden Fällen lassen sich die Meßwerte analog oder digital erfassen (5.72). Analog bedeutet eine verhältnisgleiche und stufenlose Zuordnung (z. B. des Verfahrweges *X* und der elektrischen Spannung *U*). Jeder Position des Achsschlittens entspricht hierbei eine bestimmte elektrische Spannung. Bei digitaler Meßwerterfassung werden jeweils gleichgroße Einheitsschritte (z. B. $^1/_{1000}$ mm) gezählt.

Nach dem Bezugspunkt der Messung unterscheidet man absolute und inkrementale (Kettenmaßsystem) Meßsysteme.

Beim absoluten System wird jeder Meßwert ohne Bezug auf einen vorangegangenen Meßwert eindeutig erfaßt und ist jederzeit wiederholbar – gleichgültig, wie oft der Achsschlitten hin- und herfährt (5.73 auf S. 188). Der Rechner braucht sich bei der absoluten Wegmessung keine Zählschritte zu merken.

Inkrementale Wegmessung (Inkrement, lat. Zuwachs = Zuwachs einer Größe) bedeutet das Addieren (oder Subtrahieren) von Einheitsschritten (5.74). Bei diesem Verfahren wird z. B. ein am Achsschlitten angebrachter Glasmaßstab mit einem sehr feinen (dem Einheitsschritt von z. B. $^1/_{1000}$ mm entsprechenden) Strichgitter versehen. Die Anzahl der zurückgelegten Wegschritte wird vom Rechner erfaßt und als Wegstrecke ausgewiesen.

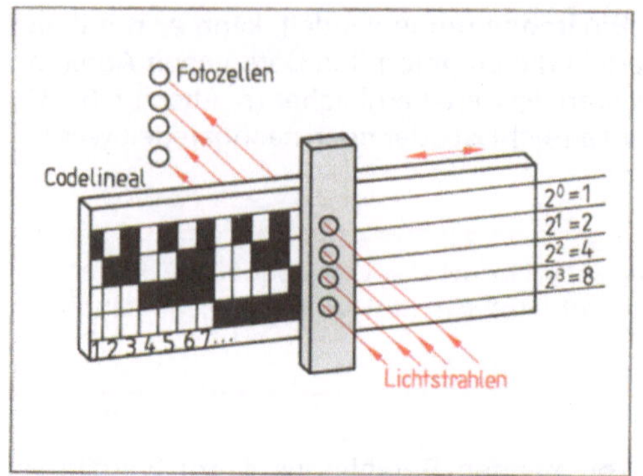

5.73   Direkte Wegmessung, absolut

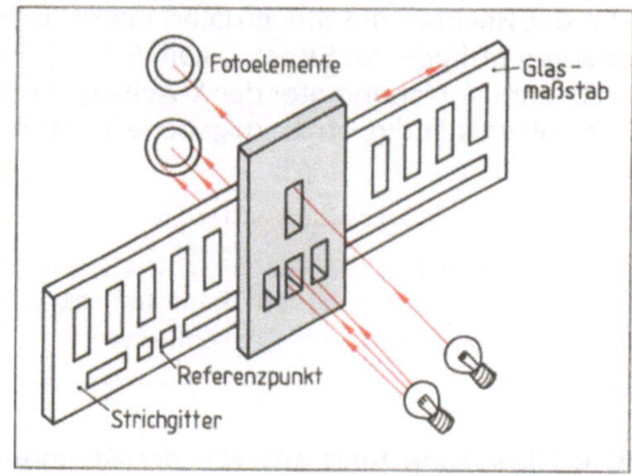

5.74   Direkte Wegmessung, inkremental

Die Anzeige erfolgt bei beiden Systemen meist digital (Ziffernanzeige auf dem Bildschirm der Steuerung).

Wegmessung direkt	– Meßwerterfassung unmittelbar am Achsschlitten
indirekt	– Meßwerterfassung mit mechanischen Übertragungsmitteln (Zahnstangen, Spindeln)
Verfahren analog	– verhältnisgleiche und stufenlose Zuordnung (z. B. Verfahrweg–Spannung)
digital	– Zählung gleichgroßer Einheitsschritte (z. B. in $^1/_{1000}$ mm, gestufte Ziffernanzeige)
System absolut	– eindeutige (wiederholbare) Zuordnung (z. B. von Achsschlittenposition und Spannungswert)
inkremental	– Zählung der Einheitsschritte (z. B. in $^1/_{1000}$ mm)

Bezugspunkte. Um Maschinensteuerung und Programm aufeinander abzustimmen, sind Bezugspunkte erforderlich (**5.75**).

Tabelle **5.75**   **Bezugspunkte**

Symbol	Bedeutung	Symbol	Bedeutung
	Maschinen-Nullpunkt MNP		Werkstück-Nullpunkt WNP
	Referenzpunkt R		Programm-Nullpunkt PNP (nicht genormt)

Der Maschinen-Nullpunkt MNP wird bei der Konstruktion der Maschine unverändert festgelegt. Beim Einrichten der Maschine werden alle Achsen auf diesen Punkt gefahren und auf Null gesetzt (Bildschirmanzeige für alle Koordinaten Null).

Der Maschinen-Referenzpunkt R wird als Anfahradresse gewählt, wenn z. B. bei aufgespanntem Werkstück der Maschinen-Nullpunkt M nicht angefahren werden kann. Der Referenzpunkt R ist somit ein „Hilfs-Maschinen-Nullpunkt". Wir brauchen ihn bei Steuerungen mit inkrementaler Wegmessung, wenn z. B. die im Rechner gespeicherten Istwerte bei Stromausfall oder bei Störungen verlorengegangen sind. Auf dem Glasmaßstab **5.74** sehen Sie einen solchen Referenzpunkt.

Den Werkstück-Nullpunkt WNP kann der Programmierer frei wählen. Er sollte zweckmäßigerweise so gelegt werden, daß das Werkstück eindeutig bemaßt und fertigungstechnisch günstig hergestellt werden kann. Als Ursprung des Werkstück-Koordinatensystems gibt er den Punkt der Zeichnung an, von dem alle Fertigungsmaße ausgehen. Den Werkstück-Nullpunkt WNP gibt man der Steuerung durch eine Nullpunktverschiebung oder durch „Nullpunktsetzen" an.

Der Programm-Nullpunkt PNP ist der Programmstart- oder -nullpunkt und ebenfalls frei wählbar. An dieser Stelle befindet sich das Werkzeug zu Beginn des Programms. Er wird so gelegt, daß Werkzeug- und Werkstückwechsel leicht möglich sind.

5.6.4 CNC-gerechte Bemaßung

Die Inkrementalbemaßung (Kettenbemaßung) kann vorteilhaft sein, wenn sich Maße mehrfach wiederholen, z. B. beim Werkstück im Bild **5.76**. Obgleich die Programmierung durch Inkrementalbemaßung vereinfacht wird, sind hier schon einmalige Fehler (durch ihre Fortsetzung in der Maßkette) so schwerwiegend, daß mit Sicherheit das ganze Werkstück unbrauchbar wird. Deshalb wird die Kettenbemaßung nur in besonderen Fällen angewendet.

5.76 Inkrementalbemaßung (Kettenmaße)	**5.77** Absolutbemaßung

Die Absolutbemaßung ist wesentlich übersichtlicher, weniger anfällig für Fehlerquellen und wird daher vorwiegend angewendet (**5.77**). Hier werden alle Maße auf den Werkstück-nullpunkt bezogen.

Die Koordinatenbemaßung ist eine vorteilhafte Möglichkeit bei Werkstücken, die zahlreiche Lochkreise oder Bohrungen enthalten (**5.78**). Die Koordinaten der Bohrungsmittelpunkte lassen sich hier zweckmäßig in Tabellen eintragen.

Position	X	Y	Z	$\varnothing$	Bemerkung
P_1	30	30	−20	20	
P_2	70	30	−20	20	

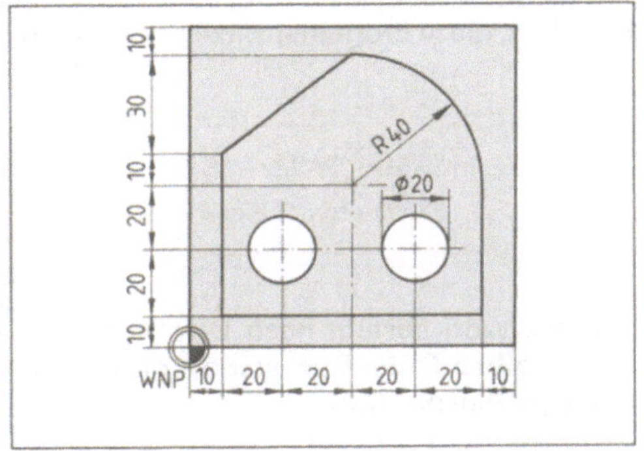

5.78 Koordinatenbemaßung

5.6.5 CNC-Programmierung

Arbeitsablaufplan. Bevor der CNC-Programmierer ein Programm schreiben kann, braucht er verschiedene Informationsquellen, z. B.

- die CNC-gerecht bemaßte technische Zeichnung des herzustellenden Werkstücks (**5.76**, **5.77**),
- eine (eventuell vorhandene) Arbeitskarte,
- einen Werkzeug- und Spannplan,
- Maschinendaten.

Hieraus erstellt er einen Arbeits(ablauf)plan, aus dem z. B. hervorgeht, welche Fertigungsschritte die Maschine ausführen soll, ihre Reihenfolge, welches Werkzeug jeweils gebraucht wird, welche Einstelldaten (wie Drehfrequenz oder Schnittgeschwindigkeit, Vorschub) erforderlich sind usw. Diesen Arbeitsablaufplan kann er sich tabellarisch oder in freier Form aufstellen. Die Maschinensteuerung versteht ihn allerdings noch nicht – er muß erst in die „Steuerungssprache" übersetzt werden.

Programmerstellung. Nach DIN 66025 versteht die Maschinensteuerung eine bestimmte Kombination von Buchstaben, Ziffern und Sonderzeichen, die in Programmsätzen zusammengefaßt sind. Beispiel:

N3	G00 X–15 Y–15	S2400 M03
Satz-Nummer	Weginformationen	Schaltinformationen

Dieser „Satz" besteht aus mehreren „Wörtern". Jedes Wort besteht nach DIN 66025 aus einem Buchstaben und einer Zahl. In dem Wort „X-15" gibt z. B. der Buchstabe X die Adresse für den Speicherplatz im Rechner an, –15 den Inhalt (s. Beispiel 5.2).

Programmaufbau. Jeder Programmsatz beginnt mit der Adresse N (engl. number) und einer Nummer. Der Satz N3 ist also der Satz „Nummer 3". Nach der Satznummer folgt die Wegbedingung G (engl. go). die der Steuerung bekanntgibt, wie der Verfahrweg der angesprochenen Achsen aussieht (z. B. geradlinig oder auf einer Kreisbahn) und wie er zurückgelegt werden soll (z. B. im Vorschub oder im Eilgang). Das Wort G00 im obigen Beispiel bedeutet, daß die Maschine die durch die folgenden Koordinaten X und Y beschriebene Position im Eilgang anfahren soll. Einige wichtige (genormte) G-Funktionen zeigt Tabelle **5.79**.

Tabelle **5.79**   **G-Funktionen nach DIN 66025 Teil 2**

Code für Drehen/Fräsen	Drehen	Fräsen	Bedeutung nach DIN mit Erläuterungen
G00			Positionieren im Eilgang
G01			Geradeninterpolation (Verfahren auf einer Geraden)
G02			Kreisinterpolation (Verfahren auf einer Kreisbahn) im Uhrzeigersinn; beim Drehen bezogen auf Werkzeugstellung hinter Drehmitte (Schrägbettmaschine)
G03			Kreisinterpolation gegen den Uhrzeigersinn, beim Drehen wie G02 auf Werkzeug hinter Drehmitte bezogen
G04			Verweilzeit

Fortsetzung s. nächste Seite

Tabelle **5.**79, Fortsetzung

Code für Drehen/Fräsen	Drehen	Fräsen	Bedeutung nach DIN mit Erläuterungen
		G17	Auswahl der X-Y-Ebene
		G18	Auswahl der X-Z-Ebene
		G19	Auswahl der Y-Z-Ebene
	G33		Gewindeschneiden mit konstanter Steigung
	G34		Gewindeschneiden mit zunehmender Steigung
	G35		Gewindeschneiden mit abnehmender Steigung
		G40	Löschen der aufgerufenen Werkzeugkorrekturen
		G41	Werkzeugradiuskorrektur, Werkzeug befindet sich links von der Kontur
		G42	Werkzeugradiuskorrektur, Werkzeug befindet sich rechts von der Kontur
		G43	Werkzeugradiuskorrektur, positiv
		G44	Werkzeugradiuskorrektur, negativ
		G54	Nullpunktverschiebung
G74			Referenzpunkt anfahren
G80			Löschen der aufgerufenen Zyklen
G81/89			Festgelegte Arbeitszyklen
G90			Absolutbemaßung (auf Werkstück-Nullpunkt bezogen)
G91			Inkrementalbemaßung (relative Bemaßung)
G94			Vorschubgeschwindigkeit in mm/min
	G95		Vorschub in mm/Umdrehung
	G96		Konstante Schnittgeschwindigkeit
G97			Spindeldrehfrequenz in 1/min

Erläuterungen

a) Nicht alle G-Funktionen sind genormt. Die DIN-Normen lassen so Steuerungs- und Maschinenherstellern die Möglichkeit, eigene Funktionen zu belegen und trotzdem DIN-gerecht zu bleiben.

b) Viele Steuerungen ermöglichen vereinfachte Eingaben, z. B. G1, G2 statt G01, G02.

c) Beim Drehen stimmen die DIN-Definitionen für G02 (Kreisinterpolation im Uhrzeigersinn) und G03 (entgegen dem Uhrzeiger) nur für ein hinter der Drehachse arbeitendes Werkzeug (Schrägbettmaschine, s. Bild **5.**63b). Steht das Werkzeug vor der Drehachse, kehren sich die beiden Funktionen um.

Auf die Weginformationen X, Y und Z folgen gegebenenfalls zur Bestimmung von Kreisbewegungen die erforderlichen Kreismittelpunktkoordinaten I (X-Richtung), J (Y-Richtung) und K (Z-Richtung).

Technologische Informationen werden gekennzeichnet durch die Adreßbuchstaben F (engl. forward, feed) für den Vorschub, S (engl. speed) für die Drehfrequenz (Drehzahl) oder Schnittgeschwindigkeit, T (engl. tool) für das gewählte Werkzeug und M (engl. miscellaneous = verschiedenartig) für die Zusatzfunktionen (**5.**80).

Tabelle 5.80   M-Funktionen nach DIN 66025 Teil 2

Code	Bedeutung
M00	Programmierter Halt; Spindel, Kühlmittel und Vorschub aus
M01	Wahlweiser Halt, wie M00 (wirkt nur, wenn der entsprechende Schalter am Bedienpult wirksam ist)
M02	Programmende
M03	Spindel ein, Rechtslauf
M04	Spindel ein, Linkslauf
M05	Spindelhalt
M06	Werkzeugwechsel ausführen
M07/M08	Kühlmittel ein
M09	Kühlmittel aus
M10	Klemmen
M11	Lösen
M13	Spindel ein, Rechtslauf (im Uhrzeigersinn) und Kühlmittel ein
M14	Spindel ein, Linkslauf (gegen den Uhrzeiger) und Kühlmittel ein
M30	Programmende (Lochstreifenende), Rücksprung (Rückspulen des Lochstreifens) zum Programmanfang
M32/M35	Konstante Schnittgeschwindigkeit
M58	Konstante Spindeldrehfrequenz Aus
M59	Konstante Spindeldrehfrequenz Ein
M60	Werkstückwechsel
M68	Werkstück spannen
M69	Werkstück entspannen

Erläuterungen

a) Auch bei den M-Funktionen haben die DIN-Normen frei definierbare „Lücken" vorgesehen.
b) Auch hier erlauben die meisten Steuerungen bei den Funktionen M00 bis M09 die Eingabe der Kurzform M0, M1, M2 usw.

Ein CNC-Programm besteht aus mehreren Sätzen, jeder Satz aus Wörtern = Adreßbuchstaben und Zahlen.

Die Buchstaben stehen für:	N	= Satznummer
für Weginformationen:	G	= Wegbedingung
	X, Y, Z	= Wegkoordinaten
	I, J, K	= Kreismittelpunktkoordinaten
für Schaltinformationen:	F	= Vorschub
	S	= Drehfrequenz oder Schnittgeschwindigkeit
	T	= Werkzeug
	M	= Zusatzfunktion

In den folgenden beiden Abschnitten wollen wir die bisher gelernten Grundlagen an Beispielen für das Fräsen und Drehen anwenden.

5.6.6 CNC-Programmierung von Fräsmaschinen

Einführende Fräsübung. Zunächst wollen
wir das Erstelllen eines CNC-Programms an
einem einfachen Fräsbeispiel üben. Wir gra-
vieren ein Ring-Ornament in eine 10 mm
dicke Platte (**5.81**). Die für die Fertigung erforderlichen Daten sind vorgegeben: Der
Werkstück-Nullpunkt liegt an der unteren
linken Ecke, an der Werkstückoberfläche. Wir
verwenden einen Langlochfräser mit dem
Durchmesser 6 mm und fräsen 5 mm tief. Das
Werkzeug ist bereits eingespannt, steht
100 mm über dem Werkstück-Nullpunkt
und heißt T01. Der Vorschub (Vorschubgeschwindigkeit) soll 100 mm/min betragen, die Drehfrequenz des Fräsers ist mit
3000 1/min vorgegeben.

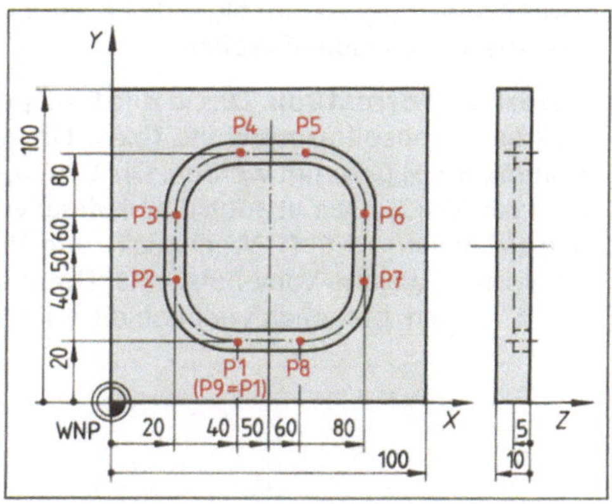

5.81 Fräsübung: Eingravieren eines Ring-
ornaments

Lösung. Unser erster Anfahrpunkt ist P1 mit den Koordinaten X40 und Y20. Vom Werkstück-
Nullpunkt fahren wir den Anfangspunkt 100 mm über der Werkstückoberfläche im Eilgang
(G00) an und dann bis auf 3 mm (Z3, ebenfalls mit G00) herunter. Nach der Zeichnung
programmieren wir in Absolutbemaßung (G90). Die Drehfrequenz des Fräsers beträgt 3000
1/min (S3000). Gekühlt werden soll auch, also Angabe der Zusatzfunktion M08. Damit
lauten die ersten drei Programmsätze:

```
% 372
N1      G90    G00                                    S3000    T01
N2      G00           X40    Y20                                         M08
N3      G00                         Z3                                   M03
```

Der Fräser soll nun mit G01 5 mm tief in den Werkstoff eintauchen (auf Z–5). Als Vorschub
ist F100 einzugeben. Von nun an beschreiben wir in den Folgesätzen nur noch den zurückgelegten Weg des Fräsers ab P1 (G01 und G02):

```
N4      G01                         Z–5         F100              (P1)
N5      G02           X20    Y40    I40    J40   F100              (P2)

(I und J sind die Mittelpunktkoordinaten für die Kreisbahn, Absoluteingabe)

N6      G01                  Y60                F100              (P3)
N7      G02           X40    Y80    I40    J60   F100              (P4)
N8      G01           X60                       F100              (P5)
N9      G02           X80    Y60    I60    J60   F100              (P6)
N10     G01                  Y40                F100              (P7)
N11     G02           X60    Y20    I60    J40   F100              (P8)
N12     G01           X40                       F100              (P9 = P1)
N13     G00                         Z100                          M09
N14     G00           X0     Y0                                   M02
N15                                                               M02
```

Damit ist das Ornament fertiggefräst, und der Fräser steht wieder 100 mm über dem Werkstück-Nullpunkt (Sätze N13 und N14). M09 bedeutet Kühlmittel aus, M02 Programmende.

Bei diesem Beispiel haben wir die Fräser-Mittelpunktsbahn programmiert. Sie hat von den Rändern einen gleichbleibenden Abstand von der Größe des halben Fräserdurchmessers. Etwas schwieriger ist die folgende Fräsarbeit, bei der wir uns auch die Daten selbst überlegen bzw. zusammensuchen wollen.

Fräsarbeit Formstück. Das in Bild **5**.82 perspektivisch gezeichnete Werkstück soll auf einer Senkrecht-Konsolfräsmaschine (bzw. Universal-Fräsmaschine mit senkrechter Frässpindel-Position, **5**.65) gefertigt werden. Die CNC-gerecht bemaßte Zeichnung liegt in Absolutbemaßung vor (**5**.83). Das ist auch die häufiger vorkommende Bemaßungsart bei der Programmierung (s. Abschn. 5.6.4). Werkstück- und Programm-Nullpunkt sind vorgegeben. Damit wir z. B. wissen, welche Vorschubwerte, Drehfrequenzen und Schnittiefe wir der Maschine „zumuten" dürfen, brauchen wir noch die wichtigsten technologischen Daten der Fräsmaschine.

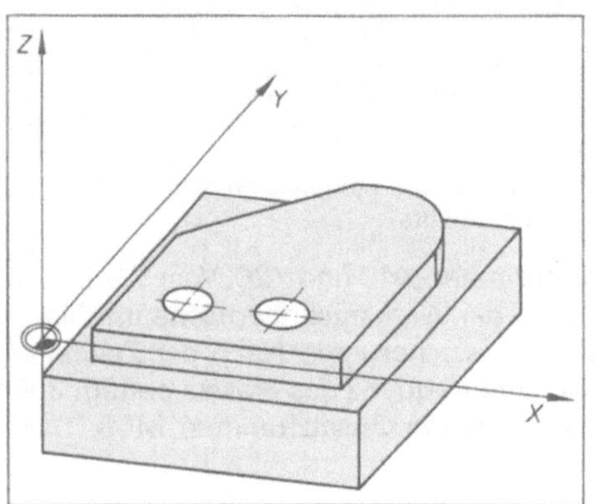

5.82 Formstück

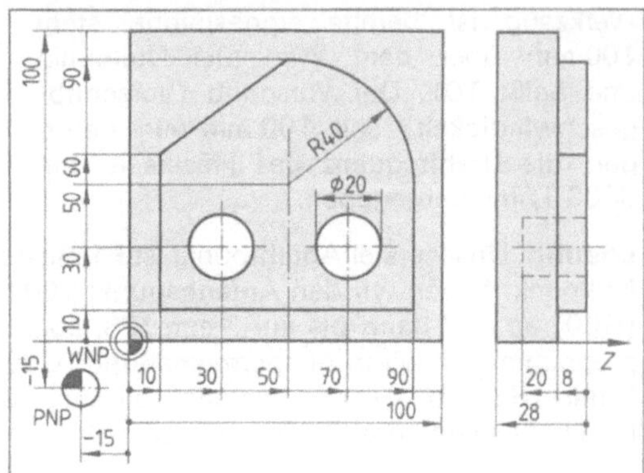

5.83 Formstück **5**.82 in Absolutbemaßung

Wir entnehmen sie z. B. der Maschinenkarte:

Hauptantrieb	Gleichstrommotor 5,0 kW
Vorschubantrieb	Gleichstrom-Einzelantrieb, stufenlos regelbar
Vorschubbereich	in $X/Y/Z$ 1 bis 3000 mm/min
Eilgang	in $X/Y/Z$ 5 m/min
Arbeitsspindeln	Drehfrequenz 20 bis 4000 1/min, stufenlos innerhalb 4 Schaltstufen
Arbeitsbereich	X-Achse 500 mm, Y-Achse 400 mm, Z-Achse 300 mm
Wegmeßsystem	$X/Y/Z$ linear, berührungslos, 0,001 mm Auflösung (Genauigkeit der Wegerfassung)
Steuerung	3D-Bildschirm-Bahnsteuerung

Bevor wir das Programm erstellen, skizzieren wir noch eine Art Checkliste und den Arbeitsplan. Das kann in freier Form (Durchnumerierung der Arbeitsschritte) geschehen. Hierbei sollten Sie sich an folgender Vorgehensweise orientieren:

a) Reihenfolge der Arbeitsschritte festlegen.

b) Programm-Nullpunkt (PNP) wählen.

c) Bemaßungsart festlegen: Absolut- oder Inkrementalbemaßung (Nullpunktverschiebung?).

d) Arbeitsplan erstellen: Dazu Schritt für Schritt (für jeden anzufahrenden Koordinatenpunkt und jeden Arbeitsgang) überlegen und skizzieren:
   - Wegbedingungen und Koordinaten,
   - Vorschübe,
   - Spindeldrehfrequenz (Schnittgeschwindigkeiten),
   - evtl. Werkzeugwechsel,
   - Kühlmittel (ein/aus).

194

Dies halten wir zunächst in Stichworten und in einer Skizze fest. Hilfreich ist es z. B., die einzelnen Anfahrpunkte (P0, P1, P2…, **5.83**) oder die Programmsätze (N1, N2, N3 …) mit Hilfslinien und Pfeilen zu zeichnen. Dazu bietet sich die perspektivische Zeichnung an (**5.84**).

Nun können wir die Programmsätze schreiben; wegen der Übersicht am besten in tabellarischer Form. Dazu verwenden wir der Einfachheit halber ein (fertiges oder schnell selbsterstelltes) Formular.

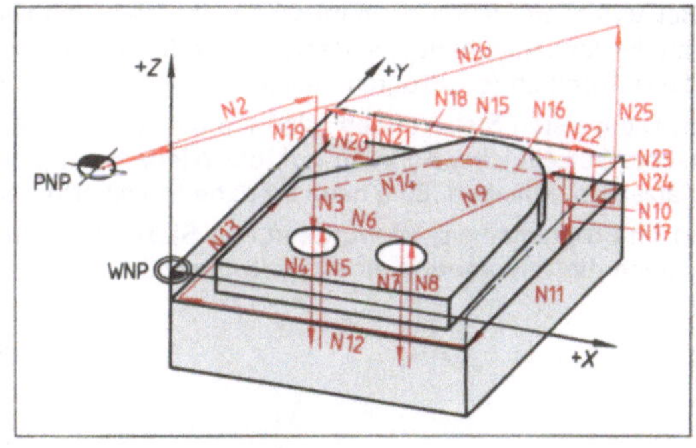

5.84 Perspektivzeichnung des Formstücks **5.82**

| Werkstück: | Formstück | | | | | | | Werkstoff: AlCuMgPb **Progr.-Nr.**: 375 | | | |
| Werkzeug: | Langlochfräser HM, ⌀ 20 | | | | | | | Maschine: Senkrecht-Konsolfräsmaschine | | | |

N	G	X	Y	Z	I_x	J_y	F	S	T	M
% 375										
N1	G90								T01	M06
N2	G00	X30	Y30					S1000		M03
N3	G00			Z3						
N4	G01			Z–20			F20			
N5	G00			Z3						
N6	G00	X70								
N7	G01			Z–20			F20			
N8	G00			Z3						
N9	G00	X100	Y50							
N10	G01			Z–8			F100			
N11	G01		Y0				F120			
N12	G01	X0					F120			
N13	G01		Y64.99				F120			
N14	G01	X46.67	Y100				F80			
N15	G01	X50								
N16	G02	X100	Y50		I50	J50	F80 (I, J absolut)			
N17	G00			Z3						
N18	G00	X0	Y90							
N19	G01			Z–8			F100			
N20	G01	X20					F120			
N21	G00			Z3						
N22	G00	X90	Y90							
N23	G01			Z–8			F100			
N24	G01	X100					F120			
N25	G00			Z50						
N26	G00	X–15	Y–15							
N28										M30

Erläuterungen

a) Dieses Programm beschreibt eine im gleichbleibenden Abstand zur Werkstückkontur verlaufende Fräserbahn (Äquidistante), die mit dem ausgewählten Werkzeug die gewünschte Kontur ermöglicht. Der programmierte Abstand entspricht dem halben Fräserdurchmesser. In den Sätzen 13 und 14 stellen Sie eine Besonderheit fest: Die Koordinaten für *X* und *Y* sind hier keine glatten Werte, wie man vielleicht aus Bild **5.83** erwartet hätte. Das liegt daran, daß der Fräsermittelpunktsweg hier um kleine Ausgleichsstrecken korrigiert werden muß, weil sonst an der Schräge zuviel Werkstoff abgespant würde.

Bei einfachen Steuerungen müssen diese Werte mit Hilfe von Winkelfunktionen berechnet werden (z. B. mit der Tangensfunktion, s. Rechnung in **5.85**). Die modernen Steuerungen nehmen dem Programmierer diese Arbeit ab (s. „Programmieren mit Fräserradiuskorrektur").

b) Die meisten Steuerungen erlauben bei ständiger Wiederholung gleichbleibender Wörter eine vereinfachte Satzeingabe. So kann ggf. die Wiederholung der Wörter G00, G01, F120 usw. in den folgenden Sätzen unterbleiben. Eine neue Eingabe ist erst erforderlich, wenn sich die Wörter im Zahlenwert ändern.

c) Im Programmbeispiel wurde in den Sätzen N4 und N7 ein sehr kleiner Vorschub gewählt. Besser ist jedoch die Verwendung eines „Tiefbohrzyklus".

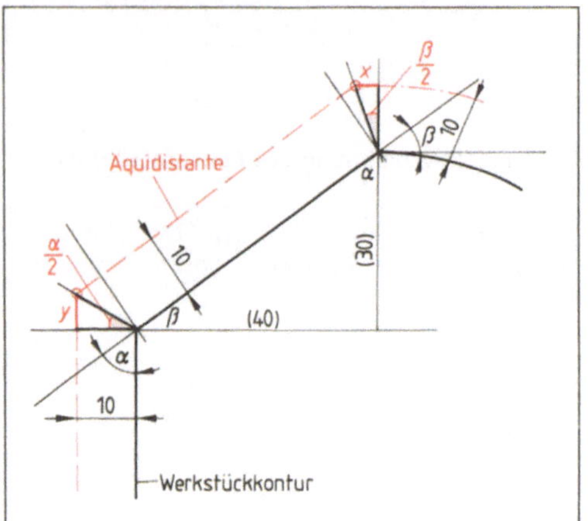

5.85
Berechnen der Ausgleichsstrecken
Im rechtwinkligen Dreieck gilt die Tangensfunktion

$$\tan\frac{\alpha}{2} = \frac{Y}{10\ \text{mm}} \qquad \tan\frac{\beta}{2} = \frac{X}{10\ \text{mm}}$$

$$Y = 10\ \text{mm} \cdot \tan\frac{\alpha}{2} \qquad X = 10\ \text{mm} \cdot \tan\frac{\beta}{2}$$

α erhält man aus $\tan\alpha = \dfrac{40\ \text{mm}}{30\ \text{mm}} = 1{,}333$.

$\alpha = 53{,}13°$, also $\dfrac{\alpha}{2} = 26{,}57°$

β ergibt sich aus $(90° - \alpha)$.

$\beta = 36{,}9°$, also $\dfrac{\beta}{2} = 18{,}45°$

Einsetzen der Werte:
$Y = 4{,}99\ \text{mm}$ $X = 3{,}33\ \text{mm}$

Das Programm kann über die Tastatur der Eingabeeinheit in die Steuerung eingegeben werden. Zur Sicherheit sollte man es jedoch zunächst probefahren, entweder ohne Werkzeug oder etwa mit einem in einen entsprechenden Halter (mit Feder) gespannten Faserschreiber und einem Blatt Papier (eine Art „Ersatz-Plotter"). Haben Sie sich vergewissert, daß Ihr Programm so läuft, wie Sie es sich vorgestellt haben, können Sie den „Ernstfall" mit Werkzeug abfahren.

„Läuft" das Programm, kann man es ausdrucken lassen. Das ausgedruckte „Listing" sieht möglicherweise anders aus als das eingegebene Programm. In der Regel ist es nicht tabellarisch, sondern die Wörter des jeweiligen Satzes folgen (mit einem Leerzeichen als Zwischenraum) unmittelbar aufeinander. Je nach Steuerung kann es auch vereinfacht (kürzer) ausfallen, so führt es z. B. Wörter, die sich in aufeinanderfolgenden Sätzen inhaltlich wiederholen, nur einmal auf (s. Anmerkungen zum Programm). Z. B. wird das Wort für den Vorschub bei gleichem Inhalt nur einmal aufgelistet. Erst wenn er sich ändert, erfolgt die neue Ausgabe.

Jetzt erstellen Sie einen Lochstreifen oder sorgen auf eine andere Art für die stets wichtige Datensicherung (andere Möglichkeiten sind z. B. Abspeichern auf Magnetband oder auf Diskette, je nach den Gegebenheiten, s. Abschn. 5.6.9). Das Programm kann so jederzeit ohne erneute manuelle Eingabe wieder aufgerufen werden.

Progammieren mit Fräserradiuskorrektur. Beim letzten Programmbeispiel haben Sie zum Ermitteln der Äquidistante mit Winkelfunktionen rechnen müssen. Bei den meisten modernen Steuerungen können Sie einen eleganteren Weg der Programmierung wählen, der Ihnen die zumeist zeitraubende Rechnung erspart: Sie programmieren die Werkstückkonturen und sagen der Maschine mit den Funktionen G41 oder G42 (s. **5.79**), ob die Werkzeugbahn links oder rechts von der Kontur verläuft. Mit der Werkzeugnummer (z. B. T1) geben Sie den tatsächlichen Fräserradius in einen besonderen Werkzeug-Korrekturspeicher ein. Diese Methode hat u. a. den Vorteil, daß Sie ein einmal erstelltes Programm auch bei Einsatz eines anderen Werkzeugs (mit abweichendem Fräserradius) verwenden können. Die Steuerung nimmt Ihnen die Berechnungen ab und sorgt für die richtige Kontur. **5.**86 zeigt das Programm unseres Formstücks (5.82 bis 5.84) mit Fräserradiuskorrektur.

Aufrufen von Arbeitszyklen. Weitere Möglichkeiten zur vereinfachten Programmierung bieten Arbeitszyklen. Nach DIN 66025 Teil 2 sind die G-Funktionen (Wegbedingungen) G81 bis G89 für die Arbeitszyklen 1 bis 9 vorgesehen. Da dies nur eine Rahmenvorgabe ist, kann die genaue Zuordnung zu den der Steuerung möglichen Zyklen je nach Hersteller unterschiedlich sein und ergibt sich aus dem Steuerungshandbuch. Auch andere G-Funktionen (z. B. G75 bis G79) sind vorläufig noch frei verfügbar und daher für Arbeitszyklen wählbar. Die in Klammern genannten G-Funktionen sind Beispiele für eine weit verbreitete Fräsmaschinensteuerung. Zu den wichtigsten Zyklen gehören Tiefbohrzyklus (G83), Gewindebohrzyklus (G84), Rechteck-

```
% 377
N  1   G 90 S 1000 T 1 M 3
N  2   G 0 X 30 Y 30
N  3   G 0 Z 3
N  4   G 1 Z-20 F 20
N  5   G 0 Z 3
N  6   G 0 X 70
N  7   G 1 Z-20
N  8   G 0 Z 3
N  9   G 0 X 100 Y 50
N 10   G 41 X 90 Y 50
N 11   G 1 Z-8 F 120
N 12   G 1 X 90 Y 10
N 13   G 1 X 10
N 14   G 1 Y 60
N 15   G 1 X 50 Y 90
N 16   G 2 X 90 Y 50 I 50 J 50 F 80
N 17   G 1 Y 40
N 18   G 1 X 110
N 19   G 0 Z 3
N 20   G 40
N 21   G 0 X 0 Y 90
N 22   G 1 Z-8
N 23   G 1 X 25
N 24   G 0 Z 3
N 25   G 0 X 90 Y 90
N 26   G 1 Z-8
N 27   G 1 X 100
N 28   G 0 Z 50
N 29   G 0 X-15 Y-15
N 30   M 2
```

5.86   Programmierung mit Fräserradiuskorrektur (G41)

taschen-Fräszyklus (G76 bei rechtsdrehender Spindel Gleichlauf, G75 Gegenlauf) und Kreistaschen-Fräszyklus (z. B. G78 Gleichlauf, G77 Gegenlauf). Der Programmierer spart durch den Einbau solcher Zyklen in sein CNC-Programm viel Programmierarbeit, da die Steuerung z. B. Zustellung und Schnittaufteilung für Schruppen und Schlichten selbst vornimmt und so für ein optimales Arbeitsergebnis sorgt.

Beim Tiefbohrzyklus wird das Werkzeug stufenweise zugestellt und wieder aus der Bohrung zurückgezogen, damit z. B. die anfallenden Späne besser heraustransportiert werden. Bei DIN-Programmierung ist hierfür (wie bei den übrigen Zyklen) nur ein Programmsatz erforderlich. Beim Rechtecktaschen-Fräszyklus taucht das Werkzeug (das einen kleineren Durchmesser haben muß als die Tasche breit ist) zum Schruppen und Schlichten mit unterschiedlicher Tiefen-Zustellung in den Werkstoff ein und wird dabei stufenweise bis zur fertigen Innenkontur der Tasche von innen nach außen zugestellt. Ähnlich stellt man die Kreistaschen her. Moderne Fräsmaschinen-Steuerungen erlauben bei Taschenfräszyklen die Wahl von Gleichlauf- oder Gegenlauffräsen, indem man Uhrzeiger- oder Gegenuhrzeigersinn des Vorschubwegs festlegt.

Moderne Fräsmaschinen-Steuerungen erleichtern die Programmeingabe durch gute Bedienerführung. Sie fragen auf dem Bildschirm (im Klartext) nach dem jeweils nächsten einzugebenden Wert und helfen so Fehler in der Eingabe zu vermeiden. Bedienerfreundlichkeit wird bei künftigen Steuerungen immer mehr Vorrang haben, vielleicht auch zu Lasten einer genauen Einhaltung der DIN 66025 (die immerhin schon von 1981 stammt).

Ein Hersteller bietet mit einer umschaltbaren Steuerung zwei Programmierarten an: Programmieren nach DIN oder im Klartext-Dialog. Bei der letzten sind z. B. keine G-Funktionen mehr erforderlich. Der Programmierer muß sich weniger merken und kommt mit erheblich geringerem Programmieraufwand zum Ziel. Tasten mit leicht verständlichen Symbolen ermöglichen u. a. eine Direkteingabe aller Bahnfunktionen (z. B. Geraden- oder Kreis-Interpolation). Arbeitszyklen werden durch genaue Abfrage der jeweils notwendigen Werte definiert. Durch Umschalten der Steuerung von der einen in die andere Programmierart werden die Programme automatisch übersetzt: Wahlweise erscheint ein im Klartext-Dialog-Modus erstelltes Programm im DIN-Format oder ein DIN-Programm im Klartext-Dialog-Format. Auch in der Grafik werden bereits hohe Ansprüche erfüllt. Hochauflösende 3D-Grafiken, die ein programmiertes Werkstück in die gewünschte Ansicht drehen lassen, es an beliebiger Stelle schneiden und vergrößert darstellen (Lupenfunktion), machen Programmierfehler vor dem „Ernstfall" der Fertigung offenkundig. Steuerungen mit batteriegepuffertem Speicher sichern die Programme automatisch (auch bei plötzlichem Stromausfall). Sie erlauben die Eingabe neuer Programme, während ein anderes gleichzeitig abgearbeitet wird.

5.6.7 CNC-Programmierung von Drehmaschinen

Beim Drehen gibt es nur zwei Achsen (**5**.63). Die Flachbett-Drehmaschine ist die herkömmliche Bauart; das Werkzeug arbeitet hier von vorn. Bei der Schrägbett-Drehmaschine liegt die hintere Bettführung höher als die vordere (was ihr den Namen gab); das Werkzeug arbeitet von hinten (s. Abschn. 2.2.4). Zu einigen physikalischen Vorteilen der Schrägbettmaschine (z. B. automatischer Spielausgleich durch die Schwerkraft, besserer Späneabtransport, zusätzliche Führungsbahnen z. B. für Lünetten) kommt der Vorteil, daß das Werkzeug nicht die Sicht auf die Zerspanungsstelle verdeckt. Bei den modernen CNC-Drehmaschinen überwiegen mittlerweile die Schrägbettmaschinen. Je nach Art des Maschinentyps unterscheiden sich auch die Koordinatensysteme: Bei der Flachbettmaschine ist die $+X$-Richtung nach vorn, bei der Schrägbettmaschine nach hinten gerichtet (vgl. **5**.63). Auch bei den Wegbedingungen G02 und G03 ist die Bauart zu beachten (**5**.79).

Die Unterschiede zum Programmieren von Drehmaschinen liegen eigentlich nur in der fehlenden 3. Achse. Daß es die Y-Achse ist, die fehlt, läßt sich leicht durch die Definition der Koordinaten-Lage nach DIN erklären (s. Abschn. 5.6.2): Die Z-Achse ist die Längsachse der Arbeitsspindel, die X-Achse liegt nach DIN „parallel zur Werkstück-Aufspannfläche". Dies ist leichter zu verstehen, wenn Sie sich im Fall der Drehmaschine als Aufspannfläche z. B. die im Futter liegende Werkstück-Anschlagfläche vorstellen. Da sich die Lage der Y-Achse grundsätzlich nach Z- und X-Achse richtet, ist es bei nur zwei Achsen einsichtig, daß sie die fehlende ist. Die wichtigsten G- und M-Funktionen können Sie wieder den beiden Tabellen **5**.79 und **5**.81 entnehmen.

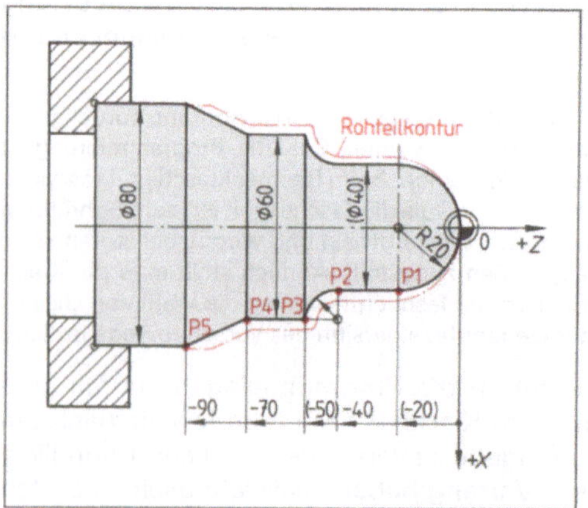

5.87 Programmieren einer Werkstückkontur

Übungsbeispiel Drehen. Als Anfangsbeispiel für ein Drehprogramm wollen wir die Kontur des Werkstücks **5**.87 programmieren. Der Werkstück-Nullpunkt (WNP) liegt am rechten Werkstückende, der Programm-Nullpunkt bei X200 Z100. Da wir das Programm für eine Flachbett-Drehmaschine schreiben wollen, ist $+X$ nach vorn gerichtet. Wir verwenden nur ein Werkzeug, einen Hartmetall-Drehmeißel; er bekommt die Bezeichnung T01. Bei der angegebenen Rohteilkontur gehen wir davon aus, daß die Fertigkontur mit einem Schnitt zu erreichen ist. Die im Spannfutter befindliche linke Werkstückseite (mit Durchmesser 80 mm) ist bereits auf Fertigmaß bearbeitet.

Lösung. Anfangspunkt für die Zerspanung ist der Werkstück-Nullpunkt. Wir fahren im Eilgang kurz davor auf den Punkt mit den Koordinaten X–1 und Z2. (Bei X–1 steht das Werkzeug über Mitte, was wegen des Schneidenradius sinnvoll ist.) Als Vorschub wählen wir (mit F0.3) 0,3 mm. Im nächsten Schritt fahren wir mit G01 auf Z0. Bei unserem Drehbeispiel ändern sich die Drehdurchmesser erheblich. Wir geben daher keine Drehfrequenzen vor, sondern wählen eine konstant bleibende Schnittgeschwindigkeit mit G96 (s. Tab. **5**.79). Da wir mit einem Hartmetallmeißel arbeiten, geben wir S180 (also 180 m/min) ein. Den Punkt P1 erreichen wir mit der Wegbedingung G03 (Kreisinterpolation, Werkzeug arbeitet vor Drehmitte). Die Kreis-Mittelpunkt-Koordinaten für den angegebenen Radius R20 sind $I = 0$ (für X) und $K = -20$ (für Z), die Zielkoordinaten sind X40 (Durchmesserangabe) und Z–20. Damit lauten unsere ersten Sätze:

N1	G96			F0.3	S180	T01	M03	
N2	G00	X–1	Z2				M08	
N3	G01		Z0					
N4	G01	X0						
N5	G03	X40	Z–20	I0	K-20			(P1)

Die nächsten Anfahrpunkte P2, P3, P4 und P5 werden mit G01 bzw. G02 erreicht:

N6	G01		Z–40				(P2)
N7	G02	X60	Z–50	I10	K0		(P3)
N8	G01		Z–70				(P4)
N9	G01	X80	Z–90				(P5)
N10	G00	X200	Z100			M05	
N11						M02	

Damit ist das Werkstück fertig, und der Drehmeißel steht wieder auf Programm-Nullpunkt. Sicher ist Ihnen aufgefallen, daß wir die Wörter für den Vorschub und die Schnittgeschwindigkeit nur einmal eingegeben haben. Wir haben dabei vorausgesetzt, daß die Steuerung (wie die meisten) eine erneute Eingabe (bei gleichgebliebenen Werten) unnötig macht.

Die Dreharbeit Stufenbolzen 5.88 soll ebenfalls in Absolutbemaßung programmiert werden. Der Programm-Nullpunkt ist X120 Z20, der Werkstück-Nullpunkt liegt wieder rechts an der bereits geplanten Werkstückstirnfläche.

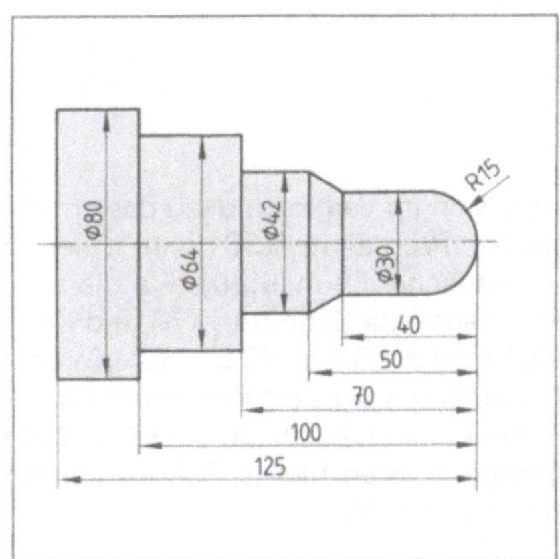

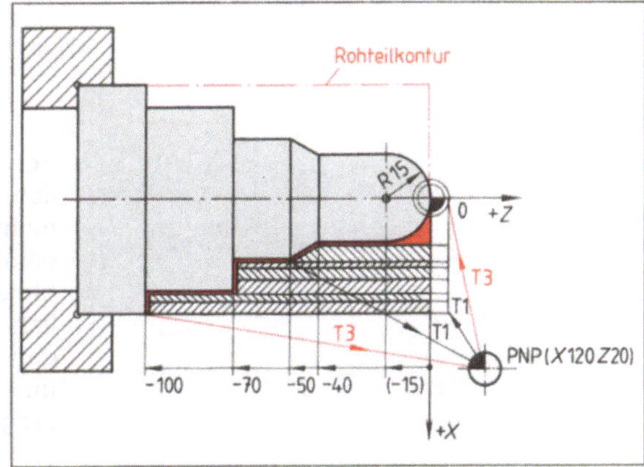

5.88 Programmieren eines Stufenbolzens   5.89 Schnittaufteilung des Stufenbolzens 5.88

An diesem Beispiel lernen Sie auch die Vorteile der Arbeitszyklen kennen: Um auf die Werkstückkontur zu kommen, sind mehrere parallelliegende Schnitte erforderlich (**5.89**). Bei der Programmierung mit Zyklus G81 (s. Programmsätze N3 und N4 des im folgenden aufgeführten Programms %3801) nimmt die Steuerung nach Eingabe der maximalen Schnittiefe je Arbeitsgang (wozu der Hilfsparameter I eingegeben wird, hier I4) selbständig eine gleichmäßige Schnittaufteilung vor. In unserem Programm arbeitet der Schruppmeißel 1 zweimal bis Z–99, um vom Durchmesser 80 auf den gewünschten Durchmesser 66 (für Schruppqualität) zu kommen. Es reicht hierbei ein einziger Satz aus, der neben I als X-Wert die Zielkoordinate X66 enthält.

Wie in der CNC-Programmierung üblich, erhält das Programm eine Programmnummer mit %-Zeichen, unter der es gespeichert und wieder abgerufen werden kann, hier „%3801":

| Werkstück: Stufenbolzen | | | | | | Werkstoff: St 60-2 | | Progr.-Nr.: 3801 | | |
Werkzeuge: T1 = Schruppen, T3 = Schlichten

N	G	X	Z	I	K	F	S	T	M
% 3801									
N1	G90								
N2	G0	X80	Z5			F0.5	S800	T1	M13
N3	G81	X66	Z–99	I4					
N4	G81	X44	Z–69	I4					
N5	G0		Z5						
N6	G0	X34							
N7	G1		Z–39						
N8	G1	X44	Z–48						
N9	G0	X50							
N10	G0	X120	Z20						
N11	G0	X0	Z5					T3	
N12	G1		Z0						
N13	G3	X30	Z–15	I0	K–15	F.03	S1200		
N14	G1		Z–40						
N15	G1	X42	Z–50						
N16	G1		Z–70						
N17	G1	X64							
N18	G1		Z–100						
N19	G1	X80							
N20	G0		Z5						
N21	G0	X120	Z20						M30

a)

```
% 3802
N 1  G90 T1
N 2  G0 X 73 Z 5 S800 M13
N 3  G1 Z–99 F .5
N 4  G0 X 80
N 5  G0 Z 5
N 6  G0 X 66
N 7  G1 Z–99
N 8  G0 X 80
N 9  G0 Z 5
N 10 G0 X 56
N 11 G1 Z–69
N 12 G1 X 70
N 13 G0 Z 5
N 14 G0 X 44
N 15 G1 Z–69
N 16 G0 X 70
N 17 G0 Z 5
N 18 G0 X 34
N 19 G1 Z–39
N 20 G1 X 44 Z–48
N 21 G0 X 50
N 22 G0 X 120 Z 20
N 23 G0 X 0 Z 5 T3
N 24 G1 Z 0
N 25 G3 X 30 Z–15 I 0 K–15 F .3 S1200
N 26 G1 Z–40
N 27 G1 X 42 Z–50
N 28 G1 Z–70
N 29 G1 X 64
N 30 G1 Z–100
N 31 G1 X 80
N 32 G0 Z 5
N 33 G0 X 120 Z 20 M30
```

b)

5.90 CNC-Programm des Stufenbolzens 5.79
a) Tabellenform, mit Arbeitszyklus G81
b) Normalform, ohne G81

Sehen Sie sich im Vergleich dazu das erheblich längere Programm %3812 an (hier in nichttabellarischer Form, 5.90). Für die zwei parallel verlaufende Schnitte (X73 und X66) ohne G81 sind die Sätze N3 bis N8 erforderlich. Herausfahren aus dem Werkstück im Eilgang, Zurückfahren, Zustellen des Werkzeugs und Spanen müssen hier je Schnitt einzeln programmiert werden.

Noch eine Besonderheit wird Ihnen bei aufmerksamer Betrachtung der beiden Programme auffallen: Wir arbeiten mit zwei Werkzeugen, dem Schruppdrehmeißel T1 und dem Schlichtmeißel T3 (auf einer CNC-Drehmaschine mit automatischer Werkzeugwechseleinrichtung). Wir fahren daher beim Schruppen auch nicht bis ganz an die Stufenabsätze 70 und 100 heran (Z–69, Z–99), sondern lassen 1 mm Zugabe für das folgende Schlichten. Geschlichtet wird dann in einem Zug ab Werkzeugwechsel in Satz N11 (bzw. N23 im Programm %3802, Bild 5.90).

Absolut- und Inkrementalbemaßung. Zum Abschluß der Programmierbeispiele wollen wir noch ein einfaches Werkstück inkremental bemaßen und programmieren (5.91). Sie erinnern sich an Abschnitt 5.6.4:

<table>
<tr><td>

Bei der Absolutbemaßung fährt die Steuerung das Werkzeug auf die (mit den Koordinaten) angegebene Position.

Bei der Inkrementalbemaßung (Maßzuwachs oder -abnahme) fährt es von der jeweils letzten Position um das angegebene Maß weiter. Die Wegangaben (X) sind nicht durchmesserbezogen.

Die Steuerung erhält durch das Programm die entsprechende Wegbedingung:

G90 = Absolutbemaßung,
G91 = Inkrementalbemaßung.

</td><td>

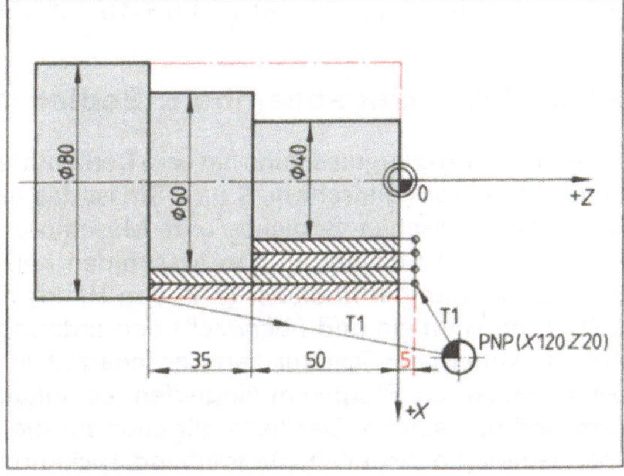

5.91 Inkrementalbemaßung und Programmieren eines einfachen Werkstücks

</td></tr>
</table>

Inkremental bemaßt sieht das Programm für den Bolzen **5.90** folgendermaßen aus:

```
% 3812
N1      G91                                    (Wegbedingung für Inkrementalbemaßung)
N2      G0      X–25    Z–15    F0.5    S800    T1      M13
N3      G1              Z–90                                    (1. Schnitt)
N4      G1      X+5
N5      G0              Z+90
N6      G0      X–10
N7      G1              Z–90                                    (2. Schnitt)
N8      G1      X+5
N9      G0              Z+90
N10     G0      X–10
N11     G1              Z–55                                    (3. Schnitt)
N12     G1      X+5
N13     G0              Z+55
N14     G0      X–10
N15     G1              Z–55                                    (4. Schnitt)
N16             X+5
N17     G0      X+35    Z+70                            M30     (Zurück zum PNP)
```

Erläuterungen

Zu Beginn des Programms steht der Schruppmeißel T1 am Programm-Nullpunkt PNP mit den Koordinaten X120 und Z20. Die X-Werte dürfen nach Eingabe von G91 in Satz N1 nur noch als tatsächliche Verfahrwege in mm (also nicht mehr durchmesserbezogen wie bei G90!) eingegeben werden. Daher ist für den ersten Schritt eine kleine Umrechnung erforderlich: Das Werkzeug soll 5 mm abspanen. Im PNP hat die Meißelschneide 60 mm Abstand von der Drehmitte (X0). Die anzufahrende Stelle ist noch 35 mm von der Drehmitte entfernt. Sie wird durch den in Satz N2 mit X–25 eingegebenen Verfahrweg erreicht.

Die Ermittlung des ersten Z-Verfahrwegs ist einfacher. Das Werkzeug soll mit G0 bis 5 mm vor die Werkstück-Stirnfläche gefahren werden. Da es im PNP noch 20 mm von der Stirnfläche entfernt ist, wird es mit der Eingabe Z–15 um 15 mm (in Richtung -Z) verfahren.

Die Programmierung der übrigen Sätze ist einfach. Für die Endposition des ersten Schnittes ist in Satz N3 Z–90 (5 + 50 + 35 = 90) einzugeben. Anschließend fährt das Werkzeug im Satz N4 um 5 mm (X+5) aus dem Werkstück heraus und mit Z+90 (N5) wieder auf die Position Z5. Für den zweiten Schnitt müssen in X-Richtung 5 mm (Weg, den das Werkzeug in N4 herausgefahren ist) und 5 mm für die Zustellung programmiert werden, also X–10 in Satz N6. Die weiteren Schritte erfolgen entsprechend.

5.6.8 CNC-Eingabeeinheit: Bedientafel der Steuerung

Jede CNC-Werkzeugmaschine hat eine Bedientafel mit Tastatur und Monitor (Bildschirm, 5.92). Sie ist das unmittelbare Bindeglied zwischen Bediener und Maschine, ersetzt die Handräder und Schalter an den Maschinen herkömmlicher Bauart. Hier gibt der Bediener (z. B. von Hand) das erstellte CNC-Programm ein und überwacht den ordnungsgemäßen Ablauf. Mittels der Tastatur kann er jederzeit in das (auch bereits laufende) Programm eingreifen, es anhalten, verändern und neu starten. Das lezte gilt auch für die über Speichermedien (Lochstreifen, Magnetband, Disketten usw.) eingelesenen Programme.

CNC-Steuerungen sind jedoch sehr verschieden, z. B. in ihrer Leistungsfähigkeit oder in ihrer Bedienungsfreundlichkeit. Um trotzdem eine einheitliche Maschinenbedienung anzustreben, hat man sich frühzeitig auf einheitliche Symbole für das Steuerungs-Bedienfeld geeinigt und sie in DIN 55003 zusammengefaßt (5.93).

5.92 Bedientafel einer CNC-Werkzeugmaschine

Tabelle 5.93   Bildzeichen für CNC-gesteuerte Werkzeugmaschinen nach DIN 55003

Bildzeichen (Symbol)	Bezeichnung und Anmerkungen	Bildzeichen (Symbol)	Bezeichnung und Anmerkungen
→	Programm-Einlesen Auf Tastendruck wird das Programm in den Speicher eingelesen. Zunächst keine Maschinenfunktion	%	Programm-Anfang Durch Tastenbetätigung wird das eingegebene Programm auf den ersten Programmschritt gestellt
■→	Satzweise Einlesen Auslösen durch Handbetätigung: Das innere Quadrat weist auf einen einzelnen Programmsatz hin	○	Programmierter Halt Gleiche Wirkung wie die Zusatzfunktion M00
(Symbol)	Programm verändern, um Veränderungsfunktionen darzustellen (z. B. Einfügungen)	✋	Handeingabe Nach Tastenbetätigung erfolgt die Steuerung der Handeingaben
→N	Satznummer-Suche (vorwärts) Bei Tastenbetätigung wird der nächste Satz aufgerufen	(Symbol)	Programmspeicher Durch Tastenbetätigung wird der Programmspeicher angesprochen
N←	Satznummer-Suche (rückwärts) Bei Tastenbetätigung wird der vorhergehende Satz aufgerufen	(Symbol)	Absolute Maßangaben Nach Tastenbetätigung wird im Bezugsmaß-System verfahren

Fortsetzung s. nächste Seite

Bild-zeichen (Symbol)	Bezeichnung und Anmerkungen	Bild-zeichen (Symbol)	Bezeichnung und Anmerkungen
	Relative Maßangaben (inkremental) Nach Tastenbetätigung wird in relativen Maßangaben verfahren		Werkzeug-Korrektur Nach Tastendruck wird ein hier-nach anzugebender Korrekturwert berücksichtigt
	Referenzpunkt Bei relativen Maßangaben verwen-dete Position, die in einem bestimm-ten Bezug zum Achsen-Nullpunkt steht		Daten-Eingabe in einen Speicher Nach Tastendruck erfolgt das Ein-lesen der Daten in den Speicher
	Koordinaten-Nullpunkt stellt den Anfang des Maschinen-Koordinaten-Systems dar		Daten-Ausgabe aus einem Speicher
	Werkzeuglängen-Korrektur Der Pfeil am symbolisch gezeich-neten Fräser weist auf die Werk-zeuglänge hin		Löschen Vorsicht – diese Taste löscht das gesamte Programm!
	Werkzeugradius-Korrektur Der Pfeil am symbolisch gezeichne-ten Fräser weist auf den Radius hin		Positions-Istwert z. B. wird nach Tastendruck die gegenwärtige Position angezeigt

5.6.9 Speichern und Einlesen der Programme

Wie schon erwähnt, gibt es verschiedene Möglichkeiten, fertige CNC-Programme zu spei-chern (d. h. für eine spätere Verwendung aufzuheben) und wieder einzulesen (d. h. sie ohne manuelle Eingabe wieder in den Speicher der Steuerung zurückzubringen). Man verwendet dazu Datenträger.

> **Datenträger** sind Medien, die dem Computer Informationen (Weginformationen, Schaltinformationen, technologische Informationen) übermitteln oder sie von ihm er-halten und aufbewahren können.
>
> **Speichern** bedeutet, Programmdaten aus dem Steuerungsspeicher auf einen Daten-träger zu bringen, um sie zu einem späteren Zeitpunkt wieder verwenden zu können.
>
> **Einlesen** nennt man die Wiedereingabe von Programmdaten in den Steuerungsspei-cher, wobei z. B. Datenträger wie Lochstreifen, Magnetband oder Disketten verwendet werden.

Lochstreifen. Das Speichern (auch Sichern genannt) der Programme auf Lochstreifen ist die älteste Art der Programmsicherung. Es wird häufig angewendet, da Lochstreifen leicht aufgehoben und wiederverwendet werden können. Sie lassen sich beliebig oft duplizieren (verdoppeln, kopieren) und können nicht wie die Magnetspeicher versehentlich gelöscht werden. Der in Europa gebräuchlichste Lochstreifen ist der nach ISO DIN 66 024 genormte 8-Spur-Lochstreifen. Nach dem dualen Zahlensystem (Lochung L oder keine Lochung 0) wird er mechanisch gestanzt und gelesen (Leser-Stanzer-Einheit). Stanzen (= Speichern) oder Lesen (= Einlesen) dauert allerdings erheblich (bis zu 100mal!) länger als bei Magnetspeicher-Datenträgern. Dafür kann der Fachmann Lochstreifen „lesen", der so auch in der Lage ist, Fehlerquellen rasch zu erkennen.

Der Lochstreifen (5.95) wird durch die zwischen Spur 3 und 4 liegende durchgehende Taktspur unterteilt. Beidseitig davon, also auf den Spuren 1 bis 8, können alle notwendigen Abkürzungen, Zeichen oder Zahlenwerte codiert (verschlüsselt) werden. Die Spuren 5, 6 und 7 geben Auskunft darüber, ob Ziffern, Zeichen oder Buchstaben codiert wurden.

Sind die Spuren 5 und 6 gelocht, weiß der Fachmann, daß hier Ziffern dargestellt werden, und zwar auf den Spuren 1 bis 4. Wie Sie schon aus Abschnitt 5.6.3 wissen, geschieht dies durch Zuordnung von Stellenwert und Zweierpotenzen (Dual- oder Binär-Code). Bild **5.94** zeigt die Ziffern 0 bis 9 des Dezimalsystems im Lochstreifencode. Ist Spur 1 gelocht, bedeutet das den Wert 1 ($= 2^0$), bei Lochung von Spur 2 ist die Dezimalzahl 2 ($= 2^1$) codiert, bei Spur 3 die 4 ($= 2^2$) und bei Spur 4 die 8 ($= 2^3$). Diese Darstellung der Ziffern nennt man daher auch „8-4-2-1-Code". Bild **5.95** zeigt Ihnen den Lochstreifencode der Zahl 136.

Aus einer Lochung der Spur 7 geht hervor, daß es sich um eine Buchstabencodierung handelt. Hierzu werden den Buchstaben A bis Z die Dezimalzahlen 1 bis 5 (Spur 5 wird für die Codierung von Dezimalzahlen über 15 für die Buchstaben P bis Z gebraucht) ebenfalls im Dualcode dargestellt. Die Spur 8 dient lediglich als Prüfspur (Prüfbit). Sie wird gelocht, wenn eine Zeile eine ungerade Anzahl von Lochungen enthält.

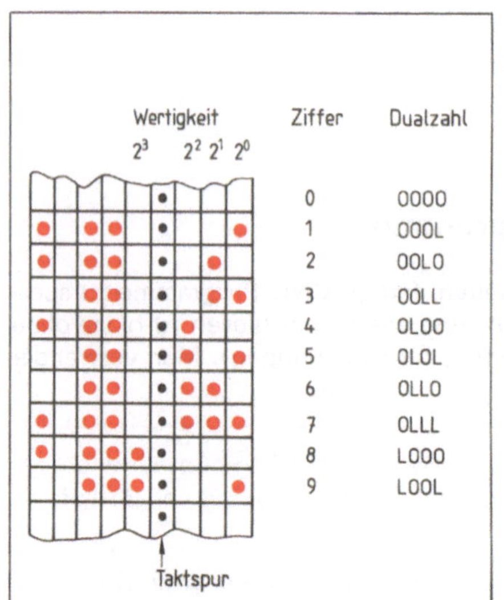

5.94 Dezimalziffern 0 bis 9 im Lochstreifen-
      code

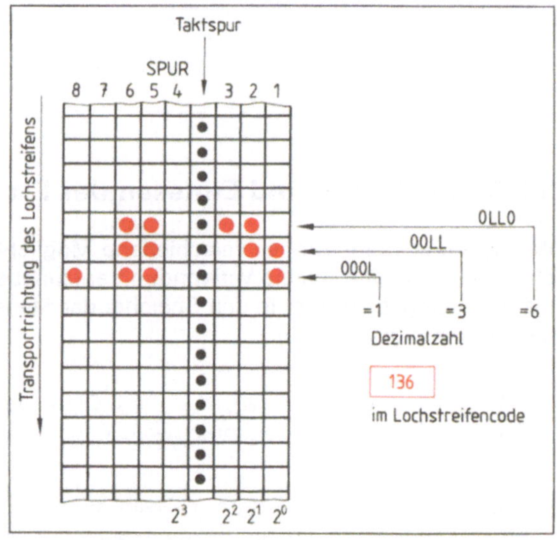

5.95 Lochstreifencode der Zahl 136

Magnetband und Diskette. Die modernen Speichermedien wie Magnetband (Datasette, Magnetbandkassette) und Diskette (auch Floppy-Disk genannt, eine kreisrunde magnetisierbare Scheibe, s. Abschn. 5.6.12) sind erheblich „schneller" als der Lochstreifen. Die Speicher- und Lesegeschwindigkeiten sind zehnmal (Kassette) bis hundertmal (Diskette) so schnell. Solche Datenträger schaffen erhebliche Vorteile bei längeren Programmen, bergen aber auch das Risiko des Datenverlusts durch unbeabsichtigtes Löschen.

Dies geschieht seltener durch grobe Bedienungsfehler (z. B. des Kassettenrecorders oder des Disketten-laufwerks) als vielmehr durch Magnetfelder, die eine genügend große Intensität haben, um die in Kunst-stoffolie eingebetteten magnetisierbaren Teilchen neu auszurichten. Solche unerwünschten Magnetfelder tauchen meist unerwartet auf, z. B. durch einen älteren Staubsaugermotor. Vielleicht kennen Sie diese Erscheinung auch aus eigener Erfahrung, wenn Sie einen Homecomputer haben und schon einmal eine Diskette auf eine Lautsprecherbox Ihrer Stereoanlage gelegt haben.

Beim Umgang mit Magnetspeicher-Systemen ist es daher besonders wichtig, einwandfreie Programmkopien an einem sicheren Ort aufzubewahren, um gegebenenfalls auf sie zurück-greifen zu können.

5.6.10 Simulation der Programme

> Unter CNC-Simulation (simulator, lat. = Nachahmer) versteht man das Probefahren des CNC-Programms auf einem Grafikbildschirm.

Bei der Simulation werden alle Fertigungsschritte und Werkstückkonturen entsprechend der Satzabarbeitung Schritt für Schritt auf einem Grafkikbildschirm sichtbar. Bei Programmfehlern wird die Simulation mit einer entsprechenden Fehlermeldung unterbrochen. Wir unterschei-den zwei Möglichkeiten der (Grafik-)Simulation:

– die bei neueren Steuerungen mögliche Simulation am Bildschirm der Maschinensteuerung,

– Simulation mit externen Computern (z. B. mit Personal Computern).

Ein neu entstehendes CNC-Programm kann dabei an beliebiger Stelle (also auch „mitten-drin") vor Beginn der Fertigung simuliert werden. Dies hat den Vorteil, daß man ein neues CNC-Programm regelrecht satzweise ausprobieren kann, ohne das Risiko eines Schadens an Maschine, Werkzeug oder Werkstück befürchten zu müssen.

Externe CNC-Simulation. Die Werkstattprogrammierung (die unmittelbare Programmein-gabe am Steuerungspult) kann für das schnelle Programmieren einfacher Werkstückformen sehr sinnvoll sein. Das Lernen, Üben und Ausprobieren der CNC-Programmierung direkt an der Maschine ist dagegen oft unwirtschaftlich, da die (mit relativ hohen Kapitalkosten angeschaffte) Maschine in dieser Zeit für die Produktion ausfällt. Außerdem braucht der Lernende an der Maschine eine Aufsichtsperson, da Programmier- oder Bedienungsfehler schwerwiegende Auswirkungen haben können. Deshalb sind externe (externus, lat. = der äußere) Programmierplätze sinnvoll, und zwar reine Trainingsplätze oder Personal Computer.

Reine Trainingsplätze entsprechen dem Bedienpult der jeweiligen Maschine mit der Originaltastatur und enthalten die komplette Steuerung. Sie werden von verschiedenen Maschinenherstellern (genau passend zur angeschafften Maschine) für Ausbildungs- und Trainingszwecke angeboten. Solche Plätze sind allerdings teuer und lohnen sich nur für Betriebe oder Ausbildungsstätten, die sie regelmäßig für gezielte Schulung und Vorbereitung auf eine bestimmte Maschinensteuerung einsetzen. Die Maschinen-hersteller veranstalten solche Schulungen auch selbst für die Maschinenbediener ihrer Kunden. Im Verlauf der (meist einwöchigen) Schulungen werden alle Programmiergrundlagen zunächst theoretisch erarbeitet und an den Programmierplätzen geübt, bevor die „Schüler" direkt an die Maschine gehen.

CNC-Simulation mit dem (Personal) Computer ist für die meisten Betriebe oder Ausbildungsstätten (auch berufsbildende Schulen) eine lohnende Alternative. Personal Computer (abgekürzt PC) haben den großen Vorteil, daß sie mehr können als ein reiner Trainingsplatz (sogar die Original-Steuerungstastatur kann statt der Computertastatur angeschlossen werden). Mit dem PC kann auch ein kleinerer Maschinen-baubetrieb, der die interne Betriebsverwaltung mit PC oder einem zentralen Rechner organisieren will,

CNC-Simulation sozusagen als Nebenanwendung außerhalb der Werkstatt betreiben. Nötig ist dazu nur die zur Maschine passende Software, also die für die Simulation notwendigen Computerprogramme. Bei Bedarf wird z. B. das Programm „CNC-Fräsen" oder auch das Programm „CNC-Drehen" in den Computer eingeladen (eingelesen). Dazu kann ein CNC-Programm erstellt, eingegeben und simuliert werden.

CNC-Programmierung und CNC-Grafiksimulation kann

- intern an der Maschine als Steuerungssimulation,
- extern an Trainingsplätzen oder an Computerarbeitsplätzen erfolgen.

Simulation unserer Übungsprogramme. Unser Formstück (Bilder **5.82** bis **5.84**) sieht nach erfolgreicher Simulation auf dem Bildschirm so aus, wie es der Ausdruck eines Matrixdruckers (grafikfähiger Nadeldrucker) in Bild **5.96** zeigt. Sie erkennen die fertige Kontur des Werkstücks und die Fräsermittelpunktsbahn: Wege im Eilgang sind gestrichelt, Wege im Vorschub durchgezogen gezeichnet. Bild **5.97** zeigt den fertiggedrehten Stufenbolzen mit der Schnittaufteilung nach Programm %3801.

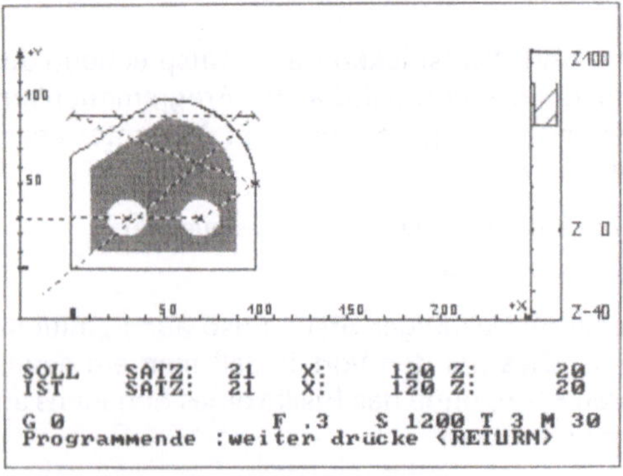

5.96 Formstück **5.73** im Matrixausdruck

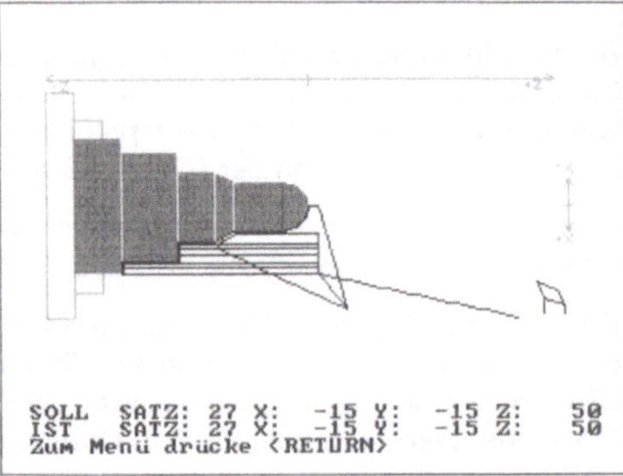

5.97 Stufenbolzen **5.88** im Matrixausdruck

5.6.11   CA-Systeme (CAD, CAM, CAE), CIM

Unter den C- oder CA-Systemen versteht man zum Teil sehr umfangreiche Programmpakete, zur Unterstützung des Konstruktions- und Ingenieurbereichs aller möglichen Branchen. Das C steht wieder (wie bei CNC) für Computer, das A für Aided (unterstützt). Die in der Überschrift genannten Abkürzungen bedeuten:

CAD = Computer Aided Drafting (Computerunterstütztes Zeichnen, auch Computer Aided Design genannt),

CAM = Computer Aided Manufacturing (Computerunterstützte Fertigung),

CAE = Computer Aided Engineering (Computerunterstütztes Konstruieren),

CIM = Computer Integrated Manufacturing (Computerintegrierte Fertigung).

Mit den neuen Technologien nimmt auch die Verbreitung der CA-Systeme in der industriellen Fertigung zu.

Beim CAD dient der Grafikbildschirm des Computers als Ersatz für das Zeichenbrett des Technischen Zeichners (5.98). Eingegeben werden die Zeichenelemente und Befehle mittels Tastatur und Grafiktablett (oder „Maus"), wodurch Stück für Stück auch die schwierigste technische Zeichnung erstellt, beliebig verändert und über einen Plotter (Maschine, die die Zeichnung zeichnet) ausgegeben wird. Bei Zeichnungsänderungen werden Papierzeichnungen nicht mehr radiert, sondern am Bildschirm korrigiert und vom Plotter automatisch neu gezeichnet. Komplette Zeichnungen speichert man auf Diskette oder Festplatte (s. Abschn. 5.6.12). In verschiedenen Zeichnungen wiederholt vorkommende Elemente (z. B. Zahnräder) werden gesondert gespeichert und können bei Bedarf abgerufen und in neue Zeichnungen hineinkopiert werden. Die Anwendungsmöglichkeiten der CAD-Technologie sind praktisch unbegrenzt, in Architektur, Ingenieurwesen, Konstruktion, Elektronik, Luft- und Raumfahrttechnik, im Anlagen- oder Maschinenbau. Aufwendige CAD-Systeme verwendet z. B. der Automobilbau, um Pkw-Karosserien zu optimieren.

5.98   Beispiel eines CAD-Arbeitsplatzes: Karosserie eines Pkw als kombiniertes Linien- und Flächenmodell auf dem Grafikbildschirm

Beim CAM geht die Computerunterstützung noch einen Schritt weiter. Hier steht nicht mehr die Plotterausgabe einer Zeichnung im Vordergrund, sondern unmittelbar die Fertigung. So wird beim CAM ein Dreh- oder Frästeil in allen Einzelheiten am Bildschirm konstruiert. Dazu gibt man alle nötigen (z. B. technologischen) Daten ein, der Computer erstellt das dazu passende CNC-Programm und speist es „on line" in die Maschinensteuerung der Produktionsmaschine ein. Eine technische Zeichnung im althergebrachten Sinn muß hier überhaupt nicht mehr entstehen.

CIM geht noch weiter: Computer Integrated Manufacturing bedeutet Computereinsatz von der Planung bis zum fertigen Produkt. Neben CAD und CAM beinhaltet CIM die Steuerung des gesamten Produktionsablaufs. Ein neues Produkt (z. B. ein Getriebe) wird am Bildschirm entworfen und getestet (Simulation). Die Fertigungsdaten für die Einzelteile werden ermittelt, der Lagerbestand für die Werkstoffe und Einzelteile wird abgefragt und gegebenenfalls angepaßt. Nach Erstellung aller notwendigen Programme kann der gesamte Fertigungsablauf durch Computer gesteuert (und geregelt) werden. Die Hauptaufgabe des Facharbeiters kann beim CIM z. B. im Einrichten und Überwachen der Industrieroboter (Handhabungsautomaten), der Zubringer- oder Verteileranlagen und der CNC-Werkzeugmaschinen bestehen.

Daß der Facharbeiter dazu „andere" Qualifikationen als bei der „alten" Fertigungsmethode braucht, ist leicht einzusehen. Berufliche Weiterbildungsmaßnahmen eröffnen daher dem für die neuen Technologien aufgeschlossenen Facharbeiter viele interessante Aufstiegsmöglichkeiten.

5.6.12 Rechner und Peripherie

In diesem Abschnitt wollen wir uns etwas näher mit dem Computer selbst und seiner Peripherie (Umgebung) beschäftigen.

Ein Computersystem besteht im wesentlichen aus zwei zusammenwirkenden Funktionsgruppen,

– Hardware (ursprüngliche amerikanische Wortbedeutung „Eisen-Artikel") und

– der Software („weiche" Ware oder Artikel).

Hardware ist in der Computertechnik alles was „hard" (fest) ist, also die Maschinen. Das sind z. B. der Computer selbst, die Tastatur, der Bildschirm, der Drucker, aber auch einzelne elektronische Bauteile wie das Kernstück des Computers, der Mikroprozessor.

Software sind dagegen die Programme, die notwendig sind, damit wir mit der Hardware überhaupt etwas anfangen können. Erst die Vielfalt der Software bestimmt die Leistungsfähigkeit des Computers. Programme müssen „zum Aufheben" irgendwo gespeichert sein, z. B. auf Datenträgern wie Magnetband oder Diskette.

Eingabe–Verarbeitung–Ausgabe (EVA). Das Computersystem verarbeitet letztlich nichts anderes als Daten, genau so wie der Mensch, der es geschaffen hat. Mit Hilfe seiner Sinnesorgane Augen, Nase, Ohren, Hände (Tastsinn), Zunge (Geschmackssinn) empfängt der Mensch ständig die Daten aus seiner Umwelt (Daten-Eingabe). Er verarbeitet sie mit Hilfe seines Verstandes (Daten-Verarbeitung) und gibt die Verarbeitungsergebnisse in irgendeiner Form (z. B. durch Sprechen, Gesten, Schreiben) wieder an seine Umwelt aus (Daten-Ausgabe). Dieses System nennt man kurz EVA (Eingabe–Verarbeitung–Ausgabe).

Das Computersystem macht es nicht anders. Für die Eingabe hat es einen Eingabebereich, z. B. die Tastatur. Nur was ihm eingegeben wurde, kann der Computer verarbeiten. Das geschieht im Verarbeitungsbereich, der Zentraleinheit oder CPU (Central-Processing Unit). Sie enthält als Kernstück den Mikroprozessor, der die klassischen Funktionen von Steuer- und Rechenwerk vereinigt. In der EDV (Elektronische Daten-Verarbeitung) bezeichnet man alle Geräte, die mit der Zentraleinheit (CPU) verbunden sind, als Peripherie. Darunter fallen auch die als Ausgabebereich dienenden Ausgabegeräte, z. B. Bildschirm, Drucker oder Plotter.

Elemente des Computersystems. Bild **5.99** zeigt einen Personalcomputer (PC), bestehend aus Tastatur (Eingabe), CPU (Verarbeitung) mit zwei Diskettenlaufwerken und Bildschirm (Ausgabe). Früher neigte man mehr zu riesigen Rechenzentren oder Zentralcomputern, heute dagegen zu mehreren (auch voneinander unabhängig arbeitenden) Einzelarbeitsplätzen (z. B. mit PC). Die Einzelarbeitsplätze sind schneller und darum wirtschaftlicher. Sie lassen sich auch untereinander verbinden (Vernetzung), so daß sie untereinander Daten austauschen (kommunizieren) können, zugleich aber eine „Zentrale" den Gesamtüberblick behält.

Eingabeelemente können Tastatur, Grafiktablett (5.98) oder auch eine „Maus" sein, die so heißt, weil sie auf einer ebenen Fläche hin- und herbewegt wird und bestimmte Befehls-, Bedienungs- oder Bildelemente auf dem Bildschirm steuert.

Die Zentraleinheit enthält bei kleineren Anlagen in der Regel Diskettenlaufwerke, die zur Datenabspeicherung flache, kreisrunde Kunststoffolienscheiben (in einer Schutzhülle) enthalten – die Disketten (5.100). Disketten haben allerdings eine verhältnismäßig geringe Speicherkapazität. Deshalb verwenden gewerbliche Anwender meist erheblich teurere Festplattenlaufwerke (5.101). Sie enthalten staubgeschützt eine oder mehrere zylindrische Metall-

5.99　Personalcomputer

5.100　Diskette

platten (die „Hard Disks"), die magnetisierbar sind und gegenüber der Diskette ein Vielfaches an Daten speichern können. Auch dauert das Einlesen und Abspeichern von Daten nur einen Bruchteil der sonst nötigen Zeit.

5.101
Festplattenlaufwerk

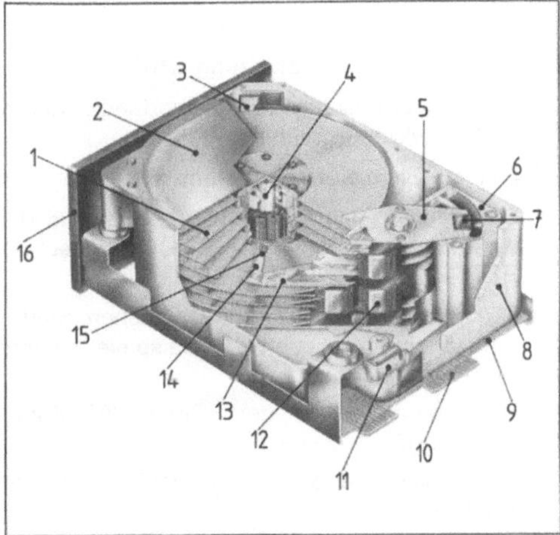

1 beschichtete Disks
2 Abdeckplatte
3 Luftfilter
4 Spindel mit integriertem Motor
5 Aktuatorarm
6 Gehäuse für den Aktuatormagneten
7 Erregerspule
8 Gehäuse
9 Gedruckte Schaltung für Driveelektronik
10 Interfaceanschluß
11 Aktuatorverriegelung
12 Vorverstärker-Chips
13 Kopf-Arm
14 Kopfbefestigung
15 Schreib-Lese-Kopf
16 Frontplatte

Als Ausgabegeräte dienen neben dem Bildschirm, der ja beim Ausschalten der Anlage gelöscht wird, Drucker oder Plotter. Unter den Druckern unterscheidet man die nicht grafikfähigen Typenraddrucker (sie arbeiten wie eine elektronische Schreibmaschine mit festen Typen) und die grafikfähigen Matrix-, Tintenstrahl- oder Laserdrucker.

Matrixdrucker haben einen mit mehreren (z. B. 9, 18, 24) Nadeln bestückten Druckkopf, die einzeln angesteuert werden und so als Punktraster Buchstaben oder Grafiken erstellen. Dies geschieht mit einer Druckgeschwindigkeit von über 500 Zeichen je Sekunde. Die Bildschirmausdrucke unserer CNC-Übungsstücke (**5.96, 5.97**) wurden mit einem Matrixdrucker ausgedruckt.

Der teurere Tintenstrahldrucker arbeitet ähnlich, jedoch langsamer. Statt der gegen ein Farbband gestoßenen Drucknadeln werden hier feinste Tintentröpfchen direkt aufs Papier geschleudert. Der Ausdruck ist erheblich leiser und vermindert die Geräuschbelastung am Arbeitsplatz.

Laserdrucker zeichnen sich (bei höherem Preis) durch eine enorme Druckgeschwindigkeit (über 10 Seiten je Minute) und sehr gute Schriftqualität aus. Sie haben ein Spiegelsystem (Polygonspiegel mit 10 oder 12 Flächen), das den Lichtstrahl auf eine mit fotoleitfähigem Material geschichtete, rotierende Trommel ablenkt. Durch das Auftreffen des Laserstrahls wird die Trommel an den jeweiligen Stellen wieder entladen. Auf diese Weise wird das Text- oder Grafikmuster als elektrostatisches Bild auf der Trommel gespeichert. Der Reproduktionsprozeß entspricht praktisch dem Verfahren von Trocken-Fotokopiermaschinen, die mit einer eisenhaltigen Trockentinte (Toner) arbeiten.

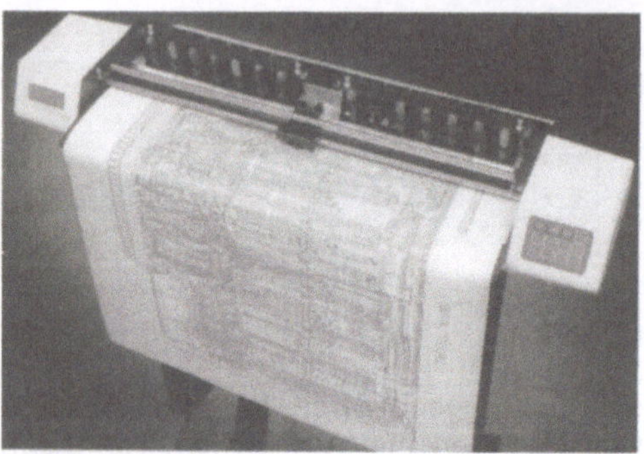

5.102   Plotter

Der Plotter ist eine elektronische Zeichenmaschine, bei der die Achsen wie bei einer CNC-Maschine gesteuert werden (5.102). Die Beschriftung des Papiers übernehmen dabei (auch verschiedenfarbige) Präzisionsstifte, die wie Faserschreiber oder wie ein Tuschefüller arbeiten. Diese Art der Zeichnungserstellung übertrifft die bisherige Zeichnung „von Hand" erheblich, ist genauer, schneller und beliebig oft wiederholbar. Das hat bei mehrfarbigen Zeichnungen den Vorteil, daß für die Fertigung „Originale" eingesetzt werden können.

---

1. Was bedeutet die Abkürzung CNC?

2. Wodurch unterscheiden sich handbediente von CNC-Werkzeugmaschinen?

3. Erklären Sie die „Rechte-Hand-Regel".

4. Erläutern Sie das Koordinatensystem und die Verfahrrichtungen einer CNC-(Senkrecht-) Fräsmaschine (vgl. Bild **5.65**).

5. Erklären Sie die drei grundsätzlichen Steuerungsarten und geben Sie Beispiele für ihre Anwendung an.

6. Wie kommt es zu dem Begriff 5D-Bahnsteuerung?

7. Übersetzen Sie die Dezimalzahl 13 in den Dualcode.

8. Was versteht man unter
   a) direkter und indirekter Wegmessung,
   b) analogen und digitalen Meßverfahren,
   c) absoluter und inkrementaler Wegerfassung?

9. Wozu braucht eine Maschinensteuerung Bezugspunkte?

10. Erläutern Sie
    a) den Maschinen-Nullpunkt (MNP),
    b) den Maschinen-Referenzpunkt (R),
    c) den Werkstück-Nullpunkt (WNP),
    d) den Programm-Nullpunkt (PNP).

11. Wie wird ein Werkstück CNC-gerecht bemaßt?

12. Welche Informationen braucht der CNC-Programmierer zum Erstellen eines Programms?

13. Aus welchen drei Teilen besteht ein Programmsatz?

14. Welche (genormten) Adreßbuchstaben kann ein CNC-Programm enthalten? Erklären Sie ihre Bedeutung.

15. Was wird durch G-, was durch M-Funktionen beschrieben?

16. Warum sind nicht alle G- und M-Funktionen genormt?

17. Verschieben Sie das Ring-Ornament des in Abschnitt 5.6.6 ausführlich besprochenen Übungsprogramms (Bild **5.81**) in Richtung $+X$ und $+Y$ um je 10 mm. Zeichnen und bemaßen Sie es CNC-gerecht entsprechend dem vorgegebenen Beispiel.

18. Erstellen Sie das Programm für die veränderte Zeichnung
    a) für Beginn bei P_1 und Fräsrichtung im Uhrzeigersinn (wie im Beispielprogramm),
    b) für Beginn bei P_1 und Fräsrichtung entgegengesetzt.

19. Zeichnen, bemaßen und programmieren Sie die Fräserbahn für den Schriftzug CNC. Wählen

Sie Abmessungen und Lage der Buchstaben und des Werkstücks selbst oder einigen Sie sich innerhalb der Klasse auf gemeinsame Vorgaben.

20. Erläutern Sie den Begriff Äquidistanten-Programmierung.

21. Warum ist diese Programmierart für Werkzeugwechsel unvorteilhaft?

22. Moderne Steuerungen lassen sich mit den G-Funktionen G41 bis G44 programmieren. Was bedeutet das und welche Vorteile beinhalten solche Programme?

23. Warum müssen die technologischen Daten der Maschine bei der Programmerstellung berücksichtigt werden? Woher bekommen Sie sie?

24. Vor der Programmierung wird zweckmäßigerweise ein Arbeitsplan erstellt. Welche Angaben sollte dieser mindestens enthalten?

25. Bild **5.84** zeigt das Formstück mit Darstellung der Werkzeugwege mit Angabe entsprechender Programmsätze. Welche Vorteile bringt eine solche Zeichnung (nicht nur für den Anfänger)?

26. (Für Fortgeschrittene) Ändern Sie das Fräsprogramm des in den Bildern **5.82** bis **5.84** dargestellten Formstücks nach folgenden Vorgaben:
    - Programmieren Sie den Fräsweg für die Kontur genau in entgegengesetzter Richtung (Beginn wie im Beispielprogramm %375),
    - Verwenden Sie die Wegbedingungen für die Fräserradiuskorrektur.

27. Was versteht man unter einer Flachbett-, was unter einer Schrägbett-Drehmaschine?

28. Erläutern Sie Achslage und Verfahrrichtungen beim CNC-Drehen.

29. Was bedeutet die Eingabe von G96? Welche Vorteile ergeben sich daraus?

30. Erläutern Sie die Unterschiede zwischen Absolut- und Inkrementalbemaßung am Beispiel der beiden Stufenbolzen (**5.89**, **5.91**).

31. Zeichnen und bemaßen Sie den Bolzen aus Bild **5.91** CNC-gerecht für Absolutbemaßung und erstellen Sie das entsprechende Drehprogramm.

32. (Für Fortgeschrittene) Zeichnen und bemaßen Sie den Stufenbolzen aus Bild **5.87/80** CNC-gerecht für Inkrementalbemaßung. Erstellen Sie das entsprechende CNC-Programm.

33. Wie kann man einmal erstellte CNC-Programme „aufheben"?

34. Erklären Sie die Begriffe Datenträger, Speichern und Einlesen. Nennen Sie dazu Beispiele.

35. Was versteht man unter CNC-Simulation?

36. Erklären Sie die Bedeutung der Abkürzungen CAD, CAM, CAE und CIM.

37. Was versteht man unter Hardware, was unter Software.

38. Erläutern Sie das System Eingabe–Verarbeitung–Ausgabe eines Computers.

39. Wie arbeitet ein Matrixdrucker?

40. Was ist ein Plotter? Welche Bedeutung hat er für das künftige Berufsbild des Technischen Zeichners?

6 Grundlagen der Metallkunde

Die Metalle sind aufgrund ihrer besonderen Eigenschaften die wichtigsten Werkstoffe in der Technik. Sie unterscheiden sich von den meisten Nichtmetallen durch hohe Festigkeit und Zähigkeit (Verformbarkeit), gute Leitfähigkeit für Elektrizität und Wärme sowie Legierbarkeit. Die Ursachen für diese günstigen Eigenschaften liegen im Aufbau der Metalle.

6.1 Kristallaufbau der Metalle

Metalle sind im festen Zustand aus einer Vielzahl von winzigen Kristallen zusammengesetzt. Diese bestehen aus Metallionen, die sich unter Wirkung der Bindungskräfte zu einem bestimmten geometrischen Kristallgitter ordnen.

Das Kristallgitter besteht aus der räumlichen Aneinanderreihung vieler gleicher Gitterzellen (Elementarzellen). Bei den Metallen treten vor allem die kubisch-raumzentrierte, die kubisch-flächenzentrierte und die hexagonale Gitterform auf (**6.1**). Sie kennzeichnen die Lage der Metallionen in der Gitterzelle. In den Bildern sind nur die Atommittelpunkte angegeben und durch Gerade verbunden. Tatsächlich berühren sich die Wirkungsbereiche der Atome ähnlich Kugeln (**6.2**). Tabelle **6.3** zeigt die wichtigsten Metalle und ihre Gitterformen.

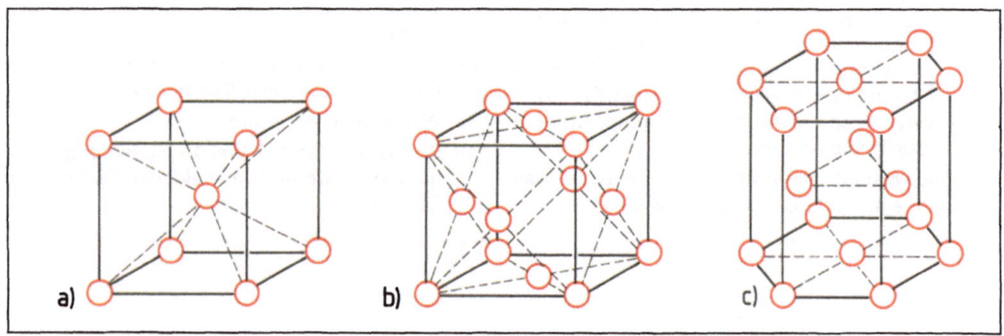

6.1 Gitterformen

a) kubisch-raumzentriert, b) kubisch-flächenzentriert, c) hexagonal

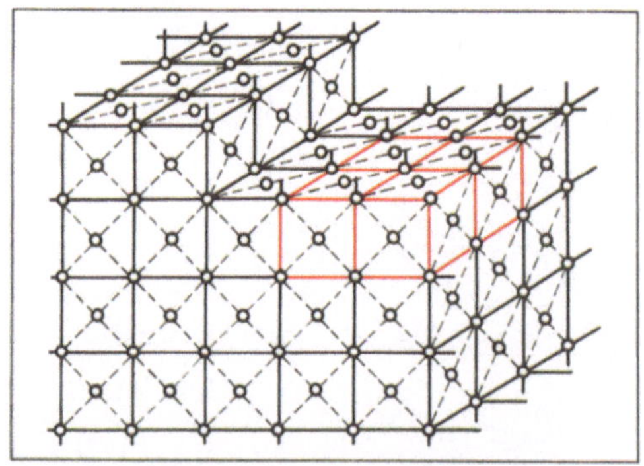

6.2 Kristallgitter, kubisch-flächenzentriert

Tabelle **6.3** **Gitterformen verschiedener Metalle**

Metall		Gitter-form	Metall		Gitter-form
Aluminium	Al	kfz	Magnesium	Mg	hex
Chrom	Cr	krz	Nickel	Ni	kfz
Kupfer	Cu	kfz	Blei	Pb	kfz
Eisen	Fe	krz	Wolfram	W	krz
ab 906 °C		kfz	Zink	Zn	hex
ab 1401 °C		krz			

Das Kristallgitter stellt den Feinaufbau (Feingefüge) eines Metalls dar. Aus seinem Aufbau lassen sich allgemeine Schlüsse über die Verformbarkeit und Legierbarkeit ziehen. Hexagonale Metalle (Zink, Magnesium) sind schlechter verformbar als kubische (Aluminium, Kupfer). Die Legierbarkeit ist im allgemeinen desto besser, je ähnlicher der Gitteraufbau zweier Metalle ist. So sind sich z.B. Kupfer und Nickel in allen Verhältnissen im festen und im flüssigen Zustand ineinander löslich.

Metallgefüge. Die Kristallgitter der Metalle bilden sich beim Erstarrungsvorgang aus der Schmelze (Kristallisation). Das Erstarren setzt gleichzeitig an vielen Stellen ein. Die Kleinkristalle wachsen nach allen Seiten, bis sie mit anderen zusammenstoßen. Diese nicht völlig frei gewachsenen Kristalle nennt man Kristallite oder Körner, ihre Begrenzungsflächen heißen Korngrenzen (**6.4**).

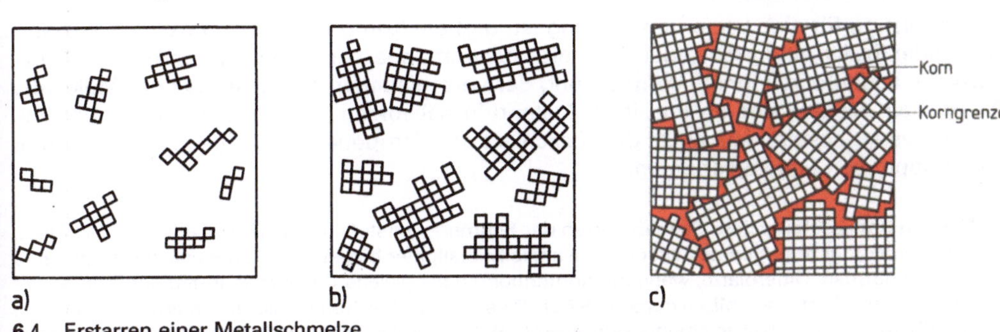

6.4 Erstarren einer Metallschmelze

    a) Beginn des Erstarrens, b) Wachsen der Kristalle, c) kristalliner Aufbau

Die Gitter der Körner sind aber nicht ideal störungsfrei aufgebaut. Vielmehr treten Gitterfehler (z.B. Gitterlücken, stufen- und schraubenförmige Versetzungen, eingebaute Fremdatome) oder auch Störungen an den Korngrenzen (z.B. auch durch Ausscheidungen) auf, die die Metalleigenschaften beeinflussen (**6.5**). Das Gesamtbild der Körner bezeichnet man als Metallgefüge. Es ist maßgebend für die Metalleigenschaften (z.B. Härte, Festigkeit, Zähigkeit). Den Gefügeaufbau kann man durch Wärmebehandlung, Legieren oder Umformen verändern und damit an die Anforderungen anpassen.

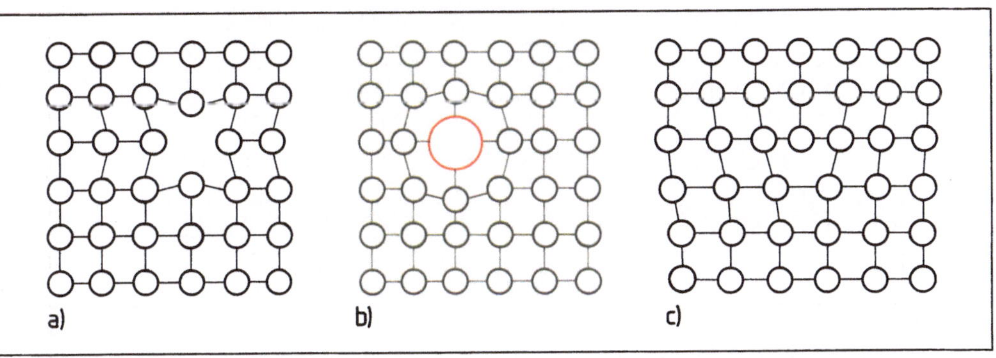

6.5 Gitterbaufehler

    a) Leerstelle, b) eingebautes Fremdatom, c) Versetzung

Metalle haben im festen Zustand einen kristallinen Aufbau

6.2 Aufbau von Legierungen

Reine Metalle werden in der Technik kaum verwendet. Bei den meisten metallischen Werkstoffen handelt es sich um Legierungen, deren Festigkeit und Härte größer sind als bei reinen Metallen.

Eine Legierung ist eine Mischung aus mindestens zwei Legierungselementen, Komponenten genannt (Komponente, lat. = Bestandteil eines Ganzen), von denen eine ein Metall sein muß. Komponenten können sein: Metalle (z.B. Fe, Cu, Zn, Cr), Nichtmetalle (z.B. C, S, P) und chemische Verbindungen (z.B. Fe_3C).

Voraussetzung für eine Legierungsbildung ist, daß die Komponenten im flüssigen Zustand ineinander löslich sind, also in der Schmelze zusammengeschmolzen werden können. Löslichkeit bedeutet die innige Vermischung der verschiedenen Metallatome oder Moleküle. Die meisten Metalle sind im flüssigen Zustand in beliebigen Verhältnissen ineinander löslich. Im festen Zustand jedoch ist die Löslichkeit der Komponenten unterschiedlich. Es gibt zwei Haupttypen von Legierungen:

- **Mischkristall-Legierungen.** Beim Erstarren der Schmelze entstehen Mischkristalle (feste Lösungen), deren Legierungskomponenten ein gemeinsames Kristallgitter bilden. Die Atome des Zusatzelements besetzen normale Gitterplätze, wenn die Komponenten die gleiche Gitterstruktur und ähnliche Atomgröße haben (Austausch-Mischkristalle, 6.6a). Dies ist z.B. bei Kupfer-Nickel-Legierungen der Fall. Sind die Atome des Zusatzelements sehr klein (z.B. bei Wasser-, Kohlen- und Stickstoff), werden sie in Gitterlücken des Grundmetalls eingebaut (Einlagerungs-Mischkristalle, 6.6b).
- **Kristallgemisch-Legierungen.** Beim Erstarren der Schmelze entmischen sich die gelösten Komponenten und bilden nebeneinander ihre eigenen Kristalle. Bei einer bestimmten Zusammensetzung der Schmelze entsteht beim Erstarren ein sehr feines Kristallgemisch beider Metalle, Eutektikum genannt, das den niedrigsten Erstarrungs-(Schmelz-)punkt des Legierungssystems hat. Beispiele für Kristallgemische sind die Legierungssysteme Eisen–Kohlenstoff und Zinn–Blei (Lötzinn).

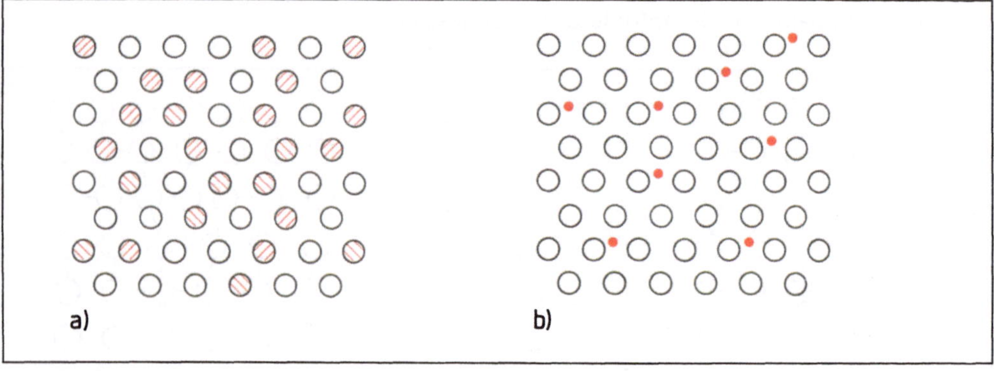

6.6 Mischkristalle

a) Austausch-Mischkristall, b) Einlagerungs-Mischkristall

Zustandsschaubilder stellen die Gefügebestandteile und Aggregatzustände eines Legierungssystems in Abhängigkeit von der Temperatur dar. Das Zweistoffsystem Blei–Antimon (Hartblei) soll anhand von drei Beispielen untersucht werden (**6.7**).

Beispiel 1	Bei einer Legierung von 87% Blei (Pb) und 13% Antimon (Sb) erstarrt die Schmelze bei konstanter Temperatur von 246°C zu einem sehr feinen Gemenge aus den Kristallarten beider Komponenten (Eutektikum).
Beispiel 2	Kühlt die Schmelze einer Legierung von 95% Pb und 5% Sb langsam ab, werden zuerst Pb-Kristalle ausgeschieden. Dadurch wird die Schmelze immer reicher an Antimon. Bei 246°C ist soviel Pb auskristallisiert, daß die Restschmelze die eutektische Zusammensetzung (87% Pb–13%Sb) hat und als feines Kristallgemisch erstarrt.
Beispiel 3	Bei einer Legierung von 40% Pb und 60% Sb scheiden sich beim Abkühlen der Schmelze zuerst Sb-Kristalle aus. Bei 246°C erstarrt die Restschmelze wie in Beispiel 2 zum Eutektikum.

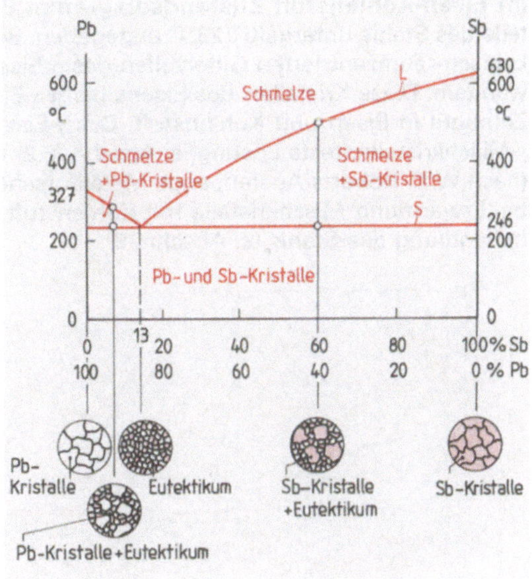

6.7 Zustandsschaubild Blei-Antimon

6.3 Aufbau von unlegierten Stählen (Kohlenstoffstählen)

Unlegierte Stähle sind Eisen-Kohlenstoff-Legierungen mit 0,2 bis 2,06% Kohlenstoff. Der Kohlenstoff tritt nicht rein, sondern chemisch gebunden als Eisencarbid Fe_3C auf.

Im Stahlgefüge bildet das Eisencarbid (als Gefügebestandteil Z e m e n t i t genannt) ein lamellenförmiges Kristallgemisch mit reinem Eisen. Man nennt es P e r l i t. Bei Stahl bis 0,8% C ist das Perlit zwischen reinen Eisenkristallen (α-Eisen, F e r r i t) eingelagert (**6.**8a). Mit steigendem C-Gehalt nimmt der Perlitanteil zu. Bei 0,8% C besteht das Gefüge n u r aus Perlit (**6.**8b). Bei über 0,8% C lagert sich das überschüssige Eisencarbid zwischen den Perlitkörnern ab (**6.**8c).

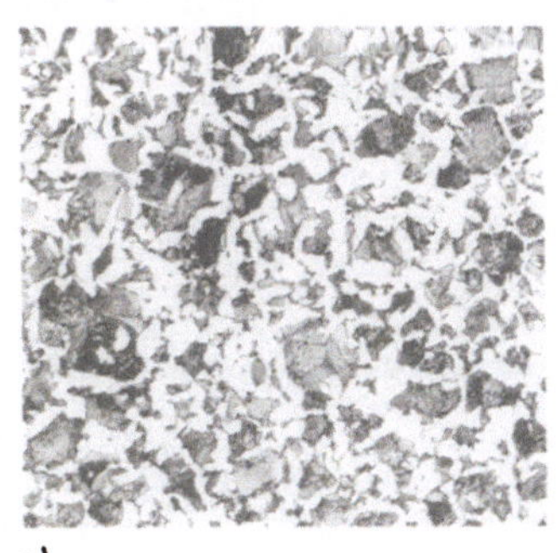
a)

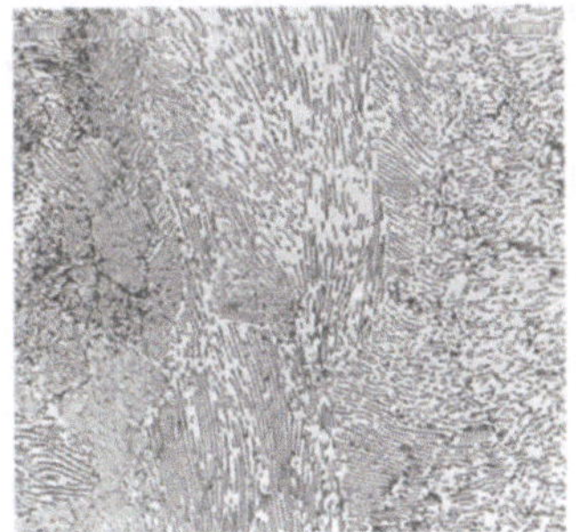
b)

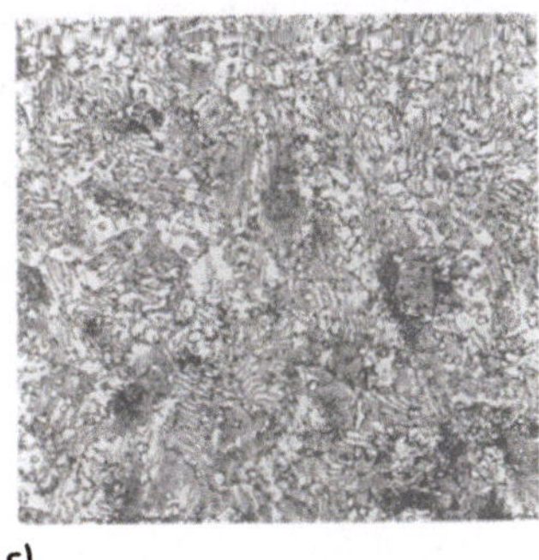
c)

6.8 Gefügebilder von Stählen V = 500:1

    a) Stahl mit 0,45% C – Ferrit und Perlit

    b) Stahl mit 0,8% C – lamellarer Perlit

    c) Stahl mit 1,05 C – Perlit und Zementit

215

Im Eisen-Kohlenstoff-Zustandsdiagramm 6.9 sind die obengenannten Gefügebestandteile des Stahls unterhalb 723 °C angegeben. Beim Erwärmen über 723 °C beginnen sich die kubisch-raumzentrierten Gitterzellen des α-Eisens (Ferrits) in flächenzentrierte Gitter umzuwandeln. Diese Kristallart des Eisens heißt γ-Eisen. Gleichzeitig zerfällt beim Erwärmen das Zementit in Eisen und Kohlenstoff. Das γ-Eisen löst den atomaren Kohlenstoff und bildet γ-Mischkristalle (feste Lösung, s. Abschn. 6.2), die als Gefügebestandteil Austenit heißen (nach W. C. Roberts-Austen, engl. Metallforscher, 1843–1902). Diese Eigenschaft des Eisens, bei Erwärmung Mischkristalle mit Kohlenstoff zu bilden, ist die Grundlage für die Wärmebehandlung des Stahls (s. Abschn. 9).

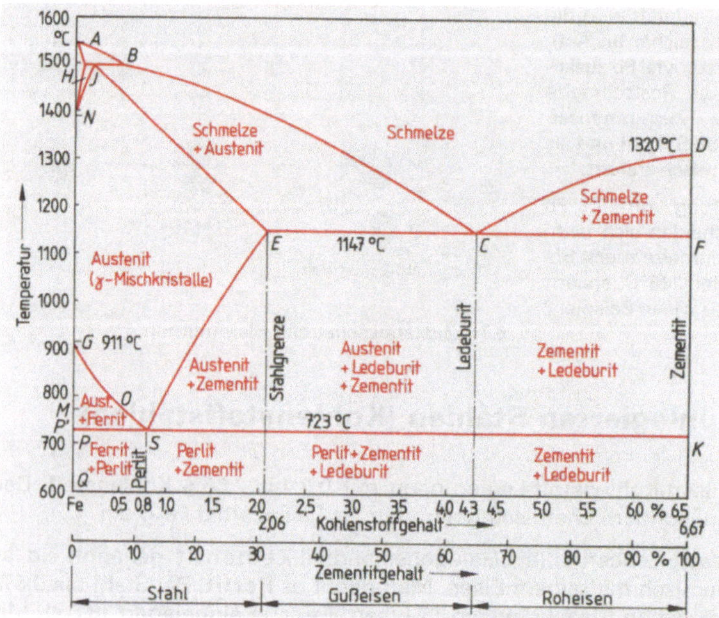

6.9
Eisen-Kohlenstoff-
Diagramm

Die oberste Kurve im Diagramm ABCD ist die Liquiduslinie, oberhalb der alle Fe-Fe$_3$C-Legierungen flüssig sind. Die Soliduslinie HJECF grenzt den Schmelzbereich gegen den festen Zustand ab. Unterhalb dieser Linie sind alle Fe-Fe$_3$-C-Legierungen fest. Die Beschriftung der einzelnen Diagrammfelder gibt die Gefügebestandteile in den betreffenden Temperaturbereichen an.

Fassen wir die Gefügebestandteile des Stahls noch einmal zusammen (**6.10**).

Tabelle **6.10**   **Gefügebestandteile des Stahls**

Gefügeart	Bestandteile	Eigenschaften
Austenit	γ-Mischkristalle mit eingelagertem Kohlenstoff, feste Lösung	beständig nur bei Temperaturen über 723 °C, sehr zäh, unmagnetisch, beschränkte Löslichkeit für Kohlenstoff bis 2,06 %
Ferrit	reines Eisen	sehr weich (60 HV) und verformbar, magnetisierbar
Zementit	Eisencarbid Fe$_3$C	sehr hart (800 HV), spröde, nicht verformbar
Perlit	Eutektoid mit 88 % Ferrit und 12 % Zementit in lamellarer Anordnung	mäßig hart, zäh, verformbar

Einfluß des Gefüges auf die Stahleigenschaften. Bei kohlenstoffärmeren Stählen bewirken die harten Einlagerungen von Zementit in die weiche Grundmasse aus Ferrit große Festigkeit bei ausreichender Dehnbarkeit. Mit steigendem Kohlenstoffgehalt nimmt der Anteil des sehr harten Zementits im Gefüge zu. Dadurch erhöhen sich Zugfestigkeit, Streckgrenze, Sprödigkeit, Härte und Verschleißfestigkeit und verringert sich die Zähigkeit, damit die Umformbarkeit (z. B. durch Schmieden, Tiefziehen). Auch die Zerspanbarkeit verschlechtert sich mit zunehmendem Zementitanteil, besonders wenn er im Gefüge streifen- oder netzfömig vorliegt.

Mit steigendem Zementitgehalt verschlechtert sich auch die Schweißbarkeit. Der Stahl kann den beim Schweißen entstehenden Wärme- und Schrumpfspannungen wegen seiner abnehmenden Dehnbarkeit nicht mehr standhalten und reißt deshalb leicht an der Schweißstelle.

Aufgaben zu Abschnitt 6

1. Was versteht man unter einem Metallgitter (Raumgitter)?
2. Welche Gitterformen treten vor allem bei den Metallen auf?
3. Welche Gitterformen gibt es beim Eisen? Nennen Sie die Temperaturbereiche.
4. Beschreiben Sie das Entstehen eines Metallgefüges aus dem Erstarrungsvorgang der Schmelze.
5. Was ist eine Legierung?
6. Erläutern Sie die metallkundlichen Begriffe Mischkristall und Kristallgemisch.
7. Was ist ein Eutektikum?
8. Was wird im Zustandsschaubild einer Legierung dargestellt?
9. Erklären Sie den Gefügeaufbau eines unlegierten Stahls mit a) 0,4%, b) 0,8%, c) 1,2% Kohlenstoffgehalt, der bei langsamer Abkühlung der Stahlschmelze entsteht.
10. Welchen Einfluß haben die Gefügebestandteile auf die Stahleigenschaften?

7.1   Einteilung und Verwendung

Stahl wird aufgrund seiner Eigenschaften in der Technik vielseitig für Bauteile und Werkzeuge verwendet. Die Vielzahl der Stahlsorten, ihre Benennungen und Eigenschaften sind in DIN-Normen festgelegt.

Die Einteilung der Stähle ist nach verschiedenen Merkmalen möglich.

Nach der chemischen Zusammensetzung unterscheidet man:

- **unlegierte Stähle.** Sie enthalten außer Kohlenstoff nur die üblichen Eisenbegleiter Mn, Si, P und werden deshalb als Kohlenstoffstähle bezeichnet;
- **niedriglegierte Stähle** haben neben Kohlenstoff bis zu 5% Legierungsbestandteile;
- **hochlegierte Stähle** enthalten neben Kohlenstoff über 5% Legierungsbestandteile.

Nach der Reinheit und Gleichmäßigkeit des Gefüges unterteilt man sie in

- **Grundstähle,** von denen keine besonderen Gebrauchseigenschaften verlangt werden;
- **Qualitätsstähle,** die besondere Gebrauchseigenschaften aufweisen (z.B. Schweißeignung, Tiefziehfähigkeit, Sprödbruchunempfindlichkeit);
- **Edelstähle,** die für eine Wärmebehandlung bestimmt sind.

Nach dem Verwendungszweck unterscheidet man

- Baustähle und
- Werkzeugstähle.

Zu beiden Gruppen gehören auch Sonderstähle (**7.1**).

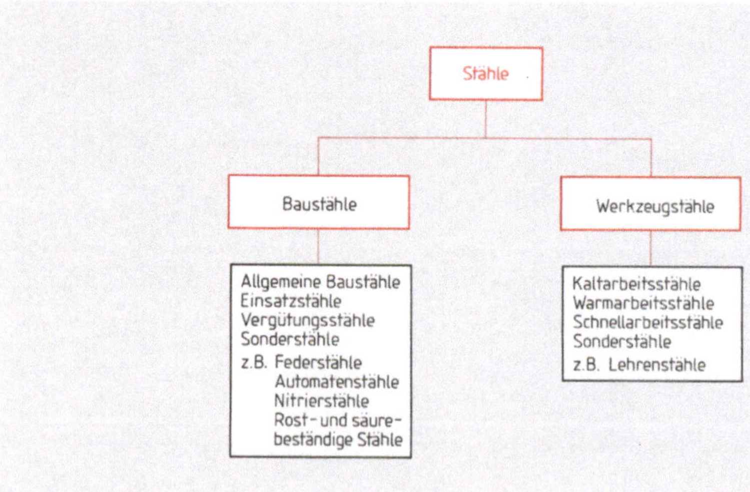

7.1   Einteilung der Stähle nach dem Verwendungszweck

Einen Überblick über die besonderen Eigenschaften und Einsatzgebiete der Stahlsorten gibt Tabelle 7.2.

Tabelle 7.2   Überblick über Stahlsorten

Stahlsorte	Zusammensetzung	Besondere Eigenschaften	Verwendungsbeispiele
Baustähle Allgemeine Baustähle	Grundstähle 0,15 bis 0,6% C	hohe Streckgrenze, gute Zugfestigkeit, umformbar, schweißbar, zerspanbar	Bauteile für Maschinen-, Fahrzeug-, Hoch- und Brückenbau
Einsatzstähle	Qualitäts- und Edelstähle 0,07 bis 0,3% C	nach Wärmebehandlung harte, verschleißfeste Randschicht; zäher Kern	Zahnräder, Nockenwellen, Lagerzapfen, Antriebsritzel
Vergütungsstähle	unlegierte oder legierte Qualitäts- und Edelstähle 0,25 bis 0,6% C	nach Wärmebehandlung hohe Zähigkeit bei erhöhter Festigkeit	hochbeanspruchte Bauteile, Kurbelwellen, Getriebeteile, Zahnräder, Wellen, Gesenke
Automatenstähle	unlegierte Qualitätsstähle 0,09 bis 0,6% C, 0,15 bis 0,4% S, 0,06 bis 0,1% Pb	sehr gute Zerspanbarkeit und Spanbrüchigkeit, nicht schweißgeeignet, z.T. geeignet für Einsatzhärten und Vergüten	Drehteile auf selbsttätigen spanenden Werkzeugmaschinen
Federstähle	0,4 bis 0,65% C, >1% Si und Zusätze von Cr, Mn, V	hohe Elastizität und Zugfestigkeit, gute Dauerfestigkeit	Federringe, Blatt-, Schrauben-, Teller- und Drehstabfedern
Nichtrostende Stähle	0,02 bis 0,4% C, 12% Cr, z.T. 1,5 bis 14% Ni	korrosionsbeständig gegenüber feuchter Luft, Seewasser, Säuren oder Laugen	Turbinenschaufeln, Schiffsschrauben, Behälterbau
Werkzeugstähle Kaltarbeitsstähle	unlegiert oder legiert 0,65 bis 1,7% C	Wasser- oder Ölhärter, größere Einhärtung, Arbeitstemperatur bis 200°C, guter Verschleißwiderstand	Schneid- und Umformwerkzeuge, Gewindeschneidwerkzeuge, Räumnadeln, Kunststoffformen
Warmarbeitsstähle	0,3 bis 0,65% C, legiert mit W, Mo, Cr, V	Ölhärter, Warmfestigkeit, Arbeitstemperaturen über 200°C, Anlaßbeständigkeit, Warmverschleißwiderstand	Schmiedegesenke, Preßstempel, Druckgußformen, Matrizen für Strangpressen
Schnellarbeitsstähle	0,8 bis 1,7% C, legiert mit W (8 bis 13%), Cr, Mo, V	hervorragende Schneidfähigkeit, Anlaß- und Warmhärte bis 600°C, lange Standzeit	Bohrer, Fräser, Gewindeschneidwerkzeuge, Drehmeißel

7.2   Normgerechte Bezeichnung

Die Kennzeichnung der Eisenwerkstoffe erfolgt entweder durch systematische Benennung (DIN 17006) oder durch Werkstoffnummern (DIN 17007).

7.2.1 Systematische Benennung

Das Benennungssystem verwendet Kennbuchstaben und Kennzahlen zur Angabe von Merkmalen und Eigenschaften des Werkstoffs. Die vollständige Kennzeichnung besteht aus drei Teilen (**7.3**). Der wichtigste Teil der Benennung ist die Angabe der Festigkeit oder Zusammensetzung. Herstellungs- und Behandlungsteil werden nur verwendet, wenn sie zum Kennzeichnen des Werkstoffs notwendig sind. Kennbuchstaben und -zahlen können dem Tabellenbuch entnommen werden.

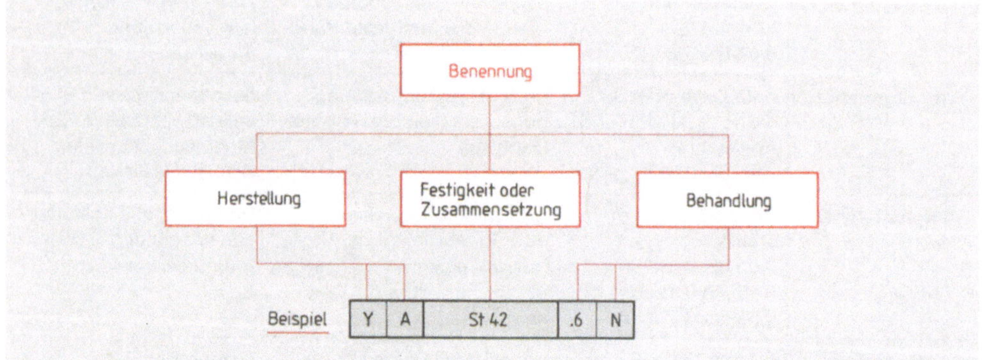

7.3   Systematische Benennung des Stahls

Der Herstellungsteil besteht aus Kennbuchstaben für die Erschmelzungsart und Eigenschaften, die sich aus der Herstellung ergeben.

Beispiele 7.1   E = Elektrostahl
Y = Sauerstoffblasstahl
A = alterungsbeständig
R = beruhigt vergossen
GS = Stahlguß
GG = Gußeisen mit Lamellengraphit

Die Zugfestigkeit kennzeichnet man nur bei den allgemeinen Baustählen durch den Kennbuchstaben St, dem die Kennzahl für die Mindestzugfestigkeit ($1/10\ R_m$) folgt. Bei Feinkornstahl für den Stahlbau wird an Stelle der Zugfestigkeit die Mindeststreckgrenze ($1/10\ R_e$) angegeben, der der Buchstabe E vorangestellt wird. Mit einem Bindestrich hängt man oft die Gütegruppe an, die Aufschluß über Schweißeignung und Sprödbruchverhalten gibt.

Beispiele 7.2   St 52-3 = allgemeiner Baustahl, Mindestzugfestigkeit 520 N/mm², Gütegruppe 3
St E 285 = Feinkornbaustahl, Mindeststreckgrenze 285 N/mm²

Kennzeichnung nach der Zusammensetzung

Bei unlegierten Qualitäts- und Edelstählen ist (z. B. für eine Wärmebehandlung) der Kohlenstoffgehalt maßgebend. Sie werden mit dem Buchstaben C und der Kohlenstoffkennzahl (100mal Kohlenstoffgehalt in %) gekennzeichnet. Zur Angabe bestimmter Eigenschaften hängt man Kleinbuchstaben an den Buchstaben C an (z. B. k für niedrigen Schwefel- und Phosphorgehalt, q für die Eignung zum Kaltumformen).

Beispiele 7.3   C 45 = unlegierter Vergütungsstahl, 0,45% C-Gehalt
Ck 15 = unlegierter Einsatzstahl, 0,15% C-Gehalt, niedriger S- und P-Gehalt

Für legierte Stähle setzt sich die Kurzbezeichnung zusammen aus der Kohlenstoffkennzahl, den Kurzzeichen der Legierungsbestandteile und den Kennzahlen für die Legierungsgehalte, in der Reihenfolge mit dem höchsten Gehalt beginnend. Um den Legierungsgehalt in % zu erhalten, teilt man die Kennzahlen je nach Legierungselement durch 4, 10 oder 100. Die Teiler sind dem Tabellenbuch zu entnehmen.

<table>
<tr><td>Beispiel 7.4</td><td>10 Cr Mo 9 10
legierter Einsatzstahl, 0,1% C-Gehalt
Legierungsbestandteil Chrom (Teiler 4): 9/4 = 2,25% Cr-Gehalt
Legierungsbestandteil Molybdän (Teiler 10): 10/10 = 1% Mo-Gehalt</td></tr>
</table>

Bei hochlegierten Stählen (mit mehr als 5% an einem Legierungsbestandteil) wird der Kohlenstoffkennzahl der Buchstabe X vorangestellt. Es folgen die Symbole der Legierungselemente und ihre Gehalte direkt in Prozent.

<table>
<tr><td>Beispiel 7.5</td><td>X 5 Cr Ni 18 9
hochlegierter (nichtrostender) Stahl, 0,05% C-Gehalt
Legierungsbestandteile Chrom und Nickel, 18% Cr-Gehalt, 9% Ni-Gehalt</td></tr>
</table>

Der Behandlungsteil gibt die gewährleistete Eigenschaften durch Kennzahlen und den Behandlungszustand infolge Verformung oder Wärmebehandlung mit Kennbuchstaben an, die aus dem Tabellenbuch entnommen werden können.

<table>
<tr><td>Beispiel 7.6</td><td>ASt 42.6 N
alterungsbeständiger Stahl, Mindestzugfestigkeit 420 N/mm^2, 6 = gewährleistete Streckgrenze und Kerbschlagzähigkeit, N = normalgeglüht</td></tr>
</table>

7.2.2 Werkstoffnummern

Das Kennzeichnen der Werkstoffe durch ein System von Nummern eignet sich besonders für die elektronische Datenverarbeitung.

Die Werkstoffnummern sind siebenstellig und bestehen aus drei Zahlengruppen, die durch Punkte getrennt sind:

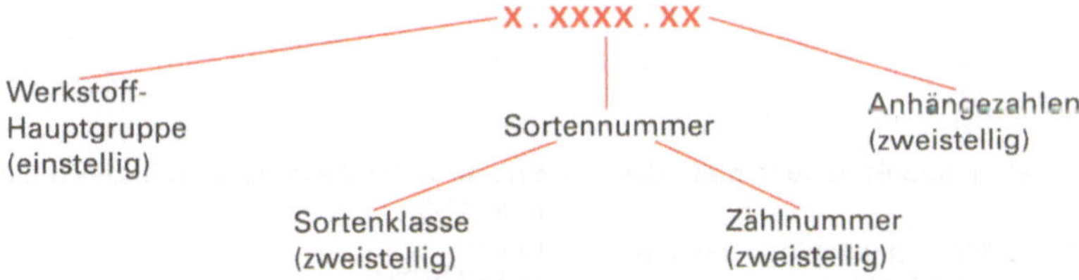

Werkstoff-Hauptgruppe. Die Werkstoffe sind in 10 Hauptgruppen (0 bis 9) unterteilt. So umfaßt z. B. die Werkstoff-Hauptgruppe 1 Stahl bzw. Stahlguß, 2 NE-Schwermetalle und 3 Leichtmetalle.

Bei Sortennummern geben die ersten beiden Stellen die Sortenklasse an. Allgemeine Baustähle gehören z. B. zur Sortenklasse 01 und 02, die Werkzeugstähle in die Klassen 15 bis 18. Die beiden folgenden Stellen sind Zählnummern, die für jeden einzelnen Werkstoff festgelegt sind.

Bei den Anhängezahlen gibt die erste Stelle die Erschmelzungs- und Vergießungsart an (z. B. 9 = Elektrostahl), die zweite kennzeichnet den Behandlungszustand (z. B. 2 = weichgeglüht, 5 = vergütet). Die Anhängezahlen werden nur angegeben, wenn sie zur Kennzeichnung des Werkstoffs unbedingt erforderlich sind.

Die Nummern sind aus den DIN-Normen oder dem Tabellenbuch zu entnehmen.

Werkstoff-Nr.   1.0543.87

Werkstoff-Hauptgruppe 1 = Stahl, Stahlguß
Sortenklasse 05 = unlegierter Qualitätsstahl
Zählnummer 43 = für St 60-2 festgelegt
1. Anhängezahl 8 = beruhigter Sauerstoffblasstahl
2. Anhängezahl 7 = kaltverformt (kaltgezogen)

7.2.3 Handelsformen

Metallische Werkstoffe kommen vorwiegend als Halbzeuge in genormten Formen und Abmessungen zur Verarbeitung in den Betrieb (z.B. als Voll- oder Hohlprofile, Bleche, Drähte und Rohre; s. Metallfachkunde 1, Abschn. 4.4.3). Zur vollständigen Kennzeichnung der Halbzeuge reiht man folgende Angaben aneinander:

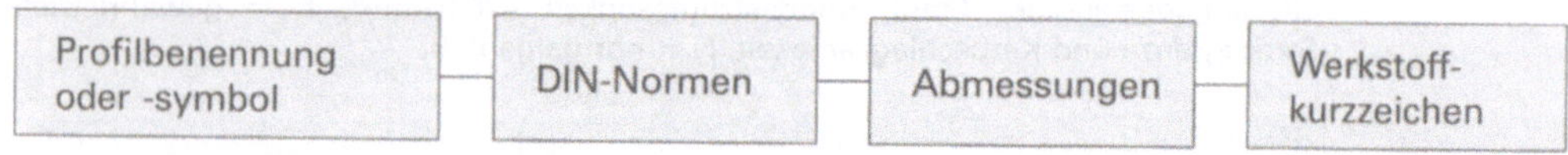

Die Benennung, Kurzzeichen oder Symbole, Maßnormen, Gewichte und Querschnittsflächen der genormten Halbzeuge können aus DIN-Taschenbüchern oder Tabellenbüchern entnommen werden.

Beispiel 7.8   **Rd DIN 1652 – 40 × 3000 – St 42-2 K**
kaltverformter (gezogener) blanker Rundstahl, d = 40 mm, 3000 mm lang, nach DIN 1632 aus Baustahl mit 420 N/mm² Mindestzugfestigkeit, Gütegruppe 2

Aufgaben zu Abschnitt 7

1. Nach welchen Gesichtspunkten teilt man die Stähle ein?

2. Wodurch unterscheiden sich unlegierte, niedriglegierte und hochlegierte Stähle?

3. Erläutern Sie die Verwendungszwecke von allgemeinem Baustahl, Einsatzstahl und Vergütungsstahl.

4. Welche Vorteile bietet der Einsatz von Schnellarbeitsstählen?

5. Durch welche Eigenschaften zeichnen sich Automatenstähle aus?

6. Aus welchen Teilen besteht die vollständige Kurzbezeichnung von Eisen und Stahl?

7. Erläutern Sie diese Werkstoffbezeichnungen:
   a) St 42-3
   b) C 55
   c) 16 Mn Cr 5
   d) Ck 10
   e) 50 Cr Mo 44
   f) X 12 Cr Ni 17 7

8. Welche Angaben macht der Behandlungsteil der Kurzbezeichnung?

9. Erklären Sie diese Werkstoffbezeichnungen:
   a) T 60 × 450 DIN 1024-St 33-1
   b) L 50 × 30 × 5 × 500 DIN 1029-U St 37-2
   c) Bl 3 × 1000 × 2000 DIN 1542 Q St 52-3

8.1 Einteilung und Verwendung der NE-Metalle

Nichteisenmetalle heißen alle Metalle mit Ausnahme des Eisens und alle Metallegierungen, in denen Eisen nicht Hauptbestandteil ist.

Einteilung. NE-Metalle teilt man nach der Dichte ein: Über 5 kg/dm^3 sind es S c h w e r m e - t a l l e (z. B. Blei, Kupfer, Zink, Zinn), bis 5 kg/dm^3 Dichte sind es L e i c h t m e t a l l e (z. B. Aluminium, Magnesium). Ihre Legierungen sind Knet- und Gußlegierungen. K n e t l e g i e r u n g e n werden durch Umformen zu Blechen, Profilen, Rohren und Schmiedeteilen verarbeitet. Bei G u ß l e g i e r u n g e n erhält das Werkstück seine Form durch Sand-, Kokillen- oder Druckguß.

Verwendung. In der Technik werden NE-Metalle wegen ihrer besonderen Eigenschaften verwendet, die Eisen und Stahl nicht aufweisen (z. B. Korrosionsbeständigkeit, gute Gieß- und Gleiteigenschaften, geringe Gewichtskraft, gute Strom- und Wärmeleitfähigkeit) NE-Metalle sind auch meist gut legierbar, so daß es eine Vielzahl von Metallegierungen für spezielle Verwendungszwecke gibt. Einen Überblick über Eigenschaften und Verwendung der NE-Metalle gibt Tabelle **8.1**.

Tabelle **8.1**   **Eigenschaften und Verwendung der NE-Metalle und -Legierungen**

Werkstoff	Eigenschaften	Verwendungsbeispiele
Schwermetalle Kupfer Cu	weich, zäh, gut formbar, schlecht zerspanbar, sehr gute elektrische und Wärmeleitfähigkeit, feuer- und korrosionsbeständig	Leiterwerkstoff in der Elektrotechnik, Heiz- und Kühlschlangen, Flammrohre, Wasserleitungsrohre, Dachabdeckungen
Kupfer-Zink-Knetlegierungen (Messing) z. B. CuZn37	erhöhte Festigkeit und Härte, durch Kaltverformung federhart, korrosionsbeständig bei 30% Zn sehr gut kaltumformbar, ab 37% Zn sehr gut zerspanbar, löt- und schweißbar	Formdrehteile, Schrauben, Schlauchrohre, Hülsen, Federn, Beschläge
Kupfer-Zink-Gußlegierungen z. B. G-CuZn15 GD-CuZn37Pb	gut hart- und weichlötbar, gut gieß- und zerspanbar, gute elektrische Leitfähigkeit, korrosionsbeständig	Flansche und andere Bauteile für Maschinenbau, Elektrotechnik, Optik, Armaturen, Ventile
Kupfer-Zinn-Gußlegierungen (Bronze) z. B. G-CuSn12 G-CuSn12Ni	sehr gut gießbar, hartlötbar, zerspanbar, sehr gute Verschleißfestigkeit, zähhart, gute Gleiteigenschaften, korrosionsbeständig	Lagerwerkstoff, Spindelmuttern, Schneckenräder, Leit- und Schaufelräder in Pumpen und Turbinen
Zink Zn und Zinklegierungen z. B. GD-ZnA14	gut gießbar, löt- und schweißbar, schlecht kaltumformbar, witterungsbeständig	Legierungsmetall, Druckgußteile für komplizierte Bauteile der Schreib- und Nähmaschinen, Armaturen

Fortsetzung s. nächste Seite

Tabelle **8.1**, Fortsetzung

Werkstoff	Eigenschaften	Verwendungsbeispiele
Zinn Sn	gut gießbar, bei 25 bis 100°C gut umformbar, niedrige Schmelztemperatur (232°C), korrosionsbeständig	Legierungsmetall, Überzugsmetall für Stahl und Kupfer, Lote, Konservendosen
Blei Pb	gut gießbar, weich, gut umformbar, niedrige Schmelztemperatur (327°C), korrosionsbeständig gegenüber feuchter Luft, vielen Säuren und Laugen	Dichtungen, Dachabdeckungen, Kabelummantelungen, Lagermetalle, Lote, Säurebehälter
Leichtmetalle Aluminium Al	gut warm- und kaltverformbar, polierbar, kerbempfindlich, geringe Dichte (2,7 kg/dm^3) und Festigkeit, gute elektrische und Wärmeleitfähigkeit, korrosionsbeständig	Verpackungen, sehr dünne Folien, Verkleidungen, Zierleisten, Plattieren
Al-Knetlegierungen aushärtbar z.B. AlCuMg1 AlMgSi1 nicht aushärtbar z.B. AlMg3Si AlMg2Mn0,8	polierbar, gut zerspanbar, z.T. schweißbar, günstiges Festigkeit-Dichte-Verhältnis gut warm- und kaltumformbar, schweißbar, korrosionsbeständig	Konstruktionswerkstoff im Fahrzeug- und Flugzeugbau, Haushaltsgegenstände, Feinmechanik, Optik, Metallbau, Behälter, Verpackung, Kabel, Schaltungen, Fenster, Fassaden, Verkleidungen
Al-Gußlegierungen aushärtbar z.B. G-AlSi10Mg G-AlSi5Mg nicht aushärtbar z.B. G-AlSi12	sehr gut gießbar, leidlich schweißbar, gut zerspanbar gut zerspanbar	Druck- und Kokillenguß, Sandgußteile, (bes. dünnwandige), druck- und flüssigkeitsdichte Gußteile, Kolben für Verbrennungskraftmaschinen
Magnesium Mg	sehr gut zerspanbar, schwer kaltumformbar, sehr geringe Dichte (1,74 kg/dm^3), wenig korrosionsbeständig	Desoxidationsmittel, Feuerwerkskörper, Fackeln
Magnesiumlegierungen z.B. G-MgAl19Zn MgAl6Zn	kerbempfindlich, gut gießbar, sehr gut zerspanbar, gute Festigkeit umformbar, warmaushärtbar	Sand-, Kokillen- und Druckgußteile für Fahrzeug- und Flugzeugbau, Profilbleche. Schmiede- und Preßteile

Benennung. Hierfür legt DIN 1700 Kurzzeichen fest, die Herstellung und Verwendung, chemische Zusammensetzung und besondere Eigenschaften kennzeichnen.

Herstellung und Verwendung gibt ein vorangestellter Kennbuchstaben an.

Beispiele 8.1

G–	=	(unbehandelter Sand-)Guß
GD	=	Druckguß
GK–	=	Kokillenguß
Gl–	=	Gleit(Lager-)metall
L–	=	Lot
S–	=	Schweißzusatzwerkstoff
E–	=	durch Elektrolyse hergestellt oder für elektrisches Leitermaterial

Für die chemische Zusammensetzung stehen als Kennbuchstaben das chemische Symbol des Legierungs-Hauptbestandteils und die Symbole der weiteren Bestandteile. Kennzahlen dahinter geben jeweils die Gehalte in % an. Diese Kennzahlen entfallen, wenn die Legierung durch die Symbole ausreichend gekennzeichnet ist. Kennzahlen bei unlegierten Metallen geben den Mindestreinheitsgrad in % an.

Beispiele 8.2		
CuZn37	=	Kupfer-Zink-Legierung mit 37% Zn
AlMg3Si	=	Aluminium-Magnesium-Legierung mit 3% Mg und Siliciumzusatz
CuNi25Zn15	=	Kupfer-Nickel-Zink-Legierung mit 25% Ni und 15% Zn
Pb 99,99	=	Feinblei mit 99,99% Pb
L-Sn60	=	Zinnlot mit 60% Sn, Rest Blei
GD-AlMg9	=	Aluminium-Magnesium-Druckgußlegierung mit 9% Mg
G-CuSn14	=	Kupfer-Zinn-Gußlegierung mit 14% Sn

Kurzzeichen für besondere Eigenschaften (z. B. für den Werkstoffzustand oder die Festigkeit) werden mit Zwischenraum an den Schluß der Werkstoffbezeichnung gesetzt.

Beispiele 8.3		
E-Cu58	=	Kupfer für elektr. Leitermaterial mit 58 M/Ωmm^2 Mindestleitfähigkeit
CuZn40 F35	=	Kupfer-Zink-Legierung mit 40% Zn und Mindestfestigkeit von 345 N/mm^2
G-AlSi10Mg wa	=	Aluminium-Silicium-Gußlegierung mit 10% Si, Rest Mg, warmausgehärtet
GK-AlSi12g	=	Aluminium-Silicium-Gußlegierung (Kokillenguß) mit 12% Si, geglüht und abgeschreckt

8.2 Sinterwerkstoffe

Sintern ist ein Urformverfahren, bei dem Pulver aus Metallen und/oder Nichtmetallen in Formen gepreßt und bei hohen Temperaturen unterhalb der Schmelztemperatur im festen Zustand verbacken werden. Die Sintertechnik (Pulvermetallurgie) hat gegenüber dem Gießen erhebliche Vorteile. Es werden Formteile praktisch abfallfrei mit hoher Maßgenauigkeit hergestellt, die ohne wesentliche Nacharbeit verwendungsfähig sind. Bei unvollkommener

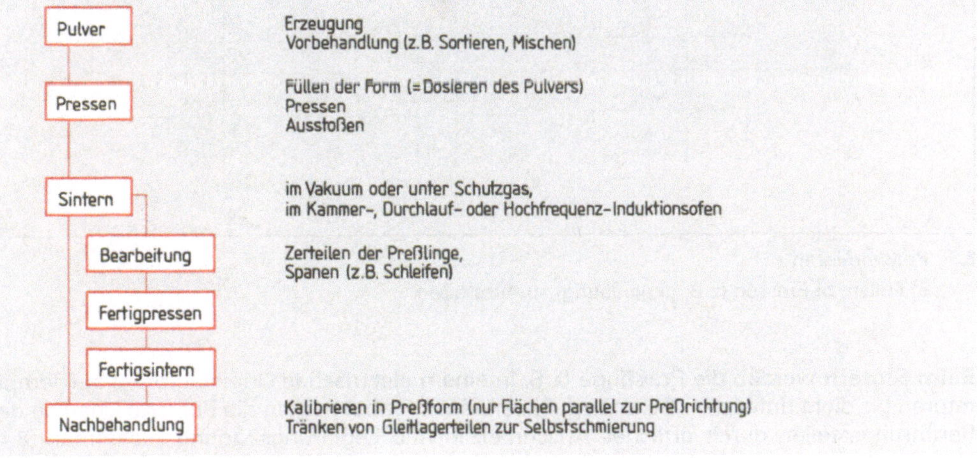

8.2   Herstellung von Sinterformteilen

Sinterung entstehen poröse Metalle, die für Filterzwecke oder als Lagerwerkstoffe verwendet werden (z. B. Sintereisen, Sinterbronze). Durch Sintern kann man auch Legierungen aus Metallen herstellen, die sich im Schmelzfluß nicht vereinigen lassen. Hierzu gehören die als Schneidstoffe verwendeten Hartmetalle und die Metallkeramik (s. Abschn. 2.1.6).

Die Herstellung der Sinterformteile umfaßt mehrere Stufen: Pulverherstellung, Pressen, Sintern und Nachbehandlung (8.2).

Bei der Pulverherstellung unterscheidet man das Druckverdüsungsverfahren, die mechanische Zerkleinerung und die Elektrolyse.

- **Beim Druckverdüsungsverfahren** wird eine Metallschmelze durch Druckluft zerstäubt. Die dabei entstehenden Metalltröpfchen bilden nach der Erstarrung das Pulver.
- **Bei der mechanischen Zerkleinerung** werden Metallspäne, Draht- oder Blechschnitzel durch Wirbelschlagmühlen zu Pulver zerschlagen.
- **Durch Elektrolyse** erhält man schwammig-pulvrige, sehr reine Metallablagerungen an der Kathode.

Die Pulver werden nach unterschiedlichen Korngrößen sortiert (z. B. durch Sieben oder Windsichten), zur Entfernung der Feuchtigkeit unter Schutzgasatmosphäre geglüht und in der gewünschten Zusammensetzung gemischt. In besonderen Fällen gibt man Zusätze wie C, Cu, P oder Gleitmittel zu.

Das Pressen des Pulvers geschieht auf hydraulischen Pressen. Unter dem hohen Preßdruck verdichtet sich das Pulver, indem sich die Pulverteilchen ineinanderschieben, miteinander verhaken und kaltverfestigen. Je höher der Preßdruck, desto kleiner ist die Porosität der Preßlinge (8.3).

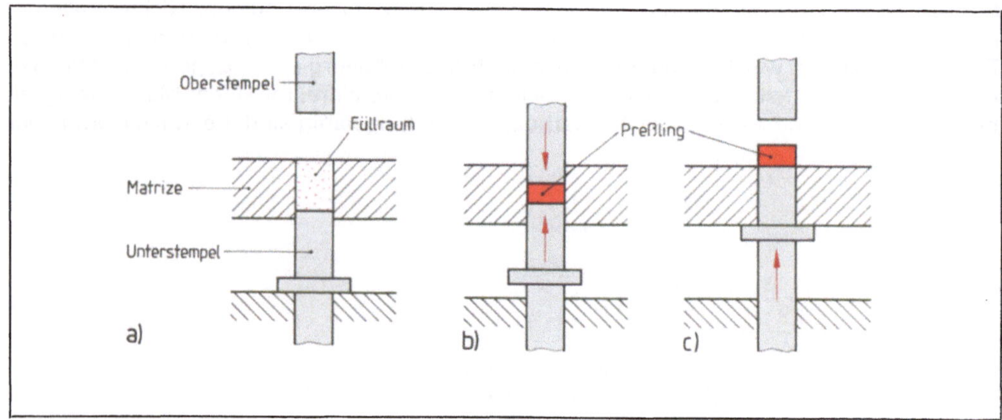

8.3 Preßverfahren
 a) Füllen, b) Pressen (z. B. gegenläufig), c) Ausstoßen

Beim Sintern werden die Preßlinge (z. B. in einem elektrischen Durchlaufofen) auf Temperaturen bis dicht unter dem Schmelzpunkt erwärmt. Dabei backen die Pulverteilchen an den Berührungsstellen durch örtliches Anschmelzen und Legierungsbildung zusammen (8.4). Um eine Oxidation zu verhindern, läuft der Sintervorgang unter Schutzgasatmosphäre ab. Je nach Verwendungszweck werden die Formteile sofort fertiggesintert oder zunächst vor-

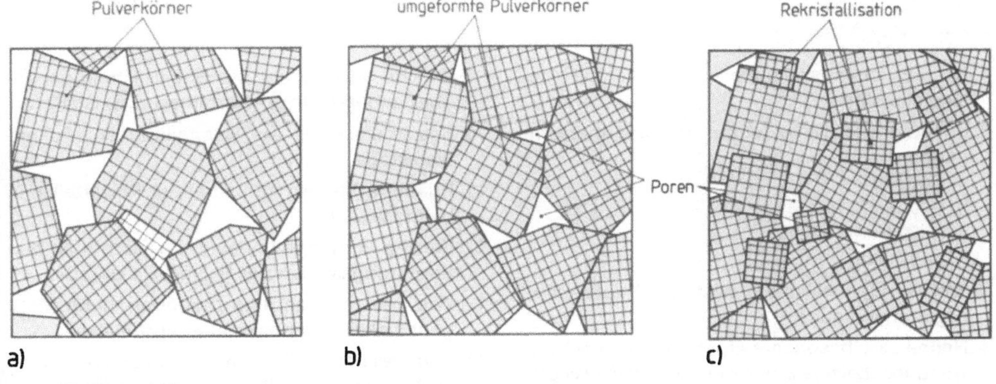

8.4 Preß- und Sintervorgang
  a) vor dem Pressen, b) nach dem Pressen, c) nach dem Sintern

gesintert, bearbeitet und dann fertiggesintert. Nach dem Fertigsintern ist eine Formänderung meist nur noch durch Schleifen möglich.

Beim Warmpressen preßt und sintert man in einem Arbeitsgang (Pressung und Erwärmung im Preßwerkzeug). Dieses Verfahren ergibt Sintermetalle mit hoher Dichte (z. B. Hartmetalle).

Nachbehandlung. Bei hohen Anforderungen an die Maßgenauigkeit werden die gesinterten Formteile durch Kalibrieren (Nachpressen) mit dem gleichen Preßwerkzeug oder mit gesonderten Kalibrierwerkzeugen auf das gewünschte Maß gebracht. Sintermetalle für Lagerzwecke erhalten durch Tränken gute Gleit- und Notlaufeigenschaften, weil sie in ihren Poren Schmiermittel (z. B. Öl, Graphit) speichern.

Eine erhöhte Verschleißfestigkeit erreicht man bei Hartmetallen durch Beschichtungen, die aus besonders harten und abriebfesten Carbiden, Nitriden oder Oxiden (z. B. von Titan, Silicium, Aluminium) bestehen.

Die Eigenschaften und Verwendung von Sinterwerkstoffen hängen weitgehend von ihrer Porosität (Dichte) ab. Poröse Sinterwerkstoffe (Porosität bis zu 30%) haben eine geringere Festigkeit als Stoffe mit hoher Dichte (Porosität zwischen 8 und 12%), die eine Zugfestigkeit von 600 N/mm² erreichen können. Verformbarkeit und Zähigkeit sind dagegen gering.

Formteile aus Sinterwerkstoffen verwendet man z. B. als Zahnstangen, Gleitsteine, Gelenke oder Wälzlagerkäfige in der Maschinen- und Fahrzeugtechnik, als Exzenterteile, Nocken und Hebel im Büro- und Textilmaschinenbau, als Anker, Joche, Polschuhe und Magnete in der Elektrotechnik sowie als Hartmetall-, Keramikschneidplättchen und Ziehsteine für Werkzeuge. Von Bedeutung sind auch durch Sintern hergestellte Verbundwerkstoffe (8.5).

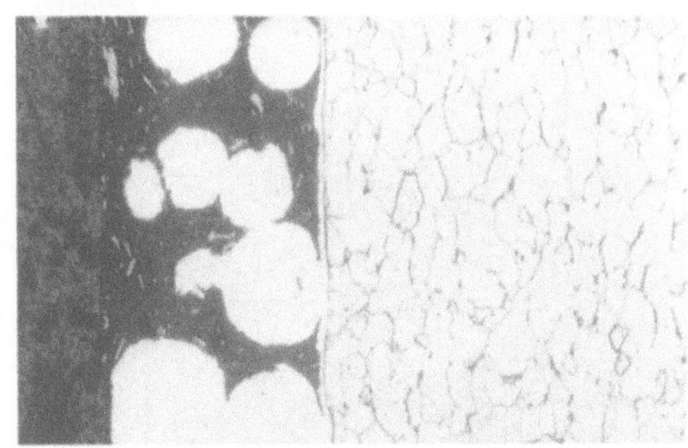

8.5 Stahlstützkörper einer Lagerschale mit aufgesinterter Sn-Bronze (90% Cu), Porenfüllung und Einlaufschicht aus Kunststoff

227

1. Nach welchen Merkmalen lassen sich NE-Metalle einteilen.

2. Erläutern Sie die folgenden Werkstoffbezeichnungen:
   a) CuZn20
   b) G-CuSn12 Pb
   c) Al 99,9
   d) L-PbSn40

3. Welche Eigenschaften zeichnen Kupfer-Zink-Legierungen aus?

4. Nennen Sie besondere Eigenschaften und Verwendungsbeispiele der Kupfer-Zinn-Gußlegierungen.

5. Welche Eigenschaften hat Zink?

6. Wegen welcher Eigenschaften verwendet man Aluminiumlegierungen?

7. Nennen Sie Verwendungsbeispiele für Magnesiumlegierungen.

8. Was versteht man unter Sintern?

9. Welche Vorteile hat die Sintertechnik gegenüber anderen Urformverfahren, z. B. Gießen?

10. Beschreiben Sie die Herstellung der Pulverwerkstoffe.

11. Erläutern Sie das Verhalten der Pulverteilchen beim Pressen.

12. Welche Vorgänge laufen beim Sintern an den Berührungsstellen der Pulverteilchen ab?

13. Wie erreicht man eine besonders hohe Maßgenauigkeit von gesinterten Formteilen?

14. Von welchen Einflüssen hängen Eigenschaften und Verwendung der Sinterwerkstoffe ab?

15. Warum haben Sinterlagermetalle gute Gleit- und Notlaufeigenschaften?

16. Welche besonderen Eigenschaften haben Sinterwerkstoffe?

17. Nennen Sie Anwendungsbeispiele für Sinterformteile.

Stoffeigenschaftändern bezeichnet eine Hauptgruppe der Fergigungsverfahren, mit denen die Werkstoffeigenschaften geändert werden können, um eine bessere Anpassung an die Verarbeitung oder Verwendung zu erreichen. Das Stoffeigenschaftändern kann durch Umlagern und Einbringen von Stoffteilchen erfolgen, wodurch Gefügeänderungen verursacht werden.

Durch Wärmebehandlung erreicht man Eigenschaftsänderungen indem man das Werkstück im festen Zustand größeren Temperaturänderungen unterwirft. Die Wärmebehandlung kann sich auf das ganze Werkstück bis zum Kern oder nur auf eine Oberflächenschicht bestimmter Dicke erstrecken. Sie umfaßt mehrere Einzelverfahren:

– Umlagern von Stoffteilchen durch Glühen, Härten und Anlassen, Vergüten und Randschichthärten,
– Einbringen von Stoffteilchen durch Einsatzhärten und Nitrierhärten.

9.1 Härten und Anlassen

9.1.1 Vorgänge im Werkstoff

Einfluß der Abkühlungsgeschwindigkeit. Die im Fe-Fe$_3$C-Diagramm angegebenen Gefügebestandteile sind Gleichgewichtsgefüge, die sich nur bei sehr langsamer Abkühlung einstellen. Kühlt man einen kohlenstoffreicheren Stahl (z.B. mit 0,8% C) aus dem Austenitbereich sehr langsam ab, haben die im γ-Mischkristall gelösten Kohlenstoffatome genügend Zeit und Beweglichkeit, aus dem γ-Gitter herauszuwandern (zu diffundieren) und Eisencarbidlamellen zu bilden. Dieses Eisencarbid Fe$_3$C ergibt mit dem Ferrit, der sich beim Umklappen des γ-Gitters in das α-Gitter bildet, den streifigen Perlit (**6.8b**).

Bei schnellerer Abkühlung wird die Beweglichkeit der Kohlenstoffatome immer geringer. Die Zeit für die Diffusion wird kürzer, so daß sich zunehmend schmalere Eisencarbidlamellen ergeben. Das Perlitgefüge wird deshalb mit zunehmender Abkühlungsgeschwindigkeit feinstreifiger.

Bei noch kürzerer Abkühlungszeit findet keine Kohlenstoffdiffusion mehr statt. Der Kohlenstoff bleibt im Austenit gelöst. Beim Umklappen des γ-Gitters wird er im kubischraumzentrierten α-Eisen im Überschuß eingebaut, das eigentlich nur geringe Löslichkeit hat. Dadurch wird das Gitter tetragonal aufgeweitet und verspannt. Diese innere Spannung wirkt sich nach außen als große Härte und Sprödigkeit aus.

Das entstandene Härtegefüge ist ein Zwangsgefüge und heißt Martensit (**9.1**; A.V. Martens, deutscher Ingenieur, 1850–1914).

9.1   Gefügebild von Martensit V = 500:1

Zeit-Temperatur-Umwandlungs-Schaubilder. Wie wir gesehen haben, beeinflußt die Abkühlungsgeschwindigkeit die Gefügearten erheblich; weil sich dies nicht aus dem Fe-Fe$_3$C-Diagramm ablesen läßt, verwendet man für die Wärmebehandlungen Zeit-Temperatur-Umwandlungs-Schaubilder (ZTU-Schaubilder). Für jeden Stahl gibt es ein eigenes. Das ZTU-Schaubild zeigt die Art und die Menge der Gefügearten an, die bei einem bestimmten Abkühlungsverlauf durch Umwandlung des Austenits entstehen.

Bild **9.2** zeigt das kontinuierliche ZTU-Schaubild eines unlegierten Stahles mit 0,45% Kohlenstoffgehalt. In das Schaubild sind 3 Abkühlungskurven eingezeichnet, und zwar für die Abkühlung an Luft, in Öl und in Wasser. Die Zahlen am Ende eines Bereiches, der bei der Abkühlung durchlaufen wird, geben die Menge des gebildeten Gefügeanteils in Prozent an. Der bis zu 100% fehlende Anteil besteht aus Martensit. Am Ende der Abkühlungskurve ist jeweils der erzielte Härtewert angegeben.

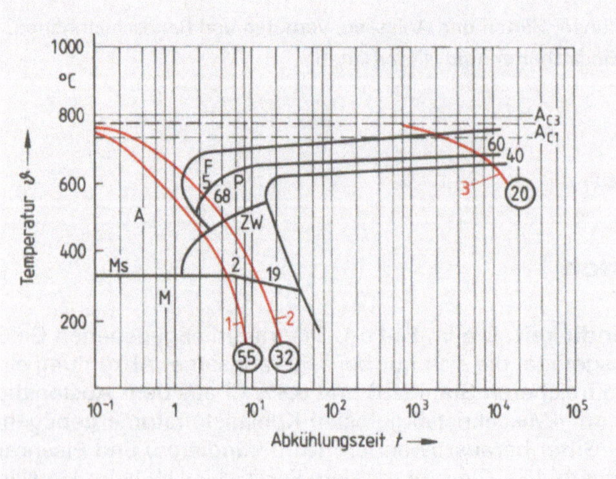

9.2
Kontinuierliches ZTU-Schaubild
von unlegiertem Stahl mit 0,45% C

A   Bereich des Austenits
F   Bereich der Ferritbildung
M Bereich der Martensitbildung
P   Bereich der Perlitbildung
ZW Bereich der Zwischenstufen-
     Gefügebildung
o   Härtewerte in HRC
19 Gefügeanteile in %

<table>
<tr><td>**Beispiel 9.1**</td><td>Abkühlungskurve 1 (Wasser):</td><td>2% Zwischenstufengefüge, 98% Martensit, 55 HRC Rockwellhärte</td></tr>
<tr><td></td><td>Abkühlungskurve 2 (Öl):</td><td>5% Ferrit, 68% Perlit, 19% Zwischenstufengefüge, 8% Martensit</td></tr>
<tr><td></td><td>Abkühlungskurve 3 (Luft):</td><td>60% Ferrit, 40% Perlit</td></tr>
</table>

9.1.2 Härteverfahren

Beim Härten (Abschreckhärten) wird von einer Temperatur, die 30 bis 50 °C oberhalb der GSK-Linie im Fe-Fe$_3$C-Diagramm liegt, mit solcher Geschwindigkeit abgekühlt, daß eine erhebliche Härtesteigerung durch Martensitbildung auftritt (**9.1**). Voraussetzungen für die Härtesteigerung sind, daß der Stahl einen Mindest-Kohlenstoffgehalt hat (0.2% C), der Kohlenstoff bei Härtetemperatur möglichst vollständig im Austenit gelöst ist und die Abkühlungsgeschwindigkeit groß genug ist, um Martensitbildung zu ermöglichen. Die erforderliche Abkühlungsgeschwindigkeit wird durch rasches Abkühlen, des Werkstücks in einem Abschreckmittel erreicht.

230

Abschreckmittel sollen bis zur Martensitbildung möglichst viel Wärme abführen. Die beste Abschreckwirkung hat Wasser (20 °C), die durch Zusätze von Natronlauge oder Kochsalz noch verstärkt, durch Zusätze von bestimmten Ölen und Säuren auch gemildert werden kann.

Eine geringere Abkühlgeschwindigkeit ergibt sich bei Härteölen (Mineralöle), die eine dreimal geringere Abschreckwirkung als Wasser zeigen. Bei Abkühlung hochlegierter Stähle genügt die Abkühlwirkung von bewegter Luft, z.B. Druckluft.

Die Einhärtung bezeichnet, wie weit eine Härtesteigerung über den gesamten Querschnitt des Werkstücks erreicht worden ist. Beim Abschrecken kühlt die Randschicht des Werkstücks schneller ab als der Kern. Nur wenn auch im Kern die kritische Abkühlgeschwindigkeit erreicht wird, erfolgt dort Martensitbildung und damit eine Durchhärtung. Wegen der hohen kritischen Abkühlgeschwindigkeit beträgt die Einhärtungstiefe bei unlegierten Stählen trotz Wasserabschreckung nur bis etwa 5 mm. Sie kann durch Legierungselemente (z. B. Cr, Mn, Ni, W), die die kritische Abkühlungsgeschwindigkeit herabsetzen, erhöht werden. Damit ist auch ein Durchhärten von Werkstücken großer Abmessungen und bei wenig schroffer Abkühlung (z. B. in Öl oder an Luft) möglich (**9.3**).

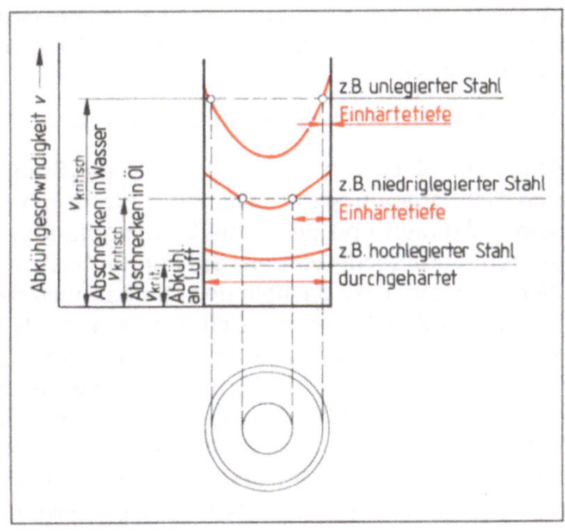

9.3 Kritische Abkühlungsgeschwindigkeit und Einhärtetiefe

Nach Art der Temperaturführung bei der Abkühlung unterscheidet man einfaches, gebrochenes und Warmbadhärten (s. Metallfachkunde 1, Abschn. 7.3).

Beim einfachen Härten wird das Werkstück von der Härtetemperatur aus in einem Abschreckmittel stetig bis auf Raumtemperatur abgekühlt (kontinuierliches Härten). Bei schroffem Abschrecken von unlegierten Stählen in Wasser entstehen wegen der hohen Temperaturunterschiede zwischen Randschicht und Kern – besonders in komplizierten Werkstückformen – Abschreckspannungen, die zum Verziehen oder Härterissen führen können. Das Verfahren eignet sich deshalb nur für einfach geformte Werkstücke und einfache Werkzeuge (**9.4 a**).

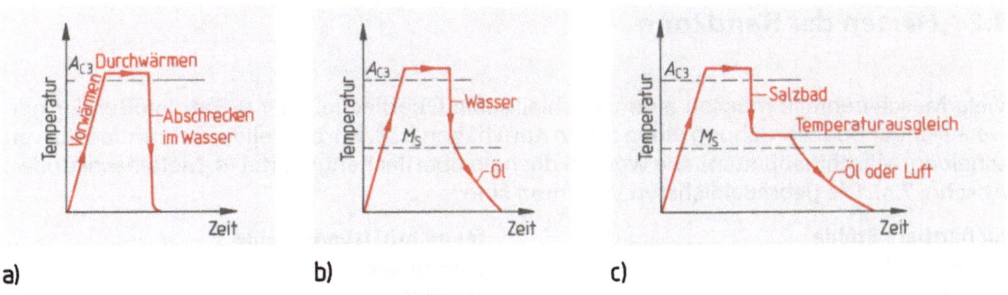

9.4 Temperatur-Zeit-Schaubild der Härteverfahren

a) einfaches Härten, b) gebrochenes Härten, c) Warmbadhärten

A_{c3} Temperatur der Umwandlung in Austenit (feste Lösung)

Beim gebrochenen Härten wird das Werkstück von der Härtetemperatur zunächst schroff (z.B. in Wasser) auf 300 bis 400°C, also kurz über den Martensitpunkt abgeschreckt und dann in einem milderen Mittel (z.B. Öl) weiter abgekühlt. Durch das schroffe Abschrecken soll die Perlitbildung verhindert und durch die anschließende geringe Abkühlgeschwindigkeit die Rißgefahr vermindert werden. Das Einhalten der Abfangtemperatur erfordert jedoch große Erfahrungen (**9.4b**).

Beim Warmbadhärten wird das auf Härtetemperatur gebrachte Werkstück in einem Salz- oder Metallbad, dessen Temperatur kurz oberhalb des Martensitpunkts liegt, abgeschreckt und bis zum Temperaturausgleich gehalten, dann langsam in Öl oder an Luft abgekühlt. Das Verfahren wird vor allem für Stähle ab 0,6% C-Gehalt (Vergütungs- und Werkzeugstähle) angewendet. Die Badtemperatur beträgt dabei etwa 180 bis 240°C (**9.4c**).

In der Regel erhalten gehärtete Werkstücke noch eine Nachbehandlung durch Anlassen.

Anlassen. Nach dem Abschrecken ist der Stahl glashart und sehr spröde. In seinem Gefüge sind Härtespannungen vorhanden, die durch die Temperaturunterschiede im Querschnitt beim Abkühlen und durch die Umwandlungsvorgänge (Volumenänderung bei Gitteränderungen) verursacht werden. Sie können zum Verzug oder zu Härterissen führen. Gehärtete Werkstücke werden deshalb unmittelbar nach dem Abschrecken angelassen. Bei Erwärmung auf 100 bis 200°C wandelt sich der tetragonale Martensit in den weniger verspannten kubischen Martensit um wobei sich ein besonderes feinverteiltes Eisencarbid ausscheidet. Die Gitterspannung und große Sprödigkeit werden dadurch gemildert, während die Härte nur gering abnimmt. Bei Anlassen auf höhere Temperaturen von 200 bis 350°C wird die Beweglichkeit der Kohlenstoffatome größer, so daß sich ein sehr feinverteilter Zementit und ein Anlaßgefüge bilden, die die Härte vermindern und die Zähigkeit erhöhen. Härte und Zähigkeit können so dem Gebrauchszweck angepaßt werden.

Härten – Stahlerwärmung auf Temperaturen, bei denen sich feste Lösung (Austenit) bildet; Abkühlen mit solcher Geschwindigkeit, daß oberflächig oder durchgreifend eine erhebliche Härtesteigerung durch Martensitbildung eintritt.

Anlassen – Stahlerwärmung nach vorausgegangenem Härten, Kaltverformen oder Schweißen auf eine Temperatur unterhalb der unteren Umwandlungstemperatur 723°C und zweckentsprechendes Abkühlen, um Härtespannungen zu verringern und/oder die Zähigkeit zu steigern.

9.2 Härten der Randzone

Viele Maschinenteile müssen eine verschleißfeste Oberfläche, aber wegen stoßender oder wechselnder Beanspruchung einen zähen Kern haben (z.B. Kurbelwellen, Zahnräder, Kurvenscheiben, Maschinenbetten). Sie werden deshalb oberflächengehärtet (s. Metallfachkunde 1, Abschn. 7.4). Die gebräuchlichsten Verfahren sind:

für härtbare Stähle	**für nichthärtbare Stähle**
Randschichthärten	Einsatzhärten
(z.B. Flammhärten, Induktionshärten)	Nitrieren

Beim Randschichthärten werden härtbare Stähle mit 0,5 bis 1,5% Kohlenstoffgehalt in der Randschicht schnell auf Härtetemperatur aufgeheizt und dann mit einer der Werkstückform angepaßten Wasserbrause abgeschreckt. Die Erwärmung muß intensiv und kurzzeitig sein, um ein Durchhärten zu vermeiden.

Zum Flammhärten dient ein Gas-Sauerstoff-Brenner (Brenngase, z. B. Acetylen, Leuchtgas), wobei die Einhärtungstiefe von der Leistung und Geschwindigkeit des Brenners abhängt, mit der er gleichmäßig über das Werkstück geführt wird.

Beim Induktionshärten wird das Werkstück mit einer Induktionsspule erwärmt, die von hochfrequentem Wechselstrom durchflossen wird. In der Werkstückoberfläche induzierte Wirbelströme bewirken die Erwärmung. Die Härtetiefe wird wesentlich von der Frequenz des Induktionsstroms bestimmt.

Die kurzen Anheizzeiten verringern Verzugsgefahr und Grobkornbildung. Der Ablauf beider Verfahren läßt sich gut mechanisieren bzw. automatisieren.

Beim Einsatzhärten (Zementieren) werden kohlenstoffarme (nichthärtbare) Stähle mit einem Kohlenstoffgehalt unter 0,2% durch zugeführten Kohlenstoff in den Randzonen aufgekohlt und anschließend gehärtet. Das Aufkohlen geschieht durch Kohlenstoffatome, die bei 800 bis 900°C in die Werkstückoberfläche diffundieren, so daß diese durch den erhöhten Kohlenstoffgehalt härtbar wird.

Zum Aufkohlen werden die Werkstücke mehrere Stunden in kohlenstoffabgebenden Mitteln geglüht (z. B. Holzkohle, Erdgas, Zyansalzbad).

Das Härten schließt sich an das Einsetzen an. Gering beanspruchte Werkstücke werden unmittelbar aus der Einsetztemperatur heraus abgeschreckt. Dabei entsteht ein grobkörniges Gefüge. Hochwertige Bauteile kühlt man zuerst langsam ab. Nach einem Zwischenglühen bis 650 bis 680°C folgt das Abschrecken des nochmals auf Härtetemperatur erwärmten Werkstücks (**9.5**).

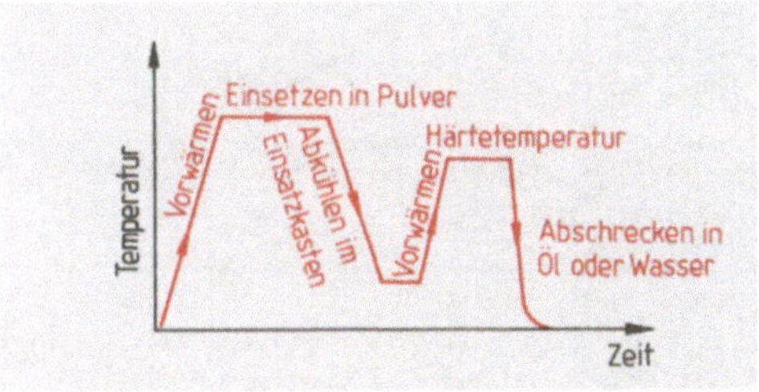

a)

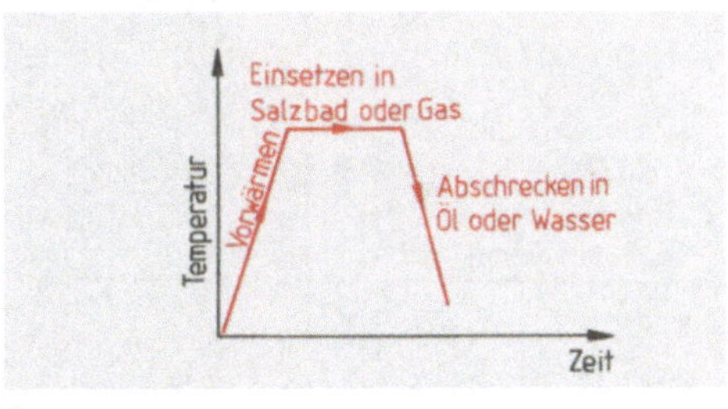

b)

9.5 Temperatur-Zeit-Schaubild zum Einsatzhärten
   a) Pulveraufkohlung, b) Salzbad- und Gasaufkohlung

Zum Nitrieren werden Werkstücke in stickstoffabgebenden Mitteln (z. B. Salzbad, Ammoniakgas) geglüht, so daß der Stickstoff in die Werkstückoberfläche diffundieren kann. Dort bildet er mit dem Eisen und den Legierungsmetallen sehr harte Metall-Stickstoff-Verbindungen in einer sehr dünnen Randschicht bis zu 0,7 mm. Man verwendet zum Nitrieren besonders legierte Nitrierstähle mit einem Kohlenstoffgehalt von 0,3 bis 0,5%.

Nitrierte Bauteile sind ohne Nachbearbeitung gebrauchsfähig. Weil die Nitriertemperaturen niedrig sind und die Abkühlung langsam erfolgt, tritt kein Verzug auf und bildet sich kein Zunder. Die erreichbare Härte bis 1200 HV ist wesentlich höher als bei anderen Verfahren und bleibt auch bis zu Temperaturen von 550 bis 600°C erhalten. Das dichte Gefüge der Randschicht ergibt eine hervorragende Verschleißfestigkeit. Es verbessert die Dauerfestigkeit und die Korrosionsbeständigkeit.

Das Nitrieren wird vor allem bei hochbeanspruchten Werkzeugen und Maschinenteilen angewendet, die sehr verschleißfest auch bei höheren Temperaturen sein müssen (z. B. Auslaß-
ventile von Motoren, Meßzeuge, Lehren, Zahnräder, Spindeln). Bei nitrierten Zerspanwerk-
zeugen ergibt sich eine erhöhte Standzeit und Warmhärte.

9.3 Vergüten

Vergüten ist eine Wärmebehandlung aus Härten mit anschließendem Anlassen auf höhere
Temperaturen. Sie wird bei hochbeanspruchten Bauteilen (z. B. Kurbel-, Getriebewellen) angewendet, um dem Stahl bei bestimmter Zugfestigkeit eine hohe Zähigkeit zu geben. Durch
die Wahl der Anlaßtemperatur und -dauer lassen sich gezielt besonders feine und gleichmäßige Gefüge (Vergütungsgefüge) erzeugen, die dem Stahl die gewünschten Eigenschaften
wie hohe dynamische Beanspruchbarkeit und Kerbschlagzähigkeit verleihen (**9.6**; s. Metallfachkunde 1, Abschn. 7.6).

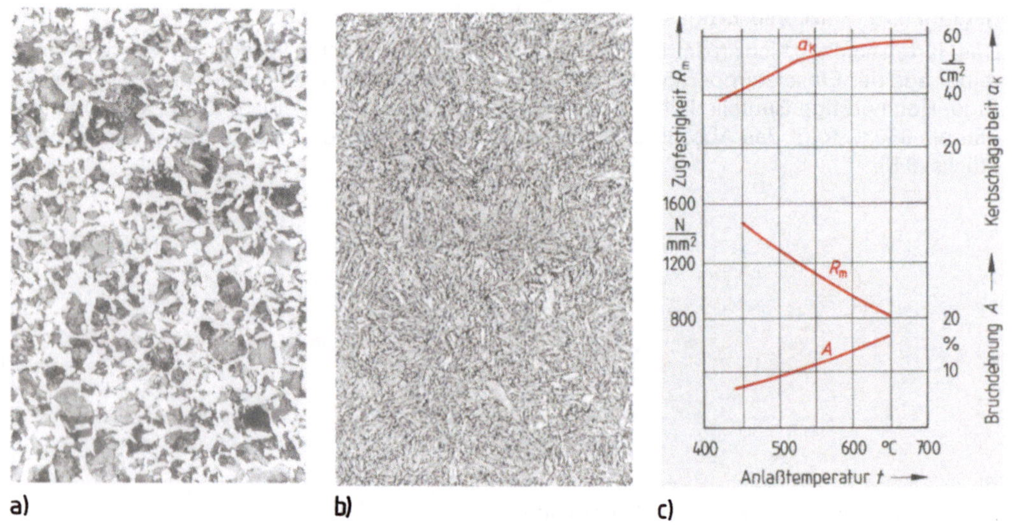

9.6 Vergütungsgefüge und -schaubild

    a) Vergütungsstahl CK 45, normalgeglüht, V = 500 : 1
    b) Vergütungsgefüge von CK 45, 900 °C/Wasser + 600 °C 1 h/Luft, V = 500 : 1
    c) Vergütungsschaubild des Stahles 50 CrV4

Beim Anlaßvergüten werden die Werkstücke nach dem Härten auf Temperaturen von 550
bis 650 °C erwärmt. Bei diesen Temperaturen diffundiert der zwangsweise gelöste Kohlenstoff
aus dem Härtegefüge. Es scheiden sich im Ferrit sehr feine, mit zunehmenden Anlaßtemperatur und -zeit gröbere Eisencarbidkörnchen aus. Damit nehmen die Verformbarkeit und Kerbschlagzähigkeit zu. Die gleichen Anlaßwirkungen lassen sich bei niedrigeren Temperaturen,
aber längeren Anlaßzeiten erzielen. Anschließend wird langsam an Luft abgekühlt, um gefährliche Spannungen im Werkstück zu vermeiden.

1. Beschreiben Sie die Vorgänge im Stahl, der aus dem Austenitbereich a) sehr langsam, b) schnell, c) sehr schnell abgekühlt wird.

2. Was bedeuten untere und obere kritische Abkühlungsgeschwindigkeit?

3. Erklären Sie den Zusammenhang zwischen Abkühlungsgeschwindigkeit und Einhärtetiefe bei einem a) unlegierten, b) niedriglegierten, c) hochlegierten Stahl nach Bild **9.3**.

4. Nennen Sie die Abschreckmittel und ihre Wirkung.

5. Beschreiben und begründen Sie die Temperaturführung beim a) einfachen, b) gebrochenen und c) Warmbadhärten.

6. Welchen Zweck hat das Anlassen gehärteter Werkstücke?

7. Welche Änderungen ergeben sich beim Anlassen im Stahlgefüge?

8. Beschreiben Sie den Verfahrensverlauf beim Einsatzhärten.

9. Welche besonderen Vorteile bietet das Nitrieren gegenüber den anderen Verfahren zur Oberflächenhärtung?

10. Welche Eigenschaftsänderungen erzielt man beim Vergüten von Stahl?

Kunststoffe (Plaste) sind neben den Metallen die bedeutendsten Werkstoffe für technische Erzeugnisse und Gegenstände des täglichen Bedarfs. Viele Bauteile im Maschinen- und Fahrzeugbau, besonders im Kraftfahrzeugbau, in der Elektrotechnik und Bauindustrie werden heute aus Kunststoffen gefertigt.

10.1 Aufbau und Herstellung

Makromoleküle. Kunststoffe sind organische Werkstoffe, die aus hochmolekularen Kohlenstoffverbindungen bestehen. Diese Kohlenstoffverbindungen, die auch Wasserstoff, Sauerstoff, Stickstoff und Chlor enthalten können, setzen sich aus Riesenmolekülen zusammen, auch Makromoleküle genannt (makro …, griech.: lang, groß). In Makromolekülen sind mehr als 1500 Atome (bis zu einigen Hunderttausend) faden- oder kettenförmig aneinander gereiht.

Kunststoffe stellt man durch chemische Aufbereitung makromolekularer Naturstoffe her (z. B. Celluloid aus Cellulose, Kunsthorn aus Milcheiweiß) oder indem man ihre Makromoleküle künstlich durch Synthese aus kleinen Molekülen zusammenfügt.

Kunststoffsynthese. Bei der Synthese von Kunststoffen geht man meist von sehr einfach aufgebauten, niedermolekularen Kohlenstoffverbindungen aus (Molekülen mit wenigen Atomen). Man nennt sie Monomere (monomer, griech.: eingliedrig).

Bei der Kunststoffherstellung auf Kohlebasis werden die monomeren Grundbausteine aus wenigen, reichlich verfügbaren Rohstoffen (z. B. Kohle, Kalk, Wasser, Luft, Kochsalz) zusammengesetzt.

Dieser Weg der Kunststoffherstellung erfordert wegen der vielen chemischen Prozesse große chemische Anlagen und viel Energie. Deshalb treten an die Stelle der Kohle vielfach die Rohstoffe Erdöl und Erdgas, die sich leichter zu Ausgangsstoffen für die Kunststoffsynthese aufarbeiten lassen.

Nach der Art der chemischen Reaktion bei der Kunststoffsynthese unterscheiden wir Polymerisation, Polykondensation und Polyaddition.

Die Polymerisation (polymer, griech.: vielgliedrig) erfordert zur Synthese gleichartige, ungesättigte Kohlenwasserstoffe (Monomere), die Mehrfachbindungen enthalten. Diese Doppelbindungen werden durch Energieeinwirkung, oft zusätzlich unter Einsatz von Katalysatoren (Startmittel, Anreger für die Reaktion) aufgebrochen und gehen in Einfachbindungen über, sobald sich die Bausteine zu längeren Molekülketten und schließlich zu Makromolekülen zusammenschließen (**10.1**). Bei der Polymerisation entstehen keine Nebenprodukte. Durch Abbrechen der Reaktionen kann man das Wachstum der Kettenmoleküle beenden und dadurch bestimmte Eigenschaften des Kunststoffs erzielen.

Das Ergebnis der Reaktion heißt Polymerisat. Dazu zählen Polyvinylchlorid (PVC), Polystyrol und Polyethylen.

10.1 Polymerisation von Polyethylen

Bei der Polykondensation verbinden sich gleichartige oder verschiedene niedermolekulare Kohlenwassermoleküle unter Austritt von Spaltprodukten (meist Wasser) zu Makromolekülen. Das Ergebnis ist ein Polykondensat. Die Kunststoffprodukte entstehen bei der Polykondensation stufenweise. Diese Unterbrechung ist von großer Bedeutung, weil sich die Zwischenprodukte zuerst (z.B. zu Formteilen) verarbeiten lassen, bevor sie völlig auskondensieren. Nach dem Aushärten sind sie hart und spröde, können nur noch spanend bearbeitet werden (Duroplaste).

Zu den Polykondensaten gehören Aminoplaste, Phenoplaste und Polyester.

Bei der Polyaddition vereinigen sich die Moleküle von verschiedenen niedermolekularen Verbindungen (Monomere) in einer chemischen Reaktion zu Makromolekülen. Es entstehen keine Nebenprodukte. Die Ergebnisse heißen Polyaddukte. Sie haben die gleiche prozentuale Zusammensetzung wie ihre Monomere. Die Reaktion läßt sich beliebig unterbrechen. Bekannte Polyaddukte sind Epoxidharze und Polyurethane.

10.2 Einteilung und Arten

Die Kunststoffe bilden eine sehr umfangreiche Gruppe verschiedenartiger Werkstoffe. Einteilen läßt sich diese Vielfalt

- **nach dem Herstellungsverfahren:** Polymerisate, Polykondensate und Polyaddukte;
- **nach den temperaturabhängigen Eigenschaften:** Thermoplaste, Duroplaste, Elastomere (DIN 7742).

Thermoplaste (Plastomere) sind meist Polymerisate und bestehen aus nichtvernetzten, fadenförmigen Makromolekülen, die ungeordnet nebeneinander gelagert oder ineinander verknäuelt sind wie Fasern in einem Wattebausch. Die Bindungskräfte zwischen den Makromolekülen sind nur gering. Thermoplaste haben deshalb meist nur geringe Festigkeit und Härte, sind aber elastisch und können wiederholt durch Erwärmen erweicht und umgeformt oder auch verschweißt werden (**10.2**a und b).

Duroplaste (Duromere) sind vorwiegend Polykondensate, die nach dem Aushärten ihre endgültige Form erhalten und sich auch bei Erwärmen nicht mehr umformen lassen. Ihre Makromoleküle sind wie ein räumliches Netz fest miteinander verbunden. Sie ergeben Kunststoffe, die je nach Vernetzungsart mehr oder weniger hart und spröde sind. Duroplaste sind weder schmelzbar noch in Lösungsmitteln löslich, nicht schweißbar und nur spanend zu bearbeiten (**10.2**c).

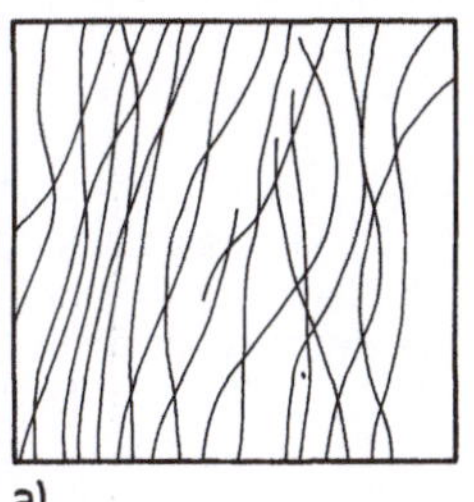  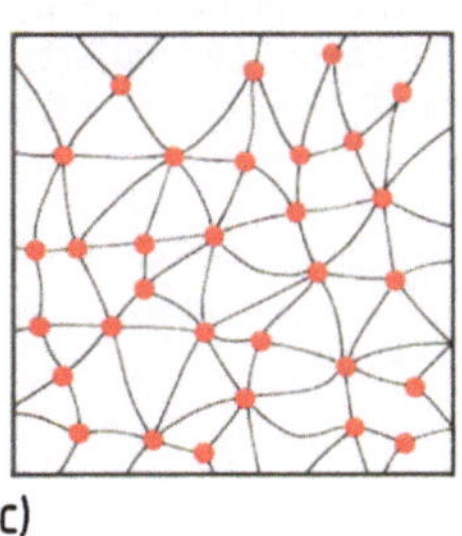 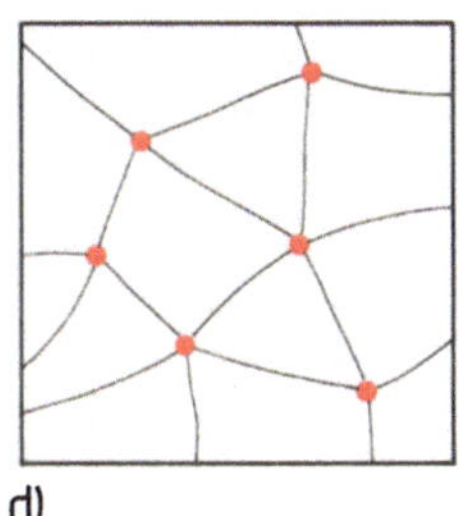

a) b) c) d)

10.2 Anordnung der Makromoleküle

   a) und b) Thermoplaste, c) Duroplaste, d) Elastomere

Elastomere sind Kunststoffe, deren fadenförmige Makromoleküle räumlich weitmaschiger vernetzt sind als die der Duroplaste. Bei Belastung zeigen sie ein gummielastisches Verhalten, weil sich die Fadenmoleküle zwar gegeneinander verschieben lassen, aber durch ihre Querverbindungen so aneinander gekettet sind, daß sie nach Entlastung wieder in ihre ursprüngliche Lage zurückgezogen werden. Auch bei der Erwärmung erweichen Elastomere nicht, sondern behalten ihre Elastizität bis zur Zersetzungstemperatur (**10.2** d).

Tabelle **10.3** gibt einen Überblick über die Kunststoffe in der Maschinentechnik.

Tabelle 10.3   Kunststoffe in der Maschinentechnik

Kunststoff/ Handelsname	Eigenschaften	Anwendungsbeispiele
Thermoplaste		
Polyvinyl-chlorid (PVC)		
PVC hart – Mipolam – Vinnol	farblos, einfärbbar, hart, chemisch beständig, flammwidrig bis 60 °C, elektrisch isolierend	Platten, Profile, Rohre, Verkleidungen, Armaturen, Gehäuse
PVC weich – Hostalit – Vestolit	weich, gummiähnlich biegsam	Leitungs- und Kabelisolation, Folien, Verpackung, Schläuche, Dichtungen
Polyethylen (PE) – Hostalen – Lupolen – Vestolen	PE hart bis PE weich, beständig gegen Laugen und schwache Säuren	Spritzgußteile, Druckrohre, Haushaltsartikel, chemische Apparate, Transportbehälter
Polystyrol (PS) – Hostyren – Trolitul – Styropur	glasklar, einfärbbar, hart, spröde, schlagempfindlich bis schlagzäh, beständig gegen Säuren, verschäumbar	Büro- und Zeichenartikel, Beschläge, Kühlschrankteile, Telefonapparate verschäumt: Wärme-, Schallisolation, Verpackung
Polyamid (PA) – Durethan – Ultramid – Vestamid	sehr zäh, hart, verschleißfest bis spröde je nach Feuchtigkeitsgehalt	Lagerbuchsen, Zahnräder, Rollen, Gehäuse, Nockenscheiben, Schrauben
Duroplaste		
Phenoplaste (PF) – Bakelit – Resinol – Novotext – Pertinax	gelblich-braun bis schwarz, hart, spröde, mit Füllstoff (z. B. Holzmehl, Textilfasern) schlagfest, chemisch beständig, elektrisch isolierend	Radiogehäuse, Griffe, Beschläge, Isolierplatten und -rohre, Lagerschalen, Zahnräder
Polyester (UP) – Leguval – Palatal – Vestopal	farblos, einfärbbar, hart, schlag- und stoßunempfindlich, mit Glasfaserverstärkung hohe Zugfestigkeit	Spritzguß- und Preßteile, Maschinenteile und -gehäuse, Radio- und Fernsehgeräte, Karosserien, Verkleidungen
Epoxidharz (EP) – Araldit – Epoxin	milchig-trübe, hart, spröde, glasfaserverstärkt: hohe Festigkeit, abriebfest	Isolierteile, Vorrichtungen, Karosserien, Druck- und Transportbehälter, Metallklebstoff

10.3 Gemeinsame Eigenschaften

Trotz der Unterschiede in der chemischen Zusammensetzung, im Aufbau und in der Molekülanordnung sowie im Herstellungsverfahren haben die vielen Kunststoffarten gemeinsame Eigenschaften, die für diese Werkstoffgruppe charakteristisch sind.

Äußere Merkmale. Kunststoffe haben eine glatte und dichte Oberfläche, die ein Eindringen von Wasser oder Staub verhindert und das Reinigen erleichtert. Bestimmte Kunststoffe sind durchsichtig und können an Stelle von Glas verwendet werden. Von wenigen Fällen abgesehen, sind Kunststoffe durch Zusatz von Farbstoffen bei der Herstellung einfärbbar, so daß keine Farbanstriche erforderlich sind.

Die niedrige Dichte ist typisch für die Kunststoffe. Sie liegt zwischen 0,9 kg/dm^3 und 1,5 kg/dm^3, kann jedoch beim Einsatz von Füllstoffen bis auf 2,3 kg/dm^3 ansteigen. (Vergleich z.B. mit Aluminium: $\varphi_{Al} = 2,7$ kg/dm^3.) Deshalb verwendet man Kunststoffe – besonders mit erhöhten Festigkeitswerten (z.B. durch Glasfaserverstärkung) – als Leichtbauwerkstoffe.

Chemische Beständigkeit. Im allgemeinen sind Kunststoffe, wenn auch unterschiedlich, gegen viele Chemikalien beständig. Kunststoffe sind auch korrosionsbeständig und erfordern keinen Oberflächenschutz.

Die Wärmeleitfähigkeit ist sehr gering, etwa 100- bis 300mal niedriger als die der Metalle. Besonders schlechte Wärmeleiter sind geschäumte Kunststoffe (z.B. Styropor).

Die Wärmedehnung ist im Vergleich zu Metallen verhältnismäßig hoch, die Wärmedehnzahlen sind um das 5- bis 20fache größer als bei Stahl. Diese ungünstige Eigenschaft ist beim Einsatz von Kunststoffen als Verbundwerkstoff und zum Beschichten von Bedeutung.

Elektrische Isoliereigenschaft. Kunststoffe leiten den elektrischen Strom nicht und haben einen hohen Isolationswiderstand. Sie dienen deshalb in der Elektrotechnik zum Isolieren spannungsführender Teile, für Gehäuse und Teile in elektrischen Geräten und Maschinen sowie für Kondensatoren.

Temperaturabhängigkeit der mechanischen Eigenschaften. Im Vergleich mit metallischen Werkstoffen ändern Kunststoffe, besonders Thermoplaste, mit der Temperatur stark die Festigkeit und Dehnung. Grund hierfür sind die Zustandsbereiche der Kunststoffe (**10.4**).

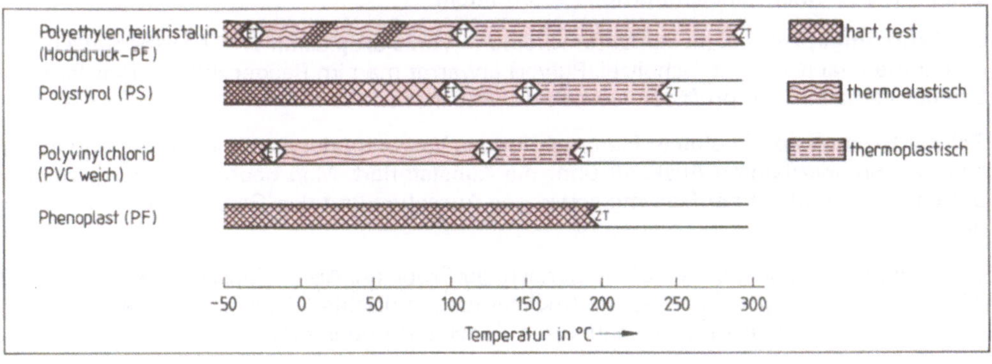

10.4 Zustandsbereiche von Kunststoffen

    ET = Bereich der Erweichungstemperatur
    FT = Bereich der Fließtemperatur
    ZT = Beginn der Zersetzungstemperatur

Man unterscheidet bei Kunststoffen die Einfrier- bzw. Erweichungstemperatur ET, die Fließtemperatur FT und die Zersetzungstemperatur ZT (**10.4**). Das Erweichen, Fließen und Zersetzen erfolgt aber nicht bei einer festen Temperatur, sondern in einem Temperaturbereich.

<table>
<tr><td>

Günstige Kunststoffeigenschaften

- geringe Dichte
- glatte, dichte Oberfläche
- leicht einfärbbar
- geringe Wärmeleitfähigkeit
- elektrisch isolierend
- Chemikalienbeständigkeit
- leichte Formgebung durch Urformen, Umformen und Spanen

</td><td>

Ungünstige Kunststoffeigenschaften

- niedrige Wärmebeständigkeit (Thermoplaste unter 80 °C, Duroplaste bis 150 °C)
- große Wärmeausdehnung
- elektrostatische Aufladung
- flammwidrig, aber gefährliche Verbrennungsprodukte
- geringere mechanische Festigkeit als Metalle, abhängig von Temperatur und Verstärkungsmaterial

</td></tr>
</table>

10.4   Bestimmen und Prüfen

10.4.1   Bestimmen von Kunststoffen

Kunststoffe sind sich in der äußeren Erscheinungsform sehr ähnlich und daher im Gegensatz zu den Metallen nur schwer zu unterscheiden. Eine genaue Bestimmung der Kunststoffart ist nur durch chemische Analyse möglich, doch gibt es einfache Verfahren, um die Zuordnung zu einer Kunststoffgruppe zu ermitteln.

Die Erhitzungsprobe dient zur Unterscheidung von Duroplasten und Thermoplasten. Das Probenmaterial (Granulat, Schnitzel, Pulver) erwärmt man im Reagenzglas, beobachtet das Schmelzverhalten und prüft den Geruch der Rauchschwaden.

Bei der Brennprobe in offener Flamme gibt das Verhalten der Probe innerhalb und außerhalb der Brennerflamme Auskunft über die Kunststoffart. Man beobachtet die Entflammbarkeit, Farbe und Art der Flamme sowie das Aussehen und den Geruch der Rauchschwaden.

Die Schwimmprobe gibt den Dichtebereich der Probe an. Als Prüfflüssigkeiten dienen z. B. Wasser (Dichte 1,0 g/cm^3), gesättigte Kochsalzlösung (Dichte 1,2 g/cm^3) und Tetrachlorkohlenstoff (Dichte 1,59 g/cm^3), die man in die Kunststoffproben gibt.

Bei der Lösungsmittelprobe untersucht man die Proben auf Löslichkeit in bestimmten Lösungsmitteln.

Die wesentlichen Erkennungsmerkmale der wichtigsten Kunststoffe sind in Tabelle **10.5** zusammengestellt.

Kunststoff	Brennprobe		Erhitzungsprobe	
	Brennbarkeit	Flamme	Schmelzverhalten	Geruch
Thermoplaste				
Polyvinylchlorid (PVC)	brennt nur in der Flamme, verkohlt	gelb, grüner Saum	erweicht, zersetzt sich	stechend scharf nach Salzsäure
Polyethylen (PE)	brennt weiter	blau, gelber Rand	erweicht, wird klar, zersetzt sich	paraffinartig
Polystyrol (PS)	brennt weiter	gelb (leuchtend), rußend	schmilzt, vergast	süßlich wie Leuchtgas
Polyamid (PA)	brennt weiter	bläulich (farblos), knisternd	wird klar, schmilzt	nach verbranntem Horn
Duroplaste				
Phenoplaste	brennt nicht, verkohlt	–	zersetzt sich, springt	nach Phenol, Ammoniak
Polyester (UP)	brennt weiter, verkohlt	gelb (leuchtend), rußend	zersetzt sich, springt	stechend scharf, z.T. nach Phenol

10.4.2   Prüfen von Kunststoffen

Die Werkstoffkennwerte für die mechanischen Eigenschaften von Kunststoffen ermittelt man mit gleichen oder ähnlichen Prüfverfahren wie die von Metallen. Die Prüfbedingungen (z.B. Form des Probekörpers, Prüftemperatur und -geschwindigkeit) sind dabei den Besonderheiten der Kunststoffe angepaßt.

Im Zugversuch (DIN 53 455) hängen die Ergebnisse stark von der Zeit, der Prüftemperatur und -geschwindigkeit ab. Als Probekörper dienen Flachproben, die mit festgelegter, gleichbleibender Prüfgeschwindigkeit bis zum Reißen gedehnt werden. Als wichtigste Kennwerte ergeben sich (etwas abweichend vom Zugversuch für Metalle)

– die Zugfestigkeit σ_B = Zugspannung bei Höchstkraft,

– die Reißfestigkeit σ_R = Zugspannung im Augenblick des Reißens,

– die Streckspannung σ_S = Zugspannung, bei der sich der Kunststoff erstmalig ohne Spannungserhöhung dehnt,

– die Reißdehnung ε_R = Dehnung im Augenblick des Reißens (**10.6**).

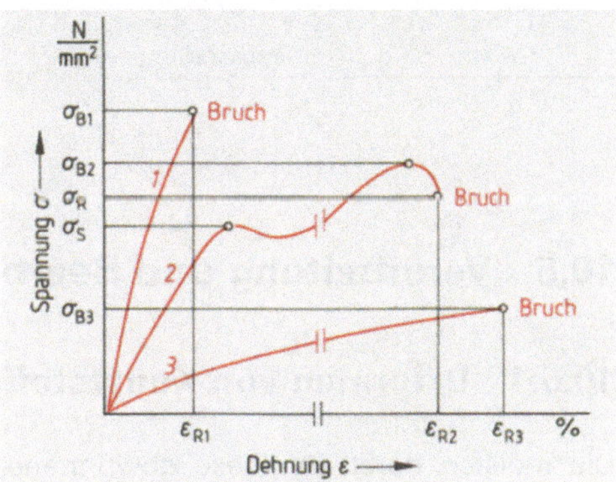

10.6   Spannungs-Dehnungs-Diagramm verschiedener Kunststoffe

1 hartspröder Kunststoff (z.B. PS, PF)
2 zäher Kunststoff mit ausgeprägter Streckspannung
3 gummielastischer Kunststoff (z.B. PVC weich)

Mit dem Schlagbiegeversuch (DIN 53453) wird die Sprödigkeit oder Zähigkeit der Kunststoffe untersucht. Versuchsanordnung (Pendelschlagwerk) und -durchführung sind dem Kerbschlag-Biegeversuch für Metalle ähnlich (s. Abschn. 12.4).

Mit dem Eindruckversuch (DIN 53456) stellt man die Härte fest. Aus der Prüfkraft und der Eindruckoberfläche einer mit ihr belasteten Stahlkugel ergibt sich die Kugeldruckhärte des Kunststoffs in N/mm^3. Das Ausmessen der Eindruckoberfläche wie bei der Härteprüfung für Metalle nach Brinell oder Vickers ist bei Kunststoffen nicht möglich, weil sie sich überwiegend plastisch verformen. Deshalb muß die Eindruckoberfläche über die Eindringtiefe der Stahlkugel unter Last berechnet oder aus Tabellen entnommen werden.

Zeitstand-Zugversuch (DIN 53444). Kunststoffe verformen sich schon bei geringen langzeitlichen Belastungen, die unterhalb der Streckgrenze liegen. Diese elastisch-plastischen Verformungen („Kriechen") treten bereits bei Raumtemperatur auf und nehmen zu, bis der Kunststoff bricht. Im Zeitstand-Zugversuch ermittelt man an mehreren Proben unter konstanter Zugbelastung die sich ändernde Dehnung. Diese Dehnungsmessungen werden bis zum Bruch der Probe durchgeführt. Das Zeit-Dehnlinien-Schaubild (Kriechlinien-Schaubild, **10.**7) gibt an, welche langzeitliche Belastung ein Bauteil aus dem geprüften Kunststoff ertragen kann (Zeitstandfestigkeit).

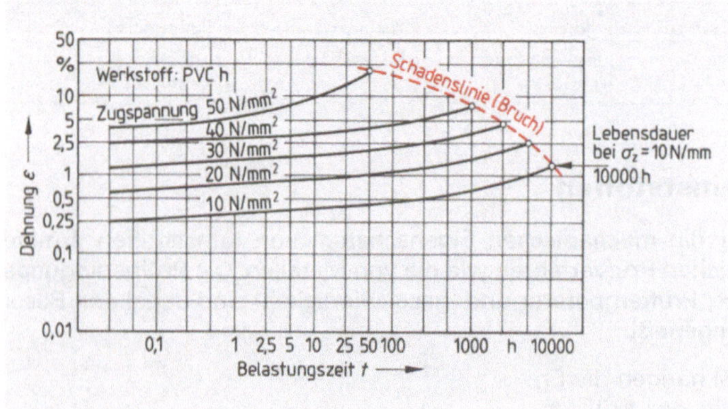

10.7
Zeit-Dehnlinien-Diagramm
(Kriechlinienschaubild)

10.5 Verarbeitung und Bearbeitung

10.5.1 Urformen von Kunststoffen

Die meisten durch Synthese gewonnenen Kunststoffe lassen sich nicht unmittelbar zu Kunststofferzeugnissen verarbeiten. Sie werden erst durch Mischen mit Zusatzstoffen (z.B. Weichmacher, Farbstoffe, Gleitmittel, Füllstoffe) zu Formmassen aufbereitet.

Füllstoffe sind z.B. Holz-, Steinmehl, Papier- und Textilschnitzel.

Die Urformverfahren für Kunststoffe sind Verfahren, die wir aus der Metallbearbeitung schon kennen (z.B. Pressen, Spritzgießen, Strangpressen = Extrudieren) oder die eigens für Kunststoffe entwickelt wurden (z.B. Kalandrieren, Laminieren, Schäumen).

Durch Pressen stellt man Halbzeuge oder Fertigteile vorwiegend aus Duroplasten her, z. B. Formteile für den Maschinen- und Apparatebau (Zahnräder, Lagerschalen, Gehäuse, Armaturen, Behälter), Isolierteile für die Elektrotechnik sowie Tafeln, Stäbe und Rohre. Ausgangsstoffe sind härtbare Preßmassen, die in Form von Pulver, Granulat oder zur genauen Dosierung vorgeformt als Tabletten verarbeitet werden.

Zum Herstellen von Formteilen dienen Preß- (Füllwerkzeuge) und Spritzpreßwerkzeuge (**10.8** und **10.9**).

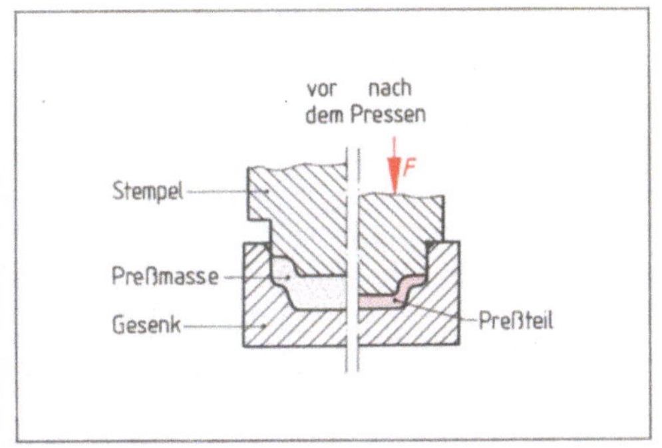

10.8   Preßwerkzeug (Füllwerkzeug)

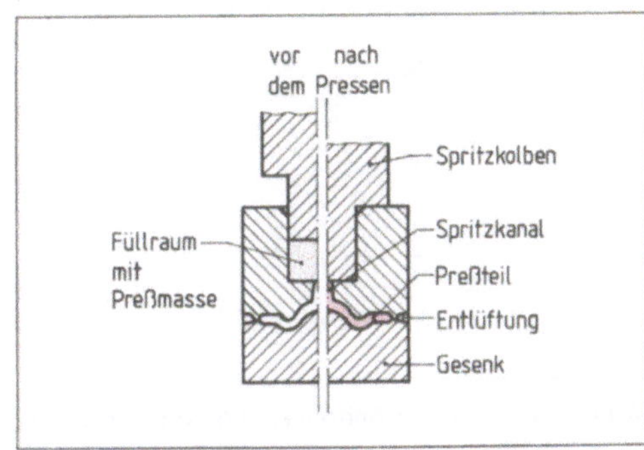

10.9   Spritzpreßwerkzeug

Zum Herstellen von Schichtpreßstoffen werden mit härtbaren Harzen (z. B. Phenolharz, Melaminharz) getränkte Trägerstoffbahnen (z. B. aus Papier, Textilien, Schälfurnieren) in mehreren Lagen aufeinandergeschichtet und zwischen ebenen Platten zu Tafeln verpreßt. Unter Druck und Wärme härten die Harze aus. Schichtpreßstoffe zeigen gute Zähigkeits- und Festigkeitseigenschaften und werden durch Spanen weiterverarbeitet. An Stelle des geschichteten Füllstoffs können auch Formmassen mit Holzspänen, Textil- oder Papierschnitzeln sowie aufbereiteten Lederabfällen zu Tafeln verpreßt werden.

Das Strangpressen (Extrudieren) von Thermoplasten ist ein wirtschaftliches, kontinuierliches Urformverfahren zum Herstellen von Profilen, Rohren oder geblasenen Hohlkörpern (Flaschen Behälter). Wesentlicher Bestandteil einer Strangpreßanlage ist die Schneckenstrangpresse, auch Extruder genannt. Sie besteht aus einem beheizten Plastifizierzylinder und einer umlaufenden Schnecke mit abnehmender Gangtiefe. Die als Pulver oder Granulat in den Extruder gefüllte Formmasse wird von der Schnecke gefördert, verdichtet und dabei entgast. Beim Berühren der heißen Zylinderwandung schmilzt der Kunststoff auf, wird gemischt und durch eine formgebende Werkzeugöffnung (Düse) gepreßt (**10.10**).

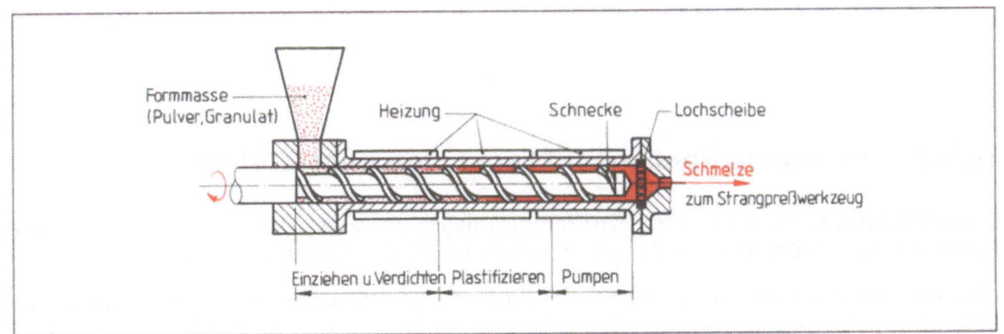

10.10   Aufbau eines Extruders

Das Spritzgießen ist ein Druckgußverfahren. Es ermöglicht die Herstellung von Formteilen aus Thermoplast mit einer Masse von wenigen Gramm bis zu etwa 80 kg. Gießen kann man Teile mit einfacher oder komplizierter Gestalt, einbaufertig oder mit nur geringer Nachbearbeitung. Wegen der speziellen, weitgehend mechanisierten oder automatisierten Spritzgußmaschinen und der hohen Werkzeugkosten ist das Spritzgießen nur bei Massen-

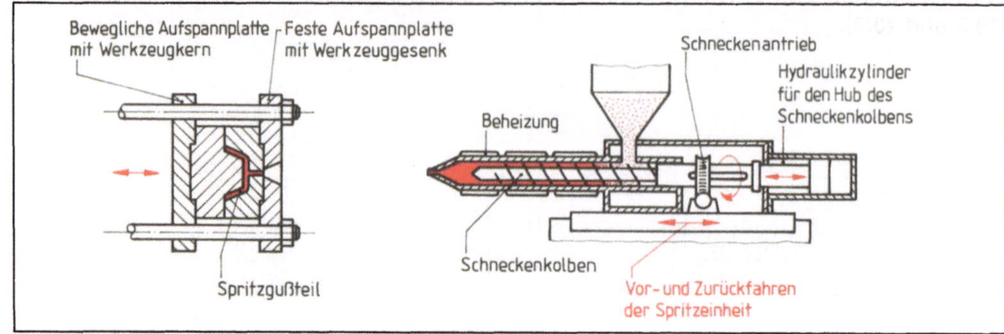

10.11   Aufbau einer Schneckenkolben-Spritzgußmaschine

fertigung wirtschaftlich. Beim Spritzgießen wird die Kunststoff-Formmasse aufgeschmolzen und durch Kolbendruck über einen Spritzkanal in die Formhöhlung des Spritzgießwerkzeugs gepreßt. Die Schneckenkolben-Spritzgießmaschine vereinigt beide Arbeitsgänge in einer Baueinheit (**10**.11).

Das Laminieren (Handauflegeverfahren) dient zur handwerklichen Herstellung großer Formteile (z. B. Bootskörper, Gießereimodelle), großflächige Bauteile und Formwerkzeuge aus glasfaserverstärkten Kunststoffen (GFK). Ausgang ist eine Form (Modell aus Holz, Kunststoff oder Metall), deren Oberfläche mit einem Trennmittel beschichtet wird (**10**.12). Zugeschnittene Glasfasermatten oder -gewebe werden in die Form eingelegt und mit Gießharzen durch Streichen, Gießen oder Spritzen getränkt. Reaktionsharze härten unter Zugabe von Härtern und Beschleunigern drucklos bei Raumtemperatur aus.

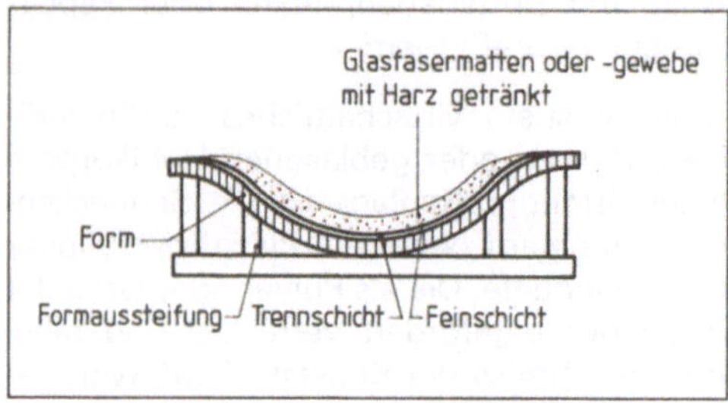

10.12   Handauflegeverfahren (Laminieren)

10.5.2   Umformen, Spanen und Fügen von Kunststoffen

Beim Umformen erhalten Kunststofferzeugnisse, vor allem Halbzeuge, eine andere Form, bleiben dabei aber im festen (thermoelastischen) Zustand.

Umformverhalten der Kunststoffe. Bei Raumtemperatur lassen sich Thermoplaste nur beschränkt, in thermoelastischen Bereich jedoch ohne großen Kraftaufwand umformen (**10**.13), s. Abschn. 10.3). Kühlt man den Kunststoff unter Beibehaltung der Umformkraft bis in den festen Zustandsbereich ab, bleibt seine Form aus dem thermoelastischen Bereich erhalten. Diese Form ist jedoch nur „eingefroren" und bildet einen Zwangszustand. Denn wenn das so geformte Werkstück wieder über die Erweichungstemperatur hinaus erwärmt und keine äußere Kraft aufgebracht wird, „erinnert" sich der Werkstoff und nimmt seine ursprüngliche Form von selbst wieder an.

Den Übergang vom festem in den thermoelastischen Zustand kann man bei Thermoplasten beliebig oft wiederholen.

Die vier wichtigsten Umformverfahren für Kunststoffe sind Streckformen, Tiefziehen, Kaltformen und Biegen (**10.14**).

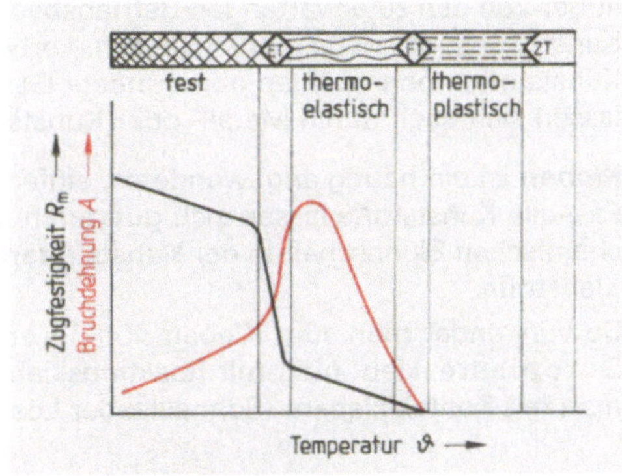

10.13 Umformverhalten eines Thermoplasts. Zugfestigkeit als Maß für die Belastbarkeit. Dehnung als Maß für die Umformbarkeit

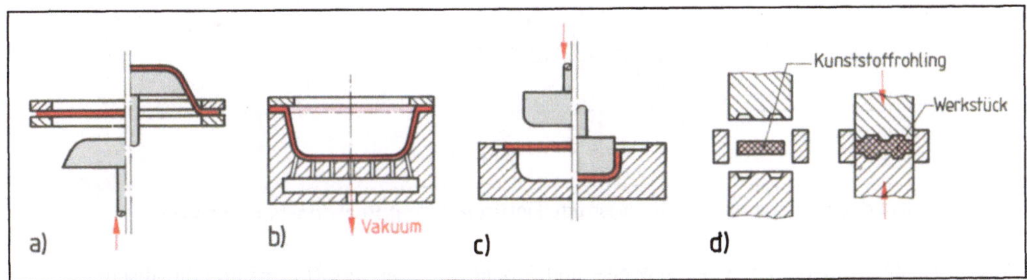

10.14 Umformverfahren für Kunststoffe

a) Streckziehen mit Stempel, b) Streckziehen mit Vakuum, c) Tiefziehen, d) Kaltformen

Streckformen (Streckziehen) ist ein oft angewendetes Verfahren auch für die Massenfertigung, bei dem gleichmäßig erwärmte Tafeln oder Folien mittels Druckluft oder Vakuum in ein Werkzeug gedrückt oder mit Hilfe von Stempeln umgeformt werden. Zum Erwärmen der am Rand fest eingespannten Tafeln oder Folien bis auf Temperaturen zwischen ET und FT dienen vorwiegend Infrarotstrahler. Auf diese Weise stellt man z. B. Kühlschränke, Verkleidungen, Schüsseln, Schalen und (Einweg-)Verpackungen her.

Beim Tiefziehen werden im Gegensatz zum Streckziehen die Werkstoffränder nicht fest eingespannt, sondern nur durch federnde Niederhalter oder überhaupt nicht festgehalten.

Spanen. Kunststoffe lassen sich gut spanabhebend bearbeiten. Angewendet werden alle aus der Metallverarbeitung bekannten Fertigungsverfahren. Jedoch ist zu berücksichtigen, daß Kunststoffe sehr schlechte Wärmeleiter sind und sich nicht über 60 °C (Thermoplaste) bzw. 150 °C (Duroplaste) erwärmen dürfen. Für gute Wärmeableitung und Spanabfuhr ist deshalb zu sorgen. Meist wählt man hohe Schnittgeschwindigkeiten bei geringen Vorschüben und kleinen Spanungsquerschnitten. Zum Zerspanen von Thermoplasten dienen Werkzeuge aus Hochleistungs-Schnellschnitt-Stahl (HSS), zum Bearbeiten von Duroplasten wegen des starken Verschleißes hartmetallbestückte Werkzeuge.

Fügen. Kunststoffteile lassen sich durch Schrauben, Nieten, Kleben oder Schweißen mit anderen Kunststoffen oder Werkstoffen (z. B. Metallen) verbinden. Das Fügeverfahren hängt außer von den zu erwartenden Betriebsbedingungen besonders von den Eigenschaften der Kunststoffart ab. Kunststoffe sind sehr kerbempfindlich. Deshalb vermeiden wir Gewinde in Kunststoffen oder wählen abgerundete Gewindeprofile (z. B. Rundgewinde), Thermoplaste lassen sich auch durch Metall- oder Kunststoffniete verbinden.

Kleben ist ein häufig angewendetes, einfaches Verfahren zum Verbinden von Kunststoffen. Fast alle Kunststoffe lassen sich gut durch Kleben verbinden. Wegen der unterschiedlichen chemischen Eigenschaften der Kunststoffarten eignen sich zum Kleben jeweils nur spezielle Klebstoffe.

So verwendet man zum Kleben von Thermoplasten Lösungsmittelklebstoffe (**10**.15 a). Duroplaste klebt man mit Reaktionsklebern (**10**.15 b). Bei anderen Kunststoffen arbeitet man mit Kontaktklebern (Schnellkleber-Lösungen von kautschukelastischen Stoffen).

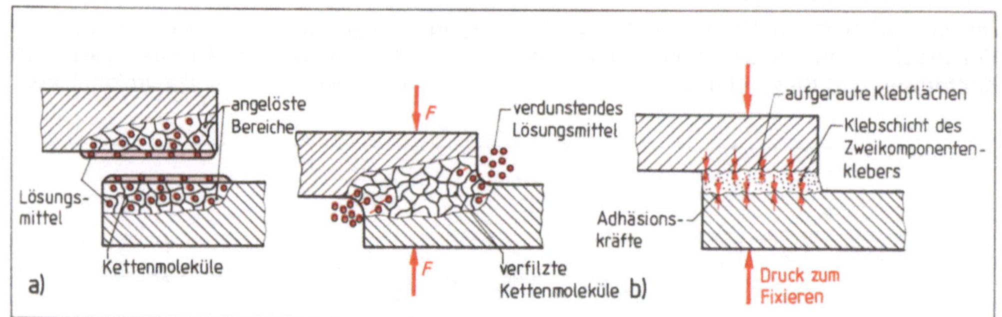

10.15   Prinzip des Klebens a) mit Lösungsmittelklebstoff, b) mit Reaktionsharzklebstoff

Weitere Ausführungen über Wirkungsweise und Arbeitsverfahren des Klebens enthält Abschnitt 14.5.4.

Beim Schweißen verbinden sich thermoplastische Kunststoffe unter Druck und Wärme miteinander. Geschweißt wird im plastischen Zustand mit oder ohne Zugabe artgleicher Zusatzwerkstoffe. Beim Erwärmen auf Schweißtemperatur verknäueln sich die frei beweglichen Molekülketten an den Rändern der Berührflächen und fließen ineinander. Geschweißt wird besonders im chemischen Apparatebau.

Die Schweißverfahren unterscheiden sich nach der Art der Wärmezufuhr (**10**.16).

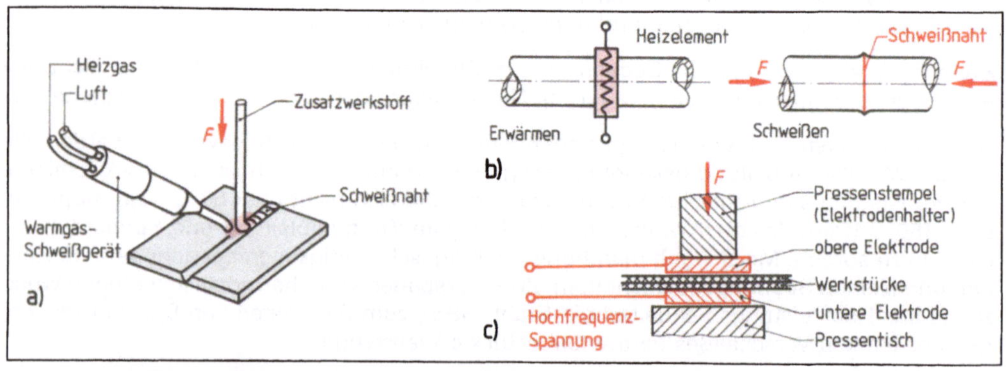

10.16   Kunststoffschweißen
            a) Warmgasschweißen, b) Heizelementschweißen, c) Hochfrequenzschweißen

1. Welchen Molekülaufbau haben Kunststoffe gegenüber anderen Werkstoffen?

2. Beschreiben Sie die drei Verfahren der Kunststoffsynthese.

3. Nennen Sie wichtige Polymerisate, Polykondensate und Polyaddukte.

4. Erläutern Sie die Anordnung der Makromoleküle und die sich daraus ergebenden Eigenschaften bei Thermoplasten, Duroplasten und Elastomeren.

5. Welche Eigenschaften sind typisch für synthetische Kunststoffe?

6. Vergleichen Sie die Zustandsformen der Kunststoffe beim Erwärmen mit denen der Metalle.

7. Wie verhalten sich Kunststoffe bei der Erhitzungsprobe?

8. Welche Kunststoffart riecht bei der Brennprobe nach a) Phenol, b) Salzsäure, c) Ammoniak, d) verbranntem Horn?

9. Wodurch unterscheidet sich der Zugversuch bei Kunststoffen vom Zugversuch bei Stahl?

10. Was versteht man unter Zeitstandfestigkeit von Kunststoffen?

11. Wie stellt man Schichtpreßstoffe her?

12. Nennen Sie die Arbeitsgänge, die zur Herstellung von glasfaserverstärkten Kunststoff-Formteilen durch Laminieren erforderlich sind.

13. Wie verhalten sich Kunststoffe beim Warmumformen?

14. Welche Besonderheiten sind beim Zerspanen von Kunststoffen zu berücksichtigen?

15. Nur thermoplastische Kunststoffe kann man durch Schweißen verbinden. Begründen Sie dies.

Metallische Werkstoffe sind bei der Bearbeitung und Verwendung in Maschinen, Geräten und Anlagen, Gasen und Flüssigkeiten (z. B. Luft, Wasser, Säuren) ausgesetzt, die sie angreifen und von der Oberfläche aus verändern, oft zerstören. Dieser unerwünschte Vorgang heißt Korrosion (lat. Zernagung). Korrosionsvorgänge spielen sich stets an der Oberfläche zwischen dem festen metallischen Werkstoff und Gasen oder Flüssigkeiten ab. Bei der Berührung mit Gasen kommt es zu chemischen, bei der Berührung mit wäßrigen Lösungen zu elektrochemischen Reaktionen.

> Korrosion ist eine von der Oberfläche ausgehende Veränderung eines metallischen Werkstoffs durch unerwünschte chemische oder elektrochemische Angriffe.

11.1 Korrosionsarten

Bei der chemischen Korrosion korrodieren Metalle unmittelbar mit oxidierenden Gasen aus ihrer Umgebung (z. B. Sauerstoff, aber auch Schwefel, Chlor). Dabei bilden sich auf der Oberfläche vielfach feste, weitgehend porenfreie und somit gasundurchlässige Deckschichten (Metalloxide). In manchen Fällen ist die Zunderschicht ungleichmäßig und porös aufgebaut.

Elektrochemische Korrosion. Die meisten Korrosionsschäden beruhen auf elektrochemischen Vorgängen, die bei Berührung des Metalls mit stromleitenden Flüssigkeiten (Elektrolyten) auftreten.

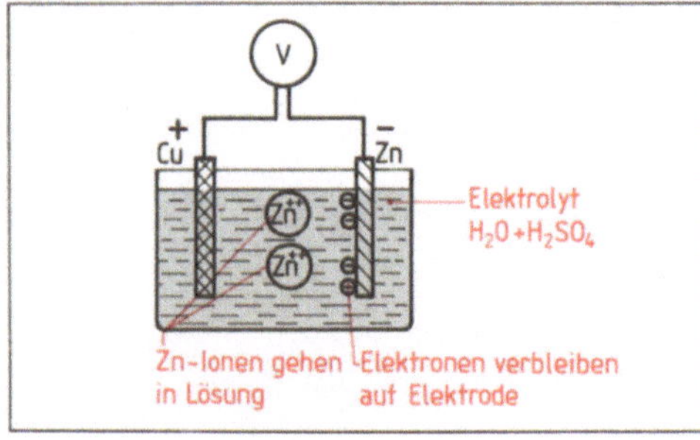

11.1 Galvanisches Element

Spannungsreihe der Metalle. Beim Eintauchen von Metallelektroden in eine Flüssigkeit sind die Metalle bestrebt, sich im Elektrolyten in Form von Metallionen (+) zu lösen. Ihre negativen Außenelektronen (–) bleiben dabei auf der Elektrode. Es entsteht ein galvanisches Element (**11.1**). Das Lösungsbestreben des Zinks ist größer als das des Kupfers, so daß auf der Zinkelektrode ein Elektronenüberschuß entsteht. Man bezeichnet die Metalle mit großem Lösungsdruck als unedel, die mit geringerem Lösungsdruck als edel. Der größere Lösungsdruck des Zinks verursacht die Spannung zwischen beiden Metallen. Sind beide Elektroden leitend verbunden, fließt ein elektrischer Strom. Er bewirkt, daß immer mehr Zinkionen in Lösung gehen – das Zink zersetzt sich.

Ordnet man verschiedene Metallelektroden nach der Größe der durch sie im gleichen Elektrolyten erzeugten Spannung, ergibt sich eine elektrochemische Spannungsreihe der Metalle (**11.2**). Die darin obenstehenden Metalle eines Elektrodenpaars bilden gegenüber den tieferstehenden die Pluselektrode. Je weiter die Metalle in der Spannungsreihe voneinander entfernt sind, um so größer ist die Spannung. Bei Stromdurchgang wird das in der Reihe tieferstehende Metall zersetzt.

Tabelle 11.2 Elektrochemische Spannungsreihe der Metalle

Metallelektrode (Metall/Ion)		Spannung in V, bezogen auf Wasserstoffelektrode
Platin	Pt / Pt^{++}	+1,6
Gold	Au / Au^{+++}	+1,42
Silber	Ag / Ag^{+}	+0,8
Kupfer	Cu / Cu^{++}	+0,34
Wasserstoff	2 H / 2 H^{+}	0
Blei	Pb / Pb^{++}	−0,13
Nickel	Ni / Ni^{++}	−0,23
Eisen	Fe / Fe^{++}	−0,44
Chrom	Cr / Cr^{++}	−0,56
Zink	Zn / Zn^{++}	−0,76
Aluminium	Al / Al^{+++}	−1,7
Magnesium	Mg / Mg^{++}	−2,38

Korrosionselement. Elektrochemische Korrosion tritt auf, wenn ein galvanisches Element (Korrosionselement) vorhanden ist. Bei Bauteilen aus verschiedenen Metallen, deren Berührungsstelle einem Elektrolyten ausgesetzt ist (z. B. niedergeschlagene Luftfeuchtigkeit, sogar schon Handschweiß), entsteht ein Korrosionsstrom, der das unedlere Metall zersetzt, korrodiert (z. B. das mit einem Stahlnagel befestigte Zinkblech).

Aber auch bei einem scheinbar gleichmäßig aufgebauten Metall oder einer Legierung bilden die unterschiedlichen Gefügebestandteile (z. B. Körner, Verunreinigungen, Ausscheidungen) bei Zutritt von wäßrigen Lösungen ein – wenn auch sehr kleines – Element (Lokalelement), wobei sich der unedlere Bestandteil zersetzt. Das gilt auch für unvollkommene Schutzschichten, örtliche Unterschiede im Elektrolyten oder bei der Ausbildung von Zugspannungen. Danach unterscheiden wir verschiedene Erscheinungsformen der Korrosion.

> Elektrochemische Korrosion tritt auf, wenn ein Korrosionselement (galvanisches Element = zwei verschiedene Elektroden in einem Elektrolyten) vorhanden ist.

11.2 Korrosionsformen

Die Korrosion an Metallen kann in drei verschiedenen Erscheinungsformen auftreten: als Flächenabtrag, Lochfraß und Korrosionsrisse. Je nach Art und Ausprägung der Korrosion unterscheiden wir die folgenden Korrosionsformen.

Die gleichmäßige Flächenkorrosion (11.3a) erfaßt die gesamte Oberfläche des Bauteils, trägt sie ebenmäßig oder bei ungleichmäßigem Fortschreiten muldenförmig ab und ver-

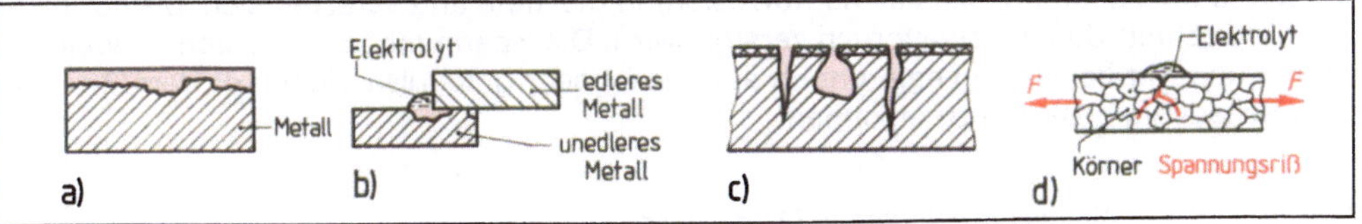

11.3 Korrosionsformen

a) Flächenabtrag, b) Kontaktkorrosion, c) Lochfraßkorrosion, d) Spannungsrißkorrosion

läuft verhältnismäßig langsam. Sind die Flächen zugänglich, ist die Korrosion frühzeitig zu erkennen und relativ ungefährlich, weil man rechtzeitig Schutzmaßnahmen ergreifen kann. Nachteilig ist das narbenförmige Aussehen der Oberfläche.

 Rost auf Stahl

Kontaktkorrosion (11.3b) tritt auf, wenn an Verbindungsstellen von zwei unterschiedlich edlen Metallen Feuchtigkeit hinzukommt, so daß ein galvanisches Element (Kontaktelement) entsteht. Die Elektroden sind dann kurzgeschlossen, und der Korrosionsstrom zersetzt das unedlere Metall. Schutzmaßnahme ist eine elektrische Isolierung der Teile (z.B. durch Zwischenlagen oder Buchsen).

Beispiele 11.2 Übergang von Kupfer-Aluminium-Kabel

Aluminiumprofile durch Kupferniet verbunden

Kupferschienen durch Stahlschraube verbunden

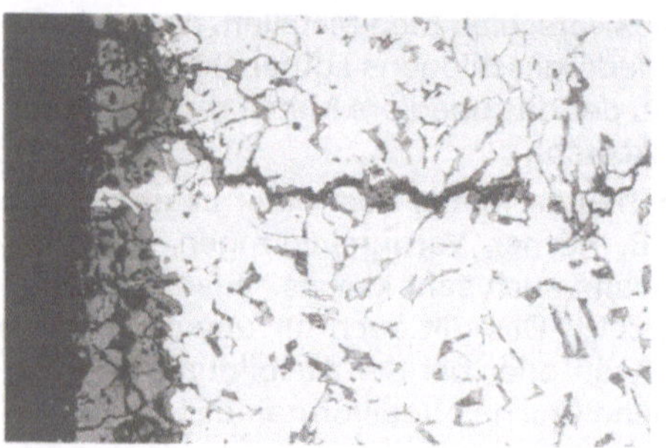

Interkristalline Korrosion (11.4, lat.: inter = zwischen). Meist sind die Korngrenzen eines Metalls viel unedler als das Korninnere, da sie bei der Kristallisation Ausscheidungen aufgenommen haben. Bei Zutritt von Feuchtigkeit entsteht ein Lokalelement. Die Korrosion verläuft längs der Korngrenzen ins Werkstoffinnere und lockert das Gefüge auf (Kornzerfall). Die Korrosionsrisse sind nicht erkennbar, der Schaden läßt sich erst bei Bruch des Bauteils feststellen.

11.4 Interkristalline Korrosion eines Stahles
mit 0,14% C, V = 100:1

Lochfraßkorrosion (11.3c) ruft örtliche krater-, nadelförmige oder unterhöhlende Vertiefungen der Oberfläche hervor. Sie geht immer von Poren der sonst korrosionsschützenden Deckschichten aus und kann in kurzer Zeit zum Durchlöchern des Werkstoffs führen (z.B. bei Rohrleitungen und Behältern). Weil sie nicht erkannt wird, ist sie gefährlich. Sie entsteht bei örtlichen Verletzungen der Schutzschicht, Kupferablagerungen in Stahlrohren und eingewalzten Fremdmetallspänen.

Spannungsrißkorrosion (11.3d) tritt auf, wenn neben einem Elektrolyten (z.B. Feuchtigkeitsniederschlag) ein – wenn auch winziger – Anriß und Zugspannungen vorliegen (etwa Eigenspannungen, verursacht durch Kaltverformung oder Wärmebehandlung). Der Spannungsriß geht von der Oberfläche, von Kerben oder Mikrorissen aus, wächst meist quer durch die Kristallite (transkristalline Korrosion) in die Tiefe und verästelt sich, bis der restliche Querschnitt durch Gewaltbruch zerstört wird. Die Spannungsrißkorrosion ist weit verbreitet und tritt bei vielen Legierungen auf. Sie ist sehr gefährlich, denn vor dem Bruch ist kein Schaden am Bauteil zu erkennen.

Beispiele 11.3 Aluminiumlegierung in Meerwasser

Messing in ammoniakhaltigen Lösungen

rostfreier Stahl in chloridhaltigen Lösungen (Seewasser)

250

Flächenkorrosion – frühzeitig sichtbarer, ebenmäßiger oder muldenförmiger Flächenabtrag

Kontaktkorrosion – vorhersehbare Zersetzung des unedlen Metalls von zwei sich berührenden metallischen Bauteilen

Lochfraßkorrosion – örtliche krater-, nadelförmige oder unterhöhlte Vertiefungen der Oberfläche, ausgehend von den Poren einer Schutzschicht; nicht sichtbar

Interkristalline Korrosion – Risse im Metallgefüge durch Zersetzung der unedleren Korngrenzen; nicht erkennbar

Spannungsrißkorrosion – Risse durch Kristallite, wenn Elektrolyt, winziger Anriß und Zugspannungen vorhanden; nicht erkennbar

11.3 Korrosionsschutz

11.3.1 Korrosionsschutzmaßnahmen

Korrosionsschutz hat das Ziel, Korrosionsschäden zu vermeiden. Man rechnet, daß rund ein Viertel bis ein Drittel des hergestellten Eisens und Stahls durch Korrosion zerstört wird. Das zeigt die große wirtschaftliche Bedeutung des Korrosionsschutzes.

Korrosionsschutzmaßnahmen werden erforderlich, wenn für den Verwendungszweck kein preiswerter korrosionsbeständiger Werkstoff mit ausreichender Festigkeit zur Verfügung steht. Als Schutzmaßnahmen kommen zwei Möglichkeiten in Frage:

– Schutz der Werkstückoberflächen durch Beschichten oder Ändern ihrer Stoffzusammensetzungen (passiver Korrosionsschutz),

– Einwirken auf die Korrosionsursachen und den Korrosionsvorgang (aktiver Korrosionsschutz).

Für beide Möglichkeiten gibt es eine Vielzahl von Fertigungsverfahren und Maßnahmen, von denen Bild **11.5** eine Auswahl zeigt.

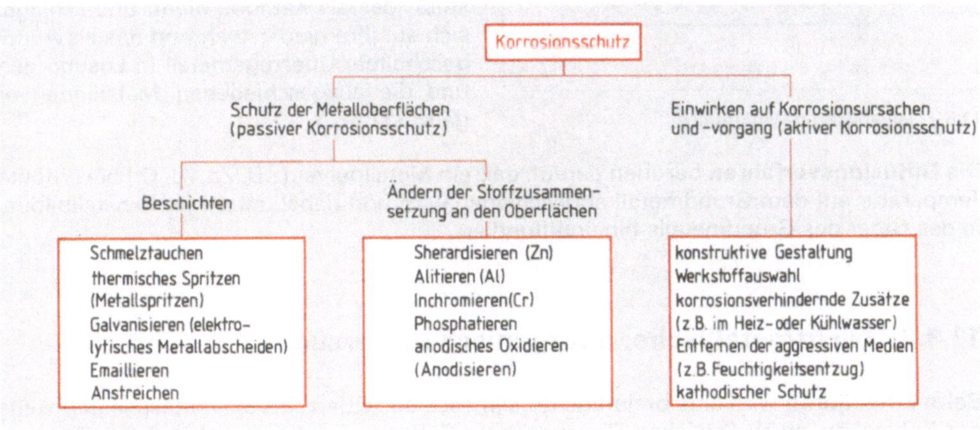

11.5 Korrosionsschutz (Beispiele)

Beim Schutz der Metalloberfläche durch Beschichten oder Ändern der Stoffzusammensetzung lassen sich nach der Schichtart metallische, nichtmetallische (anorganische und organische) Überzüge unterscheiden. Sie erfordern ein Vorbehandeln der Metalloberflächen (z.B. Reinigen, Entfetten, Entrosten).

11.3.2 Metallische Überzüge

Metallische Überzüge haben ein sehr weites Anwendungsgebiet gefunden, weil sie viele Vorteile bieten. Das metallische Aussehen und die elektrische Leitfähigkeit bleiben erhalten. Entscheidend für die Güte des Überzugs ist das riß- und porenfreie Aufbringen, weil sich sonst Lokalelemente bilden, die das unedlere Metall zersetzen (s. Abschn. 11.1). Aufgebracht werden metallische Überzüge durch Schmelztauchen, Spritzen, Galvanisieren oder Diffusion.

Beim Schmelztauchverfahren wird das zu schützende Metall nach dem Beizen und Reinigen in ein Bad aus geschmolzenem Überzugsmetall eingetaucht. Das Schmelztauchen ist auf Metalle mit niedrigem Schmelzpunkt begrenzt (Zn, Sn, Pb, Al).

Beim Metallspritzen (thermischen Spritzen) werden die Überzugsmetalle in Draht- oder Pulverform einem Metallspritzgerät (Spritzpistole) zugeführt, an dessen Mündung sie z.B. durch eine Gasflamme oder einen Lichtbogen geschmolzen werden. Mit Druckluft oder einem unter Druck stehenden Schutzgas (Trägergas) wie Stickstoff oder Argon wird das geschmolzene Metall zerstäubt und auf die Werkstückoberfläche geschleudert.

Als Überzugsmetalle dienen Blei, Zink, Aluminium, Kupfer und rostfreie Stähle, für Korrosionsschutz vor allem Zink und Aluminium, in besonderen Fällen auch hochschmelzende Metalle wie Titan, Molybdän, Chrom und Nickel.

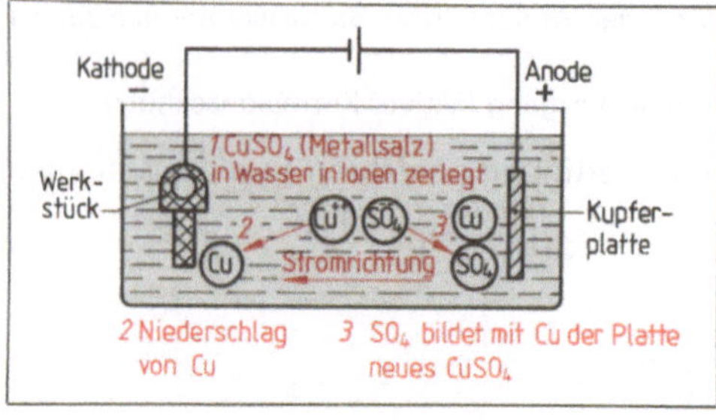

11.6 Galvanisieren (Verkupfern)

Beim Galvanisieren wird das Überzugsmetall aus einer Elektrolytlösung der Schmelze von Metallsalzen durch Gleichstrom abgeschieden (Elektrolyse). Unter Einfluß des elektrischen Stroms wandern die Metallionen in der Lösung zum Werkstück, das als Kathode dient, und schlagen sich auf ihm nieder, während das als Anode geschaltete Überzugsmetall in Lösung geht und die ausgeschiedenen Metallionen ergänzt (**11.6**).

Die Diffusionsverfahren beruhen darauf, daß ein Metallpulver (z.B. Zn, Al, Cr) bei erhöhter Temperatur auf dem Grundmetall abgeschieden wird und dabei unter Mischkristallbildung in das Gitter des Grundmetalls hineindiffundiert.

11.3.3 Nichtmetallische, anorganische Überzüge

Beim Emaillieren wird eine breiartige Emailmasse aus Quarz, Borax, Pottasche und weiteren Rohstoffen durch Streichen, Tauchen oder Spritzen auf die vorgehandelten Teile aus Stahlblech oder Grauguß aufgebracht. Durch Aufschmelzen in Öfen bei 700 bis 900 °C bei

Stahl, 550 °C bei Aluminium entsteht auf der Oberfläche ein gleichmäßig verteilter, festhaftender Glasfluß.

Emailschichten sind ein guter Korrosionsschutz und beständig gegen fast alle Säuren. Wegen der Sprödigkeit des Emails sind stoß- und schlagartige Beanspruchungen zu vermeiden.

Chemisch aufgebrachte Schichten. Nichtmetallische, anorganische Überzüge auf metallischen Grundwerkstoff lassen sich auch chemisch erzeugen, Je nach Art des schichtbildenden Stoffs unterscheidet man verschiedene Verfahren, z.B. Chromatieren (Chrom), Silicieren (Silicium), Alitieren (Aluminium) und Phosphatieren.

Anodisches Oxidieren (Anodisieren). Bei Aluminium und Aluminiumlegierungen kann die feste, aber dünne natürliche Oxidschicht (maximal 0,01 bis 0,1 µm) durch anodisches Oxidieren auf Schichtdicken von 8 bis 30 µm und mehr mit höherem Korrosionsschutzvermögen verstärkt werden. Die Beschichtung erfolgt mit dem Eloxal-Verfahren (**el**ektrisch **ox**idiertes **Al**uminium), bei dem das Werkstück als Anode (Pluspol) geschaltet in einen Elektrolyten gebracht wird. Als Kathode (Minuspol) benutzt man eine Bleiplatte (oder auch Edelstahl, Titan). Durch die Wahl des Elektrolyten (z.B. Schwefelsäure, Oxalsäure, Chromsäure) und der Stromverhältnisse (Gleich- oder Wechselstrom) werden Schichten mit verschiedenen Eigenschaften erzielt, z.B. weich, hart, korrosionsbeständig, chemisch beständig, verschleißfest. Sie können mit Metalloxiden eingefärbt und dem Verwendungszweck angepaßt werden.

Eloxiertes Aluminium findet als Werkstoff weitgehende Verwendung in der Bauindustrie (z.B. Türen, Fenster, Beschläge, Fassadenverkleidungen), in der Nahrungsmittelindustrie, als Verpackungsmaterial und bei Aluminiumhalbzeugen, die ohne Schaden der Schutzschicht weiterverarbeitet werden können.

11.3.4 Organische Überzüge

Schutzanstriche mit Öl- und Kunststofflacken. Beim Beschichten von Werkstückoberflächen durch Lackieren werden neben Naturprokukten (Öllacke, Hartlacke) hauptsächlich Kunststofflacke (synthetische Kunstharze) verwendet. Die flüssigen bis pastenförmigen Anstrichmittel enthalten im wesentlichen Pigmente (pulverförmige, unlösbare Stoffe wie Farben), Binde- und Lösungsmittel.

Schutzanstriche werden in der Regel durch Streichen, Spritzen oder Tauchen aufgetragen. Die Anwendung der Anstriche ist durch Temperatur und zeitliche Haltbarkeit begrenzt. Die oberen Temperaturen liegen für Ölfarben bei 80 °C, für Kunststoffanstriche bei 120 bis 150 °C.

Beschichten mit Kunststoffpulver. Kunststoffüberzüge werden bei stärkerer chemischer Beanspruchung, zur elektrischen Isolation, Wärmedämmung und als Korrosionsschutz verwendet. Ihr Anwendungsbereich ist in der Regel auf Temperaturen bis zu 150 °C begrenzt. Zum Beschichten gibt es verschiedene Verfahren. Die wichtigsten sind das Flammspritzen, Wirbelsintern und elektrostatisches Pulversprühen.

Beim Flammspritzen werden die Kunststoffpulver einem Brenner zugeführt, dort aufgeschmolzen und vom ausströmenden Brenngas oder mittels Druckluft zerstäubt. Nach dem Erkalten bilden sie auf der Werkstückoberfläche eine gut haftende, elastische Schutzschicht.

Beim Wirbelsintern wird feines Kunststoffpulver durch Druckluft in einem Gefäß so aufgewirbelt, daß es sich in der Schwebe hält (Wirbelbett). In das Wirbelbett wird das zu beschichtende Werkstück eingetaucht, nachdem es über den Schmelzbereich (Thermoplaste)

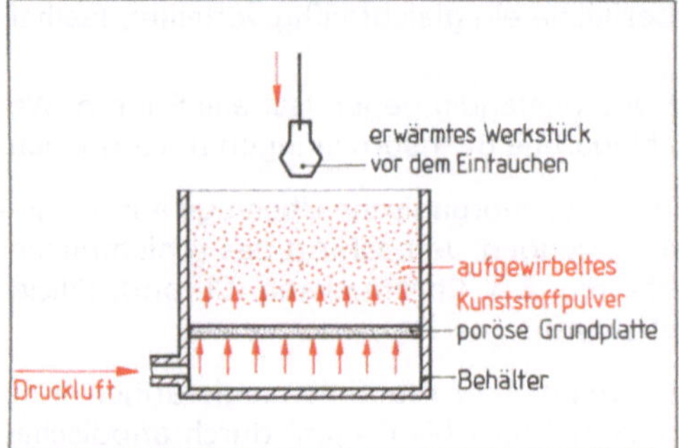

11.7 Wirbelsintern

oder die Härtungstemperatur (Duroplaste) des Kunststoffs merklich erwärmt worden ist. Das Pulver umspült das Werkstück vollständig, also auch komplizierte Formen. Es setzt sich auf der Oberfläche ab und schmilzt zu einer geschlossenen Schicht zusammen (Sintern). Das Verfahren, bei dem kein Materialverlust auftritt, eignet sich besonders für Kleinteile. Beispiele für seine Anwendung sind Metallmöbel, Gitter, Körbe, Drähte, Rohre (**11.7**).

Beim elektrostatischen Pulversprühen wird das Kunststoffpulver in einer Pulversprühpistole elektrostatisch aufgeladen. Die ionisierten Pulverteilchen folgen den Feldlinien, die zwischen Pistole und Werkstück das elektrische Feld bilden, und setzen sich auf dem Werkstück zunächst als lockere Schicht ab. Entlang der Feldlinien gelangen die Teilchen auch auf die Werkstückrückseite. Anschließend bildet sich durch eine Wärmebehandlung (Einbrennvorgang) eine geschlossene Kunststoffschicht, die aushärtet.

11.3.5 Kathodischer Korrosionsschutz

Beim kathodischen Korrosionsschutz verbindet man den zu schützenden Werkstoff (z. B. Bauteil aus Stahl) mit einer zweiten, unedleren Elektrode, so daß ein galvanisches Element entsteht. Bei elektrochemischer Korrosion wird dann die unedlere Elektrode (z. B. aus Magnesium, Zink) zersetzt, während der Stahl als edleres Metall nicht zerstört wird. Diese Schutzmaßnahme findet Anwendung bei den im Erdreich gelagerten Tanks und Rohrleitungen, im Schiffbau z. B. zum Schutz der Ruderanlage. Man unterscheidet kathodischen Korrosionsschutz durch Opferelektrode und durch Anlegen einer Fremdspannung (**11.8**).

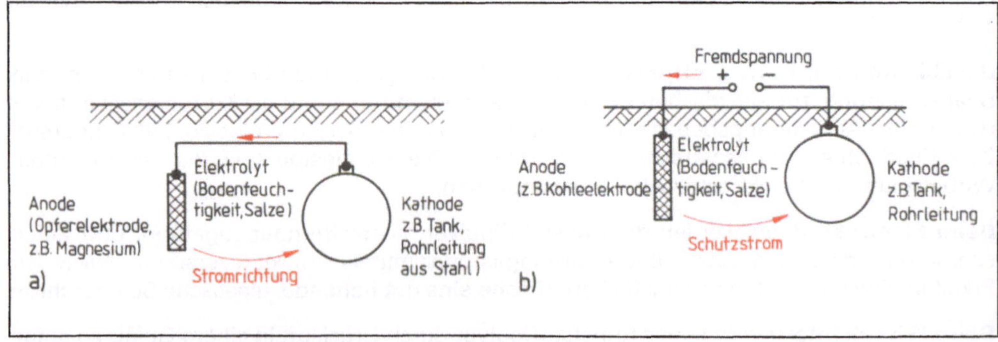

11.8 Kathodischer Korrosionsschutz
   a) durch Opferanode, b) durch Anlegen einer Fremdspannung

1. Beschreiben Sie den elektrochemischen Vorgang, der beim Eintauchen von zwei miteinander verbundenen Metallelektroden in einem Elektrolyten abläuft.

2. Was sagt die Spannungsreihe der Metalle aus?

3. Nennen Sie Fälle, bei denen ein Korrosionselement entsteht.

4. Erläutern Sie verschiedene Korrosionsformen.

5. Welche grundsätzlichen Möglichkeiten von Korrosionsschutzmaßnahmen gibt es?

6. Welche Eigenschaften müssen Schutzschichten aufweisen?

7. Nennen Sie die Vorteile, die metallische Überzüge aufweisen.

8. Beschreiben Sie das Prinzip der Metallspritzverfahren.

9. Wie wird die erforderliche Schmelztemperatur bei den Metallspritzverfahren erzeugt?

10. Welcher physikalische Vorgang liegt dem Galvanisieren zugrunde?

11. Wie wird beim Sherardisieren eine Schutzschicht erzeugt?

12. Nennen Sie Vorteile und Nachteile von Emailschichten?

13. Zu welchen Zwecken erfolgt das Phosphatieren von Stahloberflächen?

14. Wie entsteht beim anodischen Oxidieren (Anodisieren) die Schutzschicht?

15. Welche organischen Anstrichstoffe werden als Schutzanstriche verwendet?

16. Auf welchem Prinzip beruhen elektrostatische Spritzverfahren?

17. Nennen Sie Verfahren, mit denen sich Schutzschichten mit Kunststoffpulver erzeugen lassen.

12.1 Prüfarten und Prüfverfahren

> Aufgaben der Werkstoffprüfung im Betrieb sind Qualitätssicherung und -überwachung der Erzeugnisse sowie die Aufklärung von Beanstandungen und Schäden.

Die Prüfungen sollen die Werkstoffeigenschaften feststellen, die für die Fertigung und den Verwendungszweck der Werkstücke von Bedeutung sind. Besonders wichtig sind die Festigkeits- und Verformungseigenschaften der Werkstoffe, die in der Regel durch „zerstörende" Prüfverfahren an Werkstoffproben geprüft werden. Auch der Gefügezustand und die chemische Zusammensetzung des Werkstoffs lassen sich nur an Werkstoffproben feststellen. Zur Fehlersuche an Werkstücken während der einzelnen Fertigungsstufen, in der Endkontrolle oder während der Verwendung werden bevorzugt „zerstörungsfreie" Prüfverfahren eingesetzt.

Wegen der Vielzahl der Werkstoffe und der zu untersuchenden Eigenschaften gibt es zahlreiche Prüfverfahren. Nach der zu untersuchenden Eigenschaft unterscheiden wir mechanische, technologische, physikalische, chemische und metallographische Prüfungen (**12.1**).

Tabelle **12.1** **Auswahl wichtiger Prüfverfahren in der Metalltechnik**

Art der Prüfung	Prüfverfahren	Werkstoffeigenschaften und -kennwerte
Zerstörende Prüfungen		
Mechanische Prüfungen mit statischer Beanspruchung	Zugversuch (DIN 50 145) (Druck-, Biege-, Scherversuch)	statische Festigkeit und Verformbarkeit (z.B. Zugfestigkeit, Bruchdehnung, elastische Kennwerte
	Zeitstandversuch (DIN 50118, DIN 50119)	Festigkeit und Dehnung bei ruhender Beanspruchung in der Zeit (z.B. Dauerstandfestigkeit, Warmfestigkeit)
	Härteprüfung – nach Brinell (DIN 50351 – nach Vickers (DIN 50133) – nach Rockwell (DIN 50103)	Härtewerte
Mechanische Prüfungen mit dynamischer Beanspruchung	Kerbschlag-Biegeversuch (DIN 50115)	Zähigkeitsverhalten (z.B. Kerbschlagzähigkeit)
	Dauerschwingversuche (DIN 50100)	Festigkeit, Verfestigungs- und Bruchverhalten bei periodisch veränderter Beanspruchung (z.B. Dauerfestigkeit)
	Härteprüfung – nach Kugeleindringverfahren – nach Rückprallverfahren	Härtewerte

Fortsetzung s. nächste Seite

Art der Prüfung	Prüfverfahren	Werkstoffeigenschaften und -kennwerte
Zerstörende Prüfungen		
Technologische Prüfungen	Faltversuch (DIN 1605, 50121)	Kaltverformbarkeit
	Tiefungsversuch nach Erichsen (DIN 50101, 50102)	Tiefzieheignung
	Prüfungen an Schweiß- und Lötwerkstoffen (verschiedene DIN-Normen)	Festigkeits- und Verformungseigenschaften von Lötverbindungen und Schweißgut
Metallografische Prüfungen	Ätzverfahren	Gefügeaufbau der metallischen Werkstoffe
	Abdruckverfahren	Werkstofffehler
	Mikroskopische Verfahren	
Zerstörungsfreie Prüfungen		
	Kapillarverfahren	Fehler an der Oberfläche oder im Innern des Werkstoffs (z. B. Härterisse, Einschlüsse, Lunker
	Magnetverfahren (DIN 54121)	
	Schallverfahren	
	Strahlenverfahren	

Um die Prüfungsergebnisse wiederholbar und vergleichbar zu machen, sind die Werkstoffkennwerte, Prüfbedingungen und Prüfvorgänge weitgehend in DIN-Normen festgelegt.

12.2 Zugversuch (DIN 50 145)

Der Zugversuch ist die wichtigste Festigkeitsprüfung für Werkstoffe (s. Metallfachkunde 1, Abschn. 8.3.1). Er ermittelt das Werkstoffverhalten bei einer gleichmäßig über den Querschnitt verteilten Zugspannung. Die Prüfung wird an genormten Probestäben auf einer Prüfmaschine durchgeführt (**12**.2). Während des Prüfvorgangs werden fortlaufend Spannung und Dehnung gemessen und in einem Spannungs-Dehnungs-Diagramm aufgezeichnet.

Dabei treten zwei Hauptformen des Spannungs-Dehnungs-Diagramms auf: bei den meisten Metallen eine stetige Kurve (ohne ausgeprägte Streckgrenze), bei einigen Werkstoffen, besonders bei Baustählen dagegen eine unstetige Kurve (mit ausgeprägter Streckgrenze; **12**.3). Bild **12**.4 stellt Spannungs-Dehnungs-Kurven verschiedener Werkstoffe gegenüber.

Im Zugversuch ermittelt man die folgenden Festigkeits- und Verformungskennwerte.

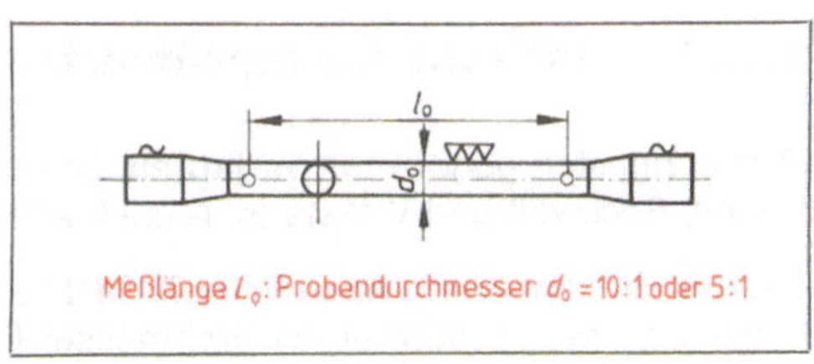

12.2 Genormter Probestab für Zugversuch (DIN 50 125)

Dehngrenze R_p = die Spannung, die eine bleibende Dehnung von bestimmter Größe hervorruft. Man unterscheidet die 0,01-%-Dehngrenze ($R_{p0,01}$), die auch technische Elastizitätsgrenze genannt wird, die 0,2-%-Dehngrenze ($R_{p0,02}$) und in Einzelfällen die 1-%-Dehngrenze. Die Dehngrenze wird ermittelt, wenn der Werkstoff keine ausgeprägte Streckgrenze hat (**12**.3a).

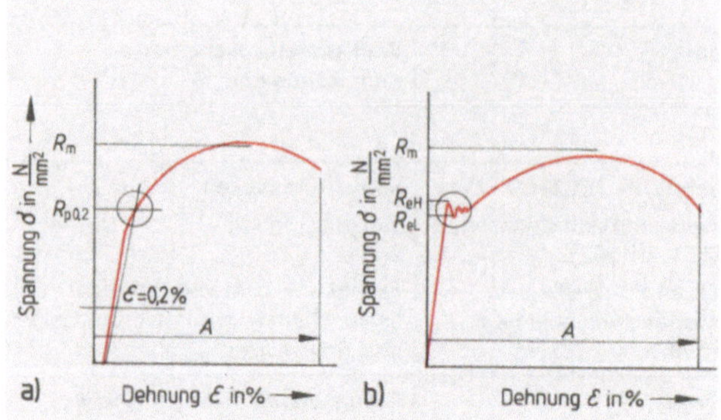
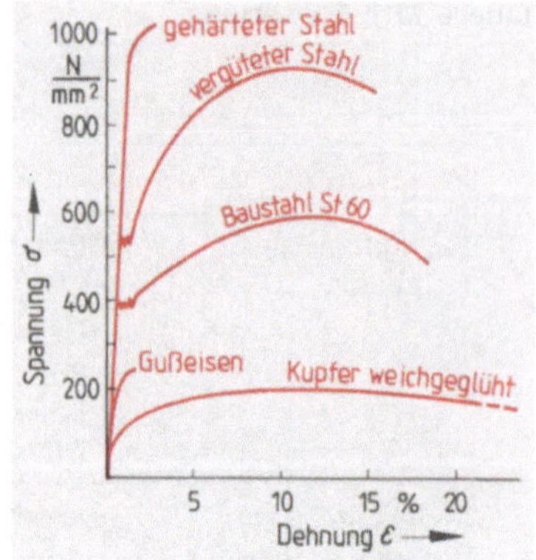

12.3 Spannungs-Dehnungs-Diagramm

 a) ohne, b) mit ausgeprägter Streckgrenze

12.4 Spannungs-Dehnungs-Diagramme verschiedener Werkstoffe

Streckgrenze R_{eH} = die Spannung, bei der die Längendehnung des Probestabs zunimmt, obwohl die Zugkraft konstant bleibt oder sogar abfällt. Das ist der Zeitpunkt, an dem der Werkstoff zu fließen beginnt. Fällt die Spannung beim Fließen merklich ab, unterscheidet man zwischen oberer Streckgrenze R_{eH} und unterer Streckgrenze R_{eL} (= kleinste Spannung im Fließbereich, **12.3**b).

Zugfestigkeit R_m = die Spannung, die sich aus der Höchstkraft F_m, bezogen auf den Anfangsquerschnitt S_o ergibt: $R_m = F_m/S_o$.

Bruchdehnung A = die bleibende Längenänderung nach dem Bruch $L_u - L_o$, bezogen auf die Anfangsmeßlänge L_o. Sie wird durch Zusammenlegen der gebrochenen Hälften des Probestabs bestimmt: $A = L_u - L_o/L_o \cdot 100$ in %.

Brucheinschnürung Z = die Querschnittsänderung an der Bruchstelle des Probestabs ΔS bezogen auf den Anfangsquerschnitt S_o: $Z = \Delta S/S_o \cdot 100$ in %.

12.3 Härteprüfungen

Unter Härte versteht man den Widerstand, den ein Werkstoff dem Eindringen eines anderen Körpers (Prüfkörper) entgegensetzt.

12.3.1 Statische Härteprüfverfahren

Die wichtigsten genormten Verfahren für den Maschinenbau sind die Härteprüfungen nach Brinell, Rockwell und Vickers (s. Metallfachkunde 1, Abschn. 8.2.2).

Bei der Härteprüfung nach Brinell (DIN 50351) wird eine gehärtete Stahl- oder Hartmetallkugel mit einem bestimmten Durchmesser D unter einer bestimmten Prüfkraft F in die Probe eingedrückt (**12.5**). Die Belastung wird stoßfrei und gleichmäßig bis zum Höchstwert aufgebracht. Die Einwirkdauer der Prüfkraft beträgt in der Regel 10 bis 15 Sekunden. Für Werkstoffe, die ein ausgeprägtes Fließverhalten zeigen, kann sie auch 30 bis 60 Sekunden sein. Die Kugeldurchmesser sind mit 10, 5, 2,5 und 1 mm genormt. Für die Werkstoffe mit einer Brinellhärte bis 450 HB wird eine Stahlkugel, bis 650 HB eine Hartmetallkugel verwendet.

Die gewonnenen Härtewerte sind aber nur vergleichbar, wenn das Verhältnis von Prüfkraft F zum Kugelquerschnitt $D^2 \cdot \pi/4 \sim D^2$ gleich ist. Dieses Verhältnis bezeichnet man als Belastungsgrad $= 0{,}102 \cdot F/D^2$. Die genormten Belastungsgrade sind: 30, 10, 5, 2,5 und 1. Für die verschiedenen Werkstoffe sind je nach ihrer Härte bestimmte Belastungsgrade vorgesehen. Aus dem Belastungsgrad und dem Kugeldurchmesser läßt sich die Prüfkraft berechnen. Die Belastung soll so gewählt werden, daß der Eindruckdurchmesser d zwischen $0{,}2\,D$ und $0{,}6\,D$ liegt.

Nach Entlasten wird der Eindruckdurchmesser gemessen und die Oberfläche des bleibenden Eindrucks bestimmt. Die Brinellhärte ergibt sich aus der Prüfkraft F, bezogen auf die Eindruckoberfläche A.

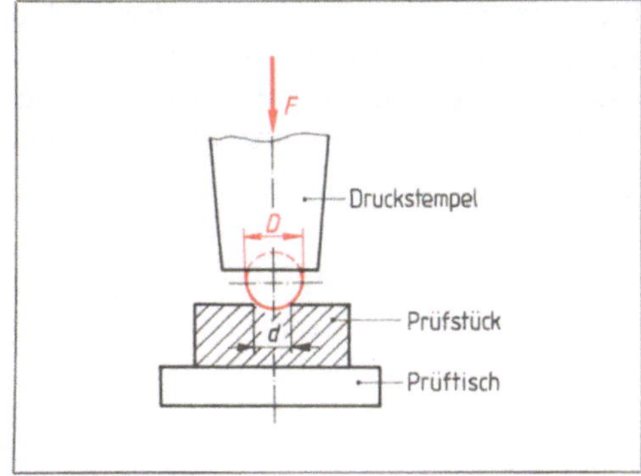

12.5   Brinellhärteprüfung

$$\text{Brinellhärte} = \frac{\text{Prüfkraft}}{\text{Eindruckoberfläche}}$$

$$\text{HB} = \frac{0{,}102 \cdot F}{A}$$

HB	Härtewert ohne Einheit
F	Prüfkraft in N
A	Eindruckoberfläche in mm²
0,102	Umrechnungsfaktor

Die Angabe der Brinellhärte setzt sich zusammen aus dem Härtewert, dem Kurzzeichen HB und den Prüfbedingungen.

Beispiel 12.1

150	HB	5	/	250	/	30
Härtewert	Kurzzeichen für Brinellprüfung	Prüfkugeldurchmesser in mm		Prüfkraft 2450 N		Einwirkdauer in s

Sind die Prüfkraft 29 420 N, der Kugeldurchmesser 10 mm und die Einwirkdauer 10 bis 15 Sekunden, entfällt die Angabe der Prüfbedingungen. Dann besteht die Härteangabe nur aus dem Härtewert und dem Kurzzeichen HB.

Beispiel 12.2   400 HB statt 400 HB 10/3000/10.

Die Härteprüfung nach Vickers (DIN 50 133) verwendet als Eindringkörper eine aus Diament bestehende Pyramide mit quadratischer Grundfläche und einem Flächenwinkel von 136°. Die Pyramidenspitze wird mit einer bestimmten Prüfkraft und einer Einwirkdauer von 10 bis 15 Sekunden in die Probe eingedrückt. Die Einwirkdauer kann bei bestimmten Werkstoffen auch länger sein. Die anzuwendenden Prüfkräfte sind genormt.

Vom bleibenden Eindruck in der Oberfläche der Probe werden die Diagonalen d_1 und d_2 gemessen, der arithmetische Mittelwert gebildet und daraus die Eindruckfläche bestimmt (**12.6**).

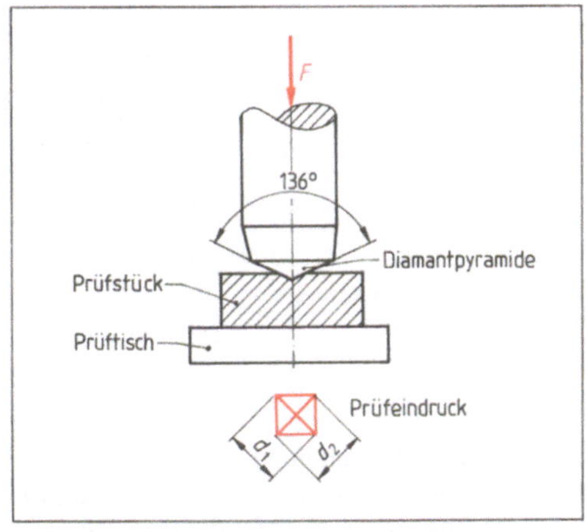

12.6   Vickershärteprüfung

Die Vickershärte ergibt sich aus der Prüfkraft, bezogen auf die Eindruckoberfläche.

Die vollständige Angabe der Vickershärte besteht aus dem Härtewert, dem Kurzzeichen des Prüfverfahrens HV und der Prüfbedingungen (Prüfkraft und Einwirkdauer). Beträgt die Einwirkdauer 10 bis 15 Sekunden, wird sie nicht angegeben.

$$\text{Vickershärte} = \frac{\text{Prüfkraft}}{\text{Eindruckoberfläche}}$$

$$HV = \frac{0{,}102 \cdot F}{A} = \frac{0{,}189 \cdot F}{d^2}$$

HV	Härtewert ohne Einheit
F	Prüfkraft in N
A	Eindruckoberfläche in mm^2
d	arithmetisches Mittel der Eindruckdiagonalen $d_1 + d_2/2$
0,102; 0,189	Umrechnungsfaktoren

Beispiel 12.3

180	HV	5	/	30
Härtewert	Kurzzeichen für Vickersprüfung	Prüfkraft in 0,102 N		Einwirkdauer in s

Das Vickersverfahren eignet sich für die Härteprüfung von Werkstoffen von sehr geringer bis sehr hoher Härte, besonders bei sehr harten Werkstoffen, harten Randschichten (wie sie beim Oberflächenhärten auftreten) und bei dünnen Werkstoffen.

Bei der Härteprüfung nach Rockwell (DIN 50103) dient die Eindringtiefe eines Prüfkörpers als Maß, der in zwei Stufen in das Prüfstück eingedrückt wird. Je größer die bleibende Eindringtiefe ist, um so geringer ist die Härte des Werkstoffs.

Beim Rockwell-C-Verfahren (cone, engl. = Kegel) wird als Eindringkörper ein Diamantkegel mit einem Kegelwinkel von 120° und abgerundeter Spitze verwendet. Bei der Prüfung bringt man zuerst eine Prüfvorkraft $F_0 = 98$ N auf, die eine sichere Berührung von Kegel und Prüfstück erzeugen und etwa vorhandenes Spiel ausschalten soll (**12.7** a). Die von der

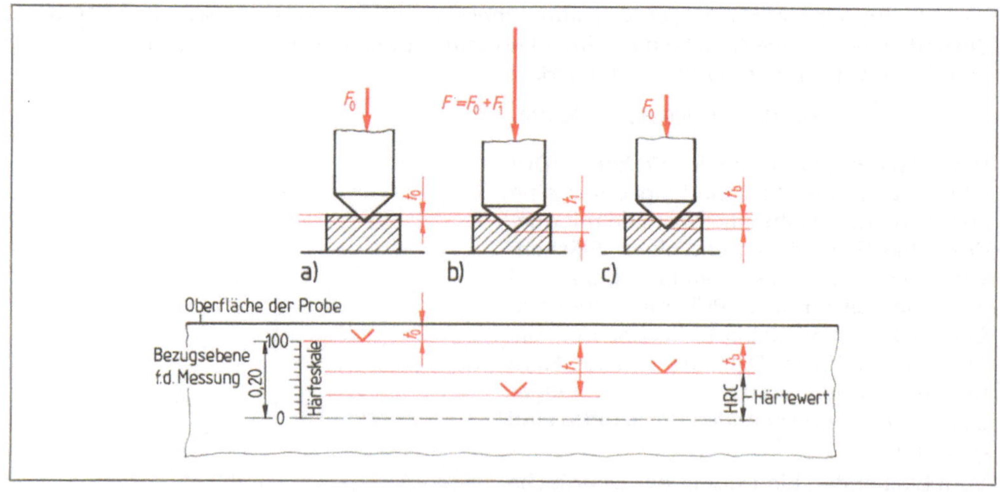

12.7 Rockwellhärteprüfung
a) Eindringtiefe t_0 unter der Prüfvorkraft F_0
b) Eindringtiefe t_1 unter der Prüfkraft F_1
c) bleibende Eindringtiefe t_b nach Kraftminderung von F auf F_0

Prüfvorkraft erzeugte Eindringtiefe t_0 ist für den Härtewert ohne Interesse. Erst von ihr aus beginnt die Messung der bleibenden Eindringtiefe t_1 (Bezugsebene für die Messung). Deshalb wird die Meßuhr hier auf Null gestellt und dann zusätzlich eine Prüfkraft von $F_1 =$ 1373 N ausgeübt (**12.7** b). Nach Eintritt der bleibenden Verformung wird auf die Prüfvorkraft entlastet, die Meßuhr zeigt nun die bleibende Eindringtiefe t_b an (**12.7** c). Damit die Härtewerte mit zunehmender Eindringtiefe kleiner werden, hat man für die Eindringtiefe $t_b =$ 0 mm (d. h. kein Eindruck) den größten Rockwellenhärtewert 100 HRC festgesetzt. (Das ist die Härte des Diamanten des Kegels.) Für die Eindringtiefe $t_b = 0{,}2$ mm wurde der Härtewert 0 HRC festgelegt. Eine Eindringtiefe von 0,002 mm ist also eine Härteeinheit. Die Rockwellhärte läßt sich an der entsprechenden Skala der Meßuhr unmittelbar ablesen.

Beispiel 12.4 Bei einer Rockwell-C-Härteprüfung wurde eine bleibende Eindringtiefe von 0,08 mm gemessen. Das sind $\dfrac{0{,}08 \text{ mm}}{0{,}002 \text{ mm}} = 40$ Härteeinheiten. Vom Härtewert 100 HRC (keine bleibende Eindringtiefe) sind also 40 Härteeinheiten abzuziehen. Der Härtewert für das Prüfstück ist 60 HRC.

Nach dem Rockwell-C-Verfahren werden gehärtete Stähle sowie gehärtete und angelassene Legierungen mit Härtewerten von 20 bis 70 HRC geprüft. Wegen einfacher und auch automatisierbarer Messung eignet sich das Verfahren besonders für die Qualitätssicherung von Wärmebehandlungen in der Fertigung.

Das Rockwell-B-Verfahren (ball, engl. = Kugel) hat eine Stahlkugel mit einem Durchmesser von $^1/_{16}'' = 1{,}59$ mm als Prüfkörper. Die Prüfvorkraft beträgt auch hier $F_0 = 98$ N, doch ist die Prüfkraft mit $F_1 = 883$ N geringer. Als größte bleibende Eindringtiefe ist $t_1 = 0{,}26$ mm festgesetzt; das entspricht der Rockwellhärte 0 HRB. Eine bleibende Eindringtiefe 0 mm (kein Eindruck) bedeutet Rockwellhärte 130 HRB. Eine Härteeinheit beträgt also auch hier 0,002 mm.

Das Rockwell-B-Verfahren verwendet man für metallische Werkstoffe mit einer Härte von 35 bis 100 HRB (z. B. Werkstoffe mittlerer Härte, Stähle mit niedrigem und mittlerem Kohlenstoffgehalt, Messing und Bronzen).

12.3.2 Dynamische Härteprüfverfahren

Für dynamische Härteprüfungen braucht man nur einfache Prüfgeräte, die ohne großen Aufwand im Betrieb unmittelbar am Arbeitsplatz oder an fertigen Maschinen eingesetzt werden können.

Zum Bestimmen der Härte verwendet man entweder – wie bei der Brinellprüfung – einen Kugeleindruck, der durch Schlag erzeugt wird, oder nutzt die unterschiedliche Elastizität des Werkstoffes.

Schlaghärteprüfgeräte sind der Baumann- und der Kugelschlaghammer.

Bei der Härteprüfung mit dem Baumann-Hammer wird eine Prüfkugel als Eindringkörper mit einem Schlagbolzen in den zu prüfenden Werkstoff getrieben. Die stets gleiche Schlagkraft bewirkt eine kräftige Feder, die gespannt wird und bei einer bestimmten Federspannung ihre Energie an den Schlagbolzen abgibt. Aus dem gemessenen Eindruckdurchmesser ermittelt man die Brinellhärte mit Hilfe besonderer Tabellen.

Die Härteprüfung mit dem Kugelschlaghammer (Poldi-Hammer) arbeitet ebenfalls mit einer Kugel, die durch einen Hammerschlag gleichzeitig in das Prüfstück und in einen Ver-

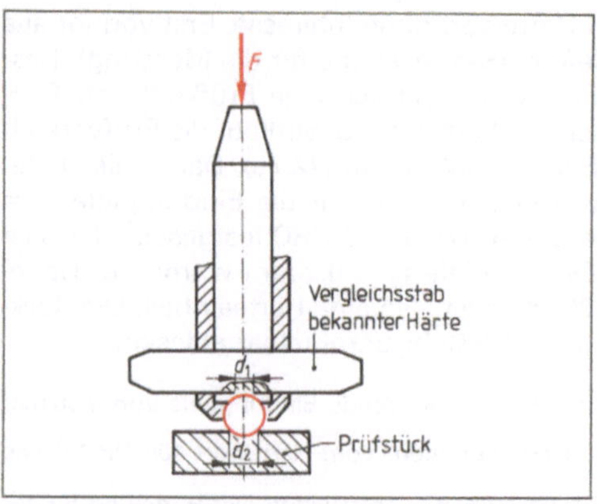

12.8 Kugelschlaghammer

gleichsstab mit bestimmter Härte eingetrieben wird. Beide Teile müssen etwa gleich hart sein. Die Härte des Prüfstücks ergibt sich aus einem Vergleich der beiden Eindruckdurchmesser und wird aus Tabellen abgelesen (**12.8**).

Das Rückprallverfahren nutzt die elastische Rückfederung der Werkstoffe.

Beim Skleroskop nach Shore fällt ein Hammer mit einem kugelförmigen Ende oder einer Diamantspitze aus bestimmter Höhe auf die Probe. Die beim Rückprall erreichte Rücksprunghöhe dient als Maß für die Härte.

12.4 Kerbschlag-Biegeversuch (DIN 50 115) und Dauerschwingversuch (DIN 50 100)

Kerbschlag-Biegeversuch. Unter statischer Zugbelastung reagieren Werkstoffe anders als bei plötzlichem Schlag oder Druck. Mit Hilfe des Kerbschlags-Biegeversuchs kann man die Zähigkeit von Stahl und Stahlguß bei schlagartiger Beanspruchung und die Neigung des Werkstoffs zum Trenn- oder Verformungsbruch feststellen.

Der Kerbschlag-Biegeversuch wird mit einem Pendelschlagwerk ausgeführt (**12.9**). Eine genormte Kerbschlagprobe wird in eine Widerlager eingesetzt. Der Pendelhammer fällt von einer bestimmten Fallhöhe auf die Rückseite der Probe, zerschlägt sie oder zieht sie durch das Widerlager durch. Die dabei verbrauchte Schlagarbeit läßt sich aus dem Unterschied von Fallhöhe und Steighöhe ermitteln: $W = F_G (h_1 - h_2)$. Sie ist auch unmittelbar am Schleppzeiger abzulesen, der vom schwingenden Hammer mitgenommen wird. Die verbrauchte Schlagarbeit, Kerbschlagarbeit genannt, ist ein Kennwert für die Zähigkeit des Werkstoffs.

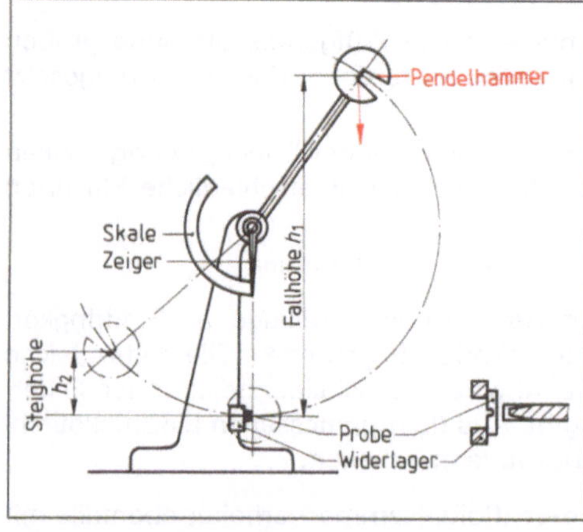

12.9 Pendelschlagwerk

Kerbschlagarbeit $W_V = F_G (h_1 - h_2)$

W_V = Kerbschlagarbeit in J oder Nm
F_G = Gewichtskraft des Hammers in N
h_1 = Fallhöhe in m
h_2 = Steighöhe in m

Die Kerbschlagarbeit hängt stark von der Probenform, der Versuchstemperatur und der Schlaggeschwindigkeit ab. Je zäher der Werkstoff, um so größer ist die verbrauchte Schlagarbeit.

Dauerschwingversuch. Unter Betriebsbedingungen werden Bauteile im Maschinen- und Fahrzeugbau meist langzeitig durch periodisch sich ändernde Belastungen beansprucht. Das führt zur Ermüdung des Werkstoffs und schließlich zum Bruch. Solche Dauer- und Ermüdungsbrüche treten schon bei Beanspruchungen auf, deren Spannungen weit unterhalb der Bruchfestigkeit liegen, und sind die Hauptursache für Schadensfälle an Maschinen. Deshalb ist für den Maschinenbau das Werkstoffverhalten bei wechselnder Beanspruchung oft wichtiger als die statische Festigkeit. Mit Dauerschwingversuchen werden die Festigkeitswerte der Werkstoffe für schwingende Beanspruchung ermittelt.

Die Beanspruchung beim Dauerschwingversuch besteht aus einer Mittelspannung σ_m und einem Spannungsausschlag σ_a. Den zeitlichen Verlauf eines Schwingspiels zeigt Bild **12**.10.

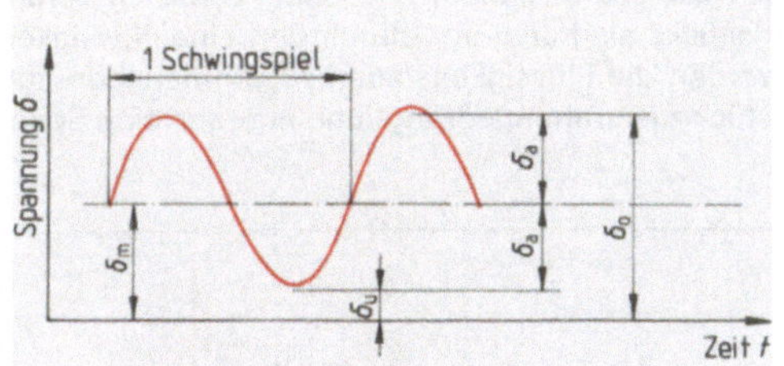

12.10 Spannungsverlauf bei schwingender
       Beanspruchung

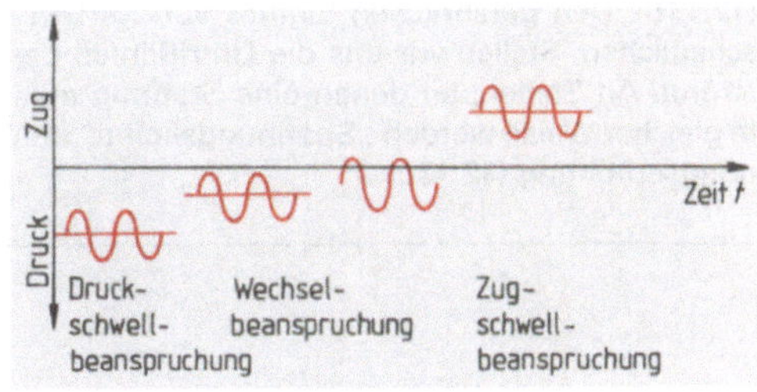

12.11 Beanspruchungsbereiche beim
       Dauerschwingversuch

Je nach Größe der Mittelspannung ergeben sich drei mögliche Beanspruchungsbereiche: Druckschwell-, Wechsel- und Zugschwellbereich (**12**.11).

Die Dauerschwingfestigkeit wird auf besonderen Dauerprüfmaschinen (Pulsatoren) an glatten, polierten Probestäben ermittelt. Man setzt die völlig gleichen Proben nacheinander mit jeweils geringerem Spannungsausschlag so lange der schwingenden Belastung aus, bis sie brechen. Je geringer der Spannungsausschlag ist, um so größer sind die Schwingspielzahlen bis zum Bruch (**12**.12). Ab einer bestimmten Grenz-Schwingspielzahl ist kein Bruch mehr zu erwarten (bei weichem Stahl ab 10 Millionen Schwingspiele) oder ist die Lebensdauer genügend lang. Die zu dieser Grenzschwingspielzahl gehörende Spannung ist die Dauerfestigkeit oder Dauerschwingfestigkeit σ_D.

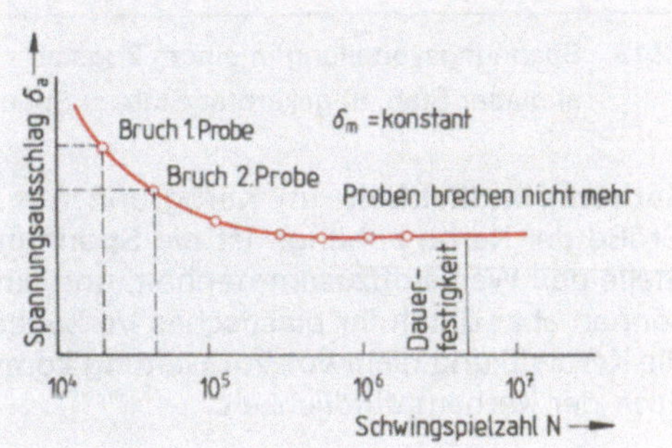

12.12 Wöhler-Kurve; ertragener Spannungsaus-
       schlag in Abhängigkeit von der Zahl der
       Schwingspiele

Wird die Dauerfestigkeit an fertigen Bauteilen (z.B. Federn, Wellen) ermittelt, heißt sie Gestaltfestigkeit.

Die Dauerfestigkeit wird erheblich beeinflußt durch die Größe, Form und Oberflächengüte des Probestabs. Je größer der beanspruchte Querschnitt und je rauher die Oberfläche sind, um so geringer ist die Dauerfestigkeit. Besonders wird sie aber durch scharfe Einschnitte in die glatte Oberfläche herabgesetzt.

> Die Dauerfestigkeit σ_D ist die größte Spannung (Mittelspannung + Spannungsausschlag), die ein Probestab bei schwingender Beanspruchung unendlich oft ohne Bruch und unzulässige Verformung erträgt.

Kerbwirkung. Von großem Einfluß auf die Dauerfestigkeit ist die geometrische Bauform des Werkstücks. Kerben – das sind Einschnitte in die glatte Oberfläche des Werkstücks wie Einstiche, Gewinde, scharfkantige Querschnittsübergänge, aber auch Bearbeitungsriefen, Härterisse und Schlagzahlen – vermindern die Dauerfestigkeit von Maschinenteilen erheblich.

Bei einem z. B. auf Zug beanspruchten glatten Stab ergibt sich eine gleichmäßige Spannungsverteilung über den Querschnitt (11.13a). Wird dagegen ein gekerbter Stab gleichen Querschnitts durch dieselbe Zugkraft belastet, entsteht im Kerbgrund eine Spannungsspitze, die bedeutend größer sein kann als die berechnete Nennspannung $\sigma_n = F_0/S_0$ und bei dynamischer Belastung zum Dauerbruch führen kann (12.13b). Den gefährlichen Einfluß von Kerben können wir uns an einem bildlichen Vergleich veranschaulichen. Stellen wir uns die Umrißlinien des Werkstücks als Kanal vor, durch den eine Flüssigkeit strömt. An Stellen, an denen eine Stauung auftritt, werden die Flüssigkeitsfäden zusammengedrängt. In gleicher Weise werden „Spannungslinien" im Werkstück zusammengedrängt und ergeben eine Spannungserhöhung (12.13c).

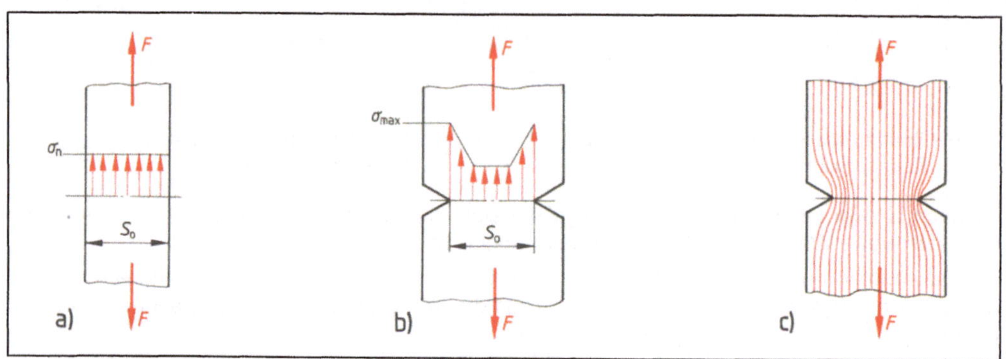

12.13 Spannungsverteilung in einem Zugstab
a) glatter Stab, b) gekerbter Stab, c) Spannungslinien

Kerbempfindlichkeit. Im Kerbgrund tritt eine Spannungsspitze auf, die von Form und Größe der Kerbe abhängt. Ist die Spannungsspitze genügend groß, zerstört sie an dieser Stelle den Werkstoffzusammenhalt, und ein Dauerbruch ist eingeleitet. Manche Werkstoffe können aber durch ihr plastisches Verhalten die Spannungsspitze wieder abbauen, so daß die Kerbwirkung nicht voll zur Geltung kommt. Deshalb unterscheidet man Werkstoffe auch nach der Kerbempfindlichkeit.

Unlegierte Kohlenstoffstähle sind weniger kerbempfindlich als hochfeste bzw. hochvergütete legierte Stähle. Zu den kerbunempfindlichen Werkstoffen gehört auch Gußeisen. Manche Leichtmetall-Legierungen sind sehr kerbempfindlich (z. B. Mg-Legierungen), andere nahezu kerbunempfindlich.

Auch die Korrosion setzt die Dauerfestigkeit stark herab, weil die örtlichen Metallabtragungen krater- oder nadelförmige Vertiefungen verursachen, die als Kerben wirken.

12.5 Technologische Prüfungen

Die technologischen Prüfverfahren sollen klären, wie sich der Werkstoff bei der Verarbeitung verhält. Die Werkstoffprobe wird in der beabsichtigten Weise bearbeitet (z. B. gebogen, geschmiedet, gebördelt) und nach „Augenschein" beurteilt, ob sich der Werkstoff für die

Bearbeitung eignet – ob er bei einer Verformung Risse zeigt, ob er grobe Fehler aufweist. Zu Vergleichszwecken sind einige Prüfverfahren genormt (z. B. die Biege- und Faltprobe und der Tiefungsversuch).

Biege- und Faltprobe (DIN 1605). Eine von Rost und Zunder befreite Probe wird um einen runden Dorn bis zum Anreißen gebogen. Der erreichte Biegewinkel α ist ein Gütemaß für die Zähigkeit des Werkstoffs (**12.14**). Bei der Faltprobe wird das vollständige Anliegen der Schenkel ohne Anriß gefordert (**12.15**).

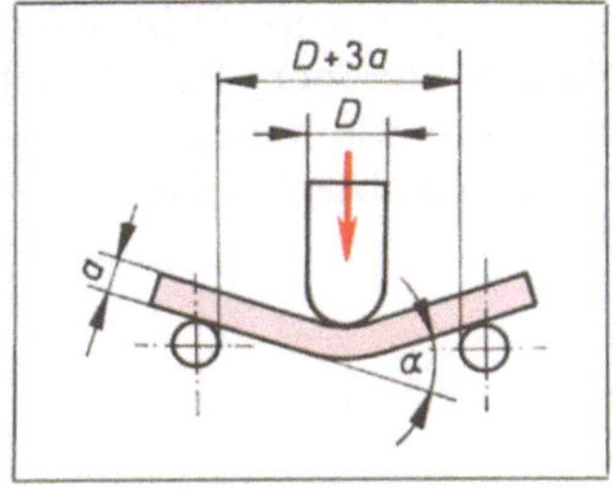

12.14 Biegeprobe nach DIN 1605

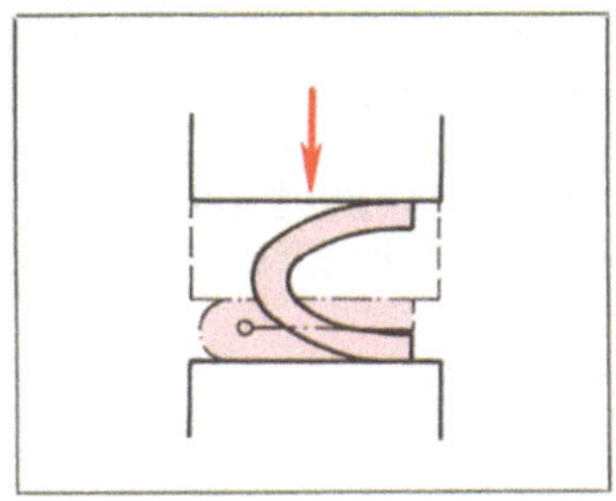

12.15 Faltprobe

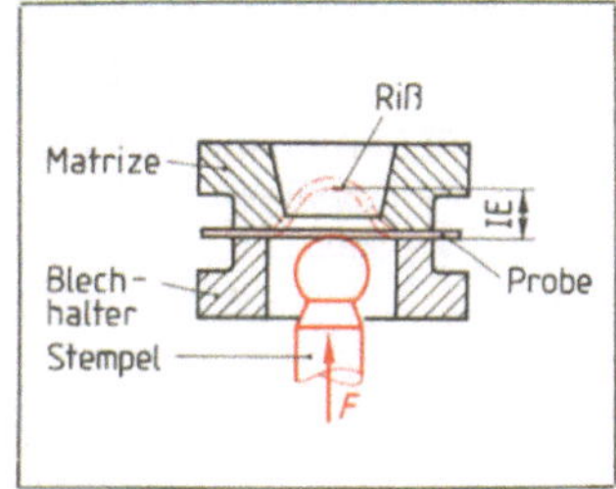

12.16 Tiefungsversuch nach Erichsen

Der Tiefungsversuch nach Erichsen (DIN 50 101, 50 102) prüft die Tiefzieheignung von Feinblech. Das zwischen Blechhalter und Matrize fest eingespannte Blech wird mit einem kugligen Stempel in die Matrize gedrückt, bis ein Riß entsteht. Der Stempelweg (Erichsen-Tiefung, IE in mm) ist ein Maß für die Tiefziehfähigkeit des geprüften Bleches (**12.16**).

12.6 Metallografische Prüfungen

Durch metallografische Prüfungen stellt man Fehler im Gefügeaufbau wie Lunker und Schlackeneinschlüsse fest. Die Untersuchungen werden an geschliffenen oder hochglänzend polierten Werkstoffproben vorgenommen, die keine Bearbeitungsspuren mehr aufweisen dürfen. Meist ist es erforderlich, die Schlifffläche der Probe zu ätzen, um Gefügebestandteile sichtbar zu machen. Die optische Untersuchung erfolgt mit dem bloßen Auge, mit der Lupe (makroskopisch; makros, griech. = lang, groß) oder mit Hilfe des Mikroskops (mikros, griech. = klein).

Bei makroskopischen Untersuchungen erkennt man an den geschliffenen Proben Lunker, Schlackeneinschlüsse und andere Unterbrechungen des Werkstoffs mit dem bloßen Auge oder einer Lupe, ebenso dunkel gefärbte Gefügebestandteile wie Graphit oder Temperkohle. Bei entsprechendem Ätzen der Probe lassen sich auch grundlegende Gefügeunterschiede feststellen, z. B. Schweißgutgefüge (**12.17**), Seigerungen bei Gußstücken, Faserverlauf (Zeilengefüge, Walzrichtung) bei umgeformten Werkstücken.

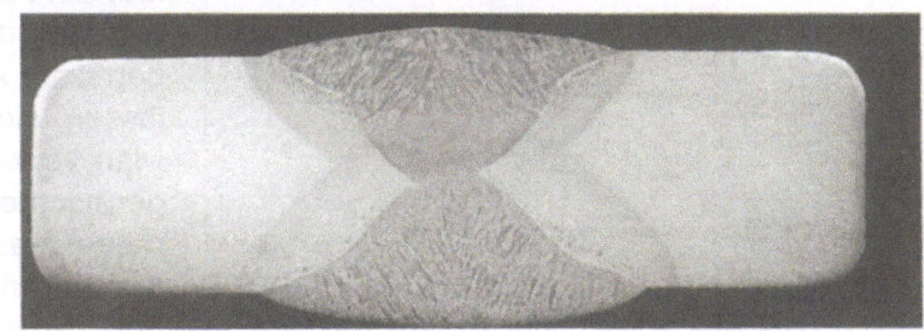

12.17
Makrogefüge einer X-Schweiß-naht, $V = 2{:}1$

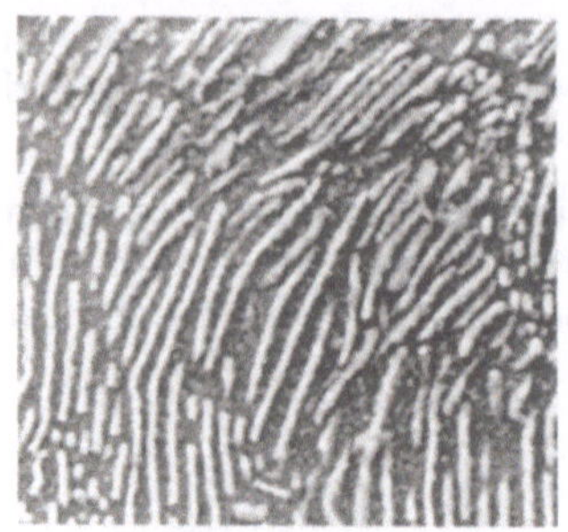

12.18 REM-Aufnahme eines Perlitgefüges, $V = 3500:1$

Mikroskopische Untersuchungen erfordern hochglänzend polierte Schliffproben, die durch verschiedene Verfahren angeätzt werden. Ätzen greift die Gefügebestandteile je nach angewendetem Mittel unterschiedlich stark an. Die Metallschliffe werden unter dem Metallmikroskop, das – im Gegensatz zu allgemein gebräuchlichen – mit auffallendem Licht arbeitet, betrachtet und gegebenenfalls fotografiert.

Lichtmikroskope erreichen höchstens eine bis zu 1600fache Vergrößerung. Im Raster-Elektronenmikroskop (REM) kann die Vergrößerung bis zu 200 000fach betragen. Es arbeitet nicht mit Licht, sondern mit einem sehr dünnen Elektronenstrahl, der die Schlifffläche zeilenförmig abtastet. Dabei entstehen sehr plastische Bilder (**12.18**).

12.7 Zerstörungsfreie Prüfungen

Bei zerstörungsfreien Prüfungen werden fertige Werkstücke, ohne sie zu beschädigen, auf Fehler im Werkstoff untersucht (z. B. Anrisse in der Oberfläche, Härterisse, Gasblasen, Lunker, Schlackeneinschlüsse, die an Gußstücken, Schweißverbindungen oder gehärteten Werkstücken auftreten). Wir unterscheiden Kapillar-, Magnet-, Schall- und Strahlenverfahren.

Kapillarverfahren beruhen auf der Kapillarwirkung von Rissen, die von der Oberfläche ausgehen oder bis in diese reichen. Sie können z. B. durch Schweißen, Härten oder Schleifen entstanden sein.

Der Prüfvorgang hat drei Arbeitsgänge. Die Prüfflüssigkeit wird durch Tauchen, Besprühen oder Bestreichen auf die Werkstückoberfäche aufgetragen, so daß sie in die Spalten, Risse, Poren eindringen kann. Nach dem Abspülen oder Abwischen der überschüssigen Flüssigkeit von der Oberfläche wird die eingedrungene Flüssigkeit je nach Verfahren durch einen Kreidefilm, einen Entwickler oder ultraviolettes Licht sichtbar und macht damit die Fehlerstellen erkennbar. Dazu dienen das Ölkoch-, Farbeindring- oder Fluoreszenzverfahren.

Das Magnetpulververfahren (DIN 54 121) ist nur bei ferromagnetischen Werkstoffen anzuwenden. Das sind nichtmagnetische Stoffe, die von einem Magneten stark angezogen werden (z. B. Eisen und Stahl, Nickel- und Kobaltlegierungen). Die Feldlinien eines Magnetfeldes verlaufen im Innern eines fehlerfreien Werkstücks gleichmäßig. Bei oberflächennahen Fehlerstellen wird dieser Verlauf der Feldlinien gestört, und sie treten aus der Oberfläche aus (**12.19**). Durch Aufstäuben oder Aufschlämmen von Magnetpulver lassen sich die Fehlerstellen nachweisen. Man verwendet meist in Petroleum oder Öl gemischtes feinstes Eisen- oder Eisenoxidpulver, das sich bevorzugt an den Fehlerstellen sammelt. Am Fehler erscheint eine Schwärzung der sonst blanken Oberfläche.

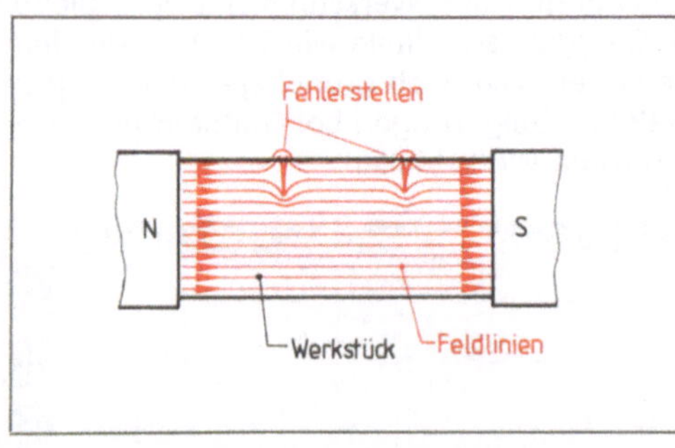

12.19 Streuung magnetischer Feldlinien bei Fehlerstellen in oder nahe der Oberfläche

Es lassen sich nur Fehler nachweisen, die in oder nahe der Oberfläche liegen und quer, vor allem rechtwinklig zum Magnetfeld verlaufen.

Bei den Schallverfahren wird Ultraschall zur Ermittlung von Werkstoff-Fehlern verwendet.

Das Impuls-Echo-Verfahren ist das gebräuchlichste Prüfverfahren, das die Reflektion des Ultraschalls im Werkstoff zum Erkennen von Fehlern im Werkstück ausnutzt. Es arbeitet mit einem Prüfkopf, der 50mal je Sekunde kurze Ultraschallimpulse (2 µs Dauer) abgibt. In der Zwischenzeit ist der Prüfkopf als Empfänger geschaltet und nimmt das zurückkommende Echo auf. Schallimpulse und Echos werden auf einem Bildschirm sichtbar gemacht. Bei fehlerfreien Werkstücken zeigt sich neben dem Schallimpuls nur ein Rückwandecho. Ist ein Fehler im Werkstoff, tritt ein Fehlerecho auf, das wegen seiner kürzeren Laufzeit früher als das Rückwandecho aufgezeichnet wird. Aus der Laufzeit des Fehlerechos ist die Tiefenlage des Fehlers genau zu bestimmen (**12.20**).

Die Ultraschallprüfung ist zur Qualitätskontrolle von Schweißverbindungen von sehr großer Bedeutung.

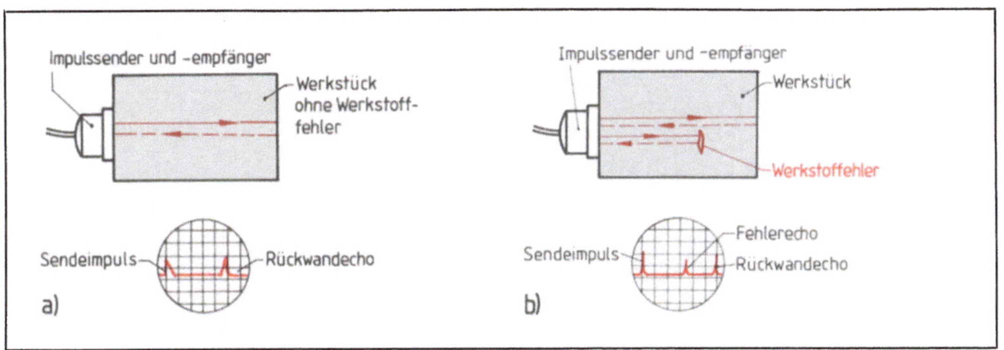

12.20 Impuls-Echo-Verfahren
a) Werkstück ohne, b) mit Werkstoffehler

Strahlenverfahren. Zur Prüfung auf innere Werkstück-Fehler benutzt man auch Röntgen- und Gammastrahlen, mit denen die Werkstücke durchstrahlt werden. Sehr große Bedeutung haben die Strahlenverfahren bei der Prüfung von Schweißnähten (DIN 54111).

Beim Aufnahmeverfahren wird die Röntgenstrahlung, nachdem sie das Werkstück durchdrungen hat, auf einem Röntgenfilm (Gammafilm) aufgenommen. Die Röntgenstrahlen schwächen sich beim Durchgang durch das Werkstück, und zwar um so mehr, je größer die Dichte des Werkstoffs ist. Bei Fehlerstellen (z. B. Gasblasen, Lunker, Schlacken, Risse in Schweißverbindungen oder Gußstücken) ist die Schwächung der Strahlung geringer als bei massivem Werkstoff. Der Film wird deshalb an diesen Stellen stärker geschwärzt, und die Fehler sind erkennbar.

Aufgaben zu Abschnitt 12

1. Erläutern Sie den Unterschied zwischen zerstörender und zerstörungsfreier Werkstoffprüfung.

2. Beschreiben Sie das Verhalten eines metallischen Werkstoffs mit ausgeprägter Streckgrenze beim Zugversuch.

3. Welche Festigkeits- und Verformungskennwerte werden mit dem Zugversuch ermittelt?

4. Welche Bedeutung hat die Ermittlung der Bruchdehnung?

5. Was versteht man unter der Streckgrenze eines metallischen Werkstoffs?

6. In welchen Fällen wird die Dehngrenze für einen metallischen Werkstoff bestimmt?

7. Welche Werkstoffeigenschaft wird durch den Kerbschlag-Biegeversuch festgestellt?

8. Beschreiben Sie das Verfahren zur Ermittlung der Dauerfestigkeit.

9. Von welchen Einflüssen hängt die Dauerfestigkeit einer Werkstoffprobe ab?

10. Warum vermindern Kerben die Dauerfestigkeit?

11. Welchen Zwecken dienen die metallografischen Prüfungen?

12. Erläutern Sie den Prüfvorgang beim Kapillarverfahren zur Feststellung von Anrissen und Härterissen in der Oberfläche.

13. Erklären Sie die Wirkungsweise des Magnetpulververfahrens.

14. Wie lassen sich mit Hilfe von Ultraschall Werkstoffehler im Innern eines Werkstoffs feststellen?

15. Warum setzt man zur Prüfung von Schweißnähten vor allem Strahlenverfahren ein?

Bei der Konstruktion werden die Formen und Abmessungen der Maschinenbauteile nach sorgfältiger Festigkeitsberechnung, Werkstoffauswahl und unter Berücksichtigung der Betriebsbedingungen festgelegt. Doch auch bei sachgerechter Fertigung und Montage der Teile lassen sich Maschinenschäden nicht vermeiden. Das Versagen eines Bauteils, das zum Schadensfall führt, tritt trotz regelmäßiger Wartung und Inspektion plötzlich und unerwartet ein. Neben Sachschäden hat es oft auch Unfälle zur Folge und kann sogar zum Stillstand der Produkton führen. Deshalb ist es zur Vermeidung von Folgekosten besonders wichtig, die Schadensursachen zu erkennen.

Eine Schadensanalyse liefert Hinweise zur Beseitigung von Schwachstellen (z.B. durch Neukonstruktion, Einsatz anderer Werkstoffe oder günstigere Fertigungstechnologie für die betreffenden Bauteile). Die Grundlage hierfür bilden Werkstoffuntersuchungen und Werkstoffprüfungen.

13.1 Untersuchungsmethoden

Zum Ermitteln von Schadensursachen dienen die zerstörenden und zerstörungsfreien Prüfverfahren der Werkstoffprüfung (s. Tab. **12**.1). Die Untersuchungen beginnen mit einfachen Sichtprüfungen. Falls erforderlich, schließen sich die Untersuchungsmethoden mit größerem Apparataufwand an.

Makroskopische Untersuchungen führt man mit bloßem Auge oder mit der Lupe durch. Dadurch stellt man bei Oberflächenschäden fest, ob sie durch Verschleiß oder Korrosion verursacht wurden. Bei Bruchflächen lassen Lage und Aussehen Rückschlüsse auf die Bruchart (Gewalt- oder Dauerbruch) und den Einfluß von Kerben zu.

Mikroskopische Untersuchungen sind erforderlich, wenn die makroskopischen nicht ausreichen. Lichtmikroskope sind wegen ihrer geringen Schärfentiefe dazu ungeeignet. Statt dessen verwendet man Rasterelektronenmikroskope (REM). Sie arbeiten mit einem Elektronenstrahl und liefern sehr plastische Aufnahmen. Das elektronenoptische Bild gibt einen tieferen Aufschluß über Gestalt und Art der geschädigten Oberfläche bzw. Bruchfläche.

Bei mechanischen Prüfungen wendet man am häufigsten die Härteprüfung und Zugversuche an (s. Abschn. 12.2 und 12.3). Unterschiedliche Härtewerte weisen z.B. auf das Verschleißverhalten, auf vorangegangene Verformungen oder Wärmebehandlungen bzw. -einflüsse hin. Die Zugversuche zeigen, ob die Festigkeit des Werkstoffs ausreichend war.

Metallografische Untersuchungen an polierten und geätzten Schliffproben können Hinweise auf Fehler bei der Wärmebehandlung und im Gefügeaufbau (z.B. Schlackeneinschlüsse bei Schweißverbindungen) sowie auf die Verteilung bestimmter Gefügebestandteile geben (s. Abschn. 12.6).

Die chemische Analyse liefert Angaben über die Art des Werkstoffs und seiner Legierungsbestandteile.

Mechanische Prüfungen, metallografische Untersuchung und chemische Analyse ergänzen sich und werden deshalb bei einem Schadensfall meist nebeneinander durchgeführt.

13.2 Schadensarten

Die Erfahrungen zeigen, daß reine Werkstoffehler (z. B. falsche Werkstoffwahl, falsche Legierungen) verhältnismäßig selten auftreten. Ein Schaden entsteht vielmehr durch das Zusammentreffen mehrerer ungünstiger Einflüsse. Oft zeigt sich das Werkstoffversagen durch Oberflächenschäden oder durch den Bruch der Bauteile.

13.2.1 Oberflächenschäden

Oberflächenschäden entstehen durch Verschleiß und Korrosion.

Verschleiß ist ein Kennzeichen für die Abnutzung. Die Bauteile einer Maschine sind während des Betriebs einer allmählich fortschreitenden Abnutzung unterworfen. Besonders betroffen hiervon sind Lager und Führungen. Dieser Gebrauchsverschleiß entsteht überwiegend durch Reibung. Er zeigt sich durch Oberflächenveränderungen und fortschreitenden Materialverlust am festen Grundkörper (z. B. Lagerschale, Bettführung), der durch Berührung und Relativbewegung eines Gegenkörpers (z. B. Welle, Werkzeugschlitten) beansprucht wird.

Verschleißarten. Nach den ursächlichen Vorgängen unterscheiden wir verschiedene Verschleißarten.

Gleitverschleiß tritt bei der Reibung aufeinandergleitender Bauteile auf. Durch Verzahnung der Oberflächenrauheiten greifen die Berührungsflächen der Teile ineinander. Bei gegenseitiger Verschiebung verformen sich die Oberflächenspitzen plastisch und werden teilweise sogar losgerissen. Durch den hohen Berührungsdruck verschweißen kleinste Werkstoffteilchen (Adhäsion) und werden bei weiterer Bewegung wieder abgeschert. Zusätzlich tragen harte Gefügebestandteile vom weicheren Gegenwerkstoff kleinste Partikel ab (Abrasion).

Der Gleitverschleiß wird durch ausreichendes Schmieren und Härten der Gleitflächen sowie durch Verbessern der Oberflächengüte vermindert.

Roll- oder Wälzverschleiß entsteht vor allem bei Wälzlagern und Zahnrädern. Beim Abwälzen zweier Zahnflanken und bei wiederholtem Überrollvorgang im Wälzlager tritt wegen der sehr kleinen Berührungsflächen eine sehr hohe Flächenpressung auf. Durch das dauernde plastische Verformen des Werkstoffs an der Berührungsstelle bilden sich Risse und brechen dünne Oberflächenteile aus, so daß sich kleine muldenförmige Vertiefungen in der Oberfläche ergeben (Grübchenbildung).

Abhilfe bringen geeignete (legierte) Werkstoffe mit tieferer Einhärtung (z. B. verunreinigungsarme Wälzlagerstähle), zähere Schmierstoffe und geringere Rauhtiefe durch Feinbearbeitung (**13.1**).

Weitere Verschleißarten sind der Stoßverschleiß, bei dem Oberflächenschäden durch dauernde stoßartige Beanspruchung auftreten, und der Schwingungsverschleiß, bei dem die Paßflächen kraftschlüssiger Verbindungen durch Schwingungsübertragung kleinste Gleitbewegungen ausführen und dabei Verschleiß verursachen.

13.1 Verschleiß an einem Rollenlager-Innenring

Korrosionsschäden sind bei flächenmäßiger Korrosion meist frühzeitig und mit bloßem Auge zu erkennen. Weit gefährlicher sind Bruchschäden, die durch interkristalline Korrosion, Lochfraß- und Spannungsrißkorrosion ausgelöst und erst bei der Schadensuntersuchung festgestellt werden können. Sie lassen sich durch geeignete Korrosionsschutzmaßnahmen begrenzen (s. Abschn. 8.2 und 8.3).

13.2.2 Bruchschäden

Schäden durch Bruch von Bauteilen entstehen durch einmalige Überlastung (z.B. unsachgemäße Maschinenbedienung) oder durch wiederholt wechselnde Beanspruchung. Aus den Merkmalen einer Bruchfläche ergeben sich Aussagen über den zeitlichen Ablauf, die Art und Höhe der Beanspruchung, das Bruchverhalten des Werkstoffs und die Einwirkung von Kerben. Wir unterscheiden Gewaltbruch und Dauerbruch.

Beim Gewaltbruch wird ein Bauteil über seine Werkstoffestigkeit hinaus belastet, so daß es sich verformt und bricht (**13.2**a). Bei zähen Werkstoffen gehen der Werkstofftrennung plastische Verformungen voraus. Es kommt zu einem Verformungsbruch, dessen Bruchfläche uneben und zerklüftet ist. Oft zeigt sie eine wabenförmige Struktur. Bei einem Trenn- oder Sprödbruch bricht der Werkstoff plötzlich ohne große vorhergehende Verformung. Dies ist der Fall bei spröden (hochfesten) Werkstoffen, schlagartigen Belastungen und bei Kerbwirkung. Die Bruchfläche ist eben und je nach Korngröße des Werkstoffs mehr oder weniger körnig.

Die Gefahr eines Gewaltbruchs kann man durch sorgfältige Konstruktion (z.B. ausreichende Dimensionierung), Werkstoffauswahl und Fertigung der Bauteile vermindern. Gewaltbrüche treten übringes wesentlich seltener auf als Dauerbrüche.

13.2
Bruchformen
a) Gewaltbruch, b) Dauerbruch   **a)**   **b)**

Der Dauerbruch zeigt ein typisches Aussehen. Seine Bruchfläche ist glatt und weist meist „Rastlinien" auf, die einen allmählichen Fortschritt des Bruches erkennen lassen (**13.2**b). Der Bruchvorgang beginnt vorwiegend an einer Kerbe, einem Riß oder einer Fehlstelle im Werkstoff und läuft allmählich weiter. Zwischendurch kommt er immer wieder zur Ruhe (Rastlinien). Dieses Spiel wiederholt sich vielmals, manchmal über Jahre hinweg so lange, bis der Restquerschnitt die Belastung nicht mehr tragen kann und durch Gewaltbruch zerstört wird. Grund für dieses Werkstoffversagen ist die Überschreitung der Dauerfestigkeit.

Aufgaben zu Abschnitt 13

1. Warum wird bei Maschinenschäden eine Schadensanalyse durchgeführt?

2. Kennzeichnen Sie den Anwendungsbereich der Untersuchungsmethoden, die beim Ermitteln von Schadensursachen eingesetzt werden.

3. Welche Verschleißerscheinungen treten an Maschinen auf?

4. Wie lassen sich a) Gleitverschleiß, b) Rollverschleiß vermindern?

5. Warum wirkt sich Korrosion auf die Dauerfestigkeit aus?

6. Beschreiben Sie Aussehen, Ursachen und Werkstoffverhalten bei a) einem Gewaltbruch und b) einem Dauerbruch.

14.1 Maschinenaufbau und -funktionen

Funktionseinheiten. Obwohl Maschinen sehr unterschiedliche Arbeitsaufgaben wahrnehmen, gibt es Bestandteile bzw. Baugruppen, die in allen Maschinen auftreten und die gleiche Funktion ausüben.

So unterscheiden wir Funktionseinheiten

- **zum Antreiben**. Sie wandeln oder formen die zugeführte nutzbare Energie in die erforderliche Gebrauchsform um und stellen sie für das Arbeiten der Maschine bereit (z. B. Elektromotor, Hydromotor).
- **zum Energieübertragen**. Sie leiten und verteilen die bereitgestellte Energie auf die Haupt- und Nebenfunktionen der Maschine und passen sie außerdem den geforderten Kräften, Momenten, Umdrehungsfrequenzen und Bewegungen an (z. B. Getriebe, Verbindungen).
- **zum Arbeiten**. Sie setzen die Energie an den Wirkstellen produktiv um und verrichten Arbeit (z. B. Maschinenwerkzeuge, Werkzeug- und Werkstückaufnahme).
- **zum Steuern und Regeln**. Sie steuern, regeln und kontrollieren den Energie-, Stoff- und Informationsfluß in der Maschine (z. B. Schaltvorrichtungen, Rechner).
- **zum Tragen und Stützen**. Sie nehmen alle anderen Funktionseinheiten auf, tragen, stützen und führen sie in der erforderlichen Funktionslage (z. B. Lager, Gehäuse).

Bild **14**.1 zeigt die Funktionseinheiten einer einfachen Drehmaschine.

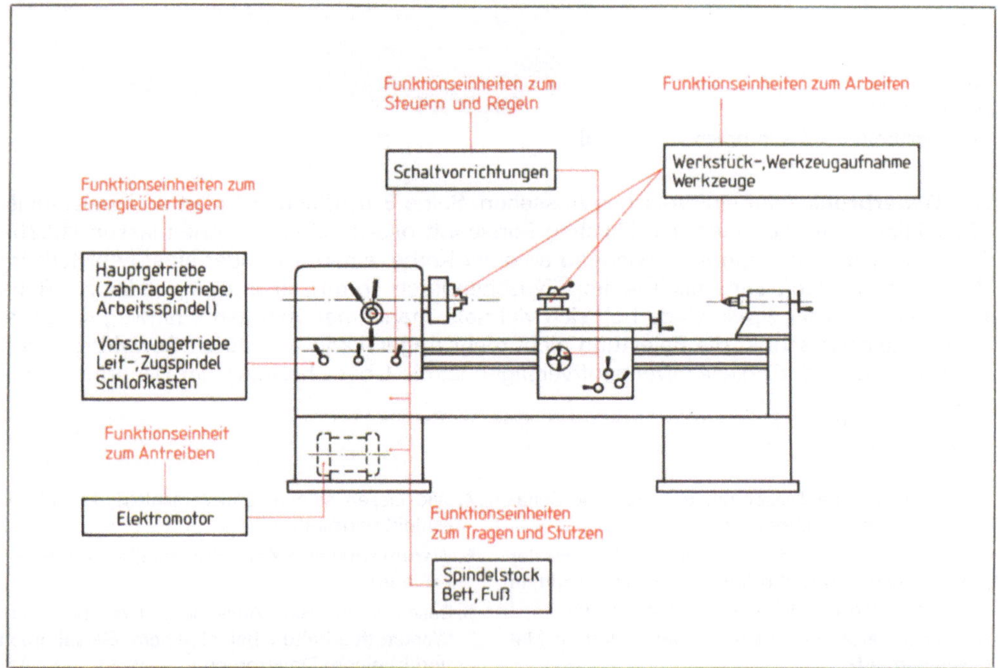

14.1 Funktionseinheiten einer Drehmaschine

Energie, Stoff und Information sind die im Produktionsprozeß wirksamen Faktoren. Verfolgt man ihren Fluß durch die Einzelmaschine oder das Fertigungssystem, erhält man Aufschlüsse z.B. über zweckmäßige Konstruktion und Anordnung der Funktionseinheiten, die Länge der Transportwege, Störungsursachen und Wirtschaftlichkeit der Systeme. Beispiele für den Energiefluß in einer Bohrmaschine zeigt Bild **14**.2, für den Informationsfluß in einem Fertigungsprozeß Bild **16**.19.

Zum Stofffluß gehören die Transportwege, das Speichern, Spannen der Werkstücke und Werkzeuge, die Abfuhr der Teile sowie die Versorgung (z.B. mit Kühl-, Schmierstoffen) und Entsorgung der Maschinen (z.B. Altöl, Späne).

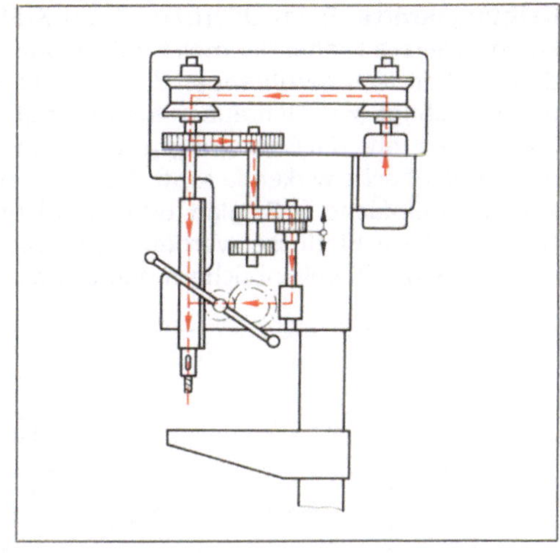

14.2   Energiefluß in einer Ständerbohrmaschine

14.2   Beanspruchung von Bauteilen

14.2.1   Betriebs- und Reibungskräfte

Betriebskräfte. Bauteile werden durch Betriebskräfte (äußere Kräfte) beansprucht. Die Belastung ist entweder ruhend (statisch) oder veränderlich (dynamisch).

Die Richtung der Betriebskräfte kann längs (axial) oder quer (radial) zur Achse des Bauteils sein. Schräg zur Achse liegende Betriebskräfte zerlegen wir mit Hilfe des Kräfteparallelogramms in axiale und radiale Teilkräfte.

Beanspruchungsarten. Nach der Belastungsrichtung unterscheidet man die Beanspruchung auf Zug, Druck, Biegung, Schub, Verdrehung und Knickung (**14**.3).

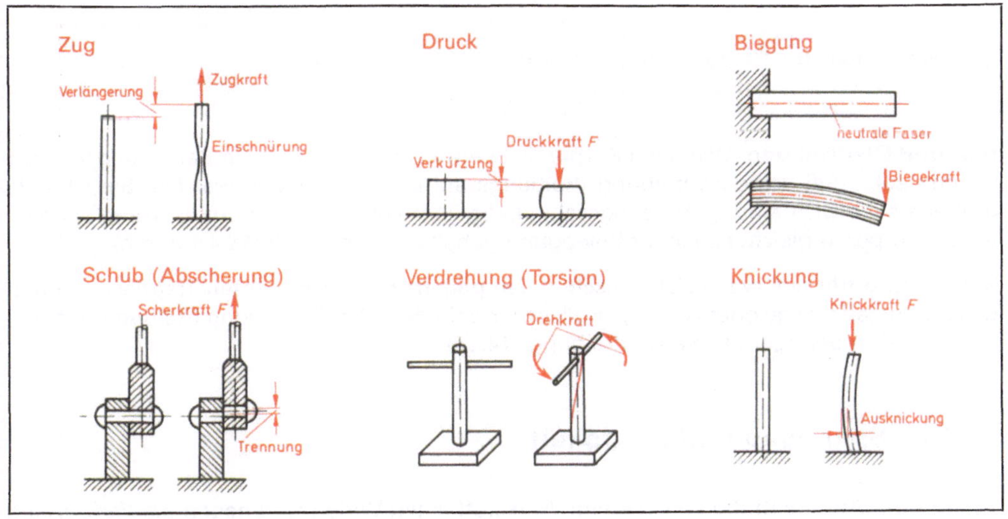

14.3   Beanspruchungsarten

Reibungskräfte. Beim Übertragen von Kräften und Bewegungen treten zu den Betriebskräften weitere Kräfte, die meist auf Reibung beruhen. Reibungskräfte entstehen zwischen den Flächen sich berührender Bauteile, die sich beabsichtigt (z.B. Welle und Lager) oder unbeabsichtigt (z.B. Schraubenverbindung) gegeneinander bewegen (**14.4**). Die Reibungskraft ist bestrebt, die Bewegung zu verhindern. Sie ist um so größer, je größer die senkrecht auf die Reibfläche wirkende Kraft (Normalkraft) ist. Außerdem hängt sie von der Beschaffenheit der Reibfäche (z.B. glatt oder rauh) und von der Werkstoffpaarung ab (z.B. Stahl-Bronze). Diese Einflüsse werden durch die Reibungszahl (Reibungskoeffizient) μ ausgedrückt, die aus Tabellenbüchern entnommen werden kann.

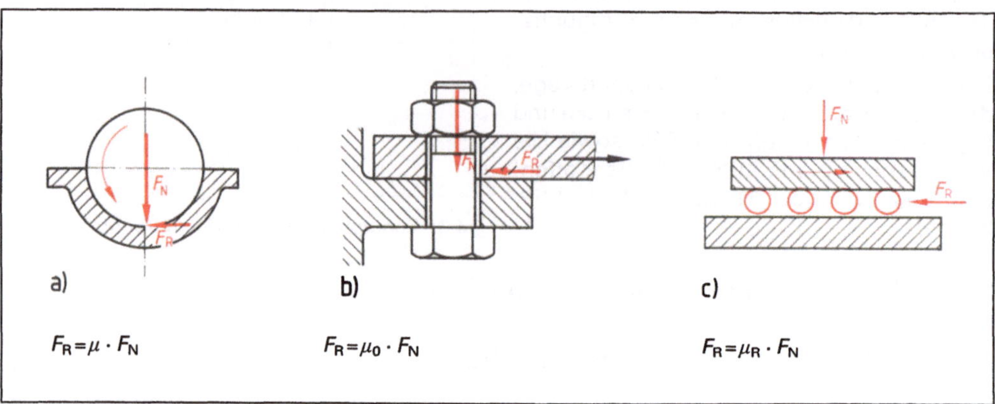

a) $F_R = \mu \cdot F_N$

b) $F_R = \mu_0 \cdot F_N$

c) $F_R = \mu_R \cdot F_N$

14.4   Reibungsarten
     a) Gleitreibung im Lager
     b) Haftreibung bei Schraubenverbindung
     c) Rollreibung bei Wälzführung

Aus Normalkraft und Reibungszahl ergibt sich die Reibungskraft

$$\textbf{Reibungskraft} = \textbf{Reibungszahl} \cdot \textbf{Normalkraft} \qquad F_R = \mu \cdot F_N$$

Haft und Gleitreibung. Wenn ein Körper aus dem Zustand der Ruhe in Bewegung versetzt werden soll, muß seine Haftreibung (Reibungszahl μ_0) überwunden werden. Sie ist stets größer als die Gleitreibung (Reibungszahl μ), die überwunden werden muß, wenn ein gleitender Körper in gleichbleibender Bewegung gehalten werden soll (**14.4**a und b).

Rollreibung tritt auf, wenn sich zwischen den gegeneinander bewegten Tragflächen zylindrische, kugelförmige oder kegelige Rollkörper befinden. Die Rollreibung (Reibungszahl μ_R) ist wesentlich geringer als die Gleitreibung (**14.4**c).

14.2.2   Spannung und Festigkeit

Spannung. Äußere Kräfte bewirken im Werkstoff einen Widerstand gegen die Verformung – die inneren Kräfte. Diese bezeichnet man als Spannung. Die Größe der Spannung erhält man, wenn man den Anteil der äußeren Kraft ermittelt, der auf eine Flächeneinheit des Querschnitts entfällt. Spannung = Kraft: Querschnitt. Bei Zug- oder Druckbeanspruchung entstehen Spannungen, die senkrecht (normal) zur Querschnittsfläche wirken. Sie heißen deshalb N o r m a l s p a n n u n g e n σ. Bei Beanspruchung auf Schub wirken die Spannungen in Richtung des Querschnitts und werden S c h u b s p a n n u n g e n τ, bei Abscherung S c h e r s p a n n u n g e n genannt (s. Metallfachkunde 1, Abschn. 3.1.4).

$$\text{Normalspannung} = \frac{\text{Kraft}}{\text{Querschnitt}} \qquad \sigma = \frac{F}{S_0}$$

$$\text{Schub/Scherspannung} = \frac{\text{Kraft}}{\text{Querschnitt}} \qquad \tau = \frac{F}{S_0}$$

Festigkeit. Die Höchstspannung, bei der ein Werkstoff zu Bruch geht, heißt Festigkeit (Bruchfestigkeit σ_B). Man benennt sie meist nach der Beanspruchungsart, z. B. Zugfestigkeit, Druckfestigkeit, Biegefestigkeit, Scherfestigkeit. Die Zugfestigkeit mit dem besonderen Formelzeichen R_m ist die wichtigste Werkstoffkenngröße für Maschinenbaustoffe.

$$\text{Zugfestigkeit} = \frac{\text{Höchstkraft}}{\text{Anfangsquerschnitt}} \qquad R_m = \frac{F_{max}}{S_o}$$

14.3 Funktionseinheiten zum Stützen und Tragen

Ruhende und bewegte Baugruppen und -elemente einer Maschine müssen in einer bestimmten Lage gehalten und ihre zwangsläufigen Bewegungen ermöglicht werden. Diese Aufgabe erfüllen die Trag- und Stützeinheiten. Hierzu gehören Maschinengestelle, Gehäuse, Führungen, Achsen, Lager und Zapfen.

14.3.1 Maschinengestelle und Gehäuse

Maschinengestelle tragen und führen die Baugruppen und Bauelemente einer Maschine. Sie sichern die richtige Lage der einzelnen Teile, unabhängig davon, ob sie starr mit der Maschine verbunden sind oder bewegt werden. Das Gestell muß außerdem die Gewichtskräfte der auf ihm lastenden Bauteile aufnehmen und den dynamischen Beanspruchungen durch Kräfte und Momente standhalten. Deshalb muß das Gestell eine große statische und dynamische Steifigkeit aufweisen.

Statische Steifigkeit. Maschinengestelle werden in Guß- oder Schweißkonstruktion ausgeführt. Durch entsprechende konstruktive Gestaltung (z. B. in Bett-, Kasten-, Ständer- oder Portalbauweise) sowie die Verwendung von Rippen und geeigneten Profilen erzielt man eine hohe statische Steifigkeit und gewährleistet so die Fertigungsgenauigkeit z. B. bei Werkzeugmaschinen (**14.5**).

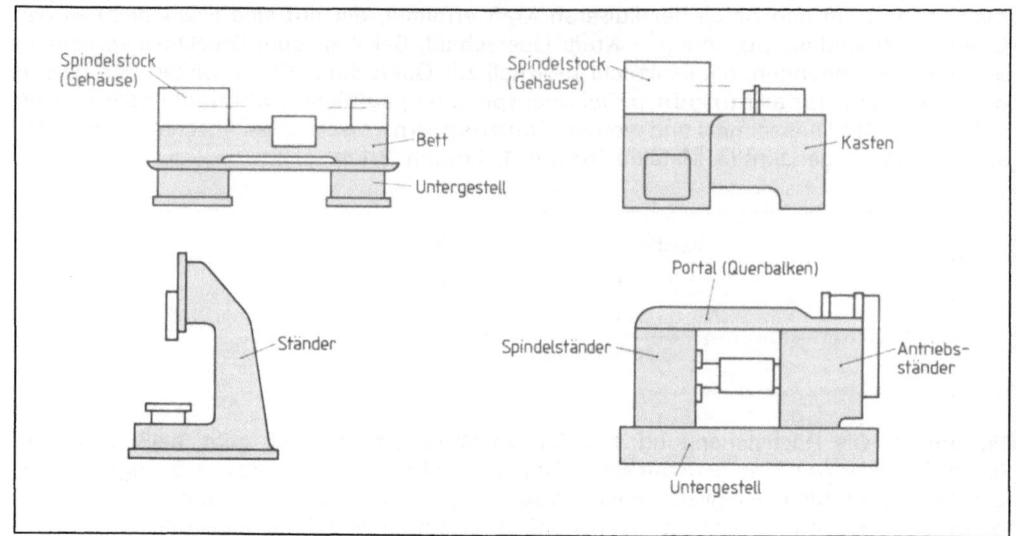

14.5 Werkzeugmaschinengestelle

Die dynamische Steifigkeit – d.h. ein günstiges Schwingungsverhalten – der Gestelle ist erforderlich, um eine hohe Oberflächengüte der bearbeitenden Werkstücke zu erreichen und die Werkzeugstandzeit günstig zu beeinflussen. Schwere Gußeisengestelle haben wegen ihrer großen Masse und ihres besonderen Werkstoffsverhaltens besonders gute Dämpfungseigenschaften. Die nötige dynamische Steifigkeit erzielt man auch mit geringerem Materialaufwand durch Schweißkonstruktionen aus Trägerprofilen mit Rippen, Stegen und Platten als Versteifungen.

Gehäuse (z.B. in Kastenform) nehmen einzelne Funktionsgruppen wie Antriebe, Getriebe und Arbeitsspindeln auf und schützen sie vor Verschmutzung und Beschädigung.

14.3.2 Führungen

Geradführung. Im technischen Sprachgebrauch versteht man unter einer Führung in der Regel eine Geradführung, bei der die Maschinenteile auf einer geradlinigen Führungsbahn geführt werden (z.B. Werkzeugschlitten und Reitstock an Drehmaschinen, Kreuzschlitten an Fräsmaschinen).

Bei Gleitführungen gleiten bei der gegenseitigen Bewegung der Maschinenteile die Führungsflächen unmittelbar aufeinander (Gleitreibung), bei Wälzführungen sind zwischen den Führungsflächen Wälzkörper angeordnet (Rollreibung). Nach der Form der Führungsflächen unterscheiden wir Prismen- und Rundführungen. die Querschnittsform richtet sich nach der Bahnlänge, Größe und Richtung der Belastungskräfte sowie der geforderten Bewegungsgenauigkeit.

Die Flachführung ist die gebräuchlichste Prismenführung, weil die Bearbeitung und Kontrolle der gegenseitig senkrechten und parallelen Flächen am einfachsten ist (Grundform Vierkant). Durch prismatische oder kegelige Nachstelleisten können wir das Spiel einstellen und Verschleiß nachstellen (**14.6a**).

Der Schwalbenschwanzführung liegt als Grundform der Dreikant zugrunde. Sie hat eine geringe Bauhöhe und eignet sich besonders für übereinander angeordnete Führungen, z.B. bei Drehmaschinenschlitten (**14.6b**).

276

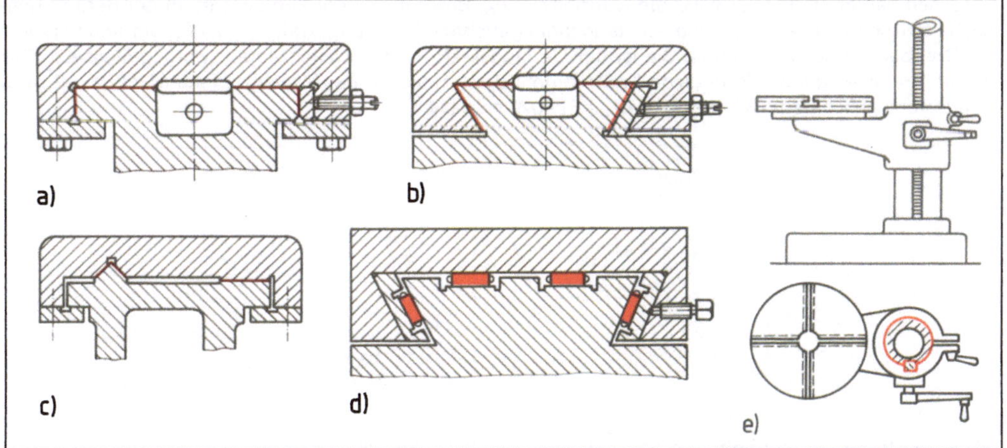

14.6 Führungen

  a) Flachführung mit Nachstelleiste
  b) Schwalbenschwanzführung mit Druckleiste
  c) kombinierte Führung (Prismen-Flach-Führung)
  d) Schwalbenschwanzführung in Form einer Wälzführung
  e) Rundführung einer Säulenbohrmaschine mit Drehsicherung durch zusätzliche Prismenführung

Dach- und V-förmige Führungen findet man häufig bei kombinierten Führungen, z. B. an Werkzeugmaschinen, bei denen Gleit- und Führungsbahn getrennt sind. Die Gleitbahn ist meist eine Flachführung und die Führungsbahn dach- oder V-förmig (**14.6**c).

Rundführungen sind meist zylindrische Führungen und werden ausschließlich geschlossen ausgeführt. Zur Sicherung gegen Drehbewegung wird die Zylinderführung durch eine zusätzliche Prismenführung (z. B. mit Hilfe einer Feder) ergänzt. Zylinderführungen finden wir bei Säulenbohrmaschinen, zur Führung von Pressenstößel, Bohrspindeln oder Preßgußformen (**14.6**e).

Es gibt auch Rundführungen mit Oval-, Polygon- oder Vielkeilprofil

Wälzführungen. Die Vorteile der Wälzführungen gegenüber Gleitführungen bestehen in der bedeutend geringeren Reibung, den damit verbundenen kleineren Verschiebekräften, der Schmierungsvereinfachung, dem geringen Verschleiß und der einfachen Auswechslung abgenutzter Teile. Nachteilig ist, daß bei sonst gleichen Bedingungen Wälzführungen eine höhere Genauigkeit als Gleitführungen aufweisen müssen.

Anders als die Gleitführung zeigt eine Wälzführung auch bei niedrigen Geschwindigkeiten kein Ruckgleiten, das beim Übergang von der Haft- zur Gleitreibung auftritt (Stick-slip-Effekt). Angewendet werden Wälzführungen bei Lehren- und Feinbohrwerken, zunehmend auch bei Werkzeugmaschinen (z. B. Flachschleifmaschinen, (**14.6**d).

14.3.3 Gleitlager

14.3.3.1 Reibung und Gleitvorgang im Lager

Bei einem feststehenden Gleitlager bewegt sich der Wellenzapfen in einer Lagerschale oder Lagerbuchse, die in ein Lagergehäuse oder in einen Maschinenteil eingebaut sind. In anderen Fällen können sich auch das Lager um den feststehenden Zapfen (z. B. Räder auf Achsen) oder Lager und Zapfen drehen (z. B. Pleuellager auf Kurbelzapfen). Zwischen den beiden sich berührenden Flächen von Zapfen und Lager entsteht gleitende Reibung.

Zwischen Zapfen und Lager wirkt die Normalkraft F_N. Bewegt sich der Zapfen, tritt an der Berührungsfläche zwischen Zapfen und Lager die tangential gerichteten Reibungskraft $F_R = \mu \cdot F_N$ auf und versucht die Drehbewegung zu hemmen. Sie ist der Umfangskraft F_U des Wellenzapfens entgegengesetzt. Das für die Drehbewegung erforderliche Kraftmoment (Drehmoment) des Wellenzapfens $M = F_U \cdot d/2$ muß mindestens gleich dem Reibmoment $M_R = F_R \cdot d/2$ sein (**14.7**).

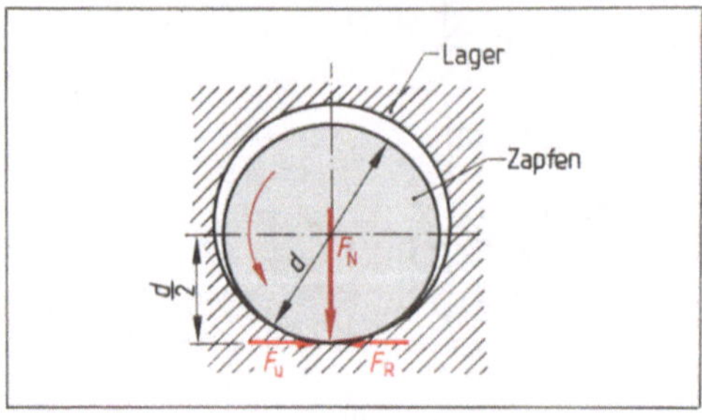

14.7 Kraftmoment und Reibmoment im Gleitlager

14.8 Festkörperreibung

Trotz hoher Oberflächengüte haben Zapfen und Lagerschalen von der Bearbeitung herrührende Rauheit (25 bis 0,5 µm), so daß sich die Gleitflächen ineinander verklammern. Bei Bewegung muß der Zapfen aus der Verklammerung der verhakten Oberflächenspitzen herausgehoben werden. Dabei kommt es, besonders beim Einlaufen des Lagers, zur Verformung und Abscherung kleinster Werkstoffteilchen (Verschleiß). In ungünstigen Fällen führt dies zum „Fressen" des Lagers. Bei dieser Trockenreibung (Festkörperreibung) sind Reibzahl und Verschleiß verhältnismäßig groß (**14.8**). Durch Schmierung läßt sich die Reibung vermindern.

> Die Verminderung der Reibung ist das Hauptproblem der Lager. Man löst es durch verbesserte Oberflächengüte, günstige Werkstoffpaarung oder Gleitflächenschmierung.

14.3.3.2 Schmierung der Gleitlager

Hydrodynamische Schmierung. Gleitlager werden überwiegend hydrodynamisch geschmiert (griech. Hydrodynamik = Lehre von Kräften und Bewegungen der Flüssigkeiten). Hierfür sind keine zusätzlichen Einrichtungen erforderlich.

Reibungszustand. In den flüssigkeitsgeschmierten Lagern lassen sich bei Betrieb drei Reibungszustände unterscheiden: Trocken-, Misch- und Flüssigkeitsreibung (**14.9**).

Trockenreibung. Im Ruhezustand und beim Anlaufen liegt der Zapfen noch unmittelbar auf der Lagerschale. Durch die Oberflächenrauheit der Berührungsflächen ergibt sich eine verhältnismäßig große Trockenreibung (Ruhe-, Anlaufreibung), die sich nach Einsetzen der Bewegung schnell verringert, weil das Schmiermittel seine Wirkung entfaltet.

Mischreibung. Mit zunehmender Gleitgeschwindigkeit nimmt der Zapfen eine größere Menge des an ihm haftenden Schmiermittels (Adhäsion) mit und drückt es in den keilförmigen Schmierspalt (Schmierkeil), den das Lagerspiel bildet. Dabei entsteht im engen Schmierspalt ein Druckanstieg, der den Zapfen etwas anhebt. In diesem Bereich findet durch den noch nicht vollständigen Schmiermittelfilm sowohl Flüssigkeits- als auch Trockenreibung statt. Deshalb nennt man diesen Übergangszustand Mischreibung.

278

Flüssigkeitsreibung. Mit zunehmender Drehfrequenz wird die Schmiermittelschicht im Schmierspalt unter dem Zapfen dicker und zusammenhängend. Durch den steigenden Flüssigkeitsdruck schwimmt nun der Zapfen auf dem Schmiermittel. Reibung tritt nur noch zwischen den einzelnen Flüssigkeitsteilchen auf, die an den Gleitflächen und in den Zwischenschichten unterschiedliche Geschwindigkeiten haben. Der Zustand der erwünschten Flüssigkeitsreibung ist damit erreicht.

Bei An- und Auslaufen eines Lagers werden alle drei Bereiche durchfahren.

Druckverlauf im Gleitlager. In der Schmiermittelschicht des Gleitlagers bildet sich also ein Flüssigkeitsdruck aus. Er muß hinreichend groß sein, um den belasteten Wellenzapfen zu tragen und den Zustand der Flüssigkeitsreibung zu erhalten. Der höchste Druck p_{max} entsteht kurz vor der engen Stelle h_0 des Schmierkeils. Hinter h_0 sinkt der Druck bis auf Null ab. Durch den dort herrschenden Unterdruck ergibt sich eine Saugwirkung (**14.**10), die ständig Schmiermittel unter den Zapfen fördert.

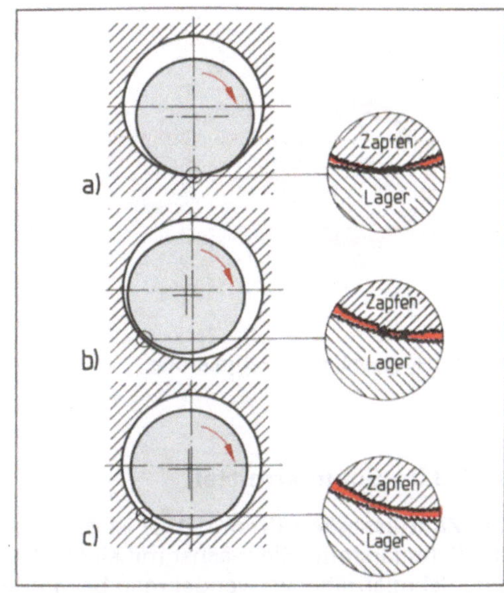

14.9 Reibungszustände im Gleitlager
a) Trockenreibung ⎤ Ruhe- und
b) Mischreibung ⎦ Anlaufreibung
c) Flüssigkeitsreibung (Betriebszustand)

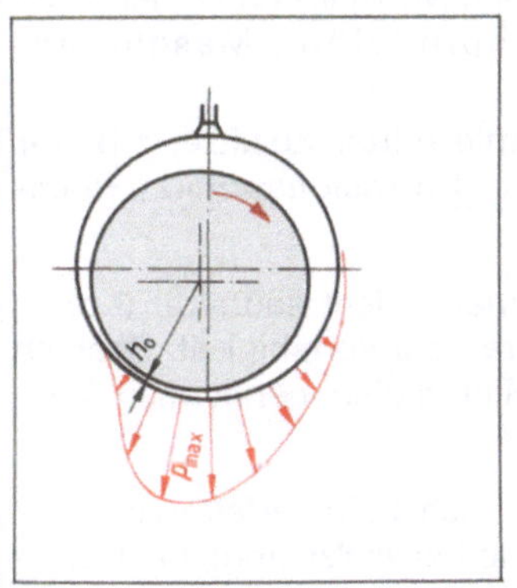

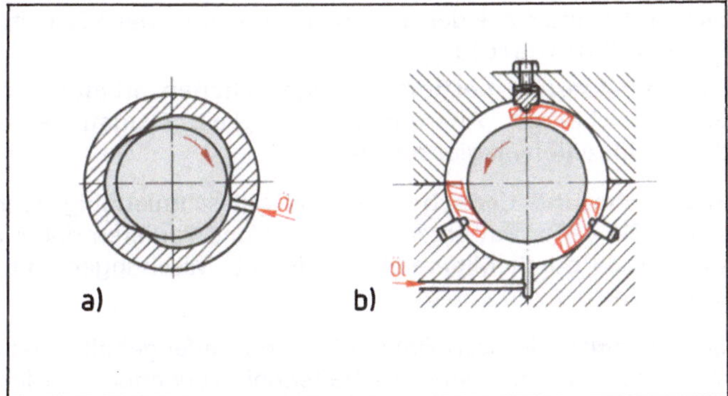

14.10 Druckverlauf im
Gleitlager

14.11 Mehrgleitflächenlager
a) Dreiflächen-Gleitlager, b) Kippsegment-Querlager
(Drehbackenlager)

Mehrgleitflächenlager. Für Genauigkeitslager mit geringem Lagerspiel ab ca. 2 µm (z. B. Werkzeugmaschinen- und Schleifspindeln) verwendet man Mehrgleitflächenlager (MGF-Lager). Durch Verspannung der Lagerbuchse, eingearbeitete Gleitflächen oder segmentartige Gleitstücke (z. B. Kippsegmente) ergeben sich dabei mehrere Schmierkeile. Ein erhöhter Schmiermitteldurchsatz verbessert außerdem die Wärmeabfuhr (**14.**11).

Die hydrostatische Schmierung verwendet man, wenn im Lagern auch bei sehr langsamer Bewegung keine Mischreibung auftreten soll (z. B. bei Spurzapfenlagern von Krananla-

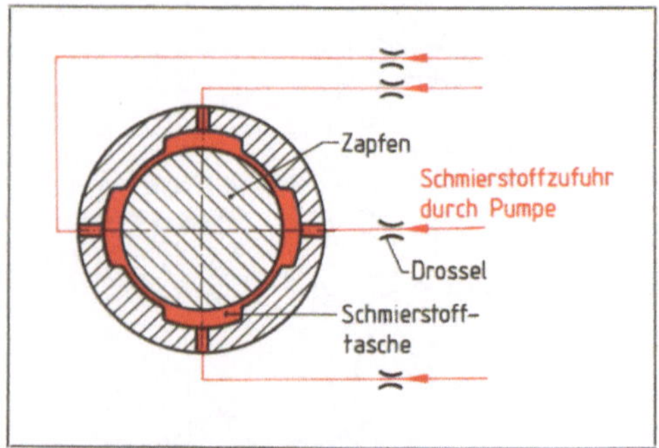

14.12 Hydrostatische Schmierung

gen oder hochwertigen Turbinenlagern). Eine Preßpumpe drückt Schmieröl unter den Zapfen, der schon bei Stillstand vom Flüssigkeitsdruck angehoben wird, so daß sich keine metallische Berührung zwischen den Gleitflächen und damit auch keine Trocken- und Mischreibung beim An- und Auslauf ergibt. Dadurch wird Verschleiß verhindert und ein Nachstellen des Lagers überflüssig. Die Betriebssicherheit des Lagers ist jedoch von der Schmiermittelversorgung und konstantem Schmierdruck abhängig (**14**.12).

14.3.3.3 Schmiermittel

Die Zähflüssigkeit (Viskosität) ist das wichtigste physikalische Unterscheidungsmerkmal der Schmierstoffe. Sie wächst mit sinkender und fällt mit steigender Temperatur. Dünnflüssige Schmiermittel verwendet man bei großem Lagerspiel, hoher Oberflächengüte und großer Wärmeabfuhr. Je geringer die Gleitgeschwindigkeit und je größer die Lagerbelastung, um so zähflüssiger muß das Schmiermittel sein. Im Maschinenbau verwendet man Öle, Fette und feste Schmiermittel.

Mineralöle sind die wichtigsten flüssigen Schmiermittel. Sie werden aus Erdöl gewonnen. Für zahlreiche Verwendungszwecke gibt es genormte Öle. Bei den Normalschmierölen nach DIN 51501 unterscheidet man nach zunehmender Viskosität S p i n d e l ö l e , M a s c h i n e n ö l e und Z y l i n d e r ö l e .

Zur Verbesserung bestimmter Eigenschaften erhalten Schmiermittel Zusätze, z. B. für Schaumsicherheit, Alterungsbeständigkeit, Oxidations- und Korrosionsschutz, Hochdruck (Spezialöle, legierte Öle).

Pflanzliche und tierische Öle sind gut schmierfähig aber meist nicht säurefrei (Korrosion!). Sie verharzen unter Lufteinfluß und verlieren dabei ihre Schmierfähigkeit. Deshalb werden sie durch Mineralöle verdrängt. Mischungen mit Mineralölen nennt man Verbundöle.

Schmierfette. Je nach Rohstoffen und Seifengehalt ergeben sich Schmierfette von weicher, teigartiger bis fester Beschaffenheit. Verwendet werden sie bei Wälzlagern, bei Gelenken und Lagern mit geringer Gleitgeschwindigkeit und hoher Belastung.

Feste Schmiermittel (z. B. Graphit, Molybdänsulfid = MoS_2 = Molykote) setzt man ein, wenn die Bildung eines flüssigen Schmierfilms wegen zu geringer Gleitgeschwindigkeit oder wegen zu hoher Lagerdrücke oder Temperaturen nicht möglich ist. Feste Schmiermittel haben zwar gute Gleiteigenschaften, bieten jeodch keine Wärmeabfuhr oder Korrosionsschutz.

14.3.3.4 Schmiereinrichtungen

Das Schmiermittel muß in ausreichender Menge an die zu schmierenden Gleitflächen im Lager geleitet werden, um die Reibung zu vermindern und Wärme abzuführen. Hierfür gibt es handbetätigte oder selbsttätige Schmiereinrichtungen.

Die Schmierung von Hand geschieht mit Öl- oder Spritzkanne in die am Lager angebrachten Öler (z.B. Einschraub-Klappdeckelöler; (**14**.13a). Schmierfette werden mit einer Fettpresse in Kegel-Schmiernippel eingebracht. Bei Staufferbüchsen führt man das Schmierfett durch Drehen der Überwurfmutter der Schmierstelle zu. Dochtöler fördern das Öl durch

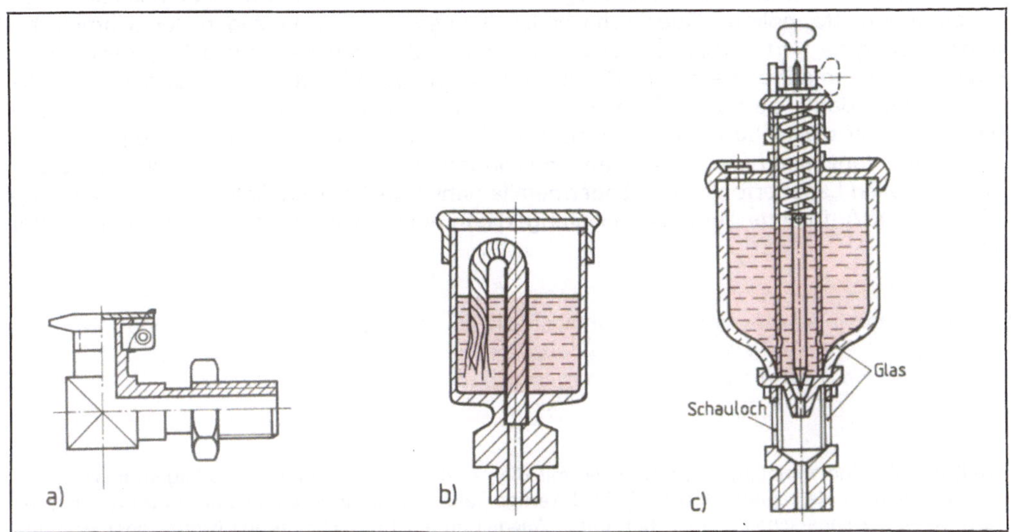

14.13   Schmiereinrichtungen

a) Einschraub-Klappdeckelöler, b) Dochtöler, c) Tropföler

Kapillarwirkung des Dochtes aus einem Schmierstoffbehälter selbsttätig zur Schmierstelle (**14**.13b). Beim Tropföler wird mit einer einstellbaren Nadel die tropfenweise Ölzufuhr reguliert (**14**.13c).

Bei der Tauchschmierung tauchen Ringe, Wälzlager, Zahnräder oder Schleuderbleche in ein Ölbad ein und fördern bzw. schleudern das Öl auf die Laufflächen der Welle.

Die Öl-Umlaufschmierung wendet man bei hochbeanspruchten Lagern an (**14**.14). Hierbei wird das Öl mit einer Ölpumpe aus einem Vorratsbehälter über ein Ölfilter durch Leitungen zu mehreren (auch unzugänglichen) Lagerstellen gefördert und über eine Öl-Rücklaufleitung dem Behälter wieder zugeführt. Bei Einsatz eines Ölkühlers in den Kreislauf eignet sich das Verfahren auch für Lager mit Ölkühlung. Bei höheren von der Pumpe entwickelten Drücken wird aus der Umlaufschmierung eine **Druckölschmierung**.

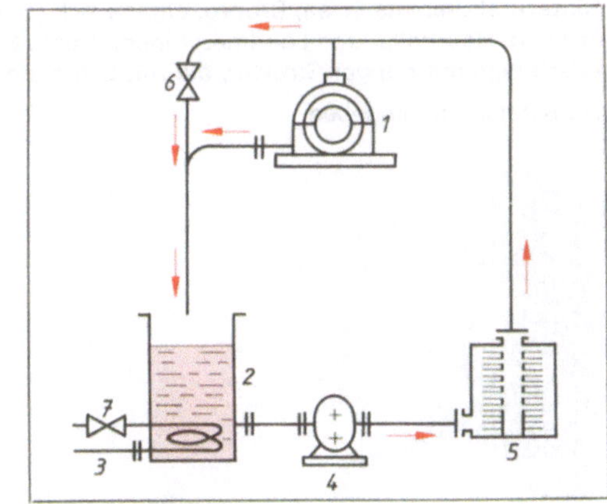

14.14   Öl-Umlaufschmierung

1 Lager   5 Filter
2 Ölbehälter   6 Überdruckventil
3 Kühlschlange   7 Drosselventil
4 Kreislaufpumpe

14.3.3.5 Lagerwerkstoffe

Der umlaufende Wellenzapfen wird im Gleitlager von einer Lagerbuchse oder Lagerschale aufgenommen, die aus geeigneten Lagerwerkstoffen bestehen.

Lagerwerkstoffe müssen gute Laufeigenschaften aufweisen und sollen nach dem Einlaufen eine glatte, polierte Oberfläche bilden (Laufspiegel. Bei Versagen der Schmierung müssen sie gute Notlaufeigenschaften zeigen, d.h. während eines begrenzten Zeitraum das Gleiten aufrechterhalten. Sie sollen nicht „fressen" und einen niedrigen Schmelzpunkt haben, damit sie bei Heißlaufen des Lagers schmelzen, bevor die wertvollere Welle beschädigt wird. Wichtig ist auch die richtige Werkstoffpaarung durch möglichst großen Härteunterschied zwischen Zapfen- und Lagerwerkstoff, so daß die Abnutzung im weniger wertvollen Lager erfolgt. Gute Lagermetalle haben deshalb ein Gefüge aus harten Tragkristallen zur Aufnahme der Lagerbelastung, die in einer weichen Grundmasse eingebettet sind.

> Als Lagerwerkstoffe werden hauptsächlich NE-Metallegierungen mit Kupfer, Zinn, Zink und Blei verwendet. Weitere Lagerwerkstoffe sind Grauguß, Sintermetall und Kunststoffe (Duroplaste und Thermoplaste).

Weißmetalle sind zinnhaltige Lagermetalle mit Blei, Antimon und Cadmium als Legierungsbestandteile. Sie werden als Lagerwerkstoff für hochwertige Teile wie Dampfturbinenläufer und Kurbelwellen verwendet. Die Lagerschalen stellt man durch Ausgießen auf Stützschalen aus Bronze oder Grauguß her.

Bronzen sind Kupfer-Zinn-Legierungen, z.B. mit Blei- oder Aluminiumzusätzen. Sie werden für hochbeanspruchte Lager in Werkzeugmaschinen und Getrieben verwendet.

Messing, eine Kupfer-Zink-Legierung (z.B. Ms 58), setzt man für einfache Lagerungen ein.

Grauguß mit Lamellengraphit (z.B. GGL-20) ergibt eine einfache, billige Lagerung, meist in einem Stück mit dem Lagergehäuse für Landmaschinen, Transmissionen.

Sintermetalle, wie Eisen, Bronze, eignen sich für wartungsfreie Lager mit geringer Gleitgeschwindigkeit (z.B. Haushalts- und Landmaschinen). Durch Sintern der Metalle in Pulverform entstehen Buchsen oder Ringe mit poriger Struktur, die mit Schmiermittel getränkt werden und es während des Betriebs zur Schmierung abgeben.

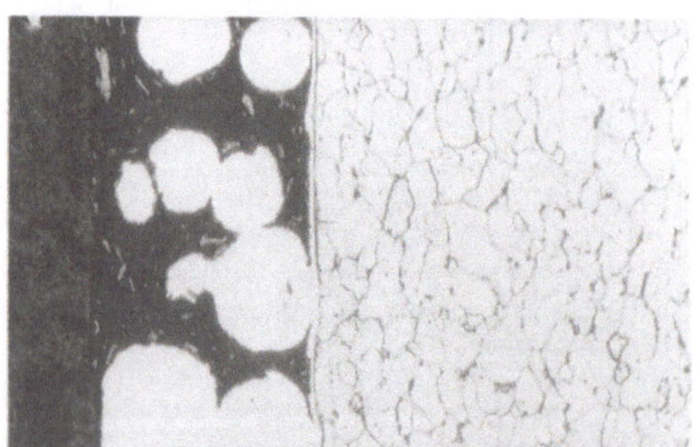

14.15 Kunststoff-Verbundwerkstoff. Stahlstützkörper mit aufgesinterter Sn-Bronze (90% Cu), Porenfüllung und Einlaufschicht aus Kunststoff PTFE mit MoS_2-Zusatz

Duroplaste (z.B. Phenolharze mit geschichteten Gewebebahnen) haben aufgrund ihrer Oberflächenbeschaffenheit günstige Laufeigenschaften. Sie sind verschleißfest und zeigen gute Notlaufeigenschaften. Ungünstig ist die schlechte Wärmeleitfähigkeit. Verwendung im Bagger- und Kranbau, bei Walzen und Pumpen.

Kunststoff-Verbundwerkstoffe haben eine Stahlstützschale, auf die eine poröse Schicht aus Zinnbronze aufgesintert ist. Die Poren dieser Schicht sind mit Kunststoff (z.B. Polytetrafluorethylen PTFE) und Molybdänsulfid (MoS_2) ausgefüllt. So kombiniert man die mechanischen Eigenschaften der Sinterbronze mit den guten Gleit- und Schmiereigenschaften des Kunststoffs und Zusatzes. Diese Gleitlager sind wartungsfrei und haben eine geringe Reibung (**14.15**).

14.3.3.6 Bauarten der Gleitlager

Der große Bedarf an Lagern im Maschinenbau führt zu einer Vielzahl von Bauarten, die sich einteilen lassen nach der Belastungsrichtung und der Konstruktion. Bild **14**.16 zeigt einige wichtige Gleitlagerbauarten.

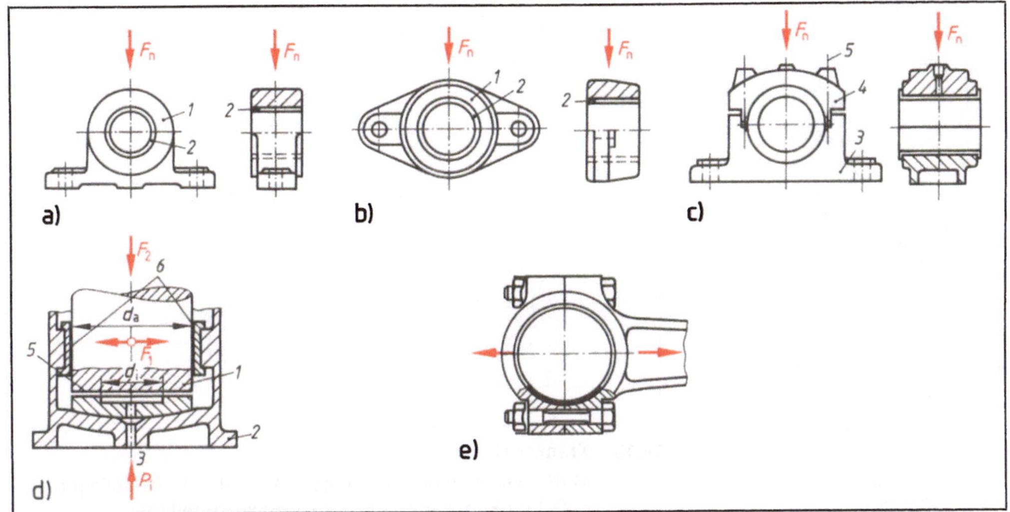

14.16 Bauarten der Gleitlager

a) Augenlager, b) Flanschlager, c) Deckellager, d) Spurzapfenlager, e) Pleuellager

Belastungsrichtung. Radiallager, auch Quer- oder Traglager genannt, nehmen radiale Kräfte auf. Axiallager, auch als Stütz-, Längs- oder Spurlager bezeichnet, nehmen axial wirkende Kräfte auf.

Die Konstruktionen der Lager sind vielfältig. Am einfachsten ist das einteilige oder ungeteilte Lager. Es heißt Augenlager und besteht aus einem eingeschweißten oder angegossenen Auge (z.B. bei Getriebegehäusen) mit einer eingezogenen Lagerbuchse. Geteilte Lager (Deckellager), deren Gehäuse aus Grundkörper und Lagerdeckel bestehen, haben geteilte Lagerschalen mit einer Lauffläche aus einem Gleitlagerwerkstoff.

14.3.4 Wälzlager

Wälzlager stützen und führen – ebenso wie Gleitlager – sich bewegende Maschinenteile (z.B. Wellen, Achsen, Zahnräder), wobei jedoch die Bewegung durch Abwälzen auf Wälzkörper (z.B. Kugeln) ermöglicht wird.

14.3.4.1 Aufbau und Kraftübertragung

Aufbau. Wälzlager sind einbaufertige, genormte Maschinenteile und bestehen meist

- aus dem Außenring, der im Lagergehäuse sitzt,
- aus dem Innenring, der auf den Zapfen einer Welle aufgezogen ist,
- aus den Wälzkörpern (z.B. Kugeln, Zylinderrollen, Kegelrollen, Nadeln), die sich auf den Laufrillen der beiden Ringe abwälzen,
- aus dem Käfig, der die Wälzkörper in bestimmtem kleinem Abstand voneinander hält und führt (**14**.17).

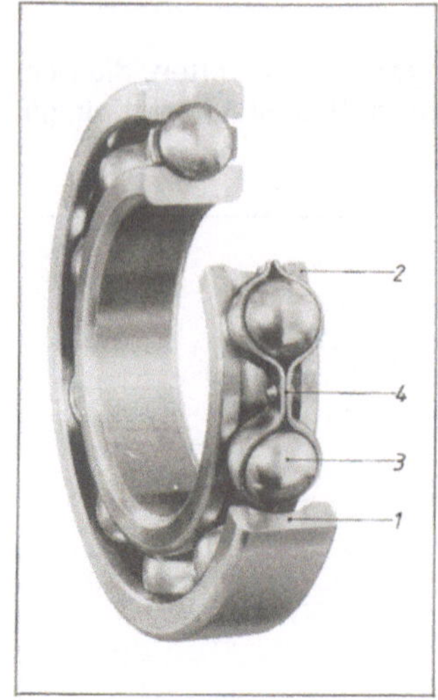

11.17 Aufbau eines Rillenkugellagers

1 Außenring
2 Innenring
3 Wälzkörper
4 Käfig

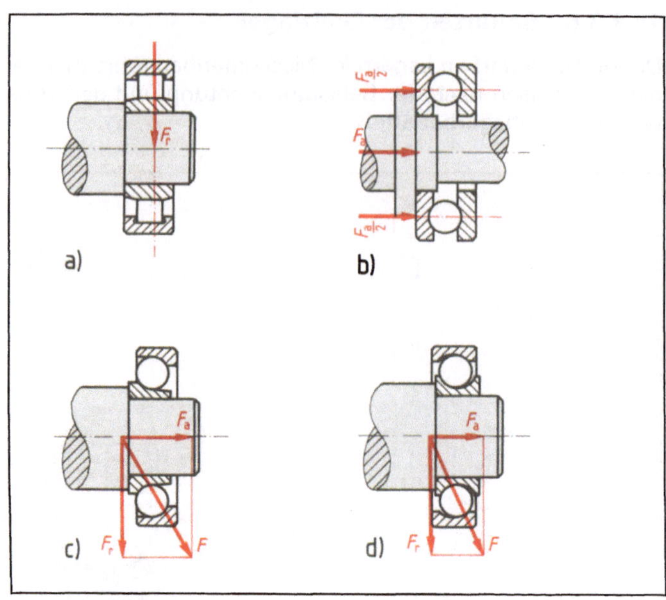

14.18 Kraftübertragung im Wälzlager
a) (Radial-)Zylinderrollenlager, b) Axial-Rillenkugellager,
c) Schrägkugellager, d) (Radial-)Rillenkugellager

Anwendung. Wälzlager werden in Massenfertigung hergestellt und sind wegen ihrer genormten Herstellungsgenauigkeit und Einbaumaße leicht austauschbar. Aufgrund hoher Form-, Maß- und Laufgenauigkeit genügen sie auch höchsten Anforderungen (z. B. zur Lagerung von Arbeitsspindeln an Werkzeugmaschinen) und bei schnellaufenden Spindeln (z. B. Schleifspindeln). Wegen ihrer geringen Baulänge sind sie auch raumsparend, jedoch empfindlich gegenüber stoßartiger Belastung, Verschmutzung und unsachgemäßer Behandlung beim Ein- und Ausbau.

Kraftübertragung. Die ein Wälzlager belastenden Kräfte können nur senkrecht zur Berührungsfläche zwischen Wälzkörper und seiner Laufbahn übertragen werden. So können etwa ein (Radial-)Zylinderrollenlager nur Radialkräfte oder ein Axial-Rillenkugellager nur Axialkräfte aufnehmen (**14.**18a, b). Für die Übertragung einer Kraft, die sich aus einer Radial- und Axialkraft zusammensetzt, kommt z. B. ein Schrägkugellager in Betracht (**14.**18c). Bei (Radial-)Rillenkugellager mit Spiel können sich Innen- und Außenring gegeneinander etwas verschieben, so daß außer Radialkräften auch Axialkräfte aufgenommen werden können (**14.**18d).

Rollreibung. Die Reibung im Gleit- und Wälzlager beruht auf zwei verschiedenen physikalischen Vorgängen. Beim Gleitlager bewegt sich der Zapfen, wenn man vom Ölfilm absieht, unmittelbar auf der Lagerschale (gleitende Reibung). Beim Wälzlager bewegen sich zwischen Zapfen und Lagergehäuse die Wälzkörper. Sie wälzen sich auf ihrer Laufbahn ab. Dabei tritt die wesentlich geringere Rollreibung auf (**14.**4). Die Reibungszahl für Wälzlager liegt je nach Lagerart bei $\mu = 0,0010$ bis $0,0045$ (Gleitlager $\mu \cong 0,01$ bis $0,05$).

Die Rollreibungszahl liegt erheblich niedriger als die Gleitreibungszahl.

Werkstoffe. Nur hochwertige, durchhärtbare, mit Chrom legierte Wälzlagerstähle erfüllen die Anforderungen. Sie haben hohe Härte (63 HRC) und große Zähigkeit. Gebräuchliche Wälzlagerstähle haben einen Kohlenstoffgehalt von 0,9 bis 1,2% und einen Chromgehalt von 0,4 bis 1,8% (z.B. 100 Cr6, 100 CrMo6, 100 CrMnMo8).

14.3.4.2 Bauarten

Wälzlager unterscheiden wir wie Gleitlager nach der Belastungsrichtung in Radial- und Axiallager, nach der Form der Wälzkörper in Kugel-, Rollen- und Nadellager.

Zur näheren Kennzeichnung gibt man oft auch noch die Art der Wälzkörperführung an (z.B. Rillen-, Schulter-, Schräg- und Pendel-Kugellager) und andere Merkmale (z.B. ein- und zweireihig, mit Außen- oder Innenborden).

Rillenkugellager (DIN 625) sind die gebräuchlichsten Wälzlager und finden vielseitige Verwendung im Maschinen- und Fahrzeugbau. Sie sind radial und auch axial belastbar (**14.19a**).

Bei Schrägkugellagern wird die Kraft unter einem Winkel von 20 bis 30° übertragen. Sie sind damit besser in einer Richtung axial belastbar als Rillenkugellager.

Das Pendelkugellager hat zwei Kugelreihen. Die Laufbahn des Außenrings ist hohlkugelförmig gestaltet, so daß Innenring, Kugeln und Käfig bis 4° aus der Mittelstellung geschwenkt werden können. Dadurch können Fluchtfehler der Welle oder Durchbiegungen aufgenommen werden (**14.19c**).

Zylinderrollenlager sind nur radial belastbar. Durch die Linienberührung zwischen Rolle und Rollbahn haben sie aber eine größere Tragfähigkeit als Rillenkugellager. Die Rollen werden zwischen Borden des Außen- oder Innenrings geführt (**14.19d**).

Bei Kegelrollenlagern sind die kegelförmigen Wälzkörper etwas gegen die Wellenachse geneigt und können so größere Radial- und in einer Richtung wirkende Axialkräfte aufnehmen. Kegelrollenlager sind zerlegbar, d.h., Innenring mit Wälzkörpern und Käfig lassen sich getrennt vom Außenring einbauen (**14.19e**).

Nadellager haben dünne, nadelförmige Wälzkörper und nehmen große Radialkräfte auf. Kennzeichnend ist wegen des kleinen Außendurchmessers der geringe Raumbedarf (**14.19f**).

Axial-Rillenkugellager bestehen aus den von einem Käfig gehaltenen Kugeln als Wälzkörper, die von zwei Scheiben abgedeckt werden. Eine stützt sich gegen das Lagergehäuse, die andere gegen einen Wellenabsatz ab. Diese **einseitig** wirkende Kugellager können nur in einer Richtung wirkenden Axialkräfte aufnehmen. **Zweiseitig** wirkende Lager setzen sich aus zwei Gehäusescheiben, zwei Kugelreihen und der mittleren Wellenscheibe zusammen. Diese Lager sind zerlegbar (nicht selbsthaltend), d.h., Wellen- und Gehäusescheiben können getrennt eingebaut werden (**14.19g**).

Bei Axial-Pendelrollenlagern sind die Wälzkörper tonnenförmig. Sie können große Radial- und Axialkräfte aufnehmen. Die Laufbahn der Gehäusescheibe ist hohlkugelförmig, so daß sich das Lager pendelnd einstellen kann (z.B. bei Wellendurchbiegungen).

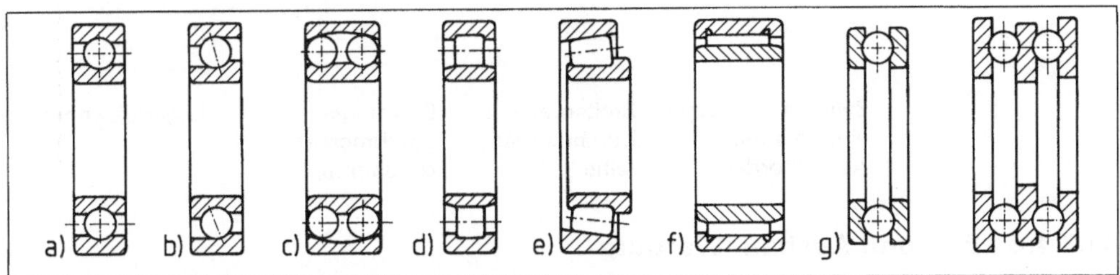

14.19 Bauarten der Wälzlager

a) Rillenkugellager, einreihig, b) Schrägkugellager, einreihig, selbsthaltend, c) Pendelkugellager, d) Zylinderrollenlager, e) Kegelrollenlager, f) Nadellager, g) Axial-Rillenkugellager, ein- und zweiseitig wirkend

14.3.4.3 Normung

Um die Austauschbarkeit der Wälzlager zu gewährleisten, sind die Einbaumaße nach DIN 616 und die Hauptabmessungen für die verschiedenen Lagerarten in Normalblättern festgelegt (z. B. Rillenkugellager DIN 625). Außerdem sind Kurzzeichen für Wälzlager genormt (DIN 623).

Einbaumaße (DIN 616). Wichtig für den Einbau und Austausch eines Wälzlagers sind seine Außenabmessungen: die Lagerbohrung d (Wellendurchmesser), der Außendurchmesser D und die Breite B.

In Maßplänen der DIN-Normen wurden in Tabellen jedem Bohrungsdurchmesser von 0,6 bis 2500 mm mehrere Außendurchmesser zugeordnet, Durchmesserreihe genannt. Innerhalb jeder Durchmesserreihe gibt es wiederum verschiedene Breiten, die Breitenreihe. Durchmesserreihe und Breitenreihe werden mit Kennziffern bezeichnet. Breitenreihe und Durchmesserreihe zusammen ergeben eine zweiziffrige Zahl, die Maßreihe (z. B. Maßreihe 30 = Breitenreihe 3, Durchmesserreihe 0). Lager, die in der Bohrung und der Maßreihe übereinstimmen, haben die gleiche Breite und den gleichen Außendurchmesser und sind gegeneinander austauschbar (z. B. Rillenkugellager gegen Zylinderrollenlager).

Das Kurzzeichen (DIN 623) für ein Wälzlager besteht aus dem Basiskennzeichen und ggf. den Zusatzzeichen.

Das Basiskennzeichen enthält Kennbuchstaben und -ziffern für die Lagerreihe und -bohrung.

Die Lagerreihe enthält ein Zeichen für die Lagerart (z. B. N = Zylinderrollenlager, 6 = einreihiges Rillenkugellager) und für die Maßreihe (s. oben).

Die Lagerbohrung d wird als Bohrungskennzahl angegeben. Bis $d = 9$ mm ist sie gleich dem Bohrungsdurchmesser. Für d = 10, 12, 15, 17 mm gelten die Bohrungskennzahlen, 00, 01, 02, 03. Für d = 20 bis 480 mm ist die Bohrungskennzahl 1/5 des Bohrungs-$\varnothing$ (z. B. d = 35 mm-Bohrungskennzahl 7).

Zusatzzeichen treten gegebenenfalls hinzu. Vorsetzzeichen kennzeichnen einzelne Lagerteile (z. B. K = Käfig mit Wälzkörpern von zerlegbaren Lagern). Nachsetzzeichen machen zusätzliche Angaben über Konstruktion, Abdichtung, Lagerluft (z. B. K = mit kegeliger Bohrung 1 : 12, C2 = Lagerluft, normal).

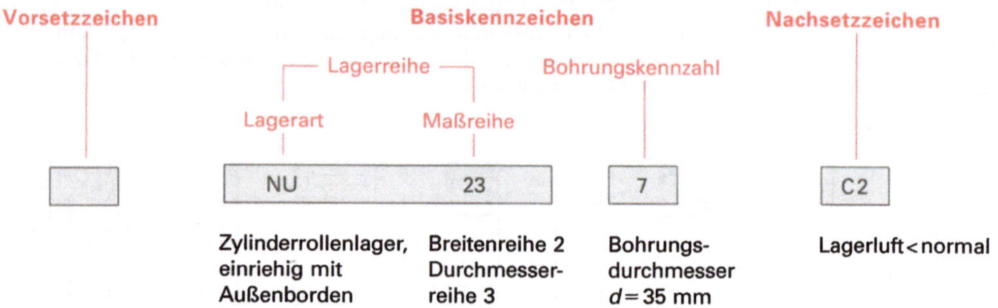

14.3.4.4 Ein- und Ausbau, Wartung

Passungen. Die Ringe des Wälzlagers müssen normalerweise auf der Welle und im Lagergehäuse festsitzen; sie dürfen nicht „wandern". Ringe mit Umfangslast müssen eine strammere Passung enthalten (z. B. j6, k6, m6, n6; M7, N7, P7) als Ringe mit Punktlast (z. B. g6, h6, G7, H7, J7), weil sie bei Punktlast nicht so leicht rutschen.

Loslager, Festlager. Bei der Lagerung von Wellen bildet man ein Lager als Festlager, alle übrigen als Loslager aus. Das Festlager führt die Welle axial und sichert sie gegen das Verschieben in Längsrichtung. Loslager müssen sich in Längsrichtung so einstellen können, daß sich Wärmedehnungen und Einbautoleranzen ausgleichen und keine zusätzlichen Kräfte durch Verklemmen entstehen können (**14.20**).

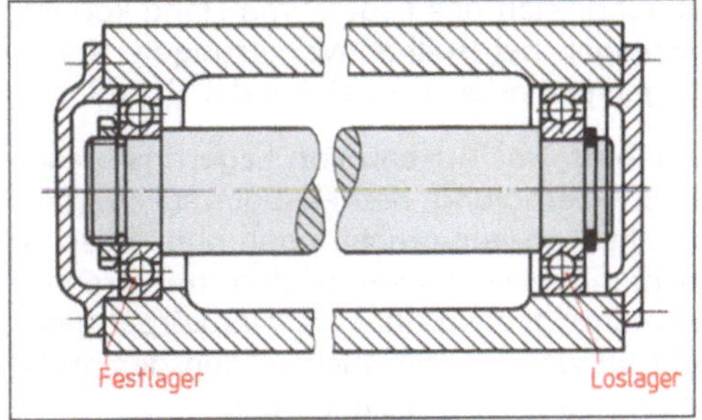

14.20 Festlager und Loslager

Einbau. Bei zerlegbaren Wälzlagern bauen wir Ringe und Wälzkörper mit bzw. ohne Käfig getrennt ein. Bei selbsthaltenden (d. h. nicht zerlegbaren) Lagern fügen wir zuerst die strammere Passung des Innenrings auf den Wellenzapfen, anschließend beim Einbau der Welle in das Lagergehäuse den Außenring mit der Gehäusepaßfläche.

> Wälzlager haben hohe Formgenauigkeit und Oberflächengüte. Sie sind sehr empfindlich gegen Verschmutzung und stoßartige Belastungen. Die Fügekraft ist immer an dem Ring des Wälzlagers anzusetzen, dessen Paßfläche gefügt wird. Sie darf nicht über die Wälzkörper geleitet werden.

Jede Ungenauigkeit des Sitzes wirkt sich auf den Lauf und die Lebensdauer des Lagers aus. Deshalb ist ein Verkanten der Ringe zu vermeiden. Die Ringe sind mit gleichmäßig verteilter Fügekraft bis zum Anliegen an die Anlageflächen (Schultern) aufzutreiben. Hierfür verwendet man verschiedene Hilfsmittel (**14.21**). Wälzlager können aber auch nach Erwärmen auf 80 °C (Ölbad) auf den Wellenzapfen aufgezogen und aufgeschrumpft werden.

Weil beim Aufziehen oder Einsetzen die Laufringe weiter bzw. enger werden, prüfen wir nach Einbau des Laufverhaltens des Lagers durch Fühlen und Abhören. Beim langsamen

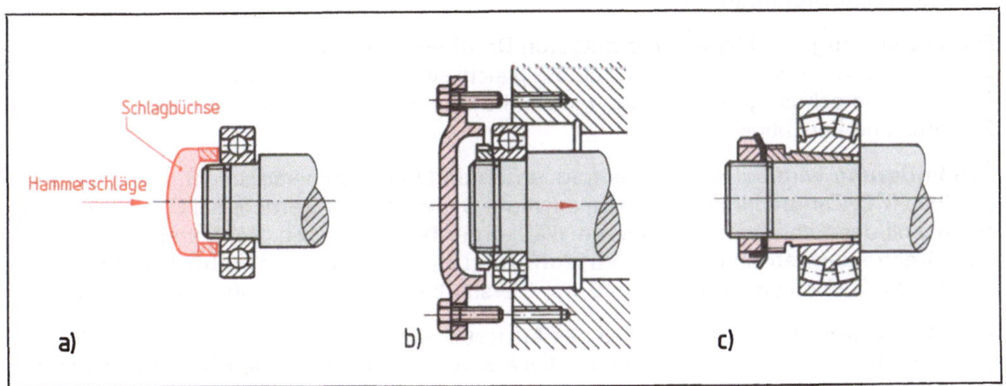

14.21 Einbau von Wälzlagern
a) Auftreiben eines Rillenkugellagers mit Schlagbüchse, b) Einbau eines selbsthaltenden Rillenkugellagers, c) Einpressen einer Abziehhülse mit Nutmutter

Durchdrehen des Lagers von Hand können wir an den Geräuschen Störungen hören (z.B. Schlagen bei Rollbahnverletzungen, Kratzen bei Verschmutzungen, Pfeifen bei zu engem Lagerspiel oder unzureichender Schmierung).

Ausbau. Der Ausbau von Lagern ist nach der Gebrauchsdauer oder aus Betriebsgründen (z.B. Überholung, Betriebsuntersuchung) erforderlich. Kleine Wälzlager werden mit mechanischen Abziehvorrichtungen ohne Beschädigung der Lagersitzflächen ausgebaut. Die Vorrichtungen setzen wir an dem mit strammerer Passung gefügten Ring. Auch hier darf die Abziehkraft nicht über die Wälzkörper geleitet werden (**14.22**). Beim Ausbau großer Wälzlager verwenden wir auch wegen der größeren Abziehkräfte hydraulische oder mit Erwärmung wirkende Abziehgeräte.

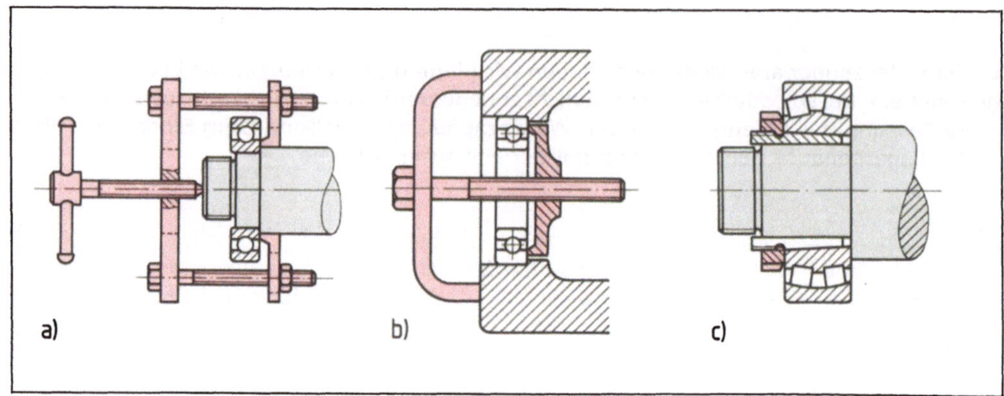

14.22 Ausbau von Wälzlagern

a) Abziehvorrichtung, b) Abziehbügel mit Spindel und Tellerscheibe, c) Abdrückmutter

14.3.4.5 Schmierung und Abdichtung

Die Art der Schmierung richtet sich nach den Betriebsbedingungen wie Lagertemperatur, Belastung und Drehfrequenz.

Fettschmierung. Bei kleinen und mittleren Drehfrequenzen verwendet man Wälzlagerfett. Das Lager wird etwa zu einem Drittel, bei gleichzeitiger Abdichtung auch voll mit Fett gefüllt. Das überschüssige Fett wird in die Hohlräume gedrängt und dichtet das Lager gegen Schmutz und Feuchtigkeit ab.

Ölschmierung wird bei hohen Drehfrequenzen und bei Lagern verwendet, wenn die anderen Teile (z.B. Zahnräder in Getrieben) auch mit Öl geschmiert werden. Bei Ölbadschmierung soll das Schmieröl den unteren Wälzkörper halb bedecken. Bei hohen und sehr hohen Drehfrequenzen sind Ölumlaufschmierung und Ölnebelschmierung üblich, wobei das Öl in einem besonderen Gerät (Zerstäuber) durch Druckluft vernebelt wird.

Die Abdichtung des Wälzlagers soll das Austreten des Schmiermittels und das Eindringen von Schmutz und Wasser verhindern. Diese Schutzaufgaben erfüllen Berührungsdichtungen oder berührungsfreie Dichtungen.

Berührungsdichtungen bestehen aus Dichtelementen, die durch die Elastizität der Dichtung oder eine Feder an die Dicht- bzw. Gleitfläche angepreßt werden (**14.23**).

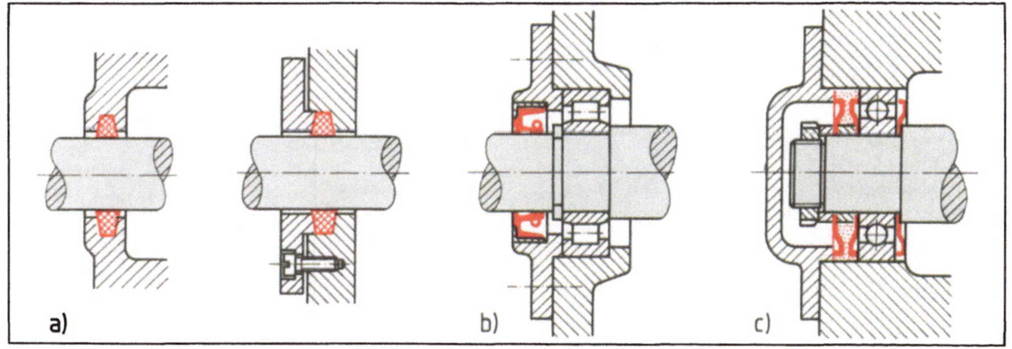

14.23 Berührungsdichtungen

a) Filzringdichtungen, b) Wellendichtring, c) Abdeck- und Dichtscheiben

Bei berührungsfreien Dichtungen (Schutzdichtungen) berühren sich die Dichtflächen nicht, sondern sind durch einen Spalt bestimmter Größe und Form getrennt. Der Spalt ist mit dem abzudichtenden Schmierstoff (z. B. Fett) oder einem Hilfsstoff gefüllt. Er kann glatt, durch Fettrillen unterbrochen oder als Labyrinth ausgebildet sein. Wir unterscheiden danach Spalt-, Labyrinth- und Labyrintdichtungen (**14.24**).

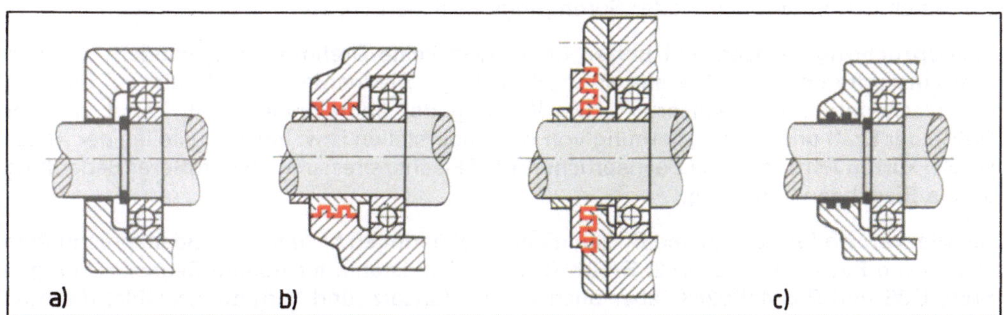

14.24 Berührungsfreie Dichtungen

a) Spaltdichtung, b) axiale und radiale Labyrinthschutzdichtung, c) Labyrinthspaltdichtung

14.3.5 Achsen und Bolzen

Achsen tragen sich drehende oder schwingende Maschinenteile. Bei waagerechtem Einbau bezeichnet man Achsen als Tragachsen, bei senkrechtem Einbau als Stützachsen. Außerdem unterscheiden wir feststehende Achsen (um die sich z. B. Räder, Rollen drehen) und umlaufende Achsen, die sich mit den auf ihnen befestigten Rädern drehen. Kurze, feststehende Achsen heißen Bolzen (Achsbolzen).

Feststehende Achsen mit kreisförmigem Querschnitt werden viel in der Fördertechnik verwendet (z. B. bei Laufrädern, Seilrollen, -trommeln). Sie werden mit Achshaltern gegen Verdrehen und Verschieben gesichert (**14.25 a**).

Umlaufende Achsen finden besonders bei Schienenfahrzeugen Anwendung, bei denen vollständige Radsätze ein- und ausgebaut werden (**14.25 b**).

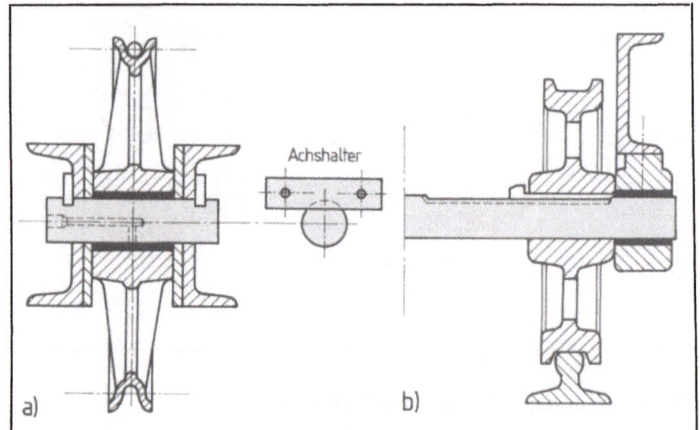
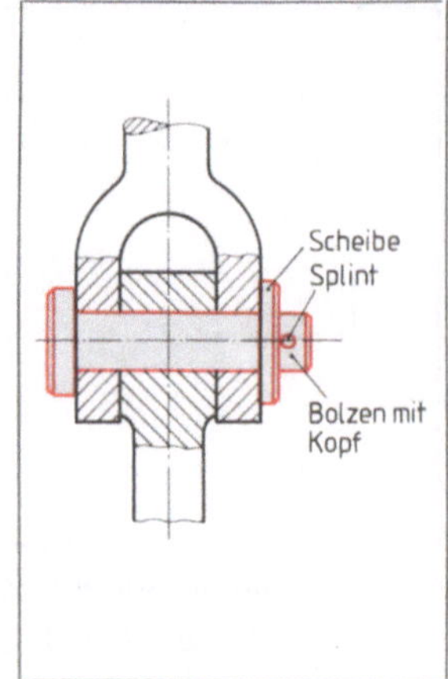

14.25 Achsen
  a) feststehende Achse einer Seilrolle,
  b) umlaufende Radachse eines Schienenfahrzeugs

14.26 Gabelbolzen

Bolzen verwendet man z. B. als Gabelbolzen bei Stangenverbindungen, als Gelenkbolzen zum Verbinden von Kettengliedern und als Kolbenbolzen. Gegen Verschieben werden sie z. B. durch genormte Splinte oder Sprengringe gesichert (**14.26**).

Beanspruchung. Achsen und Bolzen übertragen keine Drehmomente, sondern nehmen Gewichtskräfte und Betriebskräfte auf (z. B. Seilzug). Sie werden deshalb nur auf Biegung und Flächenpressung beansprucht. Die Wirkung der angreifenden Kraft hängt von der Größe der Kraft und ihrer Entfernung von den Lagerstellen bzw. Einspannstellen der Achse ab. Bei kurzen Achsen ist die Beanspruchung auf Flächenpressung von größerer Bedeutung als die Biegebeanspruchung.

Als Werkstoffe für Achsen und Bolzen dienen bei geringen bis mittleren Beanspruchungen allgemeine Baustähle wie St 42, St 50 K (blanker Rundstahl), für höhere Beanspruchungen St 60, C 35 und 9 SMnPb28K, aber auch andere Einsatz- und Vergütungsstähle, die man einer Wärmebehandlung unterzieht (z. B. Vergüten).

Achsen und Bolzen stützen und tragen Maschinenteile. Sie werden auf Biegung und Flächenpressung beansprucht.

14.3.6 Zapfen

Zapfen sind Teile der Achsen und Wellen, die an ihren Lager- oder Unterstützungsstellen sitzen. Für Drehbewegungen muß der Zapfenquerschnitt kreisförmig sein, während die Zapfenform zylindrisch, kegel- oder kugelförmig sein kann. Wir unterscheiden Tragzapfen, Stützzapfen und Einzelzapfen.

Tragzapfen sitzen an den Enden (Stirnzapfen) oder an einer anderen Stelle der Welle bzw. Achse (Halszapfen). Dabei wirken die Lagerkräfte senkrecht zu ihrer Längsachse. Durch Absetzen der Welle bzw. Achse entsteht ein Bund, der geringe axiale Kräfte aufnehmen kann.

290

Um die gefährliche Kerbwirkung zu vermindern, sind beim Übergang von der Welle zum Zapfen scharfkantige Querschnittsübergänge zu vermeiden (**14**.27).

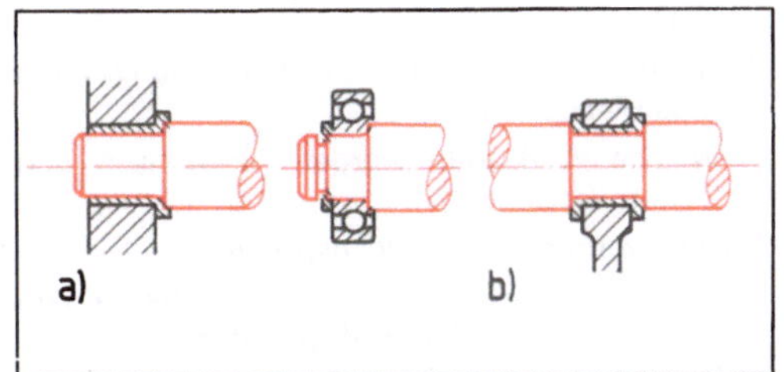

14.27 Tragzapfen
a) Stirnzapfen, b) Halszapfen

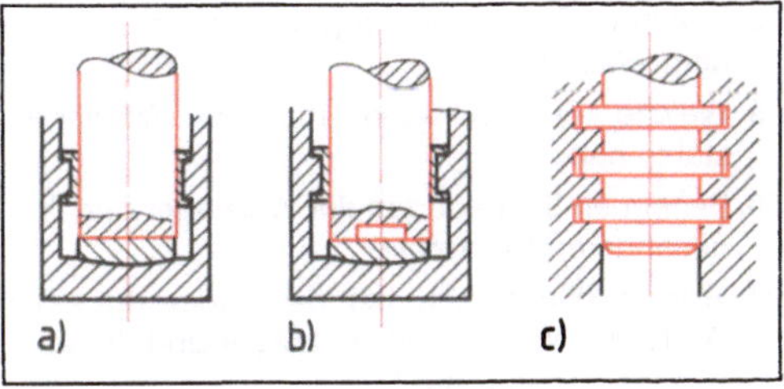

14.28 Stützzapfen
a) Stütz-, b) Ringstütz-, c) Kammzapfen

Stützzapfen nehmen Kräfte in ihrer Längsachse auf (**14**.28). Durch die unterschiedliche Gleitreibung der Berührungsflächen ist der Verschleiß am Rand größer als in der Mitte. Der Ringstützzapfen ist deshalb in der Mitte ausgespart. Der Kammzapfen nimmt als Stützzapfen große axiale Kräfte in wechselnder Richtung auf.

Einzelzapfen werden bei besonderen Aufgaben für das Lagern (Stützen) und Führen von Maschinenteilen verwendet. Ihre Form ist jeweils der Verwendung angepaßt (**14**.29).

Beanspruchung. Zapfen werden durch die Lagerkräfte auf Biegung und Flächenpressung beansprucht. Bei Tragzapfen umlaufender Wellen überwiegt die dynamische Biegebeanspruchung, während bei Stützzapfen die Flächenpressung von größerer Bedeutung ist.

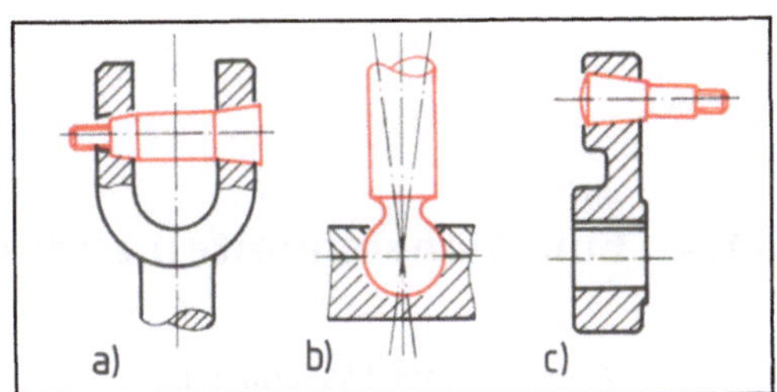

14.29 Einzelzapfen
a) Gabel-, b) Kugel-, c) Kurbelzapfen

1. Welche Anforderungen müssen Maschinengestelle erfüllen?

2. Beschreiben Sie die Auswirkungen einer ungenügenden statischen und dynamischen Steifigkeit eines Drehmaschinenbetts auf Werkstück und Werkzeug.

3. Durch welche Maßnahmen erreicht man eine große Steifigkeit der Maschinengestelle?

4. Welche Führungen finden sie oft bei Werkzeugmaschinen? Geben Sie Beispiele an.

5. Welche Vorteile haben Wälzführungen?

6. Welche Aufgaben haben die Lager und Führungen?

7. Erläutern Sie die Reibungszustände beim Anlaufen eines hydrodynamisch geschmierten Gleitlagers.

8. Beschreiben Sie den Druckverlauf in einem Gleitlager und seine Wirkungon.

9. Welche Vorteile haben Mehrgleitflächenlager?

10. Erklären Sie den Aufbau einer hydrostatischen Schmierung.

11. Was versteht man unter der Viskosität eines Schmiermittels?

12. Beschreiben Sie die Wirkungsweise einer Öl-Umlaufschmierung.

13. Wie wirken sich Gleitgeschwindigkeit und Lagerbelastung auf die Wahl eines Schmiermittels aus?

14. Welche Eigenschaften müssen Lagerwerkstoffe aufweisen?

15. Nennen Sie Anwendungsbereiche verschiedener Lagerwerkstoffe.

16. Beschreiben sie Bauarten von Gleitlagern.

17. Erklären Sie den Aufbau und die Anwendung von Wälzlagern.

18. Erläutern Sie die Reibungsverhältnisse bei einem Wälzlager.

19. Welche Eigenschaften müssen Wälzlagerstähle haben?

20. Benennen Sie Bauarten der Wälzlager und ihre besonderen Merkmale.

21. Warum bildet man bei der Lagerung einer Welle ein Wälzlager als Festlager und die übrigen als Loslager aus?

22. Wie prüft man nach dem Einbau das Laufverhalten eines Wälzlagers?

23. Welche Arbeitsregeln für den Ein- und Ausbau von Wälzlagern sind zu beachten?

24. Weshalb ist ein Verkanten der Ringe eines Wälzlagers beim Einbau zu vermeiden?

25. In welchen Fällen werden Wälzlager mit Fett geschmiert?

26. Welche Möglichkeiten der Abdichtung von Wälzlagern gibt es?

27. Wodurch unterscheiden sich Achsen und Bolzen?

28. Nennen Sie Beispiele für feststehende und umlaufende Achsen.

29. Welche Werkstoffe werden für Achsen und Bolzen verwendet?

30. Wie werden Achsen beansprucht?

31. Welcher Unterschied besteht zwischen einem Tragzapfen und einem Stützzapfen?

32. Welche Beanspruchung tritt bei einem in einem Lager ruhenden Tragzapfen auf?

33. Warum sind beim Übergang vom Zapfen zur Welle scharfkantige Querschnittsübergänge zu vermeiden?

34. Warum ist der Ringstützzapfen in der Mitte ausgespart?

14.4 Funktionseinheiten zum Energieübertragen

Die vom Antrieb einer Maschine bereitgestellte mechanische Energie wird vorwiegend in Form von Drehmomenten durch sich drehende Funktionseinheiten übertragen (z.B. durch Wellen, Räder und Kupplungen, bei winkelbegrenzten Drehmomenten auch mit Hebeln). Sollen während der Energieübertragung gleichzeitig Kräfte, Drehmomente und Drehfrequenzen in die gewünschte Größe und Richtung umgeformt werden, setzt man Getriebe ein.

14.4.1 Wellen

Wellen tragen umlaufende Maschinenteile, die mit ihnen fest oder z.T. axial verschiebbar verbunden sind (z.B. Zahnräder, Riemenscheiben, Kupplungen). Sie übertragen Drehbewegungen und Drehmomente. Wellen an Werkzeugmaschinen, die Werkstücke oder Werkzeuge tragen oder führen, werden auch S p i n d e l n genannt (z.B. Arbeitsspindeln, Schleifspindeln). Die Bauformen der Wellen sind von ihrer Funktion und Beanspruchung abhängig.

Glatte Wellen haben einen gleichbleibenden Querschnitt. Sie dienen zum Übertragen von Drehmomenten auf größere Entfernungen (z.B. im Kranbau oder bei Textilmaschinen).

Abgesetzte Wellen haben verschiedene Durchmesser und Absätze. Diese viel verwendete Form ist der Beanspruchung angepaßt und erleichtert die Montage von Zahnrädern, Wälzlagern und Befestigungselementen. Man setzt sie für Getriebe, elektrische Maschinen, Turbinen, Pumpen ein (**14.**30).

Hohlwellen dienen als Arbeitsspindeln in Werkzeugmaschinen zur Aufnahme von Spannzeugen (z.B. Spannzangen) und zur Werkstoffzuführung in Stangenform.

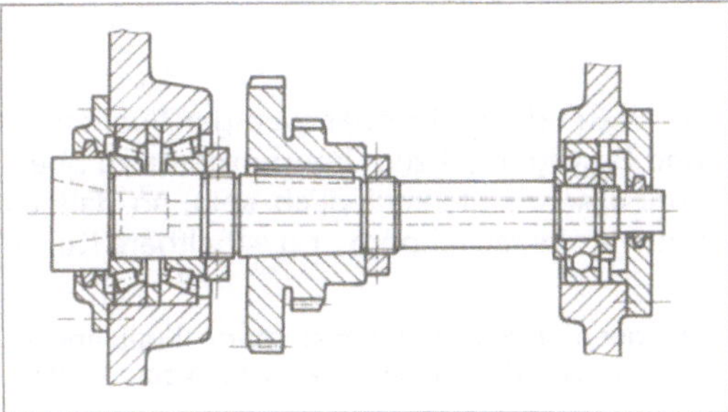

14.30 Abgesetzte Welle

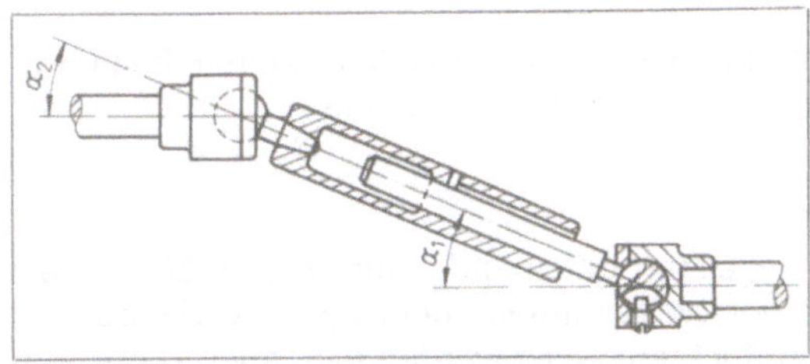

14.32 Gelenkwelle (Teleskopwelle)

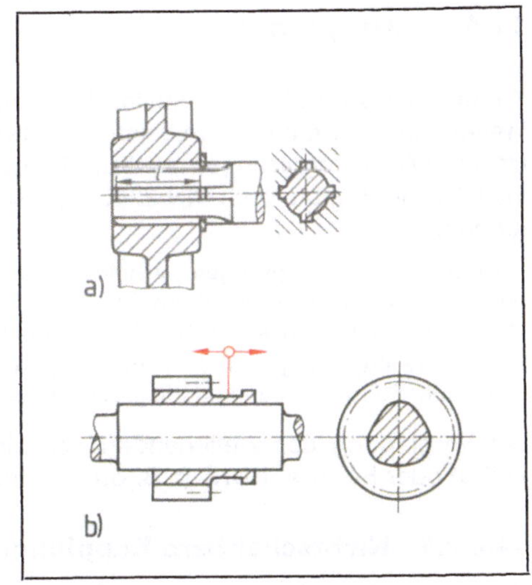

14.31 Mitnehmerverbindungen
a) Nabenverbindung mit Keilwelle,
b) Polygonprofil mit verschiebbarem Zahnrad

Kurbelwellen sind gekröpfte Wellen, die eine geradlinige Bewegung in eine kreisförmige Bewegung oder umgekehrt umformen (z. B. Verbrennungsmotor, bei Kolbenpumpen und -verdichtern).

Form- und Profilwellen werden an Stelle von Gleitfederverbindungen zur Übertragung großer Kraftmomente und bei wechselnder Drehrichtung verwendet (z. B. in hochbeanspruchten Schaltgetrieben im Werkzeugmaschinen- und Kraftfahrzeugbau; **14.31**).

Gelenkwellen dienen zum Übertragen von Drehmomenten, wenn An- und Abtriebswelle versetzt oder ihre Lage veränderlich ist. Außer Neigbarkeit der Gelenke ist eine Längsverschiebung durch genutete Teleskopwellen möglich (z. B. Tischantrieb bei Fräsmaschinen, **14.32**).

Beanspruchung. Wellen werden durch die Gewichts- und Betriebskräfte (z. B. Zahndruck, Riemenzug) der an ihnen befestigten Bauteile auf Biegung und beim Übertragen von Drehmomenten auf Verdrehung (Torsion) beansprucht. Weil die Richtung der Durchbiegung bei der umlaufenden Welle stetig wechselt, muß der Werkstoff eine ausreichend hohe Dauerfestigkeit aufweisen.

> Wellen übertragen Drehmomente und werden auf Biegung und Verdrehung beansprucht.

Die Werkstoffauswahl für Wellen richtet sich nach Größe und Art der Beanspruchung, den Betriebsverhältnissen (z. B. Verschleiß, Warmfestigkeit) und Fertigungsbedingungen (z. B. Fertigungsverfahren, Stückzahl).

Für geringe bis mittlere Beanspruchung werden allgemeine Baustähle verwendet, z. B. St 42 für geringe Ansprüche, St 50 K (blanker Rundstahl) sowie St 60 und St 70 für höhere Beanspruchungen. Hochfeste Stähle bringen oft keine Vorteile, weil die Kerbempfindlichkeit mit der Festigkeit zunimmt und Wellenbrüche (Dauerbrüche) weniger wegen zu geringer Festigkeit als durch Kerbwirkung verursacht werden. Hochbeanspruchte Wellen bestehen aus Vergütungsstählen (z. B. C 22, Ck 35, 25 CrMo 4) oder Einsatzstählen (z. B. C 15, 20 MnCr 5, 15 CrNi 6). Diese Stähle sind vor der Wärmebehandlung gut zu bearbeiten und werden nach der Herstellung an den Lagerlaufflächen oberflächengehärtet.

14.4.2 Kupplungen

Kupplungen sind Maschinenteile, die aneinanderstoßende, mehr oder weniger fluchtende Wellenenden verbinden, um Leistungen (Kraft und Bewegung) bzw. Drehmomente zu übertragen. Die Anforderungen an Kupplungen können sehr unterschiedlich sein, so daß es viele Bauarten gibt. Nach DIN 2240 unterscheiden wir nichtschaltbare und schaltbare Kupplungen.

Nichtschaltbare Kupplungen verbinden zwei Wellenenden starr und drehfest (starre Kupplungen) oder beweglich (nachgiebig, elastisch), um Stöße zu mildern, Schwingungen zu vermeiden oder Wellenverlagerungen auszugleichen (Ausgleichskupplungen).

Schaltbare Kupplungen sind erforderlich, wenn die verbundenen Triebwerksteile während des Betriebs oder Stillstands ein- und ausgeschaltet werden sollen (Wellenschalter).

Die Verbindung der Wellenenden geschieht durch K r a f t s c h l u ß (z.B. durch Reibungskräfte) oder F o r m s c h l u ß (z.B. durch Stifte, Bolzen, Zähne oder Klauen).

14.4.2.1 Nichtschaltbare Kupplungen

Bei starren Kupplungen sind die Kupplungsteile starr miteinander verbunden. Sie können keine Längs-, Quer- und Winkelbewegungen der Wellen aufnehmen. Die zu verbindenden Wellen und ihre Lager müssen deshalb genau fluchten, sonst werden die Lagerdrücke sehr groß. Die Verbindung durch starre Kupplungen hat den Nachteil, daß Stöße und Schwingungen zwischen Antrieb- und Abtriebseite übertragen werden.

Die Schalenkupplung (DIN 115) besteht aus zwei Schalen, die mit Schrauben verbunden kraftschlüssig gegen die zu verbindenden und genau fluchtenden Wellenenden gepreßt werden. Sie überträgt kleine bis mittlere Drehmomente und ist leicht ein- und ausbaubar (**14.33**a).

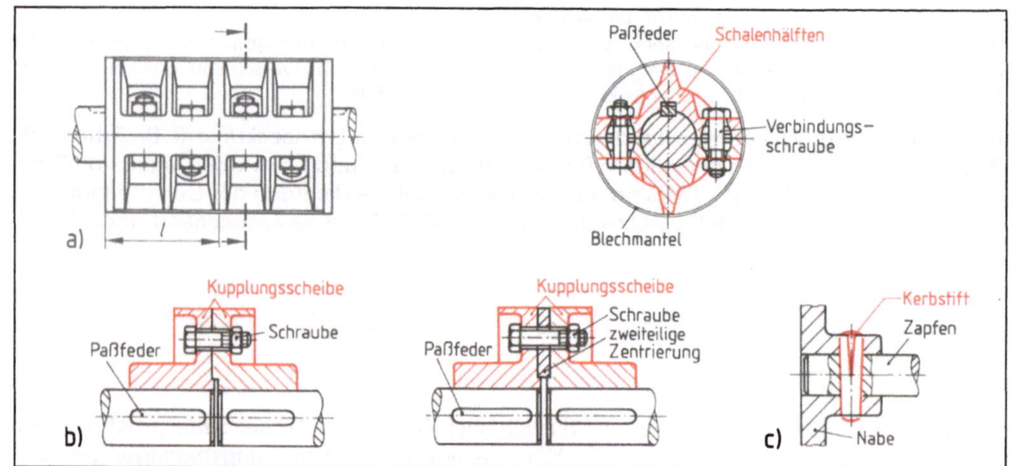

14.33 Starre Kupplungen

a) Schalenkupplung, b) Scheibenkupplung, c) Stiftkupplung

Scheibenkupplungen eignen sich für die Übertragung großer Drehmomente. Sie bestehen aus zwei Kupplungsscheiben, die auf den Wellenenden durch Paßfedern gegen Verdrehung gesichert sind. Durch Schrauben (bei großen Drehmomenten durch Paßschrauben) sind die Scheiben fest miteinander verbunden. Damit sie genau ineinandergreifen, haben sie einen Zentrieransatz. Bei Verwendung von zweiteiligen Zwischenscheiben läßt sich die Kupplung ohne axiale Verschiebung trennen (**14.33**b).

Stiftkupplungen übertragen formschlüssig kleine Drehmomente. Der Stift wird dabei auf Abscheren beansprucht (**14.33**c).

Bei Ausgleichskupplungen sind die Kupplungsteile nicht starr, sondern beweglich, nachgiebig oder elastisch miteiander verbunden. Die Drehmomente werden nicht durch Reibung, sondern durch starre oder elastische Verbindungselemente übertragen. Bei starrer Verbindung (z.B. durch Klauen, Zähne oder Stifte) sind die Kupplungsteile bis zu einem gewissen Grad gegeneinander beweglich. Elastische Verbindungselemente wie Gummi, Leder und Federn gleichen die Bewegungen der Kupplungsteile aus, indem sie ihre Form ändern.

Die Klauenkupplung gleicht Längsverlagerungen der Wellenenden (z.B. infolge Wärmedehnung) aus. Beide Kupplungshälften tragen an der Stirnseite drei oder mehr Klauen, die fast spielfrei ineinandergreifen und das Drehmoment übertragen. Wenn eine Kupplungshälfte verschiebbar ist, läßt sich die Kupplung im Stillstand schalten (**14.34**a).

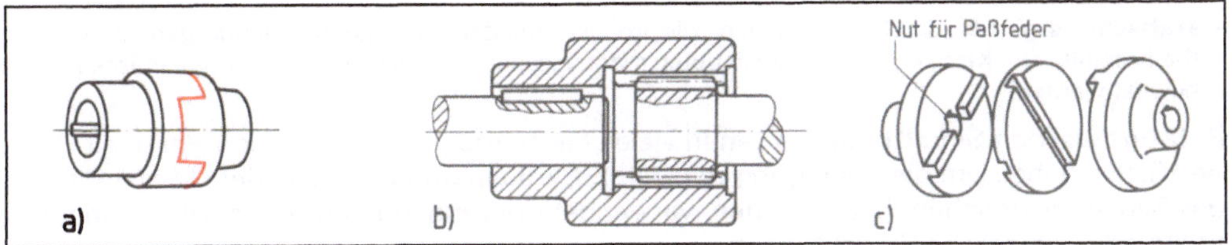

14.34   Unelastische Ausgleichskupplungen

   a) Klauenkupplung, b) Zahnkupplung, c) Kreuzscheibenkupplung (Oldham-Kupplung)

Bei Zahnkupplungen wird das Drehmoment formschlüssig durch Verzahnung übertragen. Die Außenverzahnung des einen Kupplungsteils greift in die Innenverzahnung des anderen ein. So kann eine axiale Wellenverlagerung ausgeglichen werden. Führt man die Außenverzahnung ballig aus (Bogenzahnkupplungen), nehmen sie auch geringe Winkelverlagerungen auf (**14.34**b).

Bei der Kreuzscheibenkupplung haben die Kupplungsscheiben an der Stirnseite eine Nut oder eine um 90° versetzte Feder. Eine Zwischenscheibe sitzt beweglich zwischen beiden Kupplungsscheiben. Sie trägt ebenfalls eine Nut und eine um 90° versetzte Feder und verbindet die Scheiben durch eine Gleitführung (**14.34**c).

Zur Dämpfung von Stößen und Schwingungen verwendet man nachgiebige, elastische Kupplungen, bei denen zwischen den beiden Kupplungsteilen Verbindungselemente aus nachgiebigen, elastischem Werkstoff eingebaut sind, (z.B. Federstahl, Gummi, Elastomere, Leder).

Bei der elastischen Bolzenkupplung trägt das freie Ende der in eine Kupplungsscheibe eingesetzten Kerbstifte oder Stahlbolzen Gummihülsen mit Rillenprofilen. Die Hülsen übertragen das Drehmoment

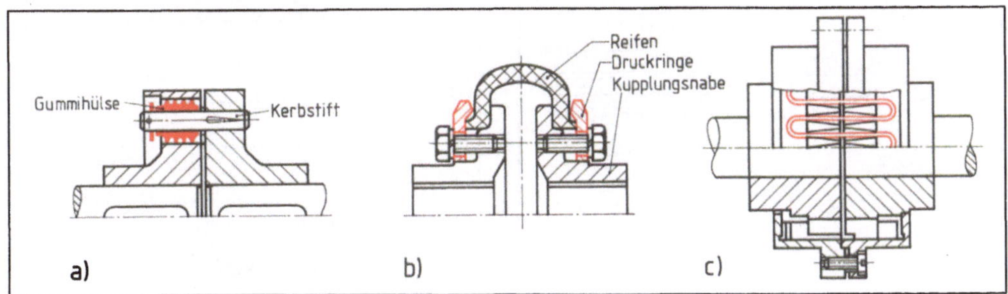

14.35   Elastische Ausgleichskupplungen

   a) Elastische Bolzenkupplung, b) Wulstkupplung, c) Schlangenfederkupplung auf die andere Kupplungsscheibe. Bei Ausbau der verschraubten Stahlbolzen kann die Welle radial ausgebaut werden (**14.35 a**).

Bei der Wulstkupplung wird das Drehmoment über einen bogenförmigen mehrteiligen Reifen aus Gummi mit Gewebeeinlage oder Kunststoff (z. B. Polyurethan) übertragen. Die Verbindung ist allseitig beweglich und hochelastisch (**14.35 b**).

Die Schlangenfederkupplung verwendet als elastisches Verbindungselement schlagenförmig gebogene Stahlfedern, die in Segmente der beiden Kupplungsscheiben eingesetzt werden (**14.35 c**).

14.4.2.2 Schaltbare Kupplungen

Schaltbare Kupplungen (Wellenschalter) verbinden und trennen Wellen und Triebwerksteile im Stillstand oder während des Betriebs. Die Verbindung der An- und Abtriebsseite erfolgt

- **formschlüssig,** z. B. durch Klauen, Zähne zweier Kupplungsteile, die im geschalteten Zustand ineinander greifen, oder
- **kraftschlüssig,** z. B. durch Reibflächen, die im geschalteten Zustand aneinandergepreßt werden (Reibschluß). Der Kraftschluß kann auch durch magnetische, elektrische oder hydrodynamische Kräfte bewirkt werden.

Betätigt werden Schaltkupplungen in vielen Fällen mechanisch, z. B. von Hand mit Hebel und Schlaltgabel. Um die Betätigung zeitsparend, kraftsparend und von der Geschicklichkeit des Bedieners unabhängig zu machen, verwendet man zunehmend hydraulische, pneumatische oder elektrische Einrichtungen.

Es gibt auch schaltbare Kupplungen, die abhängig von Drehfrequenz (Fliehkraftkupplung), Drehrichtung (Überholkupplung) oder Kraftmoment (Rutschkupplung) betätigt werden.

Formschlüssige schaltbare Kupplungen übertragen das Kraftmoment ohne Schlupf durch die Form ihrer Übertragungselemente (z. B. Klauen, Zähne, Bolzen) und eignen sich für große Beanspruchungen. Sie können nur im Stillstand, bei langsamlaufenden Wellen oder bei gleicher Drehfrequenz der beiden Kupplungsteile eingerückt werden.

Kraftschlüssige schaltbare Kupplungen sind während des Betriebs, auch bei Drehfrequenzunterschieden beider Wellen, ein- und ausschaltbar. Das Kraftmoment wird meist durch die Reibung aneinander gepreßter Reibflächen übertragen (Reibungskupplungen). Je nach Form der Reibflächen unterscheidet man Kegelreibungskupplungen, Scheiben- (**14.36**) und Lamellenkupplungen (**14.37**).

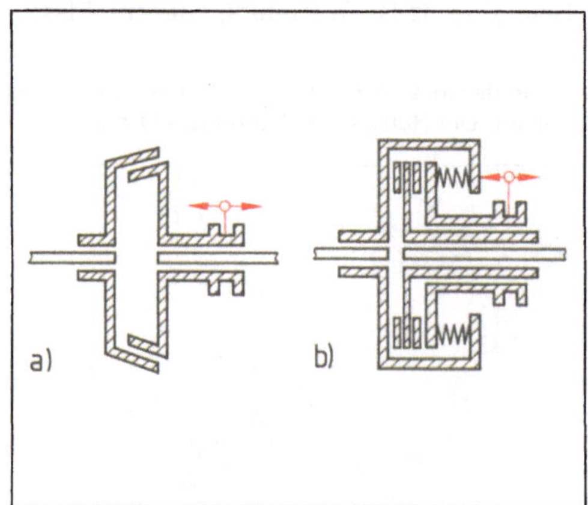

14.36 Kraftschlüssige schaltbare Kupplungen
a) Kegelreibungs-, b) Scheibenkupplung

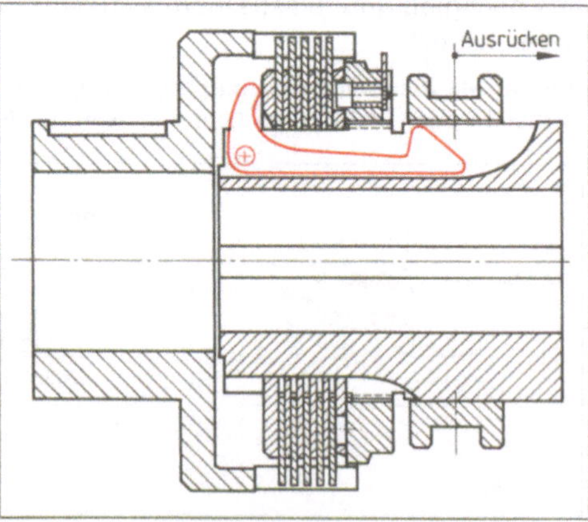

14.37 Lamellenkupplung, eingerückt

Lamellenkupplungen haben einen einfachen, raumsparenden Aufbau und hohe Lebensdauer (**14.37**). Sie übertragen große Leistungen, lassen sich stoßfrei schalten und sind vielseitig verwendbar. Eingebaut werden sie in Werkzeugmaschinen, Pumpen, Verdichter, Fördermaschinen. Das Kraftmoment übertragen sie durch Reibung mehrerer axial verschiebbarer Innen- und Außenlamellen. Die Innenlamellen tragen in ihrer Bohrung Nocken, die in Nuten des Kupplungsträgers eingreifen. Die Außenlamellen haben Nocken am Außendurchmesser und werden von den Nuten des Kupplungsgehäuses mitgenommen. Auf dieses Lamellenpaket wirkt die Anpreßkraft, die über Winkelhebel die Lamellen fest aufeinanderpreßt und so den Kraftschluß bewirkt. Die Anpreßkraft kann mechanisch, hydraulisch, pneumatisch oder elektrodynamisch aufgebracht werden.

Aufgaben zu Abschnitt 14.4.1 und 14.4.2

1. Warum werden in Getrieben abgesetzte Wellen verwendet?

2. Wann werden Form- und Profilwellen eingesetzt?

3. Geben Sie Beispiele für den Einsatz von Gelenkwellen.

4. Wodurch unterscheidet sich die Beanspruchung von Wellen und Achsen?

5. Die Verwendung von hochfesten Stählen als Wellenwerkstoff bringt keine besonderen Vorteile. Begründen Sie dies.

6. Welche Aufgaben sollen Kupplungen erfüllen?

7. Wie unterscheiden sich kraftschlüssige und formschlüssige Kupplungen?

8. Beschreiben sie den Aufbau einer Scheibenkupplung.

9. In welchen Fällen werden Ausgleichskupplungen verwendet?

10. Beschreiben Sie Aufbau und Wirkungsweise einer elastischen Wellenkupplung.

11. Wie können Schaltkupplungen betätigt werden?

12. Nennen Sie Bauformen von Reibungskupplungen.

13. Erläutern Sie Aufbau und Wirkungsweise einer Lamellenkupplung.

14.4.3 Mechanische Getriebe

14.4.3.1 Unterscheidungsmerkmale und Kenngrößen

Getriebe übertragen mechanische Energie und formen Kräfte, Drehmomente und Drehfrequenzen in die nötige Größe und Richtung um. Zur Unterscheidung und Einteilung der Getriebe gibt es verschiedene Merkmale.

Nach der konstruktiven Gestaltung der Übertragungsglieder unterscheidet man Räder-, Kurbel- und Kurvengetriebe. Zu den Rädergetrieben gehören auch die Zugmittelgetriebe (**14.38** auf S. 298).

Die meist angewendeten Rädergetriebe finden wir z. B. als Haupt- und Nebengetriebe an Werkzeugmaschinen, bei Kraftfahrzeugen und Hebezeugen.

Kurbelgetriebe, die drehende Bewegung in einer geradlinigen Bewegung umformen, werden bei Verbrennungsmotoren, Kolbenpumpen, Landmaschinen und Pressen angewendet.

Kurvengetriebe formen eine Drehbewegung in eine periodisch hin- und hergehende Bewegung um und werden z. B. zur Ventilsteuerung von Verbrennungsmotoren, zur Steuerung von Arbeitsgängen an Werkzeugmaschinen, Verpackungsmaschinen und Textilmaschinen eingesetzt.

Nach der Kraftübertragung gibt es kraftschlüssige und formschlüssige Getriebe. Durch Kraftschluß (Reibschluß) wirken z. B. Reibrad-, Flach- und Keilriemengetriebe, während z. B. Zahnräder-, Kettenräder- und Zahnriemengetriebe Kräfte durch Formschluß übertragen (**14.38**).

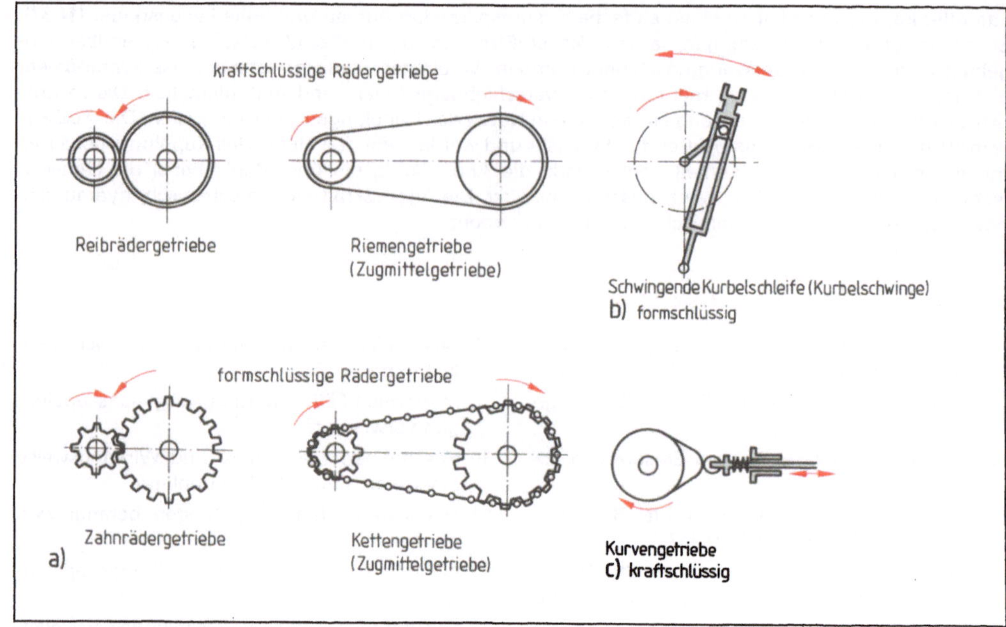

14.38 Getriebearten nach konstruktiver Gestaltung

a) Rädergetriebe, b) Kurbelgetriebe, c) Kurvengetriebe

Die Art der Übersetzung und die Schaltbarkeit sind weitere Unterscheidungsmerkmale (**14.39**). In f e s t e r Übersetzung haben Getriebe bei einer Antriebsdrehfrequenz nur eine Abtriebsdrehfrequenz (nichtschaltbare Getriebe, Festgetriebe). In g e s t u f t e r Übersetzung liefern sie mit schaltbaren Getriebestufen bei einer Antriebsfrequenz mehrere Abtriebsdrehfrequenzen (schaltbare Getriebe). Die stufenlose Übersetzung ermöglicht es, bei einer Antriebsdrehfrequenz beliebige Abtriebsdrehfrequenzen in einem Stellbereich einzustellen (stufenlos verstellbare Getriebe).

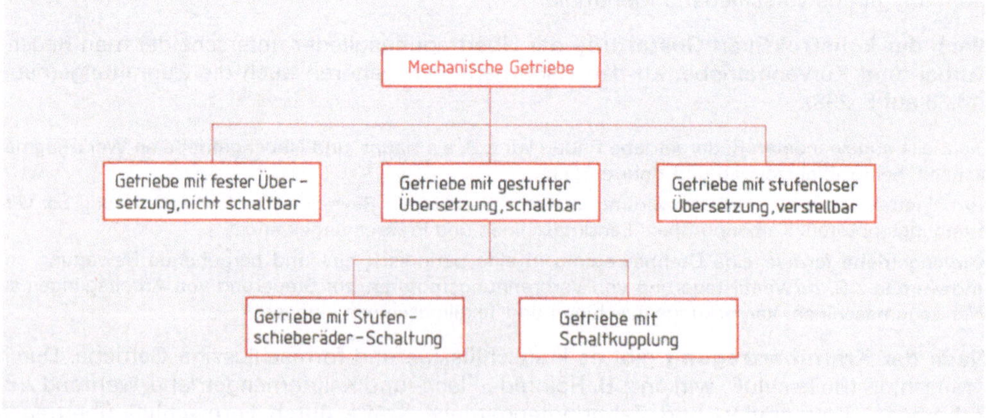

14.39 Getriebearten nach Übersetzung und Schaltbarkeit

Kenngrößen. Für den Einsatz eines Getriebes sind die Konstruktion, die Herstell- und Betriebskosten, vor allem aber die folgenden Kenngrößen maßgebend.

Drehfrequenzen und Übersetzungsverhältnis. Getriebe sollen die Drehfrequenz der Antriebswelle in eine geforderte Abtriebsdrehfrequenz umwandeln. Diese erreicht man bei Rädergetrieben durch Räderpaare mit verschiedenen Wirkdurchmessern. Weil die durch Kraft- oder Formschluß verbundenen Räder gleiche Umfangsgeschwindigkeiten haben ($v = d_1 \cdot \pi \cdot n_1 = d_2 \cdot \pi \cdot n_2$), müssen Räder mit größerem Durchmesser langsamer umlaufen als Räder mit kleinerem Durchmesser (**14.40 a**).

Bei Rädergetrieben stehen demnach die Drehfrequenzen und die Durchmesser zweier Räder im umgekehrten Verhältnis $n_1/n_2 = d_2/d_1$. Das Verhältnis der Drehfrequenzen von Antrieb und Abtrieb ist das Übersetzungsverhältnis.

$$\text{Übersetzungsverhältnis} = \frac{\text{Drehfrequenz des Antriebs}}{\text{Drehfrequenz des Abtriebs}} \qquad i = \frac{n_1}{n_2} = \frac{d_2}{d_1}$$

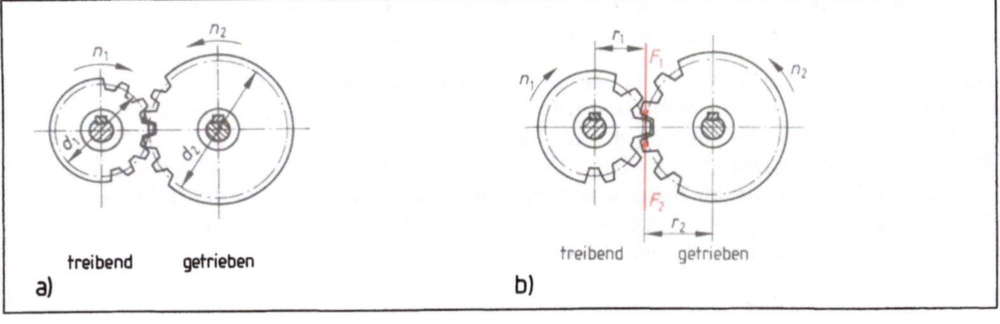

14.40 Zahnrädergetriebe

a) Drehfrequenzen
$$d_1 \cdot \pi \cdot n_1 = v = d_2 \cdot \pi \cdot n_2$$
$$d_1 < d_2 \qquad n_1 > n_2$$
$$i = \frac{n_1}{n_2} = \frac{d_2}{d_1}$$

b) Drehmomente
$$F_1 = F_2$$
$$r_1 < r_2$$
$$M_1 = F_1 \cdot r_1 < M_2 = F_2 \cdot r_2$$

Leistung. Die übertragbare Leistung eines Getriebes ist seine wichtigste Kenngröße. Leistung ist definiert als Kraft mal Weg durch Zeit. Bei sich drehenden Funktionseinheiten (z.B. Wellen, Getrieben) ist Weg/Zeit die Umfangsgeschwindigkeit $v = 2r \cdot \pi \cdot n$, so daß sich die Leistung ergibt zu $P = F \cdot v = F \cdot 2r \cdot \pi \cdot n$.

$$\text{Leistung} = \text{Kraft} \cdot \text{Umfangsgeschwindigkeit} \qquad P = F \cdot v = F \cdot r \cdot 2\pi \cdot n$$

Wirkungsgrad. Bei der Energieübertragung wird ein Teil der Energie durch Reibung zwischen den Übertragungsgliedern (Zahnräder, Riemenscheibe-Riemen) und in den Lagerstellen in Wärme umgewandelt. Die am Abtrieb verfügbare Leistung P_{ab} ist also etwas geringer als die zugeführte Leistung P_{zu}. Der Wirkungsgrad des Getriebes ist das Verhältnis beider Leistungen

$$\eta = P_{ab}/P_{zu}.$$

Das Drehmoment ist ein Maß für die Drehkraft (Durchzugskraft) einer Welle oder eines Rades. Es ist z. B. für Werkzeugmaschinen oder Hebezeugen von Bedeutung und ergibt sich aus dem Produkt der wirkenden Umfangskraft F und dem wirksamen Hebelarm r. Das Drehmoment läßt sich aus der zu übertragenden Leistung berechnen (**14.**40 b).

$$\text{Drehmoment} \quad M = F \cdot r = \frac{P}{2 \cdot \pi \cdot n}$$

14.4.3.2 Zugmittelgetriebe

Das Riemengetriebe überträgt mechanische Leistung (Kraft und Bewegung) von der Antriebs- zur Abtriebswelle. Es sichert die angetriebenen Maschinen und den Motor vor Überlastungen, weil stoßartige Belastungen durch Elastizität oder Rutschen des Riemens aufgefangen werden. Das ist bei Werkzeugmaschinen zur Vermeidung von Bearbeitungsmarken auf den Werkstückoberflächen oder zum Schutz der verbundenen Maschinen von Bedeutung. Weil die Bewegungsübertragung nicht zwangsläufig erfolgt, wie z. B. beim formschlüssigen Zahnradtrieb, sondern mit Riemenschlupf zu rechnen ist, kann ein genaues Drehfrequenzverhältnis zwischen Antriebs- und Abtriebswelle nicht eingehalten werden.

Reibschluß. Die mechanische Leistung wird beim Riementrieb durch Reibung zwischen Treibriemen und Riemenscheibe übertragen (Kraftschluß). Die Reibung nimmt mit der Normalkraft zu, mit der der Riemen auf die Riemenscheibe gepreßt wird. Diese Anpreßkraft, die man durch Vorspannen des Riemens erzeugt, ist um so größer, je größer die Fläche ist, mit der der Riemen auf der Scheibe aufliegt. Deshalb vergrößert sich die Reibung mit dem Umschlingungswinkel β, der vom Durchmesserverhältnis der Riemenscheiben und vom Achsabstand bestimmt wird (**14.**41).

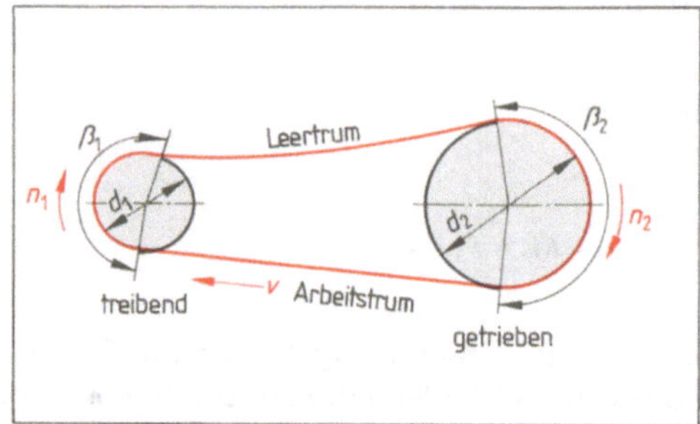

14.41 Riemengetriebe

14.42 Kraftverhältnisse bei Flach- und Keilriemengetriebe

Zum Übertragen größerer Leistungen verwendet man statt des Flachriemens Keilriemen. Infolge der Keilwirkung haben sie eine stärkere Anpreßkraft und damit größere Reibung (**14.**42).

Vorspannung. Beim Auflegen wird der Treibriemen straff gespannt, dehnt sich also aus (Eigenfederung). Diese Vorspannung bewirkt die Anpreßkraft und erhöht die Reibung. Ist die Vorspannung zu klein, ist die Reibung zu gering, und der Riemen rutscht. Ist sie zu groß, wird der Riemen zu stark beansprucht und verschleißt vorzeitig. Außerdem werden die Lager dann stark belastet und nutzen sich schneller ab. Die Vorspannung kann auch durch Spannrollen oder Spannwellen erzeugt werden (**14.**43).

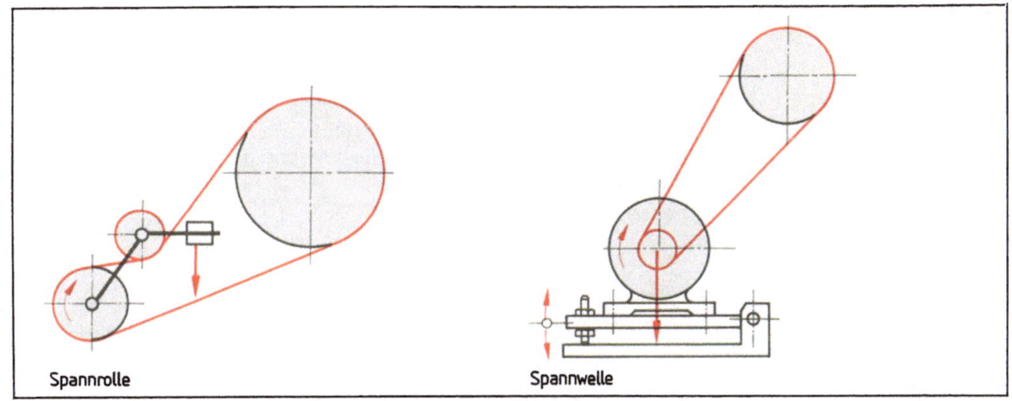

14.43   Vorspannungserzeugung beim Riemengetriebe

Schlupf. Durch das dauernde Dehnen des Riemens im Arbeitstrum und Zusammenschieben im Leertrum entsteht zwangsläufig auf der Riemenscheibe ein Dehnungsschlupf, der 2 bis 3% nicht überschreiten soll. Des Schlupfs wegen muß die Riemenscheibe glatt sein, denn eine aufgerauhte Scheibe würde den Riemen wie eine Feile bearbeiten und zerstören. Wird die Umfangskraft der treibenden Scheibe größer als die Reibung des Riemens auf ihr, dreht die Scheibe durch und der Riemen rutscht. Diese Erscheinung nennt man Gleitschlupf.

Übersetzungsverhältnis. Für die Anwendung des Riementriebs sind die Drehfrequenzen der treibenden und getriebenen Scheibe von Bedeutung. Den Zusammenhang von Drehfrequenz und Scheibendurchmesser gibt das Übersetzungsverhältnis $i = n_1/n_2 = d_2/d_1$ an (s. Abschn. 14.4.3.1).

Die Riemenscheibenpaare stellt man nach der erforderlichen Übersetzung zusammen. Wird z.B. die Arbeitsspindel einer Werkzeugmaschine, die meist mit geringerer Drehfrequenz läuft, von einem schnellaufenden Elektromotor angetrieben, hat die Riemenscheibe auf der Motorwelle einen kleinen, die auf der Arbeitsspindel dagegen einen größeren Durchmesser.

Die Bauarten des Riementriebs ergeben sich aus der Lage der Wellen, der zu übertragenden Leistung und den besonderen Anforderungen für die zu übertragende Bewegung (**14.44**).

Tabelle **14.44**   **Bauarten der Riemengetriebe**

Bauart	Merkmale
offener Riementrieb	parallele Lage der Wellen
	gleichmäßige Beanspruchung des Riemens
	geringer Leistungsverlust
	Übersetzungsverhältnis bis $i = 5:1$ bzw. $1:5$, da sonst Umschlingungswinkel auf der kleinen Scheibe zu klein, ggf. Spannrolle
gekreuzter Riementrieb	parallele Lage der Wellen
Riemenflächen reiben gegeneinander	Verschleiß der Riemenflächen am Kreuzungspunkt
	Änderung der Drehrichtung
	Vergrößerung des Umschlingungswinkels

Fortsetzung s. nächste Seite

Bauart	Merkmale
Stufenscheibentrieb	Drehzahländerung der getriebenen Welle durch Stufenscheiben, besonders im Werkzeugmaschinenbau Summe der Durchmesser von treibender und getriebener Scheibe konstant Drehzahlstufung
Keilriementrieb	parallele Lage der Wellen Übertragung größter Leistung geringer Achsabstand bei großer Übersetzung und kleinem Umschlingungswinkel völlige Gangruhe bei sehr weichem Anlauf fester, schlupffreier Durchzug Vergrößerung der Leistungsübertragung durch mehrere Keilriemen nebeneinander hoher Anpreßdruck bei geringer Lagerbelastung Ausgleich von Rundlaufungenauigkeit und Stößen

Riemenformen und Riemenscheiben. Der Riemen muß wegen der erforderlichen Vorspannung elastisch und wegen der Biegewechselbeanspruchung zäh sein. Außerdem muß der Reibwert zwischen Riemenscheibe und Riemen möglichst groß sein. Je nach Art und Größe des Riementriebs und der zu übertragenden Leistung wählt man Flach- oder Keilriemen, in besonderen Fällen Rund- oder Zahnriemen.

Flachriemen haben einen rechteckigen Querschnitt, der der zu übertragenden Zugkraft entspricht. Wegen der geringen Zugfestigkeit von Lederriemen verwendet man heute vorwiegend M e h r s t o f f r i e m e n aus verschiedenen Schichten (**14.45**). Die Zugkräfte werden von Kunststoffen hoher Festigkeit (Polyamid oder Polyester) aufgenommen. Als Reibschicht dienen Chromleder, Gummi oder Kunststoffe mit einem günstigeren Reibwert. Eine Deckschicht (z. B. aus Textilgewebe) schützt vor äußeren Einflüssen. Diese Hochleistungsflachriemen erlauben Riemengeschwindigkeiten bis 120 m/s. Für geringere Ansprüche verwendet man auch Leder-, Gummigewebe- oder Gewebe-(Textil-)riemen.

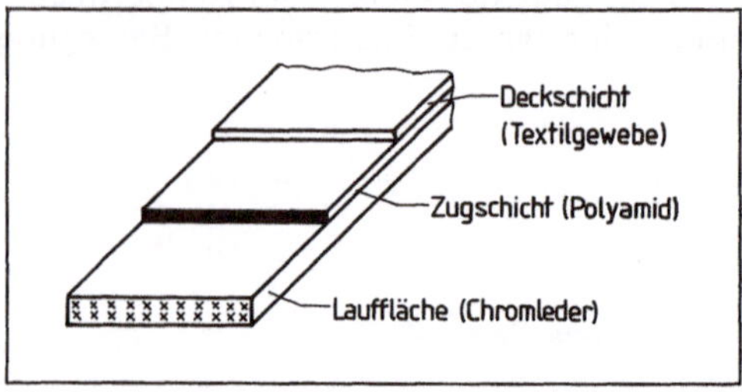

14.45　Aufbau eines Mehrstoffriemens

Flachriemenscheiben sind nach DIN 111 in der Form und den Hauptabmessungen genormt. Zur Führung des Riemens ist die Lauffläche der getriebenen Scheibe meist gewölbt, wodurch die Riemenspannung in der Scheibenmitte am größten wird und der Riemen sich nach dorthin zieht (**14.46**).

Als Werkstoff für Riemenscheiben dient vor allem Grauguß (GG-15, GG-20), bei großer Beanspruchung Stahlguß (GS-38, GS-45) oder Stahl. Für geringe Beanspruchung wählt man Leichtmetallegierungen oder Kunststoffe.

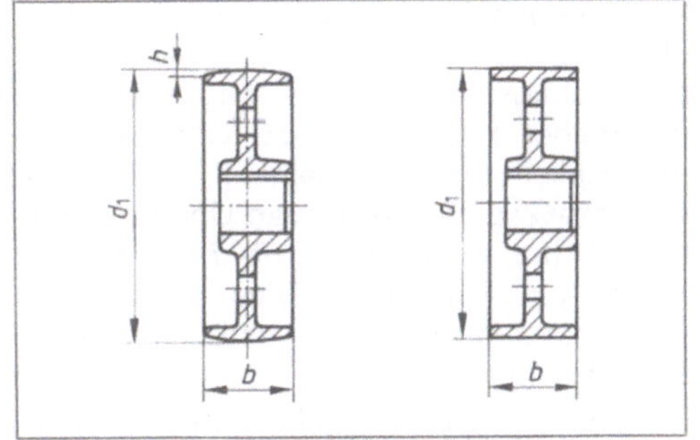

14.46 Flachriemenscheiben nach DIN 111

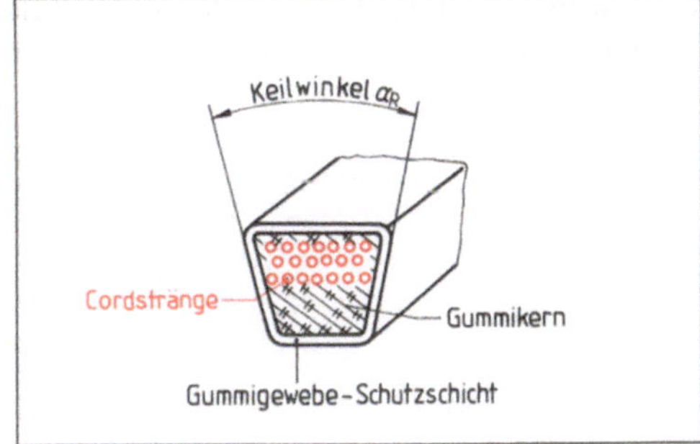

14.47 Aufbau eines Keilriemens

Keilriemen sind eine Sonderform des Mehrstoffriemens mit trapezförmigem Querschnitt. Sie bestehen aus Cordfäden von Polyamid oder Polyester, die in einen Gummikern eingebettet sind und durch eine Gummigewebeschicht gegen äußere Einflüsse geschützt sind (**14.47**). Endliche Keilriemen benutzt man nur, wenn es ihr Einbau erfordert. Ihr Nachteil ist die erforderliche Verbindung durch ein Riemenschloß.

Keilriemenscheiben werden ein- oder mehrrillig hergestellt (**14.48**). Damit der Keilriemen seitlich trägt, ist die Ringnut der Scheibe tiefer ausgearbeitet, als der Riemen hineinragen kann, und der Rillenwinkel kleiner als der Keilwinkel des Riemens. Der Riemen darf auch nicht über die Rillenkante hinausragen. Als Werkstoffe für Keilriemenscheiben verwendet man Grauguß, Leichtmetallegierungen (Preßguß) oder auch tellerförmige Stahlblechteile.

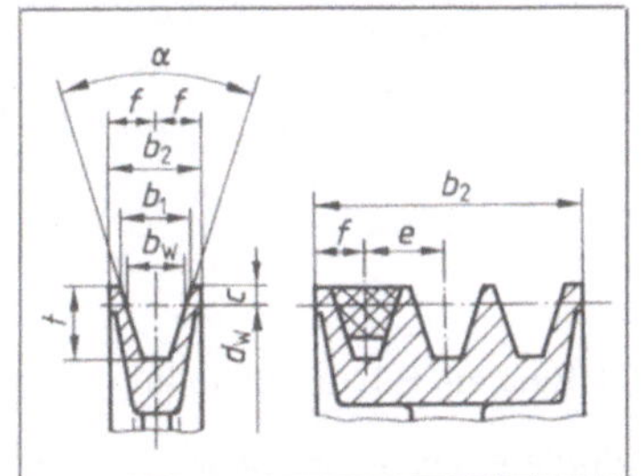

14.48 Ein- und mehrrillige Kranz-
form von Keilriemenschei-
ben nach DIN 2217

14.49 Zahnriemengetriebe

Rundriemen aus Leder, Baumwolle, Kunststoff oder Drahtwendeln werden zum Übertragen geringer Kräfte benutzt, z. B. in feinmechanischen Getrieben. Die Schnurrollen (Scheiben) erhalten eine Rille. Sie ist entweder keilförmig, um eine Klemmwirkung zu erzielen, oder so gestaltet, daß sich eine große Berührungsfläche zwischen Riemen und Rille ergibt.

Der Zahnriementrieb vereinigt die Vorteile des kraftschlüssigen Riementriebs mit denen des formschlüssigen Kettentriebs. Er ist raumsparend und arbeitet geräuscharm. Der Zahnriemen überträgt die Leistung f o r m s c h l ü s s i g und besteht zur Aufnahme der Zugkräfte aus Stahllitzen oder Glasfasern, die in einem profilierten Kunststoffkörper (z. B. aus Polyurethan) eingebettet sind. Der Riemen ist widerstandsfähig gegen Öl und Feuchtigkeit. Wegen des genauen Eingriffs der Riemenzähne und Zahnscheibe sowie des geringen Zahnspiels eignen sich Zahnriemengetriebe besonders für Steuer- und Regelantriebe, Werkzeugmaschinen und Textilmaschinen (**14.49**).

Kettengetriebe (14.50) verbinden die auf der Antriebs- und Abtriebswelle befestigten Kettenräder mit einer Kette formschlüssig und übertragen große Leistungen ohne Schlupf.

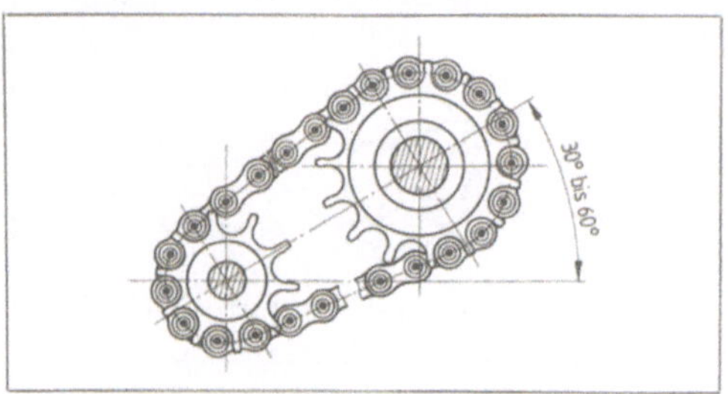

Die wichtigsten Vorzüge gegenüber Riementrieben bestehen in der Verwendungsmöglichkeit für sehr kleine Achsabstände und im wesentlich größeren Übersetzungsbereich (bei Rollenketten bis $i = 1:10$, bei Zahnketten bis $i = 1:15$). Dies gestattet eine raumsparende Bauweise (z. B. für Werkzeugmaschinen).

Zu den Nachteilen gehören das Laufgeräusch, die höheren Herstellkosten und der Wartungsaufwand (z. B. Schmierung, Regulierung der Kettenspannung). Der Kettentrieb kann auch nicht für Antriebe mit starken Belastungsschwankungen und häufigem Drehrichtungswechsel eingesetzt werden, weil sich die Ketten unter Stoßbelastung infolge Abnutzung ihrer Gelenke rasch längen.

14.50   Kettengetriebe

Kettenarten und -räder. Die Kettenart richtet sich nach der Aufgabe und Beanspruchung.

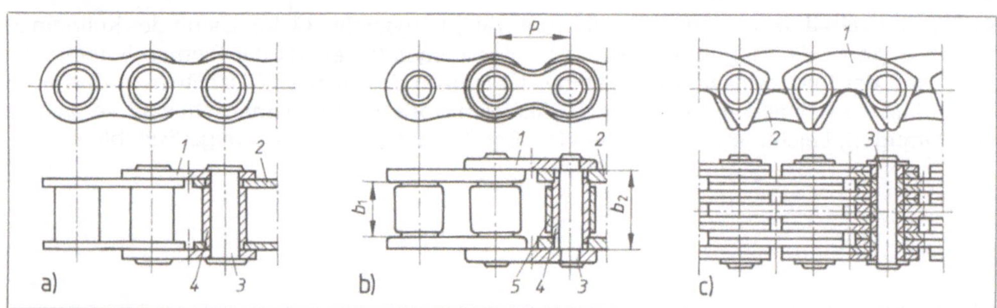

14.51   Kettenbauarten
　　　a) Buchsenkette, b) Rollenkette, c) Zahnkette
　　　1 Außenlasche　*2* Innen-, Führungslasche　*3* Bolzen　*4* Buchse, Hülse　*5* Rolle

Buchsenketten (DIN 8164) setzt man z. B. bei hochbelasteten Stetigförderern wie Schleppern, Bechergestänge und Kettenbahnen ein (**14.**51 a).

Rollenketten (DN 8187) haben den Vorzug geringerer Kosten und geringeren Gewichts. Das letzte ist bei hohen Kettengeschwindigkeiten von Bedeutung (**14.**51 b).

Zahnketten sind geräuschärmer als Rollenketten. Sie eignen sich zum Übertragen großer Leistungen, z. B. als Hauptantrieb von Werkzeugmaschinen (**14.**51 c).

Kettenräder (14.52). Die um das Kettenrad gelegte Kette bildet ein Vieleck. Dadurch verändert sich bei der Drehung des Kettenrads ständig der wirksame Raddurchmesser und be-

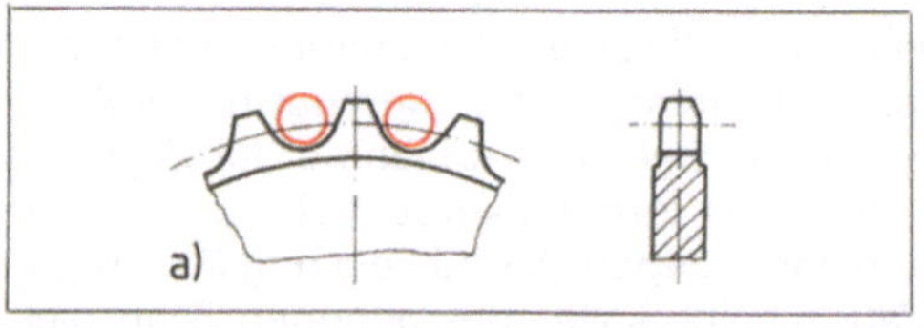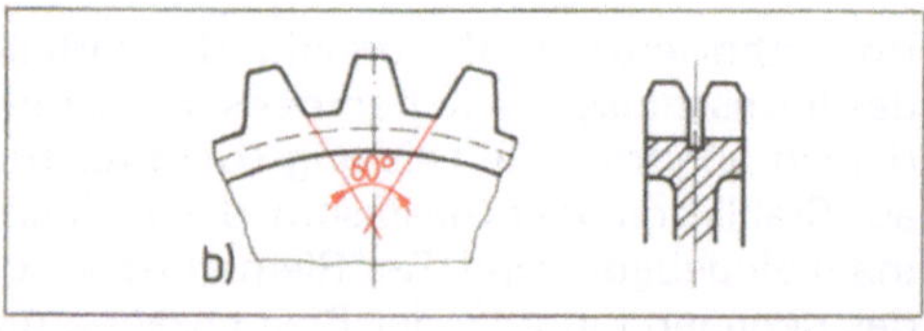

14.52   Kettenrad
　　　a) für Rollen- und Buchsenketten, b) für Zahnketten mit Innenführung

wirkt eine ungleichförmige Kettengeschwindigkeit. Die Folgen sind ungünstige Längsschwingungen in der Kette. Je größer die Zähnezahl eines Kettenrads ist, um so geringer sind Ungleichförmigkeit, Reibung und Verschleiß. Die Zähnezahlen der Räder sollen nicht ganzzahlig in der Gliederzahl der Kette aufgehen bzw. bei gerader Gliederzahl der Kette ungerade sein, damit die Kettenglieder nicht immer in die gleichen Zähne eingreifen.

Werkstoffe für Ketten und Kettenräder. Je nach Beanspruchung der Kette werden Werkstoffe mit entsprechender Zugfestigkeit oder Verschleißfestigkeit gewählt. Für Laschen verwendet man Stahl (z. B. St 35-2, St 50), für Buchsen und Rollen, die eine harte Oberfläche gegen Verschleiß haben müssen, Einsatzstähle (z. B. C.25) oder Chromnickelstahl, einsatzgehärtet. Große Kettenräder bestehen aus Stahl, Grauguß oder Stahlgut (z. B. St 60, GG-18, GS 45), kleine Räder aus Einsatzstahl, oberflächengehärtet.

---

1. Nennen Sie die Aufgaben der Getriebe.
2. Auf welche Art werden Kräfte in mechanischen Getrieben übertragen?
3. Welche Vor- und Nachteile haben formschlüssige Getriebe?
4. Nennen Sie Unterscheidungsmerkmale für Getriebe.
5. Wodurch entsteht bei Rädergetrieben eine Drehfrequenzänderung?
6. Welcher Zusammenhang besteht zwischen den Drehfrequenzen und Raddurchmessern eines Rädergetriebes?
7. Erläutern Sie den Begriff „Übersetzungsverhältnis".
8. Warum ist bei einem Getriebe die abgegebene Leistung etwas geringer als die zugeführte?
9. Was sagt das Drehmoment eines Getriebes aus?
10. Nennen Sie Vor- und Nachteile der Leistungsübertragung durch Riemengetriebe.
11. Auf welcher physikalischen Erscheinung beruht die Wirkungsweise des Riementriebes?
12. Wie kann beim Riementrieb die erforderliche Vorspannung erreicht werden?
13. Welche Ursachen hat der Schlupf beim Riementrieb?
14. Was ist ein Übersetzungsverhältnis?
15. Beschreiben Sie Bauarten der Riemengetriebe.
16. Welchen Zweck hat die gewölbte Lauffläche einer Riemenscheibe?
17. Warum lassen sich mit Keilriemen größere Leistungen übertragen als mit Flachriemen?
18. Wo finden Zahnriementriebe vorzugsweise Verwendung?
19. Welche Vor- und Nachteile haben die Kettengetriebe?

14.4.3.3 Zahnräder, Grundbegriffe der Verzahnung

Zahnradmaße. Wenn Zahnräder ineinandergreifen, müssen Zähne und Zahnlücken beider Räder in Form und Größe gleich sein.

Modul. Bei der Einteilung der Zähne und ihren Abmessungen geht man vom Teilkreis aus. Die Teilung p ist der Abstand von Zahnmitte zu Zahnmitte als Bogenmaß in mm auf dem Teilkreis (**14.53**). Der Umfang des Teilkreises $U = d \cdot \pi$ ergibt sich auch aus der Zähnezahl z und der Teilung p, nämlich $U = z \cdot p$. Es gilt also $d \cdot \pi = z \cdot p$ und für den Teilkreisdurchmesser $d = z \cdot p / \pi$.

Um beim Maß des Teilkreisdurchmessers d und damit auch beim Achsabstand eine ganze Zahl zu erhalten (sonst komplizieren sich die Herstellung und das Messen

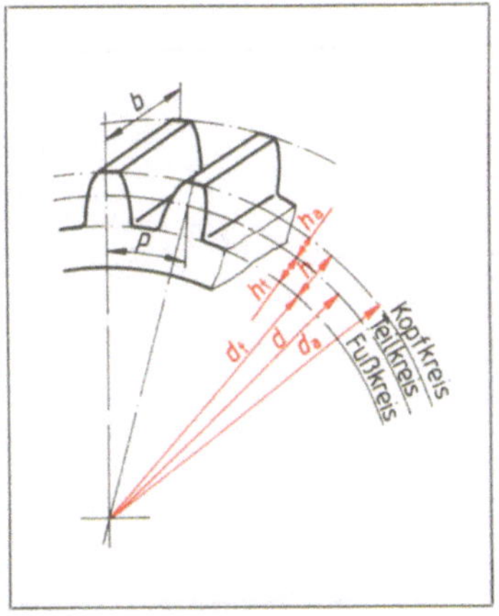

14.53   Abmessungen am Zahnrad

Tabelle **14.54** **Abmessungen am Zahnrad**

Benennung	Zeichen/Formel
Modul	m
Teilung	$p = m \cdot \pi$
Zähnezahl	z
Teilkreisdurchmesser	$d = z \cdot m$
Achsabstand	$a = \dfrac{d_1 + d_2}{2}$
Zahnkopfhöhe	$h_a = m$
Zahnfußhöhe	$h_f = 1{,}167 \cdot m$
Zahnhöhe	$h = h_a + h_f$
Zahnbreite	b
Kopfkreisdurchmesser	$d_a = d + 2 \cdot m$
Fußkreisdurchmesser	$d_f = d - 2 \cdot h_f$

des Zahntriebs unnötig), wird die Teilung p immer als ein Vielfaches von π festgelegt. Der Ausdruck p/π ist damit stets eine reelle Zahl und wird als Modul m bezeichnet. Das Modul hat die Einheit mm und ist für verschiedene Zahnradgrößen in einer Modulreihe nach DIN 780 genormt. Er ist die wichtigste Kenngröße der Verzahnung und liegt allen anderen Abmessungen am Zahnrad zugrunde (**14.54**).

> Das Modul ist die Millimeterzahl, die
> - mit π multipliziert die Teilung $p = m \cdot \pi$ ergibt,
> - mit der Zähnezahl multipliziert den Teilkreisdurchmesser $d = m \cdot z$ ergibt.
>
> Beim Zahnradtrieb muß das Modul m beider Räder gleich sein.

Verzahnungsarten. Die zwangsläufige Übertragung der Drehbewegung und Kräfte von einem Zahnrad auf ein anderes soll stetig und stoßfrei verlaufen. Dies erreicht man, wenn die sich berührenden Zahnflanken aufeinander abwälzen und möglichst wenig gleiten (was Verschleiß verursachen würde). Die Zahnflanken der Zähne müssen deshalb den Abwälzgesetzen entsprechend kurvenförmig gestaltet sein. Als Wälzkurven für Zahnflanken sind die Evolvente oder die Zykloide geeignet.

Bei der Evolventenverzahnung werden die Zahnflanken ineinandergreifender Zahnräder durch Evolventen gebildet (lat. Abwicklungslinie). Das ist die Kurve, die das Ende einer gestrafften Schnur beschreibt, wenn sie von einer feststehenden Scheibe abgewickelt wird (Fadenlinie, **14.55** a). Im Eingriff liegen alle Berührungspunkte eines Zahnpaars auf einer Linie, auf der Eingriffslinie. Sie bildet mit der gemeinsamen Tangente an die beiden Teilkreise den Eingriffswinkel, der nach DIN 867 mit 20° genormt ist (**14.55** b).

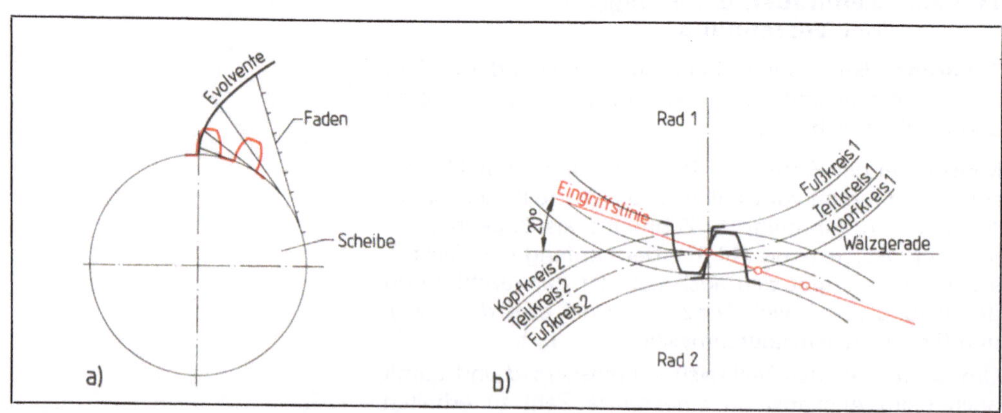

14.55 Evolvente (a) und Eingriffslinie (b)

Die Evolventenverzahnung wird im Maschinenbau fast ausnahmslos angewendet, weil sich die Kurven mit einfachen, geradflankigen Schneidwerkzeugen (Fräser, Hobelmeißel, Abwälzwerkzeuge) durch Abwälzen herstellen lassen. Mit einem Abwälzwerkzeug für eine bestimmte Zahngröße gleichen Moduls kann jede Zähnezahl geschnitten werden. Auch geringe Veränderungen des Achsabstands wirken sich bei der Evolventenverzahnung nicht auf das Abwälzen der Zahnflanken aus.

Bei Rädern mit kleinen Zähnezahlen ($z \le 14$ Zähne) werden die Zähne durch Evolventenverzahnung zu stark unterschnitten, der Zahnfluß geschwächt und die Festigkeit gemindert. Solche Verzahnung wird durch eine Profilverschiebung korrigiert (korrigierte Evolventenverzahnung, V-Verzahnung). Dabei nutzt man die Unempfindlichkeit der Evolventenverzahnung gegen Achsabstandsänderungen und verschiebt nur das Abwälzwerkzeug um das Maß der Profilverschiebung (**14.56**).

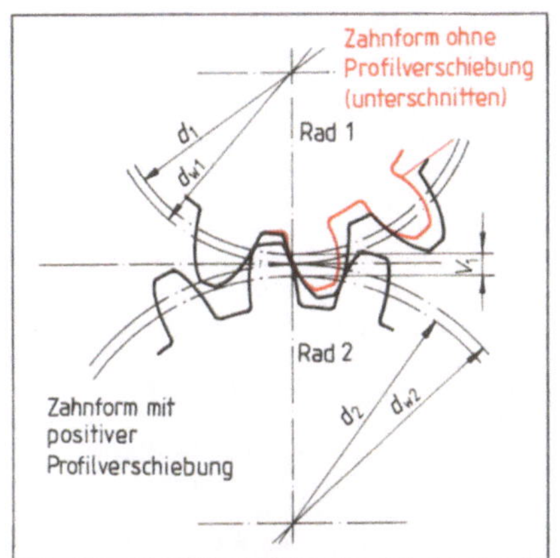

14.56 Zahnradgetriebe mit positiver Profilverschiebung des Rades 1

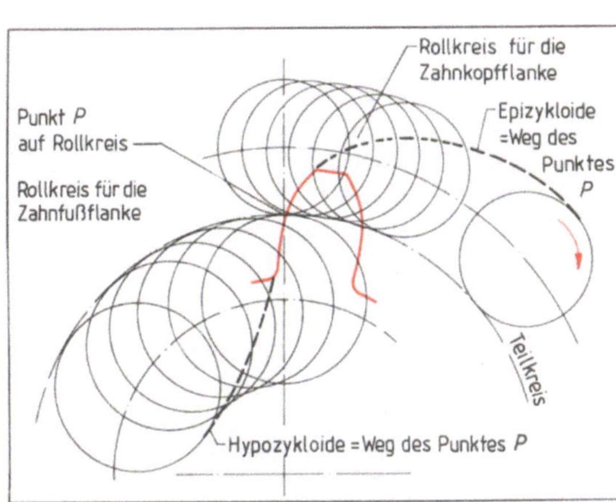

14.57 Entstehung einer Zykloide

Bei der Zykloidenverzahnung setzt sich eine Zahnflanke aus Kurvenstücken zweier Zykloiden zusammen (griech. Radlinie). Es ergibt sich ein nahezu idealer Abwälzvorgang. Die Wälzkurve entsteht durch den angenommenen Punkt eines Kreises, der auf einem anderen Kreis abrollt (**14.57**). So kann man auch Zahnräder mit kleinen Zähnezahlen herstellen.

Der Zahnradtrieb arbeitet nur einwandfrei, wenn der Achsabstand genau eingehalten wird. Mit einem bestimmten Fräser kann aber nur ein Rad mit einer bestimmten Zähnezahl hergestellt werden. Auch lassen sich Räder nicht gegen Räder mit anderer Zähnezahl austauschen.

Zykloidenverzahnung verwendet man deshalb bei Präzisionsgetrieben, besonders in der Feinmechanik, bei Zahnradpumpen, Uhrenzahnrädern sowie als Triebstockverzahnung.

Außen- und Innenverzahnung. Bei den meisten Zahnrädern befinden sich die Zähne auf der Mantelfläche (Außenverzahnung). Bei der Innenverzahnung ist nicht der Außenmantel, sondern der Bohrungsmantel mit Zähnen versehen, und im Zahnkranz laufen außenverzahnte Räder. Die Drehrichtung wird bei der Innenverzahnung im Gegensatz zur Außenverzahnung nicht umgekehrt. Bei Innenverzahnung liegen die Zähne geschützt (geringe Unfallgefahr), der Lauf ist ge-

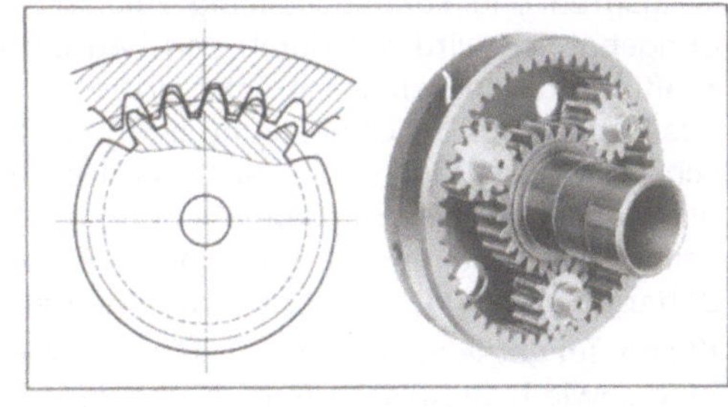

14.58 Außen- und innenverzahnte Räder

räuscharm und der Platzbedarf geringer. Innenverzahnung kommt bei Umlaufgetrieben vor (z.B. Planetengetrieben, **14.**58).

Werkstoffe. Die Werkstoffwahl für Zahnräder richtet sich nach der Getriebeleistung, Drehfrequenz, Lebensdauer und besonders nach der Wirtschaftlichkeit (**14.**59).

Tabelle **14.**59 **Zahnradwerkstoffe**

Werkstoffe	Eignung	Eigenschaften/Herstellung
Grauguß	Bei nicht zu großen Kräften und Geschwindigkeiten oder rauhen Betriebsverhältnissen	gleitet gut, harte Gußhaut schützt die Zähne vor Verschleiß
Baustahl	bei mittleren Umfangsgeschwindigkeiten	
Einsatzstahl	bei großen Umfangsgeschwindigkeiten	die harten Zahnflanken schützen vor Verschleiß, Zahnkern, bleibt zäh und stoßfest
Vergütungsstahl	bei hohen Umfangsgeschwindigkeiten und großen Leistungen	Fertigbearbeitung bis zur Schleifzugabe, dann vergütet bzw. oberflächengehärtet und fertiggeschliffen
Kupferlegierung	für Schneckenräder mit besonders großer Gleitgeschwindigkeit	Bronze-Zahnkranz auf Radkörper aus Grauguß oder Stahlguß aufgeschrumpft, Schnecke aus Stahl
Kunststoff	für geräuscharme und elastische Räder	Spritzguß oder Spanen; bei Radpaar besteht das kleine Rad (Ritzel) aus Kunststoff, das große Gegenrad aus Stahl

14.4.3.4 Zahnrädergetriebe

Zahnrädergetriebe übertragen Bewegungen und Kraftmomente (Leistung) formschlüssig und unmittelbar zwischen Wellen. Im Gegensatz zum Riementrieb übertragen die Zahnräder auf kurze Entfernung und ohne Geschwindigkeitsänderungen, kehren aber die Drehrichtung beim Ineinandergreifen zweier Zahnräder um.

Anwendung. Zahnrädergetriebe sind im Maschinenbau bei Kraft- und Arbeitsmaschinen die am meisten verwendeten Getriebe. Sie sind raumsparend, haben einen hohen Wirkungsgrad und können beliebig zueinander angeordnete Wellen verbinden. Ihr Anwendungsbereich wird nur durch den begrenzten Wellenabstand und die harte, unelastische Kraftübertragung eingeschränkt. Unzweckmäßig sind Zahnräder, wenn ein vorübergehendes Nachgeben bei Überlastung erwünscht ist, z.B. beim Antrieb von Bohrmaschinen ausschließlich über Zahnräder. Auch markieren sich Eingriffschwingungen auf den Werkstückoberflächen bei der Feinstbearbeitung auf Werkzeugmaschinen. Wo genaue Geschwindigkeitsverhältnisse erforderlich sind (z.B. bei Gewindeschneidmaschinen, Teilköpfen und Zahnradherstellung), sind Zahnrädergetriebe unentbehrlich.

Kleine Teilgetriebe mit elektrischem Einzelantrieb und stufenloser Geschwindigkeitsregelung sowie hydraulische Antriebe haben die Bedeutung von Zahnrädergetrieben nur wenig gemindert.

Das Übersetzungsverhältnis eines einstufigen Zahnradgetriebes ist, wie in Abschn. 14.4.3.1 angegeben, $i = n_1/n_2 = d_2/d_1$. Die Durchmesser d_2 und d_1 sind dabei die Durchmesser der Teilkreise. Setzt man für den Teilkreisdurchmesser $d = m \cdot z$ (s. Abschn. 14.4.3.3) erhält man $n_1/n_2 = z_2/z_1$.

Beim einstufigen Zahnradgetriebe stehen die Drehfrequenzen im umgekehrten Verhältnis zur Zähnezahl.

Übersetzungsverhältnis
$$i = \frac{n_1}{n_2} = \frac{d_2}{d_1} = \frac{z_2}{z_1}$$

Einstufige Zahnrädergetriebe. Für die vielfältigen Aufgaben in der Technik gibt es sehr unterschiedliche Zahnrädergetriebe. Nach der Form der Zahnräder unterscheidet man Stirnrad-, Zahnstangen-, Kegelrad-, Schraubrad- und Schneckenradgetriebe. Ihre besonderen Merkmale sind die Lage der Wellen und ihre Drehrichtung (**14.60**).

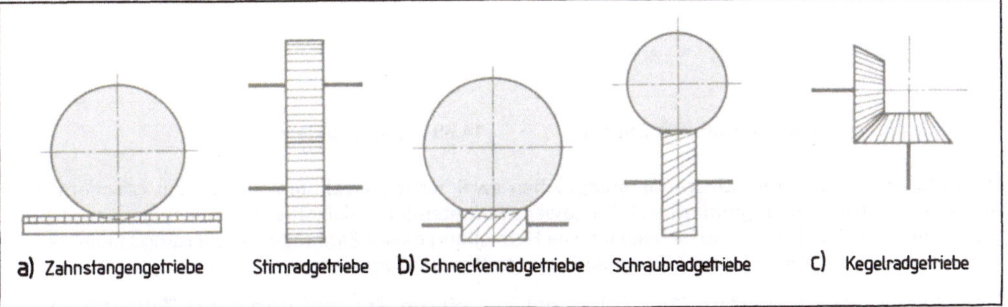

14.60 Zahnradgetriebe
a) Parallele Wellen, b) gekreuzte Wellen, c) sich schneidende Wellen

Stirnradgetriebe übertragen Bewegungen und Kräfte zwischen parallelliegenden Wellen. Stirnräder sind außenverzahnt. Form und Größe des Zahnprofils können von der Stirnseite des Rades betrachtet werden. Je nach den Anforderungen können Stirnräder gerad-, schräg- oder doppelschrägverzahnt sein (**14.61**).

14.61 Stirnrädergetriebe
a) Gerad- und schrägverzahntes Stirnrad, b) Stirnrädergetriebe mit Schrägverzahnung

Geradverzahnte Stirnräder übertragen Kräfte jeweils nur über ein Zahnpaar auf der ganzen Breite des Zahnes. Bei dieser starken Beanspruchung des Zahnpaars lassen sich keine sehr großen Kräfte übertragen. Das fortwährende Auftreffen der Zähne aufeinander und ihr Ablösen verursacht Schwingungen, die als Laufgeräusche hörbar werden. Die Herstellung von geradverzahnten Stirnrädern ist jedoch einfach und kostengünstig.

Bei schrägverzahnten Stirnrädern stehen entlang der Radbreite immer mehrere Zahnpaare im Eingriff, so daß sich die Beanspruchung verteilt und größere Kräfte übertragen werden können. Durch die Schrägung der Zähne ergibt sich eine Axialkraft, die durch Lager aufzunehmen ist (**14.62**). Die Zähne werden beim Abwälzvorgang allmählich belastet, weil der Berührungspunkt ununterbrochen längs der Zahnflanke wandert.

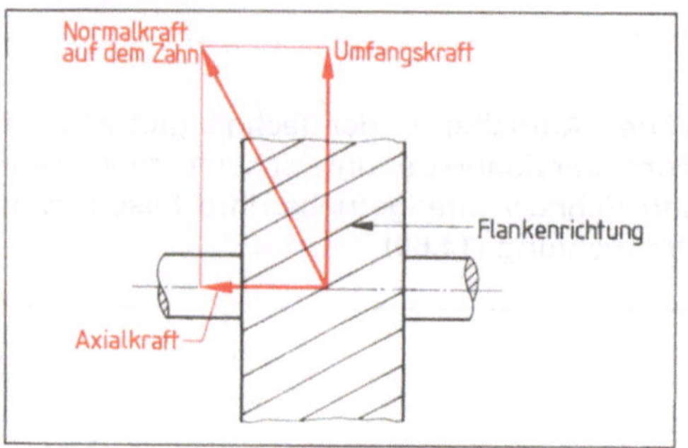

14.62   Kräfte am schrägverzahnten Stirnrad

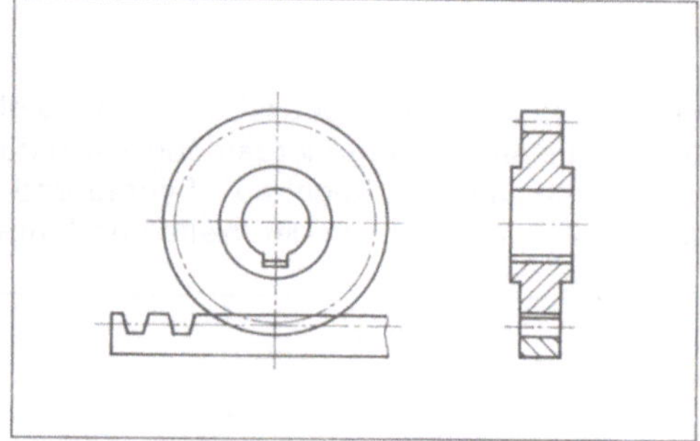

14.63   Zahnstangentrieb

Doppelschrägverzahnte Stirnräder entsprechen zwei schrägverzahnten Rädern mit gleichem, aber entgegengesetztem Schrägungswinkel. Die jeweils auftretenden Axialkräfte heben sich gegenseitig auf. Die Wellen werden also nicht axial belastet. Die Herstellung dieser Zahnräder ist allerdings teuer, besonders wenn sich die Zähne in der Mitte pfeilförmig treffen (Pfeilverzahnung).

Das Zahnstangengetriebe (**14.**63) besteht aus einem Stirnrad und einer Zahnstange, die als Zahnkranz eines Rades mit unendlich großem Durchmesser angesehen werden kann. Es dient hauptsächlich zum Umwandeln einer Drehbewegung in eine geradlinige Bewegung (z. B. Längszug des Supports auf dem Drehmaschinenbett, Tischantrieb einer Hobelmaschine). Der umgekehrte Fall, das Umwandeln einer geradlinig hin und her gehenden Bewegung in eine kreisförmige tritt seltener auf (z. B. bei Schaltgetrieben).

Kegelradgetriebe dienen zur Bewegungs- und Kraftübertragung bei zwei sich schneidenden Wellen. Weil sich die Radachsen in einem Punkt schneiden, ist mindestens ein Rad fliegend gelagert. Diese ungünstige Lagerung verursacht große Biegemomente. Das Kegel-

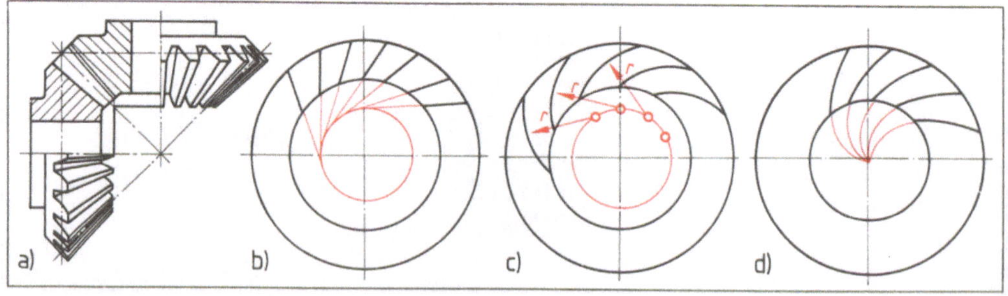

14.64   Kegelradgetriebe

a) Kegelräderpaar, b) Schrägverzahnung, c) Bogenverzahnung, d) Spiralverzahnung

rad hat die Grundform eines Kegelstumpfs, auf dessen Mantelfläche sich Zähne befinden. Bei geradverzahnten Kegelrädern verjüngen sich die Zähne in Richtung Wellenschnittpunkt. Das erschwert die Herstellung und erfordert genauen Einbau, damit die Zähne nicht klemmen. Einen günstigen Eingriff der Zähne und größere Kraftübertragung erreicht man durch Schräg-, Spiral- oder Bogenverzahnung (**14.64**).

Schraubradgetriebe (**14.60**b) bestehen aus schrägverzahnten Stirnrädern, deren Wellen sich kreuzen. Die schräg zu den Mantellinien verlaufenden Zähne winden sich schraubenförmig um die Radachse. Bei der Kraftübertragung wälzen sich die Zahnflanken nicht nur aufeinander ab, sondern schrauben sich auch ineinander, so daß eine erhebliche Gleitreibung auftritt. Deshalb sind Schraubradgetriebe nur für die Übertragung kleiner Kräfte geeignet, z.B. in der Feinwerktechnik oder für Steuerbewegungen.

Ein Schneckenradgetriebe trägt auf der Antriebswelle eine Schnecke. Das ist ein „Zahnrad mit sehr großer Zahnschräge" und gleicht einer Schraube. Das dazugehörige Gegenrad ist das Schneckenrad. Seine Zähne sind dem Teil einer Mutter vergleichbar, der in eine Schraube eingreift. Wie eine Schraube kann auch die Schnecke ein- oder mehrgängig sein. Dreht sich z.B. eine eingängige Schnecke einmal um ihre Achse, wandert ein Zahnrad mit 40 Zähnen um einen Zahn weiter. Das Übersetzungsverhältnis ist in diesem Fall $i = 40:1$. Es lassen sich Übersetzungsverhältnisse bis $i = 60:1$ erreichen (**14.65**).

Schneckengetriebe werden vorzugsweise bei großen Übersetzungen ins Langsame und beim Übertragen großer Leistungen gebraucht. Durch das Aufeinandergleiten der Schnecken und Schneckenradzähne entstehen große Reibungsverluste und große Axialkräfte, die von entsprechenden Lagern aufgenommen werden müssen.

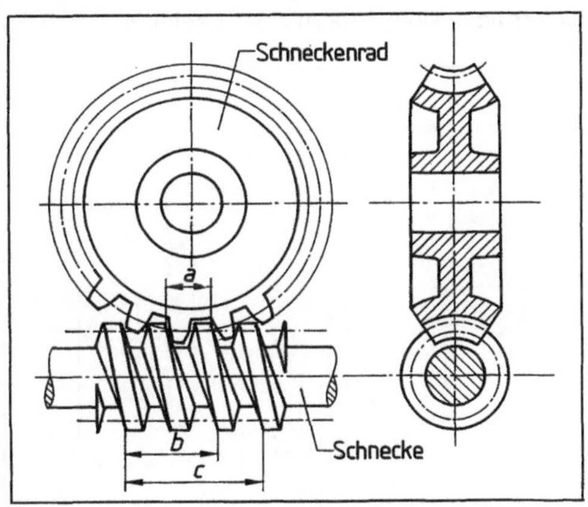

14.65   Zylinderschneckentrieb

Mehrstufige Zahnrädergetriebe. Die Abtriebswellen der Antriebsmaschinen (z.B. Elektromotoren) haben meist Drehfrequenzen, die sich nicht für Arbeitsmaschinen eignen. Außerdem braucht man für die Arbeitsvorgänge an der Arbeitsmaschine oft mehrere, abgestufte Drehfrequenzen und die Möglichkeit zum Drehrichtungswechsel (z.B. zur Einstellung verschiedener Schnitt- und Vorschubgeschwindigkeiten an Werkzeugmaschinen oder Hub- und Senkgeschwindigkeiten an Hebezeugen). Für diese Aufgabe verwendet man Mehrwellengetriebe mit hintereinander geschalteten Räderpaaren.

Das Gesamtübersetzungverhältnis beim Mehrwellengetriebe ergibt sich aus dem Produkt der Einzelübersetzungen $i = i_1 \cdot i_2 \cdot i_3 \ldots$

Bauarten. Wir unterscheiden Zwischenrad-, Schwenkrad- oder Stufenrädergetriebe.

Zwischenradgetriebe werden für Drehrichtungswechsel oder zum Überbrücken größerer Achsabstände verwendet. Ein in den einfachen Zahntrieb geschaltetes Zwischenrad ändert die Drehrichtung, wirkt sich aber nicht auf das Übersetzungsverhältnis aus (**14.66**).

Beim Schwenkradgetriebe (Nortongetriebe) sitzt auf der Antriebswelle das treibende Zahnrad, das mit einem Schwenkhebel axial verschiebbar ist. Im Hebel ist ein Schwenkrad als Zwischenrad gelagert.

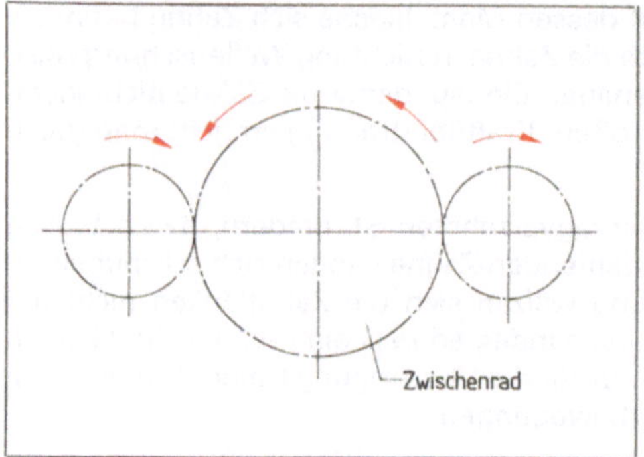

14.66 Zwischenradgetriebe

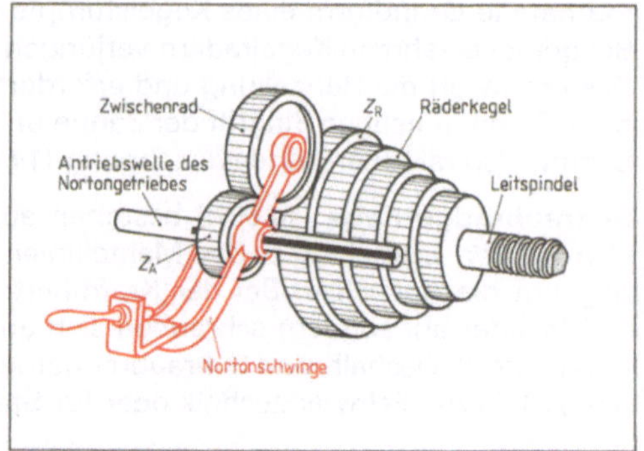

14.67 Schwenkradgetriebe (Nortongetriebe)

Auf der Abtriebswelle sitzen die getriebenen Räder. Durch eine Schwenkbewegung des Hebels wird das Schwenkrad mit einem getriebenen Rad in Eingriff gebracht und verriegelt. Das Getriebe ist nur zum Übertragen kleiner Leistungen geeignet, z.B. bei Vorschubgetrieben (**14.67**).

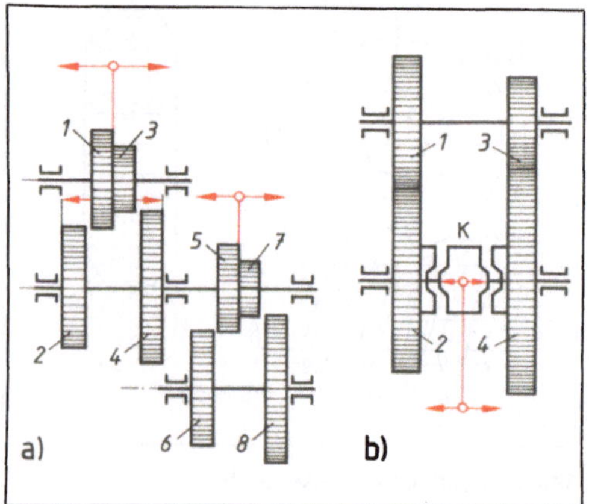

14.68 Stufenrädergetriebe

    a) Vierstufiges Schieberädergetriebe
    b) Zweistufengetriebe mit Schalt-
       kupplung

Stufenrädergetriebe sind schaltbare Zwei- oder Mehrwellengetriebe. Die Drehfrehquenz- bzw. Kraftmomentänderung bewirken ein oder mehrere Verschieberäderblöcke, die auf einer Keilwelle axial verschiebbar sind. Geschaltet wird mechanisch, hydraulisch, elektromagnetisch oder auch ohne Verschiebung der Zahnräder durch Kupplungen (**14.68**).

Drehfrequenzstufung. In Stufengetrieben wird aus einer Antriebsdrehfrequenz eine Reihe abgestufter Abtriebsdrehfrequenzen gewonnen, um verschiedene Arbeitsgeschwindigkeiten an der Arbeitsmaschine einstellen zu können. So müssen z.B. am Hauptgetriebe einer Drehmaschine je nach Werkstoffart, Werkzeug und Durchmeser des Werkstücks verschiedene Drehfrequenzen zur Einstellung der günstigsten Schnittgeschwindigkeit verfügbar sein.

Die Stufung der Drehfrequenzen (das ist der Unterschied zwischen zwei aufeinander folgenden Drehfrequenzen = Stufensprung), ist meist geometrisch, in seltenen Fällen arithmetisch.

Bei geometrischer Stufung ist das Verhältnis (Quotient) zweier aufeinander folgender Drehfrequenzen konstant $n_2/n_1 = n_3/n_2 = n_4/n_3 \ldots = \varphi$. Das Verhältnis φ nennt man Stufensprung.

Beispiel 14.1   Antriebsdrehfrequenz $n_1 = 35$ 1/min; Stufensprung $\varphi = 1{,}26$

          $n_1 = 35$ 1/min, $n_2 = n_1 \cdot \varphi = 44$ 1/min, $n_3 = 55$ 1/min, $n_4 = 60$ 1/min

Die geometrische Stufung wird bei Haupt- und Vorschubgetrieben der meisten Werkzeugmaschinen angewendet, weil sie eine gleichmäßige Verteilung der Drehfrequenzen über den gesamten Drehfrequenzbereich ergibt. Außerdem ist von Vorteil, daß sich bei Verdoppelung der Antriebsdrehfrequenz die Abtriebsdrehfrequenzen ebenfalls verdoppeln.

Bei der arithmetischen Stufung ist die Differenz zweier aufeinander folgender Drehfrequenz konstant:
$n_2 - n_1 = n_3 - n_2 = n_4 - n_3 = \ldots = a$.

Beispiel 14.2   Antriebsdrehfrequenz $n_1 = 35$ 1/min; Stufengang $a = 32$
$n_1 = 35$ 1/min, $n_2 = n_1 + a = 67$ 1/min, $n_3 = 99$ 1/min, $n_4 = 131$ 1/min

Die arithmetische Stufung wird z.B. bei Vorschubgetrieben durch Sperrklinke oder Ratsche an Plandrehmaschinen, Hobel- oder Stoßmaschinen eingesetzt.

Getriebe und Drehfrequenzbild. Der Getriebeplan gibt Aufschluß über den grundsätzlichen Aufbau eines Getriebes und seiner Schaltmöglichkeiten. Im Drehfrequenzbild sind neben den Stufensprüngen die Drehfrequenzen sämtlicher Wellen und die Übersetzungen der einzelnen Getriebestufen in einem Netz übersichtlich aufgezeichnet (**14.69**). Drehfrequenzen, Stufensprünge und Vorschübe für Werkzeugmaschinen sind genormt.

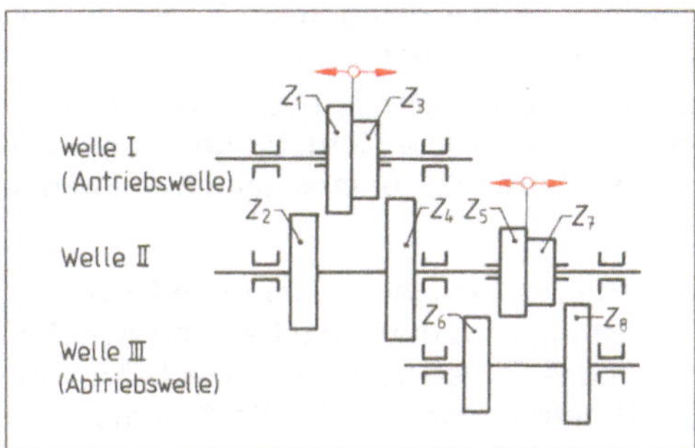

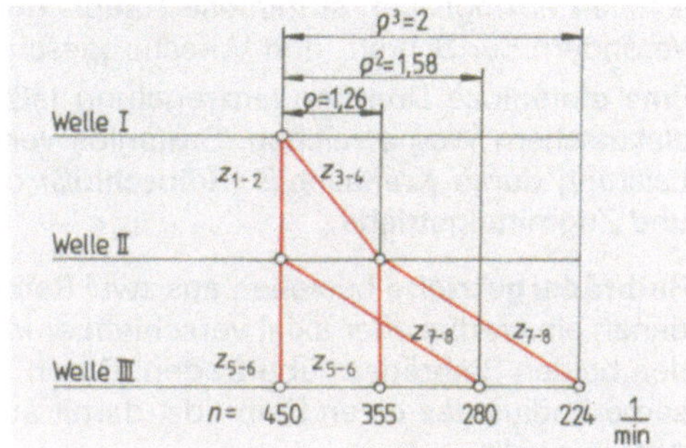

14.69   Getriebeplan und Drehfrequenzbild

Aufgaben zu Abschnitt 14.4.3.3 und 14.4.3.4

1. Was versteht man unter dem Teilkreis eines Zahnrads?

2. Warum muß das Modul ineinandergreifender Zahnräder gleich sein?

3. Wie entsteht eine Evolvente?

4. Warum wird im Maschinenbau fast ausnahmslos die Evolventenverzahnung verwendet?

5. Nennen Sie Vor- und Nachteile einer Zykloidenverzahnung.

6. Welche Werkstoffe werden für Zahnräder verwendet?

7. Erläutern Sie die Vor- und Nachteile von Zahnrädergetrieben.

8. In welchem Zusammenhang stehen die Drehfrequenzen und die Zähnezahlen des treibenden und getriebenen Zahnrads?

9. Nach welchen Merkmalen lassen sich Zahnrädergetriebe unterscheiden?

10. Wodurch entstehen Laufgeräusche bei geradverzahnten Stirnradgetrieben?

11. Warum verwendet man schrägverzahnte Stirnräder?

12. Nennen Sie Anwendungsbeispiele für Zahnstangengetriebe.

13. Warum erhalten Kegelräder Schräg-, Spiral- oder Bogenverzahnung?

14. Warum sind Schraubradgetriebe nur zur Übertragung kleiner Kräfte geeignet?

15. Erklären Sie Aufbau und Wirkungsweise eines Schneckenradgetriebes.

16. Welchen Zweck haben Mehrwellengetriebe? Nennen Sie Beispiele.

17. Wie bestimmt man bei einem Mehrwellengetriebe die Gesamtübersetzung?

18. Welche Aufgabe haben Zwischenradgetriebe?

19. Erläutern Sie die Wirkungsweise eines Schwenkradgetriebes.

20. Wie werden bei Stufenrädergetrieben die verschiedenen Drehfrequenzen geschaltet?

14.4.3.5 Stufenlos verstellbare Getriebe

Bei stufenlos verstellbaren Getrieben läßt sich in einem bestimmten Drehfrequenzbereich jede beliebige Abtriebsfrequenz einstellen. Zur Vergrößerung des Drehfrequenzbereichs werden häufig den stufenlosen Getrieben noch Stufenrädergetriebe vor- oder nachgeschaltet. Dadurch ist es z. B. bei Werkzeugmaschinen möglich, mit der für die Zerspanung wirtschaftlichsten Schnittgeschwindigkeiten zu arbeiten. Dies steigert die Produktionsleistung, verringert Werkzeugverschleiß und Nebenzeiten und vereinfacht die Bedienung (z. B. durch Automatisierung). Demgegenüber stehen größere Herstellungs- und Anschaffungskosten.

Anwendung. Stufenlose Getriebe eignen sich zum Antrieb von Werkzeugmaschinen, auf denen Werkstücke mit unterschiedlichen Durchmessern gefertigt werden, oder zur automatisierten Steuerung, um Schnittgeschwindigkeiten bei veränderlichem Durchmesser konstant zu halten (z. B. Produktions-, Kopier-, Plan- und Karuselldrehmaschinen). Bei Fräsmaschinen ermöglichen stufenlose Haupt- und Vorschubantriebe das genaue Einstellen und Verändern der Schnitt- und Vorschubgeschwindigkeit während des Schnittes.

Eine stufenlose Drehfrequenzregelung läßt sich auf mechanischem, hydraulischem oder elektrischem Weg erreichen. Stufenlos verstellbare mechanische Getriebe übertragen die Leistung durch Kraftschluß (Reibschluß) oder Formschluß. Wir unterscheiden Reibräder- und Zugmittelgetriebe.

Reibrädergetriebe bestehen aus zwei Reibrädern (Rollen-, Scheiben- oder Kegelform), von denen eins radial oder axial verschiebbar ist. Die Leistung wird durch die Reibung zwischen den beiden Reibrädern übertragen. Durch Verstellen des Schieberads ändert sich der wirksame Radius des einen Reibrads, damit auch die Drehfrequenz und das Kraftmoment der Abtriebswelle.

Reibrädergetriebe laufen durch den Reibbelag ruhig und fast geräuschlos. Sie schützen vor Überlastung, sind raumsparend und fast wartungsfrei. Abhängig von der zu übertragenden Leistung, der Lage von Antriebs- und Abtriebswelle und dem Betriebszweck werden verschiedene Konstruktionsformen von Reibrädergetrieben eingesetzt (**14.**70).

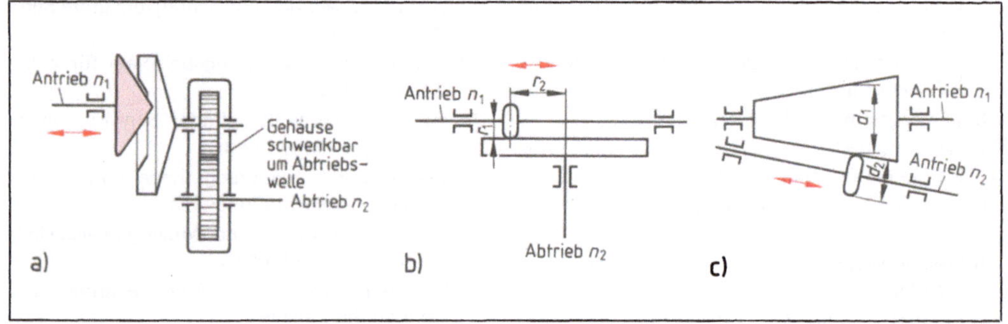

14.70 Reibrädergetriebe

    a) mit Innenkegel (PK-Trieb), b) mit Planrad und Rolle, c) Kegeltrommelgetriebe

Bei den Zugmittelgetrieben übertragen biegsame Zugmittel (z. B. Keilriemen, Gliederkeilriemen, Ketten) das Kraftmoment von der treibenden auf die getriebene Scheibe. Das Zugmittel verbindet verstellbare Kegelscheibenpaare, die axial verschoben werden können. Durch Verstellen der Kegelscheibenpaare kann der Wirkdurchmesser verändert und somit die Drehfrequenz stufenlos eingestellt werden (**14.**71a).

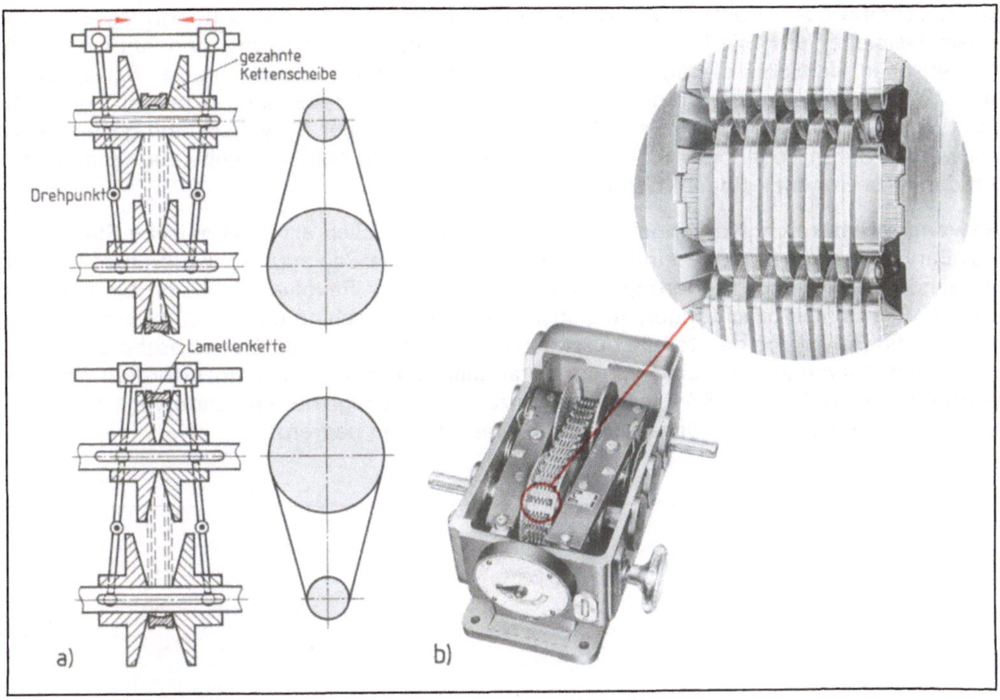

14.71 Stufenloses Zugmittelgetriebe a) Prinzip, b) PIV-Getriebe

Beim PIV-Getriebe tragen die Kegelscheibenpaare eine radial gerichtete Sonderverzahnung, wobei die Zähne der einen Scheibe den Zahnlücken der anderen gegenüberstehen. Als Zugmittel dient eine Lamellenkette. Umschlingt die Kette die Kegelscheiben, drücken die Zähne die verschiebbaren Lamellen der Kette in die Zahnlücken der anderen Kegelscheibe. Diese Verbindung durch Lamellenketten erlaubt die Übertragung größerer Leistungen bis etwa 18 kW und die stufenlose Einstellung von Drehfrequenzen in einem Bereich von $B = n_{max} : n_{min} = 6$ (**14.71** b).

14.4.3.6 Kurvengetriebe

Kurvengetriebe wandeln eine gleichförmige Antriebsbwegung in eine bestimmte hin und her gehende oder schwingende Abtriebsbewegung um. Das Getriebe besteht aus einer

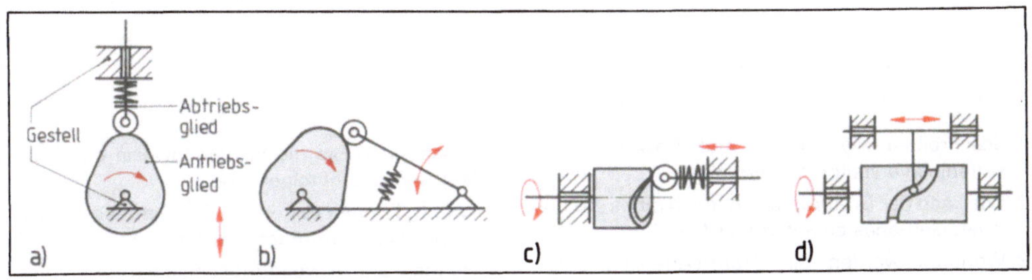

14.72 Kurvengetriebe
a) bis c) kraftschlüssig, d) formschlüssig

Kurvenscheibe oder -trommel als Antriebsglied, einem Abtriebsglied (Eingriffsglied) und einem feststehenden Glied, dem Gestell. Zur Bewegungsübertragung sind Antriebs- und Abtriebsglied kraftschlüssig oder formschlüssig miteinander verbunden. Der Bewegungsablauf des Abtriebsglieds wird durch die Form der Kurvenscheibe oder -trommel bestimmt. Die Weginformationen (z.B. Vorschübe) sind in der Form der Kurvenscheibe gespeichert. Sie werden durch Hebel oder Stößel von der umlaufenden Kurvenscheibe abgegriffen und auf das zu bewegende Bauteil übertragen (**14**.72).

Anwendungsbereich. Kurvengetriebe werden hauptsächlich als mechanische Steuerung von Bauteilen eingesetzt, die eine bestimmte periodische Bewegung ausführen sollen. So verwendet man sie zur Steuerung von Werkzeugträgern (Revolverkopf), von Spann-, Anschlag- oder Schaltvorrichtungen an selbsttätigen Drehmaschinen. Beim Verbrennungsmotor wird die Bewegung der Ventile durch Nocken gesteuert (**14**.73). Mechanische Steuerungen durch Kurvengetriebe sind wenig störanfällig, kostengünstig und erfordern geringe Wartung, aber verhältnismäßig lange Einrichtzeiten. Die Länge der Vorschubwege ist außerdem durch die Größe (Durchmesser) der Kurvenscheiben begrenzt.

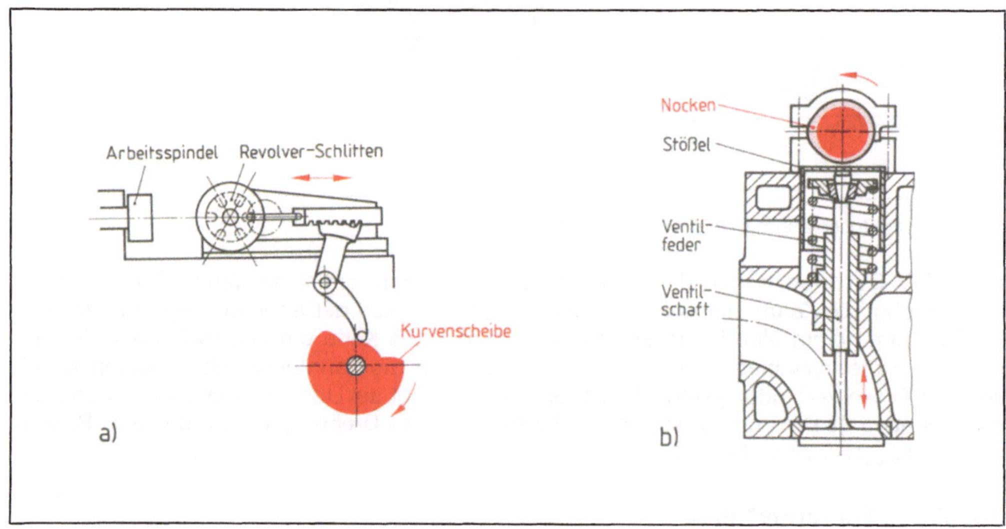

14.73 Kurvensteuerung

a) Steuerung eines Revolverschlittens, b) Ventilsteuerung eines Verbrennungsmotors

1. Beschreiben Sie Vorteile und Anwendungen stufenlos verstellbarer Getriebe.

2. Wie kann der Drehfrequenzbereich eines stufenlosen Getriebes erweitert werden?

3. Wodurch werden die Drehfrequenzen eines Reibradgetriebes verändert?

4. Beschreiben Sie die Wirkungsweise eines stufenlosen Zugmittelgetriebes.

5. Warum können mit einem PIV-Getriebe größere Leistungen übertragen werden?

6. Nennen Sie Anwendungsbeispiele für Kurvengetriebe.

14.5 Funktionseinheiten zum Fügen

14.5.1 Unterscheidungsmerkmale

Die Funktionseinheiten zum Fügen verbinden oder befestigen Bauteile bzw. Baugruppen in einer Maschine. Besondere Bedeutung haben dabei die Wellen-Naben-Verbindungen, die Kräfte und Drehmomente übertragen.

Nach der Art der Kraftübertragung unterscheidet man Verbindungen mit Kraftschluß, Formschluß und Stoffschluß (**14.74**).

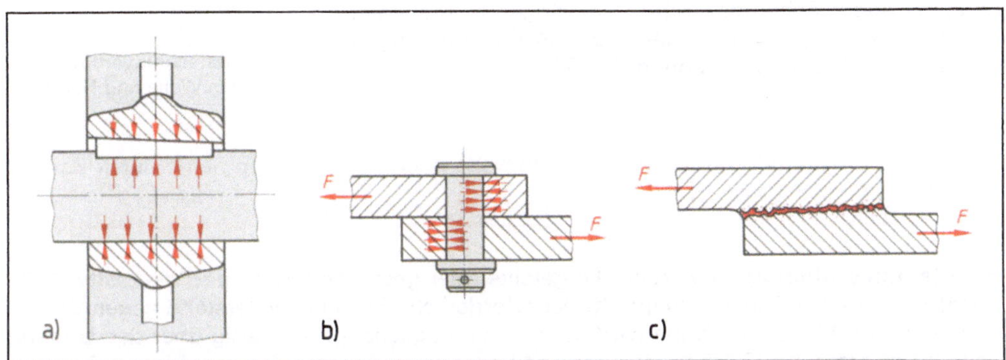

14.74 Wirkungsweise von Verbindungen
a) Kraftschluß, b) Formschluß, c) Stoffschluß

Bei kraftschlüssigen Verbindungen erfolgt die Übertragung durch Reibungskräfte. Deshalb heißen sie auch reibschlüssige Verbindungen. Zur Erzeugung der Reibungskraft (Haftkraft) werden Flächen der zu verbindenen Teile durch Keilkräfte oder elastische Verspannung der Teile fest zusammengepreßt. Kraftschlüssig sind Schrauben-, Keil-, Klemm-, Kegel-, Spann- und Preßverbindungen.

Formschlüssige Verbindungen übertragen Kräfte und Kraftmomente durch Ineinandergreifen der Werkstückformen an der Verbindungsstelle. Das erreicht man durch besondere Gestaltung der zu verbindenden Teile oder durch das Einbringen von Verbindungselementen. Zu den formschlüssigen Verbindungen zählen Feder-, Bolzen- und Stiftverbindungen.

Stoffschlüssige Verbindungen entstehen durch innige Verbindung der Werkstoffe verschiedener Fügeteile (Ineinanderschmelzen), gegebenenfalls mit Hilfe eines Zusatzstoffs. Die von außen angreifenden Kräfte werden durch Molekularkräfte (Kohäsion und Adhäsion) der Verbindung übertragen. Zu diesen Verbindungen gehören Schweiß-, Löt- und Klebeverbindungen.

Lösbarkeit ist ein weiteres Unterscheidungsmerkmal. Wir unterscheiden lösbare und unlösbare Verbindungen.

Lösbare Verbindungen sind jederzeit zu lösen, ohne daß die einzelnen Elemente oder die verbundenen Teile zerstört werden. Das Fügen und Zerlegen der Verbindung erfordert nur einen geringen Aufwand an Arbeitskraft und -zeit. Bei Reparaturanfälligkeit können Teile öfters ausgewechselt werden, Teile der Verbindung sind wiederverwendbar.

Unlösbare Verbindungen lassen sich lösen, wenn die Verbindungselemente oder die verbundenen Teile zerstört werden. Diese Verbindungsart erfordert gegenüber der lösbaren Verbindung geringere Fertigungskosten und schützt gegen unbeabsichtigtes Lockern und Lösen der Verbindung.

14.5.2 Wellen-Naben-Verbindungen

14.5.2.1 Kraftschlüssige Verbindungen

Bei Kraftschlußverbindungen werden die Berührungsflächen von Welle und Nabe so fest aufeinandergepreßt, daß die auftretende Reibungskraft (Haftkraft) F_R gleich oder größer ist als die zu übertragende Umfangskraft F_U (**14.75**). Die erforderliche Reibungskraft erreicht man durch eine genügend große Anpreßkraft (Normalkraft) F_N zwischen Welle und Nabe. Sie wird bei den Kraftschlußverbindungen auf unterschiedliche Art und Weise erzeugt: bei Klemmverbindungen durch Schraubenkräfte, bei Kegelverbindungen durch Keilwirkung, bei den Spann- und Preßverbindungen durch ein elastisches Verspannen der Teile

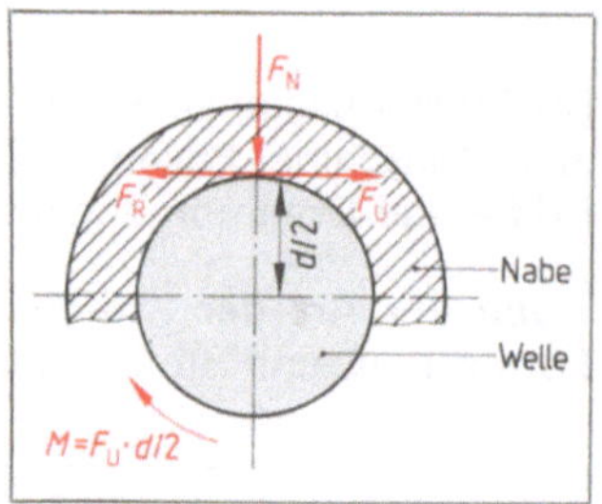

14.75 Kraftschlußverbindung von Welle und Nabe

Kraftschlußverbindungen von Welle und Nabe übertragen Drehmomente durch Reibungskraft (Haftkraft).

Bei Klemmverbindungen werden die geteilte oder geschlitzte Nabe und die glatte Welle durch Schrauben aufeinandergepreßt. Der erforderliche Reibungswiderstand gegen Verdrehen oder Verschieben der Nabe wird durch eine möglichst gleichmäßig über den Umfang verteilte Anpressung (Flächenpressung) hervorgerufen. Mit der Klemmwirkung sind kleinere bis mittlere Kraftmomente übertragbar. Zur Sicherung gegen Verdrehen (Rutschen) setzt man zusätzlich auch Paßfedern oder Keile ein (**14.76**a, b).

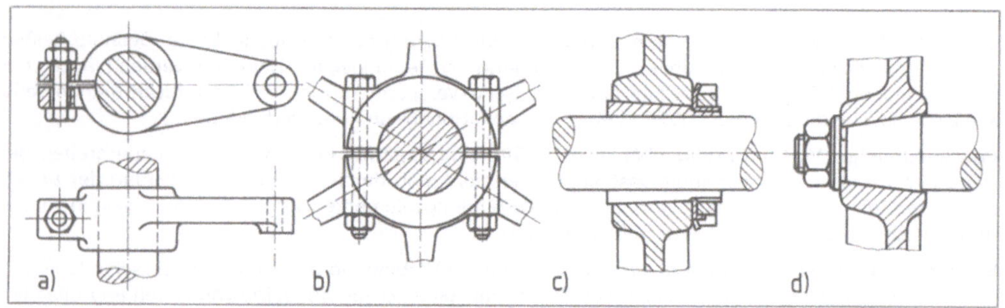

14.76 Kraftschlüssige Wellen-Naben-Verbindungen

a) Klemmsitz mit geschlitzter Nabe, b) Klemmsitz mit geteilter Nabe, c) Kegelsitz mit Hülse, d) Kegelsitz mit kegeligem Wellenende

Kegelverbindungen zentrieren die zu verbindenen Teile selbsttätig und übertragen Kräfte durch die Reibung zwischen den Kegelflächen. Die z.B. mit einer Gewindemutter aufgebrachte Axialkraft wird dabei durch die Kegelform in eine größere Spannkraft umgeformt (Keilwirkung). Kegelverbindungen sind leicht lösbar.

Kegelhülsen, auch Spannhülsen genannt, dienen zum Befestigen von Wälzlagern oder Zahnrädern. Durch die gleichförmig wirkende Ringspannung wird ein genauer Rundlauf erzielt – wichtig bei Wälzlagern und schnellaufenden Zahnrädern (**14.76**c).

318

Kegelige Wellenenden (DIN 1448) nehmen Ritzel, Zahnräder oder Fräser bei liegender Lagerung auf, oft mit Paßfeder als Lagesicherung (**14.76** d).

Keilverbindungen sind lösbare Verbindungen. Sie übertragen – im Gegensatz zu Paßfederverbindungen – wechselnde und stoßartig auftretende Kraftmomente bzw. Kräfte. Man unterscheidet Längs- und Querkeilverbindungen. Längskeile werden in Längsrichtung der Maschinenteile eingetrieben oder eingelegt, Querkeile meist rechtwinklig zur Längsachse der zu verbindenden Wellenstümpfe oder Gestänge eingetrieben. Längskeile ergeben eine kraftschlüssige (reibschlüssige), Querkeile eine vorgespannte formschlüssige Verbindung. Bei Längskeilverbindungen wird das Kraftmoment durch Reibschluß zwischen der Welle und der dem Keil gegenüberliegenden Nabenseite übertragen (**14.77**).

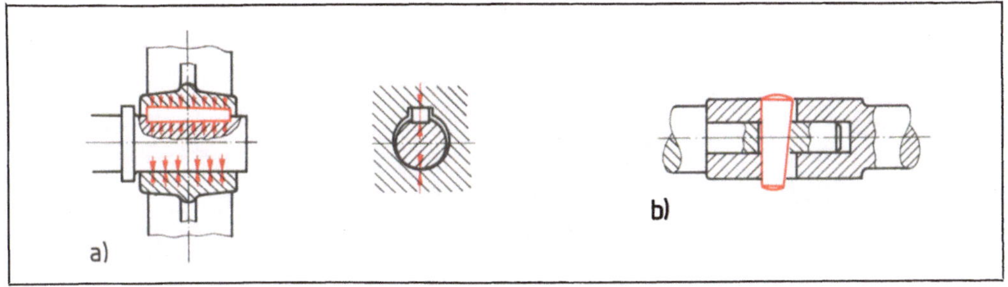

14.77 Keilverbindungen

  a) Längskeilverbindung mit Einlegekeil, b) Querkeilverbindung

Der Längskeil hat eine geneigte Rückenfläche. Die Größe der Neigung wird als Anzug bezeichnet und beträgt bei genormten Keilen 1:100.

Wirkungsweise. Beim Eintreiben des Keiles in die Keilnut wird die eintreibende Kraft F durch die Keilform in große Normalkräfte F_N zur Bauch- und Rückenfläche umgeformt (zerlegt). Diese Normalkräfte sind um so größer, je geringer der Anzug des Keiles ist. Die Normalkräfte verspannen Welle und Nabe gegeneinander. Sie verursachen zwischen den Anlageflächen Haftreibung und bewirken dadurch eine Klemmwirkung (**14.78**); das gleiche Prinzip finden wir bei Befestigungsschrauben). Keile mit dem genormten Anzug 1:100 sind selbsthemmend, d.h. sie lösen sich nicht von allein, sondern müssen beim Lösen der Ver-

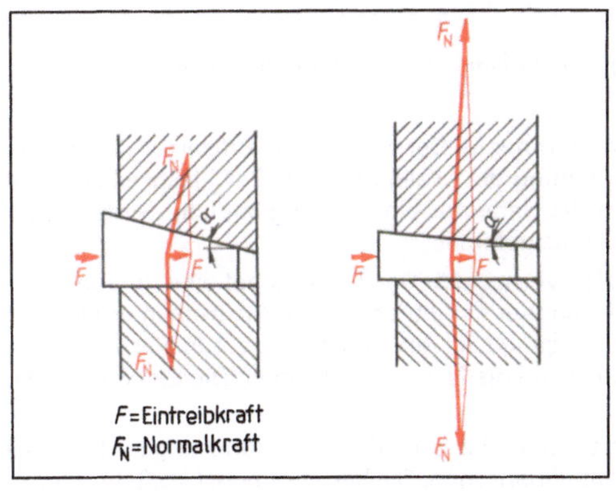

14.78 Kraftwirkung in Abhängigkeit von Keilanzug

14.79 Scherbeanspruchung eines Keiles bei Überlastung

bindung herausgeschlagen werden. Durch das Verspannen ergibt sich ein außenmittiger Nabensitz. Die Nabe läuft unrund und schlägt. Wegen dieser Unwucht eignen sich Längskeilverbindungen nicht für schnellaufende Wellen.

Wird das zu übertragende Kraftmoment größer als der durch den Keil bewirkte Reibschluß, wird der Keil formschlüssig wie eine Paßfederverbindung auf Scherung (Flächenpressung) beansprucht (**14.**79 auf S. 319).

Keilformen. Form und Anordnung der Längskeile werden durch den Querschnitt von Welle und Nabe sowie durch das zu übertragende Kraftmoment bestimmt. Man ist bestrebt, den Wellenquerschnitt möglichts wenig zu schwächen (Kerbwirkung). Längskeile sind Hohlkeile, Flachkeile und Nutenkeile (**14.**80).

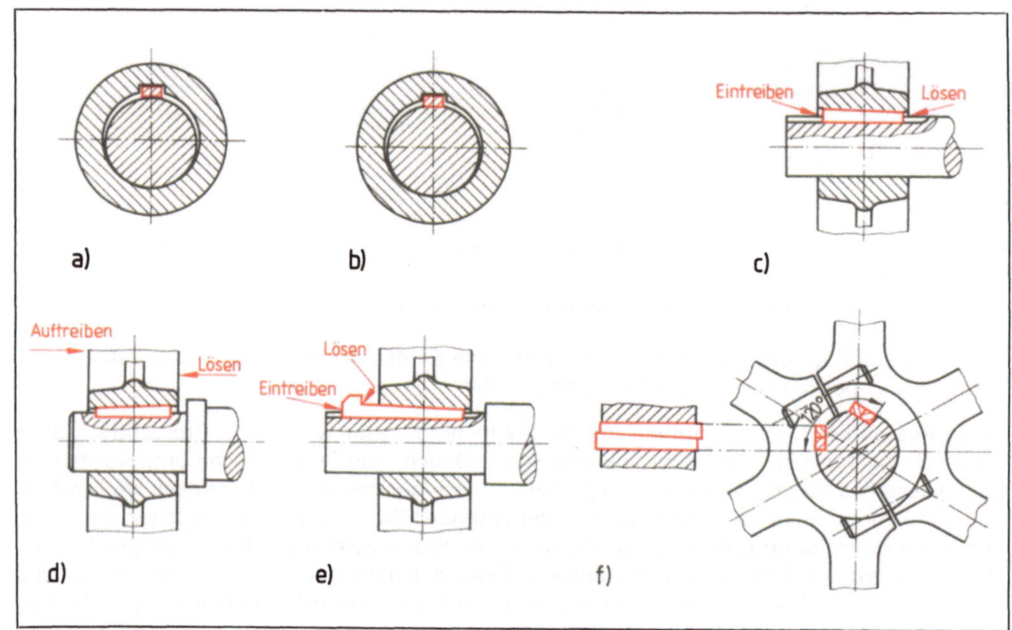

14.80   Keilformen

a) Hohlkeil, b) Flachkeil, c) Treibkeil, d) Einlegekeil, e) Nasenkeil, f) Tangentialkeile

Hohlkeile und Flachkeile übertragen nur geringe Kraftmomente. Der Hohlkeil ist auf seiner Bauchseite der Wellenrundung angepaßt, so daß sich eine Bearbeitung der Welle erübrigt. Der Flachkeil liegt auf einer einfach zu fertigenden Abflachung der Welle. Ist die Nabe nur einseitig zugänglich, werden Hohl- und Flachkeile zum Ein- und Austreiben als Nasenkeile ausgebildet.

Nutenkeile werden als T r e i b k e i l e oder E i n l e g e k e i l e verwendet. Der Treibkeil hat eine gerade Stirnfläche und wird in Längsrichtung in die Wellen- und Nabennut eingetrieben. Das Austreiben erfolgt von der anderen Nabenseite aus. Ist die Nabe nur einseitig zugänglich, verwendet man einen Nasenkeil. Der rundstirnige Einlegekeil wird in die Wellennut eingepaßt und die Nabe aufgetrieben. Die Einbaulage der Nabe ist dadurch nicht genau festgelegt.

Tangentialkeile werden paarweise um 120° versetzt tangential zum Wellenumfang angeordnet. Sie können große stoßartige und wechselnde Kraftmomente übertragen. Die Verbindung ist kraft- und formschlüssig und wird bei Maschinenteilen mit großem Durchmesser verwendet (z. B. bei geteilten Schwungrädern.

320

Ringspannverbindungen sind reibschlüssige Verbindungen, bei denen durch Verformung von Ringfedern oder elastischen Ringscheiben Welle und Nabe radial verspannt werden. Die Verbindung verursacht keine Unwucht und ermöglicht es, große und auch ungleichförmige Kraftmomente zu übertragen (**14.**81).

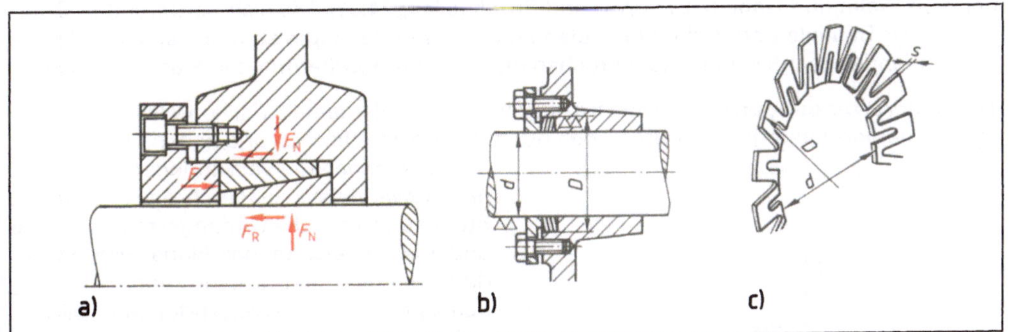

14.81   Ringspannverbindungen a) mit Ringfeder-Spannelementen, b) mit Ringspann-Sternscheiben,
        c) flachkeglige Ringspann-Sternscheibe

Ringfeder-Spannelemente bestehen aus einem Stahlringpaar, von denen der Innenring einen Außenkegel, der Außenring einen Innenkegel hat. Die Ringe werden durch einen Spannring axial verspannt. Dabei vergrößert sich beim Außenring der Außendurchmesser, beim Innenring der Innendurchmesser, so daß Welle und Nabe verspannt werden.

Bei Ringspannscheiben ergibt sich der Reibschluß durch Verspannen flachkegliger, elastischer Ringscheiben. Beim Flachdrücken der dünnwandigen Ringscheiben vergrößert sich der Außendurchmesser und verkleinert sich der Innendurchmesser und verspannt Welle und Nabe spielfrei. Die Verbindung eignet sich zur Befestigung z. B. von Zahn-, Kettenrädern oder zur winkelgenauen Einstellung von Kurvenscheiben und Hebeln.

Preßverbindungen nutzen Haftkräfte zur Kraftübertragung, die durch elastisches Verspannen der Teile entstehen. Das Verspannen erfolgt durch ein Fügen der Bauteile mit Übermaß. Preßverbindungen können große Drehmomente übertragen und sind einfach herzustellen.

Bei Längspreßverbindungen wird die Nabe axial auf eine Übermaßwelle gepreßt, wobei sich die Flächen glätten. Eine Fase an der Wellenstirnkante verhütet eine Schabwirkung (**14.**82).

Bei Querpreßverbindungen wird die Welle mit Übermaß gefertigt. Durch Erwärmung der Nabe oder Unterkühlon der Welle läßt sich der Durchmesserunterschied beim Übermaß vorübergehend beseitigen. Die Teile können so ohne Zwang gefügt werden. Nach Abkühlung bzw. Erwarmung auf Raumtemperatur entsteht in den gefügten Teilen eine Schrumpf- bzw. Dehnspannung, deren Flächenpressung die Haftkraft bewirkt (**14.**83).

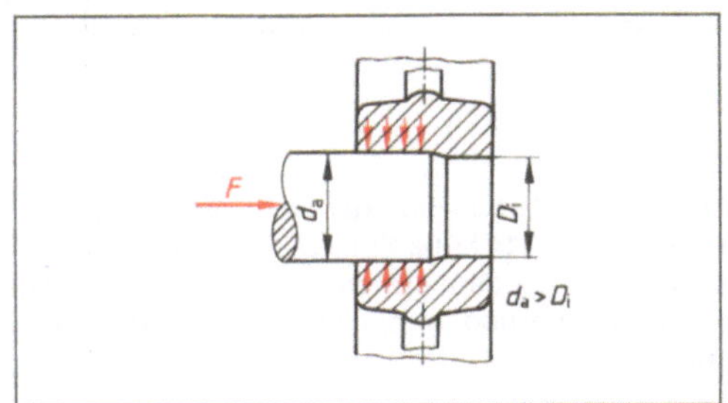

14.82   Längspreßsitz

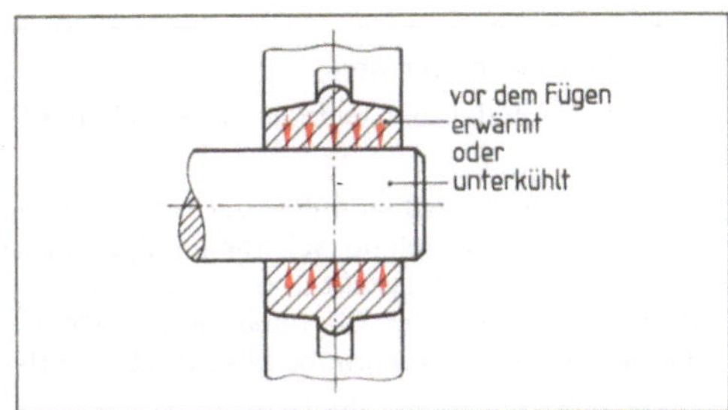

14.83   Querpreßsitz

14.5.2.2 Formschlüssige Verbindungen

Formschlüssige Verbindungen übertragen Kraftmomente zwischen Welle und Nabe durch den Formwiderstand. Dieser entsteht durch eingelegte Verbindungselemente, die als Mitnehmer wirken (z. B. Federn, Stifte), oder durch das Ineinandergreifen der besonderen Formen von Welle und Nabe (z. B. Form- und Profilwellen; **14.31**). Die sich berührenden Oberflächen der Bauteile und Verbindungselemente werden durch die zu übertragenden Kräfte gegeneinander gedrückt und beanspruchen die Teile auf Abscherung und Flächenpressung.

Bei Federverbindungen dienen Federn als Verbindungselemente zwischen Welle und Nabe (Mitnehmerverbindungen). Federn tragen nur mit den Seitenflächen und haben Rückenspiel.

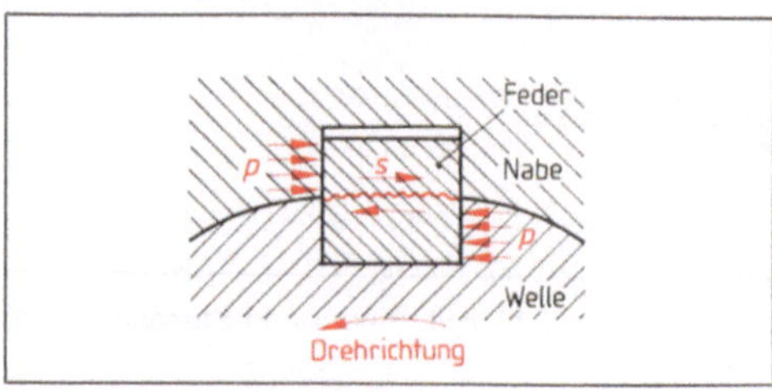

14.84 Beanspruchung einer Federverbindung

p = Flächenpressung
s = Abscherung

Sie verspannen die verbundenen Teile nicht und gewährleisten dadurch einen genauen Rundlauf. Durch die Umfangskraft der Welle und die Gegenkraft der Nabe werden Federn auf Flächenpressung und Scherung beansprucht. Federverbindungen eignen sich nur für eine Drehrichtung: denn das seitliche Spiel zwischen Nut und Feder führt bei stoßartiger Belastung und häufigem Drehrichtungswechsel zur Verformung der Federseitenflächen und damit zur Lockerung der Verbindung (**14.**84).

Paßfedern (DIN 6881) sind meist rundstirnig, weil sich die Wellennut mit einem Langlochfräser einfach herstellen läßt. Sie ergeben eine starre Mitnehmerverbindung mit großer Rundlaufgenauigkeit. Die Feder wird in die Nut ohne Spiel eingelegt oder eingepreßt. Längere Federn werden gegen Herausfallen mit Halteschrauben befestigt. Wellenbund, Stellringe oder Gewindezapfen mit Mutter verhindern ein seitliches Verschieben der Nabe (**14.85**a).

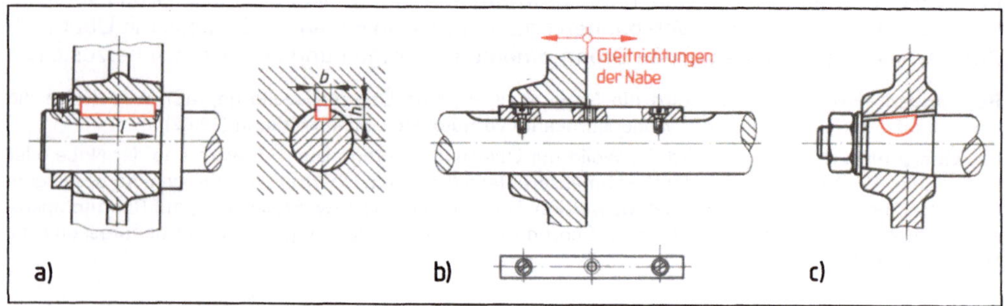

14.85 Federverbindungen

a) Paßfeder, b) Gleitfeder, c) Scheibenfeder

Gleitfedern ermöglichen außer der Mitnahme auch ein axiales Verschieben der Nabe, wie es z. B. bei Schaltgetrieben, Kupplungsscheiben, Schaltmuffen erforderlich ist (**14.85**b). Kürzere Gleitfedern werden in die Wellennut eingepreßt und seitlich verstemmt. Längere Gleitfedern sichert man gegen Herausfallen mit Halteschrauben. Sie haben in der Mitte eine Gewindebohrung, in die beim Ausbau die Halteschraube als Abdrückschraube geschraubt werden kann.

Scheibenfedern haben die Form eines Kreisabschnitts und stellen sich von selbst auf den Anzug der Nabennut ein (**14.85**c). Scheibenfedern und Wellennut lassen sich leicht und kostengünstig herstellen.

322

Man verwendet Scheibenfedern zur Lagesicherung oder als Mitnehmerverbindung von Naben oder Werkzeugen auf Kegelzapfen. Der Wellen- bzw. Zapfenquerschnitt wird jedoch durch die Wellennut stark geschwächt, so daß Scheibenfederverbindungen nur für kleinere bis mittlere Kraftmomente eingesetz werden.

Stiftverbindungen. Im Maschinenbau werden Bauteile häufig auch durch Stifte formschlüssig und lösbar verbunden. Die Stiftverbindungen erfüllen dabei sehr unterschiedliche Aufgaben. Hiernach werden auch die Stifte benannt.

Verbindungsstifte (Befestigungsstifte) verwendet man, wenn das Verbinden der Bauteile durch andere Verbindungselemente wie Schrauben oder Keile unzweckmäßig ist (z.B. wenn kein Spanndruck erforderlich oder die Fertigung unwirtschaftlich ist). Stiftverbindungen lassen sich schnell und wirtschaftlich herstellen, erfordern geringen Platzbedarf und schwächen den Querschnitt der zu verbindenden Teile nicht wesentlich. Anwendungsbeispiele sind das Befestigen von Handrädern, kleinen Zahnrädern, Hebeln, Ringen und Kurbeln auf Wellen (**14.86**).

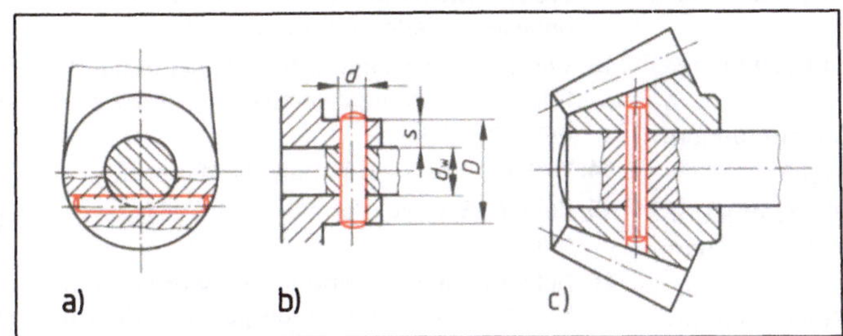

14.86 Verbindungsstifte
a) Hebelfestigung mit Zylinderstift, b) Nabenverbindung mit Zylinderstift, c) Verbindung von Zahnrad und Welle mit Kerbstift

14.87 Paßstift zum Zentrieren eines Deckels

Paßstifte sichern die genaue Lage zweier Teile zueinander, wie es z.B. bei Deckeln und Getriebekästen, bei Teilen von Vorrichtungen und Schneidwerkzeugen oder bei Anschlägen erforderlich ist (**14.87**). Die zu verbindenden Teile sind gegen Verschieben gesichert und passen auch nach mehrmaligem Lösen und Ausbau wieder genau zusammen. Bei Schraubverbindungen, in denen keine Paßschrauben verwendet werden können, legen Paßstifte die Lage fest, während die Teile mit Durchsteck- oder Stiftschrauben verbunden werden. Paßstifte zeichnen sich durch besondere Genauigkeit, Härte und Oberflächengüte aus. Sie werden vor dem Einschlagen leicht eingefettet und in die durch Reiben feinstbearbeitete Bohrungen eingepaßt.

Scherstifte dienen als Sicherung von teuren und empfindlichen Bauteilen oder Maschinen gegen Überbeanspruchung. Sie sind z.B. zwischen Antrieb und Kupplungen oder Arbeitsspindeln eingebaut und scheren bei Überlastung ab. Der Kraftfluß wird dadurch unterbrochen. Wenn die Ursache der Überlast beseitigt worden ist, wird ein neuer Scherstift eingebaut.

Die Stiftarten unterscheidet man nach der Form, die vom Verwendungszweck bestimmt wird (**14.88**).

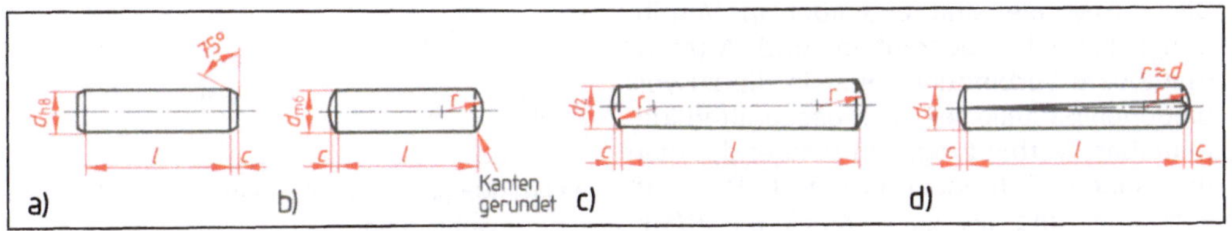

14.88 Stiftarten
a) Verbindungsstift (Zylinderstift), b) Paßstift (Zylinderstift), c) Kegelstift, d) Kerbstift

Die gebräuchlichsten genormten Stifte sind

- **Zylinderstifte** als Paß- oder Verbindungsstifte,
- **Kegelstifte** als form- und kraftschlüssige Verbindung. Sie werden für Zentrierungen eingesetzt und dort, wo höchste Präzision notwendig ist.
- **Kerbstifte** mit drei eingewalzten Kerben am Umfang, die sich beim Einschlagen plastisch und elastisch verformen. Sie eignen sich für geringe Zentrieransprüche und gewährleisten dennoch einen festen Sitz beim Befestigen von Teilen.

Aufgaben zu Abschnitt 14.5.1 und 14.5.2

1. Nennen Sie Unterscheidungsmerkmale für Verbindungen.
2. Wie erfolgt die Kraftübertragung bei kraftschlüssigen Verbindungen?
3. Wie wird die Anpreßkraft bei Kraftschlußverbindungen erzeugt?
4. Nennen Sie Beispiele für Klemmverbindungen.
5. Welchen Vorteil haben Kegelhülsen?
6. Erläutern Sie mit einer Skizze die Kraftumformung (Eintriebkraft-Normalkräfte) bei einem Keil.
7. Warum werden Bauteile mit Keilen nur auf langsam laufenden Wellen befestigt?
8. Welche Beanspruchungen treten bei einer Keilverbindung auf?
9. Erläutern Sie die Wirkungsweise von Ringspannverbindungen.
10. Beschreiben Sie die Herstellung einer Querpreßverbindung.
11. Nennen Sie Unterschiede zwischen einer Federverbindung und einer Keilverbindung.
12. Welche Beanspruchungsarten treten bei einer belasteten Federverbindung auf?
13. Wie wirken sich stoßartige Belastung und häufiger Drehrichtungswechsel auf eine Federverbindung aus?
14. Welche Aufgaben haben Gleitfedern?
15. Zeigen Sie die Vorteile von Paßfederverbindungen auf.
16. Scheibenfederverbindungen werden nur für kleine Kraftmomente eingesetzt. Begründen Sie dies.
17. Nennen Sie Vorteile von Stiftverbindungen.
18. Welche Aufgaben erfüllen Paßstifte?
19. In welchen Fällen werden Kegelstifte eingesetzt?
20. Warum werden Scherstifte verwendet?

14.5.3 Schraubenverbindungen

Anwendungsbereich. Mit einer Schraubenverbindung werden Bauteile fest, aber lösbar verbunden, indem ein Außengewinde (Bolzengewinde) und ein Innengewinde (Muttergewinde) ineinandergreifen. Diese Gewinde sind entweder in Verbindungselemente, Schrauben und Muttern (mittelbare Verbindung) oder in die zu verbindenen Bauteile selbst eingeschnitten (unmittelbare Verbindung). Oft verwendet man nur einen Schraubenbolzen (z.B. Stiftschraube) und als Gegenstück ein Werkstück mit entsprechendem Muttergewinde (**14.89**).

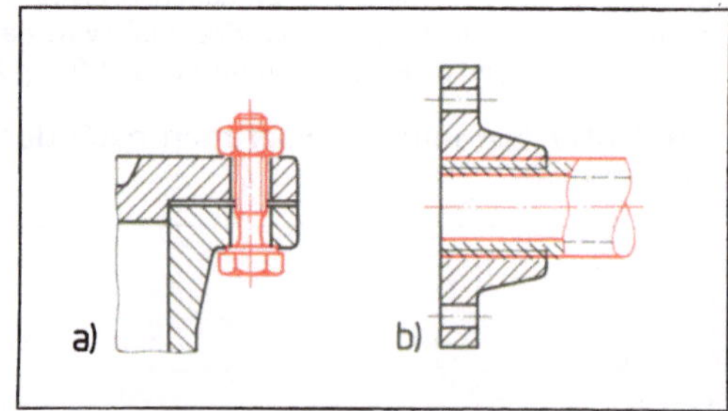

14.89 Mittelbare und unmittelbare Schraubenverbindung
a) Durchsteckschraube, mittelbar
b) Rohr-Flansch-Verbindung, unmittelbar

Außen- und Innengewinde müssen in Größe und Form übereinstimmen. Diese werden durch maßlich festgelegte, genormte Gewindeprofile bestimmt. Dadurch ist die Austauschbarkeit gewährleistet.

Schraubenverbindungen haben im Maschinenbau einen fast unbegrenzten Anwendungsbereich, besonders wenn eine relativ rasche Montage oder Demontage der Teile zur Reparatur gefordert wird. Deshalb ist die Schraubenverbindung trotz der aufwendigen Herstellung ihrer Verbindungselemente gegenüber den stoffschlüssigen Verbindungen (z.B. Schweißen) weit verbreitet.

Die Gewindearten unterscheidet man
- **nach dem Verwendungszweck:** Befestigungsgewinde dienen zur Herstellung fester, aber lösbarer Verbindungen, Bewegungsgewinde zum Umwandeln von Drehbewegungen in Längsbewegungen:
- **nach dem Gewindeprofil:** Spitzgewinde für Befestigungsschrauben verhindern infolge der größeren Reibung ein selbständiges Lösen der Verbindung. Trapez-, Sägen- und Rundgewinde erfüllen für Bewegungsschrauben unterschiedliche Aufgaben;
- **nach dem Drehsinn beim Einschrauben:** Rechtsgewinde (Uhrzeigersinn) wird normalerweise verwendet, während man Linksgewinde zur Befestigung sich drehender Teile einsetzt, wenn sich durch die Drehung ein Rechtsgewinde lösen würde:
- **nach der Gangzahl** (Anzahl der Gewindegänge je Steigung): eingängiges Gewinde für geringe Steigung, vorwiegend bei Befestigungsschrauben; mehrgängiges Gewinde für schnelle Längsbewegung (große Steigung) bei Bewegungsschrauben (z.B. Spindeln an Pressen);
- **nach der Steigung:** Normalgewinde (z.B. M12) und Feingewinde (z.B. M10×1).

Die Gewindearten, Gewindeprofile und Gewindemaße sind genormt und werden in der Metallfachkunde 1, Abschn. 13.2.2 ausführlich behandelt (s.a. Tabellenbuch).

Vorspannung. Der Schraubenschaft wird beim Anziehen der Mutter durch die aufgebrachte Spannkraft gedehnt (Vorspannkraft F_V). Sein elastisches Bestreben, die ursprüngliche Länge wieder anzunehmen, bewirkt, daß Schraubenkopf und Mutter die zu verbindenden Teile zusammenpressen und ein Abheben der Teile verhindern. Die Reibungskräfte F_R zwischen Schraubenkopf, Mutter und den verbundenen Teilen verhindern auch ein Verschieben der Teile. Die Schraubenverbindung wirkt also durch Kraftschluß (**14.90**).

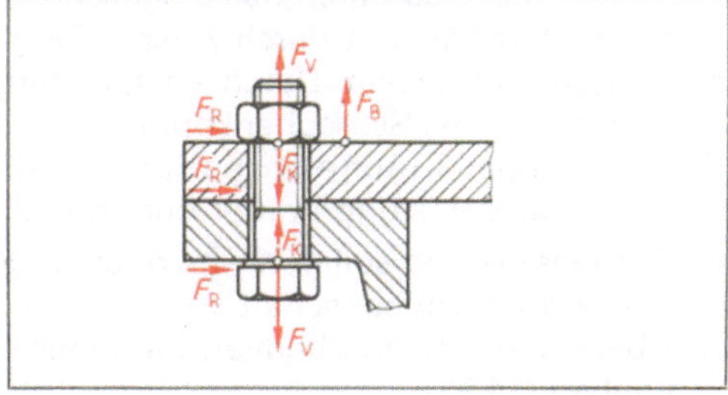

14.90 Kräfte an einer Schraubenverbindung
F_V = Vorspannkraft F_K = Klemmkraft
F_B = Betriebskraft F_R = Reibungskraft
(Zug)

Greift eine Betriebskraft außen an den Bauteilen der verspannten Schraubenverbindung an, wird die Schraube weiter gedehnt. Dadurch wird die Vorspannkraft geringer. Eine bestimmte Restvorspannkraft (Klemmkraft) muß aber erhalten bleiben, damit die verbundenen Teile weiterhin abdichten, nicht abheben und der Reibungsschluß zwischen den Teilen erhalten bleibt.

> Schraubenverbindungen sind lösbare Verbindungen und wirken durch Kraftschluß, der durch Vorspannung der Schraube erzielt wird.

Bei ungenügender Vorspannung und größeren Betriebskräften quer zur Schraubenachse können sich die verbundenen Teile infolge des Spiels zwischen Schraubenschaft und Durchgangsbohrung verschieben. Die Schraubenverbindung wirkt dann formschlüssig. Das aber soll vermieden werden.

Beanspruchung. Durch das Vorspannen und Belasten der Schraubenverbindung in Längsrichtung entstehen im Schraubenschaft Z u g s p a n n u n g e n, die der Kernquerschnitt des Schraubenbolzens aufnehmen muß, und S c h e r s p a n n u n g e n in den Gewindegängen. Bei stoßweiser oder wechselnder Zug- und Druckbeanspruchung werden zum Ausgleich der schwellenden Spannungen Dehnschrauben eingesetzt. Ihr stark verjüngter Schaft ist infolge seiner Schlankheit dehnbarer und gleicht die Wechselbeanspruchung wie eine Feder aus (**14.91**).

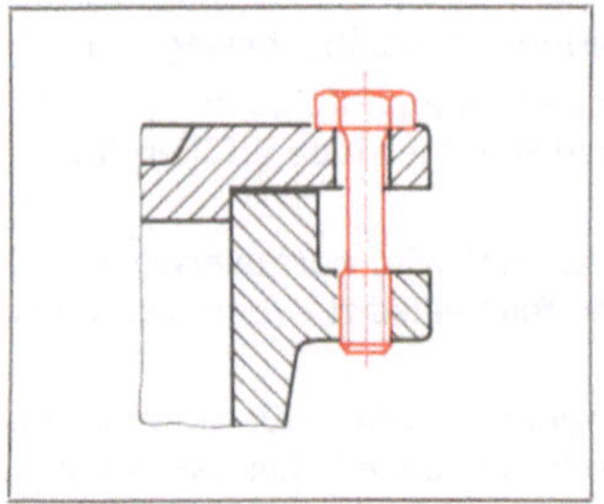

14.91   Dehnschraube

14.92   Querbelastete Schraubenverbindung
a) Scherbuchse, b) Paßschraube

Die Dauerfestigkeit des Schraubenbolzens wird durch scharfe Übergänge vom Schaft zum Schraubenkopf und durch das eingeschnittene Gewinde stark beeinflußt. Diese K e r b w i r k u n g wird vermindert durch Ausrundung des Gewindegrunds und einer Hohlkehle zwischen Kopf und Schaft. Durch Vorspannung und Längsbelastung entsteht außerdem zwischen Mutter bzw. Schraubenkopf und Unterlage oder zwischen den aufeinanderliegenden Gewindegängen F l ä c h e n p r e s s u n g. Sie ist bei genormten Schrauben und Muttern unter normaler Belastung immer geringer als die zulässige Flächenpressung.

Im Betriebszustand sollen Kräfte quer zur Schraubenachse vermieden werden, sonst entstehen am Schraubenschaft S c h e r s p a n n u n g e n. Sind diese unvermeidlich (z. B. bei querbelasteten Schraubenverbindungen), verwendet man Scherbuchsen oder Paßschrauben (**14.92**).

Schraubenwerkstoffe. Schrauben und Muttern, an die keine speziellen Anforderungen gestellt werden (z. B. Warmfestigkeit, Korrosionsbeständigkeit), fertigt man aus unlegierten oder niedriglegierten Stählen. Weil Schrauben bei ihrer Verwendung hauptsächlich auf Zug beansprucht werden und sich unter Belastung nicht bleibend verformen dürfen, sind die Mindestzugfestigkeit und Mindeststreckgrenze ihre wichtigsten Eigenschaften. Für Muttern ist hingegen nur die Mindestzugfestigkeit von Bedeutung. Diese Werkstoffeigenschaften sind in Festigkeitsklassen genormt und werden durch Kennzahlen angegeben.

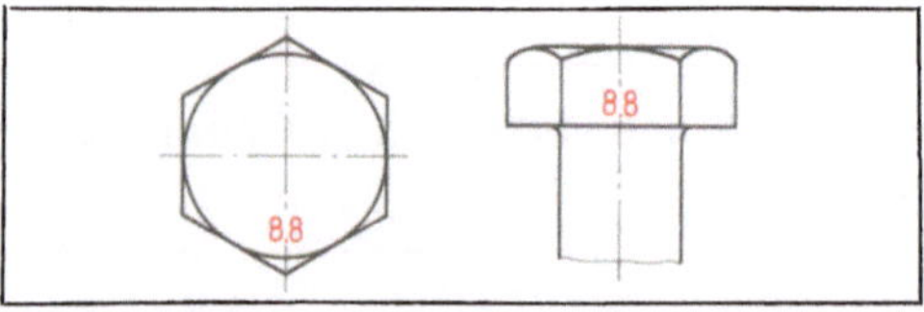

14.93   Kennzeichnung einer Sechskantschraube mit der Festigkeitsklasse

Festigkeitsklassen für Schrauben (DIN ISO 898) bezeichnet man durch zwei von einem Punkt getrennte Zahlen. Die erste Zahl gibt mit 100 multipliziert die Mindestzugfestigkeit R_m in N/mm², das Produkt aus beiden Zahlen mit 10 multipliziert die Mindeststreckgrenze R_e in N/mm² an (**14.93**).

Beispiel 14.3   Sechskantschraube DIN 931–M 12×60–5.6

M 12×60 = metrisches ISO-Gewinde mit Nenndurchmesser 12 mm und Nennlänge 60 mm

5.6   = Mindestzugfestigkeit $5 \cdot 100 = 500\ \text{N/mm}^2$, Mindeststreckgrenze $5 \cdot 6 \cdot 10 = 300\ \text{N/mm}^2$

Für Schrauben gibt es 12 Festigkeitsklassen, die bestimmte Werkstoffen entsprechen, z.B. 3.6 – St 34; 4.6 – St 37; 5.6 – St 50; 8.8 – C 35; C 45; 12.9 – 42 CrMo 4. Ab Festigkeitsklasse 8.8 spricht man von hochfesten Schrauben.

Festigkeitsklassen für Muttern werden durch eine Zahl ausgedrückt, die mit 100 multipliziert die Mindestzugfestigkeit R_m in N/mm^2 angibt. Schrauben und Muttern sollen die gleiche Festigkeitsklasse haben.

Schraubenarten. Die wichtigsten Grundformen sind Kopf- und Stiftschrauben sowie Gewindestifte. Aus wirtschaftlichen Gründen verwendet man meist genormte Schrauben.

Kopfschrauben unterscheidet man nach der Kopfform (z.B. Sechskant-, Zylinderkopf) und nach der Bedienungsform (z.B. Innensechskant, Schlitz; **14.**94). Nach der Gestaltung der Schraubenverbindung gibt es Durchsteck-, und Einziehschrauben.

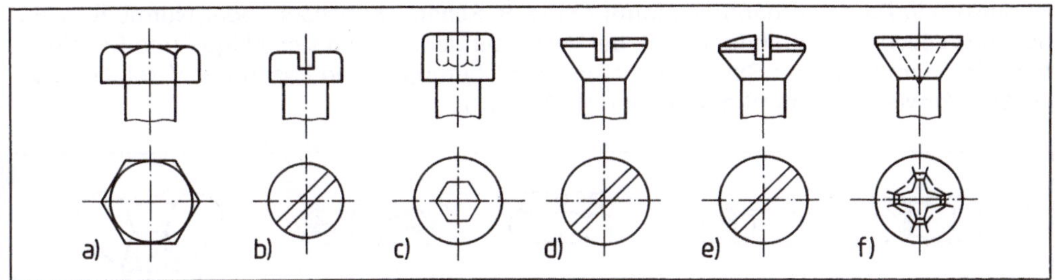

14.94   Genormte Kopfschrauben (Auswahl)

a) Sechskantschraube, b) Zylinderschraube mit Schlitz, c) Zylinderschraube mit Innensechskant, d) Senkschraube mit Schlitz, e) Linsensenkschraube mit Schlitz, f) Senkschraube mit Kreuzschlitz

Durchsteckschrauben werden am häufigsten für Verbindungen verwendet, weil kein Gewinde in die Bauteile geschnitten zu werden braucht. Sie sind schnell und wirtschaftlich herzustellen (**14.**95 a).

Bei Einziehschrauben wird das Muttergewinde in ein Bauteil geschnitten. Die Verbindung ist platzsparender als bei Durchsteckschrauben, jedoch nicht für häufiger zu lösende Verbindungen geeignet. Das Gewinde nutzt sich dann nämlich ab und ist nur unter größerem Kostenaufwand zu ersetzen. Einziehschrauben werden z.B. zum Befestigen von Gehäusedeckeln oder Führungsleisten eingesetzt. Die Ver-

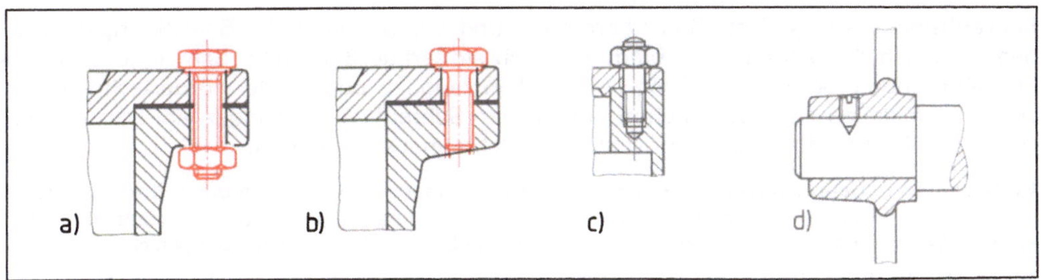

14.95   Schraubenarten

a) Durchsteckschraube, b) Einziehschraube, c) Stiftschraube, d) Gewindestift

wendung von Zylinderschrauben mit Innensechskant ist platzsparend und verringert bei versenktem Schraubenkopf die Unfallgefahren z.B. bei umlaufenden Bauteilen (**14.**95 b).

Stiftschrauben benutzt man bei häufigem Lösen der Schraubenverbindung, besonders in Guß- und Leichtmetallwerkstücken. Sie bleiben ständig im Muttergwinde des Maschinenkörpers eingeschraubt. Zum Abnehmen der angeschraubten Teile (z.B. Deckel) ist nur die Mutter zu lösen, so daß das Gewinde im Maschinenkörper geschont und nicht beschädigt wird. Die Einschraubtiefe richtet sich nach der Werkstoffestigkeit des Maschinenkörpers (**14.**95 c).

Gewindestifte sichern Lagerbuchsen, Handräder, Stellringe u.a. gegen Verschieben und Verdrehen. Sie sind auf ihrer ganzen Länge mit Gewinde und am Ende mit einem Schlitz oder Innensechskant zum Anziehen versehen (**14.**95 d).

Sonderschrauben gibt es für spezielle Verwendungszwecke, z.B. selbstschneidende Blechschrauben für die Befestigung von Blechverkleidungen und Steinschrauben zum Befestigen von Maschinenteilen auf Mauerwerk (Fundamentschrauben).

Mutternarten richten sich in ihrer Form vor allem nach der Zugänglichkeit beim Anziehen. Mit den üblichen Schraubenschlüsseln werden Sechskant- und Vierkantmuttern angezogen. Ist nur wenig Raum vorhanden, nimmt man z.B. Schlitz-, Kreuzloch- oder Nutmuttern. Für häufiges Lösen der Verbindung (z.B. bei Vorrichtungen) eignen sich Flügel- und Rädelmuttern. Kronenmuttern mit Splint setzt man zur Sicherung gegen Lösen der Verbindung ein (**14.**96). Vorwiegend nimmt man genormte Muttern.

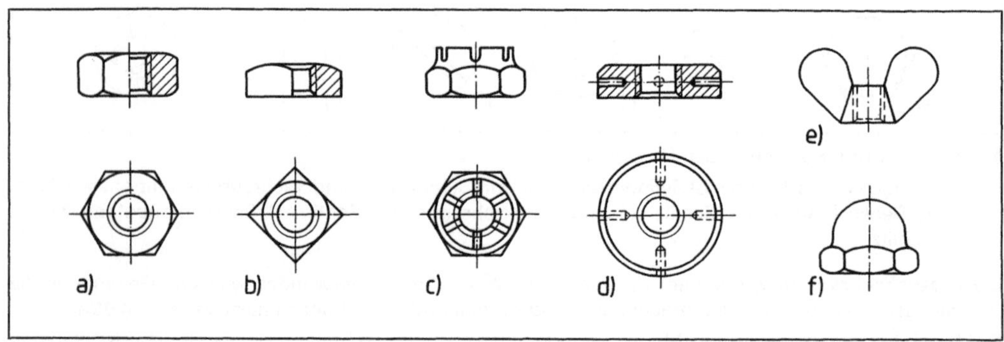

14.96 Mutternarten

    a) Sechskantmutter, b) Vierkantmutter, c) Kronenmutter, d) Kreuzlochmutter, e) Flügelmutter, f) Hutmutter

Schraubensicherung. Trotz Selbsthemmung und Vorspannung der Befestigungsschrauben kann sich die Schraubenverbindung durch stoßartige Belastung, Schwingungen und Erschütterungen lockern und lösen (z.B. im Fahrzeugbau oder in der Fördertechnik). Um solche Unfallgefahren auszuschalten, bringt man Schraubensicherungen an. Dabei unterscheiden wir kraft-, form- uns stoffschlüssige Schraubensicherungen.

Kraftschlüssige Schraubensicherungen verspannen Schrauben und Muttern durch Kräfte zusätzlich gegeneinander. Eine zusätzliche Spannkraft erreicht man z.B. durch Gegenmutter, Federring oder Zahnscheibe (**14.**97). Eine volle Sicherheit gegen Lösen der Verbindung ist damit allerdings nicht zu erzielen.

Formschlüssige Schraubensicherungen erhält man durch eine besondere Formgebung der Mutter und Sicherungselemente (z.B. Splinte, Bleche, Drähte). Sie halten Schrauben und Muttern in ihrer gegenseitigen Lage durch den Formwiderstand fest (**14.**98).

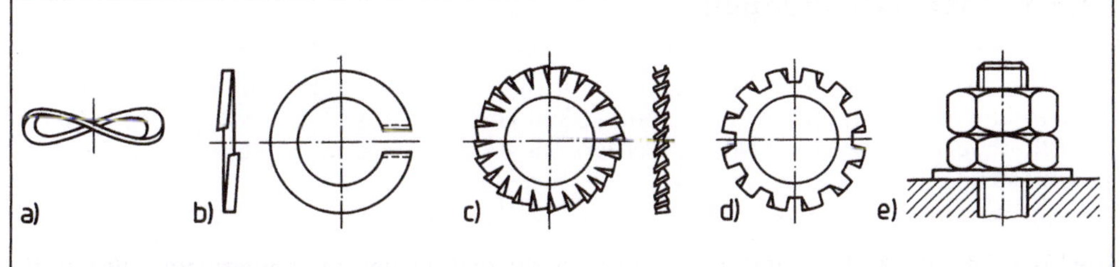

14.97 Kraftschlüssige Schraubensicherungen

a) Federscheibe, b) Federring, c) Fächerscheibe, d) Zahnscheibe, e) Kontermutter (Gegenmutter)

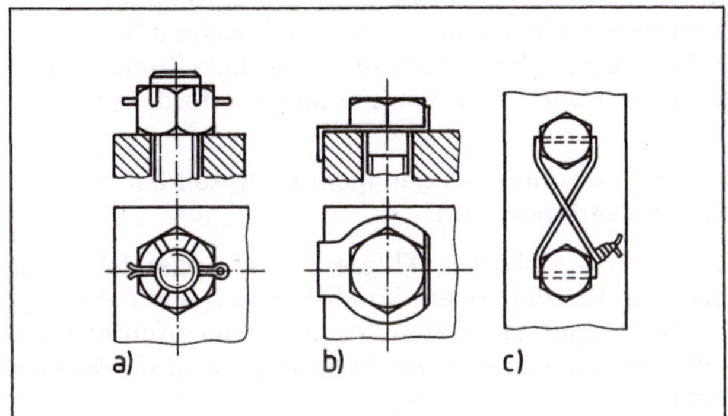

14.98 Formschlüssige Schraubensicherungen

a) Kronenmutter mit Splint, b) Sicherungsblech,
c) Sicherung mit Draht

14.99 Sicherungsmutter, form- und stoffschlüssig

Stoffschlüssige Schraubensicherungen verbinden Schraube und Mutter durch einen zusätzlichen Stoff (z. B. durch Kleben, Löten, Schweißen). Man verwendet sie, wenn die Verschraubung nicht mehr gelöst zu werden braucht oder beim Lösen eine Beschädigung der Verbindungselemente unwesentlich ist (**14.**99).

Aufgaben zu Abschnitt 14.5.3

1. Was versteht man unter einer unmittelbaren und mittelbaren Schraubenverbindung?

2. Erklären Sie die Kraftschlußwirkung einer Schraubenverbindung.

3. Welche Beanspruchungsarten treten bei einer Schraubenverbindung auf?

4. Wodurch wird die Dauerfestigkeit einer Schraube beeinträchtigt?

5. Wie wird eine querbelastete Schraubenverbindung gestaltet?

6. Erläutern Sie die Bezeichnung Sechskantschraube DIN 931 M $10 \times 50 - 8.8$.

7. Nach welchen Merkmalen unterscheidet man die Schraubenarten? Nennen Sie Verwendungsbeispiele.

8. Welche Vor- und Nachteile hat die Verwendung von Einziehschrauben?

9. In welchen Fällen sind Schraubensicherungen erforderlich?

10. Geben Sie je zwei Beispiele für kraft- und formschlüssige Schraubensicherungen.

14.5.4 Klebverbindungen

Kleben ist ein Fügen von Werkstücken mit Hilfe eines Klebstoffs mit oder ohne Anwendung von Kraft und mit oder ohne Zufuhr von Wärme. Es können artgleiche oder artfremde Werkstoffe verbunden werden. Die Klebverbindung ist stoffschlüssig und unlösbar.

Die Vorteile einer Klebverbindung bestehen darin, daß die verschiedenartigsten Werkstoffe (auch nicht schweißbare) ohne oder nur mit geringer Erwärmung verklebt werden können (z.B. Metall mit Metall oder Metall mit Gummi, Kunststoff, Keramik). Es ergibt sich dabei eine elektrisch isolierende, gewichtsparende und verzugsfreie Verbindung mit einer glatten Oberfäche. Die Klebverbindung schwächt nicht den Querschnitt durch Bohrungen wie z.B. Niet- und Schraubenverbindungen. Sie ergibt bei Beanspruchung eine gleichmäßige Spannungsverteilung und verhindert auch beim Verbinden verschiedener Metalle Kontaktkorrosion. Ihre Vorbereitung und Herstellung von Hand in der Einzelfertigung erfordern nur geringe Fertigungskosten.

Nachteilig ist die geringere Belastbarkeit, besonders die geringere Festigkeit bei höheren Temperaturen gegenüber Löt- und Schweißverbindungen.

Anwendung findet das Kleben im Leichtbau, vor allem im Flugzeug- und Apparatebau zur Herstellung dichter Verbindungen (Behälter, Rohrleitungen) im Maschinen- und Fahrzeugbau sowie in der Feinwerktechnik (**14**.100). Wegen der hohen Kosten für die erforderlichen Einrichtungen (Öfen, heizbare Pressen) und der längeren Aushärtezeiten wird das Kleben in der Fließfertigung weniger eingesetzt.

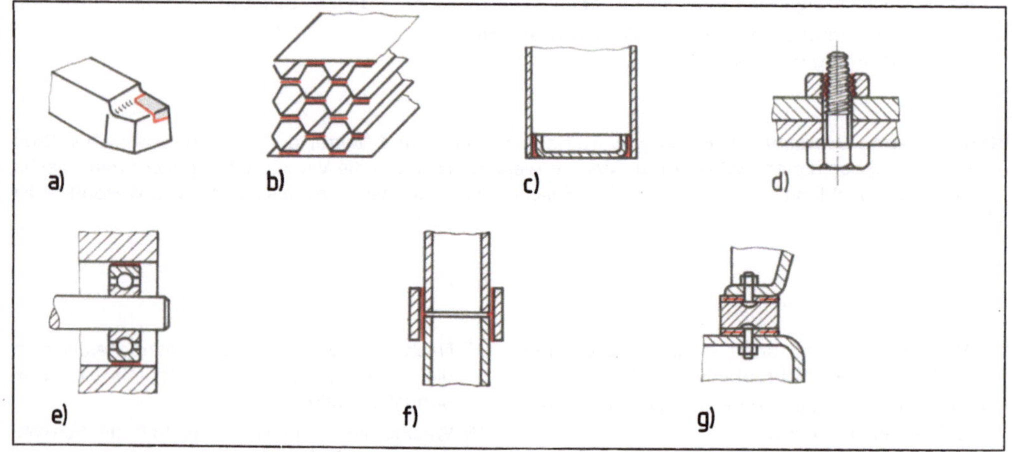

14.100 Anwendungsbeispiele zum Metallkleben

    a) Hartmetall-Schneidplättchen auf Werkzeugschaft, b) Beul- und biegefeste Platte, Wabenverbindung (Leichtbauweise), c) Behälterverbindung, d) Schraubensicherung durch Kleben, e) Befestigungen eines Wälzlagers, f) Rohrverbindung, g) Gummifeder

Die Klebwirkung beruht auf Adhäsionskräften, die an den glatten Berührungsflächen zwischen den Molekülen der zu verbindenden Teile und denen des Klebstoffs wirken. Adhäsionskräfte sind elektrische Anziehungskräfte zwischen den Molekülen verschiedenartiger Werkstoffe (s. Metallfachkunde 1, Abschn. 2.2.2). Ihr Wirkungsbereich beschränkt sich auf

eine dünne Randschicht (Grenzschicht). Für
die Festigkeit im Innern der Klebschicht ist
die Kohäsion (Zusammenhangskraft) des
Klebstoffs maßgebend (**14**.101). Die Adhäsion ist größer als die Kohäsion, wenn der
Klebstoff die Klebflächen vollständig benet-
zen kann und nicht abperlt. In diesem Fall
reißt die Klebverbindung bei zu großer Beanspruchung in der Klebstoffschicht, aber nicht
an den Berührungsflächen zwischen Werkstück und Klebstoff. Um eine einwandfreie
Benetzung des Klebstoffs auf den Werkstoffen zu erreichen, müssen die Fügeflächen der
Werkstücke frei von Verunreinigungen sein.

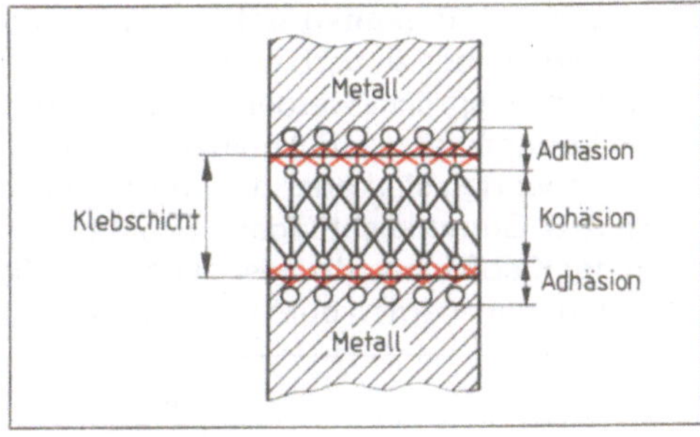

14.101 Adhäsion und Kohäsion bei einer Klebverbindung

Als Klebstoff (Bindemittel) für das Metallkleben verwendet man hauptsächlich synthetische Kleber. Das sind bestimmte Kunstharze (z.B. Epoxid-, Phenol-, Polyesterharze), Kunst-
harzmischungen und Kunstkautschuk. Beim Klebprozeß mit diesen Stoffen, die auch als
R e a k t i o n s k l e b e r bezeichnet werden, läuft eine chemische Reaktion ab, bei der sehr viele
gleichartige oder verschiedene Moleküle zu Großmolekülen (Makromoleküle) zusammengesetzt und kettenförmig oder räumlich miteinander vernetzt werden. Der Vernetzungspro-
zeß, der Aushärtung genannt wird, läßt sich steuern. Das Ergebnis des Aushärtens ist ein
Duroplast, der der Klebverbindung eine gute Endfestigkeit gibt. Die Aushärtezeit beträgt je
nach Klebstoffart einige Minuten bis zu mehreren Tagen.

Nach der Art der Verarbeitung unterscheidet man Kaltkleber und Warmkleber.

Kaltkleber härten bei Raumtemperatur aus und erfordern meist nur einen geringen Anpreßdruck. Ihre
Aushärtezeit ist verhältnismäßig lang; sie beträgt bis zu 24 Stunden. Die Festigkeit der Klebverbindung
erreicht nicht die Werte einer warmgeklebten Verbindung.

Bei Warmklebern sind zum Aushärtevorgang Temperaturen von 100 °C bis 260 °C und Drücke bis zu
2 N/mm² erforderlich. Dafür ist die Aushärtezeit um so kürzer, je höher die Aushärtetemperatur ist. Die
Festigkeitswerte der warmgeklebten Verbindung sind fast doppelt so hoch wie die der kaltgeklebten.

Nach der Zusammensetzung teilt man die Metallklebstoffe auch ein in Einkomponenten-
und Zweikomponentenkleber.

Einkomponentenkleber enthalten alle für die Härtung erforderlichen Bestandteile in einer Mischung
und sind in gebrauchsfähigem Zustand lagerfähig. Sie lassen sich leicht verarbeiten und härten in kurzer
Zeit durch Verdunstung des Lösungsmittels aus, ohne daß Wärmezufuhr oder Druckanwendung zwin-
gend erforderlich sind. Sie werden verwendet z.B. zum Befestigen von Wälzlagern, zum Abdichten von
Gewinderohrverbindungen oder als Schraubensicherung an Stelle von Gegenmuttern.

Zweikomponentenkleber sind erst nach Mischen ihrer zwei Hauptbestandteile (Komponenten) Bindemittel und Härtemittel gebrauchsfertig. Das Härtemittel wird kurz vor den Klebarbeiten mit dem Bindemittel in einem bestimmten Verhältnis vermischt. Der Aushärtevorgang beginnt sofort bei Beginn des
Mischens, erst langsam und dann schneller werdend. Bei höheren Temperaturen verringert sich die
Aushärtezeit. Die Mischung muß in einer bestimmten Zeit (Topfzeit) aufgebraucht werden, denn ein
nicht rechtzeitig verarbeiteter gemischter Klebstoff ergibt nur mangelhafte Klebverbindungen und bedeutet Materialverlust. Die Gebrauchsanweisungen der Klebstoffhersteller mit Mischungsverhältnis und
Topfzeit sind genau zu beachten.

Festigkeit und Gestaltung von Klebverbindungen. Die Festigkeit einer Klebverbindung
hängt außer von der sorgfältigen Vorbereitung und Durchführung der Klebarbeiten entscheidend von der klebgerechten Gestaltung ab.

Zug- und Schubbeanspruchung. Weil die Kohäsion der Klebschicht meist geringer ist als die Festigkeit der zu verbindenden Werkstoffe, sollte eine Klebverbindung möglichst nicht auf Zug beansprucht werden, sondern so gestaltet sein, daß Schubbeanspruchung auftritt. Einen Stumpfstoß wendet man daher beim Kleben nur an, wenn sehr geringe Beanspruchungen zu erwarten sind oder der Fügeteilwerkstoff dieselbe Festigkeit wie die Klebschicht aufweist (z. B. Gummidichtungen). Schubbeanspruchung strebt man an, weil sich durch Vergrößern der Klebflächen die Festigkeit einer Klebverbindung erhöhen läßt. Zweckmäßige Klebverbindungen werden durch Überlappung, Laschung oder Schäftung erzielt (**14**.102).

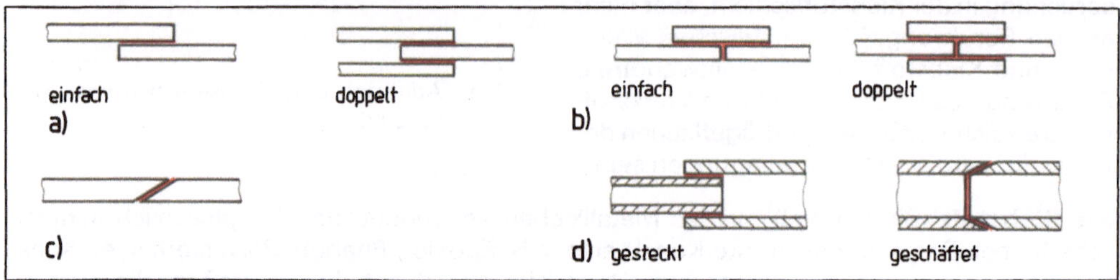

14.102 Zweckmäßig gestaltete Klebverbindungen
a) Überlappung, b) Laschung, c) Schäftung, d) Rohrverbindungen

Klebverbindungen haben nur geringe Schlagfestigkeit, weil der ausgehärtete Klebstoff ein spröder Duroplast ist, der unter Schlageinwirkungen zu Bruch gehen kann. Die Temperaturfestigkeit von Klebverbindungen ist gegenüber Löt- und Schweißverbindungen gering (80°C bis 350°C je nach Klebstoffart). Unter Dauerbeanspruchung neigen sie zum Kriechen.

Das Herstellen einer Klebverbindung erfolgt in mehreren Arbeitsstufen, von deren sorgfältiger Durchführung die Festigkeit entscheidend abhängt:
– Vorbereiten der Klebflächen,
– Vorbereiten und Auftragen des Klebstoffs,
– Fügen und Fixieren der Werkstücke,
– Aushärten der Klebschicht unter Berücksichtigung von Temperatur, Zeit und Druck.

Schutzmaßnahmen und Unfallverhütung

– Lösungsmittel von Klebstoffen sind oft feuer- oder sogar explosionsgefährlich. Feuer, offenes Licht und Rauchen sind beim Verarbeiten dieser Klebstoffe verboten.

– Klebstoffe (z. B. Epoxidkleber), Lösungs- und Entfettungsmittel entwickeln beim Aushärten bzw. Verdunsten gesundheitsschädliche Dämpfe und gefährden Augen und Atemorgane. Der Arbeitsplatz ist daher gut zu belüften, bei umfangreichen Klebearbeiten durch Absauganlagen. Die in der Raumluft zulässigen MAK-Werte (**M**aximale-**A**rbeitsplatz-**K**onzentration) dürfen nicht überschritten werden.

– Härter von Zweikomponentenklebern können explosionsgefährlich sein und ätzend wirken. Bei Berührung mit den Augen besteht Erblindungsgefahr. Deshalb Schutzbrille tragen, Hände gründlich reinigen.

– Lösungsmittel und Kunstharzklebstoffe enthalten Hautschäden verursachende Bestandteile, die zu Entzündungen, Ausschlägen oder Allergien führen können. Darum sind Schutzkleidung und gründliche Körperreinigung erforderlich.

– Die Unfallverhütungsvorschriften und Merkblätter der Berufsgenossenschaften sowie die Gebrauchsanweisungen und Gefahrenhinweise der Hersteller sind genau zu befolgen.

1. Was sind die wichtigsten Vor- und Nachteile des Metallklebens?
2. Nennen Sie Anwendungsbeispiele für das Kleben von Metallen.
3. Auf welchen physikalischen Erscheinungen beruhen die Klebwirkung und die Haltbarkeit einer Klebverbindung?
4. Nach welchen Merkmalen lassen sich Metallklebstoffe einteilen?
5. Welcher grundsätzliche Zusammenhang besteht zwischen Aushärtetemperatur und Aushärtezeit?
6. Welcher Unterschied besteht zwischen Einkomponenten- und Zweikomponentenklebern?
7. Erläutern Sie den Begriff der Topfzeit.
8. Warum sollen bei einer Klebverbindung möglichst nur Schubbeanspruchungen auftreten?
9. Warum ist die Klebfugendicke so gering wie möglich zu halten?
10. Nennen Sie Gründe für die Schutzmaßnahmen, die beim Kleben zu treffen sind.

14.6 Elektrische Antriebe

Zum Antrieb von Arbeitsmaschinen werden fast ausschließlich Elektromotoren verwendet. Sie wandeln elektrische Energie in mechanische um. Dies geschieht durch Kraftwirkung eines Magnetfelds auf einen stromdurchflossenen Leiter (Motorprinzip; s. Abschn. 18.5). Elektromotoren sind vielseitig einsetzbar, stehen für jede erforderliche Leistung zur Verfügung und nehmen nur einen geringen Raum ein. Sie sind in beliebiger Lage verwendbar, leicht zu bedienen und zu warten sowie stets einsatzbereit.

14.6.1 Gleichstrommotoren

Gleichstrommotoren haben den großen Vorteil, daß sich ihre Drehfrequenz stufenlos, verlustarm und belastungsunabhängig ohne Zwischenschaltung eines Getriebes steuern läßt. Deshalb werden sie trotz des höheren Preises und größeren Wartungsaufwands (z. B. Kohlebürsten, Stromwender) gegenüber Drehstrommotoren als Antrieb für viele Maschinenfunktionen verwendet. Gleichstrommotoren geringer Leistung versorgt man mit Gleichstrom aus Akkumulatoren bzw. Batterien. Am Drehstromnetz kann man Gleichstrommotoren für höhere Leistungen entweder über gesteuerte Gleichrichter oder über Maschinenumformer (z. B. Leonhard-Umformer) betreiben.

Wirkungsweise. In dem Magnetfeld eines Dauer- oder Elektromagneten ist eine Ankerspule (Leiterschleife) um eine Achse drehbar gelagert. Wird der Spule über zwei Schleifringe ein Gleichstrom zugeführt, wirkt auf sie ein Drehmoment, weil das Gesamtmagnetfeld aus den Magnetfeldern der Spule und dem Hauptfeld teils verstärkt, teils geschwächt und dadurch

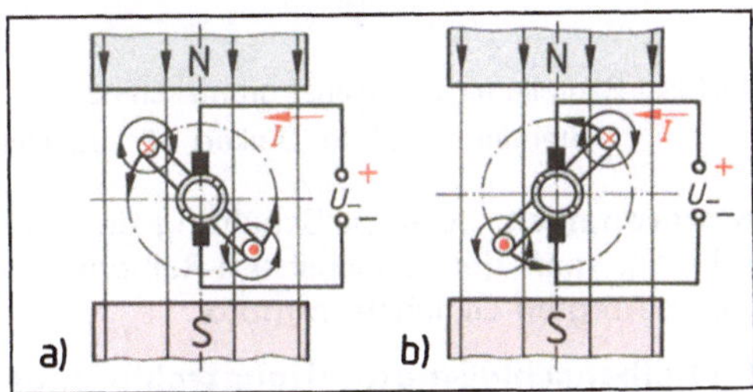

14.103 Ankerspule an einem Stromwender: Die Spule führt eine fortlaufende Drehbewegung aus. Stellung der Ankerspule a) vor und b) nach der Stromwendung

eine Kraftwirkung ausübt (**14.**103; s. Abschn. 18.7). In der neutralen Zone, in der die Magnetfelder der Spule und das Hauptmagnetfeld die gleiche Richtung haben, tritt kein Drehmoment auf. Damit sich die Spule weiterdreht, muß die Richtung des Gleichstroms durch einen Stromwender umgekehrt werden. Dadurch behalten die Spulenseiten unter demselben Magnetpol immer die gleiche Stromrichtung.

Der Aufbau der Gleichstrommotoren entspricht im Prinzip dem Motormodell (**18.**16) und unterscheidet sich nicht von dem der Gleichstromgeneratoren. Um die zu bewegende Kraft zu vergrößern und einen technisch brauchbaren Motor zu erhalten, benutzt man anstelle des Dauermagneten einen Elektormagneten mit einer Erregerwicklung zur Verstärkung des Magnetfelds. Statt der einzelnen Leiterschleife verwendet man Spulen und vergrößert damit die Kraftwirkung durch eine höhere Windungszahl. Die Spulen (Wicklung) werden von einem drehbar gelagerten Eisenkern getragen, der den Kraftlfuß innerhalb der Spule verstärkt. Die Spulen mit Eisenkern bezeichnet man als Läufer oder Anker. Beim Gleichstrommotor ist der Anker stets der sich drehende Bauteil der Maschine. Der Stromwender besteht aus geteilten Schleifringen, die mit den Spulenenden verbunden sind, und aus feststehenden Bürsten, die den Strom übertragen (**14.**104).

14.104 Bauteile einer Gleichstrommaschine

1 Ständer *2* Läufer (Anker) *3* Lagerschilde *4* Bürstengestell *5* Klemmenkasten

Motorenarten. Je nach Schaltung der Ständerfeldwicklung und der Läuferspulen unterscheidet man den Gleichstrom-Reihenschlußmotor, Gleichstrom-Nebenschlußmotor und fremderregten Gleichstrommotor.

Im Reihenschlußmotor (Hauptschlußmotor) sind Erreger- und Ankerwicklung hintereinandergeschaltet (Reihenschaltung) und werden vom gleichen Strom durchflossen. Wird der Motor stärker belastet, sinkt die Drehfrequenz des Ankers ab. Anker und Feld werden dann von einem stärkeren Strom durchflossen. Das bewirkt ein größeres Drehmoment. Umgekehrt steigt die Drehfrequenz bei sinkender Belastung, ohne Belastung sogar über alle

Grenzen. Reihenschlußmotoren dürfen deshalb nur unter Last (z. B. mit angekuppeltem Getriebe) betrieben werden. Sie werden wegen des großen Anzugsmoments in der Fördertechnik und zum Antrieb von Fahrzeugen verwendet (**14.**105 a).

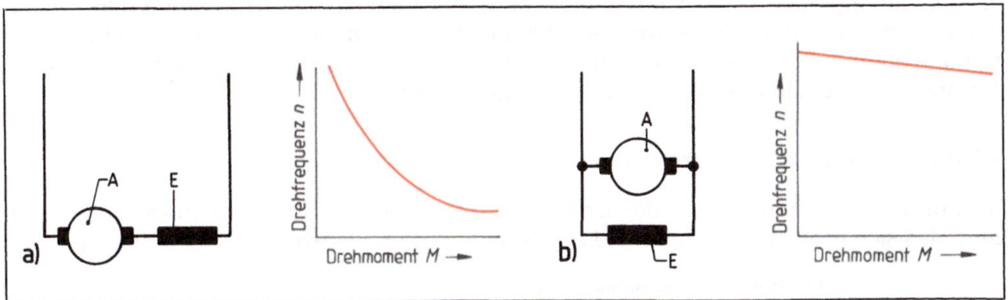

14.105 Schaltschema und Drehfrequenzverhalten eins a) Reihenschlußmotors, b) Nebenschlußmotors
(A = Ankerwicklung, E = Erregerwicklung)

> Beim Reihenschlußmotor verursacht stärkere Belastung eine abfallende Drehfrequenz und ein steigendes Kraftmoment.

Beim Nebenschlußmotor sind Ankerstromkreis und Erregerwicklung parallelgeschaltet. Das Magnetfeld ist also unabhängig von der Belastung des Motors. Der Erregerstrom wird nur durch den Widerstand der Wicklung bestimmt. Um ihn niedrig zu halten, besteht die Feldwicklung aus vielen Windungen mit dünnem Draht. Der Anker enthält wenige Windungen aus dickem Draht mit geringem Widerstand. Zur Begrenzung des Anlaßstroms muß deshalb dem Anker ein Anlaßwiderstand vorgeschaltet werden. Bei Belastung sinkt die Drehfrequenz des Nebenschlußmotors nur geringfügig ab (**14.**105 b). Nebenschlußmotoren verwendet man für Antriebe, bei denen eine gleichbleibende Drehfrequenz, auch bei verschiedenen Belastungen, gefordert wird (z. B. bei Großwerkzeugmaschinen), aber auch für kleine und mittlere Schleif- und Fräsmaschinen.

> Beim Nebenschlußmotor ist die Drehfrequenz nahezu unabhängig von der Belastung.

Bei fremderregten Gleichstrommotoren erzeugt man das Ständermagnetfeld durch einen eigenen Erregerstromkreis. Sie zeigen fast dasselbe Betriebsverhalten wie Nebenschlußmotoren. Fremderregte Gleichstrommotoren dienen zum Antrieb großer Werkzeugmaschinen, Bagger, Walzenstraßen und mit Dauermagneten für Vorschubantriebe mit großem Drehfrequenzstellbereich.

Universalmotoren. Weil beim Gleichstrommotor eine gleichzeitige Umpolung von Feld und Anker ohne Einfluß auf die Drehrichtung ist, kann er auch mit einphasigem Wechselstrom betrieben werden, wenn Anker und Feldmagnete lamelliert werden, um energieverzehrende Wirbelströme zu verringern. Universalmotoren sind Reihenschlußmotoren und geben trotz kompakter Bauweise eine verhältnismäßig hohe Leistung (bis etwa 1 kW) ab. Drehrichtung und Drehfrequenz können durch elektronische Bauteile gesteuert werden. Universalmotoren werden als Antriebe z. B. von Ventilatoren, Haushaltsgeräten, Elektrowerkzeugen und als Servomotoren eingesetzt.

Die Drehrichtung eines Gleichstrommotors kann geändert werden, indem man entweder die Ankerwicklung oder die Erregerwicklung umpolt.

Die Drehfrequenzsteuerung eines Nebenschlußmotors ist möglich durch Änderung der Ankerspannung oder des Erregerstroms. Zur Begrenzung der Ankerspannung oder des Erregerstroms benutzt man feinstufig verstellbare Vorwiderstände. Weil sich die Drehfrequenz so gut steuern läßt, ist der Nebenschlußmotor allen anderen Motoren überlegen, wenn es bei Antrieben auf eine Drehfrequenzsteuerung ankommt.

14.6.2 Drehstrommotoren

Drehfeld. Die Wirkungsweise des Drehstrommotors beruht auf der technischen Ausnutzung des sich drehenden Magnetfelds (Drehfeld), das von einem Drehstrom erzeugt wird.

Versuch 14.1 Drei Spulen mit Eisenkern werden in einem Kreis unter einem Winkel von je 120° angeordnet. Die Innenklemmen der Spulen werden leitend untereinander verbunden und die Außenklemmen an die drei Phasenleitungen eines 380-V-Netzes angeschlossen. In der Mitte des Kreises wird eine Magnetnadel aufgestellt (**14.106**).

Ergebnis. Nach Einschalten der Netzspannung und Anstoßen der Magnetnadel zeigt die Magnetnadel durch ihre Drehung ein sich drehendes Magnetfeld an, das Drehfeld genannt und nach dem auch der Dreiphasenstrom als Drehstrom bezeichnet wird.

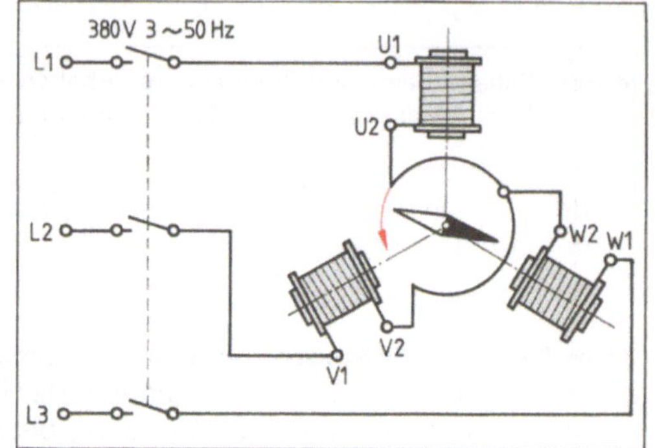

14.106 Nachweis des Drehfelds

Die Entstehung des Drehfelds kann man sich anhand des Bildes **18**.2 erklären: Wenn die Stromwelle der Spule 1 zu einem bestimmten Zeitpunkt einen Nordpol erzeugt, wird nach $1/3$-Periode der Nordpol von der Stromwelle in Spule 2 und nach einer weiteren $1/3$-Periode von der Stromwelle der Spule 3 erzeugt. Der Nordpol wandert also im Kreis und nimmt die Magnetnadel mit. Die Magnetnadel dreht sich mit gleicher Drehfrequenz mit dem Drehfeld: sie läuft synchron (griech. = zeitgleich).

Drehstrom-Synchronmotoren. Die umlaufende Magnetnadel im Drehfeld nach Bild **14**.106 ist das einfachste Modell eines Drehstrommotors. Der Drehstrom-Synchronmotor hat als Läufer an Stelle der Magnetnadel viele einzelne Dauermagnete oder einen Elektromagneten, der über Schleifringe mit Gleichstrom erregt wird. Weil der Synchronmotor einen Gleichstrom für die Erregung des Magnetfelds braucht, nicht selbsttätig anläuft, bei Überlastung aus dem Tritt fällt und stehen bleibt, wird er fast nur als Kleinstmotor verwendet, wenn eine konstante Drehfrequenz erforderlich ist (z. B. bei Plattenspielern, Zeitrelais).

Bei Drehstrom-Asynchronmotoren wird statt der rotierenden Magnetnadel nach Bild **14**.106 eine drehbare kurzgeschlossene Spule als Läufer verwendet. In dieser Spule entsteht durch das Drehfeld ein Induktionsstrom, dessen Magnetfeld nach der Lenzschen Regel die Bewegung des Drehfelds zu hemmen versucht. Dadurch wird auf die Spule im Umlaufsinn des Drehfelds ein Kraftmoment ausgeübt, so daß sie der Drehung des Drehfelds folgt. Die Induktionsbewirkung würde aber aufhören, wenn die umlaufende Kurzschlußspule die gleiche Drehfrequenz wie das Drehfeld hat, weil dann keine Induktionsflußänderung und damit kein Induktionsstrom erzeugt wird. Die kurzgeschlossene Spule dreht sich demnach etwas langsamer als das Drehfeld. Der Läufer läuft asynchron, d. h. nicht synchron.

Als Läufer werden Kurzschluß- und Schleifringläufer verwendet (**14.107**).

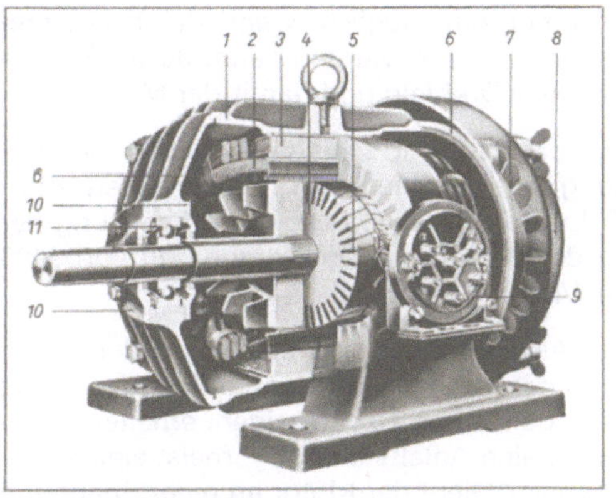

14.107 Drehstrom-Asynchronmotor mit Kurzschlußläufer

1 Gehäuse mit Kühlrippen	*6* Lagerschilde
2 Ständerwicklung	*7* Lüfter
3 Ständerblechpaket	*8* Lüfterhaube
4 Läuferblechpaket	*9* Klemmenbrett
5 Läuferstäbe bzw. -wicklung	*10* Lagerdeckel
	11 Wälzlager

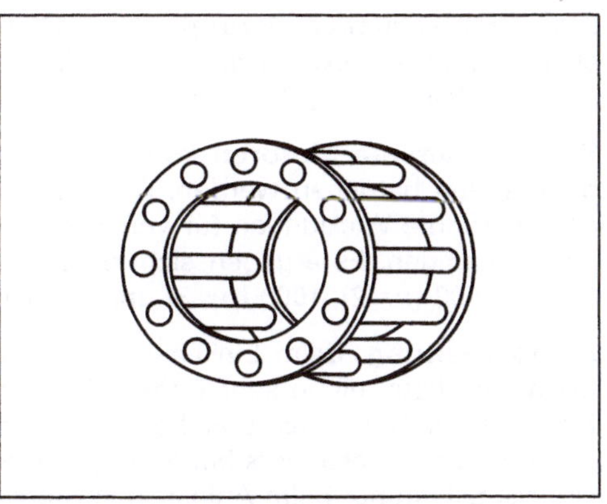

14.108 Kurzschlußläufer (Käfigläufer)

Der Kurzschlußläufer (Käfigläufer) besteht aus einem lamellierten Eisenzylinder, der ringsum mit Nuten versehen ist. In diese Nuten sind Kupfer- oder Aluminiumstäbe eingebettet, deren Enden auf beiden Seiten des Ankers durch Metallringe kurzgeschlossen sind (**14.**108).

Drehstrom-Asynchronmotoren mit Kurzschlußläufer haben eine weitverbreitete Verwendung gefunden (z. B. als Hauptantrieb von Werkzeugmaschine). Sie haben aber den Nachteil, daß das Anzugsmoment nur etwa so groß ist wie das Nennmoment. Diesen Nachteil vermeiden Schleifringläufer.

Beim Schleifringläufer wird der Läuferstrom durch Zuschalten von Widerständen über Schleifkontakte beeinflußt, so daß ein größeres Anzugsmoment erreicht wird. Der Schleifringläufer wird bei schweren Anlaufbedingungen eingesetzt, wo große Massen zu beschleunigen sind (z. B. Zentrifugen, Schwungradantrieb von Pressen, Ständer-Hobelmaschinen).

Das Betriebsverhalten des Asynchronmotors ist ein Nebenschlußverhalten. Bei einer Belastungssteigerung über das Nenndrehmoment hinaus verringert sich die Drehfrequenz stärker, bis schließlich ein Kippmoment erreicht wird. Übersteigt die Belastung das Kippmoment, bleibt der Motor stehen. Der Betriebsbereich des Motors liegt zwischen Nennmoment und Kippmoment (**14.**109).

Die Drehrichtung eines Asynchronmotors wird durch Vertauschen zweier beliebiger Anschlüsse geändert.

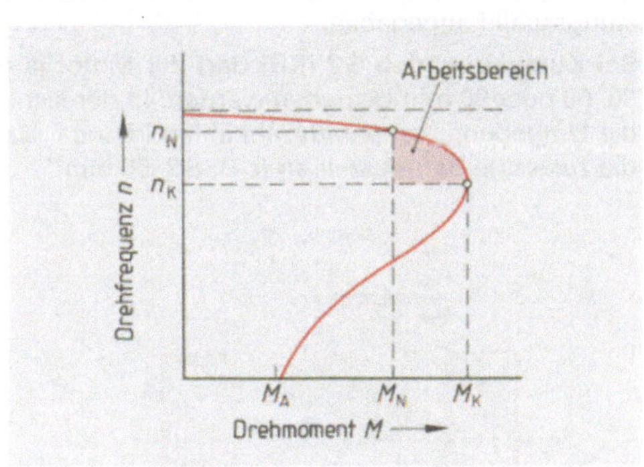

14.109 Drehmoment-Drehfrequenz-Kennlinie eines Drehstrom-Asynchronmotors

n_N = Nenndrehfrequenz, M_A = Anlaufmoment, M_K = Kippmoment, n_K = Kippdrehfrequenz, M_N = Nennmoment

Eine Drehfrequenzänderung ist bei Drehstrommotoren möglich, wenn durch entsprechende Ständerwicklung die Anzahl der Polpaare verändert werden kann. Je größer die Zahl der Polpaare ist, desto langsamer dreht sich das Drehfeld und damit der Motor.

Polumschaltbare Motoren können je nach Polpaarzahl mit 2 bis höchstens 4 Drehfrequenzstufen betrieben werden. Die Umschaltung auf verschiedenen Polpaarzahlen erfordert getrennte Wicklungen für verschiedene Polpaare oder eine besondere Schaltung der Feldwicklungen. Es ergeben sich je nach Zahl der Polpaare p Drehfrequenzen von 3000 ($p=1$), 1500 ($p=2$), 1000 ($p=3$) und 750 ($p=4$) 1/min.

Anlaßschaltung. Beim Einschalten nimmt der Asynchronmotor, wenn er an der vollen Spannung liegt, einen sehr hohen Strom auf, der je nach Bauart des Läufers das 4- bis 8fache des Motornennstroms beträgt. Um diese Überlastung zu vermeiden, erhalten Asynchronmotoren, besonders bei höheren Leistungen, eine Anlaßsteuerung, meist eine Stern-Dreieck-Schaltung. Beim Anlassen in Sternschaltung $\curlyvee$ liegt der Motor an einer Spannung von 230 V. Der Einschaltstromstoß beträgt dabei nur ein Drittel des Stromstoßes der Dreieckschaltung. Nach Erreichen der vollen Drehfrequenz erhält der Motor durch Umschalten auf die Dreieckschaltung $\triangle$ seine volle Spannung von 400 V.

Betriebsarten. Für die Bemessung und Lebensdauer eines Antriebsmotors ist die Betriebsart von Bedeutung; denn ein Motor darf während des Betriebs nicht langzeitig überlastet werden. Er würde sich dabei unzulässig erwärmen, und seine Schutzisolierung würde Schaden nehmen. Für die Motorerwärmung ist die Zeitdauer der Belastung bzw. Überlastung (Erwärmung) und des Stillstands oder Leerlaufs (Abkühlung) entscheidend. Wenn während des laufenden Betriebs die entstehende und die an die Umgebung abgegebene Wärme gleich sind, stellt sich am Motor eine Beharrungstemperatur ein, die die zulässige Dauertemperatur der Isolation nicht überschreiten darf (bei normaler Isolation 100 bis 120 °C).

VDE 0530 unterscheidet verschiedene Betriebsarten, die die Einschaltdauer, Schalthäufigkeit, Belastungs- und Stillstands- bzw. Leerlaufzeiten berücksichtigen. Die Betriebsart wird auf dem Leistungsschild des Motors durch ein Kurzzeichen angegeben. Die wichtigsten Betriebsarten sind Dauerbetrieb, Kurzzeitbetrieb und Aussetzbetrieb.

Dauerbetrieb S 1 (DB). Der Motor kann mit konstanter Belastung (Nennleistung) beliebig lange betrieben werden, ohne daß seine Beharrungstemperatur die zulässige Grenze überschreitet. Die Normalausführungen der Motoren genügen dieser Forderung. Deshalb wird diese Betriebsart nicht auf dem Leistungsschild angegeben.

Bei Kurzzeitbetrieb S 2 (KB) darf der Motor ja nach Ausführungsart mit konstanter Belastung nur 10, 30, 60 oder 90 min betrieben werden. In der sich anschließenden Pause muß sich der Motor wieder auf die Umgebungstemperatur abkühlen können. Das Kurzzeichen auf dem Leistungsschild gibt zusätzlich die zulässige Betriebszeit an (z. B. S 2–60 min).

Aussetzbetrieb S 3 (AB) liegt vor, wenn sich Belastungs- und Stillstandszeiten abwechseln. Die Spieldauer (das sind beide Zeiten zusammen) darf höchstens 10 min, die zulässige Einschalt- bzw. Belastungsdauer ED je Spiel nach Ausführung des Motors 15, 25, 40 oder 60% der Spieldauer betragen. Auf dem Leistungsschild ist z. B. vermerkt: S 3–40%.

Beispiel 14.4   Ein Motor für Aussetzbetrieb S 3–25% darf bei einer Spieldauer von 8 min höchstens 2 min mit seiner Nennleistung betrieben werden (**14.110**).

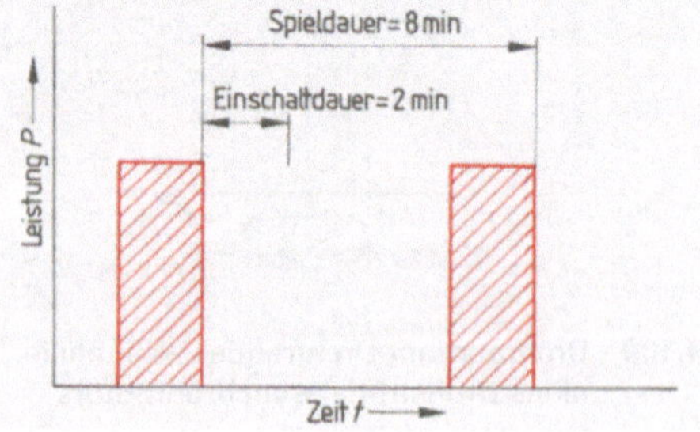

14.110   Aussetzbetrieb S 3–25%

Die Bauformen der Elektromotoren sind in DIN 42950 genormt und werden durch ein zweiteiliges Kurzzeichen gekennzeichnet. Es besteht aus einem Buchstaben und einer Ziffer, z.B. B3 oder V1. Der Buchstabe B steht für Elektromotoren mit Schildlagern und waagerechter Anordnung der Welle. Bei senkrechter Anordnung der Welle wird der Buchstabe V gesetzt. Die Ziffern geben Hinweise auf die Ausführungsart des Motors, z.B. Lagerung, Ausführung des Gehäuses (Fuß- oder Flanschmotor), freies Wellenende oder Flanschwelle und Art der Befestigung oder Aufstellung (**14.**111).

Tabelle **14.**111　　**Bauformen** (Auswahl nach DIN 42950)

Kurzzeichen	Bauform	Erklärung
B 3		Fußmotor mit zwei Schildlagern, freies Wellenende, Befestigung auf Unterbau
B 5		Flanschmotor mit zwei Schildlagern, freies Wellenende, Befestigungsflansch auf Antriebsseite
V 1		Flanschmotor mit zwei Lagerschilden, freies Wellenende und Befestigungsflansch auf Antriebsseite unten

Schutzarten. Motoren müssen je nach Aufstellungsort gegen das Eindringen von Fremdkörpern und Wasser sowie gegen Unfallgefahren geschützt werden (s. Abschnitt 18.8).

14.6.3　Servo- und Schrittmotoren

Um Nebenzeiten in der Fertigung zu verkürzen, erhalten die Bewegungsachsen der Vorschub- und Handhabungseinrichtungen zunehmend ein eigenes Antriebssystem. Diese Hilfsantriebe bestehen aus einem Antriebsmotor (Servomotor, lat. servus = Diener, Knecht) und der zugehörigen Lage- und Geschwindigkeitsregelung. Servoantriebe sind von der betreffenden Nebenfunktion der Maschine abhängig und müssen daher hohe Verfahrgeschwindigkeiten (z.B. der Achsschlitten oder der Roboterarme) erreichen. Außerdem müssen sie große Genauigkeit beim Positionieren von Werkzeugen oder Werkstücken aufweisen und schnell auf Steuersignale reagieren. Für diese Aufgaben eignen sich die üblichen Bauformen der Gleich- und Wechselstrommotoren nicht, vor allem wegen der großen Massenträgheit ihrer Läufer. Deshalb wurden Servomotoren (meist Gleichstrommotoren) entwickelt, die den speziellen Anforderungen gerecht werden.

Gleichstrom-Servomotoren. Wegen der schnellen Bewegungsabläufe und häufigen Richtungs- und Lastwechsel haben die Läufer dieser Motoren eine schlanke zylindrische Form (Langläufermotor) oder Scheibenform (Scheibenläufermotor) mit einer bis zu 50% geringeren Masse als herkömmliche Gleichstrommotoren gleicher Leistung.

Der Scheibenläufer ist eine eisenlose Scheibe mit aufgedruckten „Leiterschleifen". Seine geringe Masse erleichtert häufiges und schnelles Anfahren, Umsteuern und Stillsetzen. Wegen seiner kurzen Baulänge eignet er sich als Antrieb für Vorschub- und Stellgetriebe sowie für Industrieroboter und Handhabungseinrichtungen (**14.**112).

14.112   Gleichstrom-Scheibenläufermotor

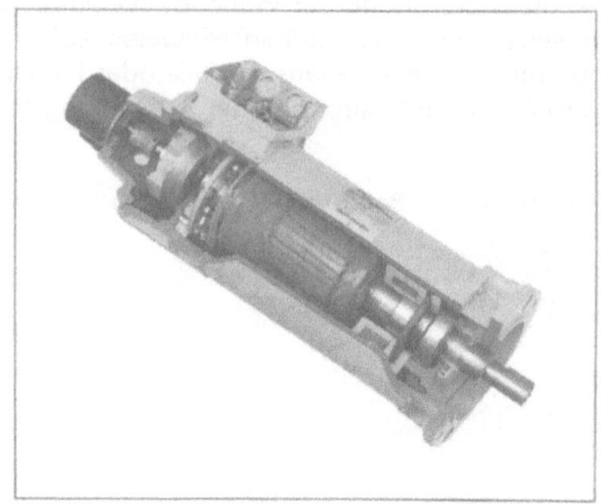

14.113   Langläufer-Servormotor mit Dauermagneten

Der zylindrische Langläufer ermöglicht eine schlanke Motorbauweise mit geringem Raumbedarf, so daß er als Vorschubantrieb in Werkzeugmaschinen (z. B. für Achsschlitten, Werkzeugmaschinentische und -wechsler) eingebaut wird (**14.**113).

Gleichstrom-Servomotoren sind zur Lage- und Geschwindigkeitsregelung mit Tachogeneratoren, Winkelschrittgeber und Bremse ausgerüstet. Als Nebenschlußmotoren sind sie sehr gut regelbar und zeigen ein konstantes Betriebsverhalten.

Schrittmotoren werden für Positionieraufgaben eingesetzt. Ihre Wirkungsweise beruht darauf, daß sich ungleichnamige Magnetpole anziehen. Die Motoren bestehen aus einem Ständer, der eine Anzahl Wicklungen trägt, und einem vielzahnigen Dauermagneten als Läufer. Der Läufer bewegt sich um einem festgelegten kleinen Winkelschritt, wenn durch einen elektronisch erzeugten Stromimpuls die Ständerwicklungen Magnetpole bilden. Elektronische Bauteile verteilen in einer schnellen Schaltfolge die Stromimpulse auf die Ständerwicklungen. Die Größe eines Winkelschritts ist abhängig von der Anzahl der Zähne am Läufer und der Magnetpole auf dem Ständer (**14.**114). Die anzufahrende Position (Weg-

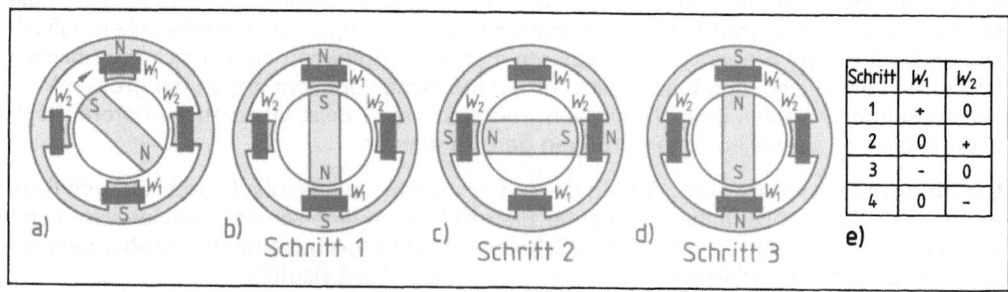

Schritt	W_1	W_2
1	+	0
2	0	+
3	-	0
4	0	-

14.114   Wirkungsweise des Schrittmotors
a) bis d) Schritte, d) Bestromungstabelle

340

strecke) bestimmt die Zahl der erforderlichen Winkelschritte und damit die Zahl der Stromimpulse. Bei stetiger Folge der Stromimpulse dreht sich der Läufer gleichmäßig. Schrittmotoren zeigen ein hohes Drehmoment, im Stillstand ein großes Haltemoment und werden für Leistungen bis 1 kW gebaut (**14**.115).

14.115 Schrittmotor

Aufgaben zu Abschnitt 14.6

1. Erläutern Sie Aufbau und Wirkungsweise eines Gleichstrommotors.

2. Wodurch unterscheiden sich Gleichstrom-Nebenschlußmotoren von Gleichstrom-Hauptschlußmotoren?

3. Beschreiben Sie das Betriebsverhalten eines Gleichstrom-Reihenschlußmotors.

4. Warum werden Reihenschlußmotoren in der Fördertechnik verwendet?

5. Welche Vorteile hat das Betriebsverhalten von Gleichstrom-Nebenschlußmotoren?

6. Wie läßt sich die Drehrichtung von Gleichstrommotoren verändern?

7. Wie kann man die Drehfrequenz eines Gleichstrommotors steuern?

8. Welchen Vorteil haben Gleichstrommotoren als Antrieb von Werkzeugmaschinen?

9. Beschreiben Sie die Entstehung eines Drehfelds.

10. Erläutern Sie Aufbau und Wirkungsweise eines Drehstrom-Asynchronmotors.

11. Welches Betriebsverhalten zeigt ein Drehstrom-Asynchronmotor?

12. Wie läßt sich die Drehfrequenz bei Drehstrom-Asynchronmotoren ändern?

13. Drehstrom-Asynchronmotoren werden mit einer Stern-Dreieck-Schaltung angelassen. Begründen Sie dies.

14. Welche Elektromotoren werden vorwiegend als Hauptantriebe von Werkzeugmaschinen eingesetzt? Begründen Sie Ihre Angaben.

15. Welche Aufgaben erfüllen Servomotoren bei Werkzeugmaschinen und Handhabungseinrichtungen?

16. Nennen Sie Besonderheiten, die ein Gleichstromservomotor gegenüber herkömmlichen Gleichstrommotoren aufweist.

17. Erläutern Sie die Wirkungsweise eines Schrittmotors.

341

Die Montage ist in der Regel der letzte Abschnitt des Fertigungsprozesses. Sie umfaßt den Zusammenbau der Einzelteile und Baugruppen zum Enderzeugnis. Wichtige Faktoren sind hierbei die Größe und Kompliziertheit des Enderzeugnisses, die Fertigungsart und -organisation (Einzel-, Serien- oder Massenfertigung) sowie die Ausstattung des Betriebs mit Arbeitskräften, Räumlichkeiten, Werkzeugen und Fördermitteln. Weil die Montage einen erheblichen Zeitanteil an der Gesamtfertigungszeit beansprucht, ist man bestrebt, die Montagezeiten zu verkürzen (z.B. Verringern des Anteils an Paßarbeiten und durch montagegerechtes Gestalten von Bauteilen, **15**.1).

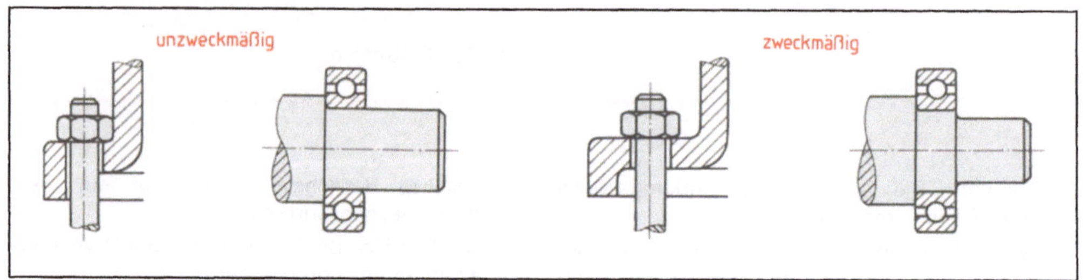

15.1 Montagegerechte Gestaltung von Bauteilen

15.1 Montageorganisation

Im Montageprozeß werden die zu einer Montageeinheit gehörenden Teile miteinander verbunden und in ihrer Lage genau festgelegt. Je nach Größenordnung der Montageeinheit unterscheiden wir Vormontage, Baugruppenmontage und Endmontage (**15**.2).

Eine Demontage ist erforderlich bei großen Maschinen, die aus Transportgründen zerlegt werden müssen, sowie bei Überholungs- und Reparaturarbeiten. Die Zerlegung erfolgt meist in umgekehrter Reihenfolge wie die Montage.

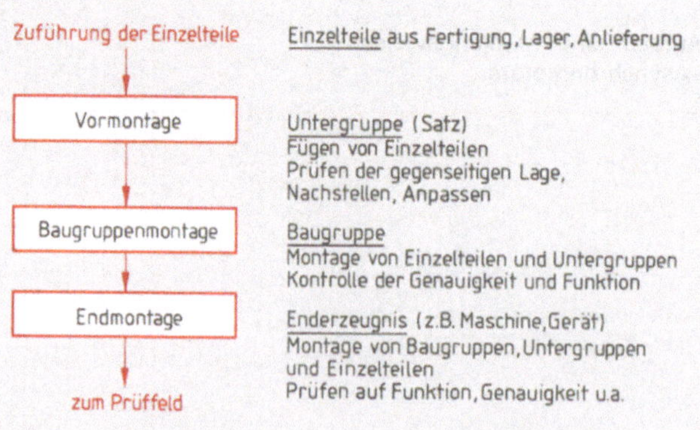

15.2 Montageprozeß

Die Montageorganisation hat entscheidenden Einfluß auf die Montagezeit. Sie bestimmt die Gestaltung der Montageplätze, die Qualifikation und den Einsatz der Arbeitskräfte sowie den Transport und die Bereitstellung der zu montierenden Teile, Baugruppen, Werkzeuge und Vorrichtungen. Es gibt zwei grundlegende Organisationsformen: die stationäre Montage und die Fließmontage.

Bei der stationären Montage erfolgt der Zusammenbau der Montageeinheit an einem festen Standort (z. B. auf Montagetischen oder auf dem Boden einer Montagehalle). So montiert man vorwiegend kleinere, handliche Erzeugnisse der Einzel- und Kleinserienfertigung sowie große, schwere Maschinen, die während der Montage nicht transportiert werden können. Alle erforderlichen Einzelteile, Baugruppen, Werkzeuge usw. sind an den Montageplätzen bereitzustellen (**15.3**).

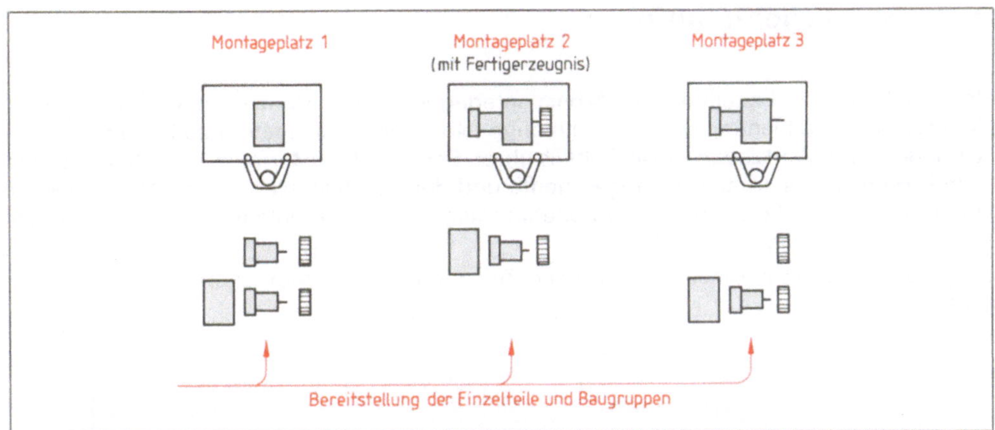

15.3   Stationäre Montage

Bei der Fließmontage zerlegt man den Montageprozeß in einzelne Montagevorgänge, oft auch in Einzeltätigkeiten oder sogar Handgriffe, die in einer bestimmten Reihenfolge an verschiedenen Arbeitsplätzen durchgeführt werden. Der Transport von einem Montageplatz zum anderen erfolgt durch Fließ-

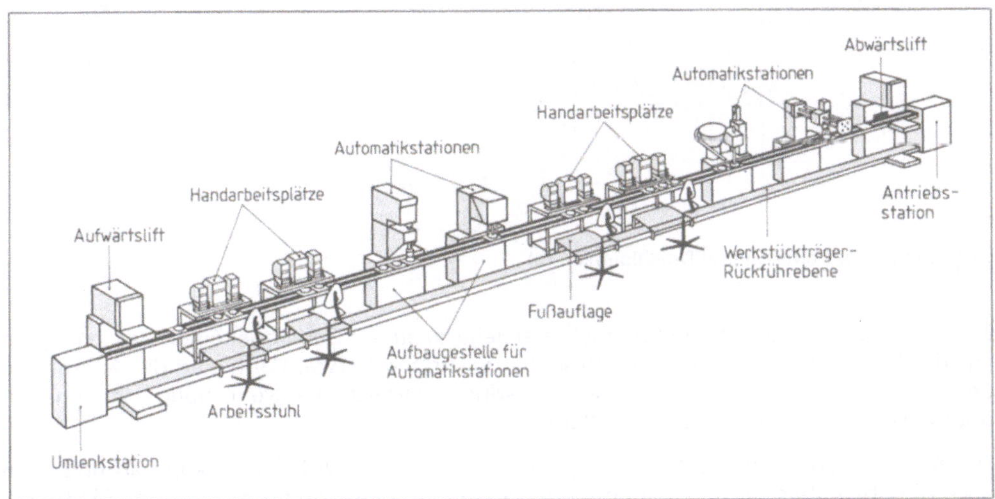

15.4   Fließmontage mit automatischen Stationen und Handarbeitsstationen in Linienbauweise

bänder, Rollen- oder Hängebahnen. Mechanisierung und Automatisierung der Montagevorgänge verkürzen die Montage- und Durchlaufzeit (**15.4**). Die Fließmontage wird bei Großserien- und Massenfertigung angewendet.

Oft treffen wir beide Montageformen beim Zusammenbau einer Maschine an. So kann die Montage der Baugruppen fließend geschehen, während die Endmontage der Maschine stationär durchgeführt wird. Bei der **stationären Fließmontage** wechseln die Monteure von einem Montageplatz zum anderen, wobei sie nur ganz bestimmte Arbeiten ausführen. Das ermöglicht eine Spezialisierung der Arbeitskräfte.

15.2 Montageplanung

Hierzu gehören die Erstellung der Arbeitsunterlagen für die Montage (z.B. Zeichnungen, Montageplan), die Planung der Materialmenge (Normteile, selbstgefertigte Einzelteile), Vorrichtungen und Werkzeuge einschließlich ihrer Bereitstellungstermine am Montageplatz. Grundlage hierfür sind das Montageschema und der Durchlaufplan. Er legt den zeitlichen Ablauf der Einzelteilfertigung, Baugruppenmontage und Endmontage im Hinblick auf den Fertigstellungstermin fest (**15.5**).

Baugruppen und Maschinen werden nach Zeichnungen und Montageplänen zusammengebaut.

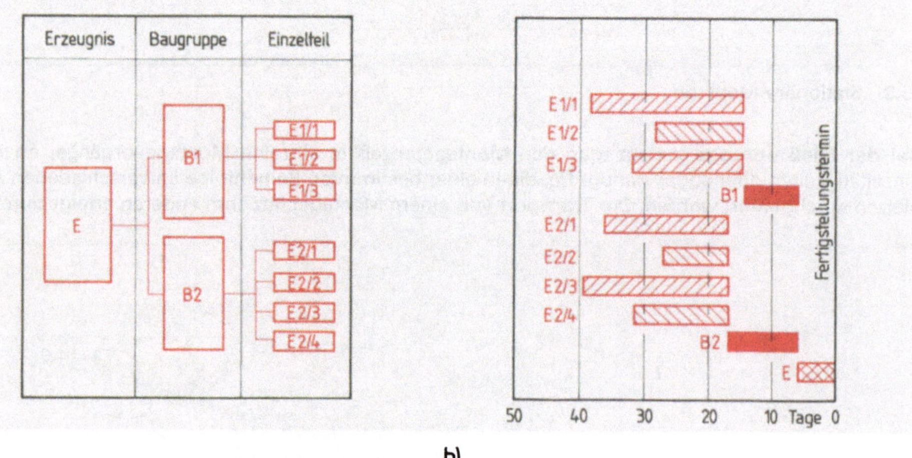

a)   b)

15.5 Montageschema (a) und Durchlaufplan (b)

Zeichnungen. Der Zusammenbau mehrerer Teile zu einem Gerät oder einer Maschine geht aus der Hauptzeichnung oder Zusammenbauzeichnung hervor. Darin sind die Anordnung der Teile und das gegenseitige Zusammenwirken dargestellt – wenn nötig mit Angaben über Wirkungsweise und Montage (**15.6**).

Der Montageplan gibt die Reihenfolge der erforderlichen Arbeitsvorgänge an und kann auch Angaben über Zeichnungsnummern, Werkzeuge, Vorrichtungen, Prüf- und Meßmittel enthalten (**15.7**).

344

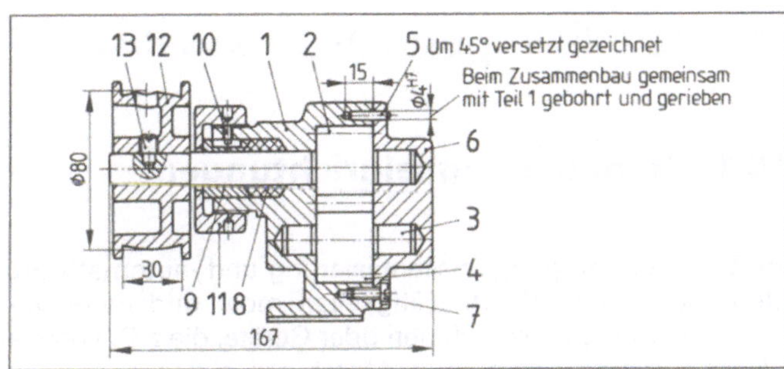

15.6   Zahnradpumpe

Tabelle 15.7   Montageplan für eine Zahnradpumpe (nach Bild **15.5**)

Lfd.Nr.	Arbeitsgang	Stückliste Pos.-Nr.	Menge	Benennung
1	Einzelteile auf Vollständigkeit prüfen, reinigen und bereitstellen	1 bis 13	19	
2	Zahnradwelle leicht einfetten und in Lagerbohrung des Pumpengehäuses einschieben	2 1	1 1	Zahnradwelle Pumpengehäuse
3	Welle leicht einfetten und mit aufgeschobenem Zahnrad in Lagerbohrung des Pumpengehäuses einsetzen	3 4	1 1	Welle Zahnrad
4	Deckel an der Dichtfläche einfetten und mit Zylinderschrauben am Pumpengehäuse fest verschrauben	6 7	1 6	Deckel Zylinderschraube DIN 84-M6 × 16-5.8
5	Stopfpackung einlegen, Stopfbuchse einführen und mit Gewindestift gegen Verdrehen sicher	8 9 10	1 1 1	Stopfpackung Stopfbuchse Gewindestift DIN 417-M6 × 8
6	Stellmutter aufschrauben und festziehen	11	1	Stellmutter
7	Lauf der Zahnradwelle prüfen: von Hand durchdrehen			
8	Deckel gemeinsam mit Pumpengehäuse bohren und aufreiben	6 1		
9	Paßstifte fügen	5	2	Zylinderstift DIN 7-4m6 × 2D
10	Antriebsrad aufschieben und mit Gewindestift auf Zahnradwelle verschrauben	12 13	1 1	Antriebsrad Gewindestift DIN 417-M10 × 15

1. Durch welche Maßnahmen lassen sich Montagezeiten verkürzen?

2. In welchen Fällen montiert man Maschinen und Geräte stationär?

3. Nennen Sie Vor- und Nachteile der Fließmontage.

4. Welche Zeichnungen braucht man zur Montage?

5. Stellen Sie einen Montageplan für den Einbau der in Bild **14.30** dargestellten Welle auf.

16.1 Handhabungseinrichtungen

Im Zuge der Fertigungsmechanisierung und -automatisierung werden manuelle, d. h. vom Menschen durchgeführte Tätigkeiten mehr und mehr von Handhabungssystemen übernommen. Dies sind Maschinen oder Geräte, die z. B. Werkzeuge bereitstellen und wechseln, Werkstücke transportieren, in Maschinen einlegen oder auch bearbeiten (z. B. schweißen, montieren, beschichten). Handhabungssysteme entlasten den Menschen von schweren, gefährlichen, gesundheitsschädigenden oder eintönigen Arbeiten. Sie ermöglichen durch Verketten von Fertigungseinrichtungen einen kontinuierlichen Materialfluß und sichern durch bedienerunabhängige Bearbeitung eine gleichbleibende Qualität der Werkstücke. Frei programmierbare Handhabungsgeräte lassen sich schnell an neue Produkte anpassen und flexibel bei der Fertigung kleiner und mittlerer Stückzahlen einsetzen.

Nach dem Einsatzbereich unterscheidet man Werkzeug- und Werkstückhandhabung, nach der Steuerung ihrer Bewegungen handgesteuerte Manipulatoren, festprogrammierte Einlegegeräte und frei programmierbare Industrieroboter (**16**.1).

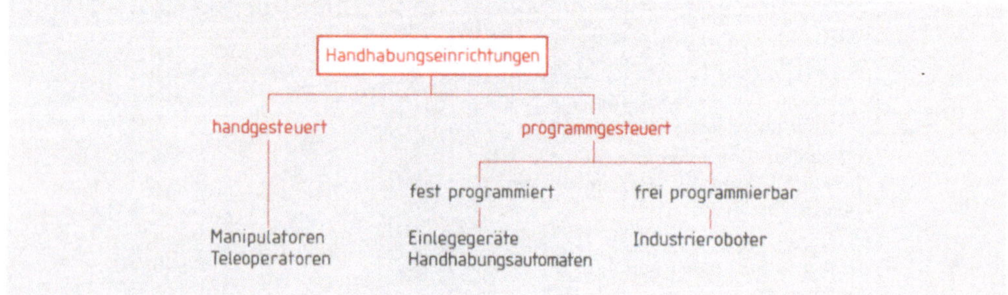

16.1 Einteilung der Handhabungseinrichtungen

Manipulatoren übertragen den vom Bediener von Hand gesteuerten Bewegungsablauf nach elektrischer oder hydraulischer Kraftverstärkung auf einen Greifer. Sie werden zum Heben und Transportieren schwerer Lasten eingesetzt. Bei ferngesteuerten Manipulatoren (Teleoperatoren) wird der Greifer aus Sicherheitsgründen von einer bestimmten Entfernung aus bedient. So benutzt man sie bei Arbeiten in gesundheitsschädigender Umgebung oder mit gefährlichen Stoffen.

Einlegegeräte sind einfache mechanische Handhabungsgeräte mit einem starren Bewegungsprogramm, das durch die konstruktive Gestaltung vorgegeben ist. Die Wegbegrenzung für Hub- und Drehbewegungen erfolgt durch Endschalter und feste Anschläge. Als Werkstück-Einlegegeräte werden sie mit Greifern ausgerüstet und überall dort eingesetzt, wo über einen langen Zeitraum einfache Arbeiten durchzuführen sind (z. B. in der Massenfertigung zum Bestücken von Pressen, Druck- und Spritzgußmaschinen, **16**.2).

Industrieroboter sind automatische Handhabungseinrichtungen mit mindestens drei Bewegungsachsen. Die Bewegungen sind frei programmierbar, rechnergesteuert oder sensorgeführt. Industrieroboter werden mit Greifern oder Werkzeugen ausgerüstet, um Handha-

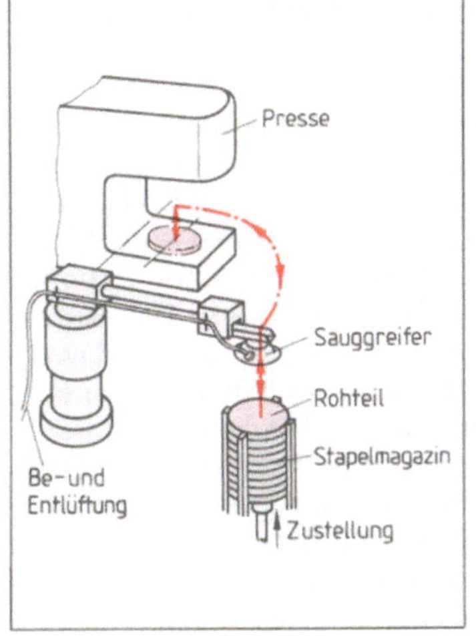

16.2 Einlegegerät

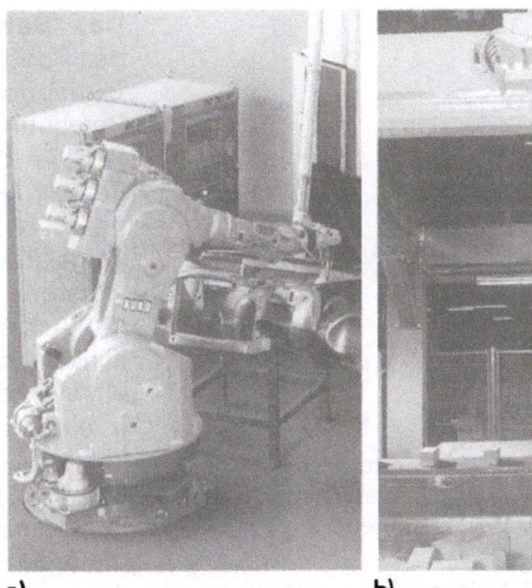

16.3 Industrieroboter

a) Drehgelenkroboter beim Laserstrahlschweißen
b) Portalroboter zum Beschicken eines Brennofens

bungsarbeiten oder Fertigungsaufgaben zu übernehmen. Sie sind sehr leistungsfähig, flexibel bei Produktumstellung und dadurch universell einsetzbar. Im Gegensatz zu aufwendigen Sondermaschinen ist ihr Einsatz in der Fertigung auch bei kleineren und mittleren Serien möglich und trägt zur Automatisierung der Produktion bei (**16.3**).

16.2 Aufbau und Funktion von Industrierobotern

Industrieroboter setzen sich aus mehreren Teilsystemen zusammen, die ganz bestimmte Funktionen wahrnehmen (**16.4**).

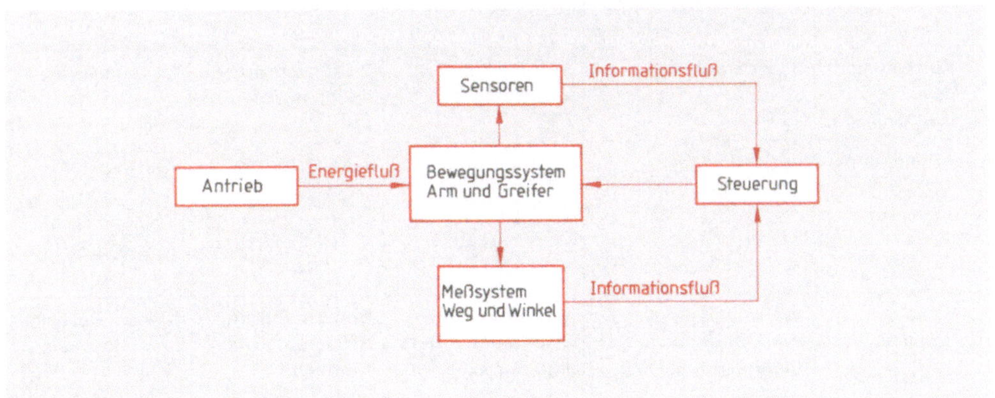

16.4 Teilfunktionen des Industrieroboters

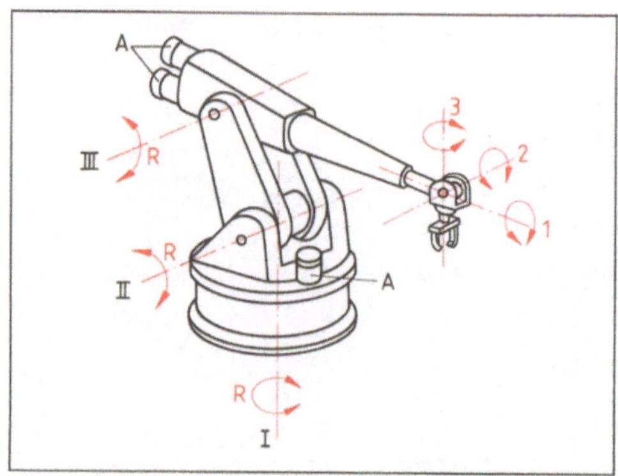

16.5 Industrieroboter mit 3 rotatorischen Hauptachsen (I bis III) und 3 rotatorischen Nebenachsen (1 bis 3), A = Antriebe

Das Bewegungssystem (die Kinematik) des Roboters wird durch Art und Anzahl der Bewegungsachsen gekennzeichnet. Eine Bewegungsachse besteht aus zwei Bauteilen, die durch ein Gelenk verbunden sind. Je nach Gelenkart (Schub- oder Drehgelenk) vollführt die Bewegungsachse eine geradlinige (translatorische) oder eine drehende (rotatorische) Bewegung aus. Die Anzahl der Achsen ist maßgebend für die Beweglichkeit des Roboters. Um einen Körper (z. B. ein Werkzeug oder ein Werkstück) im Raum in eine beliebige Lage (Position) bringen zu können, sind 6 Bewegungsachsen erforderlich. Ein voll beweglicher Industrieroboter hat deshalb 3 Hauptachsen (Grundachsen), die jeden beliebigen Punkt im Arbeitsraum erreichen, und 3 Nebenachsen (Handachsen), die im Greifer vereinigt sind und das Werkzeug in die gewünschte Lage drehen, neigen oder schwenken (**16.5**). Aus der Kombination der Bewegungsachsen ergeben sich die Bauformen der Roboter (**16.6**).

Tabelle **16.6**   **Bauformen von Industrierobotern**

Bauform	Portalroboter (**16.3**b)	Bestückungsroboter	Schwenkarmroboter	Drehgelenkroboter (**16.3**a)
Kombination der Hauptachsen	3 Linearachsen TTT	1 Drehachse 2 Linearachsen RTT	2 Drehachsen 1 Linearachse TRR	3 Drehachsen RRR
Arbeitsraum	quaderförmig	zylinderförmig	zylinderförmig	wulstähnlich
Einsatzbereiche	Werkstück- und Werkzeughandhabung, Palettieren, Stapeln	Werkstück- und Werkzeughandhabung, Einlegen	Bohren, Fräsen, Schleifen, Prüfen, Montieren	Kleben, Beschichten, Entgraten, Schweißen, Montieren, Be- und Entladen

Den Antrieb der einzelnen Roboterachsen liefern meist die sehr gut regelbaren Servo-Gleichstrommotoren. Die Kraftübertragung vom Motor auf die Haupt- und Nebenachsen übernehmen – je nach Bauform des Roboters – bei rotatorischen Bewegungen z.B. Zahn-räder-, Zahnriemen- oder Schneckengetriebe, bei translatorischen Bewegungen z.B. Zahn-stangen-, Schrauben- oder Kugelgewindegetriebe (s. Abschn. 14.4.3).

Meßsystem. Zum Steuern eines Industrieroboters sind ständige Rückmeldungen über die Position und den Bewegungsablauf der Achsen erforderlich. Die auf jeder Achse vorhande-nen Meßsysteme messen Lage und Geschwindigkeit und übertragen die Werte an die Steuerung, wo sie verarbeitet werden. Die Weg- und Winkelmeßsysteme arbeiten nach dem gleichen Prinzip wie bei CNC-Maschinen (s. Abschn. 3.6.3).

Die Steuerung, in der das Anwenderprogramm gespeichert ist, steuert und überwacht den Bewegungsablauf. Sie vergleicht die von den Meßsystemen eingehenden Istwerte (augen-blickliche Position der Bewegungsachsen) mit den Sollwerten des Programms. Die sich ergebenden neuen Sollwerte werden vom Leistungsteil verstärkt an das Antriebssystem ausgegeben.

Bei Robotersteuerungen unterscheiden wir wie bei CNC-Maschinen die Punkt- und die Bahnsteuerung.

Bei der Punktsteuerung (PTP = point-to-point) fährt der Roboter nur einzelne Punkte an. Der Bahnver-lauf zwischen diesen Punkten hat keine Bedeutung. Die Punktsteuerung wird z.B. beim Punktschweißen sowie beim Be- und Entladen von Maschinen angewendet (**16.**7 a).

Die Bahnsteuerung (CP = continous path) führt den Roboter auf einer festgelegten Bahn zwischen den programmierten Raumpunkten. Sie ist erforderlich z.B. beim Lichtbogen-Schmelzschweißen, beim Beschichten oder Montieren (**16.**7 b).

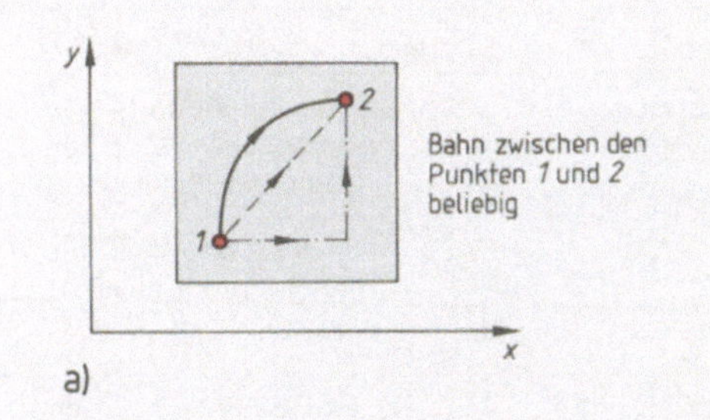

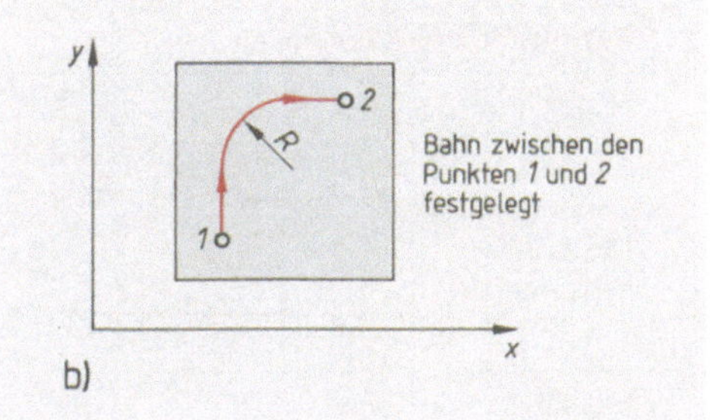

16.7   Punktsteuerung (a) und Bahnsteuerung (b)

Die Programmierung des Bewegungsablaufs wird entweder direkt am Roboter (on line) oder ohne Robotereinsatz durch Programmentwicklung an einem getrennten Arbeitsplatz vorgenommen (off line).

Beim Teach-in-Verfahren (Anfahren und Speichern) fährt man mit Hilfe eines Handprogrammiergeräts die gewünschten Raumpunkte nacheinander mit dem Roboterwerkzeug an. Die Koordinaten der einzel-nen Punkte und zusätzliche Angaben wie Orientierung des Werkzeugs, Geschwindigkeit und Greiferfunk-tion werden dann in die Robotersteuerung eingegeben und gespeichert. Dieses Verfahren wird vorwie-gend angewendet.

Beim Play-back-Verfahren (Abfahren und Speichern) fährt man das Roboterwerkzeug von Hand ent-lang der gewünschten Bahn. Dabei werden die Bewegungsdaten laufend in die Steuerung eingegeben und gespeichert.

Bei der Off-line-Programmierung formuliert man den Bewegungsablauf und die auszuführenden Funktionen räumlich vom Roboter getrennt in einer Programmiersprache.

Sensoren. Ein Roboter kann seinen programmierten Bewegungsablauf durchführen, aber nicht auf unvorhersehbare Ereignisse reagieren (z. B. Kollisions- oder Unfallgefahren, ungenaue Werkstücklage, übermäßiger Werkzeugverschleiß). Sensoren „sehen, fühlen und tasten" solche Ereignisse und korrigieren danach die Roboterbewegungen. Sie erkennen verschiedenartige Teile, erfassen Füge- und Andrückkräfte und dienen als Positionier- bzw. Fügehilfe. Dadurch erweitern sie den Anwendungsbereich der Industrieroboter. Eingesetzt werden sie an den verschiedensten Stellen des Roboters (z. B. an Arm und Greifer, im Antriebssystem oder im Arbeitsraum). Sie arbeiten mit Berührung (taktile Sensoren) oder berührungslos (**16.**8).

Tabelle **16.**8   **Sensorarten**

Sensorart	Wirkungsweise	Einsatzbereich
Berührende Sensoren		
Taster, Fühlstifte		Abstandsüberwachung, Kraftüberwachung für Greifer- und Werkzeugsteuerung, Erfassen von Werkstückabmessungen
Meßdosen	kapazitiv piezoelektrisch	Andrück-, Vorschubkraftmessung, Greiferkraftüberwachung
Berührungslose Sensoren		
Lichtschranke		Objekterkennung, Abstandsüberwachung, Arbeitssicherheit
Ultraschallsensoren		Objekterfassung, Zählen, Registrieren, Kollisionsschutz
induktive und kapazitive Sensoren	induktiv kapazitiv	Lageerkennung, Beschaffenheitsprüfung, Bahnführung (z. B. beim Handhaben, Schweißen, Montieren)
videotechnische Sensoren		Lage-, Teileerkennung, Prüfaufgaben (z. B. beim Handhaben, Montieren)

Die Ausrüstung eines Roboters mit einem Sensorsystem ist kostenaufwendig und eignet sich nicht für jede Handhabungsaufgabe. Die meisten Roboter kommen ohne Sensoren aus oder haben nur ein sehr einfaches Sensorsystem.

16.3 Flexible Fertigungssysteme

In der vergangenen Zeit waren die Bemühungen um Rationalisierung und Automatisierung weitgehend auf die Großserien- und Massenfertigung ausgerichtet. Mit dem Einsatz- von Sondermaschinen sowie ihrer Verkettung durch automatischen Werkstücktransport zu Transferstraßen (Fließfertigung) erreicht man kürzeste Fertigungszeiten und hohe Produktivität. Voraussetzung hierfür sind jedoch hohe Stückzahlen von standardisierten Erzeugnissen (z. B. in der Automobil-, Maschinen- oder Elektroindustrie). Nachteile dieser Fertigungsart sind die sehr hohen Investitionskosten und die Unbeweglichkeit gegenüber Konstruktionsänderungen oder gar Produktumstellungen. Sie haben oft eine Änderung der gesamten Produktionsanlage zur Folge.

Heutzutage muß ein Unternehmen jedoch kurzfristig auf unvorhersehbare Marktänderungen reagieren. Dies erfordert eine hohe Flexibilität (lat.: Biegsamkeit, Beweglichkeit) der Fertigung, um unterschiedliche Werkstücke in wechselnden Stückzahlen mit hoher Qualität wirtschaftlich herstellen zu können. Durch die Entwicklung der NC-Maschinen, die Übernahme menschlicher Tätigkeiten in der Produktion durch Handhabungstechnologien und durch Einsatz automatischer Steuerungen erreicht man die erforderliche flexible Fertigung.

> Die flexible Fertigung hat die Aufgabe, unterschiedliche Werkstücke in beliebiger Reihenfolge mit wechselnden Stückzahlen automatisch und wirtschaftlich herzustellen.

Flexible Fertigungseinrichtungen. Grundbausteine sind CNC-Maschinen, die je nach betrieblichen Erfordernissen in Gruppen zusammengestellt, durch automatische Werkstück-Transport- und -Zuführsysteme miteinander verkettet und meist an einen oder mehrere vernetzte Rechner angeschlossen werden.

Nach dem Automatisierungsgrad unterscheidet man verschiedene Ausbaustufen der flexiblen Fertigung: Bearbeitungszentren, flexible Fertigungszellen und flexible Fertigungssysteme. Die Grenzen zwischen diesen Ausbaustufen sind nicht genau zu ziehen (**16.9**).

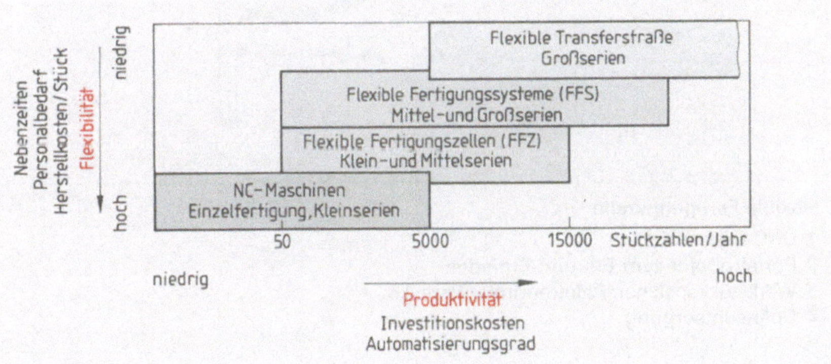

16.9 Einflüsse auf den Einsatzbereich flexibler Fertigungssysteme

Bearbeitungszentren sind CNC-Maschinen, bei denen nach Aufspannen des Werkstücks der gesamte Bearbeitungsvorgang vollautomatisch abläuft. Das Auf- und Abspannen der Werkstücke, die Bearbeitungsüberwachung und die Maßkontrolle am fertigen Werkstück führt das Bedienungspersonal durch (s. Abschn. 3.6).

Flexible Fertigungszellen (FFZ) entstehen, wenn Bearbeitungszentren mit zusätzlichen Einrichtungen zur vollautomatischen, bedienerunabhängigen Bearbeitung ausgebaut werden, so daß ein begrenzter Teilevorrat möglichst vollständig bearbeitet werden kann. Der Teilevorrat besteht aus Werkstücken, die fertigungstechnisch eine ähnliche Bearbeitung erfordern (**16.**10). Zu den Zusatzeinrichtungen gehören vor allem die automatische Werkstückversorgung sowie Maß- und Überwachungseinrichtungen.

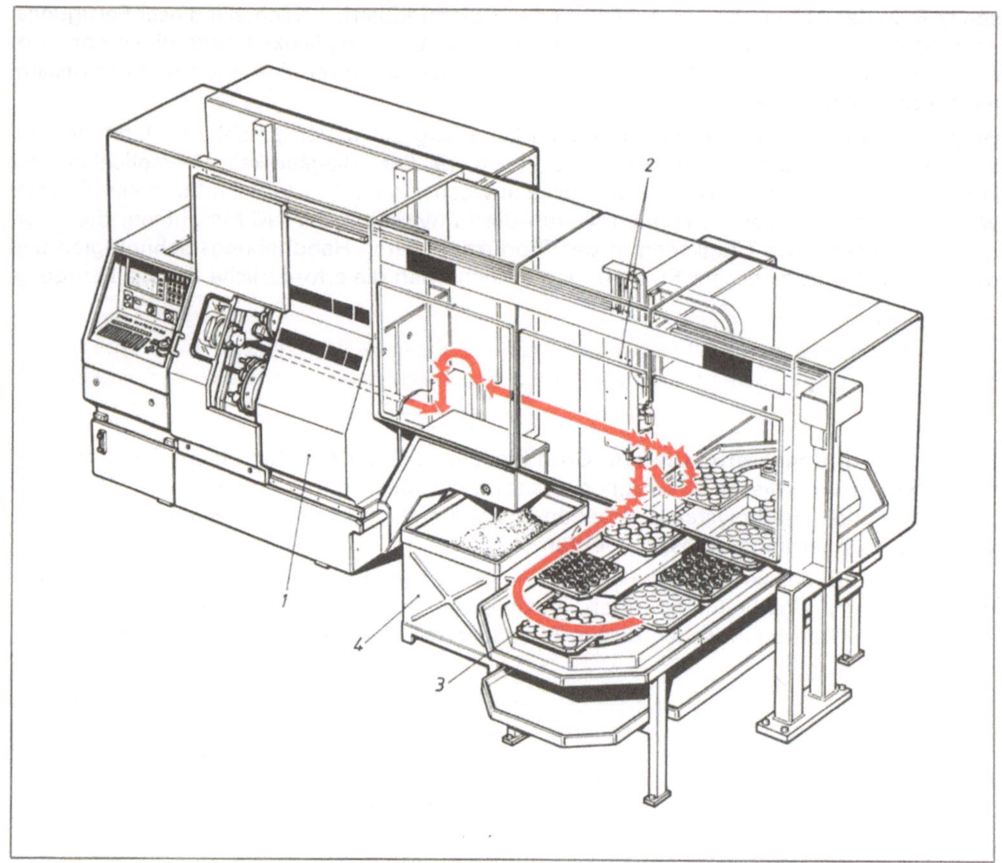

16.10 Flexible Fertigungszelle

    1 CNC-Drehmaschine
    2 Portalroboter zum Be- und Entladen
    3 Werkstückspeicher, Palettenumlaufstrecke
    4 Späneentsorgung

Automatische Werkstückversorgung. Für die lückenlose Werkstückversorgung dienen Paletten (Transportbehälter besonderer Form), in die mehrere Werkstücke gleichen Typs – z.T. schon mit Spannvorrichtungen – von Hand oder automatisch in Fächern abgelegt werden. Die Teile sind dadurch in der Palette genau positioniert. Daraus entnimmt sie ein Handhabungsgerät (z.B. ein Roboter), führt sie der Werkzeugmaschine zu und legt sie nach der Bearbeitung wieder geordnet in die Palette zurück (**16.**10 Nr. *2* und *3*). Die Maschinenspindeln stehen dadurch nur für die wenigen Sekunden des Werkstückwechsels still.

16.11 Palettenbahnhof. Wechselplatten mit
Spannvorrichtungen und Werkstücken

16.12 Doppeltes Werkzeug-Kettenmagazin
(ohne Werkzeuge) mit Werkzeugwechsler

Wechselpaletten für schwere und große Werkstücke haben eine ähnliche Form wie Fräs- und Bohrmaschinentische. Sie werden mit den aufgespannten Werkstücken durch Palettenwechseleinrichtungen in den Arbeitsraum der Maschine eingesetzt. Mit einem Palettenspeicher (Palettenbahnhof) vor der Maschine steht ein Palettenvorrat zur Verfügung, der die Fertigungszelle ständig (z.B. in einer Schicht) mit Werkstücken versorgt (**16**.11).

Ein erweiterter Werkzeugspeicher vergrößert den technischen Einsatzbereich der Fertigungszelle, indem er Werkzeuge bereitstellt, die im Hauptmagazin keinen Platz mehr finden. Während das Hauptmagazin alle Standardwerkzeuge enthält, befinden sich in einem zweiten Magazin Ersatz- und Folgewerkzeuge für die Weiterbearbeitung. Ein Werkzeugwechsler tauscht zwischen den beiden Magazinen die ausgebrauchten Werkzeuge gegen die Folgewerkzeuge aus (**16**.12). Sonderwerkzeuge (z.B. Mehrspindelköpfe, lange Bohrstangen) werden in einem eigenen Werkzeugregal (Pick-up-Magazin) abgelegt, aus dem Transporteinrichtungen (z.B. Roboter) sie abholen und an der Maschine zum Einwechseln in die Spindel bereitstellen.

Automatische Meß- und Überwachungseinrichtungen sind in einer flexiblen Fertigungszelle für die Sicherung der Werkstückqualität und des störungsfreien Arbeitsprozesses unerläßlich. Beim Messen während der Bearbeitung werden Meßtaster in die Maschine eingebracht, um durch kurzes Antasten der zu messenden Werkstückkante den Meßpunkt zu erfassen. Ein Rechner verarbeitet das Tastersignal. Werden die gespeicherten Toleranzen überschritten, erhält die Steuerung entsprechende Korrekturwerte. Auf diese Weise kann man die Lage und Abmessungen von Werkstücken erfassen, Werkzeuge kontrollieren und justieren sowie Werkzeugbruch erkennen.

Das flexible Fertigungssystem (FFS) ist die höchste Ausbaustufe der flexiblen Fertigung. Es verkettet durch Automatisierung des Werkstückflusses eine beliebige Anzahl von CNC-Maschinen. Ein oder mehrere vernetzte Rechner versorgen die Maschinen mit Werkstücken, Werkzeugen und Programmen, steuern und überwachen den Bearbeitungsablauf. Mit diesem System ergeben sich niedrige Durchlaufzeiten und hohe Produktivität bei großer Flexibilität im Hinblick auf Produktänderungen und -umstellungen, Reihenfolge und Losgröße der zu bearbeitenden Teile (**16**.13).

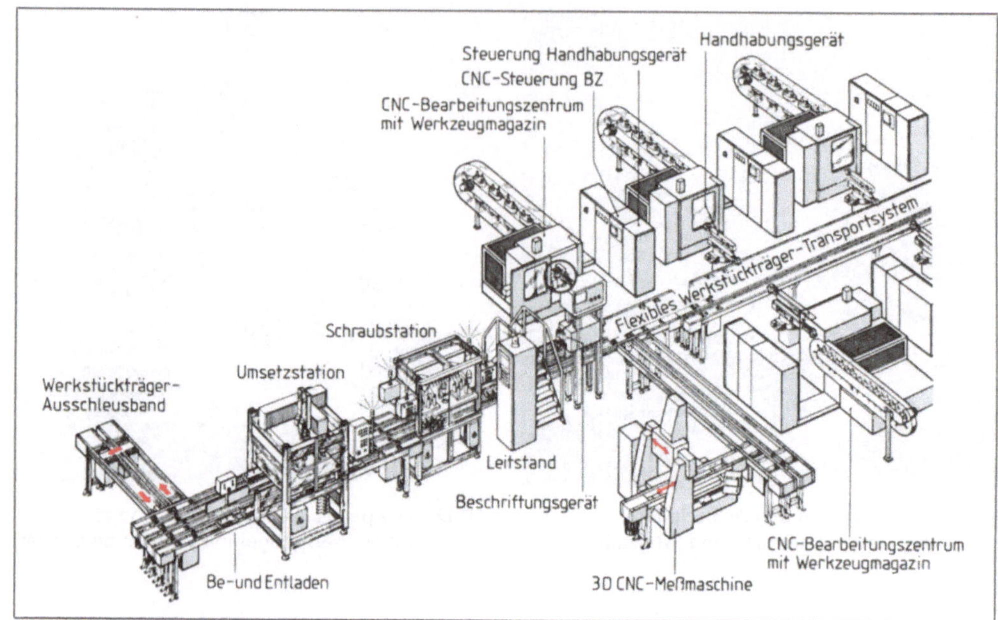

16.13   Flexibles Fertigungssystem

Ein ausgebautes flexibles Fertigungssystem umfaßt folgende Untersysteme:

- **Bearbeitungseinheiten.** Sie bestehen aus einer Gruppe gleichartiger oder sich ergänzender CNC-Bearbeitungszentren, die mit allen Automatisierungszusätzen wie Werkstück-, Werkzeugwechsel und Handhabungsgeräten ausgerüstet sind (Fertigungszellen). Dazu kommen Sondermaschinen (z. B. Meß- oder Montagestationen, Waschmaschinen), so daß eine vollständige und bedienerunabhängige Teilebearbeitung möglich ist.

- **Zentral gesteuertes Werkstücktransportsystem.** Es befördert die Werkstücke automatisch durch die einzelnen Stationen des Fertigungssystems. Dabei werden – abhängig von der Transportaufgabe, von Größe und Gewicht der Werkstücke – schienenlose, induktiv gesteuerte Flurförderzeuge, schienengebundene Transportwagen, Palettenumlaufsysteme (z. B. Rollenbahnen, Transportbänder) und die verschiedensten Bauarten von Industrierobotern verwendet.

- **Zentrale Werkzeugverwaltung.** Sie versorgt die CNC-Maschinen zum richtigen Zeitpunkt mit den richtigen Werkzeugen. Durch einen Rechner veranlaßt sie den automatischen Transport der Werkzeuge aus dem Werkzeuglager zur Maschine und wieder zurück. Dazu ist ein automatischer Datenverkehr (z. B. über Schnittdaten wie Umdrehungszahl, Vorschub oder Standzeit) zwischen dem Werkzeugrechner und der CNC-Maschine erforderlich.

- **Steuerungssystem.** Es besteht aus numerischen und speicherprogrammierten Steuerungen (CNC, SPS) und Rechnern für die verschiedenen Steuerungsaufgaben des flexiblen Fertigungssystems (z. B. Werkstücktransport, Steuern der Bearbeitungseinheiten, Werkzeugverwaltung und -versorgung, Qualitätssicherung), wobei ein Rechner mehrere Aufgaben übernehmen kann. Ein Betriebsrechner, dem die Rechner mit den speziellen Aufgaben untergeordnet sind, versorgt die einzelnen Steuerungen mit Programmen, erfaßt und verarbeitet zentral Maschinen- und Betriebsdaten wie Fehlermeldungen u. a.

Die Vernetzung der Steuerungen für die Bearbeitungseinheiten mit denen der anderen Stationen (z. B. Werkzeuglager, Werkstückrücktransport, Meßstationen) ermöglicht einen schnellen Datenaustausch und bildet damit die Grundlage zur Bewältigung komplizierter Abläufe (**16.**14).

Ein übergeordneter Fertigungsleitrechner gibt die erforderlichen Fertigungsvorgaben an die einzelnen Steuerkomponenten weiter (z. B. Einzelfertigungs- und Transportaufträge, Maschinenbelegung, zu fertigende Losgrößen, Termine).

354

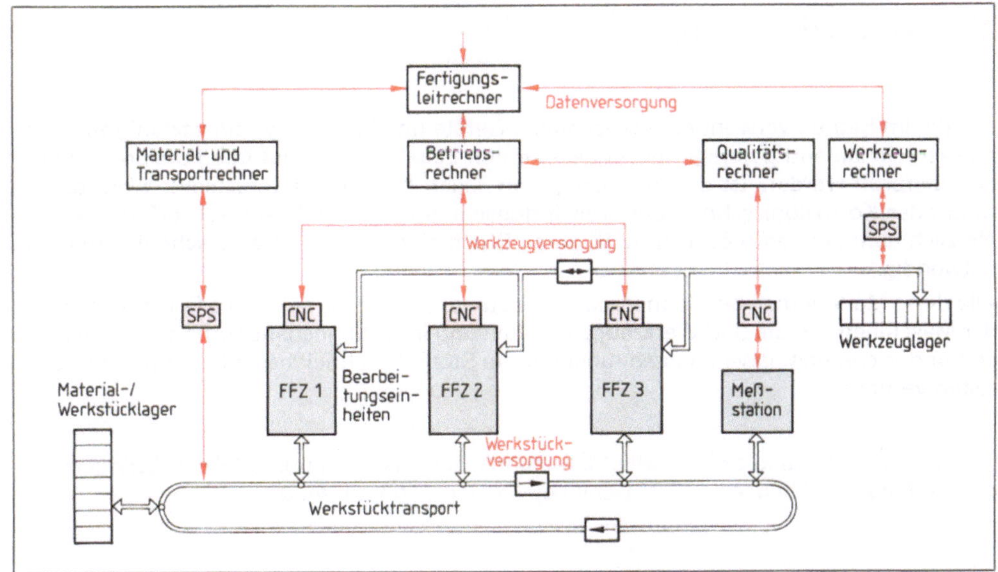

16.14 Rechnergesteuertes Fertigungssystem

Aufgaben zu Abschnitt 16

1. Nennen Sie Funktionen, die Handhabungssysteme in der Produktion übernehmen.

2. Wodurch unterscheiden sich Manipulatoren, Einlegegeräte und Industrieroboter?

3. Aus welchen Teilsystemen setzt sich ein Industrieroboter zusammen?

4. Nennen Sie die Funktionen der Haupt- und Nebenachsen eines Industrieroboters.

5. Meist dienen Servo-Gleichstrommotoren als Antrieb für Roboterachsen. Begründen Sie dies.

6. Wodurch unterscheiden sich die Bauformen der Industrieroboter?

7. Wann wird die Punktsteuerung, wann die Bahnsteuerung eines Roboters angewendet?

8. Wie unterscheidet sich das Progammieren eines Industrieroboters beim Teach-in- und Play-back-Verfahren?

9. Welche Aufgaben erfüllen die Sensoren?

10. Erläutern Sie die Wirkungsweise von a) Lichtschranken, b) Ultraschallsensoren, c) induktiven und kapazitiven Sensoren.

11. Nennen Sie die Aufgaben der flexiblen Fertigung.

12. Welche Ausbaustufen unterscheidet man bei der flexiblen Fertigung?

13. Beschreiben Sie die Vorteile und Einsatzbereiche der einzelnen Ausbaustufen einer flexiblen Fertigung.

14. Durch welche wesentlichen Zusatzeinrichtungen entsteht aus einem Bearbeitungszentrum eine flexible Fertigungszelle?

15. Wodurch unterscheidet sich ein flexibles Fertigungssystem von einer Fertigungszelle?

16. Erläutern Sie das Steuerungssystem eines ausgebauten flexiblen Fertigungssystems.

17. Wie erfolgen in einem flexiblen Fertigungssystem Werkstück- und Werkzeugversorgung?

Um die im Betrieb verwendeten Maschinen, Geräte und Werkzeuge einsatzfähig zu halten, müssen sie laufend gepflegt und in bestimmten Zeitabständen auf ihre Funktionsfähigkeit hin überprüft werden. Ist die Abnutzung von Teilen (z.B. durch Verschleiß, Werkstoffalterung oder Korrosion) schon sehr weit fortgeschritten, ist ein Austausch erforderlich. Bei plötzlich auftretenden Störfällen (z.B. durch Bruch eines Teiles) ist eine schnelle Reparatur notwendig.

Alle diese Maßnahmen bezeichnet man als Instandhaltung. Sie sollen die Funktionsfähigkeit der Maschinen, Geräte und Werkzeuge erhalten und ihre Lebensdauer erhöhen, Arbeitsqualität und -sicherheit gewährleisten, unerwartete Störfälle schnell beseitigen und Stillstandszeiten verringern.

> Die Instandhaltung umfaßt alle Maßnahmen zur Bewahrung und Wiederherstellung der Funktionsfähigkeit von Maschinen, Geräten und Werkzeugen.

Die Instandhaltung beginnt schon bei der Aufstellung, Inbetriebnahme und Bedienung der Maschinen. Grundlagen hierfür sind die Aufstellungs- und Anschlußvorschriften sowie die Bedienungsanleitungen des Maschinenherstellers. Durch ihre Beachtung und den Einsatz qualifizierter Bediener werden Schäden vermieden, die Maschinen bleiben für lange Zeit einsatzfähig und betriebsbereit.

Wir unterscheiden vorbeugende (geplante) und wiederherstellende Instandhaltung. Hierzu gehören die Wartung, die Inspektion und die Instandsetzung (**17.1**).

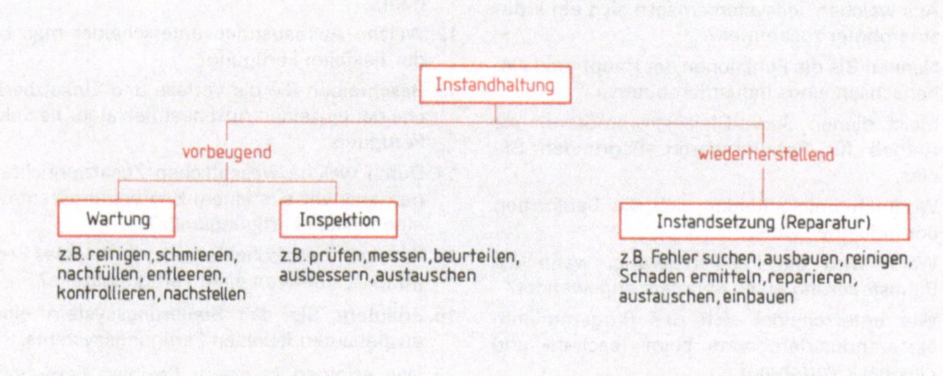

17.1 Instandhaltungsmaßnahmen

Die Wartung soll die Funktionsfähigkeit der Maschinen und Geräte durch Pflege erhalten. Die einfachste Wartungsart ist das regelmäßige Reinigen und Schmieren, um den allmählich fortschreitenden Verschleiß vor allem an Lagern und Führungen zu vermindern. Meist wird die Wartung nach Schmieranleitungen durchgeführt (**17.2** und **17.3**).

Tabelle 17.2 Schmieranleitung für eine Außen-Rundschleifmaschine

Maschinenteile		Tischführungsbahnen		Tisch-Verschiebung	Werkstückspindel	Schleifscheiben-Zustellung	Schleifspindel		Schleifscheiben-Feinzustellung	Reitstock
Nr. der Eingriffstelle (s. Bild **3.236**)		1	2	3	4	5	6	7	8	9
Art des Eingriffes	Bildzeichen des Eingriffes [1]									
Prüfen	(h)									
Prüfen und evtl. nachfüllen	(h)		8					8		
Betätigen	(h)									
Auffüllen	(h)	200		50	200	50	1000		200	200
Reinigen oder ersetzen	(h)									
Austauschen	(h)									
Schmierstoff[2] nach	ISO 3498–1979	G 68		G 68	XM 2	G 68	FC 10		G 68	G 68
	DIN 8659 T2	CG 68		CG 68	K2K	CG 68	CL 10		CG 68	CG 68
Behälterkapazität	(l)	2		0,3	0,1	0,3	1,5		0,1	0,1

[1]) Die Bildzeichen bedeuten:

Einfüllen, Auffüllen, Nachfüllen

Bis auf Niveau nachfüllen

[2]) s. Normen

Eine Schmieranleitung muß nach DIN 8659 Angaben enthalten über
– die Benennung der zu schmierenden Bauteile,
– die genaue Lage der Eingriffstellen,
– die vorzunehmende Tätigkeit (z. B. auffüllen, nachfüllen, Schmierstoffwechsel),
– die Benennung des Schmierstoffs nach DIN und die Größe des Ölbehälters,
– die Zeit in Betriebsstunden, nach der geschmiert werden muß.

Die Inspektion gehört zur vorbeugenden Instandhaltung und soll den gegenwärtigen Zustand der Maschine feststellen, überwachen und beurteilen (vergleichbar einer ärztlichen Vorsorgeuntersuchung). Stellt sich bei der Überprüfung z. B. heraus, daß der zulässige Verschleiß überschritten oder mit dem Ausfall eines Teiles zu rechnen ist, weil seine anzunehmende Lebensdauer erreicht ist, wird das Teil ausgetauscht (in vielen Fällen Kugellager, Keilriemen, Lagerbuchse). Die planmäßige Inspektion erfolgt nach Inspektionslisten (**17.4 auf S. 358**).

Die Instandsetzung (Reparatur) soll den betriebsbereiten, funktionsfähigen Zustand einer Maschine wiederherstellen (wiederherstellende Instandsetzung).

In der Produktion treten Schäden an Maschinen auf, die sich nicht durch eine Inspektion in bestimmten Zeitabständen vorausbestimmen lassen (z. B. reißt ein Keilriemen, fällt ein Wälzlager aus, brechen Zähne

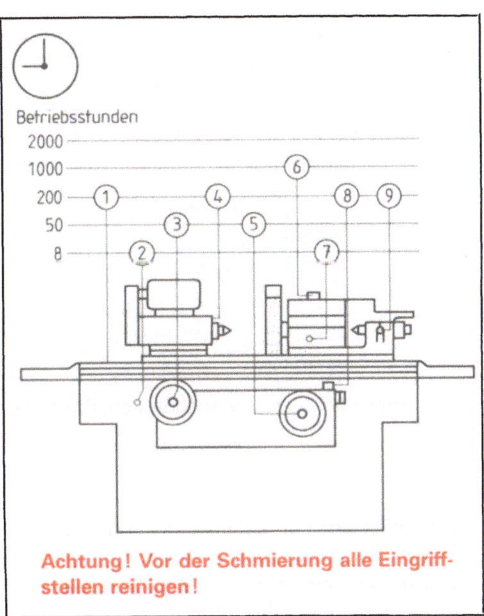

17.3 Bildliche Darstellung der Schmieranleitung

in Zahnradgetrieben aus, versagt ein Hydraulikventil). Sie führen zum plötzlichen und unerwarteten Ausfall einer Maschine und können für die Produktion weitreichende Folgen haben. So kann z. B. der Ausfall einer Schweißmaschine den Stillstand einer Montagestraße, bei einer vollverketteten Fertigung sogar den Zusammenbruch der gesamten Produktion verursachen. Deshalb müssen ausgefallene Produktionsmittel kurzfristig ausgewechselt oder repariert werden.

Tabelle 17.4   Inspektionsliste für eine Drehmaschine (Auszug)

Lfd. Nr.	Auszuführende Arbeiten	Meß- und Prüfgröße, Betriebs-, Hilfsstoffe	Häufigkeit[1]				Bemerkungen
			m	3m	6m	a	
1	**Elektromotor**						
1.1	Lagertemperatur prüfen	maximal 60 °C		x			elektrisches
1.2	Sicherheitsschalter auf Funktionsfähigkeit prüfen		x				Thermometer
1.3	Kohlebürsten prüfen			x			
2	**Bett- und Führungs-bahnen**						
2.1	auf Schadstellen prüfen				x		Lupe
2.2	auf Verschleiß prüfen				x		Lupe
2.3	Ölbehälter auffüllen	Schmierstoff DIN 51517-C100	x				
3	**Spindelstock**						
3.1	Axial- und Radialspiel der Hauptspindel prüfen, evtl. nachstellen	maximal 0,01 mm				x	Meßuhr (1/1000)
3.2	Wälzlager auswechseln	Schrägkugellager DIN 628-7306 P63			x		
3.3	Verzahnung der Getrieberäder, Sichtprüfung auf Verschleiß					x	Lupe
3.4	Schaltgabeln, Sichtprüfung auf Verschleiß, Schaltprüfung auf Rastsicherheit				x		
4	**Bettschlitten und Support**						
4.1	Spielprüfung, evtl. nachstellen	maximal 0,2 mm			x		Meßuhr (1/1000)
4.2	Parallelität der Supportbewegung zur Arbeitsspindel prüfen	maximal 0,02 mm auf 300 mm		x			Prüfdorn und Meßuhr (1/1000)

[1]) m = monatlich, 3m = vierteljährlich, 6m = halbjährlich, a = jährlich

Aufgaben zu Abschnitt 17

1. Warum ist eine vorbeugende Instandhaltung erforderlich?

2. Welche Arbeiten sind bei der Wartung einer Drehmaschine durchzuführen?

3. Nennen Sie die Angaben, die eine Schmieranleitung enthalten soll.

4. Welche Aufgabe hat die Instandsetzung von Maschinen?

18.1   Elektrische Stromkreise

Voraussetzung zur Nutzung elektrischer Energie ist das Fließen eines elektrischen Stroms in einem geschlossenen Stromkreis. Ein einfacher Stromkreis besteht aus der Spannungsquelle, dem Verbraucher (Widerstand), Verbindungsleitungen und einem Schalter (s. Metallfachkunde 1, Abschn. 10.2.2).

Im Gleichstromkreis liefert die Spannungsquelle eine Gleichspannung, die bei geschlossenem Stromkreis einen Gleichstrom verursacht. Die Gleichspannung wirkt dauernd in der gleichen Richtung. Entsprechend haben die Klemmen der Spannungsquellen immer die gleiche Polarität (+ bzw. −), und der Gleichstrom fließt unverändert in der gleichen Richtung (technische Stromrichtung im Stromkreis: vom Pluspol zum Minuspol (**18.1a**). Die Größen von Gleichspannung und Gleichstrom können gleichbleibend oder veränderlich sein (z.B. pulsierender Gleichstrom, **18.12**). Als Spannungsquellen dienen Akkumulatoren, galvanische Elemente (Batterien), Thermoelemente, Fotoelemente und Gleichstromgeneratoren. Gleichrichter wandeln Wechselstrom in Gleichstrom um

---

Gleichspannung und Gleichstrom behalten ihre Richtung unverändert bei.

Kennzeichen für Gleichstrom: − oder DC (**D**irect **C**urrent, engl. = Gleichstrom)

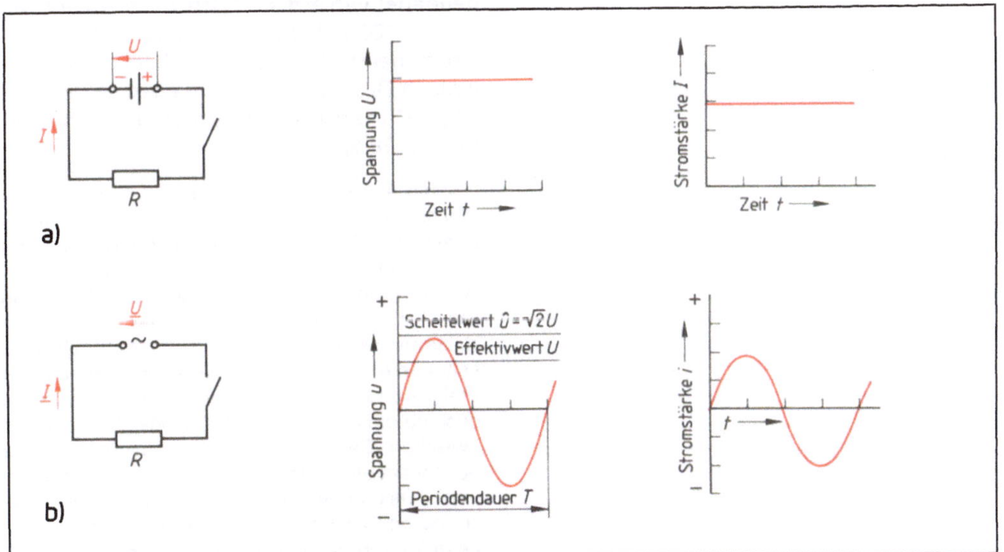

18.1   Spannungs- und Stromverlauf im Gleichstromkreis (a) und Wechselstromkreis (b)

Im Wechselstromkreis ändert die Spannung periodisch ihre Richtung – Wechselspannung. Entsprechend wechselt auch die ständige Polarität der Klemmen an der Spannungsquelle. Bei geschlossenem Stromkreis fließt ein Wechselstrom, der im gleichen Takt wie die Wechselspannung seine Richtung fortwährend umkehrt (**18.1 b**). Auch die Größen von Wechselspannung und Wechselstrom ändern sich periodisch. Sie steigen auf einen Höchstwert an (Scheitelwert, Amplitude), nehmen dann bis auf Null ab, ändern die Richtung, steigen bis zum Scheitelwert und gehen wieder auf Null zurück. Diesen vollständigen Schwingungsvorgang, der sich stetig wiederholt, nennt man Periode, die dazu nötige Zeit Periodendauer T. Die Anzahl der Perioden in 1 Sekunde ist die Frequenz f mit der Einheit Hertz (Hz; Heinrich Hertz, deutscher Physiker, 1857–1894). Für den Zusammenhang von Frequenz f und Periodendauer T gilt $f = 1/T$.

Wechselspannung und Wechselstrom ändern periodisch ihre Richtung.

Kurzzeichen für Wechselstrom: $\sim$ oder AC (**A**lternating **C**urrent, engl. = Wechselstrom)

In öffentlichen Versorgungsnetzen dauert eine Periode 1/50 Sekunde (Periodendauer $T = 0{,}02$ s). Der Wechselstrom, wie er an der Steckdose zur Vergügung steht, hat also eine Frequenz von 50 Perioden in 1 Sekunde: $f = 50$ Hz.

Weil sich die Augenblickswerte von Spannung und Strom fortwährend und sehr schnell ändern, zeigen Meßgeräte Mittelwerte an – die Effektivwerte. Die Effektivwerte U und I von Wechselspannung und Wechselstrom entwickeln die gleiche Leistung wie ein ebenso großer Gleichstrom I und eine ebenso große Gleichspannung U.

Drehstrom. Ein Drehstromgenerator mit drei um je 120° versetzten Induktionswicklungen erzeugt drei Wechselspannungen bzw. Wechselströme, die gegeneinander um 1/3 Periodendauer versetzt sind (Phasenverschiebung 120°). Dieser dreiphasige Wechselstrom heißt Dreiphasenwechselstrom oder einfach Drehstrom. Er ist wegen seiner Vorzüge (Phasenverkettung) allgemein verbreitet (**18.2**).

Phasenverkettung. Bei einem einphasigen Wechselstrom braucht man für den Stromkreis zwei Leiter (Zu- und Rückleitung). Beim Drehstrom ist die Summe der drei Phasenströme bei gleicher Belastung in jedem Augenblick gleich Null. Man kann also die drei Rückleitungen in einem Punkt zusammenschließen und durch einen einzigen Leiter ersetzen, in dem bei gleicher Belastung der drei Stromkreise kein Strom fließt. Man nennt deshalb diesen Leiter Nulleiter oder Neutralleiter. Zwischen Generator und Verbraucher sind nur noch vier Leiter erforderlich (Drehstrom-Vierleiternetz). Das bedeutet eine wesentliche Vereinfachung bei der Konstruktion der Generatoren und beim Versorgungsnetz gegenüber einem Wechselstromnetz. Die drei Phasen sind allerdings nicht mehr unabhängig voneinander, sondern „verkettet".

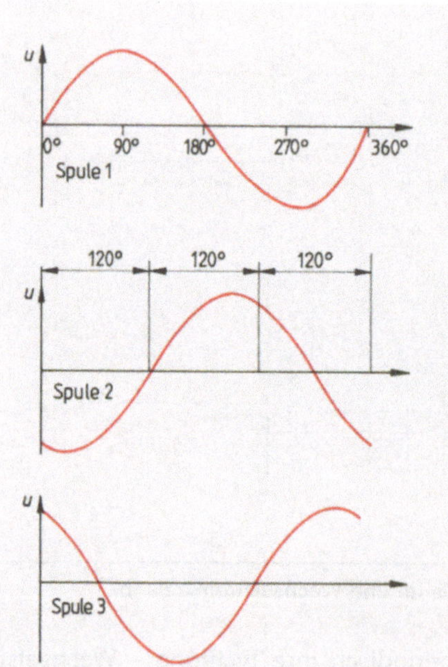

18.2 Dreiphasenwechselstrom

Bei der Fernübertragung elektrischer Energie wird heutzutage nur Drehstrom verwendet, weil die Phasenverkettung eine wesentliche Ersparnis an Werkstoffen und Montagearbeit ermöglicht.

Bei einem Drehstromnetz stehen dem Verbraucher zwei Spannungen zur Verfügung: 400 V zwischen zwei Außenleitern und 230 V zwischen Außen- und Mittelleiter (**18.3**).

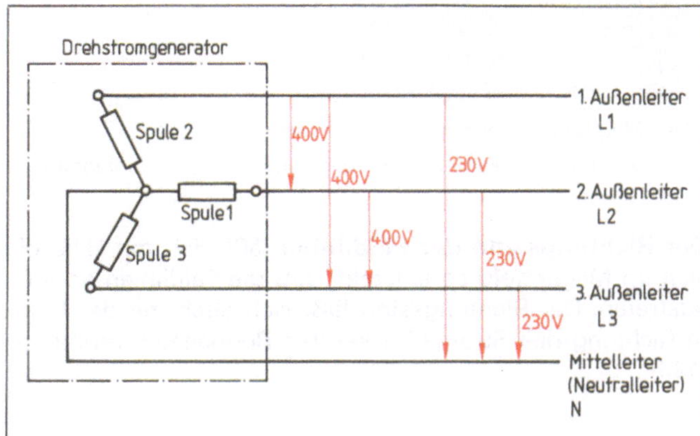

18.3
Drehstromsystem in Sternschaltung mit Sternpunktleiter

Aufgaben zu Abschnitt 18.1

1. Aus welchen Bestandteilen besteht ein einfacher Stromkreis?

2. Wie unterscheiden sich Gleichstrom und Wechselstrom im Hinblick auf a) Spannungsrichtung, b) Stromrichtung und c) Polarität?

3. Beschreiben Sie den Verlauf von Spannung und Stromstärke eines Wechselstroms innerhalb einer Periode.

4. Was versteht man bei einem Wechselstrom unter a) Periode und b) Frequenz?

5. Warum rechnet man bei Wechselstrom mit den Effektivwerten?

6. Welcher Unterschied besteht zwischen dem Scheitelwert und dem Effektivwert eines Wechselstroms?

7. Welche Vorteile hat der Drehstrom gegenüber einem einphasigen Wechselstrom?

8. Welche Spannungen stehen dem Verbraucher in einem Drehstromnetz zur Verfügung?

9. Warum kann man bei Drehstrom die drei Rückleiter in einem Punkt zusammenschließen und durch einen Rückleiter ersetzen?

18.2 Elektromagnetismus

Nicht nur Dauermagnete üben magnetische Wirkungen aus, sondern auch der elektrische Strom (s. Metallfachkunde 1, Abschn. 10.2.1).

Das Magnetfeld eines Einzelleiters, mit Eisenfeilspänen sichtbar gemacht, verläuft ringförmig um den stromdurchflossenen Leiter (**18.4**). Die Richtung der Feldlinien hängt von der Stromrichtung ab. Die Stärke des Magnetfeldes wächst mit der Stromstärke und wird mit zunehmender Entfernung vom Leiter geringer.

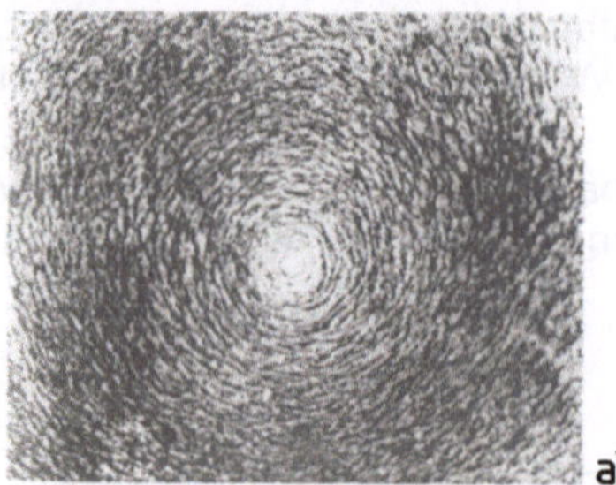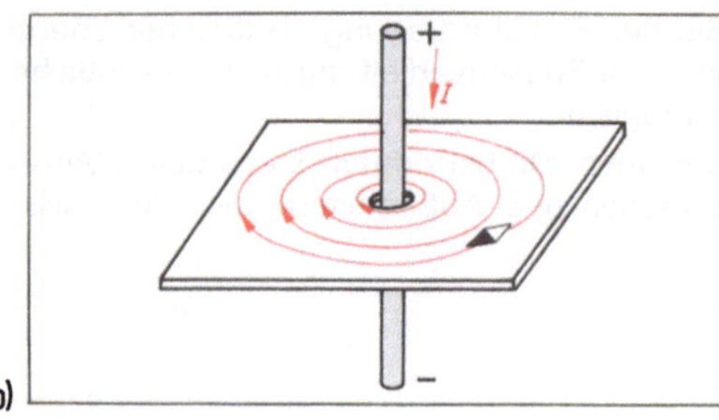

18.4 Magnetfeld eines stromdurchflossenen Leiters
  a) mit Eisenfeilspänen sichtbar gemacht, b) Feldlinienbild

Der Richtungssinn der Feldlinien läßt sich mit Hilfe einer Magnetnadel feststellen, die sich im Magnetfeld so einstellt, daß die Feldlinien an ihrem Südpol ein- und am Nordpol austreten. Der Richtungssinn läßt sich auch mit der Uhrzeiger-Regel ermitteln: Für einen in Richtung des Stroms blickenden Beobachter verlaufen die Feldlinien im Uhrzeigersinn (**18**.5).

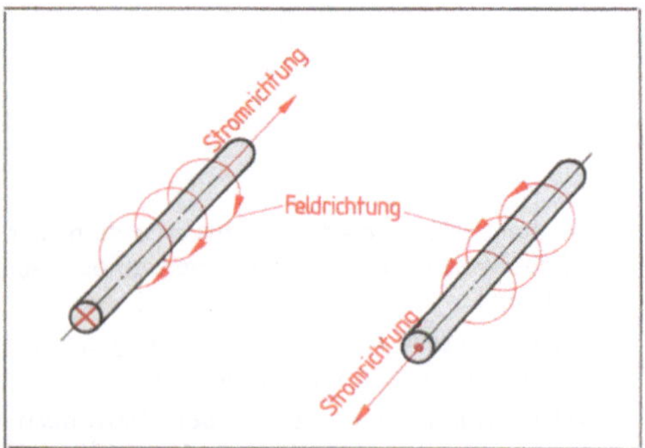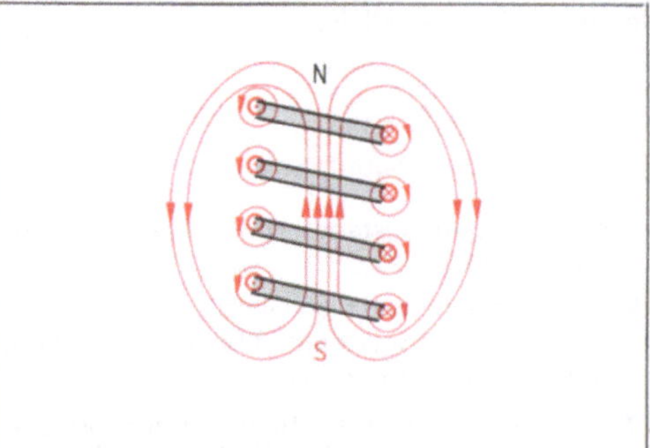

18.5 Strom- und Feldrichtung eines Stromleiters   **18.6** Feldlinienbild einer Spule

Magnetfeld einer Spule. Bei einem zur Schleife gebogenen stromdurchflossenen Leiter haben die Feldlinien im Innern der Schleife alle die gleiche Richtung. Das Feld wird weiter verstärkt, wenn mehrere Schleifen zu einer Spule vereinigt werden.

Das Magnetfeld einer Spule gleicht im Außenraum dem eines einfachen Stabmagneten. Im Inneren der Spule verlaufen die Feldlinien parallel und in gleicher Dichte (homogenes Feld; homogen, griech. = gleichartig). Die Spulenöffnungen, an denen die Feldlinien ein- und austreten, verhalten sich wie Süd- und Nordpol (**18**.6). Die Stärke des Spulenfelds ist um so größer, je höher die Stromstärke und je größer die Windungszahl der Spule sind.

Elektromagnet.   Führt man in den Hohlraum einer stromdurchflossenen Spule ein gut eingepaßtes Stück von Weicheisen ein, wird das Magnetfeld der Spule bei unveränderter Erregung um ein Vielfaches verstärkt, besonders wenn der Eisenkern in sich geschlossen ist (**18**.7).

Die Verstärkung des Spulenfelds geht allerdings nur so weit, bis alle Elementarmagnete des Eisenkerns ausgerichtet sind. Darüber hinaus ist keine nennenswerte Verstärkung des Felds mehr möglich (Sättigung des Eisens).

> Eine stromdurchflossene Spule mit einem Weicheisenkern heißt Elektromagnet

Der Elektromagnet hat gegenüber Dauermagneten die Vorteile, daß seine magnetische Kraftwirkung durch Schließen und Öffnen eines Stromkreises – auch aus beliebiger Entfernung – ausgeübt oder unterbrochen und die Stärke der Kraftwirkung durch Ändern der Stromstärke verändert werden können.

Elektromagnete finden in der Elektrotechnik vielfältige Verwendung, z.B. als Lasthebemagnet, in Schaltschützen, Elektromotoren, Generatoren, Transformatoren und Meßgeräten.

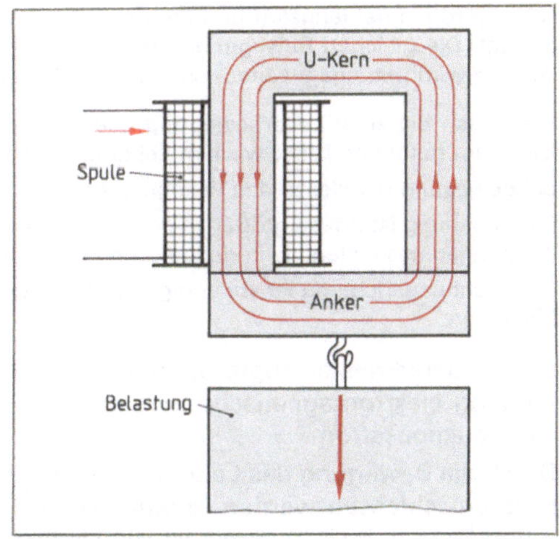

18.7   Elektromagnet

18.3   Generatorprinzip

Für den Betrieb elektrischer Maschinen und Einrichtungen braucht man elektrische Energie. Sie wird vorwiegend in Kraftwerken mit Generatoren (Spannungserzeuger) durch Energieumwandlung gewonnen. Der Antrieb der Generatoren erfolgt meist durch Turbinen, die die mechanische Energie des strömenden Wassers oder Dampfes ausnutzen. Die gewonnene elektrische Energie wird durch Fernleitungen zum Verbraucher übertragen, die Spannung und Stromstärke durch Transformatoren (Umspanner) angepaßt.

Elektromagnetische Induktion. Physikalische Grundlage für die Spannungserzeugung in Generatoren ist die Induktionswirkung magnetischer Felder (induzieren, lat. = hineinführen, erregen).

Versuch 18.1   Im Magnetfeld eines Dauer- oder Eletromagneten ordnen wir einen beweglichen Leiter (Leiterschaukel) an und schließen an seine Enden einen empfindlichen Spannungsmesser an. Der

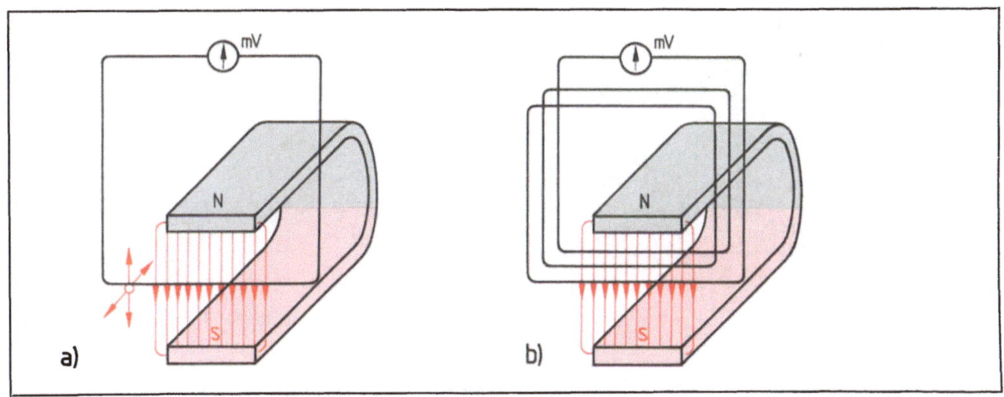

18.8   Erzeugen einer Induktionsspannung durch Bewegung eines Leiters im Magnetfeld

Leiter wird einmal langsam und einmal schnell quer zur Feldrichtung, dann parallel zu den Feldlinien bewegt. Die gleichen Bewegungen werden bei ruhendem Leiter mit dem Magneten ausgeführt. Der Versuch wird mit einem Leiter aus mehreren Windungen wiederholt (**18.8**).

Ergebnis Bei einer Leiterbewegung quer zur Feldrichtung oder bei gleicher Bewegung des Magnetfelds zum ruhenden Leiter wird im Leiter eine Spannung erzeugt.

Bei Bewegung parallel zu den Feldlinien entsteht keine Spannung.

Die Spannung ist um so größer, je größer die Geschwindigkeit der Bewegung, je größer die Anzahl der Windungen des Leiters (Leiterlänge) und je stärker das Magnetfeld sind.

Die Spannungsrichtung ist abhängig von der Bewegungsrichtung des Leiters bzw. der Feldrichtung des Magneten.

Die im Leiterkreis erzeugte Spannung nennt man Induktionsspannung, den physikalischen Vorgang elektromagnetische Induktion. Ist der Stromkreis des Leiters geschlossen, fließt ein Induktionsstrom.

Durch die Bewegung des Leiters im Magnetfeld wird die Zahl der Feldlinien, die vom Leiterkreis umschlossen werden (magnetischer Fluß), verändert. Diese Änderung des magnetischen Flusses im Leiterkreis ist die Ursache der im Leiter induzierten Spannung (**Induktion der Bewegung**). Dieser Vorgang ist das Generatorprinzip.

Bei Verwendung einer Spule an Stelle eines Leiters wird in jeder Windung eine Spannung induziert, die sich zu einer höheren Gesamtspannung addieren.

> In einer Leiterwindung oder Spule wird eine Spannung induziert, wenn sich der von ihnen umschlossene magnetische Fluß ändert.
>
> Die Höhe der Induktionsspannung ist von der Stärke und Geschwindigkeit der Induktionsflußänderung und der Windungszahl abhängig. Die Induktion der Bewegung ist das Generatorprinzip.

Entstehen einer Wechselspannung (Generatormodell). Beim einfachsten Generatormodell ist eine Leiterschleife drehbar in einem Magnetfeld angeordnet. Die Enden der Schleife sind mit zwei gegeneinander isolierten Schleifringen auf der Drehachse verbunden. Zur Spannungsabnahme gleiten auf den Schleifringen zwei Schleifkontakte (**18.9**). Führt die Schleife aus der waagerechten Stellung eine halbe Umdrehung im Uhrzeigersinn aus,

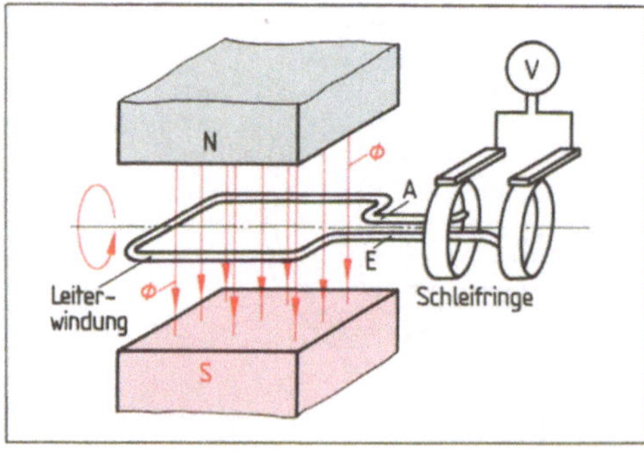

18.9 Generatormodell

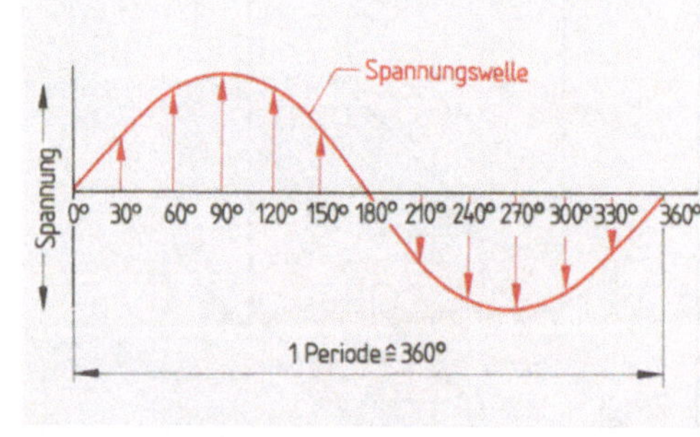

18.10 Induzierte Spannung bei einer Umdrehung der Leiterschleife

nimmt der von ihr umfaßte magnetische Fluß bis zur senkrechten Stellung immer schneller ab und bei weiterer Drehung erst schnell, dann langsamer wieder zu. Entsprechend wird in der Schleife eine Spannung induziert, die von Null auf den Höchstwert ansteigt und bei weiterer Drehung bis 180° wieder auf Null abfällt. Bei einer weiteren halben Drehung wiederholt sich dieser Vorgang, jedoch ist die Richtung der induzierten Spannung umgekehrt.

Die bei einer Umdrehung der Schleife entstehende Wechselspannung ist in Bild **18.**10 dargestellt. Der induzierte Strom ist ein Wechselstrom: Spannung, Stromstärke und Richtung ändern sich periodisch (Wechselstromgenerator).

Entstehung einer Gleichspannung. Ersetzt man die Schleifringe in dem Generatormodell nach Bild **18.**9 durch zwei gegeneinander isolierte Lamellen (geteilte Schleifringe), wird die Spannungsrichtung gewendet, sobald die Schleife die waagerechte Lage durchläuft (**18.**11).

Die Spannung hat dann die gleiche Richtung wie bei der ersten Halbdrehung, man erhält einen „pulsierenden" Gleichstrom nach Bild **18.**12a.

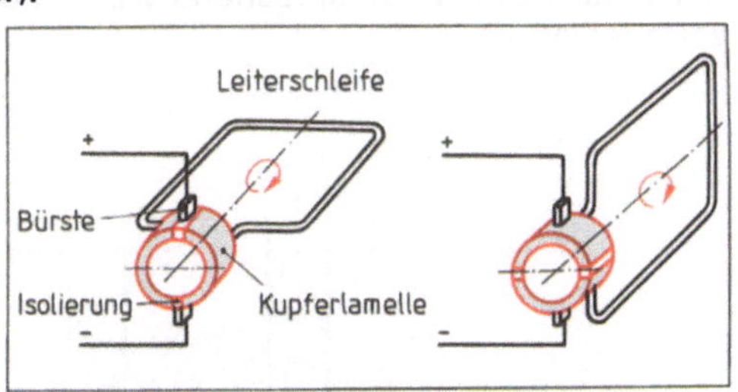

18.11 Geteilte Schleifringe (Lamellen) des Gleichstromgenerator-Modells

Um die starken periodischen Schwankungen des Gleichstroms zu verringern, verwendet man eine große Zahl von gegeneinander versetzten Leiterschleifen mit entsprechend vermehrter Lamellenzahl, so daß sich deren Spannungen zu einem Gleichstrom mit sehr geringen Schwankungen zusammensetzen (Gleichstromgenerator; **18.**12b).

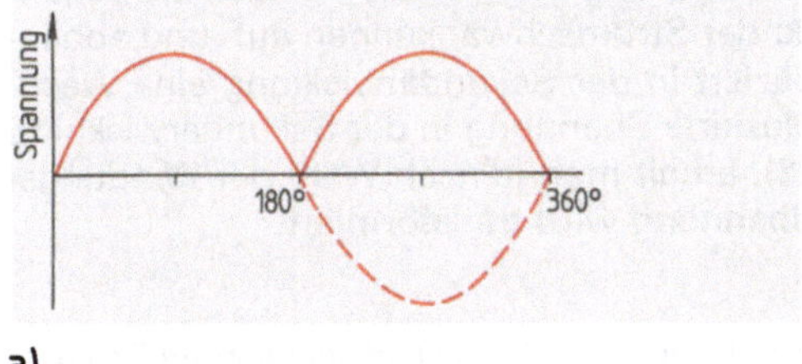

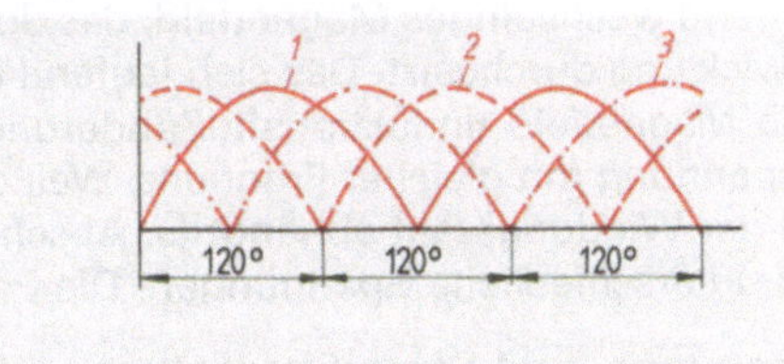

18.12 Erzeugung einer Gleichspannung, Spannungsverlauf
a) bei einer Leiterschleife, b) bei drei um 120° versetzten Leiterschleifen

18.4 Transformatorprinzip

Bei der Fernübertragung großer elektrischer Leistungen (elektrische Leistung = Spannung · Stromstärke; $P = U \cdot I$) ist es wirtschaftlicher, mit großen Spannungen (z. B. 220 000 V, 380 000 V) und geringen Stromstärken zu arbeiten, weil die Leitungsverluste mit der Stromstärke steigen. Beim Verbraucher müssen die hohen Spannungen wieder auf die Netzspannung (z. B. 220/380 V) zurückverwandelt werden. Dies besorgen die Transformatoren (Umspanner; transformieren, lat. = umwandeln, umformen).

Elektromagnetische Induktion (s. Abschn. 18.3) tritt auch auf, wenn die Spule in Bild **18.**8b ruht und die Stärke des Magnetfelds (magnetischer Fluß) geändert wird. Das kann an Stelle des Dauermagneten ein Elektromagnet bewirken, dessen Magnetfeld sich durch Einschalten, Verstärken oder Ausschalten des zugeführten Stroms verändert. Dadurch wird eine Spannung in der Spule induziert (Induktion ohne Bewegung). Dieser Vorgang ist das Transformatorprinzip.

Arbeitsweise eines Wechselstrom-Transformators. Die einfachste Form eines Transformators besteht aus einem geschlossenen weichmagnetischen Eisenkern, auf dem zwei Spulen mit unterschiedlicher Windungszahl angeordnet sind, ohne daß eine elektrisch leitende Verbindung zwischen ihnen besteht. Die Wicklung, der die elektrische Energie zugeführt wird, heißt Primärwicklung; die Wicklung, aus der die Energie entnommen wird, heißt Sekundärwicklung. Entsprechend werden die zugehörenden Spannungen und Ströme bezeichnet (**18**.13).

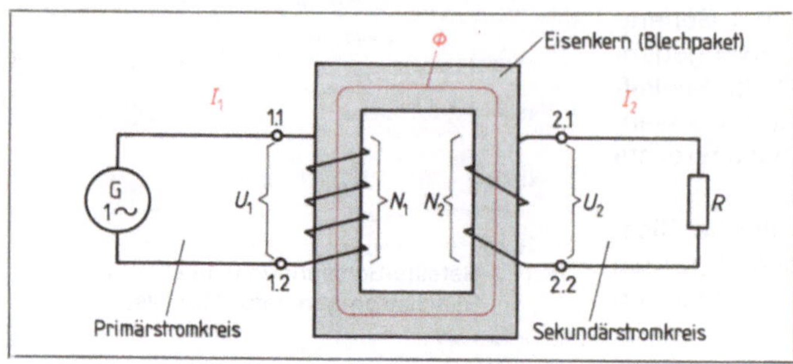

18.13
Aufbau eines Wechselstrom-Transformators

Durch den Eisenkern, der zur Vermeidung von Wirbelströmen lamelliert ist, werden beide Spulen durch das gleiche Magnetfeld gekoppelt (magnetische Kopplung). Durchfließt ein Wechselstrom die Primärwicklung, erzeugt er im Eisenkern ein in Stärke und Richtung fortwährend wechselndes Magnetfeld, das durch die Kopplung des Eisenkerns auch die Sekundärwicklung durchsetzt. Das sich laufend im Takt der Stromschwankungen auf- und abbauende Magnetfeld (Induktionsflußänderung) induziert in der Sekundärwicklung eine Wechselspannung mit gleicher Frequenz. Weil die induzierte Spannung in der Sekundärwicklung von der Windungszahl abhängt (s. Abschn. 18.3), erhält man je nach Wahl der Windungszahl unterschiedliche Spannungen: Die Primärspannung wird transformiert.

Spannungs- und Stromübersetzung

Versuch 18.2   Ein Transformator mit einer Primärwicklung von $N_1 = 600$ Windungen erhält nacheinander Sekundärwicklungen von $N_2 = 300$ Windungen, 1200 Windungen. Die Primärspannung ist $U_1 = 220$ V. Die Primärspannung U_1 und Primärwindungszahl N_1 werden mit der Sekundärspannung U_2 und den Sekundärwindungszahlen N_2 verglichen.

Ergebnis   Ist die Sekundärwindungszahl N_2 halb so groß wie die Primärwindungszahl N_1, ist auch die Sekundärspannung U_2 halb so groß wie die Primärspannung U_1. Ist die Sekundärwicklungszahl doppelt so groß wie die Primärswindungszahl, ist ebenfalls die Sekundärspannung doppelt so groß wie die Primärspannung.

> Beim Transformator ist das Verhältnis der Spannungen im Leerlauf gleich dem Verhältnis der Windungszahlen.
>
> $$\frac{U_1}{U_2} = \frac{N_1}{N_2} \quad \text{(Spannungsübersetzung)}$$
>
> Das Verhältnis der Spannungen nennt man das Übersetzungsverhältnis des Transformators.
>
> $$ü = \frac{U_1}{U_2}$$

Vernachlässigt man auftretende Verluste muß nach dem Energieerhaltungsgesetz die dem Transformator zugeführte Leistung $P_1 = U_1 \cdot I_1$ gleich der abgeführten Leistung $P_2 = U_2 \cdot I_2$ sein. Setzt man diese Leistungen gleich, ergibt sich nach Umformung $U_1/U_2 = I_2/I_1$.

> Beim Transformator verhalten sich die Stromstärken umgekehrt wie die Spannungen bzw. die Windungszahlen.
>
> $$\frac{I_1}{I_2} = \frac{U_2}{U_1} = \frac{N_2}{N_1} \quad \text{(Stromübersetzung)}$$

Im Leerlauf des Transformators entstehen Verluste durch Ummagnetisierung und Wirbelströme. Bei Belastung treten Verluste durch Erwärmung der Wicklungen hinzu.

Arten der Transformatoren. Transformatoren arbeiten wartungsfrei und mit hohem Wirkungsgrad. Für viele Verwendungszwecke gibt es unterschiedliche Bauformen und Größen.

Für Kleintransformatoren gelten besonders strenge Sicherheitsvorschriften, weil sie meist auch Nichtfachleuten zugänglich sind (Sicherheitstransformatoren). Sie werden z.B. zum Betrieb von Klingelanlagen, Spielzeugen, Sparbeleuchtungen sowie als Steuertransformator verwendet.

Schweißtransformatoren werden für elektrische Schweißverfahren zur Erzeugung hoher Stromstärken bis zu 1000 A bei einer Spannung 20 bis 70 V gebraucht (s. Abschn. 4.1.2.1 und Tab. **4.5**).

Großtransformatoren ermöglichen eine wirtschaftliche Fernübertragung großer Leistungen von den Kraftwerken zu den Verbrauchsorten, indem sie die in den Kraftwerken erzeugte Spannung auf 220 000 V oder auf 380 000 V transformieren und am Verbrauchsort die Betriebsspannung wieder verringern.

18.5 Motorprinzip

Kraftwirkung zwischen Magnet und beweglichem Stromleiter

Versuch 18.3 Im Magnetfeld eines Dauer- oder Elektromagneten wird ein an zwei beweglichen Litzen aufgehängter Leiter (Leiterschaukel) angeordnet, durch den ein Strom hindurchgeleitet wird (**18.14**).

Der Versuch wird mit größerer Stromstärke, mit umgekehrter Stromrichtung und mit breiterem Magnetfeld wiederholt.

Ergebnis Der Leiter wird durch eine Kraft aus dem Magnetfeld heraus bewegt. Die Auslenkung und damit die Kraft wird größer, wenn die Stromstärke erhöht, das Magnetfeld verstärkt oder die wirksame Länge des Leiters vergrößert wird.

Die Auslenkung erfolgt in entgegengesetzter Richtung bei Umkehrung der Stromrichtung oder der Magnetpole.

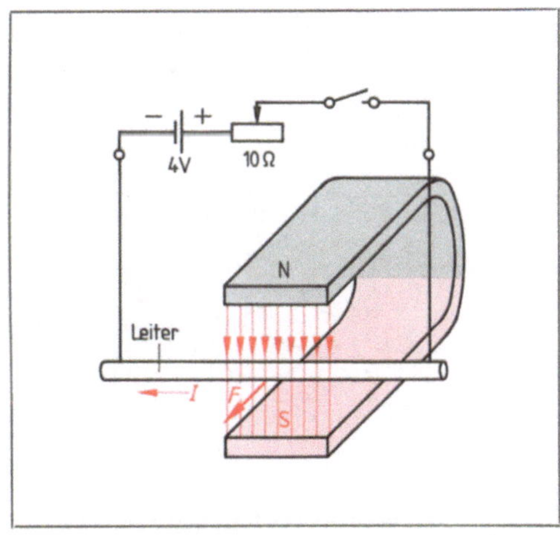

18.14 Kraftwirkung eines Magnetfelds auf einen beweglichen Stromleiter

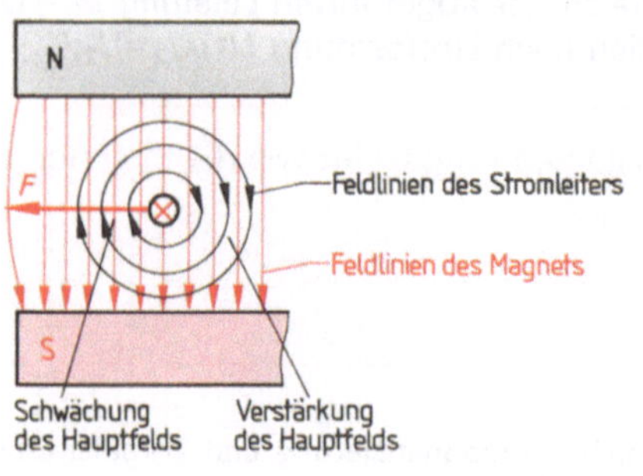

18.15   Feldlinienbilder von Magnet und Stromleiter

Die Kraftrichtung ergibt sich aus folgender Überlegung: Das Magnetfeld des stromdurchflossenen Leiters und das Feld des Magneten überlagern sich und ergeben ein resultierendes Feld. Weil das Magnetfeld des Leiters auf der einen Seite dem Feld des Magneten entgegengesetzt gerichtet ist, wird an dieser Stelle das Gesamtfeld geschwächt. Auf der anderen Seite hat das Magnetfeld des Leiters die gleiche Richtung wie das Feld des Magneten und verstärkt das Gesamtfeld. Die Feldlinien, die das Bestreben haben, sich zu verkürzen und ihren Abstand zu vergrößern, bewirken eine Kraft in Richtung auf das geschwächte Gesamtfeld (**18.**15).

Auf einen stromdurchflossenen Leiter, der sich im Magnetfeld befindet, wird eine Kraft ausgeübt.

Die Kraft ist um so größer, je stärker das Magnetfeld, je größer die Stromstärke und je größer die wirksame Länge des Leiters im Magnetfeld sind.

Die Kraftrichtung ist abhängig von der Richtung des Magnetfelds und des Stroms.

Die Kraftwirkung eines Magnetfelds auf einen stromdurchflossenen Leiter ist das Prinzip der Elektromotoren.

Die Wirkungsweise des Eletromotors beruht auf der Kraftwirkung eines Magnetfelds auf einen stromdurchflossenen Leiter. Das einfachste Motorenmodell besteht aus einem Dauer- oder Elektromagneten, in dessen Magnetfeld sich eine mit Gleichstrom durchflossene, drehbare Drahtschleife befindet. Bei dem in Bild **18.**16 angegebenen Stromverlauf wird der obere Teil der Schleife nach rechts, der untere Teil nach links bewegt. Die Schleife bewegt sich also im Uhrzeigersinn. Bei waagerechter Stellung der Schleife wirken keine Kräfte. Überschreitet sie aber durch ihren Schwung diese Totpunktlage, setzt sich die Drehbewegung fort, wenn im gleichen Augenblick auch die Stromrichtung umgekehrt wird. Diese Aufgabe besorgt ein Stromwender (Kommutator). Er bewirkt, daß bei allen Stellungen der Drahtschleife der Strom im oberen und im unteren Teil der Schleife stets in gleicher Richtung fließt. Die von der einzelnen Leiterschleife ausgeübte Kraft ist sehr gering. Deshalb verwendet man statt einzelner Leiterschleifen Spulen und vergrößert damit die Kraftwirkung (s. Abschn. 14.6).

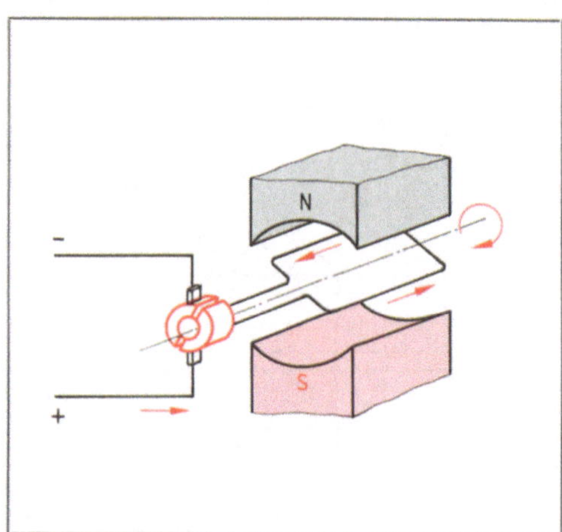

18.16   Motormodell

1. Wie hängen Feldlinienrichtung und Stromrichtung bei einem Stromleiter zusammen?

2. Skizzieren Sie das Magnetfeld einer stromdurchflossenen Spule.

3. Welche Aufgabe hat der Weicheisenkern eines Elektromagneten?

4. Erläutern Sie das Prinzip der Spannungserzeugung durch Induktion.

5. Erklären Sie die Wirkungsweise des Generatormodells.

6. Wie kann mit dem Generatormodell eine Gleichspannung erzeugt werden?

7. Erläutern Sie die Wirkungsweise eines einfachen Wechselstrom-Transformators.

8. Was versteht man unter dem Übersetzungsverhältnis eines Transformators?

9. Wie verhalten sich Spannungen, Ströme und Wicklungen beim Transformator?

10. Was ist die Ursache für die Kraftwirkung eines Magnetfelds auf einen stromdurchflossenen Leiter (Motorprinzip)?

11. Beschreiben Sie die Wirkungsweise eines einfachen Motormodells.

12. Warum ist beim Gleichstrommotor ein Stromwender erforderlich?

18.6 Leitungs- und Geräteschutzeinrichtungen

Bei Kurzschluß oder Überlastung treten große Stromstärken auf, die elektrische Leitungen und Geräte unzulässig hoch erwärmen. Durch Verbrennen der Leitungsisolation und Schmelzen des Leiterwerkstoffs treten Schäden an der elektrischen Anlage auf, und es besteht Brand- und Verletzungsgefahr.

Überstromschutzeinrichtungen schützen die Leitungen und Geräte, indem sie bei Überschreiten der höchstzulässigen Stromstärke (Überstrom) den Stromkreis unterbrechen. Es gibt Überstromorgane, die dann sofort ansprechen, z. B. bei Kurzschlußstrom (flinke Sicherungen). Andere reagieren erst, wenn der Strom über längere Zeit den zulässigen Nennstrom übersteigt (Überlastsicherung, träge Sicherungen). Als Leitungsschutzeinrichtungen dienen Schmelzsicherungen und Leitungsschutzschalter (Sicherungsautomaten).

Schmelzsicherungen unterbrechen den Stromkreis, wenn sich ihr Schmelzleiter durch eine zu große Stromstärke so hoch erwärmt, daß er schmilzt. Für kleinere Leistungen fließt der Strom durch einen feinen Draht, für große Ströme werden Schmelzbänder verwendet.

Schraubsicherungen bestehen aus dem Sicherungssockel, einem Schmelzeinsatz mit im Durchmesser abgestuftem Ansatz für verschieden große Nennströme und einer Schraubkappe. Der Paßeinsatz im Sicherungssockel verhindert das Einsetzen von Schmelzeinsätzen für zu hohe Nennströme (**18.17**).

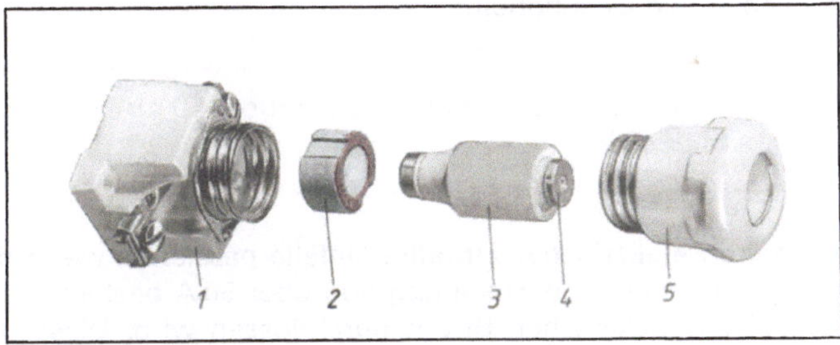

18.17
Schraubsicherung

1 Sockel
2 Paßeinsatz
3 Schmelzeinsatz
4 Kennmelder
5 Schraubkappe

Geräteschutzsicherungen sind für kleinere Stromstärken bestimmt und schützen Rundfunk-, Fernseh-, Nachrichtengeräte und elektronische Bauteile. Sie bestehen aus einem kleinen Glasröhrchen, in dem sich der Schmelzleiter befindet und das mit Metallkappen verschlossen ist (**18.18**).

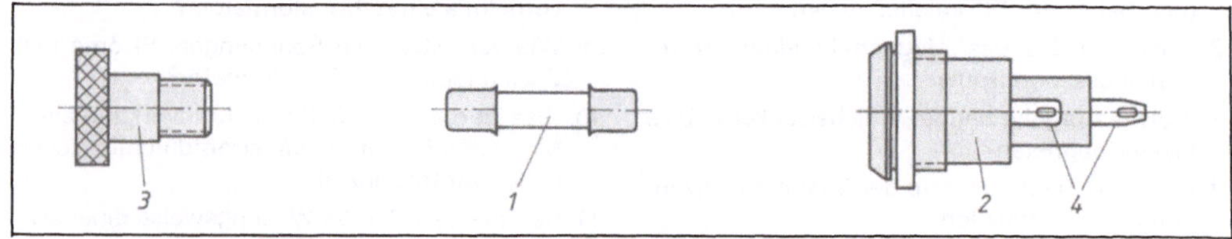

18.18 Geräteschutzsicherung

 1 G-Schmelzeinsatz, *2* Halter, *3* Schraubkappe, *4* Lötfahnen

Leitungsschutzschalter (Sicherungsautomaten) schalten den Stromkreis bei zu hoher Erwärmung durch Kurzschluß und Überlastung selbsttätig ab. Bei Kurzschluß spricht ein elektromagnetisch wirkender Schnellauslöser sofort an. Vor thermischer Überlastung durch längeres Überschreiten des Nennstroms schützt ein Bimetallstreifen, der das Schaltschloß auslöst, sobald die Höchsttemperatur erreicht ist. Nach Beseitigen der Abschaltursache kann der Sicherungsautomat wieder von Hand eingeschaltet werden (**18.19**).

Motorschutzschalter schützen Motoren vor Überlastung, Kurzschluß und Unterspannung. Sie gleichen in ihrer Wirkungsweise den Leitungsschutzschaltern, haben aber eine allpolige Abschaltung und eine auf den Motornennstrom einstellbare Überstromauslösung.

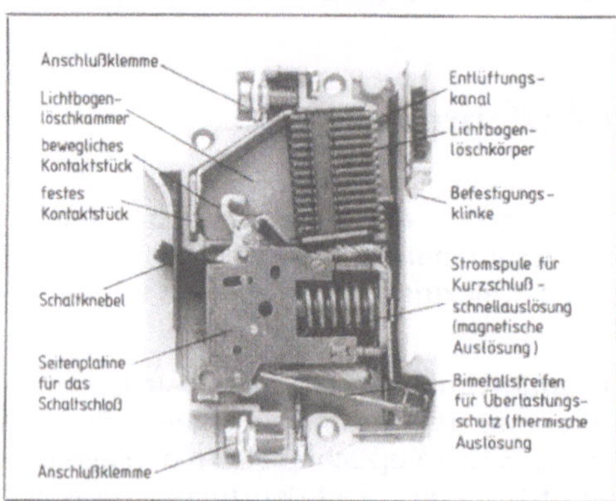

18.19 Leitungsschutzschalter

18.7 Schutzmaßnahmen gegen elektrische Unfälle

Wirkungen des elektrischen Stroms auf den menschlichen Körper

Wird der menschliche Körper von einem elektrischen Strom durchflossen, besteht Gefahr für Leben und Gesundheit.

> **Lebensgefährlich** sind Stromstärken über 50 mA (= 0,05 A). Sie treten bei Spannungen über 50 V auf.

Ursachen elektrischer Unfälle. Unfälle passieren, wenn der Mensch zwei Gegenstände, zwischen denen eine Spannung von über 50 A besteht, durch Berührung überbrückt und von einem elektrischen Strom durchflossen wird. Dieser Fall tritt auf bei Berühren von zwei gegeneinander Spannung führenden Anlageteilen oder eines spannungsführenden Teils und der Erde. Für den Benutzer elektrischer Geräte, Maschinen und Anlagen tritt aber häufiger der Fall auf, daß ein Körper (z. B. ein Metallgehäuse, Schutzgitter), der im Betrieb keine Spannung führen darf, durch einen Isolationsfehler (z. B. infolge Beschädigung oder Alterung) unter Spannung steht. Diesen Vorgang nennt man **Körperschluß**. Berührt der Benutzer diesen Körper und die Erde, durchfließt ihn ein Strom (indirektes Berühren **18.20**).

Schutzmaßnahmen. Zur Verhütung elektrischer Unfälle hat der Verein Deutscher Elektrotechniker (VDE) strenge Sicherheitsbestimmungen für die Errichtung und den Betrieb elektrischer Anlagen herausgegeben. Diese VDE-Vorschriften, besonders VDE 0100 und VDE 0105), schreiben Maßnahmen vor

– zum Schutz gegen direktes Berühren spannungsführender Anlageteile und

– zum Schutz gegen indirektes Berühren, d. h. Berühren von Anlageteilen mit zu hohen Berührungsspannungen infolge Isolationsfehlern.

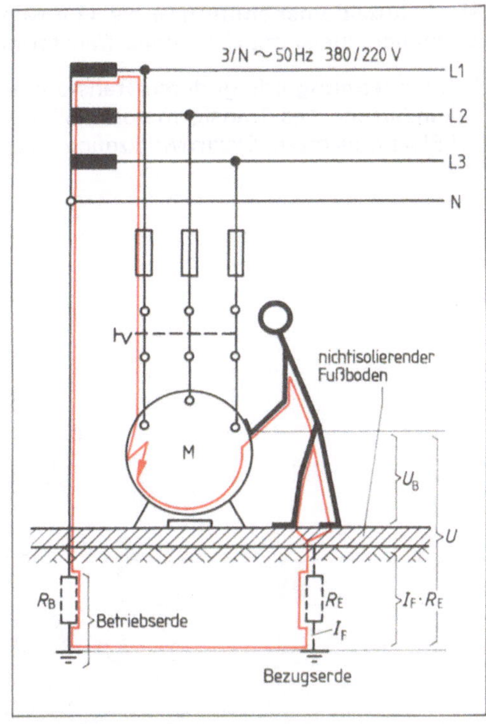

18.20 Elektrischer Unfall durch Körperschluß in einem Motor

Schutz gegen direktes Berühren. Die betriebsmäßig unter Spannung stehenden Teile müssen isoliert (z. B. durch Ummanteln der Leiter mit Isolierstoffen) oder durch Gitter, Schutzgehäuse oder -verkleidungen abgedeckt sein, um ein direktes Berühren unmöglich zu machen.

Schutz gegen indirektes Berühren. Um zu hohe Berührungsspannungen (über 50 V) zu verhindern, sind besondere Schutzmaßnahmen erforderlich. Elektrische Geräte und Leitungen entsprechen den Sicherheitsbestimmungen, wenn sie vom VDE geprüft und zugelassen sind. Sie erhalten dann das VDE-Prüfzeichen. Darüber hinaus sind durch VDE-Bestimmungen für Anlagen mit Spannungen über 50 V zusätzliche Schutzmaßnahmen gegen zu hohe Berührungsspannungen vorgeschrieben.

Schutzisolierung durch isolierende Gehäuse (z. B. bei Haushaltsgeräten, Fernsehgeräten, Elektrowerkzeugen) oder isolierende Zwischenteile (z. B. Kunststoffzahnräder in Getrieben, **18.**21).

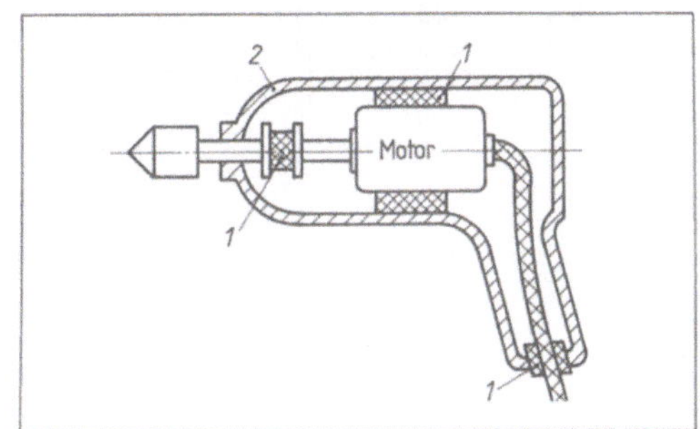

18.21 Elektrische Handbohrmaschine mit Metallgehäuse (*2*) und innen liegenden Isolierstücken (*1*)

Mit Schutzkleinspannungen bis 42 V werden z. B. Klingelanlagen, Spielzeuge und Kleinwerkzeuge, meist mit Hilfe eines Transformators, betrieben.

Schutztrennung erfolgt durch Transformatoren, so daß der Verbraucherstromkreis an der Sekundärseite des Transformators völlig vom Versorgungsnetz getrennt ist. Anwendung bei Elektrorasierern, Elektrowerkzeugen, Naßschleifmaschinen (**18.22**).

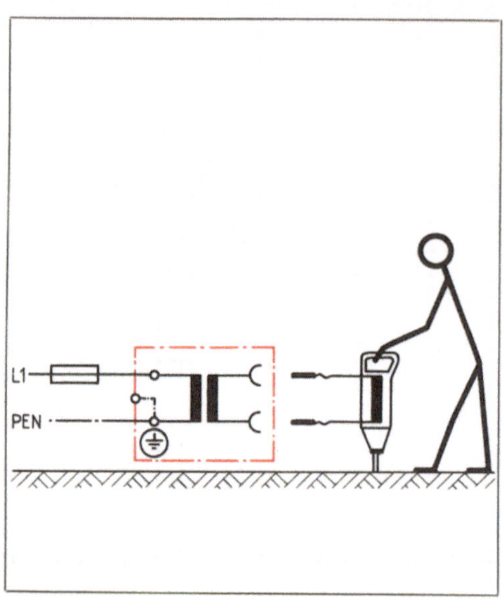

18.22 Schutztrennung eines Preßlufthammers durch Trenntransformator

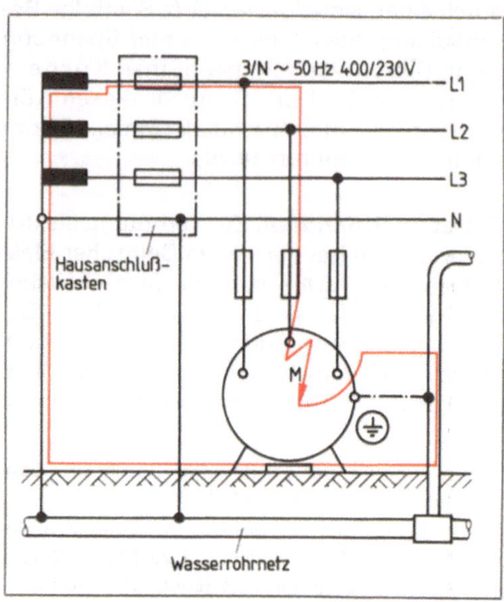

18.23 Schutzerdung. Bei einem Körperschluß entsteht der rot eingezeichnete Fehlerstromkreis über das Wasserrohrnetz

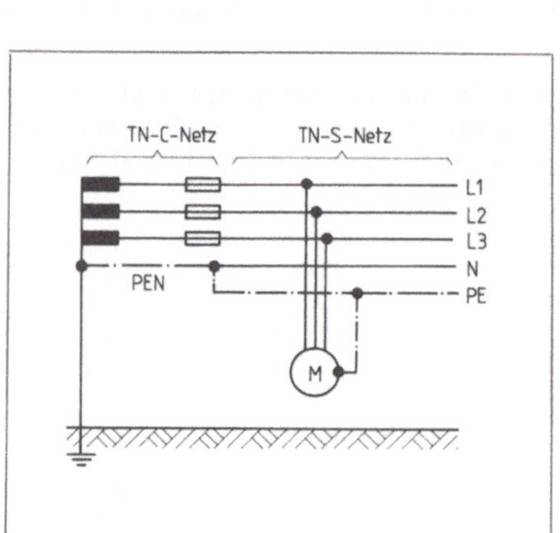

18.24 Nullung. Kombination von besonderem Schutzleiter (PE) und Neutralleiter (N) als Schutzleiter (PEN)

Bei der Schutzerdung werden leitfähige Bauteile einer Anlage, die nicht zum Betriebsstromkreis gehören, über Schutzleiter (Kennfarbe grün-gelb) mit dem Erdreich oder geerdeten Teilen (z. B. Wasserleitung) verbunden. Bei Körperschluß soll der fließende (Fehler-)Strom die Sicherung auslösen und damit das fehlerhafte Gerät spannungslos machen (**18.23**).

Nullung. Unter Nullung versteht man die leitende Verbindung metallischer Konstruktionsteile der Anlage direkt mit einem geerdeten Nulleiter oder einem Schutzleiter (Kennfarbe grün-gelb), der mit einem Nulleiter verbunden ist. Bei Körperschluß soll der Fehlerstrom die Stromkreissicherung sofort auslösen und das fehlende Gerät vom Netz trennen (**18.24**).

18.8 Schutzarten und Schutzklassen elektrischer Betriebsmittel

Schutzarten. Elektrische Motoren, Geräte und Anlagen müssen je nach Aufstellungsort gegen das Eindringen von Fremdkörpern und Wasser sowie gegen Unfallgefahren bei unbeabsichtigter Berührung spannungsführender oder sich drehender Teile geschützt werden. Die genormten Schutzarten nach DIN 40050 werden auf dem Leistungsschild oder am Gerät durch die Buchstaben IP (**I**nternational **P**rotection = internationaler Schutz) und zwei Kennziffern angegeben.

Erste Kennziffer: Berührungsschutz und Fremdkörperschutz

0   kein Schutz
1   Schutz gegen großflächige Handberührung und große, feste Fremdkörper über 50 mm $\varnothing$
2   Schutz gegen Berührung mit Fingern und mittelgroße Fremdkörper über 12 mm $\varnothing$
3   Schutz gegen Berührung mit Werkzeugen o. ä. und kleine Fremdkörper über 12 mm $\varnothing$
4   Schutz gegen Berührung mit Werkzeugen o. ä. und kleine Fremdkörper über 1 mm $\varnothing$
5   Schutz gegen Berührung mit beliebigen Hilfsmitteln und Staubablagerungen im Motor
6   Schutz gegen Staubeintritt, vollständiger Schutz gegen Berührung

Zweite Kennziffer: Wasserschutz

0	kein Schutz		5	Schutz gegen Strahlwasser
1 u. 2	Schutz gegen Tropfwasser		6	Schutz bei Überflutung
3	Schutz gegen Sprühwasser		7	Schutz beim Eintauchen
4	Schutz gegen Spritzwasser		8	Schutz beim Untertauchen

Am meisten werden für Antriebsmotoren die Schutzarten IP 21, IP 22 (geschützte Ausführung) und IP 44 (geschlossene Ausführung) verwendet.

Installationsgeräte und Verbrauchsgeräte (z. B. Schaltgeräte, Heizgeräte, Leuchten, Elektrowerkzeuge), bei denen der verlangte Schutz über den Berührungsschutz hinausgehen soll, müssen den Schutzarten nach Tab. **18.25** entsprechen.

Tabelle 18.25   **Schutzarten für Installationsgeräte und Verbrauchsgeräte,** die über den Schutz gegen Berührung hinausgehen (VDE 0710), in Klammer entsprechende Kurzzeichen nach DIN 40050

Schutzart	Schutzumfang	Kurzzeichen
abgedeckt	kein Wasserschutz (IP 30)	—
tropfwassergeschützt	Schutz gegen hohe Luftfeuchte, Wrasen und senkrecht fallende Wassertropfen (IP 31)	
regengeschützt	Schutz gegen von oben unter Winkeln bis zu 30° über der Waagrechten auftreffende Wassertropfen (IP 33)	
spritzwassergeschützt	Schutz gegen aus allen Richtungen auftreffende Wassertropfen (IP 54)	
strahlwassergeschützt	Schutz gegen aus allen Richtungen auftreffenden Wasserstrahl (IP 55)	
wasserdicht	Schutz gegen Eindringen von Wasser ohne Druck (IP 67)	
druckwasserdicht	Schutz gegen Eindringen von Wasser unter Druck (IP 68)	...bar
staubgeschützt	Schutz gegen Eindringen von Staub ohne Druck (IP) 50)	
staubdicht	Schutz gegen Eindringen von Staub unter Druck (IP 60)	

Schutzklassen. Bei elektrischen Geräten unterscheidet man drei Schutzklassen. Sie geben durch ein Kennzeichen an, welche Schutzmaßnahmen gegen direktes und indirektes Berühren erforderlich sind (**18.26**).

Tabelle **18.26** **Schutzklassen der elektrischen Betriebsmittel** (nach DIN VDE 0106)

Schutzklasse	I	II	III
Schutzmaßnahme	Schutzleiter	Schutzisolierung	Schutzkleinspannung
Kennzeichen	⏚	▫	◇
Merkmal der Betriebsmittel	Anschlußstelle für Schutzleiter	Symbol für zusätzliche Isolierung, keine Anschlußstelle für Schutzleiter	Versorgung mit Schutzkleinspannung

Prüf- und Sicherheitszeichen. Das beste Mittel zur Unfallverhütung und Betriebssicherheit sind elektrische Betriebsmittel, die so beschaffen sind, daß Unfallgefahren überhaupt nicht auftreten können oder zumindest weitgehend vermieden werden. Die Verantwortung für eine unfallsichere Konstruktion der Maschinen, Geräte und Anlagen liegt beim Hersteller. Aber auch der Benutzer darf nur solche Bauarten verwenden, die den Unfallverhütungsvorschriften entsprechen. Elektrische Geräte mit dem VDE-Prüfzeichen oder dem Sicherheitszeichen nach Bild **18.27** sind geprüft und zugelassen. Sie erfüllen die Anforderungen des Gesetzes über technische Arbeitsmittel (Gerätesicherheitsgesetz).

18.27 VDE-Prüfzeichen (a) und Prüfzeichen nach dem Gerätesicherheitsgesetz (b)

18.9 Unfallverhütung und Erste Hilfe

Unfallverhütung und Erste Hilfe. Alle Schutzmaßnahmen reichen nicht aus, elektrische Unfälle zu verhüten, wenn nicht auch der Benutzer elektrischer Maschinen, Geräte und Anlagen verantwortungsbewußt und gewissenhaft – nicht leichtsinnig – handelt. Beim Umgang mit elektrischer Energie ist besondere Vorsicht geboten, weil sie unsichtbar ist, der Mensch keinen Wahrnehmungssinn für Strom und Spannung besitzt und unsachgemäßes Handeln zu spät erkannt wird. Deshalb müssen auch Metallfacharbeiter, deren Maschinen und Werkzeuge elektrisch betrieben werden, außer den allgemeinen Unfallverhütungsvorschriften bestimmte Verhaltensregeln unbedingt einhalten.

Regeln für den Umgang mit elektrischen Maschinen und Anlagen

- Reparaturen, Montage und Wartung an elektrischen Anlagen dürfen nur von ausgebildeten Fachleuten ausgeführt werden.
- Bei Montagearbeiten an Maschinen die elektrischen Einrichtungen spannungsfrei schalten, Sicherungen und Leistungsschutzschalter herausnehmen.
- Informieren, wo sich der Not-Ausschalter und die Sicherungen für die Maschine befinden.
- Schutzverkleidungen und -isolierungen für elektrische Anlagen niemals entfernen.
- Keine Elektrowerkzeuge mit beschädigten Zuleitungen verwenden (Lebensgefahr).
- Auf einwandfreien Zustand der Steckeinrichtungen achten (Steckdose, Kupplungen, Stecker).
- Beim Auswechseln einer Gerätesicherung unbedingt die vom Hersteller vorgesehene Größe verwenden.
- Sicherungen mit durchgeschmolzenem Schmelzleiter dürfen nicht geflickt oder überbrückt werden.
- Bei Störungen und Gefahr elektrische Anlagen sofort ausschalten und Mängel melden.

Erste Hilfe bei elektrischen Unfällen bis zum Eintreffen des Arztes

- Sofortiges Abschalten des Stromes, wenn der Verunglückte an Spannung liegt.
- Sind Schalter, Sicherung, Steckverbindung nicht erreichbar, muß versucht werden, den Verunglückten von der Anlage frei zu machen. Der Retter muß gut isoliert sein (z.B. durch Stehen auf trockenem Holz, Gummireifen, Porzellan, Kunststoff). Wegziehen des Verunglückten mit trockenem Stock, Seil oder Aufhebung des Erdschlusses durch Unterschieben eines trockenen Brettes.
- Bei Atemstörungen künstliche Beatmung, unter Umständen Herzmassage bis zum Eintreffen des Arztes.

Aufgaben zu Abschnitt 18.6 bis 18.9

1. Wie wirken sich Kurzschluß und Überlastung auf elektrische Leitungen und Geräte aus?
2. Welche Aufgabe haben Schmelzsicherungen?
3. Warum verwendet man gegen Überlastung träge wirkende Sicherungen?
4. Erläutern Sie die Wirkungsweise eines Leitungsschutzschalters.
5. Wie unterscheiden sich Motorschutzschalter von Leitungsschutzschaltern?
6. Was versteht man unter Körperschluß als Ursache elektrischer Unfälle?
7. Erklären Sie die Schutzmaßnahmen Schutzerdung und Nullung.
8. Was bedeutet die Schutzart IP 44?
9. Nennen Sie Regeln für den Umgang mit elektrischen Maschinen und Anlagen.
10. Welche Maßnahmen sind bei elektrischen Unfällen zu ergreifen?

Bildquellenverzeichnis

AEG, Berlin: Bild **5.31**, **5.32**, **13**.26
Bahmüller, Plüdershausen: Bild **2**.113
BBC, Mannheim: Bild **14**.112, **14**.113
Berger, Lahr: Bild **14**.115
Böttcher/Forberg, Technisches Zeichnen, Stuttgart: Bild **1.5**, **1**.13, **1**.14, **2**.49, **14**.63, **14**.64a, **15.6**
Robert Bosch GmbH, Stuttgart: Bild **16**.13
COSMON Computer GmbH, Grafing: Bild **5.99**
Daimler-Benz AG, Stuttgart: Bild **5.98**
Friedrich Deckel AG, München: Bild **5.64**
Fässler Diamantscheibenapparate AG: Bild **2**.119
Ghiringhelli, S.P.A., Italien: Bild **2**.115
Giersch/Harthus/Vogelsang, Elektrische Maschinen, Stuttgart: Bild **14**.114
W. Gillardon KG, Bretten: Bild **2.77**
Glyko-Metall-Werke, Daelen und Hofmann KG, Wiesbaden: Bild **8.5**
Hahn & Kolb, Stuttgart: Bild **2.40**, **2.41**, **2.47**, **2.48**, **2.50** bis **2.52**, **2.81**, **2.83a, b**, **2**.102
Hasco, Lüdenscheid: Bild **2**.123
Herlan & Co, Karlsruhe: Bild **14.2**
B. Hermle GmbH & Co, Gosheim: Bild **2.83d**
Heyligenstaedt Werkzeugmaschinenfabrik, Gießen: Bild **2.39**, **2.54**, **2.55**, **2.57**, **2.63** bis **2.68**, **2.84**, **2.85**
Hille/Schneider, Elektro-Fachkunde, Stuttgart: Bild **10.2**, **14**.80, **14**.103, **18.4b**, **18.6** bis **18.10**, **18.13**, **18.14**, **18.20** bis **18.24**
Hommel Handel GmbH, Mannheim: Bild **2**.116a
Carl Hurth Maschinen- und Zahnradfabrik, München: Bild **2.86a**
K. Jung GmbH, Göppingen: Bild **2**.108a, **2**.109
Georg Karstens, Ostfildern 1 (Ruit): Bild **2**.110 bis **2**.112
Klein, Einführung in die DIN-Normen, Stuttgart: Bild **1.32** bis **1.38**, **14.13a**, **14.46**
Arthur Klink, Pforzheim-Eutingen: Bild **2**.100
Klopp-Werke KG, Solingen-Wald: Bild **2.82**, **2.90** bis **2.93**, **2.95**
Köhler/Rögnitz, Maschinenteile, Stuttgart: Bild **14.13b, c**, **14.14**, **14.16**, **14.31a**, **14.33**, **14.35**, **14.45**, **14.49**, **14.51**, **14.68**, **14.73b**, **14.92**, **14.95**
Krieg/Heller/Hunecke, Leitfaden der DIN-Normen, Stuttgart: Bild **1.1**, **1**.18, **2.6**, **2.8** bis **2.10**, **3.22**, **4.2**, **4.10**, **4.11**, **4.13**, **4.20**, **14**.18, **14**.93, **17.2**, **17.3**

Kuka-Schweißanlagen + Roboter GmbH, Augsburg: Bild **16.3**
Läpp-Technik A.W. Stähli, CH-Pieterlen: Bild **2**.120 bis **2**.122
Lemke, Vorrichtungsbau, Stuttgart: Bild **2**.42 bis **2**.44, **2**.46, **2**.53
Liebherr-Verzahnungstechnik GmbH, Kempten: Bild **2.86b, c**
Linse, Elektrotechnik für Maschinenbauer, Stuttgart: Bild **5.30** bis **5.36**, **5.38**, **5.39**, **5.42** bis **5.45**, **5.47**, **5.48**
Carl Mahr, Esslingen: Bild **1.43**, **1.44**
Maho Werkzeugmaschinenbau, Pfronten: Bild **5.61**, **5.62**, **5.65**, **5.69**, **5.92**
Markt und Technik Verlag, Computer persönlich, Haar bei München: Bild **5**.101
Martonair-Druckluftsteuerungen GmbH, Alpen: Bild **5.13** bis **5.15**, **5.18** bis **5.20**
Nagel, Maschinen- und Werkzeugfabrik GmbH, Nürtingen: Bild **2**.118
PIV-Antrieb Werner Reimers, Bad Homburg: Bild **14.70**
Max-Planck-Institut für Eisenforschung GmbH, Düsseldorf: Bild **6.8**, **9.2**, **9.6**, **11.4**, **12.18**, **12.19**
Puttkamer/Rissberger, Informatik für technische Berufe, Stuttgart: Bild **5.49**, **5.51** bis **5.55**, **5.73**, **5.74**
Schieß-Kopp, Neu-Ulm: Bild **2.87**, **2.88**
Schremser/Bausch, Grundwissen der Elektrotechnik, Stuttgart: Bild **18.4a**
Siemens AG, Erlangen: Bild **18.17**
SKF Schweinfurter Kugellagerfabrik GmbH, Schweinfurt: Bild **13.1**, **14.17**
TBT Tiefbohrtechnik GmbH & Co, Dettingen: Bild **2.78d**
TESA S.A., CH-Renens: Bild **1.19**, **1.25**, **1.26**, **1.39**, **1.40**, **1.46**, **1.47**
Traub AG, Reichenbach (Fils): Bild **16.10**
Herbert Walter Werkzeug- und Maschinenbau GmbH, Fluorn-Winzeln: Bild **2**.124
Weiler Werkzeugmaschinen, Herzogenaurach: Bild **2.58**, **2.59**, **2.61**, **2.62**
Zahnradfabrik AG, Friedrichshafen: Bild **14.4**

Die übrigen Bilder stammen aus dem Verlagsarchiv B.G. Teubner, Stuttgart